水文学
水工計画学

椎葉充晴　立川康人　市川 温　著

まえがき

　本書は，水の循環を扱う科学である「水文学」と，それを基本として河川計画や流域管理への応用を図る「水工計画学」を体系的に理解することができるように，著者らの研究内容を中心としてまとめたものである．

　水文学は「すいもんがく」と読み，水の循環を扱う学問である．水の運動機構に注目する水理学とは異なり，水文学は地球上の水の循環に焦点を当てる．森林，田畑，市街地に降った雨や雪が地表に達して地上や地中を流動し，河川や湖沼に入って海に注ぎ，陸地や海から蒸発して水蒸気となって大気に戻る．この水循環の過程を科学的に扱う学問である．

　水の循環現象は，生活・生産の場で起こるため，私たちの社会・生活と密接に関連する．毎年，どこかで豪雨が発生し，それによる洪水流出のために山腹崩壊，洪水氾濫などの災害が起こる．一方で，長期間，雨が降らないと水不足のために干ばつなどの被害を引き起こす．したがって，水循環を扱う水文学は，これらの水に関わる実際的問題への対応の基礎科学であり，工学的な応用分野である水工計画学の基礎をなす．

　水工計画学では，水循環の中で特に極端現象として発生する水災害に対処する考え方や方法を取り扱う．この中では二つの予測が中心となる．一つは，発生頻度に応じた極端事象の規模，たとえば平均的に100年に1回の頻度で発生すると想定される洪水の規模を予測することであり，もう一つは豪雨が発生している最中に，時々刻々，数時間先の降雨や河川の水位・流量を予測することである．前者は治水や利水のための河川計画を立案するための基本的な情報を提供し，後者は水工施設の効果的な運用や水防・避難のための情報を提供する．これらの予測を実現するための科学技術や意思決定に供する応用分野が水工計画学を構成する．

　本書では，二部構成で水文学と水工計画学を解説する．第一部では，水の循環を扱う科学的な側面に焦点を当て，基本的な水文素過程の基礎式とそれらを総合する分布型降雨流出モデルの構成およびその集中化手法を述べる．

第1章　地表面付近の雨水流動
第2章　飽和・不飽和帯の雨水流動
第3章　地下水流動

第 4 章　河川流と洪水追跡
第 5 章　蒸発散と陸面水文過程モデル
第 6 章　河道網と流域地形の数理表現
第 7 章　分布型降雨流出モデルの構成
第 8 章　分布型流出モデルの集中化

　1 章から 5 章は，主要な水文素過程の基礎式の誘導とその解法を中心に解説する．6 章は分布型降雨流出モデルを構成するときの土台となる流域地形の数理表現手法を解説し，7 章ではその地形表現手法に基づく分布型降雨流出モデルの構成法とその適用例を示す．第 8 章では，分布型流出モデルによる計算負荷を軽減するための集中化手法と集中化スケールについて述べる．

　第二部では，水文学の応用的な側面に焦点を当て，河川計画のための予測（計画予知）とリアルタイム予測（実時間予知）について解説する．また，これらの予測を実現するためのモデリング技術や流域管理に供する応用分野を述べる．

第 9 章　水文量の頻度解析
第 10 章　水文量の時系列解析と時系列シミュレーション
第 11 章　流出システムのモデル化
第 12 章　水理・水文モデリングシステム
第 13 章　水害に対する流域管理的対策の費用便益評価
第 14 章　運動学的手法による実時間降水予測
第 15 章　実時間流出予測の基礎理論
第 16 章　実時間流出予測の実際

　9 章から 13 章では計画予知を対象とする．9 章は極端現象の頻度とそれに対応する規模を推定する水文頻度解析手法，10 章は水文データの時系列的な特性分析と水文時系列データの模擬発生を実現する水文時系列解析手法を述べる．11 章は，9 章および 10 章の内容をもとに設定する外力データを，河川水位・流量などの出力データに変換する水工シミュレーションモデルの説明であり，集中型流出モデルおよび分布型流出モデルを始めとして，水工シミュレーションモデルを構成する様々な基本的な要素モデルを解説する．

　実用技術としての流出モデルは，モデル開発者以外の専門家がその中身を検証することができ，また構築された水工シミュレーションモデルを別の利用者が発

展させることのできるような「モデルの共有技術」が重要となる．12 章はそうした水理・水文モデリングシステムの一例として OHyMoS と CommonMP を取り上げる．13 章は水工シミュレーション手法の意思決定のための応用例として，水害対策の費用便益評価について述べる．

14 章から 16 章ではリアルタイム予測を対象とする．14 章は移流モデルを中心とする降水の短時間予測手法を述べる．15 章は実時間流出予測手法の基本をなすフィルタリング手法の基礎理論，16 章では拡張カルマンフィルタや統計的二次近似フィルタ，粒子フィルタなどを用いた，様々な洪水の実時間流出予測手法の実際例を述べる．

本書を作成するに当たり，水文学・水工計画学が実際の河川計画や河川管理の現場で使われていることを理解してもらうために，この分野で活躍している技術者・研究者にコラムの執筆を依頼し，各章にそれらを配置した．コラムを寄せてくださった方々に感謝する．京都大学大学院工学研究科事務補佐員の岩佐真弓氏には，図表修正の補助をお願いした．出版・編集では，京都大学学術出版会の高垣重和氏，(株) 遊文舎の宮島源三郎氏にお世話になった．また，公益財団法人京都大学教育振興財団および実践水文システム研究会からは刊行のための助成をいただいた．記して謝意を表する．

本書が，水文循環に関わる実際的問題に対応する技術的基盤を築くために役立つことを願っている．

2013 年 1 月

椎葉充晴

目　次

第I部　水文学　　1

第1章　地表面付近の雨水流動　　3
- 1.1　流出過程 ………………………………………………… 3
- 1.2　水文流出系におけるキネマティックウェーブ理論 …… 4
- 1.3　山腹斜面系での流れのモデル化 ……………………… 9
- 1.4　地形形状効果の導入 …………………………………… 18
- 1.5　流出場の平面構造の不均一性と流出形態 …………… 25
- 1.6　特性曲線法によるキネマティックウェーブモデルの解法 … 28
- 1.7　差分法によるキネマティックウェーブモデルの数値解法 … 44
- 参考文献 ……………………………………………………… 50

第2章　飽和・不飽和帯の雨水流動　　53
- 2.1　土壌中の流れのモデル化 ……………………………… 53
- 2.2　飽和・不飽和流の基礎式の誘導 ……………………… 59
- 2.3　飽和・不飽和流の数値解法 …………………………… 61
- 2.4　浸透能式 ………………………………………………… 70
- 参考文献 ……………………………………………………… 78

第3章　地下水流動　　79
- 3.1　地下水と帯水層 ………………………………………… 79
- 3.2　地下水流動の支配方程式の誘導 ……………………… 83
- 3.3　平面二次元の地下水流の基礎式 ……………………… 86
- 3.4　地下水流の数値解法 …………………………………… 94
- 参考文献 ……………………………………………………… 101

第4章　河川流と洪水追跡　　103
- 4.1　流出システムにおける河川流の役割 ………………… 103
- 4.2　河川流の水理学的追跡法 ……………………………… 106

4.3	河川流の水文学的追跡法	118
4.4	水理学的追跡法の数値解法	126
参考文献		135

第 5 章　蒸発散と陸面水文過程モデル　137

5.1	地表面における熱収支と顕熱・水蒸気の輸送	137
5.2	陸面水文過程モデル	149
参考文献		171

第 6 章　河道網と流域地形の数理表現　173

6.1	河道網構造の数理表現手法	173
6.2	河道網流れの最適計算順序	174
6.3	流域地形の数理表現手法	178
6.4	グリッド形式の地形情報を用いた流域地形のモデル化	182
6.5	流域地形データを生成する計算機アルゴリズム	188
6.6	分布型流出モデル構成のための流域地形データの処理	198
参考文献		200

第 7 章　分布型降雨流出モデルの構成　203

7.1	グリッド形式の地形情報を用いた分布型降雨流出モデル	203
7.2	分布型降雨流出モデルを用いた流出計算例	211
7.3	分布型土砂流出モデルへの展開	221
参考文献		224

第 8 章　分布型流出モデルの集中化　227

8.1	流出モデルの集中化	227
8.2	単一矩形斜面でのキネマティックウェーブモデルの集中化	229
8.3	山腹斜面系キネマティックウェーブモデルの集中化	238
8.4	河道網キネマティックウェーブモデルの集中化	251
8.5	流れの場の集中化	255
8.6	流出モデルの構成単位の大きさと集中化手法	262
参考文献		272

第 II 部　水工計画学　　275

第 9 章　水文量の頻度解析　　277
- 9.1　治水計画の基本的な考え方　　277
- 9.2　河川整備基本方針と河川整備計画　　281
- 9.3　確率年と T 年確率水文量　　285
- 9.4　水文量の確率分布モデル　　292
- 9.5　確率分布モデルの母数推定　　302
- 9.6　確率分布関数の適合度評価　　308
- 9.7　リサンプリング手法による確率水文量の不確実性の評価　　317
- 9.8　非定常性を考慮した水文頻度解析モデル　　318
- 9.9　確率降雨強度曲線 (IDF 曲線)　　318
- 9.10　総合確率法　　320
- 参考文献　　326

第 10 章　水文量の時系列解析と時系列シミュレーション　　327
- 10.1　水文時系列解析の目的　　327
- 10.2　様々な水文時系列データ　　329
- 10.3　時系列モデル　　331
- 10.4　時系列モデルを用いた水文時系列の模擬発生　　336
- 10.5　ポイントプロセスモデル　　340
- 10.6　乱数の発生手法　　344
- 参考文献　　350

第 11 章　流出システムのモデル化　　351
- 11.1　流出システムと流出モデル　　351
- 11.2　集中型流出モデル　　360
- 11.3　分布型流出モデル　　371
- 11.4　流出系を構成する様々な要素モデル　　374
- 11.5　ダム流水制御モデル　　384
- 11.6　流出モデルによる予測の不確かさ　　395
- 参考文献　　400

第12章　水理・水文モデリングシステム　403

- 12.1　水理・水文モデリングシステムとは　403
- 12.2　OHyMoS を用いた水理・水文モデルの構成　408
- 12.3　OHyMoS による要素モデルの実装例　420
- 12.4　OHyMoS の直接通信機能を用いた要素間反復計算　429
- 12.5　CommonMP を用いた水理・水文モデルの構成　434
- 参考文献　440

第13章　水害に対する流域管理的対策の費用便益評価　441

- 13.1　流域管理的対策の費用便益評価の手順　441
- 13.2　立地均衡モデルの構成　442
- 13.3　流域管理的対策のモデル化と費用便益の計測　445
- 13.4　寝屋川流域への適用　448
- 13.5　土地利用規制とハード的対策との費用の比較　461
- 参考文献　469

第14章　運動学的手法による実時間降雨予測　471

- 14.1　運動学的手法による降雨予測　471
- 14.2　移流ベクトルと雨域の発達・衰弱量の分析　475
- 14.3　移流モデルによる降雨予測　478
- 14.4　短時間降雨予測手法の展開　482
- 参考文献　482

第15章　実時間流出予測の基礎理論　485

- 15.1　実時間流出予測システムの基本的な考え方　485
- 15.2　確率過程的状態空間モデルによる降雨流出系の表現　486
- 15.3　線形フィルタ理論　494
- 15.4　非線形関数の統計的近似の理論　502
- 15.5　非線形フィルタ理論　515
- 15.6　予測更新—離散時間線形システムの場合　526
- 15.7　予測更新—降雨流出システムの場合　536
- 15.A　カルマンフィルタの誘導　544
- 15.B　FORTRAN サブルーチン　557

| | 参考文献 . . . . | 557 |

第16章 実時間流出予測の実際 559

16.1	実時間流出予測の手順	559
16.2	カルマンフィルタを用いた実時間流出予測	561
16.3	拡張カルマンフィルタを用いた実時間流出予測	567
16.4	統計的二次近似フィルタを用いた実時間流出予測	577
16.5	粒子フィルタを用いた実時間水位予測	587
16.6	ラオ・ブラックウェル化した粒子フィルタを用いた実時間流出予測	599
16.7	様々なフィルタリング・予測システムの開発	605
	参考文献	605

索引 611

コラム執筆協力者 (五十音順、所属は2012年11月11日現在)

天方 匡純 (八千代エンジニヤリング (株))
　　4章：滋賀県大津市野洲川での平面二次元流況解析

荒木 千博 ((株) 建設技術研究所)
　　9章：気象庁「東京」観測所データを用いた雨量確率の算定

安 賢旭 (韓国数理科学研究所)
　　2章：流量・流積関係式の評価

Kim Sunmin (京都大学大学院工学研究科)
　　14章：移流モデルおよび予測誤差モデルによる実時間降雨予測

佐山 敬洋 (水災害・リスクマネジメント国際センター (ICHARM))
　　7章：時空間起源に応じたハイドログラフの成分分離
　　8章：分布型土砂流出モデルの集中化
　　8章：流出シミュレーションによる基準面積の分析
　　11章：ダム制御モデルを含めた統合分布型流出モデルと淀川流域の
　　　　　治水安全度の変化の分析

柴田 研 ((株) 日水コン)
　　3章：愛媛県今治市蒼社川流域での地下水流動の解析事例

鈴木 俊朗 (国土交通省)
　　12章：CommonMPを用いた水理・水文予測モデルの実務への活用

瀧 健太郎 (滋賀県)
　　13章：「地先の安全度」に基づく氾濫原管理 (滋賀県の事例)

Noh Seong Jin (京都大学大学院工学研究科)
　　16章：粒子フィルタと分布型水文モデルを用いたリアルタイム流出予測

藤田 暁 ((株) ニュージェック)
　　16章：ダム流入量の実時間予測システム

萬 和明 (京都大学大学院工学研究科)
　　5章：気象モデル・気候モデルにおける陸面水文モデルの役割
　　5章：陸面水文モデル SiBUC

第 I 部

水文学

第 1 章

地表面付近の雨水流動

　河川流域は山腹斜面と河道網の二つの地形要素によって構成される．山腹斜面は降水を河川への流出量に変換する場である．山腹斜面に降った降水は，その一部が樹木・植生によって遮断され，残りは地表面に到達する．地表面に到達した降水は，大部分が表土層に浸透し，中間流 (土壌表層付近の早い流れ) や地下水流となって斜面を流下して河道に流出する．斜面下部では，中間流が発達して地表にまで達し，地表面流が発生することがある．また，降雨強度が表土層の浸透能を上回るようなところでは，地表に到達した雨水は浸透せずに地表面流となって斜面を流下する．山腹斜面からの雨水の流出を物理的に表現するモデルがキネマティックウェーブモデルである．キネマティックウェーブモデルの特性とその解法を学ぶことにより，雨水流出の物理的構造を理解することができる．

1.1　流出過程

　河川流域の流出過程を分析するとき，流域に降った雨水がどのような経路を通って河道に到達するか，そこでの流出過程をどのようにモデル化するかということと，河道網を通して雨水が流集していく過程をどのようにモデル化するかということが問題になる．降水が流域を通して河川に流出するまでの経路としては，山腹斜面や田畑，市街地，下水道等があり，河道網での流れでは河道とともに貯水池や湖での流れも考えに入れる必要がある．

　わが国では山地森林域が国土の約 7 割を占めるため，山地での雨水流動の物理機構を適切に理解し，モデル化することが流出予測の基本となる．図 **1.1** は山地森林域での雨水流動に関連する水文プロセスを示したものである．大雨時には斜

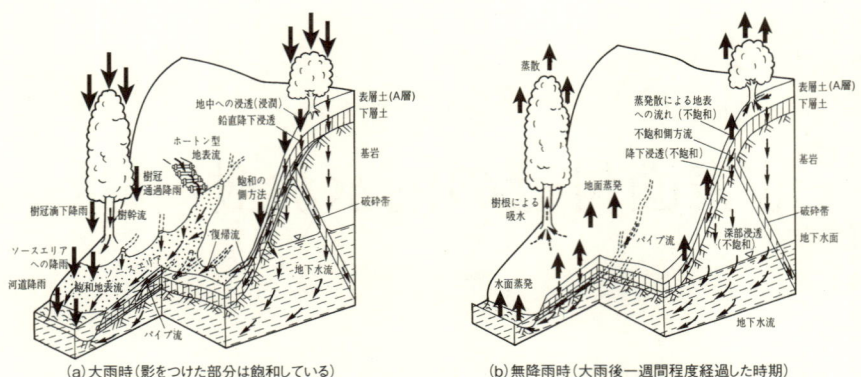

図 1.1：森林流域における雨水の流動経路 (森林水文学, 文永堂出版 (1992) より).

面表層に沿った地中流が現れ，表層付近の大空隙を高速に流れるパイプ流が現れる．また，斜面下部では飽和域が発生し飽和流が現れる．飽和域は時間とともに変化し，雨水が短時間で流出して河道に到達する．一方，無降雨時には斜面表層は不飽和状態であり，流れは緩慢である．河川への流出は地下水流が支配的となる．また，森林や地面を通した蒸発散により土壌水分は大気へと戻る．

1.2 水文流出系におけるキネマティックウェーブ理論

流域への降雨が対象地点の河川流量に変換される過程の内実は，流域内の雨水の流動にある．山腹斜面での雨水の流れには，透水性の高い表土層中を流れる中間流と，中間流が地表に達し地表面が飽和して形成される飽和型の地表面流，あるいは降雨強度が浸透強度を上回ることによって形成されるホートン型の地表面流がある．この観点に基づいて構成された流出モデルの一つがキネマティックウェーブモデルである．

キネマティックウェーブモデルを山腹斜面の流出解析に初めて適用したのは末石[1]である．末石は斜面上の薄層表面流がべき乗則のキネマティックウェーブ式で記述されるとして，対数図式法を用いて大戸川の流出を計算した．この研究はキネマティックウェーブモデルを降雨流出問題に適用する端緒となったが，水文流出系の構造を明らかにするには至らなかった．石原・高棹[2]は時間的に変化する横流入のあるべき乗則キネマティックウェーブモデルの解の構造を解析的に表

現し，これを用いて地表面流による雨水流出の基本的特性を明らかにした．この表面流理論の展開により，近代的な水文学の形成が開始された．

その後，高棹らは山腹斜面の流れでは透水性の高い表土層中を流れる中間流が地表に達して形成される表面流が存在することを示した[3]-[7]．これらの著者がA層とよぶ透水性の高い表土層での側方の流れ(中間流)がA層を超えて表面流(飽和表面流)が発生するという中間流と地表面流の相互干渉過程は，流出過程に重要な影響を与えることが知られている．

1.2.1 開水路流れの基礎方程式とキネマティックウェーブ近似

キネマティックウェーブモデルは，一次元非定常の開水路の漸変流の連続式と運動量式,

$$\text{連続式}: \frac{\partial A}{\partial t} + \frac{\partial Q}{\partial x} = q_l \tag{1.1}$$

$$\text{運動量式}: \frac{1}{g}\frac{\partial u}{\partial t} + \frac{u}{g}\frac{\partial u}{\partial x} + \frac{\partial h}{\partial x} = \sin\theta - \frac{\tau_b}{\rho g R} - \frac{u q_l}{g A} \tag{1.2}$$

から導出される．これらの式で，t は時間座標，x は空間座標，A は通水断面積(流積)，Q は流量，q_l は流れ方向の単位長さ当たりに開水路の側方から単位時間あたりに流入する水量，h は水路床から垂直に測った水深，u は断面平均流速 ($= Q/A$)，θ は水路床勾配，g は重力加速度，τ_b は境界面摩擦応力，ρ は水の密度，R は水理水深を表す．

以下，運動量式 (1.2) からキネマティックウェーブ式を導出する．境界面摩擦応力 τ_b は断面平均流速 u を用いて

$$\tau_b = \alpha_f u^{m_f} \tag{1.3}$$

と表すことができる．(1.3) 式を (1.2) 式に代入して断面平均流速 u について解くと

$$u = \left(\frac{\rho g R \sin\theta}{\alpha_f}\right)^{1/m_f} \left[1 - \frac{1}{\sin\theta}\left(\frac{1}{g}\frac{\partial u}{\partial t} + \frac{u}{g}\frac{\partial u}{\partial x} + \frac{\partial h}{\partial x} + \frac{u q_l}{g A}\right)\right]^{1/m_f}$$

が得られる．この両辺に A を乗ずれば

$$Q = f(A)\left[1 - \frac{1}{\sin\theta}\left(\frac{1}{g}\frac{\partial u}{\partial t} + \frac{u}{g}\frac{\partial u}{\partial x} + \frac{\partial h}{\partial x} + \frac{u q_l}{g A}\right)\right]^{1/m_f} \tag{1.4}$$

が得られる．ここで $f(A)$ は

$$f(A) = A\left(\frac{\rho g R \sin\theta}{\alpha_f}\right)^{1/m_f}$$

である．粗度係数を n，摩擦損失勾配を I_f とすると，マニングの抵抗則より

$$u = \frac{\sqrt{I_f}}{n}R^{2/3}$$

である．境界面摩擦応力 τ_b は $I_f = \tau_b/(\rho g R)$ を用いると，

$$\tau_b = \rho g R I_f = \rho g n^2 R^{-1/3} u^2$$

となり，(1.3) 式と比較して，$\alpha_f = \rho g n^2 R^{-1/3}, m_f = 2$ となる．このときは，

$$f(A) = A\frac{\sqrt{\sin\theta}}{n}R^{2/3}$$

となる．一般的に，ξ, ζ を定数として，水理水深 R と通水断面積 A との間には $R = \xi A^\zeta$ という関係が成り立つので，$f(A)$ は

$$f(A) = \frac{\sqrt{\sin\theta}}{n}A(\xi A^\zeta)^{2/3} = \alpha_A A^m$$

となる．ただし，

$$\alpha_A = \frac{\sqrt{\sin\theta}}{n}\xi^{2/3}, \quad m = 1 + \frac{2\zeta}{3} \tag{1.5}$$

である．水理水深 R が流積 A のべき乗関数であれば，抵抗則としてシェジー式を用いても $f(A)$ は A のべき乗関数となる．

現実に扱う問題では (1.4) 式の右辺の側方流入量 q_l に関する項は他の項に比べて小さい[8]．また，水路床勾配 $\sin\theta$ に比べて水面勾配 $\partial h/\partial x$ はきわめて小さいことが多い．このとき，流速の時間的変化 $\partial u/\partial t$ や空間的変化 $\partial u/\partial x$ も $\sin\theta$ に比べて小さくなる．これらは (1.4) 式右辺の [ ] 内の第二項が無視できることを意味し，マニングの抵抗則を用いる場合，(1.4) 式は，結局

$$Q = f(A) = \alpha_A A^m \tag{1.6}$$

と近似できることになる．ここでは，特に (1.6) 式のように Q と A との間にべき乗の関係を考えるモデルをべき乗則キネマティックウェーブモデルとよぶことにする．

より一般的には，α_A が位置 x とともに変化する場合など，流量と流積の関係式が位置とともに変化することを考えた方がよいこともある．Lighthill & Whitham[9]は，以下の形式の一次元流れのモデルをキネマティックウェーブモデルとして扱った．

$$Q = f(A, x) \tag{1.7}$$

さらに一般的には，流量 Q が通水断面積 A，位置 x，時間 t の既知の関数を用いて

$$Q = f(A, x, t) \tag{1.8}$$

と表されるような一次元流れのモデルを考えることができる．(1.8) 式を連続式 (1.1) に代入すると A を従属変数，x と t を独立変数とする一階準線形偏微分方程式が得られ，その解を (1.8) 式に代入すれば Q が得られる．

キネマティックウェーブモデルを開水路流れに最初に適用したのは岩垣・末石[10]である．岩垣・末石は (1.4) 式右辺の ( ) の中で横流入による項のみ残したキネマティックウェーブモデルを用いて，空間的に一様で時間的には矩形の横流入による開水路流れを解析し，実験値をよく説明できることを示した．現実の洪水流の多くはキネマティックウェーブモデルで説明できるが，水面勾配が他の項に比べて無視できなくなると，この近似は必ずしも妥当でない．Hayami[1-)]は (1.4) 式右辺の ( ) の中で水面勾配を残したモデルを考えた．林[12]はべき乗則キネマティックウェーブモデルによる解を第一近似とし，この第一近似解を (1.4) 式右辺の各項に代入して得られる関係を (1.8) 式として第二近似モデルを構成した．林の方法では洪水ピークの流積あるいは流量が流下に伴って減衰することを説明することができる．いずれにせよ，河道内の洪水流は各種のキネマティックウェーブモデルでほぼ説明される．なお，(1.6) 式，(1.7) 式，(1.8) 式は流量 Q と流積 A の関係式なので流量・流積関係式とよばれる．

1.2.2　山腹斜面におけるキネマティックウェーブモデル

山腹斜面における地表面流は，広幅矩形断面水路を流れる薄層流と考えることができる．ここでは特に，不浸透面上の表面流，あるいは水みちや裸地などの浸透能を上回って雨水が補給された結果生じる表面流を考える．図 **1.2** に示すように斜面幅を B，単位幅流量を q，斜面から垂直に測った水深を h とする．$Q = Bq$，$A = Bh$ であるから，これらを (1.1) 式に代入して両辺を B で割ると，単位幅流量

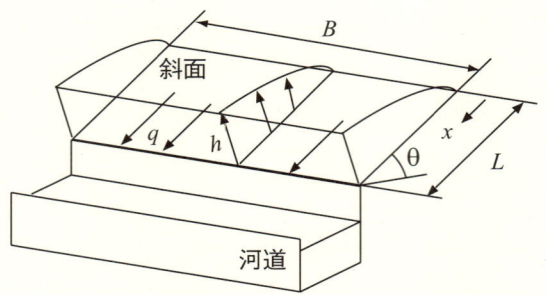

図 1.2：広幅矩形断面上のキネマティックウェーブ流れ.

と水深に関する連続式

$$\frac{\partial h}{\partial t} + \frac{\partial q}{\partial x} = \frac{q_l}{B} = r \tag{1.9}$$

が得られる．ここで，$r = q_l/B$ は，流れ方向の単位長さ当たりの側方流入量 q_l を斜面幅で割った値であり，斜面に垂直に与えられる単位面積あたりの降雨強度となる．つぎに，$Q = Bq, A = Bh$ を (1.6) 式に代入すると，

$$q = \frac{1}{B}\alpha_A(Bh)^m \tag{1.10}$$

が得られる．広幅矩形断面を仮定しているので水理水深 R は $R = Bh/(2h+B) \simeq h$ であることを用いると

$$R = \xi A^\zeta = \xi(Bh)^\zeta = \xi B^\zeta h^\zeta = h$$

である．最後の等号が恒等関係を表しているので，$\zeta = 1$, $\xi = 1/B$ となり (1.5) 式に代入して

$$\alpha_A = \frac{\sqrt{\sin\theta}}{n}\xi^{2/3} = \frac{\sqrt{\sin\theta}}{n}B^{-2/3}, \ m = 1 + \frac{2\zeta}{3} = \frac{5}{3}$$

が得られる．したがって (1.10) 式は

$$q = \frac{1}{B}\frac{\sqrt{\sin\theta}}{n}B^{-2/3}(Bh)^{5/3} = \frac{\sqrt{\sin\theta}}{n}h^{5/3} = \alpha h^m \tag{1.11}$$

となり，

$$\alpha = \frac{\sqrt{\sin\theta}}{n}, \ m = \frac{5}{3}$$

である．ここで n は粗度係数と同様の斜面流れに対するパラメータであり，等価粗度とよばれる．以上より，山腹斜面における地表面流に対するキネマティックウェーブモデルの基礎式は，(1.9) 式，(1.11) 式を用いて

$$\frac{\partial h}{\partial t} + \frac{\partial q}{\partial x} = r, \quad q = \alpha h^m$$

と表される．斜面長を L とすると，時刻 t での斜面下端での水深は $h(L,t)$，単位幅流量は $q(L,t)$ である．Woolhiser & Ligget[13] は

$$R_0 = \frac{L \sin \theta}{h_0 F_0} > 10$$

が成り立つとき，(1.9) 式，(1.11) 式によるキネマティックウェーブモデルが一次元非定常の流れをよく近似できることを示した．ここに h_0 は流れが定常等流としたときの斜面下流端での水深，F_0 はそのときのフルード数である．

1.3　山腹斜面系での流れのモデル化

石原・高棹[2]は，時間的に変化する横流入のある場合に，流量・流積関係式を (1.6) 式のように

$$Q = f(A) = \alpha_A A^m$$

とする場合のべき乗則キネマティックウェーブモデルの解の構造を解析的に表現し，これを用いて地表面流による雨水流出の基本的特性を明らかにした．こうしてキネマティックウェーブモデルは山腹斜面の流れを解析する有力なモデルとなった．

しかしながら，山腹斜面表層付近の流れのすべてがべき乗則キネマティックウェーブモデルでモデル化されるとはいえない．石原・高棹[4]は，山腹表層に透水性の高い土壌層を考えてこれを A 層とよび，A 層内の自由水の側方流れ (中間流) が A 層を越えて地表に達したときに地表面流，すなわち飽和表面流が発生するという構造を想定した．こうした構造では，地表面流の発生は斜面の下部で生じ，その発生域が初期の土湿条件や降雨条件によって一洪水内でも時間的に変動するという現象が生じる．この現象はべき乗則キネマティックウェーブモデルでは説明しえない構造的特質であり，石原ら[5]によって実際の流出現象におけるその役割の重要性が実証された．

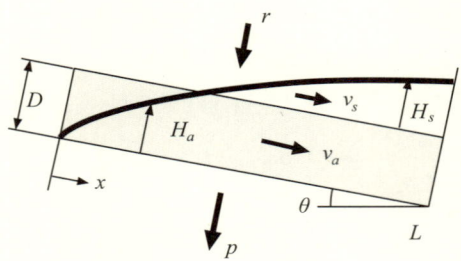

図 1.3：中間流・地表面流統合型キネマティックウェーブモデル．

　石原・高棹の中間流・地表面流理論では，まず中間流を追跡して地表面流発生域を求め，その地表面流発生域の流れをべき乗則キネマティックウェーブモデルで追跡する．中間流と地表面流を別の基礎式で表現するために扱いが複雑となる．そこで，中間流と地表面流とを一体的に考え，水深の変化に応じて流れの形態が変化することを反映する流量・流積関係式を考える[14)–18)]．

1.3.1　中間流・地表面流を統合した流量・流積関係式

　山腹斜面の表層は一般的に浸透性が高く，地表面に到達した雨水は表土層に浸透する．表土層に浸透した雨水は，はじめ鉛直に降下し，基岩面などの浸透性の低いところに到達すると，側方に流動しはじめる．この側方流動が中間流とよばれるものである．中間流は飽和すると地表面に達して地表面流となる．この中間流と地表面流を統合的に表現する流れのモデルが，中間流・地表面流統合型キネマティックウェーブモデル[14)–16)]である．

　図 1.3 は中間流と地表面流の構造を模式的に示したものである．図中の L は斜面長，θ は斜面勾配，D は表土層厚，H_a は土層を含めた中間流の水深，H_s は地表面流の水深，v_a は土層厚を考慮した中間流の断面平均流速，v_s は地表面流の断面平均流速，r は斜面に垂直に測った降雨強度，p は表土層底面からの浸透強度である．森林山腹斜面の表土層は浸透性が高く，数百 mm h^{-1} に達するといわれるため，表土層が不飽和である場所では，雨水はただちに浸透して中間流に加わり，地表に滞留することはないものと考える．つまり，$H_a < D$ のところでは $H_s = 0$ となる．逆に，$H_s > 0$ のところでは，表土層は飽和しているものとし，$H_a = D$ とする．このようにモデル化される流れの実質の流積 h を次のように定

義する.
$$h = \gamma H_a + H_s$$

γ は表土層の有効空隙率である.また,中間流・地表面流の単位幅流量 q を

$$q = H_a v_a + H_s v_s$$

と定義する.

次に中間流と地表面流の接続を考える.A 層内中間流は輸送項の卓越する G 型中間流[6]とする.$H_a < D$ のとき $H_s = 0$ であり,地表面流は存在しないので,$q = H_a v_a$ である.中間流における実質の流積は γH_a なので,空隙中を移動する雨水の実際の速度 a は

$$a = \frac{q}{\gamma H_a} = \frac{v_a}{\gamma}$$

となる.ここでダルシーの法則を用いて $v_a = k \sin\theta$ とする.k は表土層の透水係数である.以上より中間流の実質の流速 a は,

$$a = \frac{v_a}{\gamma} = \frac{k \sin\theta}{\gamma} = k_a \sin\theta$$

で与えられる.ここで $k_a = k/\gamma$ とした.このとき,単位幅流量は

$$q = H_a v_a = \gamma H_a \frac{v_a}{\gamma} = ha \tag{1.12}$$

となる.一方,$H_s > 0$ のときは中間流だけでなく地表面流も発生している.(1.11) 式のような流量・流積関係式を適用すると,地表面流の流速 v_s は α, m を定数として $H_s v_s = \alpha H_s^m$ より $v_s = \alpha H_s^{m-1}$ となるが,H_s が 0 に近づくにつれて v_s も 0 に近づくことになり,中間流の流速との連続性が保たれない.そこで,H_s が 0 に近づくにつれて v_s が a に近づくように

$$v_s = \alpha H_s^{m-1} + a$$

とする.$d = \gamma D$,$H_s = h - d$ とすると,単位幅流量はこのとき

$$q = H_s v_s + D v_a = \alpha(h-d)^m + a(h-d) + ad = \alpha(h-d)^m + ah \tag{1.13}$$

となる.(1.12) 式,(1.13) 式の流積 h と単位幅流量 q の関係を整理すると,

$$q(h) = \begin{cases} ah & 0 \leq h < d \text{ のとき} \\ \alpha(h-d)^m + ah & h \geq d \text{ のとき} \end{cases} \tag{1.14}$$

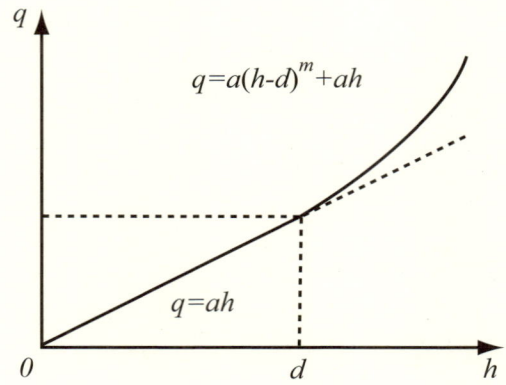

図 1.4：中間流・地表面流統合型キネマティックウェーブモデルの流量・流積関係式.

となる．これと連続式

$$\frac{\partial h}{\partial t} + \frac{\partial q}{\partial x} = r_e = r - p \tag{1.15}$$

をあわせたものが中間流・地表面流統合型キネマティックウェーブモデルである．連続式の右辺は中間流・地表面流に寄与する有効降雨強度 r_e を与えている．図 1.4 にこの流量・流積関係式を示す．

この方程式系は，べき乗則キネマティックウェーブモデルではないが，$q = f(h)$ という流量・流積関係式をもつキネマティックウェーブモデルである．中間流と地表面流とを統合したこの取扱いでは地表面流の発生域を陽に求める必要がなく，雨水流の形態の転移は，流量・流積関係を区分的に定義することによって，流れの追跡計算過程で自動的に考慮される．

1.3.2 圃場容水量を導入した流量・流積関係式

前節で述べた中間流・地表面流モデルでは，表土層に侵入した有効降雨はただちに中間流あるいは地表面流として斜面を流下するとしている．椎葉らはこの流量・流積関係式を拡張して，不飽和時の雨水の流れを含めた流量・流積関係式を提案した[17]．

土壌中の空隙を移動する雨水は，毛管力が働かない巨大な空隙（粗孔隙あるいは非孔隙空隙, non-capillary pore）を重力水として速やかに移動する雨水と，毛

1.3 山腹斜面系での流れのモデル化　13

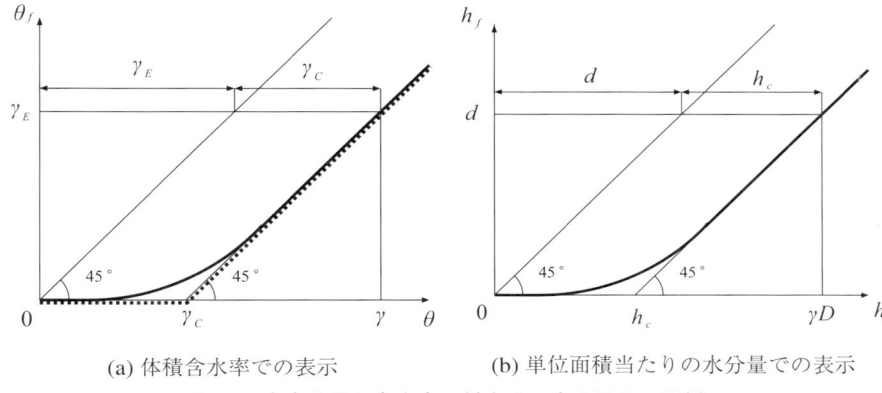

(a) 体積含水率での表示　　　(b) 単位面積当たりの水分量での表示

図 1.5：全水分量と自由水に対応する水分量との関係．

管力が働く微細な空隙（毛管孔隙, capillary pore）をゆっくりと移動する毛管移動水に分類される．この重力水と毛管移動水を合わせて自由水という．十分な降水があったのち約一昼夜経過して重力水が排水したあとに，土壌に保持されている土層の保水量を圃場容水量 (field capacity) という．圃場容水量以下の水量に対応する水分は毛管孔隙に保持されている．つまり，圃場容水量は，浸透した雨水が重力水として粗孔隙を流動し始めるときの土層の保水量と考えることができる．圃場容水量は土層全体に対する保水量を意味するが，ここでは圃場容水量に対応する体積含水率 γ_c を考え，土層の全含水率 θ のうち，重力水として流動する含水率 θ_f を

$$\theta_f = \begin{cases} 0 & \theta < \gamma_c \text{ のとき} \\ \theta - \gamma_c & \theta \geq \gamma_c \text{ のとき} \end{cases} \tag{1.16}$$

とする．この関係は図 1.5(a) の点線となる．このとき，土層の空隙率を γ とすれば，θ_f の最大値すなわち有効空隙率 γ_E は $\gamma - \gamma_c$ となる．前節で述べた中間流・地表面流モデルは，土層の含水率 θ が γ_c に達した後の重力水によって移動する雨水流動を表現するモデルに相当する．

(1.16) 式では $\theta \leq \gamma_c$ のときには雨水は流動せず，重力水のみを考えている．実際にはこのときも毛管水の移動があるため，それを含めて θ_f を自由水の含水率と考える．そのために $N > 1$ となるパラメタを導入して (1.16) 式を拡張し，

$$\theta = \theta_f + \gamma_c \left[1 - \left(\frac{\gamma_E - \theta_f}{\gamma_E} \right)^N \right]^{1/N} \tag{1.17}$$

とする. この式を θ_f で微分すると

$$\frac{d\theta}{d\theta_f} = 1 + \frac{\gamma_c}{N}\left[1 - \left(\frac{\gamma_E - \theta_f}{\gamma_E}\right)^N\right]^{(1-N)/N} \times \frac{N}{\gamma_E}\left(\frac{\gamma_E - \theta_f}{\gamma_E}\right)^{N-1}$$

となる. これから, $\theta_f \to 0$ のとき $d\theta/d\theta_f \to \infty$, $\theta_f \to \gamma_E$ のとき $d\theta/d\theta_f \to 1$ となることがわかる. $\theta_f = 0$ のとき $\theta = 0$, $\theta_f = \gamma_E$ のとき $\theta = \gamma$ となるので, (1.17)式は $\theta = 0$ と $\theta = \gamma$ の付近で (1.16) 式で表される折れ線に漸近する. (1.17) 式を図示すると図 **1.5**(a) の実線となる.

次に A 層の厚さを D とし, A 層の単位面積当たりの保水量を $h = \theta D$, そのうち自由水に対する保水量を $h_f = \theta_f D$ と表し, $d = \gamma_E D$, $h_c = \gamma_c D$ とおくと, (1.16) 式, (1.17) 式より, 以下の関係式が得られる.

$$h = \begin{cases} h_f + h_c\left[1 - \left(\dfrac{d - h_f}{d}\right)^N\right]^{1/N} & 0 \leq h_f < d \text{ のとき} \\ h_f + h_c & h_f \geq d \text{ のとき} \end{cases} \quad (1.18)$$

この関係を図示すると図 **1.5**(b) となる. $h_f \geq d$ のときの関係式は, h_f が A 層を超えた場合, 流積の増分がそのまま自由水の増分となることを表している. この h_f を (1.14) 式の h に代入すると,

$$q(h) = \begin{cases} ah_f & 0 \leq h_f < d \text{ すなわち } 0 \leq h < \gamma D \text{ のとき} \\ \alpha(h - \gamma D)^m + a(h - h_c) & h_f \geq d \text{ すなわち } h \geq \gamma D \text{ のとき} \end{cases} \quad (1.19)$$

となる. $h \geq \gamma D$ のときの流量・流積関係式の導出の過程を示すと,

$$\begin{aligned} q &= v_s(h_f - d) + ad = \alpha(h_f - d)^m + a(h_f - d) + ad = \alpha(h_f - d)^m + ah_f \\ &= \alpha(h - h_c - d)^m + ah_f = \alpha(h - \gamma_c D - \gamma_E D)^m + a(h - h_c) \\ &= \alpha(h - \gamma D)^m + a(h - h_c) \end{aligned}$$

となり, h の関数として陽に表すことができる. この流量・流積関係式を図 **1.6** に示す. これと連続式

$$\frac{\partial h}{\partial t} + \frac{\partial q}{\partial x} = r \quad (1.20)$$

を用いれば, 洪水時だけでなく低水時を含めて低水から高水まで連続的に変化する流出現象をモデル化することができる.

(1.19) 式, (1.20) 式を数値的に解く場合, 伝播速度 $c = dq/dh$ が必要となる. 以下にそれを導いておく. (1.18) 式を見やすくするために $\mu = (d - h_f)/d$ とおく.

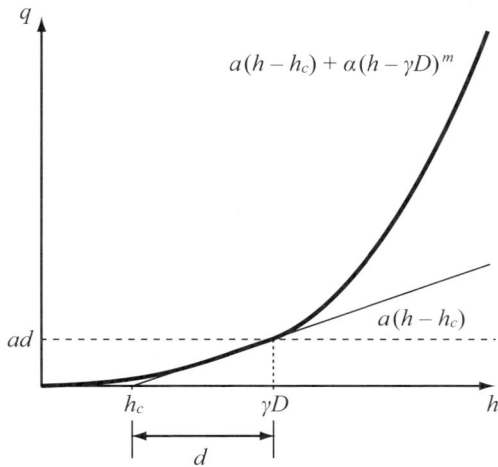

図 **1.6**：圃場容水量を導入した流量・流積関係式.

すると $0 \leq h_f < d$ の場合,

$$h = h_f + h_c(1 - \mu^N)^{1/N}$$

と表されるので,

$$\frac{dh}{dh_f} = \frac{dh}{d\mu}\frac{d\mu}{dh_f} = 1 + \frac{h_c}{d}\mu^{N-1}(1 - \mu^N)^{1/N-1}$$

となる．したがって,

$$\frac{dq}{dh} = \frac{dq}{dh_f}\frac{dh_f}{dh} = \frac{a}{1 + (h_c/d)\mu^{N-1}(1 - \mu^N)^{1/N-1}}$$

となる．$h_f \geq d$ の場合は (1.19) 式より以下となる．

$$\frac{dq}{dh} = a + m\alpha(h - \gamma D)^{m-1}$$

1.3.3 飽和・不飽和流れを考慮した流量・流積関係式

窪田ら[19]は飽和・不飽和流れの運動式を簡略化して，斜面流下方向の流量を飽和度の関数とする運動式を導いた．また，山田[20]は窪田らが導いた式と地表面流

型のキネマティックウェーブ式とを対比させて等価粗度と土壌特性との関連を示し，低水時あるいは小出水時の流れにおいても流量が流積のべき乗で関係付けられることを理論的に示した．これらを踏まえて，立川ら[18]は中間流・地表面流モデルを拡張して，低水部から高水部までの流出を連続的に表現する流量・流積関係式を考えた．この流量・流積関係式は，前節で示した圃場容水量を考慮した流量・流積関係式と同様の機能を持つ．毛管水の移動と重力水の移動とを分けてモデル化し，流れの状態に応じてモデルパラメータの機能を分離することで，系統的にパラメータ値が同定できるようにすることを意図してこの関係式が提案された．

土層は重力水が発生する大空隙部分と毛管移動水の流れの場であるマトリックス部分からなると考える．土層厚を D，体積含水率を θ とし，毛管移動水が支配的な体積含水率の範囲を $0 \leq \theta < \gamma_c$ と考える．ここで γ_c は圃場容水量に相当する体積含水率であり大空隙を除いたマトリックス部の飽和体積含水率と考える．$d_c\,(= \gamma_c D$, 前項の h_c に対応$)$ はマトリックス部の最大水分量を実質の流積で表したものである．一方，重力水が支配的な体積含水率の範囲を $\gamma_c \leq \theta < \gamma$ とする．ここで γ は空隙率であり，$\gamma - \gamma_c$ は有効空隙率である．ここで，$d = \gamma D$ とし，θ に対応する実質の流積を h として $h = \theta D$ とおく．以上をまとめると，

$$0 \leq h < d_c,\ (0 \leq \theta < \gamma_c) \quad \text{不飽和状態}$$
$$d_c \leq h < d,\ (\gamma_c \leq \theta < \gamma) \quad \text{飽和状態 (中間流の発生)}$$
$$d \leq h,\ (\gamma \leq \theta) \quad \text{飽和状態 (地表面流の発生)}$$

の三種の状態を考え，図 1.7 のようにモデル化する．以下にそれぞれの状態に応じた流量・流積関係式を示す．

まず，流積が $0 \leq h < d_c\,(0 \leq \theta < \gamma_c)$ の場合，マトリックス部を流れる不飽和流の平均流速 $v_m(h)$ を，x を流下方向として

$$v_m(h) = -k\frac{\partial H}{\partial x} = k_c S_e^\beta \left(i - \frac{\partial \varphi}{\partial x}\right) = k_c \left(\frac{\theta}{\gamma_c}\right)^\beta \left(i - \frac{\partial \varphi}{\partial x}\right)$$
$$\simeq k_c \left(\frac{\theta}{\gamma_c}\right)^\beta i = k_c \left(\frac{h}{d_c}\right)^\beta i = v_c \left(\frac{h}{d_c}\right)^\beta \tag{1.21}$$

と考える．ここで，H は全水頭，$k = k_c S_e^\beta$ は不飽和時の実質の透水係数，k_c はマトリックス部の実質の飽和透水係数，$S_e = (\theta/\gamma_c)$ は飽和度，β は θ の減少に伴う k の減少程度の大きさを表すパラメータ，i は斜面勾配，φ は圧力水頭であり，$v_c = k_c i$ とした．(1.21) 式では，圧力水頭 φ が流れ方向に大きく変化しないこと

1.3 山腹斜面系での流れのモデル化   17

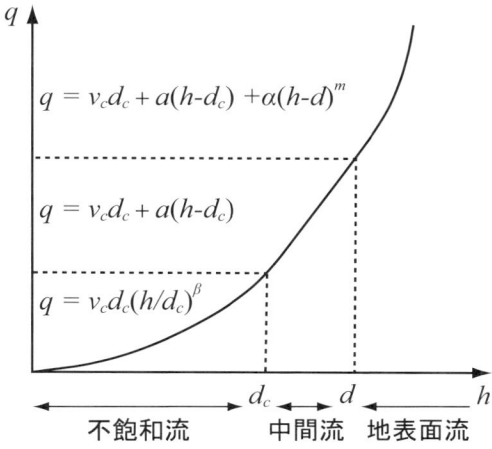

図 **1.7**：飽和・不飽和流れを考慮した流量・流積関係式.

を仮定する．単位幅流量 $q(h)$ は，雨水がマトリックス部全体を平均流速 $v_m(h)$ で流れると考え

$$q(h) = d_c v_m(h) = v_c d_c \left(\frac{h}{d_c}\right)^\beta, \ 0 \leq h < d_c \tag{1.22}$$

とする．伝播速度は次式となる．

$$\frac{dq}{dh} = \beta v_c \left(\frac{h}{d_c}\right)^{\beta-1} \tag{1.23}$$

次に，流積 h が d_c を超える場合，土壌中の大空隙をダルシー則に従って中間流が発生すると考え，マトリックス部を除く大空隙部での実質の流速を $a(=k_a i)$ と考える．k_a はダルシー則で定義されるような土層厚全体を考えた透水係数を空隙率で割って得られる実質の流積に対応する透水係数である．このときの全単位幅流量は，マトリックス部を流れる流量 $v_c d_c$ を合わせて

$$q(h) = a(h - d_c) + v_c d_c, \ d_c \leq h < d \tag{1.24}$$

となる．(1.24) 式より伝幡速度は，

$$\frac{dq}{dh} = a = k_a i \tag{1.25}$$

なので，$h = d_c$ のときに $q(h)$ が連続となるように，(1.23) 式，(1.25) 式より

$$\beta v_c = \beta k_c i = k_a i, \therefore \beta k_c = k_a \tag{1.26}$$

とする．$h = d_c$ において，q の変化は連続的である必要はないが，k_a は k_c よりも大きく β は通常 2〜6 程度の値を取るとされるため，$\beta k_c = k_a$ という条件は不自然ではない．このように設定することでパラメータの個数を一つ減らすことも可能であるため，(1.26) 式 を採用することにする．

最後に，流積 h が d を超える場合は地表面流が発生すると考え，地表面流の流速を

$$v_s = \alpha(h-d)^{m-1} + a$$

とする．$\alpha = \sqrt{i}/n$ である．このときの全単位幅流量は，マトリックス部と大空隙の単位幅流量を合わせて以下となる．

$$\begin{aligned}q(h) &= v_s(h-d) + a(d-d_c) + v_c d_c \\ &= \alpha(h-d)^m + a(h-d_c) + v_c d_c, \quad d \leq h\end{aligned} \tag{1.27}$$

以上をまとめると，$v_c = k_c i$, $a = k_a i$, $\alpha = \sqrt{i}/n$ として，単位幅流量と流積の関係は，

$$q(h) = \begin{cases} v_c d_c \left(\dfrac{h}{d_c}\right)^\beta & 0 \leq h < d_c \\ v_c d_c + a(h-d_c) & d_c \leq h < d \\ v_c d_c + a(h-d_c) + \alpha(h-d)^m & d \leq h \end{cases} \tag{1.28}$$

と表すことができる．$d_c = 0$ のときは (1.14) 式に帰着し，中間流・地表面流モデルの自然な拡張となっていることがわかる．この式で表される q と h の関係を図 **1.7** に示す．このときの伝播速度 c は次式で表される．

$$c = \frac{dq}{dh} = \begin{cases} \beta v_c \left(\dfrac{h}{d_c}\right)^{\beta-1} & 0 \leq h < d_c \\ a & d_c \leq h < d \\ m\alpha(h-d)^{m-1} + a & d \leq h \end{cases} \tag{1.29}$$

1.4　地形形状効果の導入

前節では土壌層に被覆された矩形斜面での山腹斜面の流れのモデルを考えた．このモデルは，斜面上流から雨水を集めて流下する中間流が，土壌層内だけでは

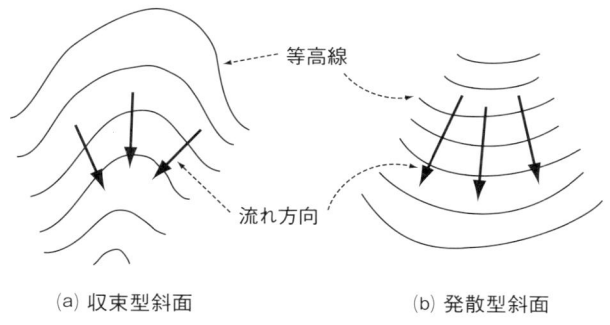

図 **1.8**：収束または発散する斜面.

雨水を流下させることができなくなると，土壌層表面に地表面流を発生させるという機構を持っている．斜面が矩形斜面ではなく，図 **1.8**(a) のように収束する曲面であれば，地形による集水効果のために地表面流が発生する傾向はさらに強くなり，逆に図 **1.8**(b) のように発散する曲面であれば，地表面流の発生は抑制される．実際，Dunne and Black[21]は，試験流域での自然降雨および人工散水による流出を観測して，収束する斜面の下部で表面流が発生しやすい事実を示している．このような地形効果を表現するためには，斜面幅や斜面勾配の変化を流れのモデルの構成式に取り入れる必要がある．こうした斜面形状の効果を考慮するために，高棹・椎葉[14]-[16]は地形パターン関数を導入したキネマティックウェーブモデルを提案した．

1.4.1 幅と勾配が変化する斜面に対する連続式

図 **1.9** のように流下方向 x に沿って幅 $b(x)$ と勾配 $\theta(x)$ が変化する斜面を考える．但し $\theta(x)$ は逆勾配にはならないとする．斜面に垂直に測った水深を h，単位幅流量を q，鉛直方向に測った降雨強度を $r(t)$ とする．通水断面積を A，流量を Q，q_l を斜面流下方向の単位長さ当たりの側方流入量とすると，$A = hb(x), Q = qb(x), q_l = b(x)r(t)\cos\theta(x)$ なので，連続式 (1.1) に代入すると

$$\frac{\partial(hb(x))}{\partial t} + \frac{\partial(qb(x))}{\partial x} = b(x)r(t)\cos\theta(x)$$

となる．ここで $r(t)$ は鉛直方向の単位面積当たりの降雨強度である．$b(x)$ は時間

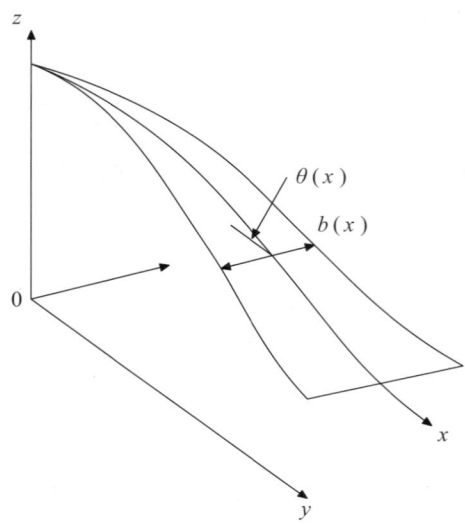

図 1.9：流下方向に幅と勾配が変化する斜面.

的に変化しないことから

$$\frac{\partial h}{\partial t} + \frac{1}{b(x)}\frac{\partial(qb(x))}{\partial x} = r(t)\cos\theta(x) \tag{1.30}$$

が得られる．金丸[22)]は上の連続式と運動式として $q = \alpha h^m$ を用いて，円錐形斜面を含め種々の斜面形状における流出を特性曲線法を用いて計算した．

1.4.2 地形パターン関数を導入したキネマティックウェーブモデル

図 1.9 に示す斜面において，斜面に沿って斜面上端から測った距離 x と水平投影面上の距離 y との間には，z を高さ方向の座標として

$$x = l(y) = \int_0^y \left[1 + \left(\frac{dz}{d\xi}\right)^2\right]^{1/2} d\xi$$

という関係がある．これを連続式に代入すると，

$$\frac{\partial h}{\partial t} + \frac{1}{b(l(y))}\frac{dy}{dx}\frac{\partial(qb(l(y)))}{\partial y} = r(t)\cos\theta(l(y))$$

となる．dy/dx は $\cos\theta(l(y))$ である．上式の辺々に $b(l(y))/\cos\theta(l(y))$ を乗じ，簡単のため $b(l(y))$ を単に $b(y)$ などと書くと，

$$\frac{\partial}{\partial t}\left(\frac{h(y,t)b(y)}{\cos\theta(y)}\right)+\frac{\partial(qb(y))}{\partial y}=b(y)r(t) \tag{1.31}$$

を得る．ここで L を水平面上に投影した斜面長とし $y=Ly'$ として斜面長を正規化する．また，流量・流積関係式を $q=f(h)$ として

$$s(y',t)=\frac{h(Ly',t)g(y')}{\cos\theta(Ly')} \tag{1.32}$$

$$w(y',t)=\frac{g(y')}{L}f\left(\frac{s\cos\theta(Ly')}{g(y')}\right) \tag{1.33}$$

$$g(y')=Lb(Ly') \tag{1.34}$$

と変数変換し，改めて y' を y と書くと連続式 (1.31) は

$$\frac{\partial s}{\partial t}+\frac{\partial w}{\partial y}=g(y)r(t),\quad 0\le y\le 1 \tag{1.35}$$

となり，w と s の関係式は (1.33) 式より

$$w(y,t)=\frac{g(y)}{L}f\left(\frac{s(y,t)\cos\theta(Ly)}{g(y)}\right) \tag{1.36}$$

となる．$g(y)$ は地形形状によってのみ定まる関数であり，地形パターン関数とよばれる．(1.35) 式，(1.36) 式が地形パターン関数を導入したキネマティックウェーブモデルである[14),23)]．このように地形パターン関数を場の形状に応じて適宜，定義することで，キネマティックウェーブモデルに地形形状の効果を導入することができる．$g(y)$ が y によらず一定の値をとれば矩形斜面上の流れを表現するキネマティックウェーブモデルに帰着する．

1.4.3　円錐面上のキネマティックウェーブモデルと中間流・地表面流

斜面幅を $b(x)$ とすると図 **1.10**(a) のように収束する円錐面では

$$b(x)=\theta\cos S_0(L_0-x),\quad 0\le x\le L$$

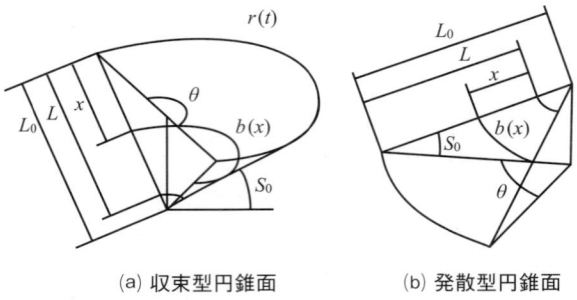

(a) 収束型円錐面　　(b) 発散型円錐面

図 1.10：円錐斜面モデル.

となり，図 1.10(b) のように発散する円錐面では

$$b(x) = \theta \cos S_0 (x + L_0 - L), \quad 0 \leq x \leq L$$

となる．また，斜面下端から流出量 $Q(L, t)$ は

$$Q(L, t) = b(L) q(L, t) \tag{1.37}$$

で与えられる．変数変換

$$y = x/L, g(y) = b(Ly)L, w(x,t) = b(Ly)q(Ly,t), s(x,t) = b(Ly)Lh(Ly,t) \tag{1.38}$$

を用いると連続式 (1.30)，(1.37) 式は

$$\frac{\partial s}{\partial t} + \frac{\partial w}{\partial y} = g(y) r(t), \quad 0 \leq y \leq 1 \tag{1.39}$$

$$Q(L, t) = b(L) q(L, t) = w(1, t) \tag{1.40}$$

で与えられる．このときの $g(y)$ が地形パターン関数に他ならない．

収束する円錐面の地形パターン関数 $g(y)$ は

$$g(y) = b(Ly)L = L\theta \cos S_0 (L_0 - Ly), \quad 0 \leq y \leq 1 \tag{1.41}$$

発散する円錐面の地形パターン関数 $g(y)$ は

$$g(y) = b(Ly)L = L\theta \cos S_0 (Ly + L_0 - L), \quad 0 \leq y \leq 1 \tag{1.42}$$

となる．流量・流積関係式 $q = f(h)$ は (1.38) 式を用いると

$$w(y, t) = \frac{g(y)}{L} f\left(\frac{s(y, t) \cos S_0}{g(y)}\right) \tag{1.43}$$

が得られる．中間流・地表面流モデルの流量・流積関係式を具体的に記述すると，(1.14) 式，(1.43) 式 より，$h < d$ すなわち $s(y,t) < g(y)d/\cos S_0$ のとき

$$w(y,t) = \frac{\sin S_0}{L\gamma} s(y,t) \cos S_0$$

$h \geq d$ すなわち $s(y,t) \geq g(y)d/\cos S_0$ のとき

$$w(y,t) = \frac{g(y)}{L} \left[\alpha \left(\frac{s(y,t) \cos S_0}{g(y)} - d \right)^m + \frac{\sin S_0}{\gamma} \frac{s(y,t) \cos S_0}{g(y)} \right]$$

となる．結局，円錐面上の流れは，(1.39) 式，(1.40) 式，(1.43) 式で記述される．これらは前項で示した地形パターン関数を導入したキネマティックウェーブモデルの形をしている．収束する円錐面では，地形パターン関数 $g(y)$ は y の一次式であり，1 次の項の係数は，円錐面が収束するとき負，発散するとき正である．

1.4.4　斜面の収束・発散が流出に及ぼす影響

前項で示したモデルでは総流出量を出力としているが，出水特性をみるには，流出高を出力とするように変形しておくのが便利である．地形パターン関数 $g(y)$ と流域面積 F との間には

$$\int_0^1 g(y)\,dy = F$$

という関係があることに注意して，正規化した地形パターン関数を

$$G(y) = g(y)/F, \quad \int_0^1 G(y)\,dy = 1$$

と定義する．この正規化した地形パターン関数を用いて

$$W(y,t) = w(y,t)/F, \quad S(y,t) = s(y,t)/F$$

とおくと，(1.39) 式，(1.40) 式，(1.43) 式は次式のようになる．

$$\frac{\partial S}{\partial t} + \frac{\partial W}{\partial y} = G(y)r(t), \quad 0 \leq y \leq 1 \tag{1.44}$$

$$Q(L,t)/F = W(1,t) \tag{1.45}$$

$$W(y,t) = \frac{G(y)}{L} f\left(\frac{S(y,t) \cos S_0}{G(y)} \right) \tag{1.46}$$

円錐面の地形パターン関数 (1.41) 式, (1.42) 式 を投影面積 $L\theta \cos S_0(L_0 - L/2)$ で割れば, 正規化した地形パターン関数 $G(y)$ は $G_0 = G(0)$ として

$$G(y) = 2(1 - G_0)y + G_0$$

と表すことができる. ここで $G_0 > 1$ ならば収束する円錐面, $G_0 < 1$ ならば発散する円錐面, $G_0 = 1$ ならば矩形斜面となる.

この G_0 を用いて地形形状の違いが流出に及ぼす影響を示す[14]. 流量・流積関係式には中間流・地表面流統合モデル (1.14) 式を用い, パラメータ値は

$$d = 100 \text{ mm}, v_a/L = 0.05 \text{ h}^{-1}, \alpha/L = 0.5 \text{ mm}^{-2/3}\text{h}^{-1}, m = 5/3, G_0 = 1.5$$

とした. $r(t)$ は, 継続時間が 10 時間でピーク降雨強度が 20 mm hr^{-1} である二等辺三角形のものを考える. A 層底からの浸透強度はここでは考えない.

特別に $d = \infty$ とすると, 地表面流は発生せず系は線形で, そのインパルス応答関数は

$$G(1 - v_a t) = 2(1 - G_0)(1 - v_a t) + G_0, \; 0 \leq t \leq 1/v_a$$

で与えられる. よって収束する斜面 ($G_0 > 1$) では発散する斜面 ($G_0 < 1$) よりも流出が遅くなる. ところが, d=100 mm (これは総降雨量に等しい) とすると様相が異なる. 図 **1.11** は G_0 の値を変化させた場合の流出量の違いを示したものである. 発散型の斜面, すなわち $G_0 < 1$ の斜面では斜面下流部の面積が大きく, 雨が降った地点から斜面下端までの距離が短いために, 流出の立ち上がりが早くなる. これと反対に $G_0 > 1$ となる収束型の斜面では, 平均的な流下距離が発散型斜面よりも長くなるために, 地表面流あるいは中間流だけを考える流出モデルならば, 発散型の斜面よりも流出の立ち上がりは遅くなるはずである.

ところが図 **1.11** ではそのようになっていない. むしろ地形の収束度が強まるにつれて, 流出の立ち上がりは早くなっている. これは, 収束地形の効果で表土層が飽和し, 発散型では中間流のみの発生であったのが, 収束型斜面では地表面流が発生したためである. 地表面流の流速は中間流の流速より大きい. 地形の収束度が強いほど地表面流が発生しやすく, 地表面流が発生すると雨水がより早く流出する.

この例から明らかなように, 斜面形態の影響の仕方は必ずしも一方向的ではない. A 層厚が大きくて, 地表面流が生じない場合は, 斜面形態が収束的であることは, 出水を遅らせる方向に作用する. 一方で, A 層厚が小さくて, あるいは降

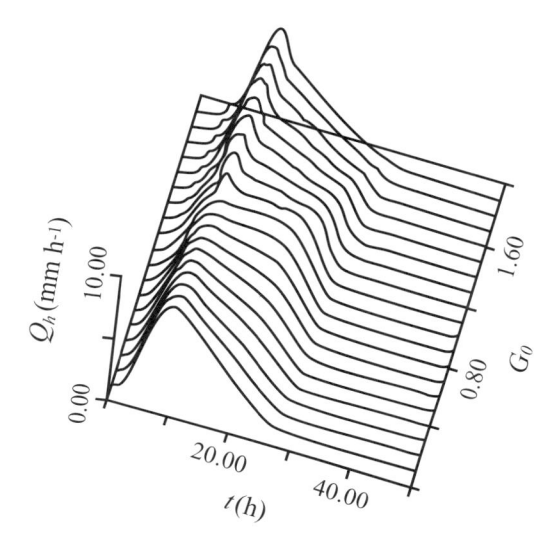

図 **1.11**：G_0 の変化による出水形態の変化[14].

雨強度が大きくて，地表面流が生じる場合には，斜面形態が収束的であることは，逆に出水を急激化する方向に作用する．これは出水特性と斜面形態の関係を把握するにあたって特に注意を要する点である．

以上では円錐面を考えたので地形パターン関数は一次式であった．地形パターン関数を導入したキネマティックウェーブモデルを単に入出力系のモデルとして見れば，地形パターン関数を一次式に限定する必要はない．地形パターン関数を適当に選ぶことによって，円錐面や矩形平面に限らない複雑な山腹斜面の流れを近似することができると考えられる．

1.5　流出場の平面構造の不均一性と流出形態

これまで鉛直方向の土層構造を考慮した流量・流積関係式を提示し，それに斜面地形形状を組み込む方法を示した．これによって，土層構造と斜面地形が相互に関連して流出現象の非線形性を説明できることを示した．洪水現象の非線形性を理解する上で，もうひとつ重要な点は，流出場の平面構造の不均一性が流出現象に影響を与えることである．

流域によっては，比較的小さな洪水で急な立ち上がりが見られ，小出水ほど非線形性の高い現象が現れることがある．このことは，前節での土層の鉛直構造や斜面地形を考慮するだけでは説明することができない．山地流域では，林道や透水性の低い一時的水みち，踏地や岩石の露出部分，河道などのように，降雨の大部分が地表面流となって流出する部分が存在する．これらの地域を裸地域と総称することにする．山地流域の直接流出を考える場合，多くの試験流域での観測結果によれば，その面積率が高々10%程度の小さなものであっても，これらの裸地域からの流出は無視できない．それどころか，直接流出の大半が裸地域からの流出で説明できるようである．野州川支川荒川試験地での出水に関する流出解析[24]によれば，ピーク流出の約80%が面積率約5%の裸地域からの流出分としている．

A層域に侵入した雨水は最初毛管水としてA層内に貯留される．そのため，雨水がA層内を重力水として流れる側方流れ，すなわち中間流の形成は，ある程度の雨水補給がなされた後となる．一方で，裸地域では損失量は小さく，降雨の大半はすぐに地表面流(ホートン型地表流)となって流出する．したがって，通常観測されるような再現期間の短い規模の小さな降雨では，A層域に中間流が十分発達しないために，裸地域からの流出が直接流出の大半を占めることになる．すなわち，直接流出の主成分が裸地域からの流出で説明できるのは，降雨規模の小さい小出水の場合である．さらに降雨規模が大きくなると，A層域からの直接流出(中間流と飽和地表面流)が支配的となる．そこで，降雨強度と関連して直接流出にはつぎの三つの型があることになる[25]．

(1) 裸地域からのホートン型地表流のみ
(2) 裸地域からのホートン型地表流とA層域の中間流
(3) 裸地域からのホートン型地表流とA層域の中間流・飽和地表面流

小出水では，(1)の型が生じ，非線形性をもつ．中出水では，(2)の型が生じ，非線形性が弱まる．大出水になると，(3)の型が生じ，再び非線形性が強くなる．このような出水構造の転移に関しては，石原ら[5]，石原・高棹[7]が理論的・実証的に検討している．その一例として，石原ら[5]は由良川流域大野ダム地点の出水資料を整理し，最大流量に対応する到達時間 t_{pc} と到達時間内の平均有効降雨強度 r_{mp} の間に，図 **1.12** のような関係があることを見出した．高棹は，遷移領域のところで最大流量と到達時間の関係が変化していることについて，降雨強度が小さ

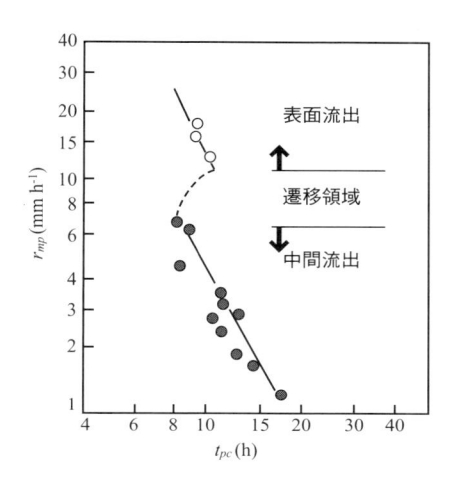

図 **1.12**：最大流量の到達時間と降雨強度の関係（石原ら[5]）をもとに作成）.

い領域では中間流出が卓越し，降雨強度が大きくなって遷移領域を越えると表面流出が卓越するために，このような最大流量と到達時間の関係のギャップが生じていると解釈している．

降雨強度によって出水構造が変化することを示した独創的な分析であるが，中間流出が卓越した領域をそのまま延長した場合に比べて，表面流出が卓越した領域で到達時間がかえって大きくなっていることについて，理由づけが必要であろう．上述したように，降雨規模との関連で直接流出には三つの型がある．図 **1.12** で中間流出領域に分類されているところを裸地域からのホートン型表面流のみが卓越する (1) の型，遷移領域を (2) の型，表面流出と分類されているところを A 層を超えた飽和表面流が卓越する (3) の型と読み替えることが可能であろう．到達時間が小出水の時の関係よりも大きいのは，A 層域の中間流の影響を受けているためであると解釈することができる．

このように裸地域と A 層域という流出場の平面的な分布が，A 層における土壌層とその上の地表面流という流れの鉛直方向の分布と複合して，直接流出の型が変化することを理解することができる．単峯の降雨であるにもかかわらず，洪水初期に小さなピーク流量が現れその後により大きなピーク流量が現れるような複峰の流量観測データをみることがある．この現象も上に述べたようなことで説明することができる．

1.6 特性曲線法によるキネマティックウェーブモデルの解法

1.6.1 特性曲線法

キネマティックウェーブモデルの代表的な解法として，特性曲線法による方法を説明する．特性曲線の理論によれば，独立変数 x, t の関数 $z(x, t)$ に関する準線形偏微分方程式

$$a(x, t, z)\frac{\partial z}{\partial t} + b(x, t, z)\frac{\partial z}{\partial x} = c(x, t, z) \tag{1.47}$$

を解くことは，連立常微分方程式

$$\frac{d\bar{t}}{ds} = a(\bar{x}, \bar{t}, \bar{z}), \quad \frac{d\bar{x}}{ds} = b(\bar{x}, \bar{t}, \bar{z}), \quad \frac{d\bar{z}}{ds} = c(\bar{x}, \bar{t}, \bar{z}) \tag{1.48}$$

を初期条件

$$\bar{t}(0) = t_0, \quad \bar{x}(0) = x_0, \quad \bar{z}(0) = z_0$$

のもとで解くことと同じである (コラム参照)．(1.47) 式は係数 a, b が z によって変化する場合を考えているため線形の偏微分方程式ではなく，準線形偏微分方程式とよばれる．一般に，常微分方程式 (1.48) 式を特性微分方程式，特性微分方程式の解曲線を特性曲線，特性曲線を x–t 平面に投影した曲線を特性基礎曲線とよぶ．

キネマティックウェーブモデル

$$\frac{\partial h}{\partial t} + \frac{\partial q}{\partial x} = r \tag{1.49}$$

$$q = \alpha h^m \tag{1.50}$$

に対する特性微分方程式を求める．q が h のみの関数である場合，連続式 (1.49) 式は

$$\frac{\partial h}{\partial t} + \frac{dq}{dh}\frac{\partial h}{\partial x} = r \tag{1.51}$$

となる．これは $h(x, t)$ に関する準線形偏微分方程式である．(1.51) 式と (1.47) 式を対応させて考えれば，$z \to h$, $a(x, t, z) \to 1$, $b(x, t, z) \to dq/dh$, $c(x, t, z) \to r$ と対応しているので，特性微分方程式として

$$\frac{dt}{ds} = 1, \quad \frac{dx}{ds} = \frac{dq}{dh} = \alpha m h^{m-1}, \quad \frac{dh}{ds} = r$$

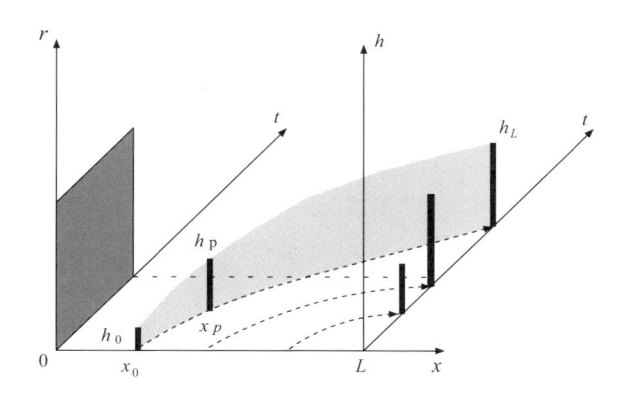

図 1.13：特性曲線によって得られる解曲面.

が得られる．これらから連立常微分方程式

$$\frac{dx}{dt} = \alpha m h^{m-1} \qquad (1.52)$$

$$\frac{dh}{dt} = r \qquad (1.53)$$

を得る．(1.52) 式によって得られる特性基礎曲線上で (1.53) 式を解けば，$h(x,t)$ の時間空間変化を得ることができ，(1.50) 式 を通して $q(x,t)$ を得ることができる．

図 **1.13** は，これを模式的に示した図である．初期時刻 $t = 0$ において $x_p(0) = x_0$，$h_p(0) = h_0$ であるような (x,t) 平面上の動点 x_p を考えると，x_p は時間とともに特性基礎曲線 (1.52) 式，すなわち図 **1.13** の破線を通って移動し，(1.53) 式によって特性基礎曲線上の水深 h_p が求まる．L を斜面長とする場合，初期時刻の水深 H_I および斜面上端での水深 H_B を与え

初期条件 ($t = 0$ での水深) $\quad h(x,0) = H_I(x), \quad 0 \leq x \leq L$
境界条件 ($x = 0$ での水深) $\quad h(0,t) = H_B(t), \quad t > 0$

のもとに多数の特性曲線を描いて $x = L$ での水深 $h(L,t)$ を求めれば，斜面下端での水深の時間変化を得ることができる．

次項で述べるように，入力 r，流量と流積の関係式 $f(x,h)$，初期・境界条件がある種の条件を満たすときは，特性基礎曲線が交差しないことを証明することがで

きる．そのような場合には，特性微分方程式を解析的に解くか，またはルンゲ・クッタ法などを用いて数値的に解くかして所要の解を求めることができる．しかし，特性基礎曲線が交差しないことが必ずしも保証されない場合には，特性曲線を追跡していく方法では，特性基礎曲線の交差が起こったときにそれ以上計算を進めることができなくなるので，**1.7** で述べる差分法によるのが望ましい．

コラム：準線形偏微分方程式の解法

独立変数 x, y の関数 $z(x, y)$ に関する偏微分方程式

$$a(x, y, z)\frac{\partial z}{\partial x} + b(x, y, z)\frac{\partial z}{\partial y} = c(x, y, z) \tag{1.54}$$

の解法を考える．この式には一階偏微分 $\partial z/\partial x$, $\partial z/\partial y$ しか表れないので，一階偏微分方程式である．またこの偏微分方程式は $\partial z/\partial x$, $\partial z/\partial y$ の一次式なので，準線形偏微分方程式とよばれる．準線形であって線形でないのは，$\partial z/\partial x$, $\partial z/\partial y$ の係数 a, b が z によって変化する場合を考えているためである．係数 a, b が z に依存せず，c が z の一次式であれば，線形の偏微分方程式である．

(1.54) 式の解 $z = Z(x, y)$ が与えられていると仮定する．その $Z(x, y)$ を用いて，連立常微分方程式

$$\begin{aligned}\frac{d\bar{x}}{ds} &= a(\bar{x}, \bar{y}, Z(\bar{x}, \bar{y})) \\ \frac{d\bar{y}}{ds} &= b(\bar{x}, \bar{y}, Z(\bar{x}, \bar{y}))\end{aligned} \tag{1.55}$$

を考える．$\bar{x}, \bar{y}$ は，独立変数 $s \geq 0$ の関数で，初期条件

$$\bar{x}(0) = x_0, \quad \bar{y}(0) = y_0$$

を満たすとする．この常微分方程式を満たす解 $\{\bar{x}(s), \bar{y}(s), s \geq 0\}$ によって定まる x–y 平面上の曲線を l_0 と表す．図 **1.14** に示すように解曲面 $z = Z(x, y)$ の上にある曲線で，x–y 平面に投影したとき曲線 l_0 になるような曲線を l とする．曲線 l の座標を s をパラメータとして表して $\bar{z}(s)$ と書くと，

$$\bar{z}(s) = Z(\bar{x}(s), \bar{y}(s)) \tag{1.56}$$

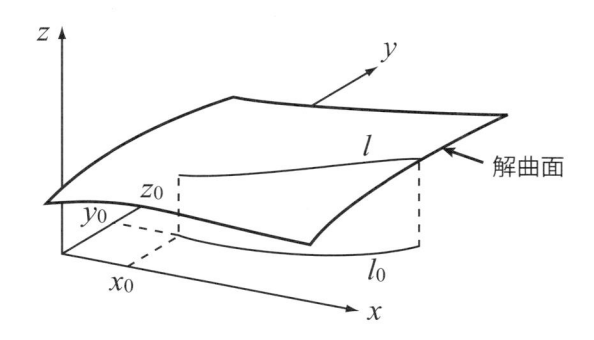

図 **1.14**：特性曲線と特性基礎曲線.

となる．ここで，$d\bar{z}/ds$ を計算する．(1.56) 式 から，

$$\frac{d\bar{z}}{ds} = \frac{\partial Z}{\partial x}\frac{d\bar{x}}{ds} + \frac{\partial Z}{\partial y}\frac{d\bar{y}}{ds} \quad \text{[合成関数の微分法]}$$

$$= a(\bar{x}, \bar{y}, Z(\bar{x}, \bar{y}))\frac{\partial Z}{\partial x} + b(\bar{x}, \bar{y}, Z(\bar{x}, \bar{y}))\frac{\partial Z}{\partial y} \quad \text{[(1.55) 式 を代入]}$$

$$= c(\bar{x}, \bar{y}, Z(\bar{x}, \bar{y})) \quad \text{[$z = Z(x, y)$ が (1.54) 式 の解であるから]} \quad (1.57)$$

が得られる．よって，$\{\bar{x}(s), \bar{y}(s), \bar{z}(s), s \geq 0\}$ は，(1.55) 式，(1.56) 式，(1.57) 式 から，微分方程式

$$\frac{d\bar{x}}{ds} = a(\bar{x}, \bar{y}, \bar{z}) \tag{1.58}$$

$$\frac{d\bar{y}}{ds} = b(\bar{x}, \bar{y}, \bar{z}) \tag{1.59}$$

$$\frac{d\bar{z}}{ds} = c(\bar{x}, \bar{y}, \bar{z}) \tag{1.60}$$

と，初期条件

$$\bar{x}(0) = x_0, \quad \bar{y}(0) = y_0, \quad \bar{z}(0) = z_0 \tag{1.61}$$

を満たすことがわかる．(1.58) 式〜(1.61) 式は，それだけで x, y, z 空間内の曲線を特定するものであり，(1.58) 式〜(1.61) 式自体には，その式を誘導する際に仮定した解曲面の式 $Z(x, y)$ が表れていないことに注意しよう．

(1.58) 式〜(1.61) 式を解いて得られる曲線は，解曲面の上にあるのだから，最初から，微分方程式 (1.58) 式〜(1.61) 式 を解けば，解曲面の上の曲線を求めることができる．微分方程式 (1.58) 式〜(1.60) 式を特性微分方程式，特性

微分方程式の解曲線 l を特性曲線，特性曲線を $x-y$ 平面に投影した曲線 l_0 を特性基礎曲線とよぶ．特性基礎曲線も特性曲線とよぶことがある．特性微分方程式 (1.58) 式～(1.60) 式を形式的に

$$\frac{dx}{a(x,y,z)} = \frac{dy}{b(x,y,z)} = \frac{dz}{c(x,y,z)} \; (= ds) \tag{1.62}$$

と表すこともある．

1.6.2 降雨が継続する場合のキネマティックウェーブモデルの解析解

(1.49) 式，(1.50) 式で表されるキネマティックウェーブモデルにおいて，時刻 $t = 0$ 以降，一定の降雨強度 r_0 が継続するとする．また，時刻 $t = 0$ のとき，斜面の上に水はなく，斜面上端からの流入は常にないものとする．すなわち $h(x, 0) = 0, 0 \leq x \leq L, h(0, t) = 0, t > 0$ とする．このとき，(1.52) 式，(1.53) 式を用いて，時刻 $t = 0$ に $x = x_0, 0 \leq x_0 \leq L$ を出発した特性基礎曲線の解を解析的に求める．

(1) 降雨が継続する場合の特性基礎曲線

時刻 $t = 0$ に出発した特性基礎曲線上での水深の時間変化は (1.53) 式を用いて $dh/dt = r_0$ である．これより，時刻 $t = 0$ には斜面上には水がないので $h = r_0 t$ が得られる．この結果を (1.52) 式に代入すると

$$\frac{dx}{dt} = \alpha m h^{m-1} = \alpha m (r_0 t)^{m-1}$$

であるから，時刻 $t = 0$ に位置 x_0 を出発した特性基礎曲線は上式を積分して

$$\int_{x_0}^{x} dx' = \int_0^t \alpha m r_0^{m-1} t'^{m-1} dt' \quad \therefore \; x = \alpha r_0^{m-1} t^m + x_0$$

となる．したがって時刻 $t = 0$ に斜面上端 $x = 0$ を出発した特性基礎曲線は，

$$x = \alpha r_0^{m-1} t^m \tag{1.63}$$

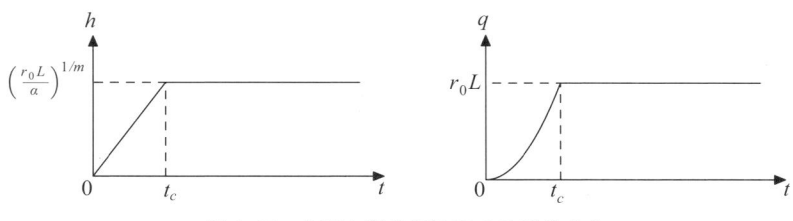

図 **1.15**：水深と単位幅流量の時間的変化.

であり，この特性基礎曲線が斜面下端 $x = L$ に到達する時刻 t_c は $x = L$, $t = t_c$ とした (1.63) 式を解いて，

$$t_c = \left(\frac{L}{\alpha r_0^{m-1}}\right)^{1/m} \tag{1.64}$$

となる．時刻 0 から t_c までの時間は，斜面上端を出発した特性基礎曲線が斜面下端に到達するために要する時間であり，伝播時間とよばれる．伝播時間は，洪水の最大流量が発生するまでの時間と降雨強度，斜面長 (流域の大きさ) を関連付ける重要な指標である．

時刻 $t = 0$ に斜面のいたるところから出発した特性基礎曲線は，下流側から出発した特性基礎曲線から順に斜面下端に到達する．それぞれの特性基礎曲線上では，水深は $h = r_0 t$ に従って増加する．したがって，斜面下端で見たときの水深の時間変化も $h = r_0 t$ となる．時刻 0 に斜面上端を出発した特性基礎曲線が斜面下端に到達する時刻 t_c まで，斜面下端の水深は増え続ける．時刻 t_c 以降，斜面に入る降雨量と斜面から出る流出量が等しくなり，入出力の時間的な変化がなくなる．この状態を定常状態といい，t_c 以降は水深は一定となる．単位幅流量 q については，時刻 t_c までの水深の時間変化が $h = r_0 t$ であるから，t_c までは $q = \alpha h^m = \alpha (r_0 t)^m$ であり，t_c 以降は $q = \alpha (r_0 t_c)^m = r_0 L$ の一定値となる．これらを図示すると，図 **1.15** のようになる．

(2) 斜面流の水面形の時間変化（流量・流積関係が線形の場合）

(1.50) 式において $m = 1$ とし，線形の流量・流積関係式を考える．このとき，t_c よりも長い時間，同じ強度の降雨が続き，その後，急に降り止んだとする．この場合の斜面流の水面形の時間的変化を，定常状態に達するまでと降雨が終了した後に分けて示す．

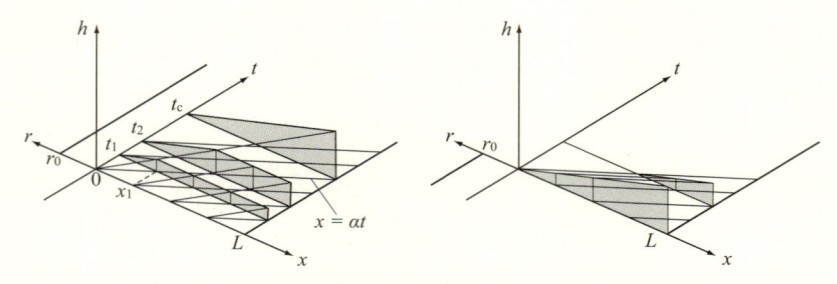

図 **1.16**：流量・流積関係が線形の場合の特性基礎曲線上での水深の時間変化．左は定常に達する前の降雨時の水面形の変化，右は降雨終了後の水面形の変化を表す．

図 **1.16**(左) は，雨が降り続いているときの特性基礎曲線と，特性基礎曲線上での水深の時間変化を示したものである．$m=1$ であるから，特性基礎曲線の傾きは $dx/dt = \alpha$ となって一定の値をとる．ある時刻 $t = t_1$ で斜面の流下方向 (x 方向) に見ると，時刻 $t = 0$ に出発した特性基礎曲線上で水深は $r_0 t_1$ となっている．また，時刻 $t = t_0, 0 < t_0 < t_1$ に斜面上端を出発した特性基礎曲線は，$dx/dt = \alpha$ より

$$\int_0^x dx' = \int_{t_0}^t \alpha dt' \quad \therefore \quad x = \alpha(t - t_0)$$

となる．また特性基礎曲線上で水深は $dh/dt = r_0$ に従って変化するので

$$\int_0^h dh' = \int_{t_0}^t r_0 dt' \quad \therefore \quad h = r_0(t - t_0)$$

となる．両式から $t - t_0$ を消去すると，$h = r_0 x/\alpha$ を得る．これが時刻 t_1 における $0 < x < x_1$ での水深分布の式である．ここで $x_1 = \alpha t_1$ は時刻 $t = 0$ に斜面上端を出発した特性基礎曲線が $t = t_1$ に到達する位置である．時刻が進むにつれて水深は台形状を保ちながら徐々に発達し，時刻 $t = 0$ に斜面上端を出発した特性基礎曲線が斜面下端に到達する時刻 t_c では三角形状の水深分布となる．これが定常状態での水面形である．以上の水面形の時間的変化をまとめると図 **1.17**(左) のようになる．

次に，定常状態となった後に降雨が終了した時刻以降の水面形の変化を考える．特性基礎曲線の傾きは雨が降り止んでも同じであるが，水深に関する微分方程式は $dh/dt = 0$ となるため，降雨が終了した時刻の水深が特性基礎曲線上で保たれる．すなわち図 **1.16**(右) に示したように，降雨が終了したときの水面形が

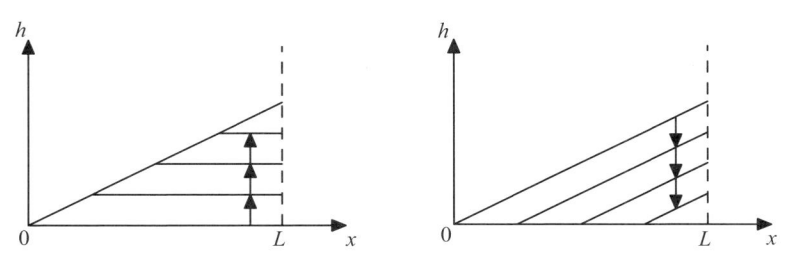

図 1.17：流量・流積関係が線形の場合の水面形の時間的変化．左は定常に達する前の降雨時の水面形の変化，右は降雨終了後の水面形の変化を表す．

そのまま下流側に平行移動していく．この水面形の時間的変化をまとめると，図 **1.17**(右) のようになる．

(3) 斜面流の水面形の時間変化（流量・流積関係が非線形の場合）

(1.50) 式において $m > 2$ とし，流量・流積関係が非線形の場合の水面形の変化を考える．この場合の斜面流の水面形の時間的変化を，定常状態に達するまでと降雨が終了した後に分けて示す．

図 **1.18**(左) は，雨が降り続いているときの特性基礎曲線を示したものである．x_1 は時刻 $t = 0$ に斜面上端を出発した特性基礎曲線が，ある時刻 $t = t_1$ で到達した位置である．時刻 $t = t_1$ における $x_1 < x < L$ の区間での水深は一定で，$dh/dt = r_0$ より $r_0 t_1$ となる．一方，$0 < x < x_0$ の区間には，$0 < t < t_1$ の間に斜面上端を出発した特性基礎曲線が到着する．時刻 $0 < t_0 < t_1$ に斜面上端を出発した特性基礎曲線は，$dx/dt = \alpha m h^{m-1}$，$dh/dt = r_0$ より

$$\int_0^h dh' = \int_{t_0}^t r_0 dt' \quad \therefore \quad h = r_0(t - t_0)$$

$$\int_0^x dx' = \int_{t_0}^t \alpha m r_0^{m-1}(t' - t_0)^{m-1} dt' \quad \therefore \quad x = \alpha r_0^{m-1}(t - t_0)^m$$

となり，両式から $t - t_0$ を消去すると，$h = (r_0 x/\alpha)^{1/m}$ を得る．これが時刻 $t = t_1$ における $0 < x < x_1$ での水深分布の式である．時刻が進むにつれて水深が一定の区間は短くなりながら水面は上昇し，時刻 0 に斜面上端を出発した特性基礎曲線が斜面下端に到達する時刻 $t = t_c$ では水深が一定の区間はなくなる．これが定常状態での水面形である．以上の水面形の時間的変化をまとめると図 **1.19**(左) のようになる．

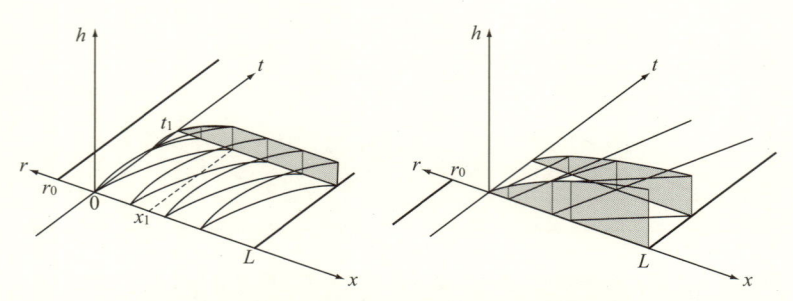

図 1.18：流量・流積関係が非線形の場合の特性基礎曲線上での水深の時間変化．左は定常に達する前の降雨時の水面形の変化，右は降雨終了後の水面形の変化を表す．

次に，定常状態となった後に降雨が終了した時刻以降の水面形の変化を考える．降雨が終了すると，水深に関する微分方程式は $dh/dt = 0$ となるため，降雨が終了した時刻の水深が特性基礎曲線上で保たれる．前節と異なるのは特性基礎曲線の傾きである．雨が降り止んだあとの特性基礎曲線の傾きは，雨が降り止んだ瞬間の斜面上の水深によって決定される．この例の条件では斜面の下流ほど水深が大きくなるため，雨が降り止んだ瞬間の特性基礎曲線の傾きは斜面下流を出発するものほど大きくなる．つまり図 1.18(右) に示すように，特性基礎曲線は放射状に広がる．

定常状態での水面形は $h = (r_0 x/\alpha)^{1/m}$ であるから，水深が h となる位置 x は $(\alpha/r_0)h^m$ である．ある時刻 $t_r(> t_c)$ に降雨が終了したとすると，その瞬間に水深が h だった位置は，その瞬間の特性基礎曲線の傾き $dx/dt = \alpha m h^{m-1}$ に沿って移動していく．したがって時刻 $t(> t_r)$ において水深が h となる位置は

$$x = \frac{\alpha h^m}{r_0} + \alpha m h^{m-1}(t - t_r)$$

で与えられる．これが降雨終了後の水面形を示す式である．いま $m > 2$ であるから，横軸に位置 x，縦軸に水深 h をとると，水面形は常に上に凸となる．また，上式より

$$\frac{dx}{dh} = \frac{\alpha m h^{m-1}}{r_0} + \alpha m(m-1)h^{m-2}(t - t_r)$$

であり，斜面上端では常に $h = 0$ であるから，$m > 2$ のとき，斜面上端では $dx/dh = 0$ となり水面は常に斜面に垂直となることがわかる．以上をまとめると，降雨終了後の斜面上の水面形の時間的変化は図 1.19(右) のようになる．

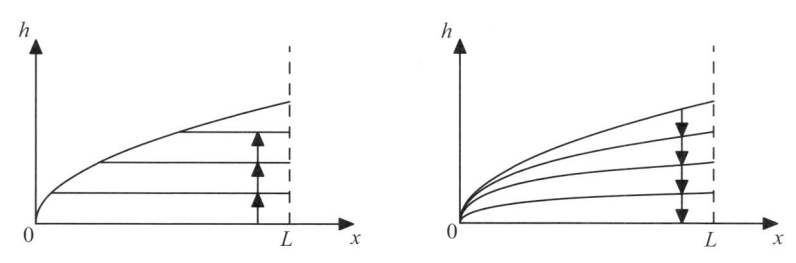

図 1.19：流量・流積関係が非線形の場合の水面形の時間的変化．左は定常に達する前の降雨時の水面形の変化，右は降雨終了後の水面形の変化を表す．

1.6.3 降雨が途中で終了する場合のキネマティックウェーブモデルの解析解

時刻 $t = 0$ で水深 h は斜面のどこでも 0 であり，降雨強度 r は，時刻 $t = 0$ から $t = T$ まで一定値 r_0 をとり，その後，降り止んで $r = 0$ になるとする．ここで降雨期間 T は，$T < [L/(\alpha r_0^{m-1})]^{1/m}$ を満たしているとする．1.6.2 で得た伝播時間 $t_c = [L/(\alpha r_0^{m-1})]^{1/m}$ よりも短い時間で降雨が終了することに注意し，このときのキネマティックウェーブモデルの解析解を特性曲線法を用いて求める．

(1) 時刻 $t = 0$ に斜面上を出発する特性基礎曲線

図 **1.20** に与えられた問題に対応する特性基礎曲線群を示す．解の特徴を切り分ける特性基礎曲線は，降雨が終了する時刻にちょうど，下流端に到達する特性基礎曲線 AB と時刻 $t = 0$ に上流端 $x = 0$ を出発する特性基礎曲線 ODC である．降雨期間中 $0 \leq t \leq T$ では特性微分方程式は，

$$\frac{dh}{dt} = r_0, \qquad \frac{dx}{dt} = \alpha m h^{m-1} \tag{1.65}$$

であり，降雨終了後は特性微分方程式は，

$$\frac{dh}{dt} = 0, \qquad \frac{dx}{dt} = \alpha m h^{m-1} \tag{1.66}$$

である．

特性基礎曲線 AB 特性基礎曲線 AB は，降雨が終了する時刻にちょうど，斜面の下流端に到達する特性曲線である．$t = 0$ に A 点より下流の位置 $x = \xi$ を水深

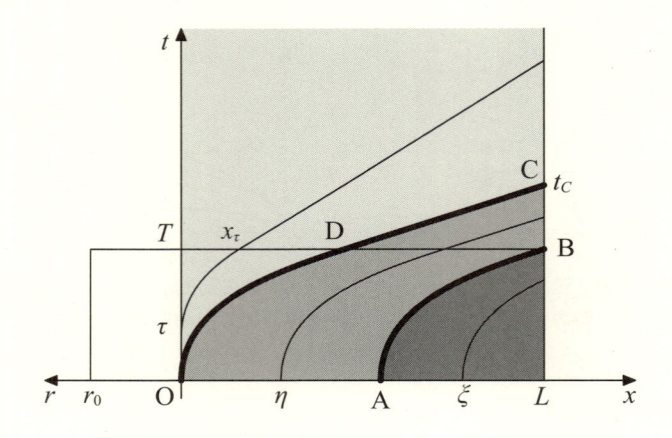

図 **1.20**：斜面上の特性基礎曲線.

$h = 0$ で出発する特性曲線は，特性微分方程式 (1.65) 式 を解いて，

$$h(t) = r_0 t, \quad x(t) = \alpha r_0^{m-1} t^m + \xi \tag{1.67}$$

である．A 点の x 座標 x_A は，$x(T) = L$ になるような ξ であり，

$$x_A = L - \alpha r_0^{m-1} T^m$$

である．特性基礎曲線 AB，x 軸，直線 $x = L$ で囲まれた範囲，すなわち，$0 < t < T$ かつ，$\alpha r_0^{m-1} t^m + x_A \leq x \leq L$ では，(1.67) 式を満たす特性曲線群が通るから

$$h(x,t) = r_0 t, \quad q(x,t) = \alpha (r_0 t)^m \tag{1.68}$$

である．これから，斜面下端での単位幅流量の時間変化は

$$q(L,t) = \alpha (r_0 t)^m \tag{1.69}$$

で与えられる．

特性基礎曲線 OD $t = 0$ に A 点より上流の地点 $x = \eta$ を出発する特性基礎曲線を考える．$t = 0$ では，水深 $h = 0$ であるから $0 \leq t \leq T$ のとき，(1.65) 式を解いて

$$h(t) = r_0 t, \quad x(t) = \alpha r_0^{m-1} t^m + \eta \tag{1.70}$$

である．D 点の x 座標 x_D は，$t = T$，$\eta = 0$ のときの $x(t)$ の値であるから，

$$x_D = \alpha r_0^{m-1} T^m$$

である。$0 \leq t \leq T$ であり，かつ，特性基礎曲線 OD と特性基礎曲線 AB で囲まれる範囲は，(1.70)式を満たす特性曲線群が通るから

$$h(x,t) = r_0 t, \quad q(x,t) = \alpha(r_0 t)^m \tag{1.71}$$

である．

特性基礎曲線 DC　(1.70)式より $t=0$ に A 点より上流の地点 $x=\eta$ を出発する特性基礎曲線は，降雨が停止した時刻 T に，

$$x(T) = \alpha r_0^{m-1} T^m + \eta$$

の位置まで進んでいる．$\eta \leq x_A$ であるから，

$$x(T) = \alpha r_0^{m-1} T^m + \eta \leq \alpha r_0^{m-1} T^m + x_A = L$$

である．すなわち，$t=0$ に A 点より上流の地点 $x=\eta$ を出発する特性基礎曲線は，降雨が停止した時刻 T に未だ下流端に到達していない．このとき，水深は $h(T) = r_0 T$ である．$t \geq T$ では，この特性曲線は，微分方程式 (1.66) 式に従うので，$t \geq T$ で

$$x(t) = \alpha m (r_0 T)^{m-1}(t - T) + \alpha r_0^{m-1} T^m + \eta \tag{1.72}$$

である．$\eta = 0$ とすると，特性基礎曲線 DC の式が得られる．点 C の時刻 t_C は，$\eta = 0$ かつ $x(t_C) = L$ すなわち

$$\alpha m (r_0 T)^{m-1}(t_C - T) + \alpha r_0^{m-1} T^m = L$$

を解いて求められ，

$$t_C = \frac{L - \alpha r_0^{m-1} T^m}{\alpha m (r_0 T)^{m-1}} + T$$

である．$T \leq t \leq t_C$ であり，かつ，特性基礎曲線 DC と $x=L$ で囲まれる範囲は，(1.72)式を満たす特性基礎曲線群が通っているので，そこでは，

$$h(x,t) = r_0 T, \quad q(x,t) = \alpha(r_0 T)^m \tag{1.73}$$

が成り立つ．したがって，$T \leq t \leq t_C$ では，次式のようになる．

$$q(L,t) = \alpha(r_0 T)^m \tag{1.74}$$

(2) 斜面上端を出発する特性基礎曲線

上のキネマティックウェーブモデルにおいて，$0 \leq \tau < T$ であるような時刻 τ に斜面上流端を出発する特性基礎曲線を $\tau \leq t \leq T$ の場合と $t \geq T$ に分けて示す．

$\tau \leq t < T$ に斜面上流端を出発する特性基礎曲線が満たす特性微分方程式は，(1.65) 式であるから，$t = \tau$ で，$x = 0$, $h = 0$ であることを考慮して解くと，$\tau \leq t \leq T$ では

$$h(t) = r_0(t - \tau), \quad x(t) = \alpha r_0^{m-1}(t - \tau)^m \tag{1.75}$$

である．この特性基礎曲線は，時刻 T に $x_T = \alpha r_0^{m-1}(T - \tau)^m$ に到達している．この後は特性基礎曲線は一定の速度 $\alpha m [r_0(T - \tau)]^{m-1}$ で進むので，$t \geq T$ では次の関係が得られる．

$$h(t) = r_0(T - \tau) \tag{1.76}$$
$$x(t) = \alpha m [r_0(T - \tau)]^{m-1}(t - T) + x_T$$
$$= \alpha m [r_0(T - \tau)]^{m-1}(t - T) + \alpha r_0^{m-1}(T - \tau)^m \tag{1.77}$$

(3) 斜面下端の流量ハイドログラフ

図 **1.20** で，t 軸の $T \leq t$, $t = T$ で $0 \leq x \leq x_D$，特性基礎曲線 DC，$x = L$ かつ $t \geq t_C$ の部分で囲まれる範囲は，(1.76) 式，(1.77) 式 の形の特性基礎曲線群が通っている．そこでは，(1.76) 式を (1.77) 式に代入して

$$x = \alpha m h(x,t)^{m-1}(t - T) + \alpha h(x,t)^m / r_0, \quad q(x,t) = \alpha h(x,t)^m$$

という関係がある．上式において $x = L$ とし，$h(x,t)$ を消去すると，$t \geq t_C$ での斜面下端からの流量 $q(L,t)$ と時間の関係を満たす式は

$$L = m\alpha^{1/m} q(L,t)^{(m-1)/m}(t - T) + \frac{q(L,t)}{r_0}$$

となる．これらの結果をまとめると，斜面下端での単位幅流量 $q(L,t)$ の時間変化は図 **1.21** のようになる．

1.6.4 最大流量の発生条件

特性曲線 (1.52) 式，(1.53) 式

$$\frac{dx}{dt} = \alpha m h^{m-1}, \quad \frac{dh}{dt} = r(t)$$

1.6 特性曲線法によるキネマティックウェーブモデルの解法   41

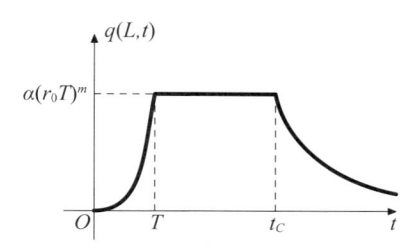

図 **1.21**：斜面下端での単位幅流量 $q(L,t)$ の時間変化.

において，前節と同様 $t = 0$ のとき $h = 0$ とし，斜面上端からの流入はないとする．また，降雨継続時間が伝播時間よりも長い場合，すなわち $t_c < T$ という状況を想定する．

$$R(t) = \int_0^t r(\xi)d\xi$$

とおくと，時刻 $t = \tau$ に斜面上端を出発した特性曲線は $\tau \leq t \leq T$ において，上の連立常微分方程式により

$$x = \alpha m \int_\tau^t \left(\int_\tau^\eta r(\xi)d\xi\right)^{m-1} d\eta = \alpha m \int_\tau^t (R(\eta) - R(\tau))^{m-1} d\eta \quad (1.78)$$

となる．このとき，斜面下端の流量 $q_L(t)$ は

$$q_L(t) = \alpha h_L(t)^m = \alpha \left(\int_\tau^t r(\xi)d\xi\right)^m = \alpha(R(t) - R(\tau))^m \quad (1.79)$$

となる．このとき，t と τ は (1.78) 式において $x = L$ とおいた場合の関係式を満たし，τ は t の関数であることに注意する．(1.79) 式を t で微分すると

$$\begin{aligned}
\frac{dq_L}{dt} &= \alpha m(R(t) - R(\tau))^{m-1}\left(r(t) - \frac{d}{dt}\int_0^\tau r(\xi)d\xi\right) \\
&= \alpha m(R(t) - R(\tau))^{m-1}\left(r(t) - r(\tau)\frac{d\tau}{dt}\right) \quad (1.80)
\end{aligned}$$

となる．最大流量が発生する場合には $dq_L/dt = 0$ なので，最大流量が発生する時刻を t_p，その特性基礎曲線が斜面上端を出発した時刻を $\tau_p = \tau(t_p)$ とすれば

$$r(t_p) - r(\tau_p)\left.\frac{d\tau}{dt}\right|_{t=t_p} = 0 \quad (1.81)$$

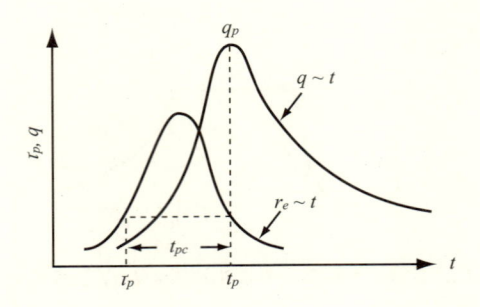

図 1.22：最大流量と伝播時間の関係.

が得られる．高棹[2)]は，近似的に $d\tau/dt = 1$ であるとして，(1.81) 式より最大流量の発生条件

$$r(t_p) = r(\tau_p) \tag{1.82}$$

を導いた．これは最大流量を発生させる特性曲線が斜面上端を出発した時刻 $\tau(t_p)$ の降雨強度と最大流量の発生時刻 t_p の降雨強度が等しいという関係であり，流量データと降雨データから図解的に伝播時間が求められることを示している．この関係を図示したのが図 1.22 である．

(1.82) 式を導く上で，$d\tau/dt = 1$ とした．これが近似的に成立するのは以下による．時刻 τ から t の間の平均降雨強度を $\bar{r}$ とすると

$$\bar{r} = \int_\tau^t r(\xi)d\xi/(t - \tau)$$

である．この平均降雨強度 $\bar{r}$ を用いれば伝播時間は (1.64) 式を用いて

$$t - \tau = \left(\frac{L}{\alpha \bar{r}^{m-1}}\right)^{1/m} \tag{1.83}$$

である．斜面下端の流量

$$q_L(t) = \alpha h_L^m = \alpha[(t - \tau)\bar{r}]^m$$

の $\bar{r}$ を (1.83) 式を用いて消去すると

$$q_L(t) = \alpha^{1/(1-m)} \left(\frac{L}{t - \tau}\right)^{m/(m-1)} \tag{1.84}$$

となる．$t = t_p$ で $q_L(t)$ は最大となるので，

$$\left.\frac{dq_L}{dt}\right|_{t=t_p} = 0$$

となる．これに (1.84) 式を代入すると，

$$\left.\frac{d}{dt}(t - \tau)\right|_{t=t_p} = 0 \tag{1.85}$$

が得られる．つまり，最大流量を発生させる特性基礎曲線の伝播時間が最少となることがわかる．また，このとき (1.85) 式より

$$\left.\frac{d\tau}{dt}\right|_{t=t_p} = 1 \tag{1.86}$$

となるため，高棹は (1.81) 式にこれを用いて (1.82) 式を導いた．この関係の導出は，伝播時間内の平均降雨強度を考えて，伝播時間を (1.83) 式で近似することが背景にある．

降雨強度が時間的に変化する場合，$d\tau/dt = 1$ が成立するのは，(1.78) 式より，$m = 1$ となる流れが線形の場合である．そのため $m \neq 1$ であり，降雨が時間的に変化する一般的な場合には，(1.82) 式は近似的に成立すると考えられる．友杉[26]は，$m = 1$ とは限らない場合の伝播時間の構造を解析的に分析し，三角形降雨を例として伝播時間のより一般的な図式推定法を提案した．また，これを用いて $m = 2$ としたときの伝播時間は (1.82) 式で得られるそれよりも長くなることを示した．

1.6.5 中間流・地表面流統合型キネマティックウェーブモデルの特性曲線

中間流・地表面流統合型キネマティックウェーブモデルの特性曲線を考える．いま，時刻 $t = 0$ で $h = 0$ であるとし，時刻 $t > 0$ で，$r(t)$ が一定の値 r_0 をとるとする．降雨強度 r_0 は，不等式 $r_0 L > ad$ を満たすとする．時刻 $t = 0$ に斜面上流端を出発した特性曲線が斜面下流端に到達する時刻 t_c が満たす方程式を示す．

(1.14) 式で与えられる関係を $q = f(h)$ と表すことにすると，特性微分方程式は

$$\frac{dh}{dt} = r(t), \quad \frac{dx}{dt} = f'(h)$$

である．$r(t) = r_0$ なので

$$\frac{dh}{dt} = r_0 \quad \therefore h = r_0 t$$

を得る．$0 < t \leq d/r_0$ である間は，水深は表土層厚 d を超えず $h \leq d$ であるため，$f(h) = ah$ である．よって

$$\frac{dx}{dt} = f'(h) = a \quad \therefore x = at$$

となる．したがって，時刻 $t = 0$ に上流端を出発した特性基礎曲線は，$h = d$ となる時刻 $t_d = d/r_0$ に位置 $x_d = ad/r_0$ まで進む．

条件 $r_0 L > ad$ より，下流端に到達する前に水深は表土層を超える．$t \geq t_d$ では水深は $h = r_0 t \geq d$ となる．このとき $f(h) = ah + \alpha (h-d)^m$ であり，特性微分方程式は

$$\frac{dx}{dt} = f'(h) = a + m\alpha(h-d)^{m-1} = a + m\alpha(r_0 t - d)^{m-1}$$

となる．これを積分すると $t \geq t_d$ での特性基礎曲線

$$x = at + \alpha r_0^{m-1}(t - t_d)^m$$

が得られる．時刻 $t = 0$ に $x = 0$ を出発した特性曲線が $x = L$ に到達する時刻を $t = t_c$ とすれば，上式より

$$L = at_c + \alpha r_0^{m-1}(t_c - t_d)^m \tag{1.87}$$

が得られる．(1.87) 式で $d = 0$ すなわち $t_d = 0$ として地表面流のみを考えるキネマティックウェーブモデルでは $a = 0$ である．これを t_c について解けば，**1.6.2** で得た (1.64) 式の伝播時間 t_c と一致する．

1.7 差分法によるキネマティックウェーブモデルの数値解法

特性基礎曲線が交差する場合にはいわゆるキネマティックショックウェーブが発生して，特性曲線を追跡する方法では一価の解が得られない．以下で述べる差分解法はこのような場合にも有効である．ここでは，次のキネマティックウェーブモデルを考える．

$$\frac{\partial h}{\partial t} + \frac{\partial q}{\partial x} = r(x, t) \tag{1.88}$$

$$q = f(x, h) \tag{1.89}$$

初期条件,境界条件は
$$h(x, 0) = H_I(x), \ 0 \leq x \leq L \tag{1.90}$$
$$h(0, t) = H_B(t), \ t > 0 \tag{1.91}$$

で与えられるものとする.この流れに対する差分解法は種々考えられるが,以下では,ラックス・ヴェンドロフ法による陽解法[15),25),27),28)]とボックス法による陰解法[17),27)-30)]を示す.

1.7.1 陽解法による差分解法

ラックス・ヴェンドロフ法は微小時間 Δt 後の流積 $h(x, t + \Delta t)$ を時刻 t での流積 $h(x, t)$ を用いて近似することが基本となる.$h(x, t + \Delta t)$ をテイラー展開して Δt の 2 次の項までとると

$$h(x, t + \Delta t) \simeq h(x, t) + \Delta t \frac{\partial h}{\partial t} + \frac{(\Delta t)^2}{2} \frac{\partial^2 h}{\partial t^2} \tag{1.92}$$

となる.連続式 (1.88) を用いると

$$\frac{\partial h}{\partial t} = r - \frac{\partial q}{\partial x}$$

なので,(1.92) 式の $\partial h/\partial t$ は時間微分を含まない形とすることができる.$\partial^2 h/\partial t^2$ も同様に連続式を用いて

$$\frac{\partial^2 h}{\partial t^2} = \frac{\partial}{\partial t}\left(\frac{\partial h}{\partial t}\right) = \frac{\partial}{\partial t}\left(r - \frac{\partial q}{\partial x}\right) = \frac{\partial r}{\partial t} - \frac{\partial}{\partial x}\left(\frac{\partial h}{\partial t}\frac{dq}{dh}\right)$$
$$= \frac{\partial r}{\partial t} - \frac{\partial}{\partial x}\left[\left(r - \frac{\partial q}{\partial x}\right)\frac{dq}{dh}\right]$$

と変形できるので h, q に関して時間微分を含まない形にできる.これらの式を差分式で置き換える.今,斜面長 L の矩形斜面において $n + 1$ 個の差分節点

$$x_j = j\Delta x, \quad j = 0, 1, \cdots, n, \quad \Delta x = L/n$$

$x_0, x_1, \ldots, x_n$ を設ける.ある時刻 t_i において,$h(x_j, t_i)$, $q(x_j, t_i)$, $j = 0, 1, \ldots, n$ を既知とする.初期条件 (1.90) と流量・流積関係式 (1.89) によって,$t_i = 0$ の時はこれらの値は既知とすることができる.

これらの準備の後，微小時間 Δt 後 $t_{i+1} = t_i + \Delta t$ での流積 $h(x_j, t_{i+1})$ を求めることを考える．$j = 0$ に対しては境界条件 (1.91) から，$h(x_0, t_{i+1}) = H_B(t_{i+1})$ である．差分節点での $h(x_j, t_i)$, $q(x_j, t_i)$, $r(x_j, t_i)$ の値をそれぞれ差分式を満たす値 h_j^i, q_j^i, r_j^i で近似することにして，$\partial h/\partial t$ を

$$\frac{\partial h}{\partial t} \simeq r_j^i - \frac{q_{j+1}^i - q_{j-1}^i}{2\Delta x} \tag{1.93}$$

とする．$\partial^2 h/\partial t^2$ については，dq/dh を $f'(h)$ と書くと

$$\frac{\partial^2 h}{\partial t^2} \simeq \frac{r_j^{i+1} - r_j^i}{\Delta t} - \frac{1}{\Delta x}\left[\left(r_{j+1/2}^i - \frac{q_{j+1}^i - q_j^i}{\Delta x}\right) \times f'\left(\frac{h_{j+1}^i + h_j^i}{2}\right) \right.$$
$$\left. - \left(r_{j-1/2}^i - \frac{q_j^i - q_{j-1}^i}{\Delta x}\right) \times f'\left(\frac{h_j^i + h_{j-1}^i}{2}\right)\right] \tag{1.94}$$

とすることができる．$f'(h)$ は特性曲線の伝播速度であり，マニング型の抵抗則を用いて $f(h) = \alpha h^m$ とする場合

$$f'(h) = \frac{dq}{dh} = m\alpha h^{m-1}$$

ダルシー則を用いて $f(h) = ah$ とする場合

$$f'(h) = \frac{dq}{dh} = a$$

中間流・地表面流を統合した流量・流積関係式 (1.14)

$$f(h) = \begin{cases} ah & 0 \leq h < d \text{ のとき} \\ \alpha(h-d)^m + ah & h \geq d \text{ のとき} \end{cases}$$

を用いる場合

$$f'(h) = \frac{dq}{dh} = \begin{cases} a & 0 \leq h < d \text{ のとき} \\ m\alpha(h-d)^{m-1} + a & h \geq d \text{ のとき} \end{cases}$$

である．圃場容水量を導入した流量・流積関係式 (1.19)，飽和不飽和流れを考慮した流量・流積関係式 (1.28) についても同様に考えればよい．伝播速度はそれぞれの節に記した通りである．

(1.93) 式，(1.94) 式の右辺をそれぞれ H_1, H_2 とすると，(1.92) 式より $h(x_j, t_i + \Delta t) = h(x_j, t_{i+1})$ の近似値 h_j^{i+1} は

$$h_j^{i+1} = h_j^i + \Delta t H_1 + \frac{(\Delta t)^2}{2} H_2 \tag{1.95}$$

1.7 差分法によるキネマティックウェーブモデルの数値解法　47

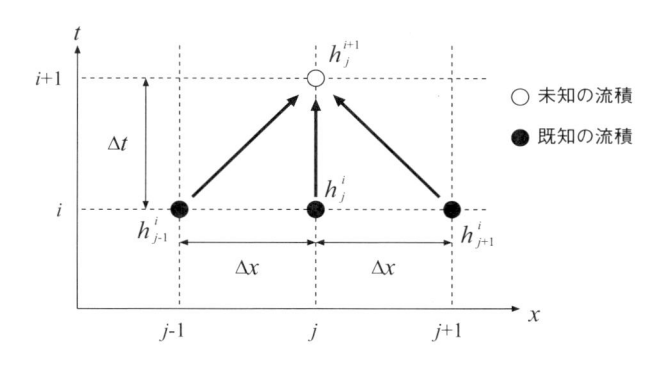

図 1.23：ラックス・ヴェンドロフ法による差分計算のしくみ．

となる．したがって $j = 1, \cdots, n-1$ に関しては**図 1.23** に示すように，既知である h^i_{j-1}, h^i_j, h^i_{j+1} の値を用いて h^{i+1}_j の値を求めることができる．$j = n$ に関しては後退差分近似を用いて

$$h^{i+1}_n = h^i_n + \Delta t \left(r^i_n - \frac{q^i_n - q^i_{n-1}}{\Delta x} \right) \tag{1.96}$$

とする．したがって，計算開始時刻での流積 (初期条件) と斜面上端 $j = 0$ での流積 (境界条件) および有効降雨強度を与えれば，順次，次時刻の h^{i+1}_j を計算することができ，運動式 (1.89) を用いて q^{i+1}_j を得ることができる．

以上の計算中の時間間隔 Δt は，クーランの条件

$$\frac{\Delta x}{\Delta t} \geq \frac{d}{dh} f(x_j, t_i), \quad j = 0, 1, \ldots, n$$

を満たすようにとる．満たされない場合は Δt を小さくとって再計算する．

この解法は，かなり一般的な流入条件，流量・流積関係を取り扱うことができ，キネマティックショックウェーブが発生しても支障はないという利点を持つ．ただし，クーランの条件を満たすように時間間隔 Δt をとっても数値的安定性は必ずしも保証されない点に注意する必要がある．

1.7.2　陰解法による差分解法

ボックス法をもとにした差分解法を示す．伝播速度を c とすると

$$c = \frac{dq}{dh} = f'(h)$$

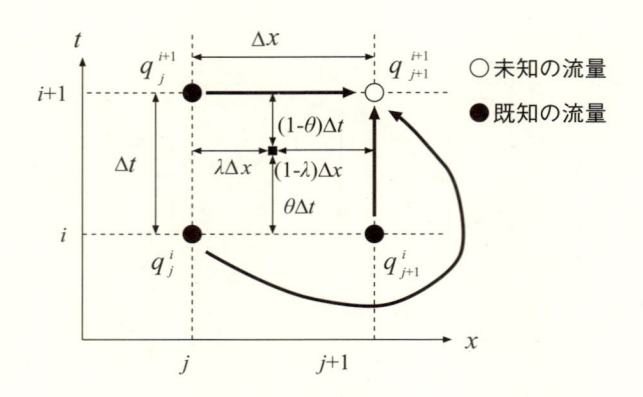

図 1.24：ボックス法による差分計算のしくみ.

である. これを用いると連続式 (1.88) は

$$\frac{\partial q}{\partial t} + c\left(\frac{\partial q}{\partial x} - r\right) = 0 \tag{1.97}$$

と変形することができる. この式の各項を次のように差分近似する.

$$\frac{\partial q}{\partial t} \simeq (1-\lambda)\frac{q_j^{i+1} - q_j^i}{\Delta t} + \lambda\frac{q_{j+1}^{i+1} - q_{j+1}^i}{\Delta t} \tag{1.98}$$

$$\frac{\partial q}{\partial x} \simeq (1-\theta)\frac{q_{j+1}^i - q_j^i}{\Delta x} + \theta\frac{q_{j+1}^{i+1} - q_j^{i+1}}{\Delta x} \tag{1.99}$$

$$c \simeq c_* = f'\left((1-\theta)\left[\lambda h_{j+1}^i + (1-\lambda)h_j^i\right] + \theta\left[\lambda h_{j+1}^{i+1} + (1-\lambda)h_j^{i+1}\right]\right) \tag{1.100}$$

$$r \simeq \bar{r} = \frac{1}{4}(r_j^i + r_{j+1}^i + r_j^{i+1} + r_{j+1}^{i+1}) \tag{1.101}$$

上式中の λ, θ は 図 1.24 に示すように, それぞれ空間差分近似, 時間差分近似に関する重みであり 0 と 1 の間の値をとる. 両方とも 0 であってはならない. $\theta = 0$ のとき陽形式, $\theta = 1$ のとき完全な陰形式解法となる. 重みの値は $\theta = 0.6$, $\lambda = 0.5$ あたりの値が標準値である. なお, 伝播速度 c_* は

$$c_* = (1-\theta)\left[\lambda f'(h_{j+1}^i) + (1-\lambda)f'(h_j^i)\right] + \theta\left[\lambda f'(h_{j+1}^{i+1}) + (1-\lambda)f'(h_j^{i+1})\right]$$

とすることも考えられる.

1.7 差分法によるキネマティックウェーブモデルの数値解法

これらの差分近似式を (1.97) 式に代入して q_{j+1}^{i+1} について整理すると

$$q_{j+1}^{i+1}\left(\frac{\lambda}{\Delta t} + c_*\frac{\theta}{\Delta x}\right) = \frac{\lambda}{\Delta t}q_{j+1}^i - \frac{1-\lambda}{\Delta t}(q_j^{i+1} - q_j^i)$$
$$+ c_*\left[\frac{\theta}{\Delta x}q_j^{i+1} - \frac{1-\theta}{\Delta x}(q_{j+1}^i - q_j^i) + \bar{r}\right] \quad (1.102)$$

となる．両辺の c_* は h_{j+1}^{i+1} の関数，すなわち q_{j+1}^{i+1} の関数であるため，この式は q_{j+1}^{i+1} に関する非線形式となる．そこで，繰り返し計算によって q_{j+1}^{i+1} の値を求める．具体的には次の手順を取る．

1) q_{j+1}^{i+1} の初期値を次式により設定する．

$$q_{j+1}^{i+1} = 0.5(q_{j+1}^i + q_j^{i+1})$$

2) 流量・流積関係式を用いて q_{j+1}^{i+1} の候補値に対応する h_{j+1}^{i+1} を求める．このとき，地表面流のみを考えた流量・流積関係式では，h_{j+1}^{i+1} が解析的に求まるが，それ以外の場合はニュートン法などによって h_{j+1}^{i+1} を求める必要がある[17]．

3) (1.100) 式を用いて c_* を求める．これにより，(1.102) 式左辺の係数は既知の値となる．

4) (1.102) 式を用いて次の q_{j+1}^{i+1} の値の候補値を求める．

5) 前回計算した q_{j+1}^{i+1} の値と 4) で得られた q_{j+1}^{i+1} の値との差がある基準値以下となれば，その値を解として繰り返し計算を終了する．そうでなければ 2) に戻る．

この差分解法は 図 **1.24** に示すように，q_j^i，q_{j+1}^i，q_j^{i+1} の値を既知として q_{j+1}^{i+1} の値を求める差分方式である．斜面上端での流量 (境界条件) および有効降雨強度を与えれば，上流側から順次，差分節点での流量を求めることができる．この差分解法は陰形式解法であるため，陽形式のラックス・ヴェンドロフ法よりも差分時間間隔を大きく取ることができる．ただし，(1.102) 式の解を繰り返し計算によって求めるため計算量は多くなる．

Beven[30]は同様の差分近似式として

$$\frac{q_{j+1}^{i+1} - q_{j+1}^i}{\Delta t} + \theta c_{j+1/2}^{i+1}\left(\frac{q_{j+1}^{i+1} - q_j^{i+1}}{\Delta x} - r^{i+1}\right) + (1-\theta)c_{j+1/2}^i\left(\frac{q_{j+1}^i - q_j^i}{\Delta x} - r^i\right) = 0 \quad (1.103)$$

による計算結果を示した．これは (1.98) 式において $\lambda = 1$ とした差分式に対応する．この差分解法では c を以下のように計算する．

$$c_{j+1/2}^{i+1} = \frac{f'(q_{j+1}^{i+1}) + f'(q_j^{i+1})}{2}, \quad c_{j+1/2}^{i} = \frac{f'(q_{j+1}^{i}) + f'(q_j^{i})}{2}$$

$c_{j+1/2}^{i+1}$ はこれから求める q_{j+1}^{i+1} の関数なので，上と同様に反復法によって解く．

参考文献

1) 末石富太郎：特性曲線法による出水解析について –雨水の流出現象に関する水理学的研究 (第 2 報)–，土木学会論文集，29, pp. 74–87, 1955.
2) 石原藤次郎，高棹琢馬：単位図法とその適用に関する基礎的研究，土木学会論文集，60 号別冊 (3-3), pp. 1–34, 1959.
3) 高棹琢馬，岸本卓男：雨水流出の実験的研究，京都大学防災研究所年報，4, pp. 74–87, 1961.
4) 石原藤次郎，高棹琢馬：中間流出現象とそれが流出過程におよぼす影響について，土木学会論文集，79, pp. 15–21, 1962.
5) 石原藤次郎，石原安雄，高棹琢馬，頼 千元：由良川の出水特性に関する研究，京都大学防災研究所年報，5(A), pp. 147–173, 1962.
6) 高棹琢馬：流出現象の生起場とその変化過程，京都大学防災研究所年報，6, pp. 166–180, 1963.
7) 石原藤次郎，高棹琢馬：洪水流出系における変換系について，京都大学防災研究所年報，7(A), pp. 265–279, 1964.
8) Eagleson, P. S. : Dynamic Hydrology, McGraw-Hill, 1970.
9) Lighthill, M. J. and G. B. Whitham : On kinematic waves I. Flood movement in long rivers, *Proc. Roy. Soc. London*, 229, A., pp. 281–316, 1955.
10) 岩垣雄一，末石富太郎：横からの一様な流入のある開水路の不定流について，–雨水の流出現象に関する水理学的研究 (第 1 報)–，土木学会誌，39(11), pp. 575–583, 1954.
11) Hayami, S. : On the propagation of flood waves, *Bull., Disaster Prevention Research Institute*, Kyoto Univ., 1, 1951.
12) 林 泰造：河川の不定流について，水工学に関する夏期研修会講義集，A.1-1～A.1-20, 土木学会水理委員会，1966.
13) Woolhisr, D. A. and J. A. Ligget : Unsteady one-dimensional flow over a plane – the rising hydrograph, *Water Resources Research*, 3(3), pp. 753–771, 1967.
14) 高棹琢馬，椎葉充晴：Kinematic Wave 法への集水効果の導入，京都大学防災研究所年報，24(B2), pp. 159–170, 1981.
15) 椎葉充晴：流出系のモデル化と予測に関する基礎的研究，京都大学博士論文，1983.
16) Takasao, T. and M. Shiiba : Incorporation of the effect of concentration of flow into the kinematic wave equations and its applications to runoff system lumping, Journal of Hydrology, 102, pp. 301-322, 1988.
17) 椎葉充晴，立川康人，市川温，堀 智晴，田中賢治：圃場容水量・パイプ流を考慮した斜面流出モデルの開発，京都大学防災研究所年報，41(B2), pp. 229–235, 1998.
18) 立川康人，永谷 言，宝 馨：飽和・不飽和流れの機構を導入した流量流積関係式の開発，水工学論文集，48, pp. 7–12, 2004.
19) 窪田順平，福嶌義宏，鈴木雅一：山腹斜面における土壌水分変動の観測とモデル化 (II)–水収支および地下水発生域の検討–，日林誌，70(9), pp. 381-389, 1988.

20) 山田 正：山地流出の非線形性に関する研究, 水工学論文集, 47, pp. 259–264, 2003.
21) Dunne, T. and R. D. Black : An experimental investigation of runoff production in permeable soils, *Water Resources Research*, 6(2), pp. 478–490, 1970.
22) 金丸昭治：流出を計算する場合の山腹斜面の単純化について, 土木学会論文集, 73, pp. 7–12, 1961.
23) 高棹琢馬, 椎葉充晴, 立川康人：流域微地形に対応した準 3 次元斜面要素モデルと流域規模モデルの自動作製, 第 33 回水理講演会論文集, pp. 139–144, 1989.
24) 高棹琢馬, 椎葉充晴, 久保省吾, 森川雅行：状態変数を用いた流出解析モデルに関する考察, 土木学会関西支部年次学術講演会講演概要, II–74, 1978.
25) 高棹琢馬, 椎葉充晴：kinematic wave 法に基づく流出計算法の総合化について, 京都大学防災研究所年報, 22(B2), pp. 225–236, 1979.
26) 友杉邦雄：中小河川流域における豪雨出水の予測問題, 第 30 回水工学に関する夏期研修会講義集, A.2-1～A.2-18, 土木学会水理委員会, 1994.
27) Singh, V. P. : Kinematic wave modeling in water resources, Chapter 14, Kinematic wave modeling of overland flow on a plane: numerical solutions, John Wiley & Sons, 1996.
28) 立川康人：Kinematic wave 法による流出計算 (2) 直接差分法, 例題 1-9, 水理公式集例題プログラム集, 平成 13 年版, 土木学会, 2002.
29) Li, R., D. B. Simons, and M. A. Stevens : Nonlinear kinematic wave approximation for water routing, *Water Resources Research*, 11(2), pp. 245–252, 1975.
30) Beven, K. : On the generalized kinematic routing method, *Water Resources Research*, 15(5), pp. 1238–1242, 1979.

第2章

飽和・不飽和帯の雨水流動

　流域に降った雨水は，降雨遮断の影響を受けた後，地表面上に到達し土壌に浸透する．土壌はその構造的な骨格である土粒子部分と土粒子間の隙間（空隙）から構成される．雨水の土壌への浸透とは，雨水が土壌の空隙部分に流入することに他ならない．土壌中の雨水は飽和あるいは不飽和の状態で土壌中を流動し，やがて河道に流出する．この飽和・不飽和流れを表現する物理式がリチャーズ式である．リチャーズ式は非線形性が強く，ある限られた条件でしか解析的に解くことができない．そのため，リチャーズ式を数値的に解く適切な手法を理解することが重要である．土壌中に浸透できなかった雨水は，地表面上を流れて短時間で河道に到達する．地表面での雨水の最大浸透強度を得ることができれば，地表面流出の発生量を推定することができる．この最大浸透強度を浸透能といい，それを表現する式を浸透能式という．浸透能式はある仮定のもとにリチャーズ式から導くことができる．

2.1 土壌中の流れのモデル化

2.1.1 土壌中の水分状態

　流域に降った雨は，図 **2.1** に示すように，遮断の影響を受けた後，地表面上に到達し，土壌中を鉛直に浸透 (infiltration) する．一般に土層の透水係数 (hydraulic conductivity) は深さとともに減少する．豪雨時，雨水の浸透強度が非常に大きく，ある深さでの土層の透水係数が浸透強度を下回る土層が存在すると，そこで飽和流れ (saturated flow) が発生して雨水は側方に移動し，洪水流出の主な成分と

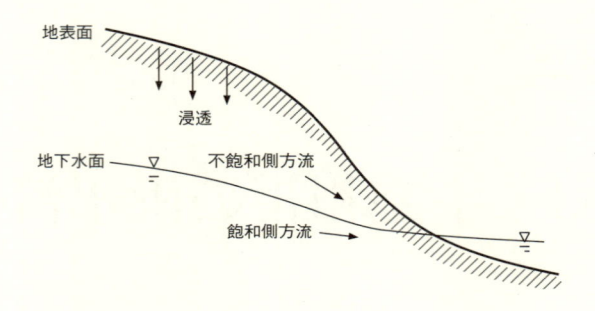

図 2.1: 地表面付近での雨水の移動.

なる．土壌の透水性が高い場合は，雨水は鉛直に降下して地下水面に到達する．
　豪雨時に発生する一時的な土層の飽和状態を除いて，地下水面よりも上の土層中の水分は不飽和の状態となっている．不飽和とは，土層中の空隙部分に水分だけでなく空気も含まれていることを意味する．土壌単位体積当たり土粒子間の空隙が占める体積のことを空隙率 (porosity) といい，おおよそ 0.25 から 0.75 の値をとる．土壌中の水分を表すためには体積含水率 (soil moisture content) θ を用いることが多い．θ は，V_w を対象とする土壌中に含まれる水分の体積，V を対象とする土壌の体積として，

$$\theta = \frac{V_w}{V}$$

で定義される．土壌の空隙部分がすべて水で満たされたとき，その土壌は（水で）飽和したという．飽和した土壌における体積含水率は，その土壌の空隙率に等しい．不飽和の場合の体積含水率は空隙率より小さい．
　体積含水率は，土壌にどの程度水が含まれているか示す指標の一つであり，他にも，含水比，飽和度といった指標がある．含水比は，対象とする土壌に含まれる水の質量とその土壌の乾燥質量（土粒子実質部分の質量）との比であり，飽和度は，対象とする土壌に含まれる水がその土壌の空隙部分に占める体積割合である．飽和した土壌では，飽和度は 1 (100 %) である．

2.1.2 REV と断面平均流速

　地中の水が流動する場である地層や岩盤は，土粒子と空隙から構成される多孔媒体 (porous media) とみなすことができる．地中の水の流れをモデル化する場合

2.1 土壌中の流れのモデル化 　55

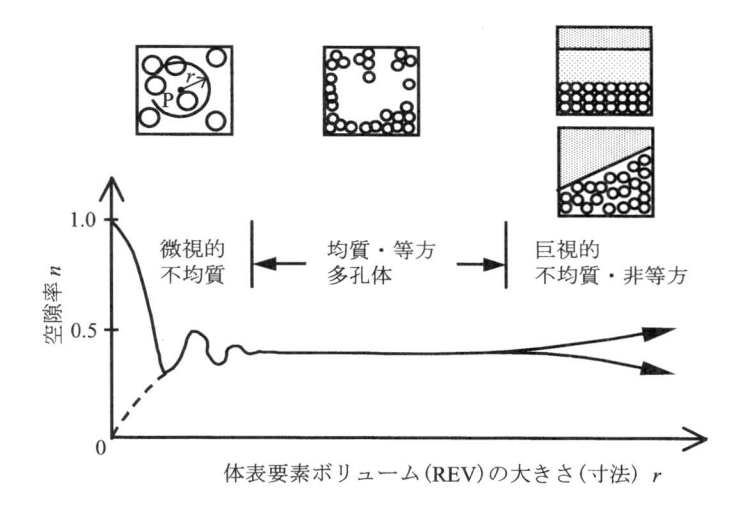

図 2.2：代表要素ボリューム (REV) の大きさと空隙率[1].

の基本要素の大きさを考えよう．土壌中に半径 r の球を取り (一辺の長さが r の立方体でもよい)，r をゼロから少しづつ大きくしていった場合，空隙率 n (=要素内の空隙の体積/要素の全体積) がどのように変化するかを考える．r が土壌を構成する粒子や空隙の大きさと同じくらい小さい場合，基本要素はすべて粒子で占められたり，すべてが空隙となることがあり，n の値は 0 と 1 との間で大きなばらつきを示す．次に，r を徐々に大きくしていき，その中に十分な個数の土壌粒子を含むようになると，**図 2.2** に示すように n の値は一定と見なしてもよいようになる．

　半径 r の値をある値よりも小さく取ると，土壌の微視的な構造や状態を表現せねばならない．そのような微視的な水流の運動をモデル化することは難しく，実用的にも必要とされない．この困難さを避けるために，ある程度の大きさの基本要素を考え，その中の土壌の空隙率や体積含水率，平均的な流速などを考えることで，土壌中の流れを連続体としてモデル化することができる．土壌中の水の流れに関する数学的な記述は，暗黙のうちに多孔媒体の連続体モデルを前提としている．連続体モデルとして表現できるような多孔媒体の基本要素の大きさを REV (representative elementary volume) とよぶ．REV を構成する断面において空隙が N 個あり，その空隙の面積を A'_i，そこでの流速を u'_i とし，その断面全体

の面積を A とすると,断面平均流速 $\bar{u}$ は

$$\bar{u} = \frac{1}{A} \sum_{i=1}^{N} A'_i u'_i$$

である.以降,流速は特に断らない限り断面平均流速を意味するものとする.

2.1.3 土壌中の水分状態と透水係数

土壌の透水係数とは,対象とする土壌に通水したときの,流速と動水勾配(ピエゾ水頭の流下方向に対する勾配)との間の比例係数のことである.同一の土壌,同一の含水状態で動水勾配の値を変えながら流速を計測し,動水勾配と流速との関係を調べると,一般に

$$u = -k(\theta)\frac{dh}{ds} \tag{2.1}$$

という比例関係が一般に成り立つ.ここで u は流速,h はピエゾ水頭,k は透水係数,s は流下方向にとった距離,θ は体積含水率である.これをダルシーの法則という.マイナス符号はピエゾ水頭の高いほうから低いほうへと土壌水が移動することを表す.透水性の高い土壌では同じ動水勾配でも土壌を通過する流量が大きく,透水性が高い土壌ほど透水係数の値は大きい.

透水係数は土壌水分量に依存し,一般に透水係数は土壌が飽和しているときに最大となり,飽和面で不飽和透水係数の値は飽和透水係数の値と等しくなる.土壌が乾いているほど透水係数の値は小さくなる.土壌が不飽和になると大きな空隙から空気で満たされるようになり,水の流れはより小さな空隙へと移動する.したがって,土壌が乾くほど水の流れは大きな空隙を迂回するようになって,土壌水の移動経路が長くなる.その結果,透水係数は小さな値として計測される.

2.1.4 土層中の水分状態と圧力水頭

ピエゾ水頭 h は,圧力水頭 ψ と位置水頭 z の和として表される.圧力を p とすると,ρ を水の密度,g を重力加速度として $\psi = p/(\rho g)$ であり

$$h = \psi + z = \frac{p}{\rho g} + z \tag{2.2}$$

である.大気圧を基準にとると,土壌が飽和しているとき,その地点での圧力はゼロ以上となる.圧力がゼロとなるのは,土壌の飽和域と大気が接しているとこ

2.1 土壌中の流れのモデル化　57

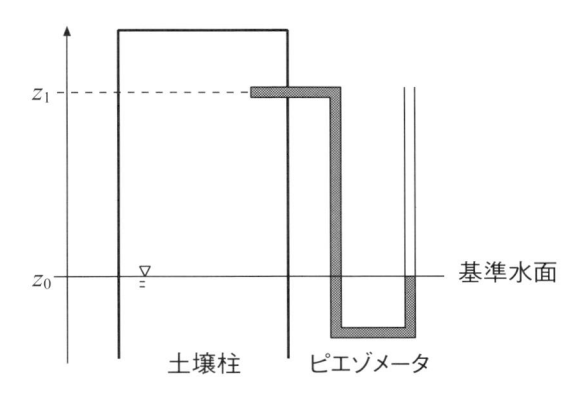

図 2.3: 不飽和土壌の圧力水頭.

ろ，すなわち地下水面である．不飽和の領域では土粒子が水を吸着しようとするため，圧力は大気圧よりも小さく負圧となり，圧力水頭も負となる．

図 2.3 は土壌柱を一部分だけ水に浸した状況を示したものであり，水面の高さ（基準水面）を z_0 とする．いま，土壌柱からの蒸発はないものとする．この状態で高さ z_1 の位置にピエゾメータをつけ，しばらく放置して土壌柱内の水分移動がなくなったとする．土壌内のすべての地点で透水係数はゼロではないとすると，土壌内のすべての地点でピエゾ水頭は同じ値となる．そうでなければ，土壌水はピエゾ水頭の高いところから低いところに向かって移動するからである．したがって，ピエゾメータを取り付けた地点 z_1 と基準水面 z_0 でピエゾ水頭は等しく，ピエゾメータ中の水は基準水面と同じ高さで停止する．基準水面での位置水頭は z_0，圧力水頭は大気圧を基準にとるとゼロなので，ピエゾ水頭は $h = 0 + z_0 = z_0$ となる．ピエゾメータを取り付けた地点での圧力水頭を ψ_1 とすると，

$$\psi_1 + z_1 = z_0$$

より $\psi_1 = z_0 - z_1$ である．$z_1 > z_0$ より $\psi_1 < 0$ となって，不飽和域では圧力水頭が負となる．この圧力の絶対値を吸引圧 (suction)，負圧 (negative pressure) などとよぶ．

図 2.4 に，ある土壌の体積含水率と圧力水頭との関係を示す．乾燥しているほど，すなわち土壌水分が少ないほど，圧力水頭は小さい．一般的に，体積含水率が大きくなると圧力水頭は大きくなる．飽和面で圧力水頭はゼロになる．体積含

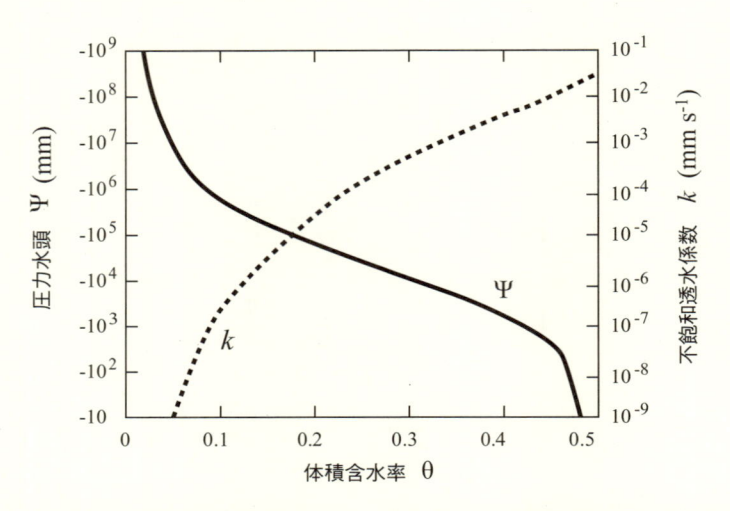

図 2.4：圧力水頭と体積含水率との関係および不飽和透水係数と体積含水率との関係.

水率と圧力水頭の関係を近似的に表現する式としては Brooks and Corey[2] や Van Genuchten[3] の式，谷の式[4]などがある．たとえば谷は体積含水率 θ と圧力水頭 ψ との関係式として

$$\theta = \theta_r + (\theta_s - \theta_r)\left(\frac{\psi'}{\psi_0} + 1\right)\exp\left(-\frac{\psi'}{\psi_0}\right)$$

体積含水率と透水係数との関係式として

$$k = k_s\left(\frac{\theta - \theta_r}{\theta_s - \theta_r}\right)^\beta$$

を提案した．ここで $\psi < 0$ のとき $\psi' = \psi$，$\psi \geq 0$ のとき $\psi' = 0$ とし，ψ_0 は $d\theta/d\psi$ が最大となるときの含水率，θ_s は飽和含水率，θ_r は移動可能な水分がほとんど存在しないと見なせる含水率，k_s は飽和透水係数，β はパラメータである．これらの式に含まれるパラメータは土壌によって異なり，現地での土壌サンプルを取得して，それに適合するように決められる．なお，cm 単位で表した圧力水頭 ψ の絶対値の常用対数値 $\log|\psi|$ を pF 値とよぶ．降雨が終了した後，1 日程度経ったあとでの土壌水分量を圃場容水量という．また，植物が根から水分を吸い上げられなくなる程度に乾燥した状態での土壌水分量をしおれ点という．圃場容水量，しおれ点に対する pF 値はそれぞれ 1.8，4.0 程度である．

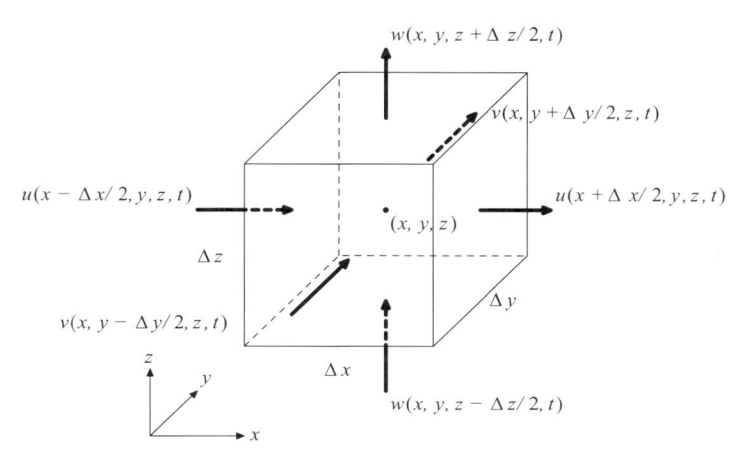

図 2.5：連続式を導出するための微小直方体.

2.2 飽和・不飽和流の基礎式の誘導

位置 x, y, z, 時刻 t の体積含水率を $\theta(x, y, z, t)$ とし，x, y, z 方向の流速を u, v, w として飽和・不飽和流の基礎式を導出しよう．図 **2.5** のように，点 (x, y, z) を中心に x, y, z 方向の一辺がそれぞれ $\Delta x, \Delta y, \Delta z$ の直方体を考え，微小時間 Δt の間にこの直方体に出入りする水の収支を考えると，

$$\begin{aligned}
&[\theta(x, y, z, t + \Delta t) - \theta(x, y, z, t)] \Delta x \Delta y \Delta z \\
&= \left[u(x - \frac{\Delta x}{2}, y, z, t) - u(x + \frac{\Delta x}{2}, y, z, t) \right] \Delta y \Delta z \Delta t \\
&\quad + \left[v(x, y - \frac{\Delta y}{2}, z, t) - v(x, y + \frac{\Delta y}{2}, z, t) \right] \Delta x \Delta z \Delta t \\
&\quad + \left[w(x, y, z - \frac{\Delta z}{2}, t) - w(x, y, z + \frac{\Delta z}{2}, t) \right] \Delta x \Delta y \Delta t
\end{aligned} \qquad (2.3)$$

を得る．$\theta(x, y, z, t + \Delta t)$ を (x, y, z, t) の周りにテイラー展開し，Δt の 2 次以上の項を無視して 1 次の項までとると

$$\theta(x, y, z, t + \Delta t) - \theta(x, y, z, t) \simeq \frac{\partial \theta}{\partial t} \Delta t$$

である．同様に，

$$u(x - \frac{\Delta x}{2}, y, z, t) - u(x + \frac{\Delta x}{2}, y, z, t) \simeq -\frac{\partial u}{\partial x} \Delta x$$

である.v, w も同様にして，これらを (2.3) 式に代入し，両辺を $\Delta x \Delta y \Delta z \Delta t$ で割ると，飽和・不飽和流に関する連続式

$$\frac{\partial \theta}{\partial t} + \frac{\partial u}{\partial x} + \frac{\partial v}{\partial y} + \frac{\partial w}{\partial z} = 0 \tag{2.4}$$

が得られる．

　土中の水の流れがダルシーの法則に従うとすれば x, y, z それぞれの方向の流速 u, v, w は，(2.1) 式より，それぞれの方向の透水係数 $k_x(\theta), k_y(\theta), k_z(\theta)$ とピエゾ水頭 h を用いて

$$u = -k_x(\theta)\frac{\partial h}{\partial x},\ v = -k_y(\theta)\frac{\partial h}{\partial y},\ w = -k_z(\theta)\frac{\partial h}{\partial z} \tag{2.5}$$

と表される．一般に土壌は不飽和状態にあり，この場合，透水係数 k_x, k_y, k_z は一定ではなく体積含水率 θ の関数となる．ピエゾ水頭 h は圧力水頭 ψ と位置水頭 z の和であるから，流速 u, v, w は (2.2) 式，(2.5) 式より

$$u = -k_x(\theta)\frac{\partial(\psi+z)}{\partial x} = -k_x(\theta)\left(\frac{\partial \psi}{\partial x}\right)$$

$$v = -k_y(\theta)\frac{\partial(\psi+z)}{\partial y} = -k_y(\theta)\left(\frac{\partial \psi}{\partial y}\right)$$

$$w = -k_z(\theta)\frac{\partial(\psi+z)}{\partial z} = -k_z(\theta)\left(\frac{\partial \psi}{\partial z}+1\right)$$

と表される．この式を連続式 (2.4) 式に代入すると

$$\begin{aligned}\frac{\partial \theta}{\partial t} &= -\frac{\partial u}{\partial x} - \frac{\partial v}{\partial y} - \frac{\partial w}{\partial z} \\ &= \frac{\partial}{\partial x}\left[k_x(\theta)\left(\frac{\partial \psi}{\partial x}\right)\right] + \frac{\partial}{\partial y}\left[k_y(\theta)\left(\frac{\partial \psi}{\partial y}\right)\right] + \frac{\partial}{\partial z}\left[k_z(\theta)\left(\frac{\partial \psi}{\partial z}+1\right)\right]\end{aligned} \tag{2.6}$$

となる．ここで $C(\psi)$ (比水分容量) $= d\theta/d\psi$ とすれば，Richards[5])によって示された圧力水頭 ψ に関する飽和・不飽和流の基礎式（リチャーズ式）

$$C\frac{\partial \psi}{\partial t} = \frac{\partial}{\partial x}\left[k_x(\theta)\left(\frac{\partial \psi}{\partial x}\right)\right] + \frac{\partial}{\partial y}\left[k_y(\theta)\left(\frac{\partial \psi}{\partial y}\right)\right] + \frac{\partial}{\partial z}\left[k_z(\theta)\left(\frac{\partial \psi}{\partial z}+1\right)\right] \tag{2.7}$$

が得られる．(2.6) 式を体積含水率 θ に関する式に書き直すと

$$\frac{\partial \theta}{\partial t} = \frac{\partial}{\partial x}\left[D_x(\theta)\left(\frac{\partial \theta}{\partial x}\right)\right] + \frac{\partial}{\partial y}\left[D_y(\theta)\left(\frac{\partial \theta}{\partial y}\right)\right] + \frac{\partial}{\partial z}\left[D_z(\theta)\left(\frac{\partial \theta}{\partial z}\right) + k_z(\theta)\right] \tag{2.8}$$

となる．ここで $D_i(\theta)$ (水分拡散係数) $= k_i(\theta)(d\psi/d\theta)$ $(i = x, y, z)$ である．これらの式を解くためには，図 **2.4** にあるような圧力水頭と体積含水率との関係式 (水分特性曲線，または $\psi - \theta$ 関係式)，および不飽和透水係数と体積含水率との関係式 ($k - \theta$ 関係式) が必要となる．これらの値は土壌によって決まる特性値である．

リチャーズ式は水分拡散係数や透水係数が ψ または θ の関数であるため非線形の偏微分方程式となっており，解析解は特別の条件下以外では求まらない．したがって，初期条件，境界条件を与えて数値的に解くことになる．次の **2.3** では，鉛直一次元のリチャーズ式を例に数値解法について説明する．より一般的な，二次元・三次元の場合にも，次節で説明する方法と同様にして数値解を求めることができる．ただし，計算量が非常に多くなるのと，山腹斜面のような不規則な形状に適用しにくいという問題点がある．An ら[6]は，二次元・三次元の飽和・不飽和流に対して，少ない計算量で十分な精度の解を得る数値計算法を提案している．また An ら[7]は，(2.6) 式のような直交座標系に基づくリチャーズ式を一般座標系に対する式に展開し，不規則な形状の領域における飽和・不飽和流の数値解を求める方法を示している．

2.3 飽和・不飽和流の数値解法

2.3.1 基礎式の形と数値解法との関係

鉛直一次元のリチャーズ式は，従属変数を圧力水頭 ψ とするか，体積含水率 θ とするか，あるいはその組み合わせとするかで，以下の三つの形に書くことができる．

ψ を従属変数とする場合：
$$C\frac{\partial \psi}{\partial t} = \frac{\partial}{\partial z}\left[k(\theta)\left(\frac{\partial \psi}{\partial z} + 1\right)\right] \quad (2.9)$$

θ を従属変数とする場合：
$$\frac{\partial \theta}{\partial t} = \frac{\partial}{\partial z}\left[D(\theta)\left(\frac{\partial \theta}{\partial z}\right) + k(\theta)\right] \quad (2.10)$$

ψ と θ を混在させる場合：
$$\frac{\partial \theta}{\partial t} = \frac{\partial}{\partial z}\left[k(\theta)\left(\frac{\partial \psi}{\partial z} + 1\right)\right] \quad (2.11)$$

ただし，z は鉛直上向きに正であり，k と D はそれぞれ z 方向の透水係数，水分拡散係数である．

これらはいずれも数学的には等価な式形であるが，飽和・不飽和流の数値解法

では，(2.11) 式 を採用するのが主流である．圧力水頭を従属変数とする (2.9) 式は，数値的に解くために離散化すると，水収支の誤差が大きくなるという欠点があり，また体積含水率を従属変数とする (2.10) 式は，飽和域で水分拡散係数 D が無限大になるため，飽和域とその近辺に適用できないという欠点がある[8]．その一方で (2.11) 式 は，離散化しても水収支誤差が発生せず[9]，また飽和域にも問題なく適用できる．リチャーズ式は有限差分法か有限要素法によって解かれることが多いが，上記の水収支誤差に関する特性は，有限差分法と有限要素法のいずれにおいても成り立つ．以下では，有限差分法を例にとって，まず，ψ を従属変数としたときに水収支誤差が大きくなる理由を説明し，その後，(2.11) 式 を数値的に解く方法を説明する．

2.3.2 圧力水頭を従属変数とするリチャーズ式の離散化

圧力水頭を従属変数とするリチャーズ式は (2.9) 式 で与えられる．まず，(2.9) 式 左辺の時間微分を後退オイラー法とよばれる方法で離散化する．

$$C^{n+1}\frac{\psi^{n+1}-\psi^n}{\Delta t} = \frac{\partial}{\partial z}\left[k^{n+1}\left(\frac{\partial \psi^{n+1}}{\partial z}+1\right)\right] \tag{2.12}$$

ここで，ψ^n は離散化された n 番目の時刻 ($t=t^n$) における圧力水頭であり，Δt は計算時間間隔 ($t^{n+1}-t^n$) である．C^{n+1} と k^{n+1} はそれぞれ，ψ^{n+1} を用いて評価された比水分容量と透水係数を意味する．以下では，時刻 t^n における状態量はすべて既知であり，時刻 t^{n+1} の状態量が未知量であるとする．つぎに，(2.12) 式の右辺の空間微分を，中央差分法を用いて次のように離散化する．

$$\begin{aligned}
C_i^{n+1}\frac{\psi_i^{n+1}-\psi_i^n}{\Delta t} &= \frac{1}{\Delta z}\left[k_{i+1/2}^{n+1}\left(\frac{\partial \psi^{n+1}}{\partial z}\Big|_{i+1/2}+1\right) - k_{i-1/2}^{n+1}\left(\frac{\partial \psi^{n+1}}{\partial z}\Big|_{i-1/2}+1\right)\right] \\
&= \frac{1}{\Delta z}\left[k_{i+1/2}^{n+1}\left(\frac{\psi_{i+1}^{n+1}-\psi_i^{n+1}}{\Delta z}+1\right) - k_{i-1/2}^{n+1}\left(\frac{\psi_i^{n+1}-\psi_{i-1}^{n+1}}{\Delta z}+1\right)\right] \\
&= \frac{1}{\Delta z^2}\left[k_{i-1/2}^{n+1}\psi_{i-1}^{n+1} - \left(k_{i-1/2}^{n+1}+k_{i+1/2}^{n+1}\right)\psi_i^{n+1} + k_{i+1/2}^{n+1}\psi_{i+1}^{n+1}\right] \\
&\quad + \frac{k_{i+1/2}^{n+1}-k_{i-1/2}^{n+1}}{\Delta z}
\end{aligned} \tag{2.13}$$

上式の下添字 i は，格子セル i の中心を意味し，$i+1/2$ は，格子セル i と $i+1$ がはさむ断面を，$i-1/2$ は，格子セル i と $i-1$ がはさむ断面をそれぞれ意味する．Δz は空間差分間隔である（**図 2.6** 参照）．

2.3 飽和・不飽和流の数値解法 　63

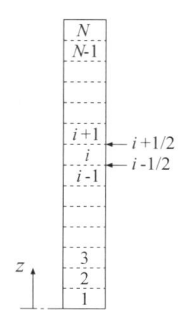

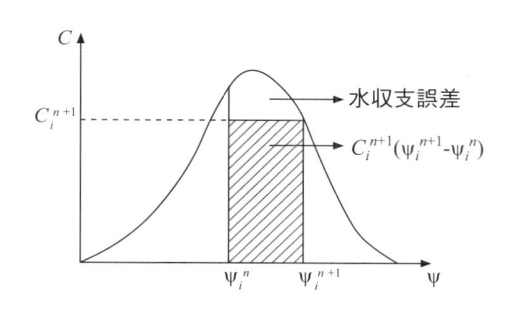

図 2.6：対象領域の分割.

図 2.7：水収支誤差.

この式を格子セル 2 から $N-1$ まで設定すると，$N-2$ 個の式が得られる．さらに上下端での境界条件を 2 個加えると全部で N 個の式が得られる．いま未知量は ψ_i^{n+1} ($i = 1 \sim N$) の N 個であるから，N 元の連立方程式を解くことになる．これが圧力水頭を従属変数としたリチャーズ式を有限差分法で数値的に解く基本的な原理である．しかしながらこの解法で得られる結果には水収支に関する大きな誤差が含まれる．そのことについて次に説明する．

2.3.3 水収支誤差

(2.13) 式の左辺は $C\partial\psi/\partial t$ すなわち $\partial\theta/\partial t$ を離散化したものであり，もともとの式の意味合いからすれば，時刻 t^n から t^{n+1} までの体積含水率 θ_i の変化量を $\Delta\theta_i$ として，$\Delta\theta_i/\Delta t$ と書くことができる．したがって (2.13) 式では，$\Delta\theta_i$ を 時刻 t^{n+1} における比水分容量の値 C_i^{n+1} と圧力水頭の変化量 $\psi_i^{n+1} - \psi_i^n$ との積で評価していることになる．

図 **2.7** は比水分容量 C と圧力水頭 ψ の関係を模式的に示したものである．$\Delta\theta_i$ は，その定義から，C の値を与える曲線と横軸で囲まれる領域を ψ_i^n から ψ_i^{n+1} まで積分したもの，すなわち，

$$\Delta\theta_i = \int_{\psi_i^n}^{\psi_i^{n+1}} C d\psi \tag{2.14}$$

である．しかし，上に述べたように，(2.13) 式では $\Delta\theta_i$ を $C_i^{n+1}(\psi_i^{n+1} - \psi_i^n)$ として評価している．これは図 **2.7** のハッチをかけた部分の面積に相当する．このように，$C\partial\psi/\partial t$ を離散化して計算した $\Delta\theta_i$ は，(2.14) 式で与えられる真値とは等し

くならない．これが，圧力水頭を従属変数としたリチャーズ式を数値的に解いた際に水収支誤差が発生する原因である．

2.3.4 圧力水頭と体積含水率が混在したリチャーズ式の離散化

先に述べた水収支誤差を解消するために，Celiaら[9]は (2.11) 式に基づく解法を提案した．以下にその概要を説明する．(2.11) 式を再掲すると，

$$\frac{\partial \theta}{\partial t} = \frac{\partial}{\partial z}\left[k\left(\frac{\partial \psi}{\partial z} + 1\right)\right] \tag{2.15}$$

である．つぎに，上式を 2.3.2 と同様に，次式のように有限差分法を用いて離散化する．

$$\frac{\theta_i^{n+1} - \theta_i^n}{\Delta t} = \frac{1}{\Delta z^2}\left[k_{i-1/2}^{n+1}\psi_{i-1}^{n+1} - \left(k_{i-1/2}^{n+1} + k_{i+1/2}^{n+1}\right)\psi_i^{n+1} + k_{i+1/2}^{n+1}\psi_{i+1}^{n+1}\right]$$
$$+ \frac{k_{i+1/2}^{n+1} - k_{i-1/2}^{n+1}}{\Delta z} \tag{2.16}$$

上式と (2.13) 式との違いは左辺だけであり，右辺はまったく同じである．すなわち，体積含水率の時間変化の表し方だけが異なっている．2.3.3 で述べたように，(2.13) 式では体積含水率の変化量を比水分容量と圧力水頭の変化量の積で表しているのに対し，(2.16) 式では体積含水率の変化量をその定義通り $\theta_i^{n+1} - \theta_i^n$ と表している．これによって水収支誤差の発生が防止される．

(2.16) 式において，右辺に含まれる透水係数は圧力水頭 ψ もしくは体積含水率 θ の関数であるため，この方程式は非線形である．したがって，何らかの方法で式を繰り返し線形化する反復解法を用いる必要がある．非線形の方程式を線形化する方法にはさまざまなものがあるが，代表的な方法としてはピカール法とニュートン法が挙げられる．Celiaら[9]は (2.16) 式の線形化にピカール法を採用した．ピカール法とは，非線形方程式を解く際に，非線形項を近似解で評価することによって方程式を線形化して次の近似解を求め，これを繰り返して最終的な数値解を得るという方法である．

m 回目の反復計算で得られた圧力水頭の値を $\psi^{n+1,m}$ と書くことにする．一般に，変数の肩に付けられた添字 $n+1$ は時刻 t^{n+1} に対する値であることを示し，添字 m は m 回目の反復計算に対する値であることを示す．いま，反復計算が m 回目まで終了したと仮定し，未知である $m+1$ 回目の圧力水頭の値 $\psi_i^{n+1,m+1}$ と既知

である m 回目の圧力水頭の値 $\psi_i^{n+1,m}$ との差を,

$$\delta_i^m = \psi_i^{n+1,m+1} - \psi_i^{n+1,m} \tag{2.17}$$

と書くことにする.

(2.16) 式を反復計算をふまえた形で,

$$\frac{\theta_i^{n+1,m+1} - \theta_i^n}{\Delta t} = \frac{1}{\Delta z^2} \left[k_{i-1/2}^{n+1,m} \psi_{i-1}^{n+1,m+1} - \left(k_{i-1/2}^{n+1,m} + k_{i+1/2}^{n+1,m} \right) \psi_i^{n+1,m+1} \right.$$
$$\left. + k_{i+1/2}^{n+1,m} \psi_{i+1}^{n+1,m+1} \right] + \frac{k_{i+1/2}^{n+1,m} - k_{i-1/2}^{n+1,m}}{\Delta z} \tag{2.18}$$

と書くことにしたうえで, $\theta_i^{n+1,m+1}$ を $\psi_i^{n+1,m}$ まわりにテイラー展開して一次の項までとると,

$$\theta_i^{n+1,m+1} = \theta_i^{n+1,m} + \frac{d\theta}{d\psi}\bigg|_i^{n+1,m} (\psi_i^{n+1,m+1} - \psi_i^{n+1,m})$$
$$= \theta_i^{n+1,m} + C_i^{n+1,m} \delta_i^m \tag{2.19}$$

を得る. この式を (2.18) 式に代入すると,

$$\frac{1}{\Delta t} C_i^{n+1,m} \delta_i^m + \frac{\theta_i^{n+1,m} - \theta_i^n}{\Delta t} = \frac{1}{\Delta z^2} \left[k_{i-1/2}^{n+1,m} \psi_{i-1}^{n+1,m+1} - \left(k_{i-1/2}^{n+1,m} + k_{i+1/2}^{n+1,m} \right) \psi_i^{n+1,m+1} \right.$$
$$\left. + k_{i+1/2}^{n+1,m} \psi_{i+1}^{n+1,m+1} \right] + \frac{k_{i+1/2}^{n+1,m} - k_{i-1/2}^{n+1,m}}{\Delta z} \tag{2.20}$$

を得る. さらに上式は,

$$\psi_i^{n+1,m+1} = \delta_i^m + \psi_i^{n+1,m} \tag{2.21}$$

を用いて,

$$\frac{1}{\Delta t} C_i^{n+1,m} \delta_i^m + \frac{\theta_i^{n+1,m} - \theta_i^n}{\Delta t}$$
$$= \frac{1}{\Delta z^2} \left[k_{i-1/2}^{n+1,m} (\delta_{i-1}^m + \psi_{i-1}^{n+1,m}) - \left(k_{i-1/2}^{n+1,m} + k_{i+1/2}^{n+1,m} \right) (\delta_i^m + \psi_i^{n+1,m}) \right.$$
$$\left. + k_{i+1/2}^{n+1,m} (\delta_{i+1}^m + \psi_{i+1}^{n+1,m}) \right] + \frac{k_{i+1/2}^{n+1,m} - k_{i-1/2}^{n+1,m}}{\Delta z} \tag{2.22}$$

と書き直すことができる. (2.22) 式における未知量は, $\delta_{i-1}^m, \delta_i^m, \delta_{i+1}^m$ であり, 他の変数の値はすべて既知となっている. したがって, この式を格子セル $2 \sim N-1$

について設定し，上下端での（線形な）境界条件を加えれば，N 元の線形連立方程式を構成することができる．この連立方程式は，

$$\begin{pmatrix} b_1 & c_1 & 0 & & & \cdots & 0 \\ a_2 & b_2 & c_2 & 0 & & \cdots & 0 \\ 0 & a_3 & b_3 & c_3 & 0 & \cdots & 0 \\ 0 & 0 & a_4 & b_4 & c_4 & 0 & \cdots & 0 \\ & & & \vdots & & & \\ 0 & \cdots & & & 0 & a_{N-1} & b_{N-1} & c_{N-1} \\ 0 & \cdots & & & & 0 & a_N & b_N \end{pmatrix} \begin{pmatrix} \delta_1^m \\ \delta_2^m \\ \delta_3^m \\ \vdots \\ \delta_{N-1}^m \\ \delta_N^m \end{pmatrix} = \begin{pmatrix} d_1 \\ d_2 \\ d_3 \\ \vdots \\ d_{N-1} \\ d_N \end{pmatrix} \quad (2.23)$$

のように，三重対角の係数行列を持つので，たとえばトマス法などを用いて効率的に解くことができる（トマス法については本章のコラムを参照）．この連立方程式を解いて求まるのは δ_i^m $(i = 1 \sim N)$ であるから，

$$\psi_i^{n+1,m+1} = \psi_i^{n+1,m} + \delta_i^m \quad (2.24)$$

として圧力水頭の推定値を修正し，次回の反復計算の係数行列および定数ベクトルの値を計算しなおして，再び δ_i の値（すなわち δ_i^{m+1}）を求める．この手続きを δ_i の値が十分ゼロに近くなるまで繰り返す．最終的に δ_i の値が十分ゼロに近くなったときの圧力水頭の値が時刻 t^{n+1} での圧力水頭である．

時刻 t^{n+1} の状態量の値が求まれば，今度は時刻 t^{n+2} の状態量を未知量として上述の計算手続きを行う．これを繰り返すことによって，時間的に変化する状態量の値を次々と求めていくことができる．

コラム：トマス法

係数行列が三重対角行列であるような連立一次方程式

$$\begin{pmatrix} b_1 & c_1 & 0 & & & & \cdots & 0 \\ a_2 & b_2 & c_2 & 0 & & & \cdots & 0 \\ 0 & \cdot & \cdot & \cdot & 0 & & & 0 \\ 0 & 0 & \cdot & \cdot & \cdot & 0 & & 0 \\ & & & a_i & b_i & c_i & & \\ & & & & \cdot & \cdot & \cdot & \\ 0 & \cdots & & & & \cdot & \cdot & 0 \\ 0 & \cdots & & 0 & a_{N-1} & b_{N-1} & c_{N-1} \\ 0 & \cdots & & & 0 & a_N & b_N \end{pmatrix} \begin{pmatrix} x_1 \\ x_2 \\ \cdot \\ \cdot \\ x_i \\ \cdot \\ \cdot \\ x_{N-1} \\ x_N \end{pmatrix} = \begin{pmatrix} d_1 \\ d_2 \\ \cdot \\ \cdot \\ d_i \\ \cdot \\ \cdot \\ d_{N-1} \\ d_N \end{pmatrix}$$

$$(2.25)$$

はトマス法を用いて効率的に解くことができる．トマス法は，(2.25) 式の対角項 b_i $(i = 1 \sim N)$ を 1 としながら，a_i $(i = 2 \sim N)$ をゼロとしていく前進消去過程と，c_i $(i = N - 1 \sim 1)$ をゼロとしながら x_i $(i = N - 1 \sim 1)$ を求めていく後退代入過程の二つの過程からなる．x_N は前進消去が終了した時点で自動的に求まる．以下にそのアルゴリズムを示す．

（前進消去）

1) $p_1 = c_1/b_1, q_1 = d_1/b_1$ とする．
2) $i = 2 \sim N - 1$ の順に

$$p_i = \frac{c_i}{b_i - a_i p_{i-1}}$$

とする．また，$i = 2 \sim N$ の順に

$$q_i = \frac{d_i - a_i q_{i-1}}{b_i - a_i p_{i-1}}$$

とする．これは，係数行列の対角項を 1 としながら a_i $(i = 2 \sim N)$ を掃き出すときの，c_2 から c_{N-1} の計算および d_2 から d_N の計算に相当する．

（後退代入）

3) $x_N = q_N$ とする．前進消去が終了した時点で係数行列の a_N の位置はゼロ，b_N の位置は 1 となっているので，q_N の値がただちに x_N となる．
4) $i = N - 1 \sim 1$ の順に $x_i = q_i - p_i x_{i+1}$ とする．これは p_i $(i = N - 1 \sim 1)$ を掃き出しながら x_{N-1} から x_1 までを求めていることに相当する．

以上で x_1 から x_N まで求まったことになる．

コラム：流量・流積関係式の評価

　飽和・不飽和流れを物理法則に基づいて定式化したリチャーズ式は非線形性が非常に強い偏微分方程式であり，数値的に解を求める場合，大きな計算量を要する．そのため，リチャーズ式を流域スケールの雨水流出現象の再現

に用いた事例はほとんどない．そのようなスケールでの水文モデリングには，キネマティックウェーブモデルが広く用いられている．特に流量・流積関係式を工夫した統合型キネマティックウェーブモデル (**1.3** 参照) は日本の多くの流域に適用され，その有効性が確認されている．その一方で，日本の流域と異なり斜面勾配が緩く降雨が少ない流域では，統合型キネマティックウェーブモデルの適用性が低くなることも報告されている[10]．

An ら[11]は，単一の斜面での鉛直方向の浸透や不飽和帯の水の挙動を物理的に考慮できるリチャーズ式を用いて，この統合型キネマティックウェーブモデルの適用性の良否が何に由来するのかを検討している．まず，地中流をリチャーズ式で，表面流をキネマティックウェーブモデルで表現する鉛直二次元モデルを構築し，このモデルを用いて異なる条件 (表土層の厚さ，斜面勾配，降雨強度，初期条件) で数値シミュレーションを行う．この結果を仮想的な観測値と考える．つぎに，この数値シミュレーションで得られた斜面下端でのハイドログラフをできるだけ再現できるように統合型キネマティックウェーブモデルのパラメタ値を最適化する．そして，鉛直二次元モデルによる計算結果 (仮想的な観測値) を統合型キネマティックウェーブモデルで精度良く再現できる場合と再現できない場合とで，どういった条件が異なるのかを分析する．**表 2.1** に鉛直二次元モデルでのシミュレーションに用いた計算条件を示す.

表 2.1：シミュレーションに用いた条件.

土層厚さ	0.25, 0.5, 1.0, 2.0 m
斜面勾配	5, 20, 35°
降雨量	10, 20, 40, 70, 100 mm
初期条件	湿潤, 乾燥

図 2.8 は，鉛直二次元モデルと統合型キネマティックウェーブモデルのハイドログラフの適合度をナッシュ-サトクリフ指標で表したものである．全般的に，表土層厚が小さいほど，斜面が急なほど，降雨量が大きいほど，初期状態が湿潤なほど，適合度の高い傾向がある．これは，斜面勾配が緩く降雨が少ない流域で統合型キネマティックウェーブモデルの適用性が低いという報告[10]と整合性がある．特に表土層の厚さが 2m のときは，他の条件によら

ず再現性の低い傾向がある．その理由としては，表土層厚が 2m 程度になると，鉛直浸透が重要な物理過程となるのにも関わらず，統合型キネマティックウェーブモデルでは鉛直浸透が考慮されていないということが考えられる．

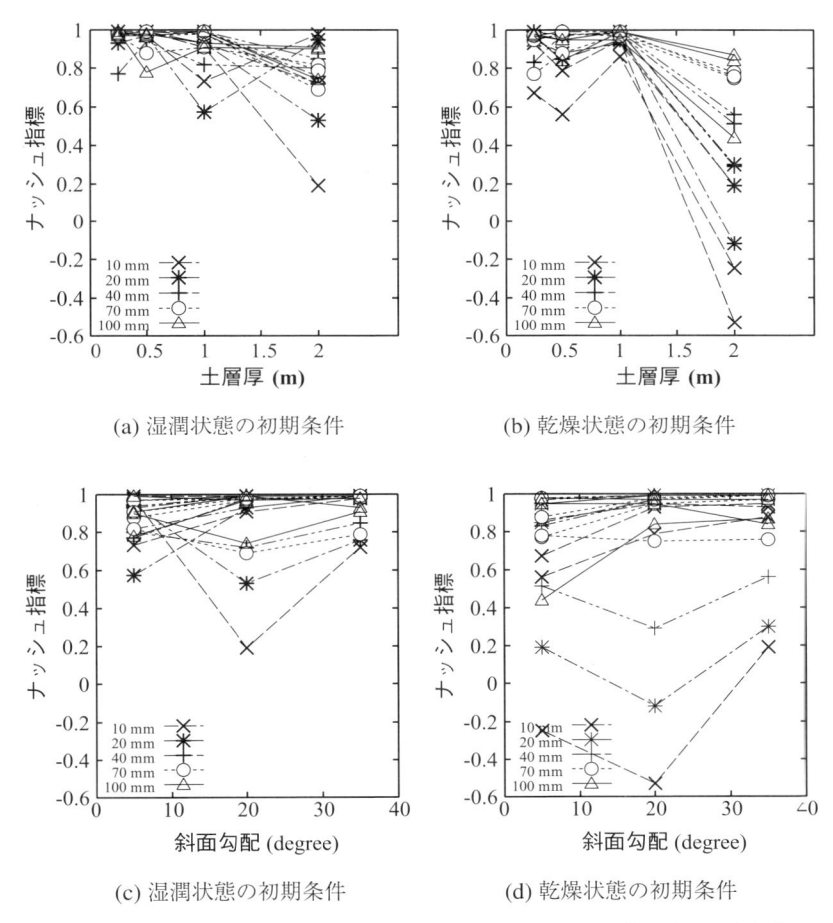

(a) 湿潤状態の初期条件

(b) 乾燥状態の初期条件

(c) 湿潤状態の初期条件

(d) 乾燥状態の初期条件

図 **2.8**：鉛直二次元モデルと統合型キネマティックウェーブモデルの適合度．

(韓国数理科学研究所：安 賢旭)

2.4 浸透能式

浸透能とは，地表面に雨水が十分に供給される場合の最大の浸透強度のことであり，浸透能の時間変化を表す式を浸透能式という．降雨強度が浸透能を上回ると，雨水は地表面上に湛水し，地表面流が発生する．この地表面流をホートン型表面流という．一般に，森林や草地では浸透能が大きく，ホートン型表面流が生じることはまれである．一方，林道や裸地では表面が締め固められていることが多いため，浸透能が低く，しばしばホートン型表面流が発生する．浸透能を精度よく推定できれば，地表面流の発生も精度良く予測することができる．

浸透能式として，ホートン式[12]，フィリップ式[13],[14]，グリーン - アンプト式[15] がある．これらの式はいずれも，地表面が常に薄い湛水状態にあって浸透し得る雨水が常に地表面に存在することを仮定している．

2.4.1 ホートン式

ホートンの浸透能式は，地表面に雨水が十分に供給されて常に薄い湛水状態にある場合に，浸透能が時間とともに指数関数的に低減していくという観測結果に基づくもので，次式で与えられる．

$$f(t) = f_c + (f_0 - f_c)e^{-pt} \tag{2.26}$$

ここで，$f(t)$ は浸透開始時刻から時間 t 経過した時点での浸透能，f_0 は浸透開始時刻での浸透能（初期浸透能），f_c は時間が無限に経過したときの浸透能（最終浸透能），p は浸透能の低減の程度を与えるパラメータである．図 **2.9** は，ホートンの浸透能式によって与えられる浸透能の時間的変化を示したものである．時間の経過とともに浸透能は減少し，最終浸透能に収束する．

ホートン式は経験的に得られた式であるが，(2.10) 式における $D(\theta)$，$k(\theta)$ が一定であるという仮定を置くことにより，ホートン式と同様の式が導出されることが示されている[16],[17]．

2.4.2 リチャーズ式によるホートン式の誘導

鉛直一次元の浸透の基礎式 (2.10) の $D(\theta)$，$k(\theta)$ を一定とすると，実験的に得られたホートンの浸透能式 (2.26) を，理論的に導出することができる．

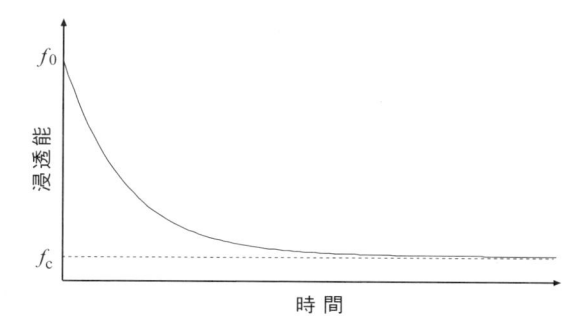

図 2.9：ホートン式による浸透能の時間変化.

鉛直一次元のリチャーズ式 (2.10)

$$\frac{\partial \theta}{\partial t} = \frac{\partial}{\partial z}\left(D(\theta)\frac{\partial \theta}{\partial z} + k(\theta)\right)$$

において $D(\theta)$, $k(\theta)$ が一定であると仮定すると，この式は，

$$\frac{\partial \theta}{\partial t} = D\frac{\partial^2 \theta}{\partial z^2} \tag{2.27}$$

となる．いま，θ が $\theta = Z(z)T(t) + C$（C は定数）の形に表されるとし，これを (2.27) 式に代入すると

$$Z\frac{\partial T}{\partial t} = DT\frac{\partial^2 Z}{\partial z^2}$$

となる．さらに変数分離形にすると，

$$\frac{1}{T}\frac{\partial T}{\partial t} = \frac{D}{Z}\frac{\partial^2 Z}{\partial z^2} \tag{2.28}$$

となる．(2.28) 式は左辺が t のみの関数，右辺が z のみの関数となっているから，等号が成り立つには両辺ともに定数でなければならない．そこで，

$$\frac{1}{Z}\frac{\partial^2 Z}{\partial z^2} = -m^2, \quad \frac{1}{T}\frac{\partial T}{\partial t} = -Dm^2 \quad (m \text{ は定数})$$

とすると

$$Z = A\cos mz + B\sin mz \quad (A, B \text{ は定数})$$

$$T = e^{-Dm^2 t}$$

となる．したがって，

$$\theta = (A\cos mz + B\sin mz)e^{-Dm^2 t} + C \tag{2.29}$$

となる．

浸透能 $f(t)$ は，地表面 $z = 0$ における鉛直下向きの浸透強度であるから，z 軸の正の方向を鉛直上向きとして，

$$f(t) = -\left(-k\frac{\partial(\psi + z)}{\partial z}\right)\bigg|_{z=0} = \left(D\frac{\partial\theta}{\partial z} + k\right)\bigg|_{z=0} \tag{2.30}$$

であり，(2.29) 式を (2.30) 式に代入し，$z = 0$ とすると，

$$f(t) = DBm \cdot e^{-Dm^2 t} + k$$

が得られる．ここで，$t = 0$ で $f = f_0$，$t = \infty$ で $f = f_c$ とすると $f_0 = DBm + k$，$f_c = k$ より $DBm = f_0 - f_c$ を得る．以上より $f(t)$ は

$$f(t) = f_c + (f_0 - f_c)e^{-Dm^2 t}$$

となり，上式において Dm^2 を p とおけば，(2.26) 式のホートンの浸透能式が得られる．

2.4.3 フィリップ式

まず，水平方向の浸透を考える．たとえば，円筒状の容器に不飽和の土壌を採取し，この容器を水平に置いた状態で，一方の端を水に接触させると，容器内の土壌によって水が吸引される．こうして生じる土壌内の水の流れは水平方向の浸透流である．いま，土壌の初期の体積含水率が一様に θ_i であるとして，土壌の一方の端を水に接触させて，その端の土壌表面の水分量が急に θ_0 に増加したとする．このとき生じる土壌中の水平方向の流れは，水平一次元のリチャーズ式

$$\frac{\partial\theta}{\partial t} = \frac{\partial}{\partial x}\left(D\frac{\partial\theta}{\partial x}\right) \tag{2.31}$$

で表すことができる．ただし D は水分拡散係数である．境界条件は

$$\theta = \theta_i \ (x > 0, t = 0), \quad \theta = \theta_0 \ (x = 0, t > 0) \tag{2.32}$$

である．ここで次のような合成変数 $\phi(\theta)$ を定義する．

$$\phi(\theta) = xt^{-1/2} \tag{2.33}$$

2.4 浸透能式

この変数を (2.31) 式に導入すると，左辺と右辺はそれぞれ

$$\frac{\partial \theta}{\partial t} = \frac{d\theta}{d\phi}\frac{\partial \phi}{\partial t} = -\frac{1}{2}xt^{-3/2}\frac{d\theta}{d\phi}$$

$$\frac{\partial}{\partial x}\left(D\frac{\partial \theta}{\partial x}\right) = \frac{\partial}{\partial x}\left(D\frac{d\theta}{d\phi}\frac{\partial \phi}{\partial x}\right) = \frac{\partial}{\partial x}\left(Dt^{-1/2}\frac{d\theta}{d\phi}\right)$$

$$= t^{-1/2}\frac{d}{d\phi}\left(D\frac{d\theta}{d\phi}\right)\frac{\partial \phi}{\partial x} = t^{-1}\frac{d}{d\phi}\left(D\frac{d\theta}{d\phi}\right)$$

となるので

$$\frac{d}{d\theta}\left(D\frac{d\theta}{d\phi}\right) + \frac{\phi}{2}\frac{d\theta}{d\phi} = 0 \tag{2.34}$$

を得る．境界条件 (2.32) 式は以下である．

$$\theta = \theta_i \ (\phi \to \infty), \ \ \theta = \theta_0 \ (\phi = 0) \tag{2.35}$$

境界条件 (2.35) 式のもとで (2.34) 式を解くことができれば，いま想定している浸透現象を再現することができる．しかし，解を求めなくても，以下のようにして，浸透が時間とともにどのように進むか知ることができる．土壌に浸透した水の全体積 (累積浸透量) を F と書くことにすると，

$$F = \int_{\theta_i}^{\theta_0} x d\theta \tag{2.36}$$

となる．上式に (2.33) 式を代入すると，

$$F = t^{1/2} \int_{\theta_i}^{\theta_0} \phi(\theta) d\theta$$

となる．上式中の積分は定積分なので定数である．これを

$$A_0 = \int_{\theta_i}^{\theta_0} \phi(\theta) d\theta \tag{2.37}$$

とする．A_0 は吸水能 (Sorptivity) とよばれる[13]．A_0 を用いると累積浸透量 F は

$$F = A_0 t^{1/2} \tag{2.38}$$

となる．また，浸透強度 $f = dF/dt$ は

$$f = \frac{1}{2}A_0 t^{-1/2} \tag{2.39}$$

となる.

実際の浸透現象は水平方向ではなく鉛直方向に起こることがほとんどである。その場合, 浸透現象は,

$$\frac{\partial \theta}{\partial t} = \frac{\partial}{\partial z}\left(D\frac{\partial \theta}{\partial z}\right) - \frac{\partial k}{\partial z} \tag{2.40}$$

で表すことができる. ただし, z 軸の正の方向を鉛直下向きにとっている. k は透水係数である. 境界条件は

$$\theta = \theta_i \ (z > 0, t = 0), \ \theta = \theta_0 \ (z = 0, t > 0) \tag{2.41}$$

である.

(2.41) 式のもとでの (2.40) 式の解は, (2.32) 式のもとでの (2.31) 式の解の周りの摂動展開と同等で,

$$z = \phi t^{1/2} + \chi t + \psi t^{3/2} + \omega t^2 + \cdots \tag{2.42}$$

と書くことができる. ϕ, χ, ψ, ω などはすべて θ の関数である.

累積浸透量 F の式

$$F = \int_{\theta_i}^{\theta_0} z d\theta$$

に (2.42) 式を代入すると,

$$F = t^{1/2}\int_{\theta_i}^{\theta_0}\phi d\theta + t\int_{\theta_i}^{\theta_0}\chi d\theta + t^{3/2}\int_{\theta_i}^{\theta_0}\psi d\theta + t^2\int_{\theta_i}^{\theta_0}\omega d\theta + \cdots$$

を得る. ここで,

$$A_0 = \int_{\theta_i}^{\theta_0}\phi d\theta, \ A_1 = \int_{\theta_i}^{\theta_0}\chi d\theta, \ A_2 = \int_{\theta_i}^{\theta_0}\psi d\theta, \ A_3 = \int_{\theta_i}^{\theta_0}\omega d\theta$$

を定義すると,

$$F = A_0 t^{1/2} + A_1 t + A_2 t^{3/2} + A_3 t^2 + \cdots$$

を得る. これより浸透強度 $f = dF/dt$ は

$$f = \frac{1}{2}A_0 t^{-1/2} + A_1 + \frac{3}{2}A_2 t^{1/2} + 2A_3 t + \cdots$$

となる. 上式右辺の級数のうち, 支配的な第一項と第二項をとったもの, すなわち,

$$f = \frac{1}{2}A_0 t^{-1/2} + A_1 \tag{2.43}$$

がフィリップの浸透能式とよばれるものである.

コラム：水分拡散係数の算出

(2.34) 式を用いて水分拡散係数 D を決定することができる. (2.34) 式を一回積分すると,

$$-2D\frac{d\theta}{d\phi} = \int_{\theta_i}^{\theta} \phi(s)ds$$

を得る. これより,

$$D = -\frac{1}{2}\frac{d\phi}{d\theta}\int_{\theta_i}^{\theta} \phi(s)ds \tag{2.44}$$

となる.

いま, 一定時間経過したときの θ を考えると, θ は x のみの関数である. このとき (2.33) 式より,

$$\frac{d\phi}{d\theta} = t^{-1/2}\frac{dx}{d\theta}$$

$$\int_{\theta_i}^{\theta} \phi(s)ds = t^{-1/2}\int_{\theta_i}^{\theta} xds$$

であるから, (2.44) 式は

$$D = -\frac{1}{2t}\frac{dx}{d\theta}\int_{\theta_i}^{\theta} xds \tag{2.45}$$

となる.

一定時間 (t) 経過したときの水分量プロファイル $\theta(x)$ の測定値があれば, (2.45) 式を用いて水分拡散係数 D を求めることができる. この方法を Matano[18] の方法という.

2.4.4　グリーン・アンプト式

グリーン・アンプトの浸透能式は, ダルシーの法則に基づいて導出される. 図 **2.10** は土層中を水が浸透する過程を単純化して描いたもので, 地表面は一定の水深 h_0 で湛水しており, 地表面から浸透した水が土壌を飽和させながら下方に進

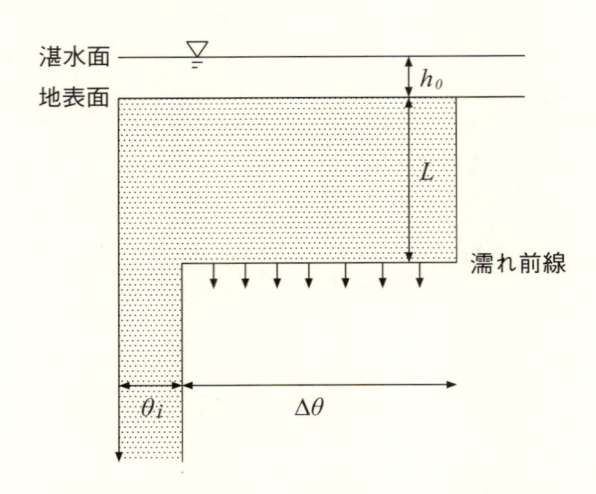

図 **2.10**：グリーン - アンプト式による浸透のモデル化.

んでいく様子を示している．飽和域と不飽和域の境界は濡れ前線とよばれる．図中の θ_i は初期の体積含水率であり，はじめ土層の至るところで体積含水率は θ_i であるとする．また，空隙率を ϕ とし，空隙率と初期体積含水率の差 $\phi - \theta_i$ を $\Delta\theta$ と定義する．

浸透開始時刻をゼロとし，時刻 t に濡れ前線が地表面から深さ L の地点に到達したとする．このとき，時刻 t までの間に地表面から土層に浸透した全水量 $F(t)$ は

$$F(t) = L(\phi - \theta_i) = L\Delta\theta \tag{2.46}$$

である．このときの浸透能を $f(t)$ として，地表面と濡れ前線との間の領域でダルシーの法則が成り立つと仮定すると，地表面でのピエゾ水頭は h_0，濡れ前線でのピエゾ水頭は $-\psi_f - L$ なので

$$f(t) = -k\frac{(-\psi_f - L) - h_0}{L}$$

を得る．ここで k は飽和透水係数，ψ_f は濡れ前線付近での土壌吸引圧 (水頭) である．一般に h_0 は $\psi_f + L$ より十分に小さく，無視できることが多い．この場合，上式は

$$f(t) = k\frac{\psi_f + L}{L} \tag{2.47}$$

とすることができる．(2.46) 式, (2.47) 式より L を消去すると

$$f(t) = k\left(1 + \frac{\psi_f \Delta\theta}{F(t)}\right) \tag{2.48}$$

を得る．これがグリーン・アンプトの浸透能式である．上式から，時刻 $t = 0$ では $F(t) = 0$ なので $f(t)$ は無限大，時間が無限に経過したときは $f(t) = k$ となることがわかる．

　この式は時刻 t の浸透能 $f(t)$ とその時刻までの累加浸透量 $F(t)$ の関係を与える式である．したがって，浸透能か累加浸透量のいずれかが与えられれば，この式を用いてもう一方の値を算出することができる．この式を用いて任意の時刻における累加浸透量を求めることを考える．まず，(2.48) 式において，$f(t) = dF(t)/dt$ であるから

$$\frac{dF(t)}{dt} = k\left(1 + \frac{\psi_f \Delta\theta}{F(t)}\right)$$

となり，この式を変数分離形にすると

$$\left(1 - \frac{\psi_f \Delta\theta}{\psi_f \Delta\theta + F(t)}\right)dF(t) = kdt$$

となる．上式の両辺を次のように積分して

$$\int_0^{F(t)}\left(1 - \frac{\psi_f \Delta\theta}{\psi_f \Delta\theta + \xi}\right)d\xi = \int_0^t kd\tau$$

を解くと

$$F(t) - \psi_f \Delta\theta \ln\left(1 + \frac{F(t)}{\psi_f \Delta\theta}\right) = kt \tag{2.49}$$

を得る．この式は，$\psi_f, \Delta\theta, k$ をパラメータとして，時刻 t と累加浸透量 $F(t)$ との関係を示す式であり，ニュートン法や逐次代入法などを用いて，時刻 t における累加浸透量 $F(t)$ を求めることができる．$F(t)$ の値が求まれば，これを (2.48) 式に代入すれば，その時刻の浸透能 $f(t)$ の値を求めることができる．

　グリーン・アンプト式を実際の場に適用しようとすると k, ψ_f, ϕ の値が必要となる．これらのモデルパラメータを既存の土壌または土地利用データから推定する試みが Rawls ら[19] によってなされている．

参考文献

1) 佐藤邦明, 岩佐義朗 (編著) : 地下水理学, 丸善株式会社, 319p, 2002.
2) Brooks, R. H. and A. T. Corey : Properties of porous media affecting fluid flow, *J. Irrig. Drain. Div., Proc. ASCE*, 92, pp. 62–88, 1964.
3) Van Genuchten, M. T. : A closed form equation for predicting the hydraulic conductivity of unsaturated soils, *Soil Sci. Soc. Amer. J.*, 44, pp. 892–898, 1980.
4) 谷 誠 : 一次元鉛直不飽和浸透によって生じる水面上昇の特性, 日林誌, 64(11), pp. 409–418, 1982.
5) Richards, L. A.: Capillary conduction of liquids through porous mediums, *Physics*, 1, pp. 318–333, 1931.
6) An, H., Y. Ichikawa, Y. Tachikawa, and M. Shiiba : A new iterative alternating direction implicit (IADI) algorithm for multi-dimensional saturatedunsaturated flow, *Journal of Hydrology*, 408, pp. 127–139, 2011.
7) An, H., Y. Ichikawa, Y. Tachikawa, and M. Shiiba : Three‐dimensional finite difference saturated‐unsaturated flow modeling with nonorthogonal grids using a coordinate transformation method, *Wat. Resour. Res.*, 46, W11521, 2010.
8) Kirkland, M. R., R. G. Hills, and P. J. Wierenga : Algorithms for solving richards' equation for variably saturated soils, *Wat. Resour. Res.*, 28(8), pp. 2049–2058, 1992.
9) Celia, M. A., E. T. Bouloutas, and R. L. Zarba : A general mass-conservative numerical solution for the unsatureted flow equation, *Wat. Resour. Res.*, 26(7), pp. 1483–1496, 1990.
10) Hunukumbura, P. B., Y. Tachikawa and M. Shiiba: Distributed hydrological model transferability across basins with different physio-climatic characteristics, *Hydrological Processes*, 26(6), pp. 793-808, 2012.
11) An, H., Y. Ichikawa, K. Yorozu, Y. Tachikawa and M. Shiiba : Validity assessment of integrated kinematic wave equations for hillslope rainfall-runoff modeling, *Annual Journal of Hydraulic Engineering*, JSCE, 54, pp. 505–510, 2010.
12) Horton, E. R.: An approach toward a physical interpretation of infiltration-capacity, *Soil Sci. Soc. Am. Proc.*, 5, pp. 399–417, 1940.
13) Philip, J. R.: The theory of infiltration. 4. Sorptivity and algebraic infiltration equations, *Soil Sci.*, 84, pp. 257–264, 1957.
14) Philip, J. R.: Theory of infiltration, in Advances in Hydroscience, ed. by V. T. Chow, 5, pp. 215–296, 1969.
15) Green, W. H. and G. A. Ampt : Studies on soil physics: 1. Flow of air and water through soils, *Journal of Agr. Sci.*, 4, pp. 1–24, 1911.
16) 石原藤次郎, 石原安雄 : 出水解析に関する最近の進歩, 京都大学防災研究所年報, 5B, pp. 33–58, 1962.
17) Eaglson, P. S.: Dynamic hydrology, McGraw-Hill, pp. 292–295, 1970.
18) Matano, C.: On the relation between the diffusion-coefficients and concentrations of solid metals, *Japanese Journal of Physics*, 8, pp. 109–113, 1933.
19) Rawls, J. W., L. D. Brakensiek, and N. Miller : Green–Ampt infiltration parameters from soils data, *J. Hydraul. Div., Am. Soc. Civ. Eng.*, 109(1), pp. 62–70, 1983.

第3章

地下水流動

　土壌に浸透した雨水は地下水を涵養し，長い期間を経て河道に流出する．地下水は河道への経常的な雨水の供給源である．また地下水は井戸を通して汲み上げられ，生活用水や農業用水，工業用水の水源となる．地下水の分析では，広域の地下水位の変動に関心が向けられるため，平面二次元の地下水流動モデルが利用されることが多い．本章では，この地下水流動の基礎式を導き，その数値解法を解説する．

3.1 地下水と帯水層

　地層は 図 3.1 に示すように岩盤の上に透水性の高い土層や低い土層が相互に重なって構成される．このとき，地表面近くの土壌中には地下水面 (groundwater table) が形成される．地下水面は地表からの雨水の涵養や揚水によって位置が変動するため，自由地下水面とよばれることがある．地下水面よりも上には，地表面とつながる不飽和帯が形成され，下には飽和帯が形成される．地下水面は大気圧と等しい圧力を持つ面であり，地下水面より上の不飽和土壌の圧力水頭は大気圧よりも小さく，地下水面よりも下では圧力水頭は大気圧よりも大きい．不飽和域では鉛直方向の流れが支配的である．飽和域は不飽和域からの鉛直浸透による水分の供給を受け，地下水は主として水平方向に流動する．

　図 3.2 に土層とそこで形成される地下水の形態を示す．地表面より下に存在する水を地中水とよぶ．地中水のうち，地下水面より上にある水を土壌水，下にある水を地下水という．地下水面の直上には，水で飽和した飽和毛管帯が形成され，その上の土壌は不飽和域となる．不飽和域と接する地下水を自由地下

水あるいは不圧地下水とよび，不圧地下水が存在する場を不圧帯水層 (unconfined aquifer) とよぶ．不圧帯水層の下には透水性の低い粘土層などで構成される不透水層 (加圧層) があり，不透水層に挟まれる形で透水性の高い層が存在する．この透水性の高い層は，不飽和層とつながる自由水面を持たず，不透水層によって加圧されるため，被圧帯水層 (confined aquifer) とよばれ，そこでの地下水を被圧地下水とよぶ．通常，不圧帯水層が最上位にあり，不透水層と被圧帯水層が重なって地下水の場を形成する．

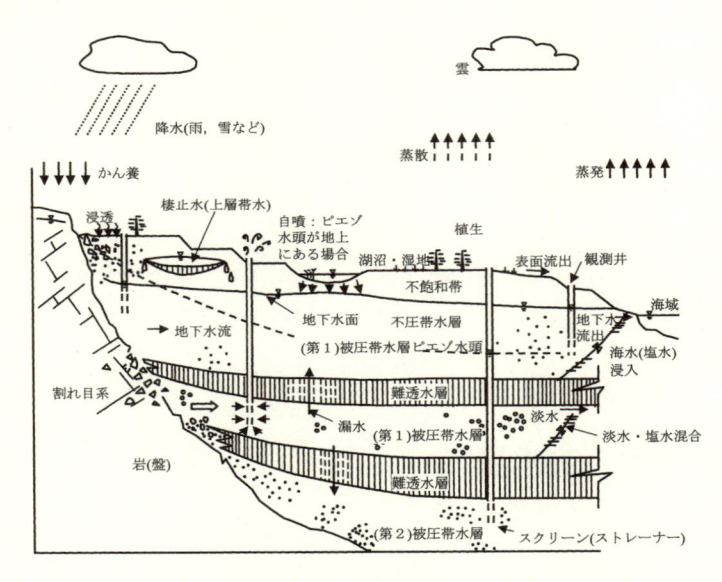

図 3.1：帯水層の概念図[1]．

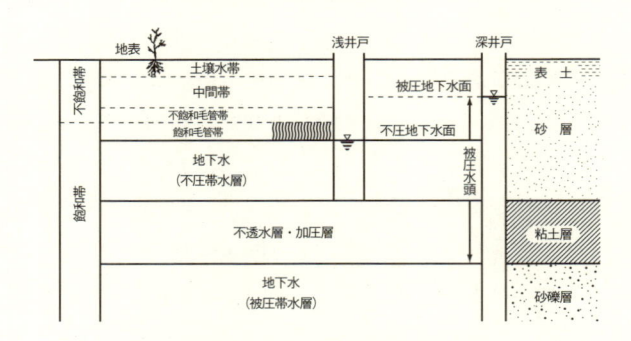

図 3.2：地下水帯の鉛直構造．

コラム：野洲川流域の不圧地下水の変化

戦後，琵琶湖南東に広がる野洲川流域 (図 3.3) では下流域の栗東，野洲あたりから上流に向かって工業立地化が進み，大規模な工業集積地を形成するようになった．下流域では住宅が次々と建設され，近畿圏におけるベッドタウンとして発展してきた．この間，野洲川流域では琵琶湖総合開発事業を始めとして様々な流域開発事業がなされ，水資源の利用方式，土地利用形態は大きく変化した．特に水関連の事業としては，1979 年の野洲川改修工事による放水路の開削，河道改修，農地改良や河川水による灌漑地域の下流方向への拡大・琵琶湖湖水を用いた上流方向への逆水灌漑地域の拡大など農業利水システムの変化が代表的なものとして挙げられる．こうした変化の中で下流域では湧水の枯渇や地下水位の低下が指摘されるようになった．

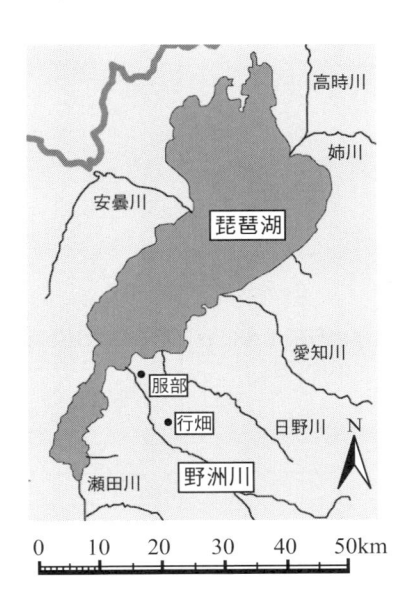

図 3.3：琵琶湖流域と野洲川流域．

図 **3.4** 左図は 1979 年から約 20 年間の行畑地点での不圧地下水を変化を示したものである．この観測地点は下流部の中では上流側に位置し，野洲川本川から 2km 程度離れた地点にある．右図はこの地点の 1988 年の年間の地下水変動を示したものである．2 月後半から 3 月初めにかけて最少であった地

下水が6月中旬に最大となり，8月中旬から地下水位が下がり始めるという明瞭な年サイクルがある．年間の地下水位の差異は最大3m弱あり，この年サイクルを基本として，降雨による微小な変化がそれに加わる．この年間の地下水変動は水田の灌漑によるものである．興味深いのは，1990年を境としてその前後で地下水の変動幅が異なっていることである．図3.5 に示す服部地点は下流部の本川近くにある観測地点である．1979年から1981年にかけて，地下水位の明瞭な低下がみられる．また，1982年以降，地下水の変動幅が大きくなっている．

これらの変化は上述の河道改修工事や河道からの砂利採取による河床低下，地表面の舗装面積の拡大による地下水涵養源の減少，圃場整備や農業水利システムの再編による用排水の効率化などが相互に関連して生じているものと考えられる[2]．

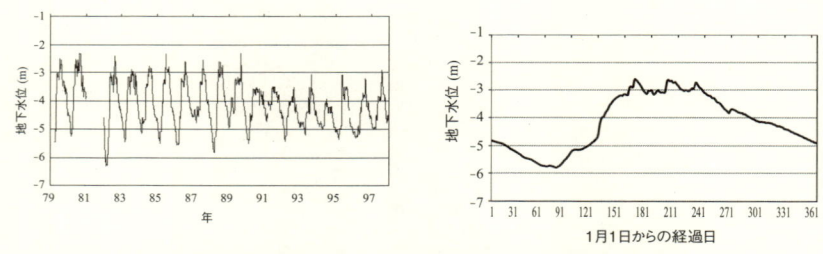

図3.4：野洲川流域の行畑地点における日平均地下水位の変動 (左：1979年から1997年，右：1988年)．

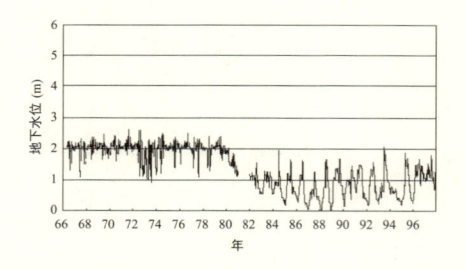

図3.5：野洲川流域の服部地点における日平均地下水位の変動 (1966年から1998年)．

3.2 地下水流動の支配方程式の誘導

　飽和・不飽和の流れを扱う一般的な式として **2** 章で述べたリチャーズ式がある．地下水流動は，もちろんリチャーズ式によって表現することができる．しかし地下水の解析の場は数 km から数百 km のスケールに及ぶことが多く，リチャーズ式をそのまま三次元的に用いて地下水流動を分析することは実用的ではない．そこで，地下水面より上の不飽和部の流れはリチャーズ式やグリーン–アンプト式などによって鉛直一次元の浸透流としてモデル化し，地下水流動モデルは一般的に地下水面以下の飽和帯水層に着目する．

3.2.1　連続式と運動式

　2 章の飽和・不飽和帯での流れと同様に，飽和地下水帯中に **図 2.5** のように一辺の長さが $\Delta x, \Delta y, \Delta z$ の微小直方体を考える．直方体の中心の座標を (x, y, z) とし，その点でのそれぞれの軸方向の断面平均流速を u, v, w とすると，Δt 間にこの微小直方体に流入する地下水の質量の増分は，水の密度を ρ として

$$\begin{aligned}
& \left[\rho u\left(x - \frac{\Delta x}{2}\right) - \rho u\left(x + \frac{\Delta x}{2}\right)\right]\Delta y \Delta z \Delta t + \left[\rho v\left(y - \frac{\Delta y}{2}\right) - \rho v\left(y + \frac{\Delta y}{2}\right)\right]\Delta x \Delta z \Delta t \\
& \quad + \left[\rho w\left(z - \frac{\Delta z}{2}\right) - \rho w\left(z + \frac{\Delta z}{2}\right)\right]\Delta x \Delta y \Delta t \\
& = \left[\left(\rho u - \frac{\partial(\rho u)}{\partial x}\frac{\Delta x}{2}\right) - \left(\rho u + \frac{\partial(\rho u)}{\partial x}\frac{\Delta x}{2}\right)\right]\Delta y \Delta z \Delta t \\
& \quad + \left[\left(\rho v - \frac{\partial(\rho v)}{\partial y}\frac{\Delta y}{2}\right) - \left(\rho u + \frac{\partial(\rho v)}{\partial y}\frac{\Delta y}{2}\right)\right]\Delta x \Delta z \Delta t \\
& \quad + \left[\left(\rho w - \frac{\partial(\rho w)}{\partial z}\frac{\Delta z}{2}\right) - \left(\rho w + \frac{\partial(\rho w)}{\partial z}\frac{\Delta z}{2}\right)\right]\Delta x \Delta y \Delta t + O(\Delta x \Delta y \Delta z) \\
& = -\left[\frac{\partial}{\partial x}(\rho u) + \frac{\partial}{\partial y}(\rho v) + \frac{\partial}{\partial z}(\rho w)\right]\Delta x \Delta y \Delta z \Delta t + O(\Delta x \Delta y \Delta z) \quad (3.1)
\end{aligned}$$

となる．この増分が，微小直方体にある水の質量の時間変化

$$\left[\frac{\partial}{\partial t}(\rho n \Delta x \Delta y \Delta z)\right]\Delta t \quad (3.2)$$

に等しい．ここで n は空隙率を表す．$O(\Delta x \Delta y \Delta z)$ が無視できるとすると，(3.1)

式, (3.2) 式 より連続式は

$$-\left[\frac{\partial}{\partial x}(\rho u) + \frac{\partial}{\partial y}(\rho v) + \frac{\partial}{\partial z}(\rho w)\right]\Delta x \Delta y \Delta z = \frac{\partial}{\partial t}(\rho n \Delta x \Delta y \Delta z) \quad (3.3)$$

となる．

運動式はダルシーの法則によって表す．流れを考えている地点の基準点からの高さを z とすると，その地点でのピエゾ水頭 h は，圧力水頭を p として，$h = p/\rho g + z$ である．k_x, k_y, k_z をそれぞれの方向の透水係数として

$$u = -k_x \frac{\partial h}{\partial x}, \quad v = -k_y \frac{\partial h}{\partial y}, \quad w = -k_z \frac{\partial h}{\partial z} \quad (3.4)$$

とすると，(3.3) 式と (3.4) 式を組み合わせることで地下水流動の支配方程式が導かれる．

3.2.2 地下水流動の支配方程式

ピエゾ水頭 $h(x,y,z,t)$ の鉛直方向の変化により，帯水層は鉛直方向にのみ弾性変形し，間隙水は圧縮性を持つとする．つまり，(3.3) 式の $\Delta x, \Delta y$ は時間的に変化しないが，$\rho, n, \Delta z$ は時間 t の関数であると考える．すると (3.3) 式の右辺は

$$\frac{\partial}{\partial t}(\rho n \Delta x \Delta y \Delta z) = \Delta x \Delta y \frac{\partial}{\partial t}(\rho n \Delta z) = \Delta x \Delta y \left(n\Delta z \frac{\partial \rho}{\partial t} + \rho \Delta z \frac{\partial n}{\partial t} + \rho n \frac{\partial (\Delta z)}{\partial t}\right) \quad (3.5)$$

となる．ここで水の圧縮率を β_w とし地下水の圧力の増分 dp に対する水の密度の増分 $d\rho$ が

$$d\rho = \beta_w \rho dp$$

と表されるとすると ρ の時間変化は次式となる．

$$\frac{\partial \rho}{\partial t} = \beta_w \rho \frac{\partial p}{\partial t} \quad (3.6)$$

次に Δz の時間変化を考える．帯水層における鉛直応力 σ_z の増分 $d\sigma_z$ に対する鉛直方向の骨格の圧縮率を α_s とし，鉛直方向の土粒子骨格の長さの変化分を $d(\Delta z)$ とすると，定義より

$$\frac{d(\Delta z)}{\Delta z} = -\alpha_s d\sigma_z \quad (3.7)$$

3.2 地下水流動の支配方程式の誘導

と表される．間隙水圧 p と土粒子骨格に作用する鉛直応力 σ_z の和が一定であることを用いれば $d\sigma_z = -dp$ なので，次式が得られる．

$$\frac{\partial(\Delta z)}{\partial t} = -\alpha_s \Delta z \frac{\partial \sigma_z}{\partial t} = \alpha_s \Delta z \frac{\partial p}{\partial t} \tag{3.8}$$

次に，空隙率 n の時間変化を考える．帯水層が加圧されたとしても帯水層の骨格を形成する固相部分の体積 $V_s = (1-n)\Delta x \Delta y \Delta z$ の変化は微小なので

$$dV_s = -dn\Delta x \Delta y \Delta z + (1-n)\Delta x \Delta y d(\Delta z) = 0$$

である．これと (3.7) 式 を用いると

$$dn = (1-n)\frac{d(\Delta z)}{\Delta z} = -(1-n)\alpha_s d\sigma_z = (1-n)\alpha_s dp$$

となり，

$$\frac{\partial n}{\partial t} = (1-n)\alpha_s \frac{\partial p}{\partial t} \tag{3.9}$$

が得られる．(3.6) 式，(3.8) 式，(3.9) 式を，(3.5) 式 に代入すれば

$$\frac{\partial}{\partial t}(\rho n \Delta x \Delta y \Delta z) = (\Delta x \Delta y \Delta z)\rho(\alpha + \beta_w n)\frac{\partial p}{\partial t}$$

となる．ピエゾ水頭を h，帯水層の底面の高さを Z とすると $p = \rho g(h - Z)$ であり，

$$\frac{\partial p}{\partial t} = \rho g \frac{\partial h}{\partial t} + g(h-Z)\frac{\partial \rho}{\partial t} \simeq \rho g \frac{\partial h}{\partial t}$$

となる．よって，微小直方体内の質量の時間変化を h の時間変化を用いて表せば，連続式 (3.3) の左辺は，

$$\frac{\partial}{\partial t}(\rho n \Delta x \Delta y \Delta z) = (\Delta x \Delta y \Delta z)\rho^2 g(\alpha + \beta_w n)\frac{\partial h}{\partial t} = (\Delta x \Delta y \Delta z)\rho S_s \frac{\partial h}{\partial t}$$

となる．ここで $S_s = \rho g(\alpha + \beta_w n)$ は比貯留係数とよばれる L^{-1} の次元を持つパラメータである．

これを連続式 (3.3) に代入すると

$$-\left[\frac{\partial}{\partial x}(\rho u) + \frac{\partial}{\partial y}(\rho v) + \frac{\partial}{\partial z}(\rho w)\right] = \rho S_s \frac{\partial h}{\partial t}$$

となる．この式の左辺は

$$-\rho\left(\frac{\partial u}{\partial x} + \frac{\partial v}{\partial y} + \frac{\partial w}{\partial z}\right) - u\frac{\partial \rho}{\partial x} - v\frac{\partial \rho}{\partial y} - w\frac{\partial \rho}{\partial z}$$

であり，ρ の空間的な変化が微小で無視できるとすると，結局，地下水の連続式は

$$-\left(\frac{\partial u}{\partial x}+\frac{\partial v}{\partial y}+\frac{\partial w}{\partial z}\right)=S_s\frac{\partial h}{\partial t} \tag{3.10}$$

となる．これに (3.4) 式を代入すると，地下水流動の支配方程式

$$\frac{\partial}{\partial x}\left(k_x\frac{\partial h}{\partial x}\right)+\frac{\partial}{\partial y}\left(k_y\frac{\partial h}{\partial y}\right)+\frac{\partial}{\partial z}\left(k_z\frac{\partial h}{\partial z}\right)=S_s\frac{\partial h}{\partial t} \tag{3.11}$$

が導かれる．

3.3　平面二次元の地下水流の基礎式

　地下水流動に対する最大の関心事は地下水面が時間空間的にどのように変化するかである．そこで，一般には地下水面より下の飽和部分に焦点を当て，ピエゾ水頭（圧力水頭と位置水頭の和）の時間的，空間的変化を求めることが対象となる．この場合の基礎式は，ピエゾ水頭を従属変数とする平面二次元の地下水流動の式である．以下では，鉛直方向に積分した被圧地下水および不圧地下水の平面二次元地下水流動の基礎式を誘導する．

3.3.1　被圧地下水流の基礎式

　連続式 (3.10) 式を鉛直方向に積分して平面二次元の被圧地下水流動の基礎式を誘導する．S_s が z 方向に一様であるとし，被圧帯水層の厚さを b として (3.10) 式を帯水層の底の高さ $z=Z$ から上の高さ $z=Z+b$ まで積分すると

$$-\int_Z^{Z+b}\left(\frac{\partial u}{\partial x}+\frac{\partial v}{\partial y}+\frac{\partial w}{\partial z}\right)dz=S_s\int_Z^{Z+b}\frac{\partial h}{\partial t}dz \tag{3.12}$$

となる．それぞれの項は

$$\int_Z^{Z+b}\frac{\partial u}{\partial x}dz=\frac{\partial}{\partial x}\left(\int_Z^{Z+b}udz\right),\ \int_Z^{Z+b}\frac{\partial v}{\partial y}dz=\frac{\partial}{\partial y}\left(\int_Z^{Z+b}vdz\right)$$

$$\int_Z^{Z+b}\frac{\partial w}{\partial z}dz=w(Z+b)-w(Z)$$

$$S_s\int_Z^{Z+b}\frac{\partial h}{\partial t}dz=S_s\frac{\partial}{\partial t}\left(\int_Z^{Z+b}hdz\right)=S_sb\frac{\partial\overline{h}}{\partial t},\ \overline{h}=\frac{1}{b}\int_Z^{Z+b}hdz$$

3.3 平面二次元の地下水流の基礎式

となる．k_x, k_y が z 方向に一様であるとすれば，(3.4) 式を用いて

$$\int_Z^{Z+b} u\,dz = -\int_Z^{Z+b} k_x \frac{\partial h}{\partial x} dz = -k_x \frac{\partial}{\partial x} \int_Z^{Z+b} h\,dz = -k_x b \frac{\partial \overline{h}}{\partial x}$$

$$\int_Z^{Z+b} v\,dz = -\int_Z^{Z+b} k_y \frac{\partial h}{\partial y} dz = -k_y \frac{\partial}{\partial y} \int_Z^{Z+b} h\,dz = -k_y b \frac{\partial \overline{h}}{\partial y}$$

となるので，これらを (3.12) 式に代入して

$$\frac{\partial}{\partial x}\left(k_x b \frac{\partial \overline{h}}{\partial x}\right) + \frac{\partial}{\partial y}\left(k_y b \frac{\partial \overline{h}}{\partial y}\right) - w(Z+b) + w(Z) = S_s b \frac{\partial \overline{h}}{\partial t} \tag{3.13}$$

が得られる．帯水層外部から単位面積当たりの供給強度 R が与えられる場合は，R を (3.13) 式の左辺に追加する．R が正の場合は帯水層単位面積当たりの涵養強度を表わし，負の場合は揚水強度を表わす．帯水層上下面での流速がゼロならば $w(Z+b) = w(Z) = 0$ である．$S = S_s b$，$T_x = k_x b$，$T_y = k_y b$ とし，$\overline{h}$ を h と書き直すと，

$$\frac{\partial}{\partial x}\left(T_x \frac{\partial h}{\partial x}\right) + \frac{\partial}{\partial y}\left(T_y \frac{\partial h}{\partial y}\right) + R = S \frac{\partial h}{\partial t} \tag{3.14}$$

が得られる．この式が平面二次元の被圧地下水流動の基礎式である．S は貯留係数とよばれる無次元の係数であり，ピエゾ水頭が単位量だけ増加したときに単位水平面積を持つ厚さ b の鉛直土柱の土層の圧縮によって新たに蓄えられる水量を表す．

3.3.2 不圧地下水流の基礎式

連続式 (3.10) を不圧帯水層の底 $z = Z$ から地下水面 $z = h^*$ まで鉛直方向に積分すると，

$$-\int_Z^{h^*}\left(\frac{\partial u}{\partial x} + \frac{\partial v}{\partial y} + \frac{\partial w}{\partial z}\right)dz = S_s \int_Z^{h^*} \frac{\partial h}{\partial t} dz \tag{3.15}$$

となる．まず，右辺の積分を考える．ライプニッツの公式を用いると

$$\int_Z^{h^*} \frac{\partial h}{\partial t} dz = \frac{\partial}{\partial t}\left(\int_Z^{h^*} h\,dz\right) - h(h^*)\frac{\partial h^*}{\partial t} + h(Z)\frac{\partial Z}{\partial t} \tag{3.16}$$

となる．ピエゾ水頭の平均値 $\overline{h}$ を

$$\overline{h} = \frac{1}{h^* - Z}\int_Z^{h^*} h\,dz$$

とおいて (3.16) 式に代入すると

$$\int_Z^{h^*} \frac{\partial h}{\partial t} dz = (h^* - Z)\frac{\partial \overline{h}}{\partial t} + \overline{h}\frac{\partial (h^* - Z)}{\partial t} - h(h^*)\frac{\partial h^*}{\partial t} + h(Z)\frac{\partial Z}{\partial t}$$

である．ここで $\overline{h} \simeq h(h^*) \simeq h(Z)$ とすると (3.15) 式の右辺の積分は次のようになる．

$$S_s \int_Z^{h^*} \frac{\partial h}{\partial t} dz = S_s(h^* - Z)\frac{\partial \overline{h}}{\partial t} \tag{3.17}$$

次に左辺を考える．同じくライプニッツの公式を用いると，左辺の各項は

$$\int_Z^{h^*} \frac{\partial u}{\partial x} dz = \frac{\partial}{\partial x}\left(\int_Z^{h^*} u dz\right) - u(h^*)\frac{\partial h^*}{\partial x} + u(Z)\frac{\partial Z}{\partial x}$$

$$\int_Z^{h^*} \frac{\partial v}{\partial y} dz = \frac{\partial}{\partial y}\left(\int_Z^{h^*} v dz\right) - v(h^*)\frac{\partial h^*}{\partial y} + v(Z)\frac{\partial Z}{\partial y}$$

$$\int_Z^{h^*} \frac{\partial w}{\partial z} dz = w(h^*) - w(Z)$$

となる．帯水層底面が水平であるとすれば $\partial Z/\partial x = 0$，$\partial Z/\partial y = 0$，また底面での鉛直方向の流速は $w(Z) = 0$ なので

$$\int_Z^{h^*} \left(\frac{\partial u}{\partial x} + \frac{\partial v}{\partial y} + \frac{\partial w}{\partial z}\right) dz$$
$$= \frac{\partial}{\partial x}\left(\int_Z^{h^*} u dz\right) + \frac{\partial}{\partial y}\left(\int_Z^{h^*} v dz\right) - u(h^*)\frac{\partial h^*}{\partial x} - v(h^*)\frac{\partial h^*}{\partial y} + w(h^*) \tag{3.18}$$

が得られる．図 **3.6** に示すように，地下水面上のある点 P の高さを $h^*(X(t), Y(t), t)$ とすると，P の移動に伴う地下水面の高さの時間変化は

$$\frac{dh^*}{dt} = \frac{\partial h^*}{\partial t} + \frac{\partial h^*}{\partial X}\frac{dX}{dt} + \frac{\partial h^*}{\partial Y}\frac{dY}{dt} \tag{3.19}$$

と表される．ここで $dX/dt, dY/dt$ は地下水面での空隙部分を流れる水の速度なので，n を空隙率としてダルシー式で表される断面平均流速 $u(h), v(h)$ とは

$$\frac{dX}{dt} = \frac{u(h)}{n}, \quad \frac{dY}{dt} = \frac{v(h)}{n}$$

の関係がある．また，地下水面の高さの時間変化 dh^*/dt は，空隙部分を流れる z 方向への水の移動速度に等しいので $dh^*/dt = w(h^*)/n$ に他ならない．したがっ

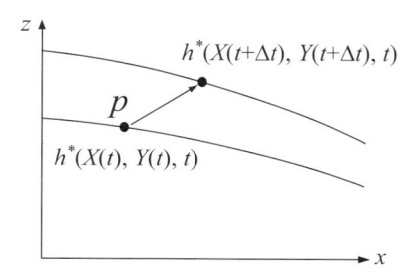

図 3.6：地下水面上にマークした点の移動と水面の高さの時間変化.

て $\partial h/\partial X = \partial h/\partial x$, $\partial h/\partial Y = \partial h/\partial y$ であることを用いると (3.19) 式は

$$\frac{w(h^*)}{n} = \frac{\partial h^*}{\partial t} + \frac{u(h^*)}{n}\frac{\partial h^*}{\partial x} + \frac{v(h^*)}{n}\frac{\partial h^*}{\partial y}$$

となり，(3.18) 式は次式となる.

$$\int_Z^{h^*} \left(\frac{\partial u}{\partial x} + \frac{\partial v}{\partial y} + \frac{\partial w}{\partial z}\right)dz = \frac{\partial}{\partial x}\left(\int_Z^{h^*} u dz\right) + \frac{\partial}{\partial y}\left(\int_Z^{h^*} v dz\right) + n\frac{\partial h^*}{\partial t} \qquad (3.20)$$

以上の結果をもとに，(3.17) 式と (3.20) 式を (3.15) 式に代入すると，

$$-\frac{\partial}{\partial x}\left(\int_Z^{h^*} u dz\right) - \frac{\partial}{\partial y}\left(\int_Z^{h^*} v dz\right) = n\frac{\partial h^*}{\partial t} + S_s(h^* - Z)\frac{\partial \overline{h}}{\partial t} \qquad (3.21)$$

が得られる．ここで，k_x, k_y が z 方向に一様であるとすれば，(3.16) 式から (3.17) 式を得たのと同様にして

$$-\int_Z^{h^*} u dz = k_x \int_Z^{h^*} \frac{\partial h}{\partial x}dz = k_x(h^* - Z)\frac{\partial \overline{h}}{\partial x}$$

$$-\int_Z^{h^*} v dz = k_y \int_Z^{h^*} \frac{\partial h}{\partial y}dz = k_y(h^* - Z)\frac{\partial \overline{h}}{\partial y}$$

が得られる．ここでも $\overline{h} \simeq h(h^*) \simeq h(Z)$ とし，不圧帯水層の平均ピエゾ水頭が底面および地下水面でのピエゾ水頭と等しいという仮定を用いる．これは水面勾配が小さい場合は，流れ方向に流速分布が一様であるとするデュプイの仮定に他ならない．これを (3.21) 式に代入すると

$$\frac{\partial}{\partial x}\left[k_x(h^* - Z)\frac{\partial \overline{h}}{\partial x}\right] + \frac{\partial}{\partial y}\left[k_y(h^* - Z)\frac{\partial \overline{h}}{\partial y}\right] = n\frac{\partial h^*}{\partial t} + S_s(h^* - Z)\frac{\partial \overline{h}}{\partial t} \qquad (3.22)$$

が得られる．帯水層外部から単位面積当たりの供給強度 R が与えられる場合は，R を (3.22) 式の左辺に追加する．R が正の場合は帯水層単位面積当たりの涵養強度を表し，負の場合は揚水強度を表す．不圧帯水層では $S_s(h^* - Z) \ll n$ であり，$T_x = k_x(h^* - Z)$，$T_y = k_y(h^* - Z)$ として $\bar{h} \simeq h^*$ を h と書き直し，n を S と書くことにすると，(3.22) 式は次式で表される．

$$\frac{\partial}{\partial x}\left(T_x \frac{\partial h}{\partial x}\right) + \frac{\partial}{\partial y}\left(T_y \frac{\partial h}{\partial y}\right) + R = S \frac{\partial h}{\partial t} \tag{3.23}$$

この式は，T_x，T_y が h の関数であるため，非線形の式となる．

3.3.3 まとめ

被圧地下水，不圧地下水の基礎式はいずれの場合も (3.14) 式，(3.23) 式に示すように，

$$\frac{\partial}{\partial x}\left(T_x \frac{\partial h}{\partial x}\right) + \frac{\partial}{\partial y}\left(T_y \frac{\partial h}{\partial y}\right) + R = S \frac{\partial h}{\partial t} \tag{3.24}$$

と表すことができる．T_x，T_y は透水量係数とよばれ，不圧地下水では $T_x = k_x(h - Z)$，$T_y = k_y(h - Z)$ であり h の関数となる．そのため，不圧地下水の基礎式は非線形の偏微分方程式となる．被圧地下水では $T_x = k_x b$，$T_y = k_y b$ であるため基礎式は線形の偏微分方程式となる．

被圧地下水と不圧地下水とでは貯留係数 S の意味と値が大きく異なる．被圧地下水の貯留係数は土層の圧縮による，帯水層の単位体積当りの貯水量を表している．一方，不圧地下水の貯留係数の意味は，地下水面が上昇したときの帯水層の単位体積当りに貯留される水量であり，貯留係数は帯水層の空隙率 n に等しい．被圧地下水のそれは $1 \times 10^{-5} \sim 1 \times 10^{-3}$ 程度，不圧地下水の貯留係数は $0.01 \sim 0.5$ 程度である．

コラム：愛媛県今治市蒼社川流域での地下水流動の解析事例

対象領域と解析の背景　愛媛県中部を流れる蒼社川は，下流部で今治平野を形成している．今治平野は蒼社川を主たる涵養源とする豊富な不圧地下水を賦存しており，その地下水は農業用水・水道用水等に利用されている．地下水取水可能量を定める一つの方法として，揚水試験を行って井戸の限界揚水量・適正揚水量を求める方法がある．これは井戸揚水量と井戸近傍の局所的

な地下水位の変化の関係から取水可能量を求めるものであり，この方法で把握できるのは井戸単体のミクロな意味での取水能力である．

一方で地下水は地表面をも含めた水循環システムの一要素であり，地下水の取水量も地下水の涵養量や地下水位への影響といったマクロな水収支の中で評価しておく必要がある．そこで，地下水資源の把握を目的とした基礎調査として，地表の水収支も含めた 3 次元不圧地下水流計算を行った．計算対象領域は蒼社川との流動がある帯水層であり，その面積は $12.3\mathrm{km}^2$ である

モデルの構成　解析モデルは，地表面の水収支モデルと地下水の流動モデルを組み合わせたものである (図 3.7)．地表面水収支モデルは，農業用水の水収支を蒸発散を含めて計算し，水田・畑からの涵養と井戸取水によって地下水系と繋がっている．また，蒼社川から地下水系への伏没/湧出も計算している．地下水の流動モデルは，3 次元的な不圧地下水の基礎式 (3.11) 式を用いて計算した．計算ソフトウェアとして Visual MODFLOW Pro を使用している．MODFLOW (3D Finite-Difference Groundwater Flow Model, http://water.usgs.gov/nrp/gwsoftware/modflow.html) とは米国地質調査所 (USGS) が開発しサポートを続けている地下水動態解析のための汎用的なパッケージで，標準的なソフトウェアとして広く利用されている．

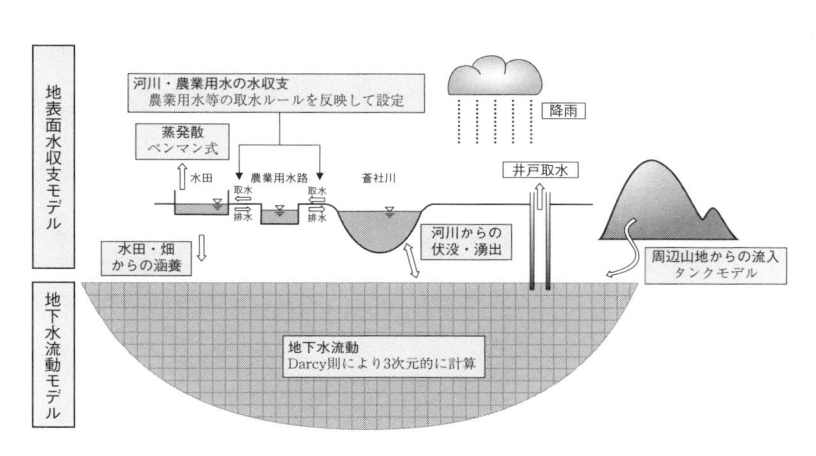

図 3.7：解析モデルの概要．

第3章 地下水流動

適用結果 地下水面の計算結果の平面図・横断図・縦断図を図 **3.8** に示す．今治平野の上流部では，蒼社川から周辺地区に向って地下水位が低下して伏没傾向を示し，下流部では逆に蒼社川に地下水が湧出している傾向がみられる．地下水面を縦断的に見ると，地下水面の勾配は一定ではなく，また，地表面や帯水層の基盤の勾配とも傾向が異なっている．これらは，蒼社川との伏没・湧出や水田からの多量の涵養等の影響が場所ごとで異なっていることを反映したものであり，地下水流動の推定にあたって地表面水収支を高い分解能で表現することの必要性を示している．

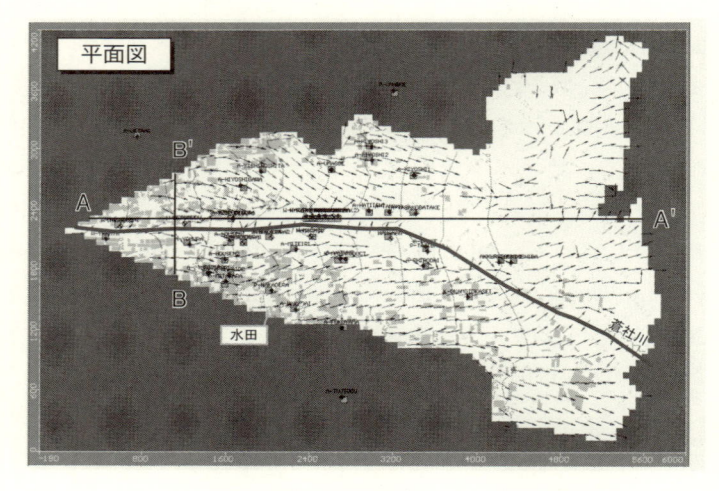

(a) 平面図

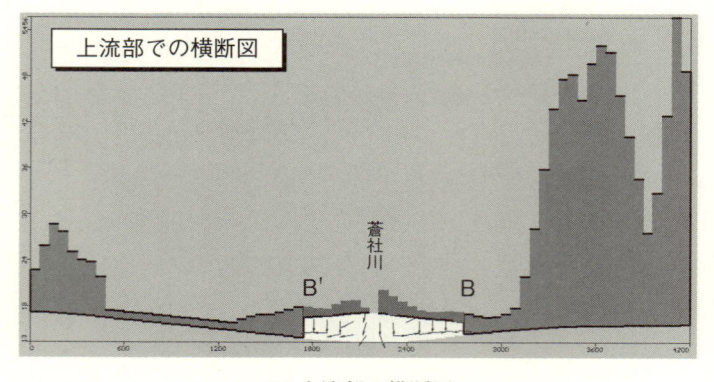

(b) 上流部の横断図

3.3 平面二次元の地下水流の基礎式　93

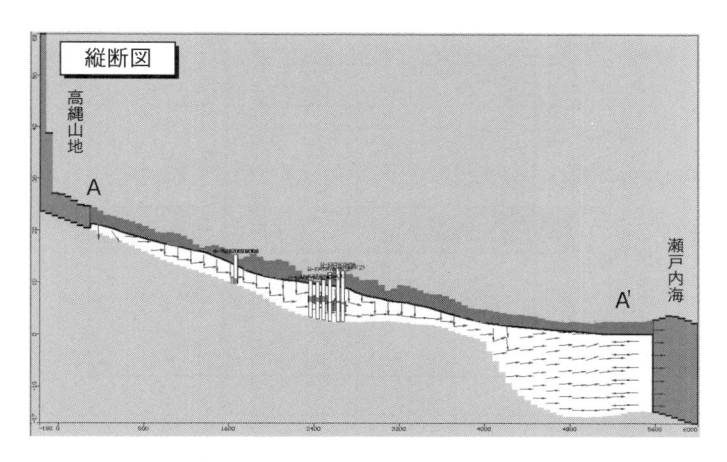

(c) 縦断図

図 3.8：今治平野の地下水計算結果の平面図，横断図，縦断図.

　水田涵養量の大きいかんがい期について地下水盆の水収支を推定した結果を図 3.9 に示す．今治平野では，地下水盆への流入成分としては，水田・畑からの涵養の占める割合が大きく，時期によっては蒼社川からの伏没量も大きい．山地からの流入や降雨浸透の割合は小さかった．地下水盆からの流出成分としては海域への流出，蒼社川への湧出，井戸取水という順となった．

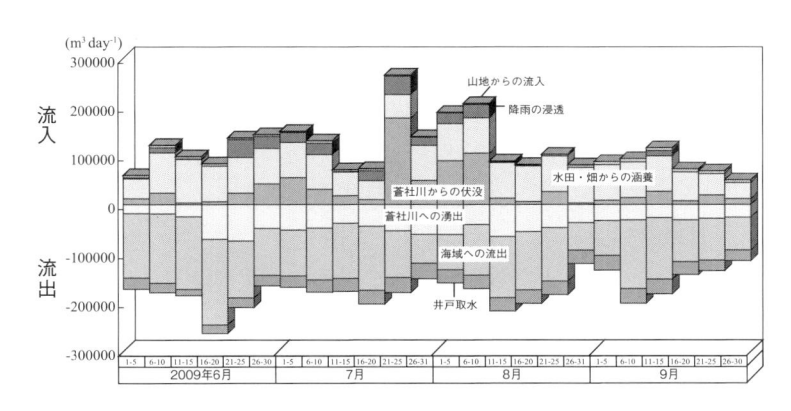

図 3.9：かんがい期における地下水盆水収支の推定結果.

((株) 日水コン：柴田 研)

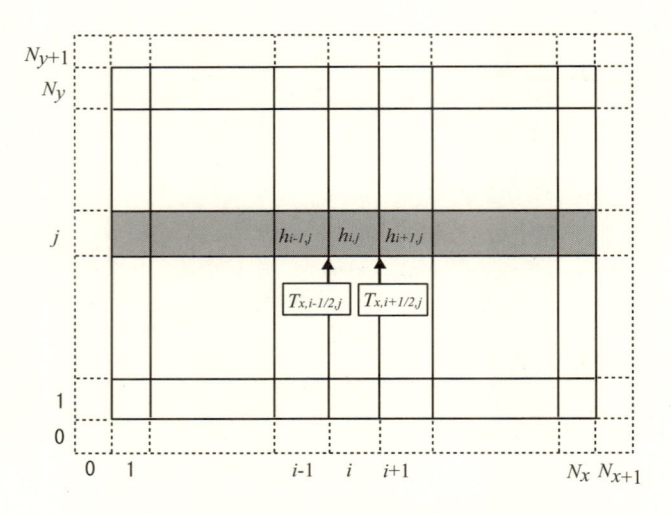

図 3.10：差分格子の設定.

3.4 地下水流の数値解法

3.4.1 基本的な考え方

　地下水流の数値解析法には，差分法と有限要素法がよく用いられる．以下では，平面二次元の地下水流動の基礎式 (3.24) 式を差分法を用いて解く方法を示す．図 3.10 に示すように，計算領域を x 方向および y 方向にそれぞれ N_x, N_y 等分した差分格子を設定する．図中の実線で囲まれた部分が計算領域である．このとき，各格子セルの番号を (i, j) ($1 \leq i \leq N_x$, $1 \leq j \leq N_y$) とする．各格子セルの状態量は格子セル中心でのピエゾ水頭 $h_{i,j}$ である．また，その格子セルの貯留係数を $S_{i,j}$，透水量係数を $T_{i,j}$，涵養量または揚水量を表す項を $R_{i,j}$ とする．

　(3.24) 式を差分化すると，被圧地下水の場合は，次の時刻のピエゾ水頭を未知変数とする線形の連立方程式が得られる．不圧地下水の場合は透水量係数がピエゾ水頭 h の関数であるため，非線形連立方程式が得られる．これらの数値解法として ADI 法 (Alternating Direction Implicit method) による差分解法を説明する．ADI 法では，現在時刻を n として次の時刻 $n+1$ のピエゾ水頭を求める際に x 方向の空間差分項のみ時刻 $n+1$ の値を用いて差分式を構成し，さらに次の時刻 $n+2$ の状態量を求める際には y 方向の空間差分項に時刻 $n+2$ の値を用いて差分

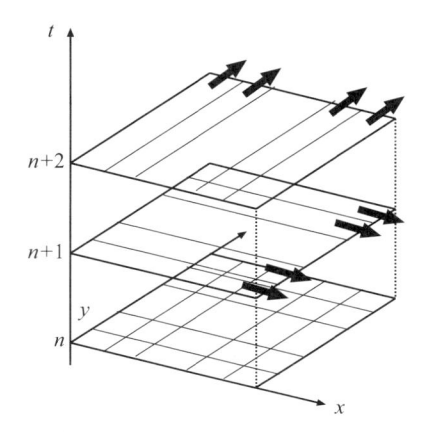

図 3.11：ADI 法による差分計算の概念図.

式を構成する（図 3.11 参照）．このように，各時刻の差分計算において，空間差分項に含まれる未知変数を x 方向あるいは y 方向に限定することで計算負荷を減らす．このとき，x, y 方向の空間差分の評価に計算時刻のズレが生じるが，地下水の時空間変動は一般的に十分緩やかであるため，適切な計算時間間隔を用いることで対応できる．以下，ADI 法を用いた (3.24) 式の差分展開を，時刻 $n, n+1$ の場合に分けて示す．

3.4.2 ADI 法による地下水の差分解法

(1) x 方向の状態量更新（時刻 $n \to n+1$）

図 3.10 のように差分格子を設定する．対象とする領域は実線の内部とし，境界条件を設定するために対象領域の一つ外側にも格子を準備しておく．ハッチを施した第 j 行に着目すると，(3.24) 式は次のように差分展開することができる．

$$S_{i,j} \frac{h_{i,j}^{n+1} - h_{i,j}^n}{\Delta t} = \frac{1}{\Delta x} \left[T_{x,i+\frac{1}{2},j}^n \left(\frac{h_{i+1,j}^{n+1} - h_{i,j}^{n+1}}{\Delta x} \right) - T_{x,i-\frac{1}{2},j}^n \left(\frac{h_{i,j}^{n+1} - h_{i-1,j}^{n+1}}{\Delta x} \right) \right]$$
$$+ \frac{1}{\Delta y} \left[T_{y,i,j+\frac{1}{2}}^n \left(\frac{h_{i,j+1}^n - h_{i,j}^n}{\Delta y} \right) - T_{y,i,j-\frac{1}{2}}^n \left(\frac{h_{i,j}^n - h_{i,j-1}^n}{\Delta y} \right) \right] + R_{i,j}^n \quad (3.25)$$

ここで透水量係数は，現在時刻で得られている値を用いて格子セルの間で評価する．たとえば第 j 行において第 $i-1$ 列と第 i 列の間の地下水の移動を計算する

場合, $T_{x,i-1/2,j}^n$ の値を用いる. $T_{x,i-1/2,j}^n$ の設定方法としては

$$T_{x,i-\frac{1}{2},j}^n = \frac{T_{x,i-1,j}^n + T_{x,i,j}^n}{2} = k_x \frac{(h_{i-1,j}^n - Z) + (h_{i,j}^n - Z)}{2} \tag{3.26}$$

として, $i-1$ と i での透水量係数（透水係数が等しい場合は水深）を算術平均する方法が考えられる. あるいは調和平均をとって

$$T_{x,i-\frac{1}{2},j}^n = \frac{2T_{x,i-1,j}^n T_{x,i,j}^n}{T_{x,i-1,j}^n + T_{x,i,j}^n}$$

とする方法も用いられる. 調和平均をとることの理由は, 次のようである. 時刻 n における格子セル間 $(i-1/2, j)$ でのピエゾ水頭を $h_{i-1/2,j}^n$ とすると, 格子セル $(i-1, j)$ から格子セル (i, j) に移動する地下水流量 $q_{x,i-1/2,j}^n$ は $T_{x,i-1,j}^n$ を用いて

$$q_{x,i-\frac{1}{2},j}^n = T_{x,i-1,j}^n \frac{h_{i-1,j}^n - h_{i-\frac{1}{2},j}^n}{\Delta x/2}$$

と書くことができる. 一方, $q_{x,i-1/2,j}^n$ は $T_{x,i,j}^n$ を用いて

$$q_{x,i-\frac{1}{2},j}^n = T_{x,i,j}^n \frac{h_{i-\frac{1}{2},j}^n - h_{i,j}^n}{\Delta x/2}$$

と書くこともできる. これらの式から $h_{i-1/2,j}^n$ を消去すると

$$q_{x,i-\frac{1}{2},j}^n = \frac{2T_{x,i-1,j}^n T_{x,i,j}^n}{T_{x,i-1,j}^n + T_{x,i,j}^n} \frac{h_{i-1,j}^n - h_{i,j}^n}{\Delta x}$$

が得られ, 格子セル $(i-1, j)$ と格子セル (i, j) の間の地下水移動に関する透水量係数は, 調和平均をとることによって得られることがわかる. 境界条件として格子セル間での流動がないという条件を設定する場合を考えると, 調和平均によって透水量係数を定めるならば, 境界の外側にある格子セルの透水係数を 0 にすればよい. これにより, 境界での透水量係数は 0 となり, 自動的にこの条件が満たされる. 算術平均による場合は, そうはならないので, 注意する必要がある.

調和平均をとる場合, 透水係数が等しい場合は

$$T_{x,i-\frac{1}{2},j}^n = \frac{2T_{x,i-1,j}^n T_{x,i,j}^n}{T_{x,i-1,j}^n + T_{x,i,j}^n} = k_x \frac{2(h_{i-1,j}^n - Z)(h_{i,j}^n - Z)}{(h_{i-1,j}^n - Z) + (h_{i,j}^n - Z)} \tag{3.27}$$

とし，$T^n_{x,i+1/2,j}$, $T^n_{y,i,j-1/2}$, $T^n_{y,i,j+1/2}$ の値も現在時刻 n のピエゾ水頭の値を用いて同様に設定する．被圧地下水の場合は被圧帯水層の厚さを b として

$$h^n_{i+\frac{1}{2},j} = h^n_{i-\frac{1}{2},j} = h^n_{i,j+\frac{1}{2}} = h^n_{i,j-\frac{1}{2}} = b \tag{3.28}$$

とすればよい．

(3.25) 式の各項の設定方法がわかったので，(3.25) 式の時刻 $n+1$ に関する項を左辺に，時刻 n に関する項を右辺にまとめて整理すると，

$$-\frac{T^n_{x,i+\frac{1}{2},j}}{(\Delta x)^2} h^{n+1}_{i+1,j} + \left[\frac{S_{i,j}}{\Delta t} + \frac{T^n_{x,i+\frac{1}{2},j} + T^n_{x,i-\frac{1}{2},j}}{(\Delta x)^2}\right] h^{n+1}_{i,j} - \frac{T^n_{x,i-\frac{1}{2},j}}{(\Delta x)^2} h^{n+1}_{i-1,j}$$

$$= \frac{T^n_{y,i,j+\frac{1}{2}} h^n_{i,j+1} - (T^n_{y,i,j+\frac{1}{2}} + T^n_{y,i,j-\frac{1}{2}}) h^n_{i,j} + T^n_{y,i,j-\frac{1}{2}} h^n_{i,j-1}}{(\Delta y)^2} + R^n_{i,j} + \frac{S_{i,j}}{\Delta t} h^n_{i,j} \tag{3.29}$$

を得る．右辺の項はすべて時刻 n の状態量およびパラメータから表されており，既知量である．ここで

$$A_i = -\frac{T^n_{x,i-\frac{1}{2},j}}{(\Delta x)^2}, \quad B_i = \frac{S_{i,j}}{\Delta t} + \frac{T^n_{x,i+\frac{1}{2},j} + T^n_{x,i-\frac{1}{2},j}}{(\Delta x)^2}, \quad C_i = -\frac{T^n_{x,i+\frac{1}{2},j}}{(\Delta x)^2}$$

$$D_i = \frac{T^n_{y,i,j+\frac{1}{2}} h^n_{i,j+1} - (T^n_{y,i,j+\frac{1}{2}} + T^n_{y,i,j-\frac{1}{2}}) h^n_{i,j} + T^n_{y,i,j-\frac{1}{2}} h^n_{i,j-1}}{(\Delta y)^2} + R^n_{i,j} + \frac{S_{i,j}}{\Delta t} h^n_{i,j}$$

と置く．第 j 行 $(1 \leq j \leq N_y)$ において，(3.29) 式を $i=2$ から $i=N_x-1$ まで行列表示すると

$$\begin{pmatrix} A_2 & B_2 & C_2 & & & & & \\ & \ddots & & & & 0 & & \\ & & \ddots & & & & & \\ & & A_{i-1} & B_{i-1} & C_{i-1} & & & \\ & & & A_i & B_i & C_i & & \\ & & & & A_{i+1} & B_{i+1} & C_{i+1} & \\ & & & & & \ddots & & \\ & 0 & & & & \ddots & & \\ & & & & A_{N_x-1} & B_{N_x-1} & C_{N_x-1} \end{pmatrix} \begin{pmatrix} h^{n+1}_{1,j} \\ h^{n+1}_{2,j} \\ \vdots \\ \vdots \\ h^{n+1}_{i-1,j} \\ h^{n+1}_{i,j} \\ h^{n+1}_{i+1,j} \\ \vdots \\ h^{n+1}_{N_x-1,j} \\ h^{n+1}_{N_x,j} \end{pmatrix} = \begin{pmatrix} D_2 \\ \vdots \\ \vdots \\ D_{i-1} \\ D_i \\ D_{i+1} \\ \vdots \\ D_{N_x-1} \end{pmatrix}$$

$$\tag{3.30}$$

となる．ここで未知変数は $h_{1,j}^{n+1}$ から $h_{N_x,j}^{n+1}$ の N_x 個で式は $N_x - 2$ 個である．両端での境界条件を二つ加えて N_x 元の連立方程式を構成し，第 j 行での次の時刻 $n+1$ のピエゾ水頭 $h_{i,j}^{n+1}$ を求める．境界条件の設定方法は後で述べる．この手順を $j = 1, \cdots, N_y$ まで順次進めて計算領域すべてのピエゾ水頭を求める．

(2) y 方向の状態量更新（時刻 $n + 1 \to n + 2$）

図 **3.11** に示すように，x 方向にピエゾ水頭を更新して時刻 $n+1$ のピエゾ水頭が求まったら，次に y 方向にピエゾ水頭を更新して時刻 $n+2$ のピエゾ水頭を求める．x 方向と同様に (3.24) 式を次のように差分展開する．

$$S_{i,j} \frac{h_{i,j}^{n+2} - h_{i,j}^{n+1}}{\Delta t} = \frac{1}{\Delta x}\left[T_{x,i+\frac{1}{2},j}^{n+1}\left(\frac{h_{i+1,j}^{n+1} - h_{i,j}^{n+1}}{\Delta x}\right) - T_{x,i-\frac{1}{2},j}^{n+1}\left(\frac{h_{i,j}^{n+1} - h_{i-1,j}^{n+1}}{\Delta x}\right)\right]$$
$$+ \frac{1}{\Delta y}\left[T_{y,i,j+\frac{1}{2}}^{n+1}\left(\frac{h_{i,j+1}^{n+2} - h_{i,j}^{n+2}}{\Delta y}\right) - T_{y,i,j-\frac{1}{2}}^{n+1}\left(\frac{h_{i,j}^{n+2} - h_{i,j-1}^{n+2}}{\Delta y}\right)\right] + R_{i,j}^{n+1} \quad (3.31)$$

透水量係数は x 方向の差分計算と同様に設定し，時刻 $n+2$ に関する項を左辺に，時刻 $n+1$ に関する項を右辺にまとめて整理すると

$$-\frac{T_{y,i,j+\frac{1}{2}}^{n+1}}{(\Delta y)^2} h_{i,j+1}^{n+2} + \left[\frac{S_{i,j}}{\Delta t} + \frac{T_{y,i,j+\frac{1}{2}}^{n+1} + T_{y,i,j-\frac{1}{2}}^{n+1}}{(\Delta y)^2}\right] h_{i,j}^{n+2} - \frac{T_{y,i,j-\frac{1}{2}}^{n+1}}{(\Delta y)^2} h_{i,j-1}^{n+2}$$
$$= \frac{T_{x,i+\frac{1}{2},j}^{n+1} h_{i+1,j}^{n+1} - (T_{x,i+\frac{1}{2},j}^{n+1} + T_{x,i-\frac{1}{2},j}^{n+1}) h_{i,j}^{n+1} + T_{x,i-\frac{1}{2},j}^{n+1} h_{i-1,j}^{n+1}}{(\Delta x)^2} + R_{i,j}^{n+1} + \frac{S_{i,j}}{\Delta t} h_{i,j}^{n+1} \quad (3.32)$$

が得られる．右辺の項はすべて時刻 $n+1$ の状態量およびパラメータから表され，既知量である．第 i 列 $(1 \leq i \leq N_x)$ において，(3.32) 式を $j = 2$ から $j = N_y - 1$ まで $N_y - 2$ 個連立したうえで，両端での境界条件を二つ加えて N_y 元の連立方程式を構成し，第 i 列での次の時刻 $n+2$ のピエゾ水頭 $h_{i,j}^{n+2}$ を求める．この手順を $i = 1, \cdots, N_x$ まで順次進めて計算領域すべてのピエゾ水頭を求める．

(3) 連立方程式の解法

次節で説明する境界条件式を (3.30) 式に加えると

$$
\begin{pmatrix}
B_1 & C_1 & & & & & & & \\
A_2 & B_2 & C_2 & & & & & & \\
& \ddots & & & & 0 & & & \\
& & \ddots & & & & & & \\
& & A_{i-1} & B_{i-1} & C_{i-1} & & & & \\
& & & A_i & B_i & C_i & & & \\
& & & & A_{i+1} & B_{i+1} & C_{i+1} & & \\
& & & & & \ddots & & & \\
& 0 & & & & \ddots & & & \\
& & & & & & A_{N_x-1} & B_{N_x-1} & C_{N_x-1} \\
& & & & & & & A_{N_x} & B_{N_x}
\end{pmatrix}
\begin{pmatrix}
h_{1,j}^{n+1} \\
h_{2,j}^{n+1} \\
\vdots \\
\vdots \\
h_{i-1,j}^{n+1} \\
h_{i,j}^{n+1} \\
h_{i+1,j}^{n+1} \\
\vdots \\
\vdots \\
h_{N_x-1,j}^{n+1} \\
h_{N_x,j}^{n+1}
\end{pmatrix}
=
\begin{pmatrix}
D_1 \\
D_2 \\
\vdots \\
\vdots \\
D_{i-1} \\
D_i \\
D_{i+1} \\
\vdots \\
\vdots \\
D_{N_x-1} \\
D_{N_x}
\end{pmatrix}
$$
(3.33)

となって，N_x 元の線形の連立方程式が完成する．左辺の係数行列は三重対角行列となり，トマス法 (**2.3.4** コラムを参照) によって容易に解くことができる．

(4) 不圧地下水の差分解法

被圧地下水では (3.28) 式のように，被圧帯水層の厚さを定数として設定することにより，透水量係数は常に既知の値となる．このため (3.24) 式は線形式となり，(3.33) 式を解くことで解が得られる．一方，不圧地下水の透水量係数は $T_x = k_x(h-Z)$, $T_y = k_y(h-Z)$ であり，これらがピエゾ水頭の関数となるため，(3.24) 式は非線形式となる．これを解くために反復計算を行う．具体的には，以下の手順をとる．

1) (3.26) 式 あるいは (3.27) 式 の透水量係数の中のピエゾ水頭に，既知の現在時刻の値 $h_{i,j}^n$ を設定して，(3.33) 式を解き，解の候補である $h_{i,j}^{n+1,(p)}$ を求める．ここで p は反復計算の回数であり，一回目の反復計算では $p=1$ である．
2) 1) で計算したピエゾ水頭の値 $h_{i,j}^{n+1,(p)}$ を用いて (3.33) 式の係数行列を設定し，再度，(3.33) 式を解いて $h_{i,j}^{n+1,(p+1)}$ を求める．
3) 新しく計算したピエゾ水頭 $h_{i,j}^{n+1,(p+1)}$ と前回の $h_{i,j}^{n+1,(p)}$ の差がある収束基

準，たとえば次式を満たせば，反復計算を終了する．

$$\max_{i,j} \left| h_{i,j}^{n+1,(p+1)} - h_{i,j}^{n+1,(p)} \right| < \epsilon$$

そうでなければ 2) に戻って反復計算を繰り返す．

このように，透水量係数の値に最新のピエゾ水頭の計算値を使って反復計算することにより，被圧地下水と同様の差分式を使って解を得ることができる．

3.4.3 境界条件の設定方法

不圧地下水を例にとって，x 方向にピエゾ水頭を更新する場合の境界条件の設定方法を説明する．

(1) 定水位（既知水頭）

河川や湖沼などに接する境界では水位を既知とできることがある．$i=0$ の列に河川や湖沼があり，$i=1$ の列がそれに接している場合には，河川あるいは湖沼の既知の水位を h^* とすると $h_{1,j}^{n+1} = h^*$ である．実際に差分式を構成する場合は $B_1 h_{1,j}^{n+1} + C_1 h_{2,j}^{n+1} = D_1$ とし

$$B_1 = 1, \ C_1 = 0, \ D_1 = h^*$$

とすればよい．

(2) 定流量（既知流量）

山地から平地にかけて境界を設定し，境界を通して既知の流量が計算領域に供給されている場合を考え，この流量を Q^* とする．対象領域の外側に仮想的に一つ格子セルを取り，$i=1$ の場合の差分式 (3.25) を考えると

$$S_{1,j} \frac{h_{1,j}^{n+1} - h_{1,j}^{n}}{\Delta t} = \frac{1}{\Delta x}\left[T_{x,1+\frac{1}{2},j}^{n} \left(\frac{h_{2,j}^{n+1} - h_{1,j}^{n+1}}{\Delta x} \right) + Q^* \right]$$
$$+ \frac{1}{\Delta y}\left[T_{y,1,j+\frac{1}{2}}^{n} \left(\frac{h_{1,j+1}^{n} - h_{1,j}^{n}}{\Delta y} \right) - T_{y,1,j-\frac{1}{2}}^{n} \left(\frac{h_{1,j}^{n} - h_{1,j-1}^{n}}{\Delta y} \right) \right] + R_{1,j}^{n}$$

となるので

$$B_1 h_{1,j}^{n+1} + C_1 h_{2,j}^{n+1} = D_1$$

と整理することができる．

(3) 定動水勾配

平野の内部などに境界を設定した場合，境界でピエゾ水頭の勾配を一定として境界条件を設定することがある．対象領域の外側に仮想的に一つ格子セルを取り，この勾配を I^* とすると

$$\frac{h_{1,j}^n - h_{0,j}^n}{\Delta x} = I^*$$

である．$i = 1$ の場合の差分式 (3.25) を考えると

$$S_{1,j}\frac{h_{1,j}^{n+1} - h_{1,j}^n}{\Delta t} = \frac{1}{\Delta x}\left\{T_{x,1+\frac{1}{2},j}^n\left(\frac{h_{2,j}^{n+1} - h_{1,j}^{n+1}}{\Delta x}\right) - T_{x,\frac{1}{2},j}^n I^*\right\}$$
$$+ \frac{1}{\Delta y}\left\{T_{y,1,j+\frac{1}{2}}^n\left(\frac{h_{1,j+1}^n - h_{1,j}^n}{\Delta y}\right) - T_{y,1,j-\frac{1}{2}}^n\left(\frac{h_{1,j}^n - h_{1,j-1}^n}{\Delta y}\right)\right\} + R_{1,j}^n$$

である．ここで第 0 列でのピエゾ水頭は

$$h_{0,j}^n = h_{1,j}^n - I^*\Delta x$$

として得られる．これを水深に変換し (3.26) 式または (3.27) 式によって $T_{x,1/2,j}^n$ の値を設定すればよい．これを整理すれば

$$B_1 h_{1,j}^{n+1} + C_1 h_{2,j}^{n+1} = D_1$$

とすることができる．

(4) 不透水境界

尾根部など境界で流量のやり取りがない場合は，動水勾配をゼロとすればよい．これは上記の定流量の条件において $Q^* = 0$ とすることに相当する．

参考文献

1) 佐藤邦明, 岩佐義朗 編著：地下水理学, 丸善株式会社, 319p, 2002.
2) 立川康人, 尾崎雄一郎, Kimaro, T. A., 寶 馨：野洲川流域における水循環の変遷について, 河川技術論文集, 8, pp. 551-556, 2002.
3) Wang, H. F. and M. P. Anderson : Introduction to groundwater modeling – Finite difference and finite element methods, W. H. Freeman and Company, 1982.

4) W. キンツェルバッハ (上田年比古監訳, 杉尾ら共訳)：パソコンによる地下水解析, 森北出版株式会社, 286p, 1990.
5) 水収支研究グループ 編：地下水資源・環境論 —その理論と実践—, 共立出版, 350p, 1993.
6) 藤縄克之：環境地下水学, 共立出版, 354p, 2010.

第4章

河川流と洪水追跡

　流域は，山腹斜面と河道網の二つの地形要素によって構成される．山腹斜面は降水を河川への流出量に変換する場であり，河川は山腹斜面からの流出量を合成して運搬する場である．河川流，特に洪水流が上流から下流に向かって移動する過程を計算することを洪水追跡 (flood routing) という．流域の形状すなわち河川の接続形態は流域地形の骨格を形成し，降雨の時空間分布と関連して河川流量の時空間変化を決定する．河川の接続形態を合理的に表現し，河川の接続形態に応じて河川流を追跡することが物理的な河川水文モデルの土台となる．本章では，河川流の追跡手法について解説する．河道網の接続形態の扱い方は **6 章**で説明する．

4.1　流出システムにおける河川流の役割

　河川流域は複雑に分布する山腹斜面と河川の集合体であり，その地形構造の骨格をなすのが河道網である．山腹斜面では雨水流の形態が地表面流，中間流，地下水流など種々の流れが共存し相互に関係し合う点をモデル化することが重要である．これに対し，河道網での流れの形態は表面流に限ってよいから，河川流の流れのモデル化自体に大きな問題はない．山地域の急勾配河川での洪水追跡はキネマティックウェーブモデルを，低平地の緩勾配河川ではダイナミックウェーブモデルを考えておけば十分である．降雨流出系の河川流のモデル化で問題となるのは，流れの場である河道が複雑な樹枝状構造をなしている点にある．つまり山腹斜面から流出した雨水が複雑に接続する河道網を流下・流集していくときに受ける変換効果を適切にモデル化することが問題となる．

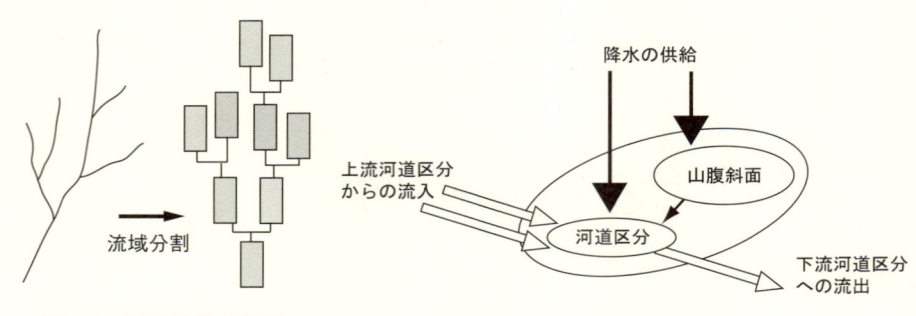

図 4.1：河川流域の流域分割.

図 4.2：部分流域での雨水の流れ.

図 4.1 は流域を空間的に分割した模式図である．河川流のモデルは，それぞれの部分流域からの流出を河川流として流下させるとともに，多数の部分流域からの河川流を集めて流下させる役割を持つ．図 4.2 は部分流域内での雨水移動を模式的に示したもので，山腹斜面からの流出がその部分流域の河道 (河道区分) への流入となる．河道区分の上流側には上流の部分流域の河道区分が接続し，下流側には下流の部分流域の河道区分が接続する．こうした河道網系の流下・流集による変換効果を考えるためには，河道網に沿って河川流れを上流から下流に向かって逐一追跡すればよい．河川流追跡の方法には水理学的追跡手法と水文学的追跡手法とがあり，以下のように分類することができる．

- 水理学的追跡法 (hydraulic river routing)
  - キネマティックウェーブ法 (kinematic wave method)
  - 拡散波法 (diffusion wave method)
  - マスキンガム－クンジ法 (Muskingum–Cunge method)
  - ダイナミックウェーブ法 (dynamic wave method)
- 水文学的追跡法 (hydrologic river routing)
  - 貯水池モデル (reservoir model)
  - 貯留関数法 (storage function method)
  - マスキンガム法 (Muskingum method)

水理学的追跡手法は，開水路流れの連続式と運動式によって河川流を追跡する方法である．山地流域の急勾配河川ではキネマティックウェーブモデルが，低平

地の緩勾配河川ではダイナミックウェーブモデルが有効である．河川区間内の河川水の流速や水位，通水断面積を求める必要がある場合には水理学的追跡手法を用いる．河川区間内の流量・水位には関心がなく，いくつかに区分した河川区間下端での流量のみが対象となる場合は，水文学的追跡手法を用いることができる．水文学的追跡手法では，河川区間に存在する河道貯留量とその河川区間への流入量および流出量との関係をモデル化し，河川区間上端からの流量を与えて河川区間下端から流出する河川流量を求める．水文学的追跡手法の代表的な手法として貯水池モデル，貯留関数法，マスキンガム法がある．

コラム：流域の形状とその流出への影響

流域の形状および河道網の接続形態と流出との関連として以下が考えられる．

- 羽状流域 (図 **4.3**(a))：わが国においてもっともよく見られる流域の形態である．空間的に一様な降雨の場合には，支川からの洪水のピーク時刻が少しずつずれるため，本川のピーク洪水流量は緩和される傾向にあるが，洪水期間は長くなる．北上川 (東北地方)，多摩川 (関東地方)，大井川 (中部地方)，吉野川 (四国地方) など．
- 放射状流域 (図 **4.3**(b))：同程度の大きさの支川がほぼ同一地点に集まって急に大河川となるような流域である．支川の合流ピークが重なると合流後の本川の流量は急増する傾向にある．大和川 (近畿地方)，江川 (中国地方) など．
- 平行流域 (図 **4.3**(c))：同程度の大きさの支川が平行に流れ最後に合流する流域である．支川の合流ピークが重なると合流後の本川の流量は急増する．信濃川 (信越地方) の千曲川と犀川，新宮川 (近畿地方) の十津川と北山川など．

(a) の羽状流域を例にとると，雨域が上流から下流に移動する場合と下流から上流に移動する場合とでは洪水形態は異なる．雨域が上流から下流に移動するときは，洪水の流下と同期して降雨が供給されるため，洪水ピーク流量がより大きくなる可能性がある．雨域の移動に伴う降雨強度の時空間分布と河道の接続形態が関連して，流出状況は複雑に変化する．

(a) 羽状流域　　　(b) 放射状流域　　　(c) 平行流域

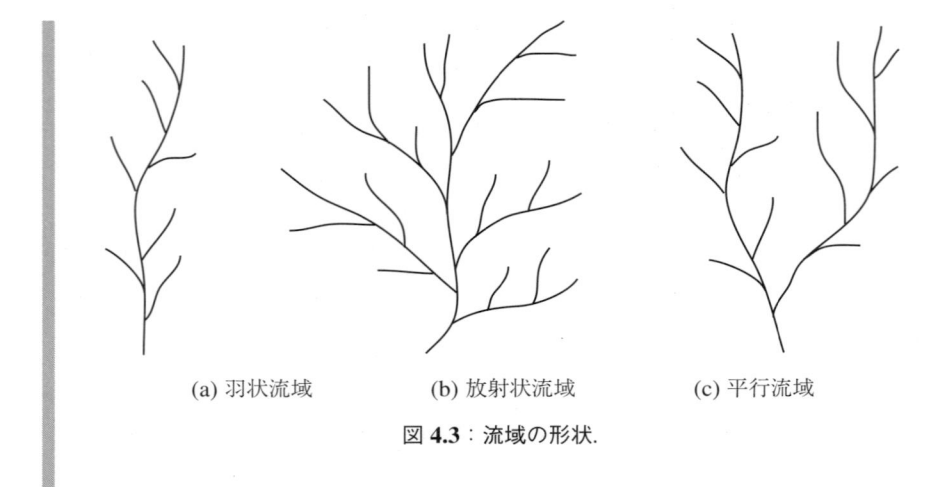

図 **4.3**：流域の形状.

4.2　河川流の水理学的追跡法

水理学的追跡手法では，河川区間の流速や通水断面積を計算して，流量や水位を求めることができる．水理学的追跡手法には，キネマティックウェーブモデル，拡散波モデル，ダイナミックウェーブモデルがある．キネマティックウェーブモデルと拡散波モデルは，ダイナミックウェーブモデルの運動方程式のうち，卓越する項のみを用いるモデルであり，河床勾配によって使い分ける．

4.2.1　ダイナミックウェーブモデル

開水路流れの運動量式は，(1.2) 式に示したように

$$\frac{1}{g}\frac{\partial u}{\partial t} + \frac{u}{g}\frac{\partial u}{\partial x} + \frac{\partial h}{\partial x} = i_0 - I_f - \frac{uq_l}{gA} \tag{4.1}$$

である．ここで t は時間座標，x は空間座標，u は断面平均流速 ($= Q/A$)，A は通水断面積 (流積)，Q は流量，q_l は流れ方向の単位幅横流入強度，h は河道床から垂直に計った水深，g は重力加速度，i_0 は河床勾配，I_f は摩擦損失勾配 ($= \tau_b/\rho g R$) である．

$$A\frac{\partial u}{\partial t} = \frac{\partial Q}{\partial t} - u\frac{\partial A}{\partial t}, \quad Au\frac{\partial u}{\partial x} = \frac{\partial (Qu)}{\partial x} - u\frac{\partial Q}{\partial x}$$

を (4.1) 式に代入して $\partial u/\partial t$, $\partial u/\partial x$ を $\partial Q/\partial t$, $\partial Q/\partial x$ で表し，連続式

$$\frac{\partial A}{\partial t} + \frac{\partial Q}{\partial x} = q_l \tag{4.2}$$

を用いると

$$\frac{\partial Q}{\partial t} + \frac{\partial}{\partial x}\left(\frac{Q^2}{A}\right) + gA\frac{\partial h}{\partial x} = gA(i_0 - I_f) \tag{4.3}$$

が得られる．連続式 (4.2) と運動式 (4.3) が一次元のダイナミックウェーブモデルの基礎式である．ダイナミックウェーブモデルは，下流の条件を入れながら水位・流量を計算する．

4.2.2 キネマティックウェーブモデル

河床勾配が急な場合は i_0 と I_f の項が卓越するため，運動式 (4.3) は

$$0 = i_0 - I_f$$

と近似することができる．マニングの公式を用いると，断面平均流速 u は，n をマニングの粗度係数として $u = (1/n)I_f^{1/2}R^{2/3}$ と表されるため，流量 Q は

$$Q = Au = \frac{\sqrt{I_f}}{n}AR^{2/3} \tag{4.4}$$

と表される．一般に，ξ, ζ を定数として，水理水深 (径深) R と通水断面積 A との間には

$$R = \xi A^\zeta \tag{4.5}$$

という関係が成り立つので，(4.5) 式を (4.4) 式に代入し，$I_f \simeq i_0$ を用いれば

$$Q = \frac{\sqrt{i_0}}{n}\xi^{2/3}A^{1+2/3\zeta} = \alpha_A A^m \tag{4.6}$$

となる．ここで

$$\alpha_A = \frac{\sqrt{i_0}}{n}\xi^{2/3}, \quad m = 1 + \frac{2\zeta}{3}$$

であり，連続式 (4.2) と (4.6) 式を用いて河川流を追跡することができる．このキネマティックウェーブモデルは **1 章**で示した地表面流と同じモデルである．

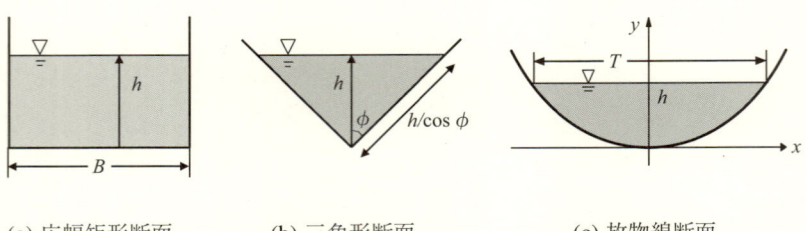

(a) 広幅矩形断面　　　(b) 三角形断面　　　(c) 放物線断面

図 **4.4**：様々な河道断面形状.

(1) 様々な河道断面における流量・流積関係式

河道の横断面形状として広幅矩形断面，三角形断面，放物線断面を考え，流量・流積関係式 (4.6) のパラメータ α_A と m を求める．以下では潤辺を s と書くことにする．広幅矩形断面の場合，図 **4.4**(a) のように河道幅を B，水深を $h(=A/B)$ とすると，B が h に比べて十分大きいとすれば

$$R = \frac{A}{s} = \frac{Bh}{B+2h} \simeq h = \frac{1}{B}A$$

なので (4.5) 式と対比して $\xi = 1/B, \zeta = 1$ となる．したがって，以下が得られる．

$$\alpha_A = \frac{\sqrt{i_0}}{n}\xi^{2/3} = \frac{\sqrt{i_0}}{n}\left(\frac{1}{B}\right)^{2/3}, \quad m = 1 + 2\zeta/3 = 5/3 = 1.67$$

三角形断面の場合，図 **4.4**(b) の断面を考えると

$$R = \frac{A}{s} = \frac{h^2 \tan\phi}{2h/\cos\phi} = \frac{h\sin\phi}{2} = \sqrt{\frac{\sin 2\phi}{8}}\sqrt{A}$$

なので $\xi = \sqrt{\sin 2\phi/8}, \zeta = 1/2$ となる．したがって，以下が得られる．

$$\alpha_A = \frac{\sqrt{i_0}}{n}\xi^{2/3} = \frac{\sqrt{i_0}}{n}\left(\frac{(\sin 2\phi)^{1/3}}{2}\right), \quad m = 1 + 2\zeta/3 = 4/3 = 1.33$$

放物線断面の場合，図 **4.4**(c) のように断面形を $y = ax^2$ とすると

$$A = 2\int_0^h \sqrt{\frac{y}{a}}dy = \frac{4}{3\sqrt{a}}h^{3/2} = \frac{2hT}{3}$$

$$s = 2\int_0^{T/2} \sqrt{1+(dy/dx)^2}dx = 2\int_0^{T/2}\sqrt{1+4a^2x^2}dx$$

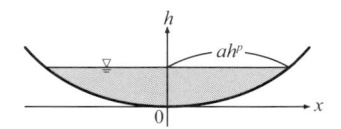

図 **4.5**：広幅べき乗関数形の河川断面.

となる．ここで T は流水表面の水面幅であり，$T/2 = \sqrt{h/a}$ である．s を得るために，$\sqrt{1+w} = 1 + w/2 - w^2/8 + \cdots, (-1 < w < 1)$ を用いて

$$\sqrt{1 + 4a^2x^2} = 1 + 4a^2x^2/2 - (4a^2x^2)^2/8 + \cdots, (h/T < 1/4)$$

とすると $a = h/(T/2)^2$ の関係を用いて

$$s = 2\int_0^{T/2}(1 + \frac{4a^2x^2}{2} - \frac{(4a^2x^2)^2}{8} + \cdots)dx = T\left\{1 + \frac{2}{3}\left(\frac{2h}{T}\right)^2 - \frac{2}{5}\left(\frac{2h}{T}\right)^4 + \cdots\right\}$$

となる．従って，水面幅 T が中央部の水深 h に比べて十分大きければ

$$R = A/s = 2h/3 = (a/6)^{1/3}A^{2/3}$$

となり $\xi = (a/6)^{1/3}, \zeta = 2/3$ となる．このとき，以下となる．

$$\alpha_A = \frac{\sqrt{i_0}}{n}\xi^{2/3} = \frac{\sqrt{i_0}}{n}\left(\frac{a}{6}\right)^{2/9}, \quad m = 1 + 2\zeta/3 = 13/9 = 1.44$$

(2) 一般河道断面における流量・流関関係式

河川断面形状をある程度一般的に表すために，河川断面が図 **4.5** で表されるような広幅のべき乗関数の断面を考える．$a > 0$, $0 < p \leq 1$ は定数で，河道の横断面形を

$$x = ah^p \tag{4.7}$$

で表現する．このときの水理水深を求める．断面積 A は

$$A = \int_0^h 2xdh = \int_0^h 2ah^p dh = \frac{2a}{p+1}h^{p+1} \tag{4.8}$$

となる．次に，潤辺 s を計算する．

$$s = 2\int_0^h \sqrt{1 + \left(\frac{dx}{dh}\right)^2}dh = 2\int_0^h \sqrt{1 + a^2p^2h^{2(p-1)}}dh \tag{4.9}$$

表 4.1：流量・流積関係式のパラメータ．

断面形状	p	m	α_A
三角形断面	1	4/3	$\frac{\sqrt{i_0}}{n}\left(\frac{1}{4a}\right)^{1/3}$
放物線断面	1/2	13/9	$\frac{\sqrt{i_0}}{n}\left(\frac{1}{6a^2}\right)^{2/9}$
矩形断面	$\to 0$	5/3	$\frac{\sqrt{i_0}}{n}\left(\frac{1}{2a}\right)^{2/3}$

一般の p について，積分値を解析的に求めることはできないが，川幅が水深に比べて十分に大きい場合は，$a^2p^2h^{2(p-1)} \gg 1$ が成り立つので，

$$s \simeq 2\int_0^h \sqrt{a^2p^2h^{2(p-1)}}dh = 2\int_0^h aph^{p-1}dh = 2ah^p$$

となる．よって，水理水深 $R = A/s$ を計算すると，

$$R = \frac{A}{s} = \frac{h}{p+1} \tag{4.10}$$

が得られる．(4.10) 式を (4.4) 式に代入し，(4.8) 式を用いて h を A で表すと

$$Q = A\frac{\sqrt{i_0}}{n}R^{2/3} = A\frac{\sqrt{i_0}}{n}\left(\frac{h}{p+1}\right)^{2/3} = \frac{\sqrt{i_0}}{n}\left(\frac{1}{2a}\right)^{\frac{2}{3(p+1)}}\left(\frac{1}{p+1}\right)^{\frac{2p}{3(p+1)}}A^{\frac{3p+5}{3(p+1)}}$$

が得られる．したがって

$$\alpha_A = \frac{\sqrt{i_0}}{n}\left(\frac{1}{2a}\right)^{\frac{2}{3(p+1)}}\left(\frac{1}{p+1}\right)^{\frac{2p}{3(p+1)}},\ m = \frac{3p+5}{3(p+1)} \tag{4.11}$$

が得られる．(4.7) 式を用いれば，$p = 1$ のとき三角形断面，$p = 1/2$ のとき放物線断面となる．また，$p \to 0$ のとき，河川断面は矩形に近づく．これを (4.11) 式に代入すると，m と α_A は表 4.1 のように表される．

なお，広幅のべき乗関数形断面の潤辺の計算は，次のようにしてもう少し精密化することができる．(4.9) 式の被積分関数は，

$$\sqrt{1+a^2p^2h^{2(p-1)}} = \sqrt{a^2p^2h^{2(p-1)}\left(1+\frac{h^{2(1-p)}}{a^2p^2}\right)}$$

$$\simeq aph^{p-1}\left(1+\frac{h^{2(1-p)}}{2a^2p^2}\right) = aph^{p-1} + \frac{h^{1-p}}{2ap}$$

である．これを (4.9) 式に代入すると，

$$s \simeq 2ah^p + \frac{h^{2-p}}{ap(2-p)} = B + \frac{2h^2}{p(2-p)B}$$

が得られる．これと (4.8) 式を用いて $R = A/s$ を計算すると，

$$R = \frac{h}{(p+1)\left(1 + \frac{2h^2}{p(2-p)B^2}\right)}$$

が得られる．

コラム：広幅のべき乗関数の河道断面での水位・流量曲線

　流れが等流であると仮定してマニングの平均流速公式を採用すると，流量 Q は

$$Q = Au = \frac{\sqrt{i_0}}{n} A R^{2/3}$$

と表される．ただし，u は断面平均流速，n はマニングの粗度係数，i_0 は河床勾配である．この式に，(4.8) 式，(4.10) 式を代入すると，

$$Q = \frac{\sqrt{i_0}}{n} \frac{2a}{(p+1)^{5/3}} h^{p+\frac{5}{3}}$$

が得られる．水位流量曲線として慣用される式形は，a, b を定数として

$$\sqrt{Q} = a(H + b)$$

である．H は水位観測所の水位の読みであり，$H + b$ が水深 h に対応すると考えれば，慣用される水位流量曲線の式形では，$p = 1/3$ としていると考えることができる．

---

(3) キネマティックウェーブモデルによる洪水の伝播速度

　洪水により河道を流れる水そのものの移動とともに，通水断面積の変形が波として移動する．河道を流れる水の移動速度は断面平均流速として表され，洪水波は水の移動速度よりも速く伝播する．その伝播速度をキネマティックウェーブモ

デル

$$\frac{\partial A}{\partial t} + \frac{\partial Q}{\partial x} = 0, \ Q = f(A)$$

を用いて求めてみる．流量 Q は通水断面積 A のみの関数なので

$$\frac{\partial Q}{\partial x} = \frac{dQ}{dA}\frac{\partial A}{\partial x}$$

である．すると連続式は

$$\frac{\partial A}{\partial t} + \frac{dQ}{dA}\frac{\partial A}{\partial x} = 0 \tag{4.12}$$

となる．一方，時刻 t に位置 $x(t)$ にあるような経路上での通水断面積 $A(x(t), t)$ の変化は

$$\frac{dA}{dt} = \frac{\partial A}{\partial t} + \frac{dx}{dt}\frac{\partial A}{\partial x} = \frac{\partial A}{\partial t} + c\frac{\partial A}{\partial x} \tag{4.13}$$

と表される．ここで $c = dx/dt$ とした．(4.12) 式と (4.13) 式とを比較すると，

$$c = \frac{dQ}{dA} = \frac{d(uA)}{dA} = u + A\frac{du}{dA} \tag{4.14}$$

とする場合，連続式 (4.12) より $dA/dt = 0$ となる．つまり，A は $c = dx/dt = dQ/dA$ の経路上で時間的に変化することなく移動する．この洪水の伝播速度を表す (4.14) 式をクライツ・セドンの法則という．(4.14) 式より $c \geq u$ なので洪水波は洪水流と同じかそれ以上の速度で進む．つまり洪水による通水断面積の変形の移動速度は水の移動速度以上であることがわかる．

ξ, ζ を定数として，$R = \xi A^\zeta$ とする．マニングの平均流速公式を用いれば，n を粗度係数，i_0 を河床勾配として $u = (1/n)\sqrt{i_0}(\xi A^\zeta)^{2/3}$ なので

$$c = u + A\frac{du}{dA} = u + A\frac{2\zeta}{3}\frac{\sqrt{i_0}}{n}\xi^{2/3}A^{2\zeta/3-1} = \left(1 + \frac{2\zeta}{3}\right)u$$

となる．広幅矩形断面の場合は $\zeta = 1$ なので $c = 5u/3$ となる．断面平均流速式としてシェジー式 $u = C\sqrt{\xi A^\zeta i_0}$ を用いると

$$c = u + A\frac{du}{dA} = u + A\frac{\xi}{2}C\sqrt{\zeta i_0}A^{\zeta/2-1} = \left(1 + \frac{\zeta}{2}\right)u$$

であり，広幅矩形断面の場合は $\zeta = 1$ なので $c = 3u/2$ となる．

4.2.3 拡散波モデル

河床勾配が小さくなって水面勾配 $\partial h/\partial x$ が無視できない場合,開水路流れの運動量方程式 (4.3) の左辺第一項と二項が他の項より十分小さいとして

$$\frac{\partial h}{\partial x} = i_0 - I_f \tag{4.15}$$

と近似することにより,水深および流量の拡散波モデルが得られる.

(1) 広幅矩形断面水路における水深の拡散式

一様な広幅矩形断面水路を対象とする.側方流入量がない場合,単位幅流量を q,断面平均流速を u とすると $A = Bh$, $Q = Bq = Bhu$ なので,連続式 (4.2) は

$$\frac{\partial h}{\partial t} + \frac{\partial (hu)}{\partial x} = 0 \tag{4.16}$$

である.マニングの公式から得られる $I_f = n^2 u^2 / h^{4/3}$ を拡散波式 (4.15) に代入して u について解くと

$$u = \frac{h^{2/3}}{n} \sqrt{i_0 - \frac{\partial h}{\partial x}} \tag{4.17}$$

が得られる.これを (4.16) 式の左辺第二項に代入すると

$$\frac{\partial (hu)}{\partial x} = \frac{\partial}{\partial x} \left\{ \frac{h^{5/3}}{n} \sqrt{i_0 - \frac{\partial h}{\partial x}} \right\}$$

$$= \frac{5}{3} \frac{h^{2/3}}{n} \sqrt{i_0 - \frac{\partial h}{\partial x}} \left(\frac{\partial h}{\partial x} \right) - \frac{h^{5/3}}{2n} \left(i_0 - \frac{\partial h}{\partial x} \right)^{-1/2} \left(\frac{\partial^2 h}{\partial x^2} \right)$$

となる.ここで (4.17) 式を用いて

$$c' = \frac{5u}{3}, \quad D = \frac{hu}{2(i_0 - \partial h/\partial x)} = \frac{q}{2I_f}$$

とおけば,水深の拡散波モデル

$$\frac{\partial h}{\partial t} + c' \frac{\partial h}{\partial x} = D \frac{\partial^2 h}{\partial x^2} \tag{4.18}$$

が得られる.(4.18) 式の右辺に拡散項 $\partial^2 h/\partial x^2$ が入ることがこの流れのモデルの特徴である.流下するに従って水深が緩やかになる効果が,この項によって導入される.

(2) 広幅矩形断面水路における流量の拡散式

マニング式から得られる $I_f = n^2 u^2 / h^{4/3}$ を用いれば (4.15) 式は

$$\frac{\partial h}{\partial x} = i_0 - I_f = i_0 - n^2 q^2 h^{-10/3}$$

となる．これを t で微分して側方流入量がない場合の連続式 $\partial h/\partial t = -\partial q/\partial x$ を用いると

$$\frac{\partial^2 h}{\partial x \partial t} = -2n^2 q h^{-10/3} \frac{\partial q}{\partial t} - \frac{10}{3} n^2 q^2 h^{-13/3} \frac{\partial q}{\partial x} \qquad (4.19)$$

が得られる．一方，単位幅流量の連続式を x で微分すると

$$\frac{\partial^2 h}{\partial t \partial x} + \frac{\partial^2 q}{\partial x^2} = 0 \qquad (4.20)$$

である．(4.19) 式，(4.20) 式から $\partial^2 h/\partial x \partial t$ を消去して整理すると

$$\frac{\partial q}{\partial t} + \frac{5u}{3}\frac{\partial q}{\partial t} = \frac{h^{10/3}}{2n^2 q}\frac{\partial^2 q}{\partial x^2}$$

ここで

$$c' = \frac{5u}{3}, \quad D = \frac{h^{10/3}}{2n^2 q} = \frac{q}{2I_f}$$

とおけば，広幅矩形断面水路における流量の拡散式が以下のように得られる．

$$\frac{\partial q}{\partial t} + c'\frac{\partial q}{\partial x} = D\frac{\partial^2 q}{\partial x^2}$$

(3) 一般の河道断面における流量の拡散式

マニング式から得られる $I_f = n^2 u^2 / R^{4/3}$ を用いれば，(4.15) 式は

$$\frac{\partial h}{\partial x} = i_0 - I_f = i_0 - \frac{n^2 Q^2}{A^2 R^{4/3}}$$

となる．一方，h は A の関数なので B_s を水面幅として

$$\frac{\partial h}{\partial x} = \frac{dh}{dA}\frac{\partial A}{\partial x} = \frac{1}{B_s}\frac{\partial A}{\partial x}$$

である．これらより $\partial h/\partial x$ を消去すると

$$\frac{\partial A}{\partial x} = B_s \left(i_0 - \frac{n^2 Q^2}{A^2 R^{4/3}} \right)$$

が得られる．この両辺を t で微分すると

$$\frac{\partial^2 A}{\partial x \partial t} = \frac{\partial B_s}{\partial t}\left(i_0 - \frac{n^2 Q^2}{A^2 R^{4/3}}\right) - B_s\left(\frac{2n^2 Q}{A^2 R^{4/3}}\frac{\partial Q}{\partial t} - \frac{2n^2 Q^2}{A^3 R^{4/3}}\frac{\partial A}{\partial t} - \frac{4n^2 Q^2}{3A^2 R^{7/3}}\frac{\partial R}{\partial t}\right)$$

となる．側方流入量がない場合を考え，この式に

$$\frac{\partial A}{\partial t} = -\frac{\partial Q}{\partial x}, \quad \frac{\partial R}{\partial t} = \frac{dR}{dA}\frac{\partial A}{\partial t} = -\frac{dR}{dA}\frac{\partial Q}{\partial t}$$

を用いれば

$$\frac{\partial^2 A}{\partial x \partial t} = \frac{\partial B_s}{\partial t}\left(i_0 - \frac{n^2 Q^2}{A^2 R^{4/3}}\right) - B_s\left(\frac{2n^2 Q}{A^2 R^{4/3}}\frac{\partial Q}{\partial t} + \frac{2n^2 Q^2}{A^3 R^{4/3}}\frac{\partial Q}{\partial x} + \frac{4n^2 Q^2}{3A^2 R^{7/3}}\frac{dR}{dA}\frac{\partial Q}{\partial x}\right)$$

となる．一方，連続式 (4.2) を x で微分すると

$$\frac{\partial A}{\partial x \partial t} + \frac{\partial^2 Q}{\partial x^2} = 0$$

である．これらから $\partial^2 A/\partial x \partial t$ を消去すると

$$\frac{2B_s n^2 Q}{A^2 R^{4/3}}\frac{\partial Q}{\partial t} + \frac{2B_s n^2 Q^2}{A^3 R^{4/3}}\left(1 + \frac{2A}{3R}\frac{dR}{dA}\right)\frac{\partial Q}{\partial x} = \frac{\partial^2 Q}{\partial x^2} + \frac{\partial B_s}{\partial t}\left(i_0 - \frac{n^2 Q^2}{A^2 R^{4/3}}\right)$$

が得られる．この式を整理して

$$\frac{\partial Q}{\partial t} + c'\frac{\partial Q}{\partial x} = D\frac{\partial^2 Q}{\partial x^2} + E$$

とすると

$$c' = \frac{Q}{A} + \frac{2Q}{3R}\frac{dR}{dA}, \quad D = \frac{A^2 R^{4/3}}{2B_s n^2 Q} = \frac{Q}{2B_s I_f}, \quad E = \frac{Q I_f}{2B_s}\frac{\partial B_s}{\partial t}\frac{\partial h}{\partial x}$$

が得られる．ここで $\partial B_s/\partial t \cdot \partial h/\partial x$ が小さく E が無視できるとすれば，次式が得られる．

$$\frac{\partial Q}{\partial t} + c'\frac{\partial Q}{\partial x} = D\frac{\partial^2 Q}{\partial x^2} \tag{4.21}$$

4.2.4 マスキンガム・クンジ法

一次元の開水路流れにおいて流量を Q，通水断面積を A，時間座標を t，空間座標を x とすると，側方流入量がない場合の連続式は

$$\frac{\partial A}{\partial t} + \frac{\partial Q}{\partial x} = 0$$

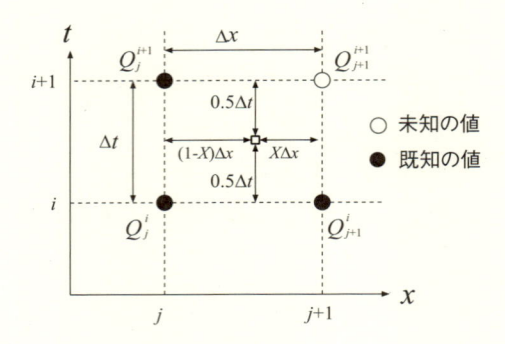

図 4.6：マスキンガム・クンジ法に対応したキネマティックウェーブモデルの差分近似.

となる．キネマティックウェーブ流れを仮定し流れの伝播速度を c とすると

$$c = \frac{dQ}{dA}$$

であり，連続式の両辺に c を乗じて連続式を変形すると

$$\frac{\partial Q}{\partial t} + c\frac{\partial Q}{\partial x} = 0 \tag{4.22}$$

が得られる．この式の各項を，i を時間，j を空間を表す添え字として，図 **4.6** のように差分近似する．$\partial Q/\partial t$ に関しては空間的な重みを $1-X:X$ として

$$\frac{\partial Q}{\partial t} \simeq X\frac{Q_j^{i+1} - Q_j^i}{\Delta t} + (1-X)\frac{Q_{j+1}^{i+1} - Q_{j+1}^i}{\Delta t}$$

とし，$\partial Q/\partial x$ に関しては時間的な重みを $1:1$ として

$$\frac{\partial Q}{\partial x} \simeq \frac{1}{2}\left(\frac{Q_{j+1}^i - Q_j^i}{\Delta x} + \frac{Q_{j+1}^{i+1} - Q_j^{i+1}}{\Delta x}\right)$$

とする．これらを (4.22) 式に代入して Q_{j+1}^{i+1} について整理すると

$$Q_{j+1}^{i+1} = C_1 Q_j^{i+1} + C_2 Q_j^i + C_3 Q_{j+1}^i \tag{4.23}$$

が得られる．これを用いて河川流を追跡する方法をマスキンガム・クンジ法という．ここで

$$C_1 = \frac{c\Delta t/\Delta x - 2X}{2(1-X) + c\Delta t/\Delta x}, \quad C_2 = \frac{c\Delta t/\Delta x + 2X}{2(1-X) + c\Delta t/\Delta x}, \quad C_3 = \frac{2(1-X) - c\Delta t/\Delta x}{2(1-X) + c\Delta t/\Delta x}$$

である．

マスキンガム・クンジ法で得られる解の意味について考えよう．

$$L = \frac{\partial Q}{\partial t} + c\frac{\partial Q}{\partial x} \tag{4.24}$$

$$L' = X\frac{Q_j^{i+1} - Q_j^i}{\Delta t} + (1-X)\frac{Q_{j+1}^{i+1} - Q_{j+1}^i}{\Delta t} + c\left(\frac{Q_{j+1}^i - Q_j^i}{2\Delta x} + \frac{Q_{j+1}^{i+1} - Q_j^{i+1}}{2\Delta x}\right) \tag{4.25}$$

とする．(4.25) 式の右辺の各項を Q_j^i の周りにテイラー展開し，Q_j^i とその一次時間微分項，一次空間微分項，二次時間微分項，二次空間微分項で表して，$\Delta L = L - L'$ を計算すると

$$\Delta L = c\Delta x(1/2 - X)\frac{\partial^2 Q}{\partial x^2} + O(\Delta x^2, \Delta t^2)$$

となる．$O(\Delta x^2, \Delta t^2)$ を微小とすると，差分式 (4.23) を解く，すなわち $L' = 0$ となるような近似解を求めるということは，(4.24) 式において $L = L' + \Delta L = \Delta L$，すなわち

$$\frac{\partial Q}{\partial t} + c\frac{\partial Q}{\partial x} = c\Delta x(1/2 - X)\frac{\partial^2 Q}{\partial x^2} \tag{4.26}$$

の近似解を求めていることに他ならない．(4.26) 式の右辺は数値拡散項である．この式から，$X = 0.5$ の場合は数値拡散は起こらず，$X > 0.5$ の場合は数値拡散項が負となって数値的に不安定となることがわかる．

この式と前節で導いた一般断面での流量の拡散波式 (4.21)

$$\frac{\partial Q}{\partial t} + c\frac{\partial Q}{\partial x} = \frac{Q}{2B_s I_f}\frac{\partial^2 Q}{\partial x^2}$$

の右辺の係数を等しいと置いて

$$c\Delta x(1/2 - X) = \frac{Q}{2BI_f} \tag{4.27}$$

として X を定めれば，数値拡散を物理的な拡散として扱うことになる．つまり，(4.23) 式を用いて数値解を得ることは，拡散波式 (4.21) 式を解くことに相当する．たとえば Q の値として直近の既知の値 Q_0 を用い，I_f に i_0 の値を用いれば

$$X = \frac{1}{2}\left(1 - \frac{Q_o}{Bci_0\Delta x}\right)$$

となる．これらの方法を用いればパラメータ X を物理的に設定することができ，拡散波モデルを近似的に解くことができる．

パラメータ X の有効な範囲を考える．まず X は空間差分近似の重みであり $0 \leq X \leq 1$ である必要がある．また，(4.27) 式の右辺は正であり，$X \leq 0.5$ でなければならない．また，計算される流量が負となることがないように (4.23) 式の C_1, C_2, C_3 がすべて 0 以上である必要がある．これらの条件から

$$0 \leq X \leq 0.5,\ 2X \leq c\Delta t/\Delta x \leq 2(1-X)$$

を満たす必要がある．

4.3 河川流の水文学的追跡法

水文学的追跡法では，河川区間に存在する河道貯留量とその河川区間への流入量および流出量との関係をモデル化し，河川区間上端からの流量を与えて河川区間下端から流出する河川流量を求める．代表的な計算手法として貯水池モデルとマスキンガム法がある．我が国では貯水池モデルの範疇に含まれる貯留関数法がしばしば利用される．貯留関数法については **11 章**で述べる．

4.3.1 貯水池モデル

ある河道区間を考え，時刻 t におけるその区間上端への流入量を $I(t)$，その区間下端からの流出量を $Q(t)$，その区間の河道貯留量を $S(t)$ とする．$S(t)$ の初期値と $I(t)$ が与えられた場合に，河川区間での連続式

$$\frac{dS}{dt} = I(t) - Q(t) \tag{4.28}$$

および S と Q，I の間の関係式

$$S = f\left(I, \frac{dI}{dt}, \frac{d^2I}{dt^2}, \ldots, Q, \frac{dQ}{dt}, \frac{d^2Q}{dt^2}, \ldots,\right) \tag{4.29}$$

を用いて河道区間下端からの河川流量 Q を求めるモデルを貯水池モデルという．

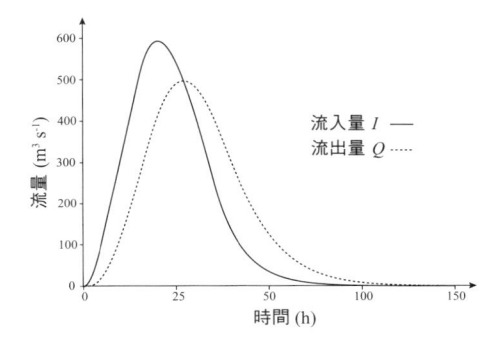

図 **4.7**：線形貯水池モデルにおける I, Q の変化.

(1) 線形貯水池モデル

貯水池モデルの中で，k を正の定数とし (4.29) 式として

$$S = kQ \tag{4.30}$$

を仮定するモデルを線形貯水池モデルという．連続式 (4.28) に (4.30) 式を代入することにより一階の線形微分方程式

$$\frac{d}{dt}Q(t) + \frac{1}{k}Q(t) = \frac{1}{k}I(t)$$

が得られる．両辺に $e^{t/k}$ を乗じて左辺を整理すると

$$\frac{d}{dt}(Qe^{t/k}) = \frac{1}{k}e^{t/k}I(t)$$

となる．時刻 0 から t まで積分すると

$$Q(t)e^{t/k} - Q(0) = \frac{1}{k}\int_0^t e^{\tau/k}I(\tau)d\tau$$

となって，

$$Q(t) = \frac{S(0)}{k}e^{-t/k} + \frac{1}{k}e^{-t/k}\int_0^t e^{\tau/k}I(\tau)d\tau \tag{4.31}$$

となる．つまり，貯留量の初期値 $S(0)$ と河道区間上流からの流入量 $I(t)$ を与えることによって，河道区間下端からの流量が計算される．

線形貯水池モデルを用いた場合に流入量 I が流出量 Q に変換される例を図 **4.7** に示す．(4.28) 式より貯留量 S が最大となるのは $dS/dt = 0$ すなわち $I = Q$ の

ときであり，このとき (4.30) 式より Q も最大となる．つまり，線形貯水池モデルでは Q の最大値が I のグラフ上に乗る．

実際の洪水時に貯留量と流出量の値を時々刻々プロットすると，それらの関係はループを描くことが知られている．Prasad[1]，星・山岡[2]はその二価性を表現するためにそれぞれ (4.32) 式，(4.33) 式を提案している．

$$S = k_1 Q^{p_1} + k_2 \frac{dQ}{dt} \tag{4.32}$$

$$S = k_1 Q^{p_1} + k_2 \frac{dQ^{p_2}}{dt} \tag{4.33}$$

ここで k_1, k_2, p_1, p_2 は正の値のモデルパラメータである．これらを用いた場合，流出量の最大値は流入量のグラフ上には乗らず，それよりも後の時刻に現れる．

(2) 直列の線形貯水池モデルによる流量の変換過程

線形貯水池モデルにおいて，時刻 0 に大きさ 1 の流入量が瞬間的に河道区間の上端に加わったとする．このときの河道区間下端からの流量 $Q_1(t)$ を導出する．ディラックのデルタ関数を $\delta(t)$ とする．$\delta(t)$ とは $t=0$ の時のみ値をとり，それ以外では 0 であるが，$-\infty$ から ∞ まで積分すれば 1 となる超関数であり

$$\delta(t) = 0 \ (t \neq 0), \quad \int_{-\infty}^{\infty} \delta(t) dt = 1, \quad \int_{-\infty}^{\infty} f(t)\delta(t) dt = f(0)$$

と定義される．(4.31) 式において，初期の貯留量 $S(0) = 0$，$I(t) = \delta(t)$ とすれば，

$$Q_1(t) = \frac{1}{k} e^{-t/k} \int_0^t e^{\tau/k} \delta(\tau) d\tau = \frac{1}{k} e^{-t/k} \tag{4.34}$$

となり，この場合の河道区間下端の流量は指数関数的に低減する．

次に，図 **4.8** に示すように n 個の河道区間が一列に繋がっていて，それぞれの河道区間に線形貯水池モデルを適用した場合のインパルス応答を求める．このとき，すべての河道区間について，初期貯留量は $S_i(0) = 0, i = 1, \cdots, n$ とする．上から二つ目の河道区間からの流出量を Q_2 とすると (4.34) 式を用いて

$$Q_2(t) = \frac{1}{k} e^{-t/k} \int_0^t Q_1(\tau) e^{\tau/k} d\tau = \frac{1}{k} e^{-t/k} \int_0^t \frac{1}{k} e^{-\tau/k} e^{\tau/k} d\tau = \frac{t}{k^2} e^{-t/k}$$

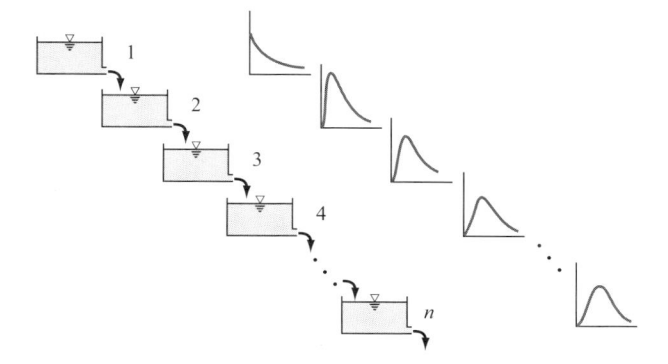

図 **4.8**：直列に繋がる線形貯水池モデル．

が得られる．同様にして n 番目の河道区間からの流出量 $Q_n(t)$ は

$$Q_n(t) = \frac{1}{k}e^{-t/k}\int_0^t Q_{n-1}(\tau)e^{\tau/k}d\tau = \frac{1}{k(n-1)!}\left(\frac{t}{k}\right)^{n-1}e^{-t/k} \quad (4.35)$$

となる．$Q_n(t)$ の最大値を求めるために $Q_n(t)$ を t で微分して

$$\frac{d}{dt}Q_n(t) = \frac{1}{k(n-1)!}\left[\left(\frac{t}{k}\right)^{n-2}\frac{e^{-t/k}}{k}\left((n-1) - \frac{t}{k}\right)\right] = 0$$

とすると $Q_n(t)$ が最大となる時刻は $t = k(n-1)$ であり，このとき最大値は

$$Q_n(k(n-1)) = \frac{1}{k(n-1)!}(n-1)^{n-1}e^{1-n}$$

となる．n が大きくなるにつれて，つまり河道を通過するにつれて最大流量が発生する時刻が遅れ，最大流量の値が小さくなりハイドログラフは扁平な形に変形していくことがわかる．

n 番目の河道区間からの流出量 Q_n を表現する (4.35) 式は，t を確率変数とする確率密度関数と見立てればガンマ分布の確率密度関数と一致する．t の平均値，すなわち Q_n の重心の時刻と t の分散はそれぞれ

$$\mathrm{E}[t] = \int_0^\infty tQ_n(t)dt = kn, \quad \mathrm{Var}[t] = \int_0^\infty (t - \mathrm{E}[t])^2 Q_n(t)dt = k^2 n$$

となる．n が大きくなるにつれて t の平均値と分散は大きくなる．これからもハイドログラフの重心が後ろにずれて扁平な形に変形していくことがわかる．

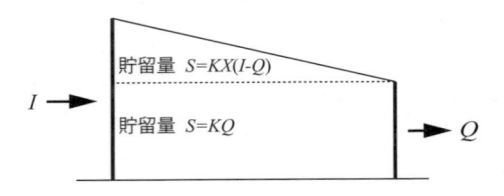

図 4.9：マスキンガム法で考える流入量，流出量，貯留量の関係．

4.3.2 マスキンガム法

河道区間下端からの流出量はその河道区間内の貯留量だけでは決まらない場合がある．貯留量 S を流入量 I と流出量 Q の関数と考え，貯水池モデルの中で，K，X をパラメータとして，(4.29) 式を

$$S = KQ + KX(I - Q) = K[XI + (1 - X)Q] \tag{4.36}$$

とするモデルをマスキンガム法という（図 4.9）．(4.36) 式を用いると，時刻 j と時刻 $j+1$ における貯留量は

$$S_j = K[XI_j + (1 - X)Q_j] \tag{4.37}$$

$$S_{j+1} = K[XI_{j+1} + (1 - X)Q_{j+1}] \tag{4.38}$$

となる．一方，連続式 (4.28) より

$$\frac{S_{j+1} - S_j}{\Delta t} = \frac{I_j + I_{j+1}}{2} - \frac{Q_j + Q_{j+1}}{2} \tag{4.39}$$

とする．(4.37) 式，(4.38) 式を (4.39) 式に代入して S_j, S_{j+1} を消去すると

$$Q_{j+1} = C_1 I_{j+1} + C_2 I_j + C_3 Q_j \tag{4.40}$$

が得られる．この式により時刻 $j+1$ の流出量 Q を計算することができる．ここで

$$C_1 = \frac{\Delta t - 2KX}{2K(1 - X) + \Delta t}, \quad C_2 = \frac{\Delta t + 2KX}{2K(1 - X) + \Delta t}, \quad C_3 = \frac{2K(1 - X) - \Delta t}{2K(1 - X) + \Delta t} \tag{4.41}$$

であり $C_1 + C_2 + C_3 = 1$ である．なお，(4.40) 式を K について整理すると

$$K = \frac{\Delta t[(I_{j+1} + I_j) - (Q_{j+1} + Q_j)]}{2[X(I_{j+1} - I_j) + (1 - X)(Q_{j+1} - Q_j)]} \tag{4.42}$$

表 4.2：上流から流入する河川流量.

時間 (h)	流入量 (m^3s^{-1})	時間 (h)	流入量 (m^3s^{-1})	時間 (h)	流入量 (m^3s^{-1})
0	82.7	10	2043.4	20	717.6
1	91.1	11	2178.0	21	635.0
2	99.8	12	2276.7	22	590.7
3	128.4	13	2276.7	23	548.0
4	156.9	14	2119.8	24	513.7
5	213.5	15	1858.6	25	487.0
6	336.4	16	1564.5	26	461.0
7	562.1	17	1250.9	27	435.8
8	1280.7	18	1011.9	28	417.3
9	1804.8	19	846.2	29	399.2

となる．流入量と流出量のデータから時刻ごとの (4.42) 式の分子，分母を計算してグラフ化すると通常，プロットした結果はループを描く．このグラフができるだけ一直線状になるように X を決定する．X は $0 \sim 0.5$ の範囲の間の値を取るパラメータであり，通常は $0 \sim 0.3$ 程度の値を取ることが多い．流入量と流出量のデータが得られない河道区間を対象とする場合は，4.2.4 のマスキンガム・クンジ法を用いるとよい．$K = \Delta x/c$ とおくと，(4.40) 式はマスキンガム・クンジ法の (4.23) 式とまったく同じ式になる．

(1) マスキンガム法による追跡計算の具体例

河道区間の上端から流入する河川流量を**表 4.2** で与える．初期時刻 $t = 0$ h での河道区間下端からの流量を 80.0 m^3s^{-1} とし，ケース 1 ($X = 0.25$, $K = 2$ h)，ケース 2 ($X = 0.1$, $K = 2$ h)，ケース 3 ($X = 0.1$, $K = 4$ h) の場合の河道区間の下流端からの流出量 $Q(t)$ を**図 4.10** に示す．いずれのケースも $\Delta t = 1$ h とした．

1 時間ごとに (4.40) 式を順次用いれば，河道区間下端からの流出量を求めることができる．計算結果と (4.41) 式の係数，ピーク流量の値を**表 4.3** に示す．流出量のハイドログラフは流入量と比べて時間が遅れ，なだらかになる．流入量と流出量のピーク時の時間遅れを見ると，K がその時間遅れに対応することがわかる．また，X が小さいほどなだらかなハイドログラフとなることがわかる．

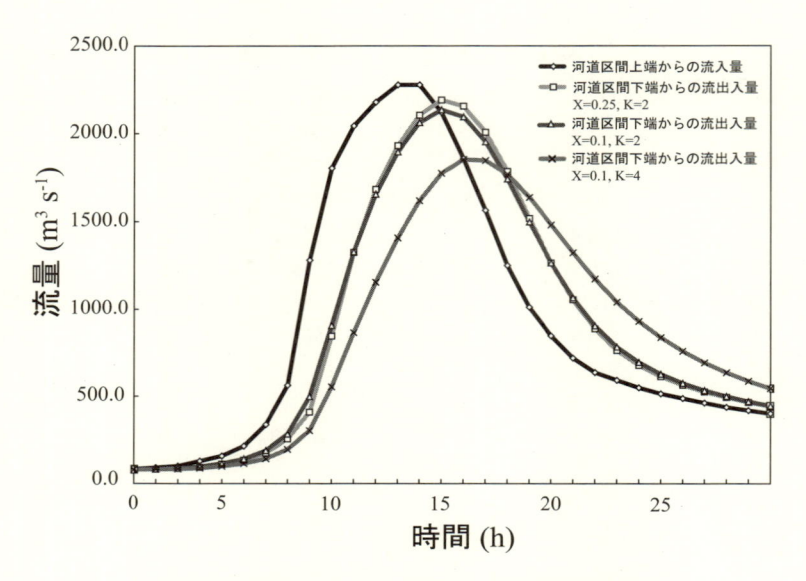

図 4.10：マスキンガム法によって計算される流出量.

表 4.3：パラメータの違いとピーク流量の計算結果.

河川流量	X	K (h)	C_1	C_2	C_3	ピーク時刻 (h)	ピーク流量 ($m^3 s^{-1}$)
流入量	-	-	-	-	-	12	2276.7
流出量 (ケース 1)	0.25	2	0.0	0.5	0.5	14	2190.3
流出量 (ケース 2)	0.10	2	0.13	0.30	0.57	14	2134.7
流出量 (ケース 3)	0.10	4	0.024	0.22	0.756	15	1853.3

(2) マスキンガム法におけるパラメータ K の解釈

$t = \pm\infty$ のとき，$I(t) = 0$，$Q(t) = 0$ とし，この河道区間への側方流入量はないとすると，図 4.11 に示す流入量ハイドログラフと流出量ハイドログラフの重心 t_I, t_Q はそれぞれ

$$t_I = \int_{-\infty}^{\infty} tI(t)dt/V, \quad t_Q = \int_{-\infty}^{\infty} tQ(t)dt/V$$

となる．V は河道区間への流入量および流出量の総体積であり

$$V = \int_{-\infty}^{\infty} I(t)dt = \int_{-\infty}^{\infty} Q(t)dt$$

4.3 河川流の水文学的追跡法   125

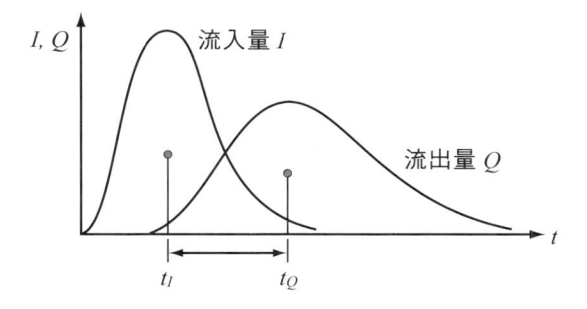

図 **4.11**：マスキンガム法におけるパラメータの解釈.

である．$t_Q - t_I$ は $dS/dt = I(t) - Q(t)$ を用いると

$$t_Q - t_I = \frac{1}{V}\int_{-\infty}^{\infty} t(Q(t) - I(t))dt = -\frac{1}{V}\int_{-\infty}^{\infty} t\frac{dS}{dt}dt = -\frac{1}{V}\left([tS]_{-\infty}^{\infty} - \int_{-\infty}^{\infty} S\,dt\right)$$

が得られる．ここで $S = K\{XI + (1-X)Q\}$ であり，$t = \pm\infty$ のとき，$I(t) = 0$，$Q(t) = 0$ としているので

$$[tS]_{-\infty}^{\infty} = K[t(XI(t) + (1-X)Q(t))]_{-\infty}^{\infty} = 0$$

$$\int_{-\infty}^{\infty} S\,dt = K\int_{-\infty}^{\infty}(XI(t) + (1-X)Q(t))dt = K\int_{-\infty}^{\infty} Q(t)dt = KV$$

となって $t_Q - t_I = K$ が得られる．つまりパラメータ K は流入量と流出量の平均的な時間遅れを表すパラメータであることがわかる．

(3) マスキンガム法におけるパラメータ X の解釈

河道区間上端での流入量ハイドログラフ $I(t)$ の重心 t_I の周りの二次モーメントを σ_I^2，区間下端からの流出量ハイドログラフ $Q(t)$ の重心 t_Q の周りの二次モーメントを σ_Q^2 とすると

$$\sigma_I^2 = \int_{-\infty}^{\infty}(t - t_I)^2 I(t)dt/V, \quad \sigma_Q^2 = \int_{-\infty}^{\infty}(t - t_Q)^2 Q(t)dt/V$$

であり，

$$\sigma_Q^2 - \sigma_I^2 = \frac{1}{V}\left[\int_{-\infty}^{\infty} t^2(Q - I)dt - 2\int_{-\infty}^{\infty} t(t_Q Q - t_I I)dt + \int_{-\infty}^{\infty}(t_Q^2 Q - t_I^2 I)dt\right]$$

となる．右辺第一項は $dS/dt = I(t) - Q(t)$ と $t_I = t_Q - K$ を用いれば

$$\int_{-\infty}^{\infty} t^2(Q-I)dt = -\int_{-\infty}^{\infty} t^2 \frac{dS}{dt}dt = -[t^2 S]_{-\infty}^{\infty} + \int_{-\infty}^{\infty} 2tS\,dt$$
$$= 2K\int_{-\infty}^{\infty} t(XI(t) + (1-X)Q(t))dt$$
$$= 2K\{Xt_I + (1-X)t_Q\}V = 2K(t_Q - XK)V$$

となる．右辺第二項は

$$-2\int_{-\infty}^{\infty} t(t_Q Q - t_I I)dt = -2t_Q \int_{-\infty}^{\infty} tQdt + 2t_I \int_{-\infty}^{\infty} tIdt$$
$$= -2(t_Q^2 - t_I^2)V = -2K(t_Q + t_I)V = -2K(2t_Q - K)V$$

右辺第三項は

$$\int_{-\infty}^{\infty} (t_Q^2 Q - t_I^2 I)dt = (t_Q^2 - t_I^2)V = K(t_Q + t_I)V = K(2t_Q - K)V$$

となるので，

$$\sigma_Q^2 - \sigma_I^2 = -2XK^2 + K^2 = K^2(1 - 2X)$$

が得られる．実際の現象では流下するに従ってハイドログラフは扁平な形に変形していく．つまり $\sigma_Q^2 > \sigma_I^2$ である．これから $X < 0.5$ でなくてはならない．また，X の値が小さいほど，流出ハイドログラフの重心周りの二次モーメントが大きくなり，流出ハイドログラフがなだらかになることがわかる．

4.4　水理学的追跡法の数値解法

キネマティックウェーブモデルの数値解法は，**1章**で述べたとおりであり，ラックス・ヴェンドロフ法やボックススキームによる差分解法を用いることができる．ダイナミックウェーブモデルの数値解法としては，リープ・フロッグ法，スタッガード格子法，ボックス型差分法，ラックス・ヴェンドロフ法，特性曲線法などがある[3]．

4.4.1　ダイナミックウェーブモデルの数値解法

キネマティックウェーブモデルは，基本的には河道網の上流側から下流側に向けて順次計算を進めるだけなので，大規模な河道網に適用しても，計算に困難は

ない.しかし,ダイナミックウェーブモデルでは下流側の境界条件を入れて計算を進める必要があるため,河道網が複雑に接続する場合の計算は容易でない.そのため数多くの手法が提案されている.たとえば,神田ら[4]は連立一次方程式の係数行列をバンドマトリックスに変形することで記憶用量を節約し計算時間を短縮するという手法を提案している.また Fread[5] は分合流を本川と支川からの流出入としてモデル化し,本川の流れの計算と支川の流れの計算を互いの状態量のつじつまが合うまで交互に繰り返すという手法を提案している.市川ら[6]は,対象河道網全体の未知量からなる次元の極めて大きな連立方程式を直接解くのではなく,河道区分や部分水系の方程式を解いてそれらの次元を小さくしてから全体の河道網に対する連立方程式を解く方法を提案している.これにより記憶容量・計算速度の点で有利な計算法を実現している.

以下では,まず単一の河道区間を対象としてボックススキームの一つであるプライスマンスキーム[7]を用いたダイナミックウェーブモデルの計算手法を示す.次に,大規模な河道網を想定して,河道区分や部分水系の方程式を解いてそれらの次元を小さくした後,全体の河道網に対する連立方程式を解く方法を示す.

(1) プライスマンスキームによる基礎式の差分化

ダイナミックウェーブモデルの連続式 (4.2) と運動式 (4.3) を再度,記述すると次のようである.

$$\frac{\partial A}{\partial t} + \frac{\partial Q}{\partial x} - q_l = 0$$

$$\frac{\partial Q}{\partial t} + \frac{\partial}{\partial x}\left(\frac{Q^2}{A}\right) + gA\left(\frac{\partial h}{\partial x} + I_f - i_0\right) = 0$$

ここで I_f は Q の方向を考えて (4.4) 式より

$$I_f = \frac{n^2 |Q| Q}{A^2 R^{\frac{4}{3}}}$$

とする.連続式をプライスマンスキームで差分化すると以下のようになる.

$$\frac{1}{2\Delta t}\left[(A_{i+1}^{n+1} - A_{i+1}^n) + (A_i^{n+1} - A_i^n)\right]$$
$$+ \frac{1}{\Delta x}\left[\theta(Q_{i+1}^{n+1} - Q_i^{n+1}) + (1-\theta)(Q_{i+1}^n - Q_i^n)\right] - \left[\theta q_l^{n+1} + (1-\theta)q_l^n\right] = 0 \quad (4.43)$$

また運動式は以下のように差分化される．

$$\frac{1}{2\Delta t}\left[(Q_{i+1}^{n+1}-Q_{i+1}^n)+(Q_i^{n+1}-Q_i^n)\right]$$
$$+\frac{1}{\Delta x}\left\{\theta\left[\left(\frac{Q^2}{A}\right)_{i+1}^{n+1}-\left(\frac{Q^2}{A}\right)_i^{n+1}\right]+(1-\theta)\left[\left(\frac{Q^2}{A}\right)_{i+1}^n-\left(\frac{Q^2}{A}\right)_i^n\right]\right\}$$
$$+\frac{g}{2}\left[\theta(A_{i+1}^{n+1}+A_i^{n+1})+(1-\theta)(A_{i+1}^n+A_i^n)\right]\left\{\frac{1}{\Delta x}\left[\theta(h_{i+1}^{n+1}-h_i^{n+1})+(1-\theta)(h_{i+1}^n-h_i^n)\right]\right.$$
$$\left.+\frac{1}{2}\left[\theta(I_{f,i+1}^{n+1}+I_{f,i}^{n+1})+(1-\theta)(I_{f,i+1}^n+I_{f,i}^n)\right]-i_0\right\}=0 \quad (4.44)$$

ここに，Δx は空間間隔，Δt は時間間隔，θ は時間差分の重み係数 ($0.5 \le \theta \le 1.0$) である．また，添字 $i = 1, 2, \cdots, N-1$ は計算断面の位置を，添字 n は時刻を表す．

(2) 差分式の単一河道区分への適用

(4.43) 式，(4.44) 式を単一河道区分に適用する．対象とする単一河道区分の計算断面数を N とする．未知量は時刻 t_{n+1} での各計算断面の流量 Q_i^{n+1} と水深 h_i^{n+1}, $(i = 1, 2, \cdots, N)$ であるから，未知量の総数は $2N$ 個となる．一方，(4.43) 式，(4.44) 式は各計算区間に対して立てられるので，$(2N-2)$ 個の連立方程式が構成される．(4.43) 式，(4.44) 式は非線形の連立方程式なので，線形化を繰り返して解を求める．まず，(4.43) 式，(4.44) 式の左辺をそれぞれ $F_i, G_i, i = 1, 2, \cdots, N-1$ と表し，未知量の近似値 $\hat{Q}_{i+1}^{n+1}, \hat{Q}_i^{n+1}, \hat{h}_{i+1}^{n+1}, \hat{h}_i^{n+1}$ のまわりでテイラー展開して一次の項までをとる．

$$F_i(Q_i^{n+1}, h_i^{n+1}, Q_{i+1}^{n+1}, h_{i+1}^{n+1}) = F_i(\hat{Q}_i^{n+1}, \hat{h}_i^{n+1}, \hat{Q}_{i+1}^{n+1}, \hat{h}_{i+1}^{n+1})$$
$$+\Delta Q_i\left(\frac{\partial F_i}{\partial \hat{Q}}\right)_i^{n+1}+\Delta h_i\left(\frac{\partial F_i}{\partial \hat{h}}\right)_i^{n+1}+\Delta Q_{i+1}\left(\frac{\partial F_i}{\partial \hat{Q}}\right)_{i+1}^{n+1}+\Delta h_{i+1}\left(\frac{\partial F_i}{\partial \hat{h}}\right)_{i+1}^{n+1}=0$$

$$G_i(Q_i^{n+1}, h_i^{n+1}, Q_{i+1}^{n+1}, h_{i+1}^{n+1}) = G_i(\hat{Q}_i^{n+1}, \hat{h}_i^{n+1}, \hat{Q}_{i+1}^{n+1}, \hat{h}_{i+1}^{n+1})$$
$$+\Delta Q_i\left(\frac{\partial G_i}{\partial \hat{Q}}\right)_i^{n+1}+\Delta h_i\left(\frac{\partial G_i}{\partial \hat{h}}\right)_i^{n+1}+\Delta Q_{i+1}\left(\frac{\partial G_i}{\partial \hat{Q}}\right)_{i+1}^{n+1}+\Delta h_{i+1}\left(\frac{\partial G_i}{\partial \hat{h}}\right)_{i+1}^{n+1}=0$$

$\partial F_i/\partial \hat{Q}$ を a, $\partial F_i/\partial \hat{h}$ を b, $\partial G_i/\partial \hat{Q}$ を c, $\partial G_i/\partial \hat{h}$ を d と書くことにすると，単一河道区分に対する連立方程式は (4.45) 式のようになる．行列の要素が空白のところは 0 である．単一河道を対象とする場合は，河道区分両端での境界条件を

二つ，たとえば上端の流量と下端の水位を与える．これにより，方程式が二つ加わり合計 $2N$ 個，未知量が $2N$ 個となるので，境界条件を加えた連立方程式をガウスの消去法などを用いて解いて ΔQ_i, Δh_i を求める．求まった解ベクトルは未知量の近似値の修正量 ΔQ_i, Δh_i なので，$\hat{Q}_i^{j+1}$ を $\hat{Q}_i^{j+1} + \Delta Q_i$，$\hat{h}_i^{j+1}$ を $\hat{h}_i^{j+1} + \Delta h_i$ と置きなおして未知量の近似値を修正する．この ΔQ_i, Δh_i が十分小さくなるまで計算を繰り返す．

$$\begin{pmatrix} a_1 & b_1 & a_2 & b_2 & & & & \\ c_1 & d_1 & c_2 & d_2 & & & & \\ & & a_2 & b_2 & a_3 & b_3 & & \\ & & c_2 & d_2 & c_3 & d_3 & & \\ & & & & a_3 & b_3 & a_4 & b_4 \\ & & & & c_3 & d_3 & c_4 & d_4 \\ & & & & & & \vdots & \end{pmatrix} \begin{pmatrix} \Delta Q_1 \\ \Delta h_1 \\ \Delta Q_2 \\ \Delta h_2 \\ \Delta Q_3 \\ \Delta h_3 \\ \vdots \end{pmatrix} = \begin{pmatrix} -F_1 \\ -G_1 \\ -F_2 \\ -G_2 \\ -F_3 \\ -G_3 \\ \vdots \end{pmatrix} \quad (4.45)$$

4.4.2 大規模河道網におけるダイナミックウェーブモデルの数値解法

上で述べた手法は合流点での水位と流量の連続条件を加えることで，ネットワーク状に繋がる河道網に対しても有効である．ただし，複雑に接続する河道網を一度に対象として連立方程式を構成すると，未知量の数が非常に大きな非線形連立方程式を解くことになり，計算に困難を生じることがある．この問題に対して，上述の単一の河道区分での河道追跡計算を基本として，大規模河道網にも適用できる手法を示す[6]．

(1) 単一の河道区分に対する連立方程式の構成

(4.45) 式をこのまま使うと行列のサイズが大きいので，記憶容量，計算速度の点で不利である．そこで河道区分両端以外の変数を消去して，両端の未知量 $\Delta Q_1, \Delta h_1, \Delta Q_N, \Delta h_N$ のみから構成される方程式 (4.46) 式を導出する．

$$\begin{pmatrix} a_1 & b_1 & a_N & b_N \\ c_1 & d_1 & c_N & d_N \end{pmatrix} \begin{pmatrix} \Delta Q_1 \\ \Delta h_1 \\ \Delta Q_N \\ \Delta h_N \end{pmatrix} = \begin{pmatrix} -F \\ -G \end{pmatrix} \quad (4.46)$$

係数行列，定数ベクトルの要素の値はそれぞれ (4.45) 式のものとは異なったものになっている．図 **4.12** はここで述べた手順を模式的に示したものである．図中

130　第4章　河川流と洪水追跡

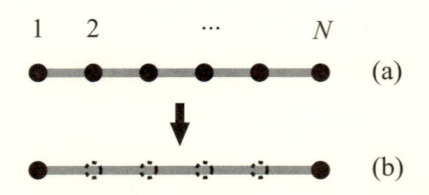

図 **4.12**：河道区分の上下端点以外の変数を消去する概念図.

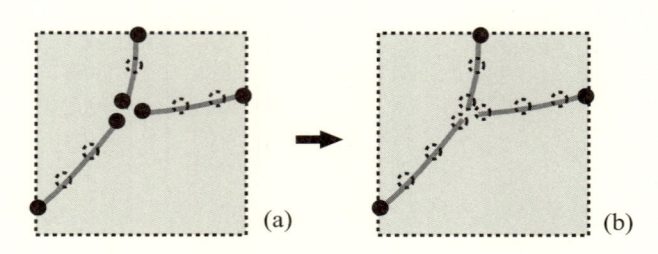

図 **4.13**：各部分水系を対象とした連立方程式の構成. 分合流点の変数を消去する.

の●は，連立方程式内に変数が残っている計算断面を表しており，すべての計算断面の変数が方程式内に残っている (a) の状態から，上下端点以外の変数を消去して，変数が河道区分の両端のみの状態 (b) にする．

(2) 部分水系に対する連立方程式の構成

次に，河道区分ごとに導出された方程式を連立して，すべての部分水系が含まれる連立方程式を構成する．まず，部分水系内のすべての河道区分に対して，前節で示した (4.46) 式を作成する (図 **4.13**(a))．河道区分ごとに導出された方程式は，それぞれの河道区分両端の四つの変数から構成される二つの方程式であるから，部分水系内に M 個の河道区分があれば，$2M$ 本の方程式ができる．このとき，変数は $4M$ 個である．

この $2M$ 本の方程式に分合流点での適合条件を加えて，部分水系全体に対する連立方程式を作成する．分合流点での適合条件は，流量の連続条件と水深の連続条件を満たす

$$\sum_{i=1}^{L} Q_i = 0, \quad h_1 = h_2 = \cdots = h_L$$

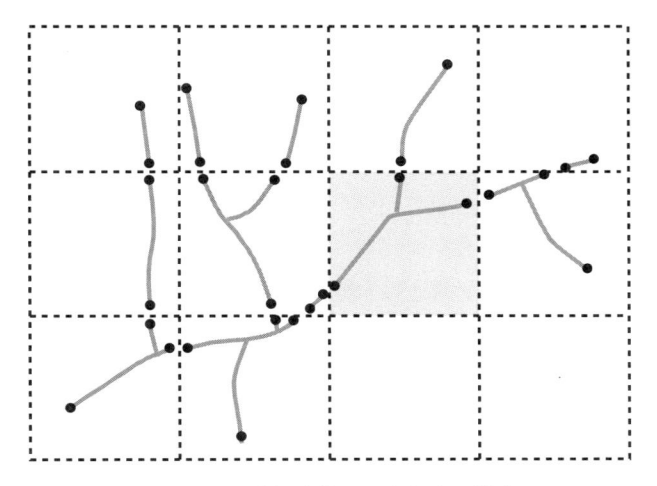

図 4.14：河道網全体での方程式の構成.

である．ここで，L は対象とする分合流点に流出入する河道区分の数，Q_i, h_i ($i = 1, 2, \cdots, L$) はその河道区分の分合流点での流量と水深である．流量は分合流点に流入する方向を正としている．こうして作成された部分水系全体に対する逐立方程式から，さらに分合流点での変数を消去した連立方程式を導出する．この連立方程式は，部分水系を構成する境界と河川が交差する境界点，最上流端，最下流端での変数のみから構成される (図 4.13(b)).

(3) 対象水系全体に対する連立方程式の構成

最後に，すべての部分水系で構成した方程式，ならびに，境界点での適合条件 (流量・水位の連続条件)，対象水系の最上流端・最下流端での境界条件を用いて，対象水系全体に対する連立方程式を構成する (図 4.14)．ただし，最上流端での境界条件は流量ハイドログラフを与えるものとし，最下流端での境界条件は水位ハイドログラフを与えるか，流量水位関係式を与えるものとする．このようにして構成された連立方程式をガウスの消去法などを用いて解く．求まった解ベクトルは未知量の近似値の修正量 ΔQ_i, Δh_i なので，$\hat{Q}_i^{j+1}$ を $\hat{Q}_i^{j+1} + \Delta Q_i$, $\hat{h}_i^{j+1}$ を $\hat{h}_i^{j+1} + \Delta h_i$ と置きなおして未知量の近似値を修正する．この ΔQ_i, Δh_i が十分小さくなるまで計算を繰り返す．以上述べた計算方法の全体の流れをまとめると以下のようである．

1) 各単一河道区分で連立方程式をたてる．
2) 河道区分両端の点以外の変数を消去する．
3) 各単一河道区分で作成された連立方程式と，分合流点での適合条件から各部分水系での連立方程式をたてる．
4) 分合流点の変数を消去する．
5) 各部分水系で作成された連立方程式と，境界点での適合条件，最上下流端での境界条件から，対象水系全体に対する連立方程式をたてる．
6) ガウス消去法などを用いて解（未知量の近似値の修正量）を求める．
7) 修正量が十分に小さければ計算を終了する．そうでなければ，未知量の近似値を更新して，1) に戻る．

　この計算方法は，対象水系全体の未知量からなる大きな次元の連立方程式を直接解くのではなく，各河道区分や各部分水系で方程式の次元を小さくしてから全体に対する方程式を解くので，記憶容量・計算速度の両面で有効である．

コラム：滋賀県大津市野洲川での平面二次元流況解析

対象領域と解析の背景　琵琶湖に注ぐ野洲川は流域面積 $387km^2$，国の直轄管理区間 13.8km の一級河川である (図 **4.15**)．現在，この野洲川では自然再生事業が進められており，澪筋が極度に洗掘されて，高水敷に土砂が堆積する二極化現象の解消を含めた礫河原の復活等の検討が試みられている．二極化解消に当たっては，澪筋及び高水敷形状の是正による掃流力の平滑・低減化が目標とされ，新たに計画された河道断面形状の妥当性を確認するために平面二次元流況解析や平面二次元河床変動解析が実施されている．

　平面二次元流況解析では，整備前河道（現況河道）と整備後河道（計画河道）の掃流力や無次元掃流力の分布を比較した上で，整備後河道において目標とする掃流力・無次元掃流力の発生状況を確認する．一方，平面二次元河床変動解析は，河道の安定性を確認するツールとして利用される．ここでは，整備前河道において実施した流況解析について紹介する．

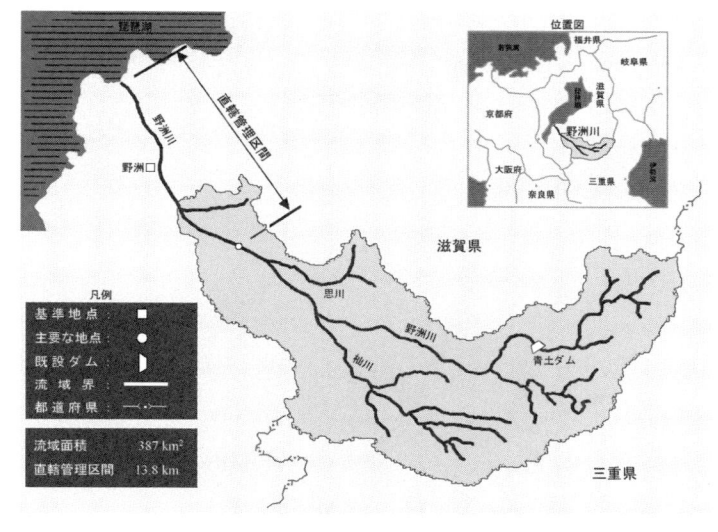

図 **4.15**：解析対象範囲の概要図.

モデルの構成　解析モデルは，ナヴィエ・ストークス方程式を水深方向に積分した方程式と連続式を組み合わせたモデルである．さらに，これらの方程式を一般座標系に変換している (図 **4.16**)．連続式は次式で与えられる．

$$\frac{\partial h}{\partial t} + \frac{\partial M}{\partial x} + \frac{\partial N}{\partial y} = 0$$

また，流下方向 x およびそれに垂直な方向 y の運動量式は以下とする．

$$\frac{\partial M}{\partial t} + \frac{\partial uM}{\partial x} + \frac{\partial vM}{\partial y} = -gh\frac{\partial z_s}{\partial x} - \frac{\tau_{bx}}{\rho} + \frac{\partial}{\partial x}(-\overline{u'^2}h) + \frac{\partial}{\partial y}(-\overline{u'v'}h)$$

$$\frac{\partial N}{\partial t} + \frac{\partial uN}{\partial x} + \frac{\partial vN}{\partial y} = -gh\frac{\partial z_s}{\partial y} - \frac{\tau_{by}}{\rho} + \frac{\partial}{\partial x}(-\overline{u'v'}h) + \frac{\partial}{\partial y}(-\overline{v'^2}h)$$

ここに，t：時間，x, y：空間座標，M, N：x, y 方向の流量，h：水深，u, v：x, y 方向の断面平均流速，g：重力加速度，ρ：水の密度，z_s：基準面からの水位，τ_{bx}, τ_{by}：底面せん断応力，$-\overline{u'^2}, -\overline{u'v'}, -\overline{v'^2}$：レイノルズ応力である．

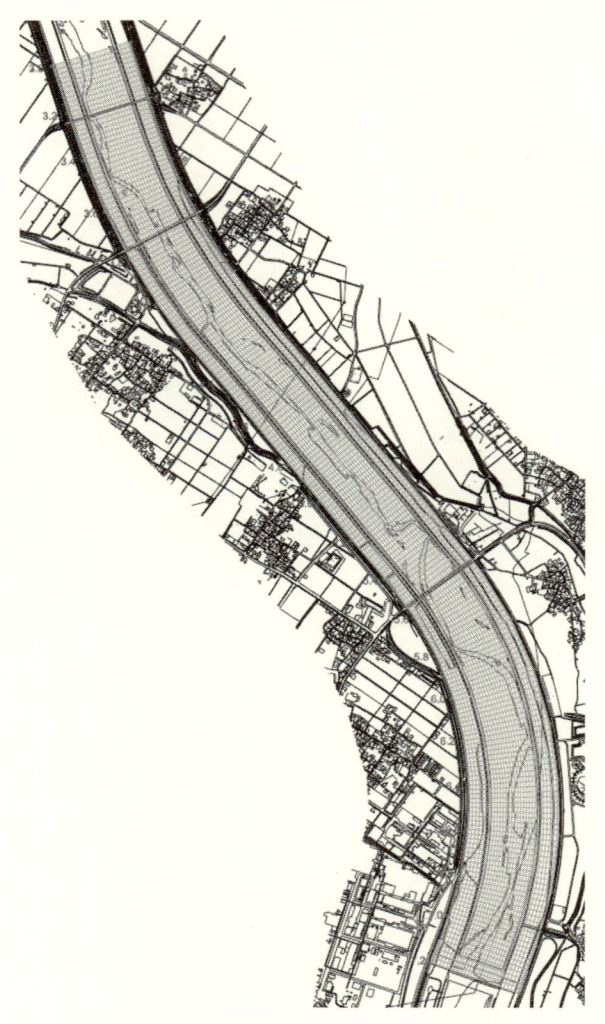

図 **4.16**：一般座標系によるメッシュ構成．

解析結果　現況河道におけるモデルの計算結果として，流速分布と掃流力分布を図 **4.17** に示す．対象流量は平均年最大流量である約 800m^3/s である．外湾側の流速が大きく，掃流力分布では二極化区間等で澪筋に沿って掃流力が高くなっている状況が確認できる．

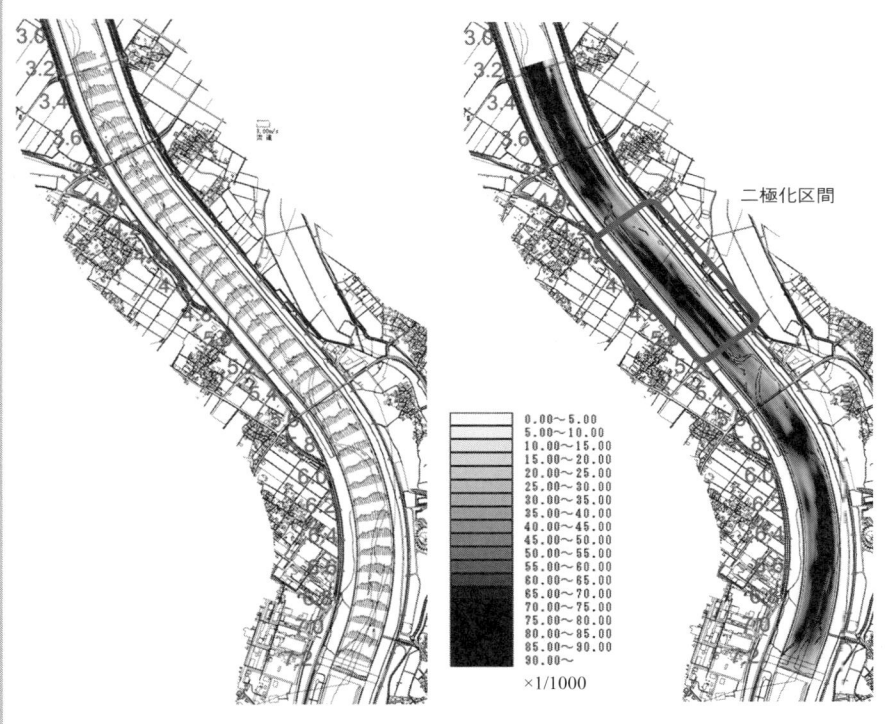

図 **4.17**：流速分布と掃流力分布．

(八千代エンジニヤリング (株)：天方 匡純)

参考文献

1) Prasad, R. A. : A nonlinear hydrologic system response model, *Journal of hydraulic division, Proc. of ASCE*, 93(HY4), pp. 201–221, 1967.
2) 星 清, 山岡 勲：雨水流法と貯留関数法との相互関係, 土木学会第 26 回水理講演会論文集, pp.

273–278, 1982.
3) 井上和也：開水路流れの数値解析, 第 16 回水工学に関する夏期研修会講義集, 土木学会水理委員会, pp. A.6.1–A6.26, 1980.
4) 神田 徹・辻 貴之：低平地河川網における洪水流の特性とその制御, 建設工学研究所報告, pp.105–132, 1979.
5) Fread, D. L.: Technique for implicit dynamic routing in rivers with tributaries, *Water Resources Res.*, 9(4), pp.918–926, 1973.
6) 市川 温, 村上将道, 立川康人, 椎葉充晴：グリッドをベースとした河道網系 dynamic wave モデルの構築, 水工学論文集, 42, pp. 139–144, 1998.
7) Cunge, J. A., F. M. Holly, Jr, and A. Verwey : Practical aspects of computational river hydraulics, Pitman Advanced Publishing Program, 1980.

第5章

蒸発散と陸面水文過程モデル

　地表面や水面において液体として存在する水分が気体となって大気中に移動する現象を蒸発 (evaporation) と言う．また，植生が根系層から吸収した水分が，茎を通して葉の気孔から大気中に移動する現象を蒸散 (transpiration) と言う．これらを合わせて，地表面に到達した雨水が気体に相変化して大気中へと移動する現象を蒸発散 (evapotranspiration) とよぶ．水循環の視点から見れば，蒸発散は地表に到達した雨水が水蒸気となって大気へと戻る過程であり，表層土壌を乾燥させることにより土壌層の浸透能を回復させ，降雨流出の形態を変化させる働きがある．一方，熱循環の視点から見れば，蒸発散は地表面で得た気化熱を大気へと輸送する過程であり，地表面が太陽から得た熱エネルギーを再分配させる働きがある．地表面と大気との間の水と熱の移動を扱うモデルを陸面水文過程モデルという．陸面水文過程モデルは気候モデルや気象モデルに組み込まれ，地球上の水循環と熱循環を再現・予測するために重要な役割を果たしている．

5.1　地表面における熱収支と顕熱・水蒸気の輸送

5.1.1　地表面における熱収支

　地表面は，図 **5.1** に示すように，太陽から供給される下向きの短波放射量 $S\downarrow$，大気から供給される下向きの長波放射量 $L\downarrow$ を受け，上向きの短波放射量 $S\uparrow$，上向きの長波放射量 $L\uparrow$ を大気に向かって放出する．地表面での短波放射の反射率をアルベド (albedo) といい，この値を α とすると，$S\uparrow = \alpha S\downarrow$ である．α の値は水面では 0.02 から 0.1，土壌面で 0.05〜0.35，植生面で 0.1〜0.25，新雪で 0.7

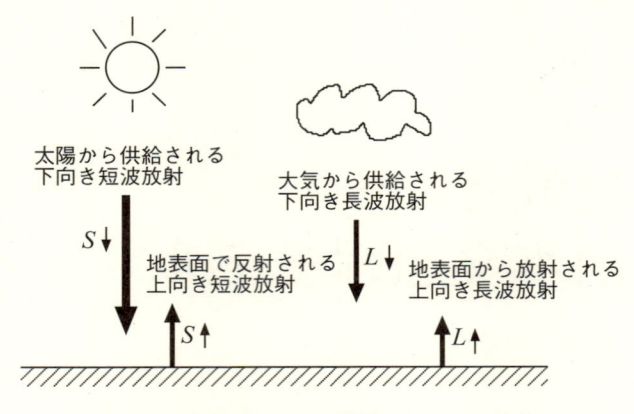

図 5.1：地表面における放射エネルギー収支.

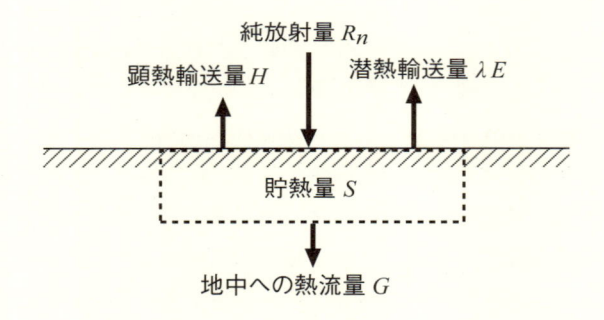

図 5.2：純放射量の配分.

～0.9 の値を取る．また，地表面温度を T_s，地表面の放射率を ϵ，シュテファン・ボルツマン定数 (Stefan-Boltzmann constant, 5.67×10^{-8} W m^{-2}K^{-4}) を σ とすると $L\uparrow = \epsilon \sigma T_s^4$ である．ϵ の値はほとんどの地表面で 0.9～1.0 の値を取る．これらの値を差引きして，地表面に供給される正味の熱エネルギーを純放射量 (net radiation) R_n といい，

$$R_n = S\downarrow - S\uparrow + L\downarrow - L\uparrow = (1-\alpha)S\downarrow + L\downarrow - \epsilon\sigma T_s^4 \tag{5.1}$$

である．これらの値は一般に W m^{-2} という単位で表される．

次に，地表面に 図 5.2 の点線で示すような領域を設定し，そこでの熱収支を考える．t を時間，S を考えている領域内の貯熱量，C をその領域の熱容量，T をそ

の領域の地中温度, H を顕熱輸送量 (sensible heat flux), λE を潜熱輸送量 (latent heat flux), G を地中への熱流量 (soil heat flux) とすると,

$$\frac{dS}{dt} = C\frac{dT}{dt} = R_n - H - \lambda E - G \tag{5.2}$$

となる. 顕熱輸送量 H は, 地表面が大気を直接, 加熱するために使われる熱量であり, 潜熱輸送量 λE は, 蒸発によって地表面から奪われる気化熱量を表す. E は水蒸気の輸送量, λ は水の気化熱で 0 ℃ のとき 2.50×10^6 J·kg^{-1} である. 地表面直下の非常に薄い層を考える場合は, その層の熱容量は無視してよいので, 地表面において

$$R_n = H + \lambda E + G \tag{5.3}$$

が成り立つ. これらの値も一般に W m^{-2} という単位で表され, このとき, E の単位は kg m^{-2}s^{-1} となる.

5.1.2 大気の乱れと運動量・顕熱・水蒸気の輸送機構

太陽エネルギーによって地表面の水分は液体から水蒸気へと相変化し, 水蒸気や顕熱は空気の移流や乱れによって上空へと運ばれる. この空気の移流と乱れを引き起こすのが地表面上の風である. このメカニズムを理解するために, まず, 運動量が大気の乱れによって輸送される機構を示す.

(1) 運動量の輸送

地表面上のある高さで水平風速, 鉛直風速, 気温を非常に感度のよい観測器で測定すると, それらが細かく変動している様子を捉えることができる. ここで, 水平方向に x 軸, 鉛直上方向に z 軸を取り, 水平方向の風速 u と鉛直方向の風速 w をそれぞれ時間平均値と, 乱れを表す平均値からの偏差に分解し

$$u = \bar{u} + u', \ w = \bar{w} + w' \tag{5.4}$$

とする. $\bar{u}, \bar{w}$ は時間平均した風速であり u', w' は平均値からの偏差である. 上式の両辺の時間平均をとれば, $\overline{u'} = 0, \ \overline{w'} = 0$ である.

地表面に水平な面を大気中に考える. この面を上から下に単位時間, 単位面積あたり通過する空気塊の体積は $-w$ である. この空気塊は x 方向に u の速度を持つため, 単位時間, 単位面積当たり, この断面を通して上から下に運ばれる x 軸

方向の運動量は，ρを空気の密度として$\rho u \times (-w)$となる．この値の時間平均を取ると

$$-\rho\overline{uw} = -\rho\overline{(\overline{u}+u')(\overline{w}+w')} = -\rho(\overline{\overline{u}\,\overline{w}} + \overline{\overline{u}w'} + \overline{u'\overline{w}} + \overline{u'w'}) = -\rho(\overline{u}\,\overline{w} + \overline{u'w'})$$

となる．u'とw'とは相関があるため，$\overline{u'} = 0$，$\overline{w'} = 0$であっても$\overline{u'w'}$の値は0ではない．左辺は実際に輸送される運動量の時間平均値であり，この値は平均流によって表される運動量輸送$-\rho\overline{u}\,\overline{w}$と，乱れによって生じる運動量輸送$-\rho\overline{u'w'}$の和によって表されることがわかる．地表面付近では鉛直方向の風速の時間平均値$\overline{w}$は0としてよいので，運動量の輸送量τは，鉛直下向きに輸送される値を正として次式で表される．

$$\tau = -\rho\overline{uw} = -\rho\overline{u'w'} \tag{5.5}$$

コラム：レイノルズ応力の導出

(5.5) 式の運動量輸送は，平均流で記述される運動方程式を考える場合に，見掛けのせん断応力 (レイノルズ応力) として表現される．非圧縮性の粘性流体の運動方程式 (ナヴィエ・ストークスの方程式)

$$\rho\frac{\partial u_i}{\partial t} + \rho\sum_{j=1}^{3} u_j \frac{\partial u_i}{\partial x_j} = \rho F_i - \frac{\partial p}{\partial x_i} + \sum_{j=1}^{3}\frac{\partial}{\partial x_j}\left(\mu\frac{\partial u_i}{\partial x_j}\right), \quad i = 1, 2, 3 \tag{5.6}$$

において，流速の三成分を (5.4) 式と同様に時間平均流速$\overline{u_i}$とそれからの偏差u'_iに分解して$u_i = \overline{u_i} + u'_i$とし，(5.6) 式に代入して時間平均をとる．ここで，tは時間，x_iはi成分の力が働く方向，F_iはそれぞれの軸方向に働く単位質量あたりの外力，pは圧力，μは粘性係数である．左辺第二項以外はすべて時間平均値で置き換えて

$$\overline{\frac{\partial u_i}{\partial t}} = \frac{\partial \overline{u_i}}{\partial t}, \quad \overline{\frac{\partial p}{\partial x_i}} = \frac{\partial \overline{p}}{\partial x_i}$$

$$\sum_{j=1}^{3}\overline{\frac{\partial}{\partial x_j}\left(\mu\frac{\partial u_i}{\partial x_j}\right)} = \sum_{j=1}^{3}\frac{\partial}{\partial x_j}\left(\mu\frac{\partial \overline{u_i}}{\partial x_j}\right), \quad i = 1, 2, 3$$

とすることができる．ただし，左辺第二項は非線形なので単純に時間平均値

で置き換えた形にはならない．具体的には，

$$\sum_{j=1}^{3} \overline{u_j \frac{\partial u_i}{\partial x_j}} = \sum_{j=1}^{3} \overline{(\overline{u_j} + u'_j) \frac{\partial (\overline{u_i} + u'_i)}{\partial x_j}}$$

$$= \sum_{j=1}^{3} \overline{\left(\overline{u_j} \frac{\partial \overline{u_i}}{\partial x_j} + \overline{u_j} \frac{\partial u'_i}{\partial x_j} + u'_j \frac{\partial \overline{u_i}}{\partial x_j} + u'_j \frac{\partial u'_i}{\partial x_j} \right)}$$

$$= \sum_{j=1}^{3} \overline{u_j} \frac{\partial \overline{u_i}}{\partial x_j} + \sum_{j=1}^{3} \overline{u'_j \frac{\partial u'_i}{\partial x_j}}$$

$$= \sum_{j=1}^{3} \overline{u_j} \frac{\partial \overline{u_i}}{\partial x_j} + \sum_{j=1}^{3} \overline{\left(\frac{\partial}{\partial x_j} \left(u'_i u'_j \right) - u'_i \frac{\partial u'_j}{\partial x_j} \right)}, \quad i = 1, 2, 3 \quad (5.7)$$

となる．ここで流体は非圧縮性としているので，連続式から

$$\sum_{j=1}^{3} \frac{\partial u_j}{\partial x_j} = 0$$

であり，上と同様にして流速を分解し時間平均をとると，

$$\sum_{j=1}^{3} \overline{\frac{\partial (\overline{u_j} + u'_j)}{\partial x_j}} = \sum_{j=1}^{3} \left(\frac{\partial \overline{u_j}}{\partial x_j} + \frac{\partial \overline{u'_j}}{\partial x_j} \right) = 0 \qquad \therefore \sum_{j=1}^{3} \frac{\partial \overline{u_j}}{\partial x_j} = 0$$

である．これを用いると，

$$\sum_{j=1}^{3} \frac{\partial u_j}{\partial x_j} = \sum_{j=1}^{3} \left(\frac{\partial \overline{u_j}}{\partial x_j} + \frac{\partial u'_j}{\partial x_j} \right) = 0 \qquad \therefore \sum_{j=1}^{3} \frac{\partial u'_j}{\partial x_j} = 0$$

を得る．したがって，(5.7) 式は，

$$\sum_{j=1}^{3} u'_i \frac{\partial u'_j}{\partial x_j} = u'_i \sum_{j=1}^{3} \frac{\partial u'_j}{\partial x_j} = 0$$

を用いれば

$$\sum_{j=1}^{3} \overline{u_j \frac{\partial u_i}{\partial x_j}} = \sum_{j=1}^{3} \overline{u_j} \frac{\partial \overline{u_i}}{\partial x_j} + \sum_{j=1}^{3} \frac{\partial}{\partial x_j} \left(\overline{u'_i u'_j} \right) \qquad (5.8)$$

となる．以上より，(5.6) 式

$$\rho \frac{\partial u_i}{\partial t} + \rho \sum_{j=1}^{3} u_j \frac{\partial u_i}{\partial x_j} = \rho F_i - \frac{\partial p}{\partial x_i} + \sum_{j=1}^{3} \frac{\partial}{\partial x_j}\left(\mu \frac{\partial u_i}{\partial x_j}\right), \quad i = 1, 2, 3$$

を時間平均して得られる方程式 (レイノルズ方程式) は，

$$\rho \frac{\partial \overline{u_i}}{\partial t} + \rho \sum_{j=1}^{3} \overline{u_j} \frac{\partial \overline{u_i}}{\partial x_j} = \rho F_i - \frac{\partial \overline{p}}{\partial x_i} + \sum_{j=1}^{3} \frac{\partial}{\partial x_j}\left(\mu \frac{\partial \overline{u_i}}{\partial x_j} - \rho \overline{u'_i u'_j}\right), \quad i = 1, 2, 3 \quad (5.9)$$

となる．(5.9) 式と元の (5.6) 式との形式的な違いは，右辺第三項に $-\rho \overline{u'_i u'_j}$ が付加されている点である．この項は，(5.8) 式の右辺第 2 項からきており，(5.9) 式では右辺に移されて，応力項の中にまとめられている．この項の本来の意味は，平均流だけでは表現できない運動量輸送を表しているが，(5.9) 式では平均流から見た見掛けのせん断応力として表現されている．

(2) 顕熱・水蒸気の輸送

空間上のある一点で気温 T (K)，比湿 q (kg kg^{-1} または g kg^{-1}) を測定すると，それらの値は時間的に細かく変動しており，風速の場合の (5.4) 式と同様に

$$T = \overline{T} + T' \quad (5.10)$$
$$q = \overline{q} + q' \quad (5.11)$$

と記述することができる．ここで比湿とは単位体積当たりの空気の質量に対する水蒸気の質量比を表す．空気の定圧比熱を C_p (J kg^{-1}K^{-1}) とすると，$\rho C_p T$ は単位体積中の空気が持つ熱量 (J m^{-3}) となるため，顕熱輸送量 H は鉛直方向上向きに輸送される値を正として次式で表される．

$$H = \rho C_p \overline{Tw} = \rho C_p \overline{(\overline{T} + T')(\overline{w} + w')} = \rho C_p (\overline{T}\,\overline{w} + \overline{T'w'}) = \rho C_p \overline{T'w'} \quad (5.12)$$

ここで $\overline{w'} = 0$，$\overline{w} = 0$ を用いた．$\overline{T'w'}$ の値は T' の値と w' の値が無相関であれば 0 となるが，u'，w' の関係と同様にこれらの値は無相関ではない．今，下方ほど気温が高いとしよう．$w' > 0$ の場合，下方から高温の空気が流入することになるため $T' > 0$，逆に $w' < 0$ の場合，上方から低温の空気が流入するため $T' < 0$

となることが多い．つまり，$\overline{T'w'} > 0$ となる．したがって，下方ほど気温が高い場合は $H > 0$ となり，顕熱は上方に向かって流れる．

顕熱輸送量と同様に水蒸気の輸送量 E，つまり蒸発散量 (kg m^{-2}s^{-1}) は，単位体積の空気に含まれる水蒸気の質量が ρq なので，鉛直方向上向きに輸送される値を正として次式で表される．

$$E = \rho\overline{qw} = \rho\overline{(\bar{q}+q')(\bar{w}+w')} = \rho(\bar{q}\,\bar{w} + \overline{q'w'}) = \rho\overline{q'w'} \tag{5.13}$$

コラム：風速と気温の微小変動

水平風速 u, 鉛直風速 w, 気温 T の微小変動の日中の観測例を図 **5.3** に示す．超音波風速温度計を用い 0.1 秒ごとに観測したものであり，10 分間の平均値からの偏差 u', w', T' を示している．u' と w' は負の相関，T' と w' は正の相関をもって変動している様子を見ることができる．このとき，(5.5) 式より運動量は鉛直下向きに，(5.12) 式より顕熱は鉛直上向きに移動する．

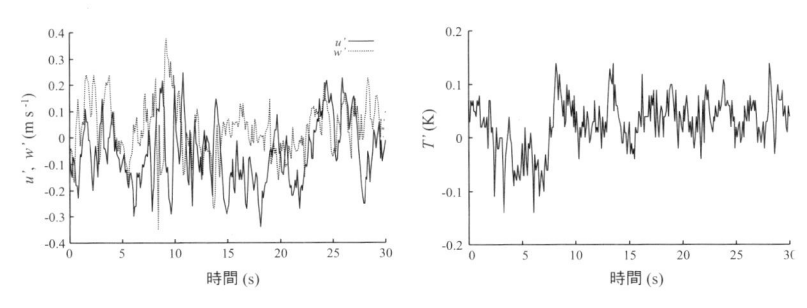

(a) u, w の平均値からの偏差 u', w' (b) T の平均値からの偏差 T'

図 **5.3**：風速と気温の微小変動．

5.1.3 平均量を用いた運動量・顕熱・水蒸気の輸送の表現式

(1) 平均量を用いた運動量の輸送式

乱流によって発生する運動量の輸送量 τ は (5.5) 式で表されることを示したが，u', w' を得るためには特別な観測が必要となる．そこで平均風速 $\bar{u}$ の関数として τ を表現することを考える．

第5章 蒸発散と陸面水文過程モデル

乱れを作り出す要因は水平風速の鉛直方向 (z 方向) の変化量の大きさに比例すると考え，次式を仮定する．

$$\sqrt{\overline{u'^2}} = l_1 \left|\frac{d\overline{u}}{dz}\right|, \quad \sqrt{\overline{w'^2}} = l_2 \left|\frac{d\overline{u}}{dz}\right| \tag{5.14}$$

l_1, l_2 は長さの次元を持つパラメータである．つまり，水平風速の高さ方向の変化が大きいほど，空気はよく混合し，乱れの大きさは $d\overline{u}/dz$ の大きさに比例して大きくなると考える．u' と w' の相関係数を ξ とすると，相関係数の定義より

$$\xi = \frac{\overline{(u' - \overline{u'})(w' - \overline{w'})}}{\sqrt{\overline{(u' - \overline{u'})^2}}\sqrt{\overline{(w' - \overline{w'})^2}}} = \frac{\overline{u'w'}}{\sqrt{\overline{u'^2}}\sqrt{\overline{w'^2}}} \tag{5.15}$$

である．(5.14) 式，(5.15) 式より $-\overline{u'w'}$ を $\overline{u}$ を用いて表すと

$$-\overline{u'w'} = -\xi \sqrt{\overline{u'^2}}\sqrt{\overline{w'^2}} = -\xi l_1 l_2 \left|\frac{d\overline{u}}{dz}\right|\left|\frac{d\overline{u}}{dz}\right|$$

となる．l を長さを表すパラメータとして $l^2 = |\xi|l_1 l_2$ とおくと，$d\overline{u}/dz > 0$ のとき $\xi < 0$，$d\overline{u}/dz < 0$ のとき $\xi > 0$ なので

$$-\overline{u'w'} = l^2 \left|\frac{d\overline{u}}{dz}\right|\frac{d\overline{u}}{dz}$$

となる．つまり，長さを表すパラメータ l を導入することにより，運動量輸送を風速の時間平均値を用いて記述することができる．これを混合距離理論という．

l は混合距離と呼ばれる長さの次元を持つパラメータである．さらに

$$K_M = l^2 \left|\frac{d\overline{u}}{dz}\right| \tag{5.16}$$

とおくと (5.5) 式より

$$\frac{\tau}{\rho} = -\overline{u'w'} = K_M \frac{d\overline{u}}{dz} \tag{5.17}$$

と書くことができる．ここで導入した係数 K_M [$L^2 T^{-1}$] を乱流拡散係数，または渦動粘性係数とよぶ．これは，粘性流体に対して成立する

$$\frac{\tau}{\rho} = \nu \frac{du}{dz}$$

と同様の式であるが，粘性係数 ν が流体に特有の値を示すのに対して，K_M は風速の関数となっており，かつ ν よりも 4〜6 桁大きな値を取る．

(2) 平均量を用いた顕熱，水蒸気の輸送式

運動量輸送と同様の表現が顕熱輸送にも適用できるとすると

$$\sqrt{\overline{T'^2}} = l_{1h}\left|\frac{d\overline{T}}{dz}\right|, \quad \sqrt{\overline{w'^2}} = l_{2h}\left|\frac{d\overline{u}}{dz}\right| \tag{5.18}$$

であり，T' と w' の相関係数を ξ_h とすると

$$\xi_h = \frac{\overline{(T' - \overline{T'})(w' - \overline{w'})}}{\sqrt{\overline{(T' - \overline{T'})^2}}\sqrt{\overline{(w' - \overline{w'})^2}}} = \frac{\overline{T'w'}}{\sqrt{\overline{T'^2}}\sqrt{\overline{w'^2}}} \tag{5.19}$$

である．よって (5.18) 式，(5.19) 式より

$$\overline{T'w'} = \xi_h\sqrt{\overline{T'^2}}\sqrt{\overline{w'^2}} = \xi_h l_{1h} l_{2h}\left|\frac{d\overline{u}}{dz}\right|\left|\frac{d\overline{T}}{dz}\right|$$

となる．l_h を長さを表すパラメータとして $l_h^2 = |\xi_h| l_{1h} l_{2h}$ とおくと，$d\overline{T}/dz > 0$ のとき $\xi_h < 0$，$d\overline{T}/dz < 0$ のとき $\xi_h > 0$ なので

$$\overline{T'w'} = -l_h^2\left|\frac{d\overline{u}}{dz}\right|\frac{d\overline{T}}{dz}$$

と書くことができる．ここで

$$K_H = l_h^2\left|\frac{d\overline{u}}{dz}\right| \tag{5.20}$$

とおくと

$$\overline{T'w'} = -K_H\frac{d\overline{T}}{dz}$$

であり (5.12) 式より

$$H = \rho C_p \overline{T'w'} = -\rho C_p K_H \frac{d\overline{T}}{dz} \tag{5.21}$$

と書くことができる．

水蒸気輸送も顕熱輸送と同様の導出により

$$\overline{q'w'} = -K_E\frac{d\overline{q}}{dz}$$

となり，(5.13) 式から

$$E = -\rho K_E\frac{d\overline{q}}{dz} \tag{5.22}$$

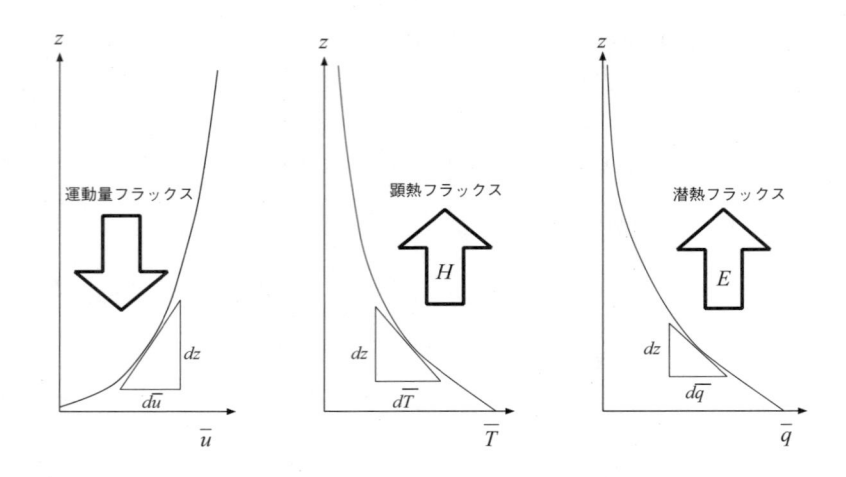

図 5.4：風速・気温・比湿の鉛直プロファイルと地表面フラックス．

と表すことができる (図 5.4)．ここで，K_H，K_E はそれぞれ顕熱輸送，水蒸気輸送に対する乱流拡散係数とよばれ K_M と同様に [L^2T^{-1}] の次元を持つ．また，右辺のマイナス記号は鉛直上向きを正として顕熱，水蒸気がそれぞれ気温，比湿の低い方に輸送されることを示している．

(3) 対数則

$d\overline{u}/dz > 0$ の場合，(5.16) 式，(5.17) 式から

$$l\frac{d\overline{u}}{dz} = \sqrt{\frac{\tau}{\rho}} \tag{5.23}$$

が得られる．混合距離 l は乱れによって空気塊が混ざり合う距離を概念的に表したものである．この値は地表面付近では地表面の存在によって大きな値をとることができず，上空に行くほど大きな値を取ると考えて

$$l = kz \tag{5.24}$$

と仮定する．これを (5.23) 式に代入し，$\sqrt{\tau/\rho} = u^*$ とおくと

$$kz\frac{d\overline{u}}{dz} = u^*$$

が得られる．u^* は摩擦速度とよばれる速度の次元を有する値であり，乱れの強さを表す．k はカルマン定数とよばれ，観測結果から約 0.4 の値を取ることがわ

表 5.1：各種地表面での空気力学的粗度の値．

地表面	空気力学的粗度 z_0 (m)
大都市	$1 \sim 5$
田園集落	$0.2 \sim 0.5$
畑や草地	$0.01 \sim 0.3$
樹高 4m の果樹園	0.5
稲丈 $0.1 \sim 0.8$m の水田	$0.005 \sim 0.1$
稲丈 $0.1 \sim 1$m の牧草地	$0.01 \sim 0.15$
海氷や積雪面	$10^{-4} \sim 10^{-2}$
平らな積雪面	1.4×10^{-4}
水面 ($U_{10} = 2$m/s)	0.27×10^{-4}
水面 ($U_{10} = 12$m/s)	3.3×10^{-4}
平らな裸地	1.0×10^{-4}

近藤，水環境の気象学，朝倉書店，1994, p. 101, 表 5.2 をもとに作成
U_{10} は高度 10m における風速

かっている．この式を積分して，$\bar{u} = 0$ のときに $z = z_0$ とすれば

$$\bar{u} = \frac{u^*}{k} \ln \frac{z}{z_0} \qquad (5.25)$$

が得られる．これを風速の鉛直分布の対数則とよぶ．ここで z_0 は空気力学的粗度あるいは粗度長とよばれるパラメータであり，地表面に特有の値を示す (**表 5.1**)．空気力学的粗度は大気の動きから見た地表面の粗さを表している．

(5.25) 式により，2 高度の水平風速の観測値から u^* すなわち運動量輸送量 τ を推定することができる．また，任意の高さの水平風速の平均値を推定することができる．乱流拡散係数 K_M は，(5.16) 式に (5.23) 式，(5.24) 式を代入して

$$K_M = l^2 \left| \frac{d\bar{u}}{dz} \right| = l \sqrt{\tau/\rho} = kzu^*$$

と書くことができる．この式によれば，K_M は高さと摩擦速度に比例して大きくなることがわかる．

(4) 平均量を用いた顕熱輸送量，水蒸気輸送量の推定式

空気力学的方法 (aerodynamic method) は，水平平均風速，比湿，気温の鉛直分布を測定し蒸発散量，顕熱輸送量を求める方法である．地表面付近で鉛直方向

に輸送される運動量 τ, 顕熱輸送量 H, 水蒸気輸送量 E は (5.17) 式, (5.21) 式, (5.22) 式 を用いて

$$\tau = \rho K_M \frac{d\overline{u}}{dz}, \quad H = -\rho C_p K_H \frac{d\overline{T}}{dz}, \quad E = -\rho K_E \frac{d\overline{q}}{dz} \tag{5.26}$$

と表される．これらの式を用いれば，$\overline{u}$, $\overline{T}$, $\overline{q}$ の鉛直分布を測定して運動量，顕熱輸送量，水蒸気輸送量がそれぞれ求められるように考えられる．ところが，係数 K_M, K_H, K_E は状況によって異なる値を取る未知の係数であるため，(5.26) 式のそれぞれの式だけではこれらの量は求まらない．そこで，これらの式を組み合わせて，蒸発量を推定する式を導出することを考える．

高度 z_1, z_2 で水平平均風速 $\overline{u}_1$, $\overline{u}_2$, 平均気温 $\overline{T}_1$, $\overline{T}_2$, 平均比湿 $\overline{q}_1$, $\overline{q}_2$ を観測しているとする．すると (5.17) 式, (5.21) 式から

$$H = -\tau C_p \frac{K_H}{K_M} \frac{d\overline{T}/dz}{d\overline{u}/dz} \simeq -\tau C_p \frac{K_H}{K_M} \frac{\overline{T}_2 - \overline{T}_1}{\overline{u}_2 - \overline{u}_1} \tag{5.27}$$

が得られる．水平平均風速の鉛直分布式 (5.25) 式 を用いると

$$\tau = \rho u_*^2 = \rho \left\{ \frac{k(\overline{u}_2 - \overline{u}_1)}{\ln(z_2/z_1)} \right\}^2$$

が得られる．これを (5.27) 式に代入すると顕熱輸送量は

$$H = -\rho C_p \frac{K_H}{K_M} \frac{k^2(\overline{T}_2 - \overline{T}_1)(\overline{u}_2 - \overline{u}_1)}{(\ln(z_2/z_1))^2} \tag{5.28}$$

となる．ここで顕熱輸送に関する乱流拡散抵抗を，

$$r_H = \frac{K_M}{K_H} \frac{(\ln(z_2/z_1))^2}{k^2(\overline{u}_2 - \overline{u}_1)}$$

とおくと

$$H = -\rho C_p \frac{\overline{T}_2 - \overline{T}_1}{r_H} \tag{5.29}$$

が得られる．(5.29) 式において，H を電流，$\overline{T}_2 - \overline{T}_1$ を電位差と見立てると，r_H は抵抗に対応することから，これを顕熱輸送に関する拡散抵抗とよぶ．

同様に水蒸気輸送については，

$$E = -\frac{K_E}{K_M} \frac{k^2 \rho(\overline{q}_2 - \overline{q}_1)(\overline{u}_2 - \overline{u}_1)}{(\ln(z_2/z_1))^2} \tag{5.30}$$

となる．比湿 q は水蒸気圧 e，大気圧 p を用いて

$$q \simeq 0.622 \frac{e}{p} = \frac{C_p}{\gamma \lambda} e, \quad \gamma = \frac{C_p p}{0.622 \lambda} \tag{5.31}$$

と近似することができる．これを用いれば (5.30) 式は

$$E = -\frac{K_E}{K_M} \frac{C_p}{\gamma \lambda} \frac{k^2 \rho (\overline{e}_2 - \overline{e}_1)(\overline{u}_2 - \overline{u}_1)}{(\ln(z_2/z_1))^2} \tag{5.32}$$

となり，さらに水蒸気輸送に関する乱流拡散抵抗を

$$r_E = \frac{K_M}{K_E} \frac{(\ln(z_2/z_1))^2}{k^2 (\overline{u}_2 - \overline{u}_1)}$$

とおくと次式が得られる．

$$\lambda E = -\frac{\rho C_p}{\gamma} \frac{\overline{e}_2 - \overline{e}_1}{r_E} \tag{5.33}$$

5.2 陸面水文過程モデル

大気大循環モデルやメソ気象モデルの最下層には陸面水文過程モデルが導入されている．このモデルは図 5.5 に示すような鉛直一次元方向の大気−植生−土

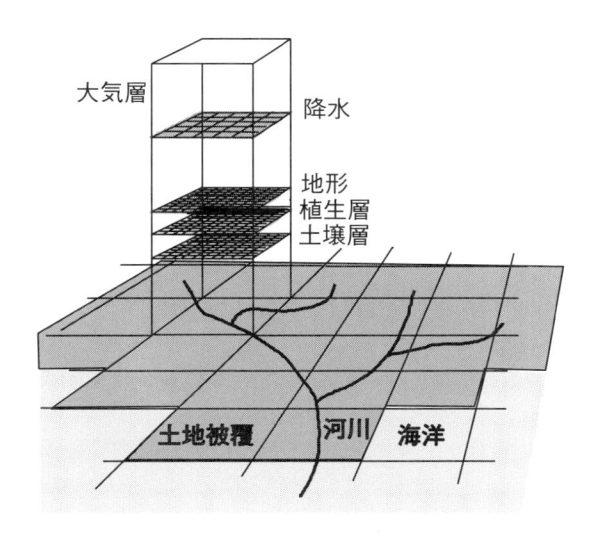

図 5.5：大気モデル・陸面過程モデル・流出モデルの結合．

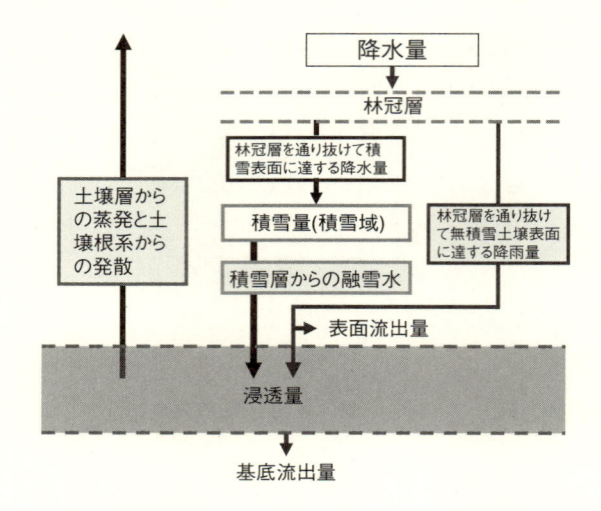

図 5.6：気象研究所の大気大循環モデルに導入された陸面水文過程モデル．

壌間の水と熱エネルギーの移動を表現するモデルであり，SVAT (Soil Vegetation Atmosphere Transfer Scheme) とよばれる．代表的な陸面水文過程モデルとして SiB モデル (Simple Biosphere Model)[1)-3)] がある．

このモデルでは植生を二層で表現し，樹木に覆われた林冠層 (上層) と草地あるいは裸地で構成される地表層 (下層) を考える．地表面下の土壌層は三層からなると考え，第一層は土壌水分の日変化が大きい数 cm 程度の層，第二層は樹木および草からの蒸散により土壌水分が変化する層，第三層は樹木の蒸散により土壌水分が変化する層を表す．これらの各層での温度と水分量を未知量とする熱収支式と水収支式とを連立させて，潜熱輸送量，顕熱輸送量，土壌水分量，林冠層の温度，地表面温度，地中温度を求める．気象庁気象研究所が用いる大気大循環モデル[4),5)]でも SiB モデルが用いられており，図 5.6 はその中の林冠層と地表層で算出される水文量を示したものである．SiB モデルは多くの改良版が開発されている．以下では文献[1)-3)]を中心に，SiB モデルの骨子を説明する．

コラム：気象モデル・気候モデルにおける陸面水文モデルの役割
　陸面水文モデルは，気象モデルや気候モデルの大気下部境界条件をより現実的に与えることを目的として開発されてきたモデルである．陸面水文過程

のモデル化により，地表面付近の水・熱収支における植生の違いやその季節変化を数値モデル上で表現することが可能となる．気象・気候モデルに対してより現実的な境界条件を提供できることから，気象モデルや気候モデルによって推定される大気現象の精度向上が期待されている．たとえば図 **5.7** は，Koster et al.[6]が陸面水文モデルと気候モデルを結合した大気大循環モデルによる計算結果から，グレートプレーンズ，サヘル，アフリカ大陸の赤道直下，そしてインドにおいて，夏季の降水量に対して土壌水分が影響していることを示した図である．陸面水文モデルが果たす役割は現象の再現性の向上だけにとどまらず，森林伐採や砂漠化によって蒸発散量や降水量にどのような変化が生じるかといった，地表面状態の変化が水循環へ与える影響評価に応用される．

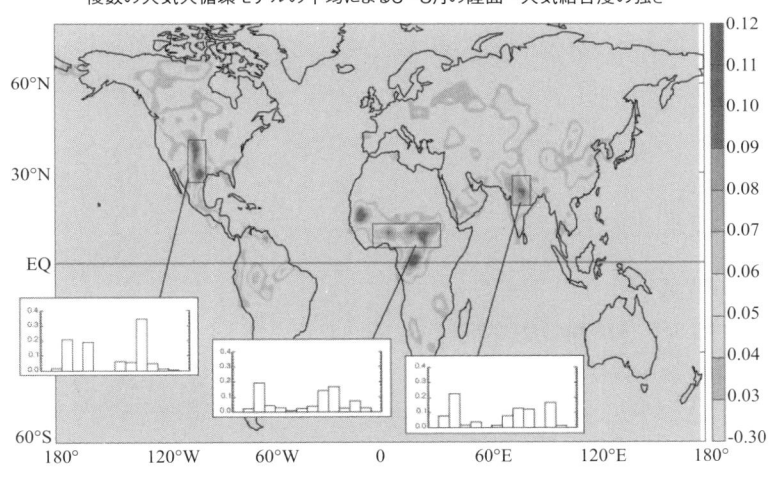

図 **5.7**：土壌水分が夏季の降水量に与える影響の強さ[6]．

陸面水文モデルは大気の下部境界条件を提供するだけではなく，陸面水文モデルにより推定された地表面付近の水文量が水資源評価に用いられる．たとえば，陸面水文モデルが推定した蒸発散量を降水量から減じた水資源賦存量がある．現在の水資源賦存量の状態だけでなく，気候モデルを用いた将来気候推計計算では，将来気候条件下における地表面付近の水・熱収支の推計が得られるため，水資源賦存量の将来変化を予測することができる．

多くの陸面水文モデルは自然植生を対象としたモデルであるが，陸面水文モデルのいくつかは農地灌漑や都市域といった地表面状態を表現することができる．灌漑操作を表現できるモデルでは，水田や畑地で実施される人為的な水分操作の過程が組み込まれ，利水問題への応用が試みられている．人工構造物の集合体である都市域を表現することができるモデルでは，ヒートアイランド現象の再現とその対応策の有効性評価への応用が期待されている．

このように，陸面水文モデルにより得られる地表面付近での水・熱収支に関する知見は水工計画に欠かせない要素のひとつである．なお，陸面水文モデルはその開発当初は気象モデルや気候モデルの一部として用いられることが多かったようであるが，現在では気候モデルとは切り離した形で使われる場合がしばしばある．このような数値計算は陸面オフライン計算とよばれ，気象条件を外部境界条件として陸面水文モデルに与え，数値計算を実施することになる．

(京都大学大学院工学研究科：萬 和明)

5.2.1 支配方程式

(1) 熱収支式

図 **5.8** は SiB モデルの中で計算されている変数のうち，積雪・融雪を除く熱収支に関連する水文量を示したものである．林冠層の熱収支式は，その温度を T_c とすると (5.2) 式より

$$C_c \frac{dT_c}{dt} = R_{n,c} - H_c - \lambda(E_{wc} + E_{dc}) \tag{5.34}$$

となる．ここで，C_c は林冠層の熱容量，$R_{n,c}$ は林冠層へ供給される純放射量，H_c は林冠層からの顕熱輸送量，E_{wc}，E_{dc} は林冠層からの遮断蒸発量と蒸散量を表す．草地と裸地を合わせた地表層の熱収支式は，地表層の温度を T_{gs} として

$$C_{gs} \frac{dT_{gs}}{dt} = R_{n,gs} - H_{gs} - \lambda(E_{wg} + E_{dg} + E_s) - G$$

である．ここで，C_{gs} は草地と裸地を合わせた地表層の熱容量，$R_{n,gs}$ は地表層へ供給される純放射量，H_{gs} は地表層からの顕熱輸送量，E_{wg}，E_{dg} は草地からの遮

5.2 陸面水文過程モデル　153

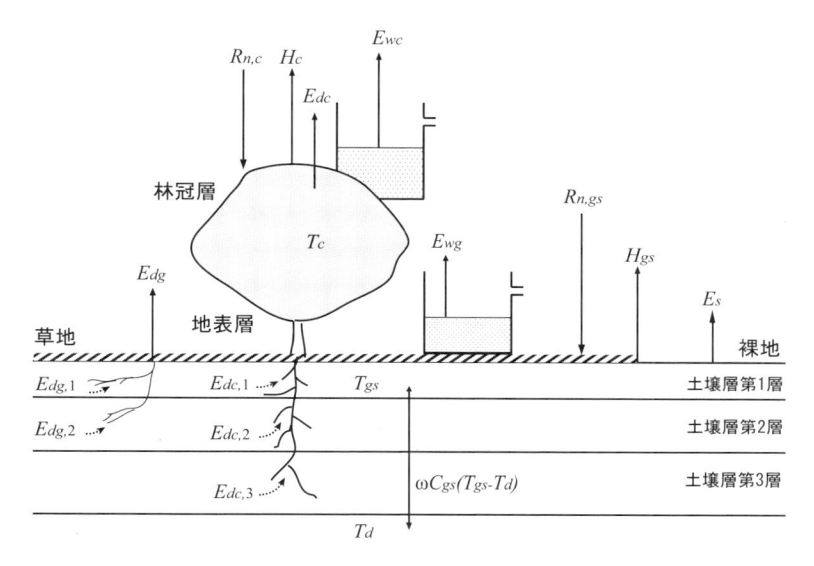

図 5.8：陸面過程モデル SiB (Simple Biosphere Model) の熱収支 (積雪・融雪を除く).

断蒸発量と蒸散量, E_s は裸地からの蒸発量である．SiB の初期のモデル[1]では地中への熱伝導は考慮せず $G = 0$ としている．改良された SiB[2] や SiB2[3] では，地表面温度の日変化の再現性を高めるために強制復元法[7]を採用している．強制復元法を用いると，地中温度を T_d，地表面温度の日変化を表す一日の角周波数を ω として，

$$G = \omega C_{gs}(T_{gs} - T_d)$$

が得られ，改良された SiB モデル[2]では，このときの地表層と地中の熱収支式に以下を用いている．

$$C_{gs}\frac{dT_{gs}}{dt} = R_{n,gs} - H_{gs} - \lambda(E_{wg} + E_{dg} + E_s) - \omega C_{gs}(T_{gs} - T_d) \quad (5.35)$$

$$\frac{dT_d}{dt} = \frac{\omega}{\sqrt{365}}(T_{gs} - T_d) \quad (5.36)$$

この導出については 5.2.2 を参照されたい．

(2) 水収支式

図 5.9 は SiB モデルの中で計算されている変数のうち，積雪・融雪を除く水収

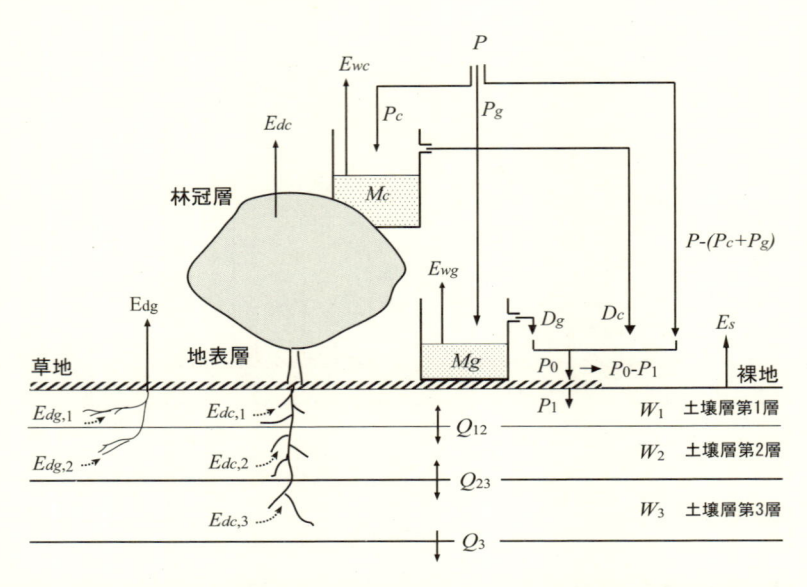

図 5.9：陸面過程モデル SiB (Simple Biosphere Model) の水収支 (積雪・融雪を除く).

支に関連する水文量を示したものである．水収支式は，林冠層，地表層の草地での遮断降水量を M_c, M_g として

$$\frac{dM_c}{dt} = P_c - D_c - \frac{1}{\rho_w}E_{wc} \tag{5.37}$$

$$\frac{dM_g}{dt} = P_g - D_g - \frac{1}{\rho_w}E_{wg} \tag{5.38}$$

と表現される．P_c, P_g は林冠層および地表層の草地に供給される降水量，D_c, D_g は林冠層および草地に遮断された降水から土壌層への流下量を表し，ρ_w は水の密度を表す．P_c と P_g は林冠層および地表層における草地の面積率などによって定められる．

土壌三層の水分量は，含水率 (=体積含水率/空隙率) を W_1, W_2, W_3 とすると

$$\frac{dW_1}{dt} = \frac{1}{\theta_s D_1}\left[P_1 - Q_{1,2} - \frac{1}{\rho_w}(E_s + E_{dc,1} + E_{dg,1})\right] \tag{5.39}$$

$$\frac{dW_2}{dt} = \frac{1}{\theta_s D_2}\left[Q_{1,2} - Q_{2,3} - \frac{1}{\rho_w}(E_{dc,2} + E_{dg,2})\right] \tag{5.40}$$

$$\frac{dW_3}{dt} = \frac{1}{\theta_s D_3}\left[Q_{2,3} - Q_3 - \frac{1}{\rho_w}E_{dc,3}\right] \tag{5.41}$$

である.θ_s は土壌層の空隙率,$D_{1,2,3}$ は各土層の層厚,P_1 は第一層への雨水の浸透量,$Q_{1,2}$,$Q_{2,3}$ はそれぞれ上層から下層への土壌水分の移動量,$P_0 - P_1$ は対象領域から外部への表面流出量,Q_3 は対象領域から外部への基底流出量である.$E_{dc,1,2,3}$ は土壌層各層に張った根系から吸い上げられる蒸散量,$E_{dg,1,2}$ は土壌層第一,二層に張った草地の根系から吸い上げられる蒸散量を表す.

降水量を P,土壌層に供給される降水量を P_0 とすると

$$P_0 = P - (P_c + P_g) + (D_c + D_g)$$

であり,P_1 は土層の第一層の透水係数を k_1 として,次式で表現する.

$$P_1 = \min(P_0, k_1)$$

つまり,表層の透水係数を下回る分が土層に浸透し,これを上回る降雨は領域外に流出すると考える.すると領域外に流れ出る流出量 Q_{out} は

$$Q_{out} = P_0 - P_1 + Q_3$$

となる.解くべき式は (5.34) 式〜(5.41) 式の 8 個であり,求める変数は T_c,T_{gs},T_d,M_c,M_g,W_1,W_2,W_3 の 8 個である.(5.34) 式〜(5.41) 式の右辺は,これらの 8 個の変数の関数として表すことができる.この連立常微分方程式を解いて,地上の温度と水分量の値を求める.領域外に流れ出る流出量 Q_{out} は,別途用意する流出モデルや河川流モデルを通して,河川流量に変換される.

陸面水文過程モデルは,光合成による植生の二酸化炭素吸収効果の導入[3],都市域を含む領域への拡張[8]や東南アジア域で支配的な水田の効果の導入[9,10]など,様々な改良が続けられている.また,流出モデルや河川流モデルと組み合わせて,河川流域での水・熱循環が再現・予測できるようになってきている[11].

コラム:陸面水文モデル SiBUC[8,9,12,13]

現在までに開発されてきた多くの陸面水文モデルは,森林や草原といった自然植生を対象としたモデルがほとんどである.しかしながら,都市域や河川・湖沼などの水体における水・熱収支特性は,自然植生の水・熱収支特性とは全く異なるため,都市域や水体の存在が水・熱収支に与える影響が小さいとは言い切れない.そこで,地表面付近における水・熱収支推定の精度向上

を目的として，SiB をベースに自然植生を表現しつつ都市域・水体をも表現可能な陸面水文モデルとして開発されたモデルが SiBUC である．SiBUC は京都大学防災研究所で開発されてきたモデルであり，モデルのコーディングも含めて開発されていることから，現在もさまざまな拡張・改良がなされている．SiBUC では都市域・水体への拡張のほかに，日本やアジアに特有の地表面状態（土地利用）を表現するため次のような工夫がなされている．

日本は山間部に都市や農地が混在するような複雑な土地利用形態であり，気象モデルや気候モデルで設定されるモデル格子サイズは，小さくとも気象モデルで数 km 程度，気候モデルで数十 km 程度であり，モデル格子内の土地利用は不均一であることが大半である．そのため一つのモデル格子で一つの地表面状態を表現するモデルでは，都市域や水体はモデル格子サイズに対して占める割合が小さく省略されることになる．そこで SiBUC では複雑な土地利用形態を表現するためモザイクスキームの概念を導入し，モデル格子内における土地利用割合を設定することで，一つのモデル格子内に複数の土地利用が混在することを表現している．また，日本を含めアジア・モンスーン地域に広く分布している水田を，土壌表層の上部に 1 層の水層を加えることでモデル化し，土地利用の一つとして表現できるよう拡張されている．

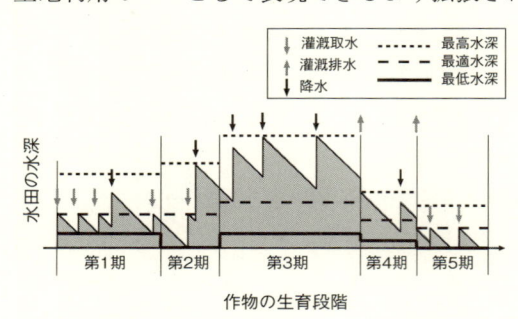

図 5.10：SiBUC に導入されている灌漑スキーム．

加えて，農耕地における水収支の推定精度を向上させることを目的とし，人為的な水分操作である灌漑の効果を表現するため，図 5.10 に示すような灌漑スキームが組み込まれている．この灌漑スキームを駆動するためには，作物の生育段階を 5 段階に区分し，各段階に応じて最高水深・最適水深・最低水深を予め設定しておく．灌漑スキームでは，モデルで表現する水田の水深が

最低水深を下回る場合には水分を追加し，また，最高水深を上回る場合には排水し，それぞれ最適水深となるようにモデル化している．この灌漑スキームは，灌漑による水操作の対象を水田の水深ではなく畑地の土壌水分量とすることで，水田のみならず畑地における灌漑操作にも適用できる仕様となっている．

　こうした陸面水文モデルの拡張・改良は，開発者が過ごしてきた生活環境が大きく影響している．開発者の出身地は日本最大の湖・琵琶湖を有する滋賀県であり，森林ばかりでなく湖が土地利用形態に含まれることは当然のことであった．同様に，都市域・水田・灌漑など，開発者が見て触れてきた周辺環境は余すところ無く陸面水文モデルへと反映され SiBUC というモデルが開発されてきたのである．開発当初は琵琶湖周辺域を対象としていた SiBUC ではあるが，モデルの完成度が高まるにつれモデルの駆動に必要なパラメータの作成手法が開発され，琵琶湖・淀川流域，中国淮河流域，そして世界全体へとモデルの適用範囲を広げており，流域規模から全球規模での水・熱収支分析に用いられている．

(京都大学大学院工学研究科：萬 和明)

5.2.2　強制復元法による地中温度の計算

　地表面での熱収支式 (5.35) 式は，$E_{gs} = E_{wg} + E_{dg} + E_s$ として

$$C_{gs}\frac{dT_{gs}}{dt} = R_{n,gs} - H_{gs} - \lambda E_{gs} - G, \ G = \omega C_g(T_g - T_d)$$

とし，強制復元法 (Force–Restore Method)[7]を用いて地中熱流量 G を考えている．この方法は多数の層を設定することなく地表面温度を適切に予測することができるためしばしば用いられる．以下，この式を導出する．

　土層が均一で熱の移動は鉛直方向にのみ発生すると仮定する．z を鉛直下向きに取り，土中の温度を $T(t, z)$ とすると熱伝導方程式は次式で与えられる．

$$c\frac{\partial T}{\partial t} = \kappa \frac{\partial^2 T}{\partial z^2} \tag{5.42}$$

c は土層の熱容量，κ は熱拡散係数である．(5.42) 式は単位面積当たりの土層中

の熱流量 G に関する式

$$G(t,z) = -\kappa \frac{\partial T}{\partial z} \tag{5.43}$$

を熱源がない場合の熱量の連続式

$$c\frac{\partial T}{\partial t} + \frac{\partial G}{\partial z} = 0$$

に代入することにより得られる．

地表面温度 $T_s(t) = T(t,0)$ が次のような正弦波形で与えられているとする．

$$T_s(t) = \overline{T} + \Delta T_s \sin(\omega t) \tag{5.44}$$

$\overline{T}$ は日平均温度，ΔT_s は振幅，$\omega > 0$ は 1 日を周期とする角周波数であり，1 日の長さを τ_d とすると $w = 2\pi/\tau_d$ である．この境界条件 (5.44) 式を満たす (5.42) 式の解は，D を長さの次元を持つ定数として，

$$T(t,z) = \overline{T} + \Delta T_s \exp\left(-\frac{z}{D}\right) \sin\left(\omega t - \frac{z}{D}\right) \tag{5.45}$$

で与えられる．$z = 0$ のときにこの式は (5.44) 式と一致し，境界条件を満たしていることがわかる．また，(5.45) 式から $\partial T/\partial t$, $\partial^2 T/\partial z^2$ を計算し (5.42) 式に代入すると

$$D = \sqrt{\frac{2\kappa}{c\omega}}$$

とすればよいことがわかる．

深さ z の地点における鉛直下方への熱の移動強度 G は (5.43) 式で与えられるので，(5.45) 式を用いると

$$G(t,z) = \frac{\kappa}{D} \Delta T_s \exp\left(-\frac{z}{D}\right)\left[\sin\left(\omega t - \frac{z}{D}\right) + \cos\left(\omega t - \frac{z}{D}\right)\right] \tag{5.46}$$

が得られる．ここで，

$$\Delta T_s \exp\left(-\frac{z}{D}\right) \sin\left(\omega t - \frac{z}{D}\right) = T - \overline{T} \tag{5.47}$$

$$\Delta T_s \exp\left(-\frac{z}{D}\right) \cos\left(\omega t - \frac{z}{D}\right) = \frac{1}{\omega}\frac{\partial T}{\partial t} \tag{5.48}$$

と記述できることに注意する．(5.47) 式は (5.45) 式から，(5.48) 式は (5.45) 式から $\partial T/\partial t$ を求めることによって得られる．(5.47) 式，(5.48) 式を使うと (5.46) 式は

$$G(t,z) = \frac{\kappa}{D}\left(T(t,z) - \overline{T} + \frac{1}{\omega}\frac{\partial T}{\partial t}\right) \tag{5.49}$$

と書くことができる．(5.49) 式は (5.44) 式という特別な境界条件のもとで得られたものであり，この場合，(5.46) 式に示すように G は三角関数で表され周期的に振動する．ところが，(5.49) 式のように記述すると G の表現式に三角関数が現れない．そこで，厳密には (5.44) 式が成立しなくても，(5.49) 式を G を求める場合の近似式として一般に用いることにする．(5.43) 式は，G を T の空間座標に関する偏微分方程式で表現しているのに対し，(5.49) 式は T の時間座標に関する偏微分方程式となっていることに注意しよう．

次に，地表面から深さ L までの土層の平均的な温度を T_M と表すと

$$T_M(t, L) = \frac{1}{L} \int_0^L T(t, z) dz$$

である．熱量の連続式から

$$\frac{d}{dt}\{cLT_M(t, L)\} = G(t, 0) - G(t, L) \tag{5.50}$$

が成り立つ．これは，深さ L の土層に貯えられた熱量の時間変化量は，地表面と深さ L の土層面から出入りする熱量フラックスの総和に等しいという式である．(5.50) 式に (5.49) 式を代入すると

$$cL\frac{dT_M(t, L)}{dt} = G(t, 0) - \frac{\kappa}{D}\left(T(t, L) - \overline{T} + \frac{1}{\omega}\frac{dT(t, L)}{dt}\right)$$

が得られる．ここで，L が小さく $T_M(t, L) = T(t, L)$ とできるとすると，上式は

$$\left(cL + \frac{\kappa}{D\omega}\right)\frac{dT(t, L)}{dt} = G(t, 0) - \frac{\kappa}{D}\left(T(t, L) - \overline{T}\right) \tag{5.51}$$

となる．このとき L が十分小さくて $T(t, L)$ は地表面温度 $T_{gs} = T(t, 0)$ と近似できるとすると，(5.51) 式は

$$\frac{\kappa}{D\omega}\frac{dT_{gs}}{dt} = G(t, 0) - \frac{\kappa}{D}\left(T_{gs} - \overline{T}\right) \tag{5.52}$$

となる．$G(t, 0)$ は地表面における熱フラックスを表すので

$$G(t, 0) = R_{n,gs} - H_{gs} - \lambda E_{gs}$$

である．したがって

$$C_{gs} = \frac{\kappa}{D\omega} = \sqrt{\frac{c\kappa}{2\omega}}$$

とおけば (5.52) 式は

$$C_{gs}\frac{dT_{gs}}{dt} = R_{n,gs} - H_{gs} - \lambda E_{gs} - \omega C_{gs}(T_{gs} - \overline{T}) \tag{5.53}$$

となり，地表面温度の予測式が得られる．もともとの (5.42) 式は $T(t,z)$ に関する偏微分方程式であるのに対し，(5.53) 式は T_{gs} に関する時刻 t の常微分方程式である．

最後に，地表面の日平均温度 $\overline{T}$ をある深さ d の土層全体の平均温度 T_d と置き換えることができるとすれば

$$C_{gs}\frac{dT_{gs}}{dt} = R_{n,gs} - H_{gs} - \lambda E_{gs} - \omega C_{gs}(T_{gs} - T_d)$$

となって，(5.35) 式が得られる．T_d が年周期を持ち，その角周波数を $\omega' = \omega/365$ とする．$T_d = T_M(t,d) = T(t,d)$ とすると，(5.51) 式より

$$\left(cd + \frac{\kappa}{D\omega'}\right)\frac{dT_d}{dt} = G(t,0) - \frac{\kappa}{D}\left(T_d - \overline{T_y}\right)$$

が得られる．$\overline{T_y}$ は T_d の年平均値を表す．このとき，$cd << \kappa/(D\omega')$ であり，右辺の第二項は第一項に比べて十分小さいとすれば，

$$\frac{\kappa}{D\omega'}\frac{dT_d}{dt} = G(t,0)$$

となり，

$$C_d\frac{dT_d}{dt} = R_{n,gs} - H_{gs} - \lambda E_{gs} \tag{5.54}$$

が得られる．ここで，

$$C_d = \frac{\kappa}{D\omega'} = \sqrt{\frac{c\kappa}{2\omega'}} = \sqrt{\frac{365c\kappa}{2\omega}} = \sqrt{365}C_{gs} \tag{5.55}$$

である．SiB2[3]ではこうした形式の強制復元法が用いられている．本章で紹介した SiB[2]では，表層からの熱流量との収支により T_d が変化すると考え，

$$C_d\frac{dT_d}{dt} = \omega C_{gs}(T_{gs} - T_d) \tag{5.56}$$

としている．(5.55) 式を用いれば (5.56) 式は以下となる．

$$\frac{dT_d}{dt} = \frac{\omega}{\sqrt{365}}(T_{gs} - T_d) \tag{5.57}$$

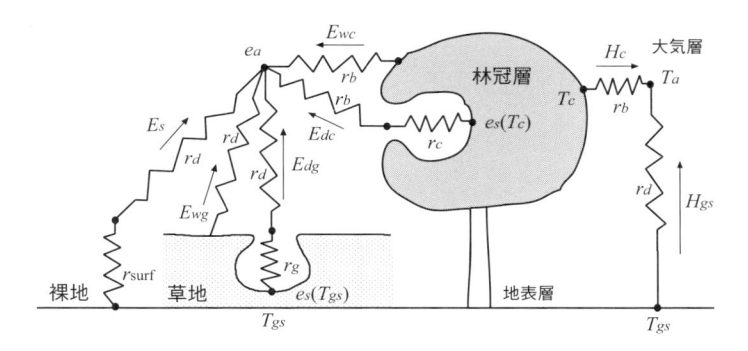

図 5.11：SiB における顕熱輸送と潜熱輸送の抵抗の概念.

5.2.3 支配方程式の具体的な記述

(5.34) 式～(5.41) 式の右辺の各項を具体的に記述する.

(1) 放射量

単位面積あたりに占める林冠層の面積率を V_c，林冠層の長波放射に対する射出率を ϵ として，熱収支式 (5.1) 式 より

$$R_{n,c} = <F_c> - 2\epsilon\sigma T_c^4 V_c + \epsilon\sigma T_{gs}^4 V_c, \quad R_{n,gs} = <F_{gs}> - \sigma T_{gs}^4 + \epsilon\sigma T_c^4 V_c$$

とモデル化する．ここで $<F_c>$，$<F_{gs}>$ は林冠層および地表層に吸収される短波放射量と下向き長波放射量の和である．林冠層が発する長波放射量が二倍されているのは林冠層の上下両面から射出されることを表している．

(2) 顕熱輸送量

図 5.11 に SiB モデルで用いられている抵抗の概念図を示す．r_b は林冠層と林冠層の高さの大気層との間の拡散抵抗，r_d は地表層と林冠層の高さの大気層との間の拡散抵抗を表す．これらの拡散抵抗を用いれば，顕熱輸送量は (5.29) 式 を用いて

$$H_c = 2\rho C_p \frac{T_c - T_a}{r_b} \tag{5.58}$$

$$H_{gs} = \rho C_p \frac{T_{gs} - T_a}{r_d} \tag{5.59}$$

となる．T_a は林冠層の高さの大気層の温度，T_c は林冠層の温度，T_{gs} は地表層の温度である．(5.58) 式の右辺が二倍されているのは，林冠層の顕熱が林冠層の両面から出ていることを表す．

(3) 水蒸気輸送量

林冠層は降水遮断あるいは結露により水分 M_c を貯える．葉面の濡れた部分からは遮断蒸発 E_{wc} が発生し，乾いた部分からは気孔を通した蒸散 E_{dc} が発生する．林冠層の濡れた部分の面積率を W_c とすると，そこからの遮断蒸発による潜熱輸送は (5.33) 式を用いて

$$\lambda E_{wc} = \frac{\rho C_p}{\gamma} \frac{e_s(T_c) - e_a}{r_b} W_c \tag{5.60}$$

となる．乾いた部分からの蒸散による潜熱輸送は，

$$\lambda E_{dc} = \frac{\rho C_p}{\gamma} \frac{e_s(T_c) - e_a}{r_c + r_b} (1 - W_c) \tag{5.61}$$

と表される．$e_s(T_c)$ は林冠層の温度 T_c における飽和水蒸気圧，e_a は林冠層の高さの大気層の水蒸気圧，r_b は乱流拡散抵抗，r_c は林冠層の気孔抵抗 (canopy resistance) であり，植生の気孔の開閉が蒸散に及ぼす効果を表現する．$r_c = 0$ とすると，葉面が濡れて飽和状態にある場合の遮断蒸発と同じ式となる．

地表層の草地も，濡れた部分からの遮断蒸発による潜熱輸送量は

$$\lambda E_{wg} = \frac{\rho C_p}{\gamma} \frac{e_s(T_{gs}) - e_a}{r_d} W_g V_g \tag{5.62}$$

であり，乾いた部分からの蒸散による潜熱輸送量は

$$\lambda E_{dg} = \frac{\rho C_p}{\gamma} \frac{e_s(T_{gs}) - e_a}{r_g + r_d} (1 - W_g) V_g \tag{5.63}$$

とする．$e_s(T_{gs})$ は地表面の温度 T_{gs} における飽和水蒸気圧，r_d は乱流拡散抵抗，r_g は草地の気孔抵抗を表す．W_g は草地の濡れた部分の面積率，V_g は単位面積あたりに草地が占める面積率である．また，地表層の裸地からの蒸発による潜熱輸送量は以下とする．

$$\lambda E_s = \frac{\rho C_p}{\gamma} \frac{f_h e_s(T_{gs}) - e_a}{r_{surf} + r_d} (1 - V_g) \tag{5.64}$$

f_h は裸地の相対湿度, r_{surf} は裸地の抵抗であり, f_h と r_{surf} は土壌第一層の水分量 W_1 の関数としてモデル化される.

W_c, W_g の値は, S_c, S_g をそれぞれ林冠層, 地表層の草地に遮断による貯留量の最大値として以下のように与える.

$$W_c = \begin{cases} \min(M_c/S_c, 1.0), & e_s(T_c) \geq e_a \\ 1.0, & e_s(T_c) < e_a \end{cases}, \quad W_g = \begin{cases} \min(M_g/S_g, 1.0), & e_s(T_{gs}) \geq e_a \\ 1.0, & e_s(T_{gs}) < e_a \end{cases}$$

(4) 樹幹流下量

林冠層, 地表層の草地に貯留された雨水から地表層に到達する水分量を, それぞれ D_c, D_g として以下のように与える.

$$D_c = \begin{cases} 0, & D_c < S_c \\ P_c, & D_c = S_c \end{cases}, \quad D_g = \begin{cases} 0, & D_g < S_g \\ P_g, & D_g = S_g \end{cases}$$

(5) 土壌水分量

土壌水分の移動はダルシー則に従うとする. z を鉛直上向きにとり, 鉛直下向きの土壌水分の移動を正とすると, ピエゾ水頭 h は位置水頭 z と圧力水頭 ψ の和なので

$$-Q = -k\frac{dh}{dz} = -k\frac{d(\psi+z)}{dz} = -k\left(\frac{d\psi}{dz}+1\right) \quad \therefore Q = k\left(\frac{d\psi}{dz}+1\right)$$

となる. k_{ij}, ψ_{ij} を土壌層 i, j の間の透水係数, 圧力水頭とすると

$$Q_{1,2} = k_{12}\left(\frac{d\psi_{12}}{dz}+1\right), \quad Q_{2,3} = k_{23}\left(\frac{d\psi_{23}}{dz}+1\right), \quad Q_3 = k_3 \sin x \quad (5.65)$$

となる. 最下層からの流出は, 土壌層が飽和していて地形勾配 $\sin x$ に比例して基底流出量が発生すると考える. ここで, 透水係数および圧力水頭を

$$k = k_s W^{2B+3}, \quad \psi = \psi_s W^{-B}$$

として含水率の関数として与え,

$$k_{ij} = \frac{D_i k_i + D_j k_j}{D_i + D_j}, \quad \frac{d\psi_{ij}}{dz} = \frac{\psi_i - \psi_j}{(D_i + D_j)/2} \quad (5.66)$$

とする. k_s, ψ_s は飽和時の透水係数, 圧力水頭で定数である. また, B はモデルパラメータであり定数である.

(6) 支配方程式の解法

放射強度，降水強度，風速を与え，(5.58) 式～(5.64) 式に現れる抵抗 r_b, r_c, r_d, r_g, r_{surf} の値を初期設定すると，(5.34) 式～(5.41) 式は

$$\frac{dT_c}{dt} = f_1(T_c, T_{gs}, M_c, E_{dc}, E_{wc}) \tag{5.67}$$

$$\frac{dT_{gs}}{dt} = f_2(T_c, T_{gs}, T_d, M_g, W_1, E_{dg}, E_{wg}, E_s) \tag{5.68}$$

$$\frac{dT_d}{dt} = f_3(T_{gs}, T_d) \tag{5.69}$$

$$\frac{dM_c}{dt} = f_4(T_c, M_c, E_{wc}) \tag{5.70}$$

$$\frac{dM_g}{dt} = f_5(T_{gs}, M_g, E_{wg}) \tag{5.71}$$

$$\frac{dW_1}{dt} = f_6(W_1, W_2, E_{dc}, E_{dg}, E_s) \tag{5.72}$$

$$\frac{dW_2}{dt} = f_7(W_1, W_2, W_3, E_{dc}, E_{dg}) \tag{5.73}$$

$$\frac{dW_3}{dt} = f_8(W_2, W_3, E_{dc}) \tag{5.74}$$

と書くことができ，T_c, T_{gs}, T_d, M_c, M_g, W_1, W_2, W_3 の連立常微分方程式となる．この連立常微分方程式を解いて解を得たら，抵抗の値を設定し直して，再度，これらの連立常微分方程式を解く．この手順を解が収束するまで繰り返す．T_c, T_{gs} は時間的な変化が大きく，それに比べてそれ以外の変数は時間的な変化が小さい．これを考慮した解き方を工夫する必要がある．文献[2]では，以下の計算手順を紹介している．

1) 与えられる降水量から次の時刻の M_c, M_g の候補値を求める．
2) 各種抵抗の値を設定する．
3) (5.67) 式から (5.71) 式を解いて次の時刻の T_c, T_{gs}, T_d, M_c, M_g を求める．この過程で E_{dc}, E_{wc}, E_{dg}, E_{wg}, E_s も同時に計算される．
4) 上で得た E_{dc}, E_{dg}, E_s を用いて，(5.72) 式から (5.74) 式を解いて W_1, W_2, W_3 を求める．

上の手順で 4) の解き方を具体的に考える．E_{dc}, E_{dg}, E_s の値が求められたとして，それらの値と (5.65) 式，(5.66) 式を用いて (5.72) 式～(5.74) 式を具体的に

記述すると

$$\frac{dW_1}{dt} = \frac{1}{\theta_s D_1}\left[\min(P_0, k_{1,s}W_1^{2B+3}) - \left(\frac{D_1 k_{1,s}W_1^{2B+3} + D_2 k_{2,s}W_2^{2B+3}}{D_1+D_2}\right)\right.$$
$$\left.\times\left(\frac{\psi_{s,1}W_1^{-B} - \psi_{s,2}W_2^{-B}}{(D_1+D_2)/2} + 1\right) - \frac{1}{\rho_w}(E_s + E_{dc,1} + E_{dg,1})\right]$$

$$\frac{dW_2}{dt} = \frac{1}{\theta_s D_2}\left[\left(\frac{D_1 k_{1,s}W_1^{2B+3} + D_2 k_{2,s}W_2^{2B+3}}{D_1+D_2}\right)\left(\frac{\psi_{s,1}W_1^{-B} - \psi_{s,2}W_2^{-B}}{(D_1+D_2)/2} + 1\right)\right.$$
$$-\left(\frac{D_2 k_{2,s}W_2^{2B+3} + D_3 k_{3,s}W_3^{2B+3}}{D_2+D_3}\right)\left(\frac{\psi_{s,2}W_2^{-B} - \psi_{s,3}W_3^{-B}}{(D_2+D_3)/2} + 1\right)$$
$$\left.-\frac{1}{\rho_w}(E_{dc,2} + E_{dg,2})\right]$$

$$\frac{dW_3}{dt} = \frac{1}{\theta_s D_3}\left[\left(\frac{D_2 k_{2,s}W_2^{2B+3} + D_3 k_{3,s}W_3^{2B+3}}{D_2+D_3}\right)\left(\frac{\psi_{s,2}W_2^{-B} - \psi_{s,3}W_3^{-B}}{(D_2+D_3)/2} + 1\right)\right.$$
$$\left.-k_{3,s}W_3^{2B+3}\sin x - \frac{1}{\rho_w}E_{dc,3}\right]$$

が得られる．これらは含水率 W_1, W_2, W_3 の連立常微分方程式である．現在時刻の含水率 $W_1(t), W_2(t), W_3(t)$ を初期値として，これらを数値的に解けば，次の時刻の含水率 $W_1(t+\Delta t), W_2(t+\Delta t), W_3(t+\Delta t)$ を得ることができる．常微分方程式の初期値問題を数値的に解く代表的な方法として，ルンゲ・クッタ法がある．

コラム：連立常微分方程式の初期値問題の数値解法

連立常微分方程式

$$\frac{dy_i(t)}{dt} = f_i(t, y_1, \cdots, y_N), \ \ i = 1, \cdots, N$$

の数値解法の概要を以下に示す．

オイラー法 (一次公式) 連立常微分方程式

$$\frac{dx}{dt} = f(t,x,y), \ \ x(t_0) = x_0 \tag{5.75}$$

$$\frac{dy}{dt} = g(t,x,y), \ \ y(t_0) = y_0 \tag{5.76}$$

の解を数値的に得ることを考える．$x(t_0) = x_0$, $y(t_0) = y_0$ は初期値である．差分時間間隔 Δt が十分小さいとすれば $t = t_0 + \Delta t$ での x, y の値はテイラー展開を用いて

$$x(t_0 + \Delta t) = x(t_0) + \Delta t x'(t_0) + \frac{(\Delta t)^2}{2!} x^{(2)}(t_0) + \frac{(\Delta t)^3}{3!} x^{(3)}(t_0) + \cdots \quad (5.77)$$

$$y(t_0 + \Delta t) = y(t_0) + \Delta t y'(t_0) + \frac{(\Delta t)^2}{2!} y^{(2)}(t_0) + \frac{(\Delta t)^3}{3!} y^{(3)}(t_0) + \cdots \quad (5.78)$$

が得られる．(5.77) 式，(5.78) 式において一次導関数までの項を採用して

$$x(t_0 + \Delta t) = x(t_0) + \Delta t x'(t_0) = x(t_0) + \Delta t f(t_0, x_0, y_0)$$
$$y(t_0 + \Delta t) = y(t_0) + \Delta t y'(t_0) = y(t_0) + \Delta t g(t_0, x_0, y_0)$$

として $x(t_0 + \Delta t), y(t_0 + \Delta t)$ を求める方法をオイラー法という．この方法は計算が容易であるが Δt の 2 乗のオーダー $O((\Delta t)^2)$ の誤差を伴う．

改良オイラー法 (二次公式)　k_1, k_2, l_1, l_2 を以下のように定義し

$$k_1 = \Delta t f(t_0, x_0, y_0), \quad l_1 = \Delta t g(t_0, x_0, y_0) \quad (5.79)$$

$$k_2 = \Delta t f(t_0 + a\Delta t, x_0 + bk_1, y_0 + bl_1), \quad l_2 = \Delta t g(t_0 + a\Delta t, x_0 + bk_1, y_0 + bl_1) \quad (5.80)$$

次式によって $x(t_0 + \Delta t), y(t_0 + \Delta t)$ が求まるとする．

$$x(t_0 + \Delta t) = x(t_0) + w_1 k_1 + w_2 k_2 \quad (5.81)$$
$$y(t_0 + \Delta t) = y(t_0) + w_1 l_1 + w_2 l_2 \quad (5.82)$$

オイラー法は (5.77) 式，(5.78) 式の一次の項まで一致するように $w_1 = 1, w_2 = 0$ としたことに相当する．(5.77) 式，(5.78) 式の二次の項まで一致するように w_1, w_2, a, b を定めることを考える．(5.80) 式の k_2 を t_0, x_0, y_0 の周りにテイラー展開して一次の項までとると，$f_0 = f(t_0, x_0, y_0)$ として

$$k_2 = \Delta t f(t_0 + a\Delta t, x_0 + bk_1, y_0 + bl_1) \simeq \Delta t \left(f_0 + a\Delta t \frac{\partial f_0}{\partial t} + bk_1 \frac{\partial f_0}{\partial x} + bl_1 \frac{\partial f_0}{\partial y} \right)$$

となる．この式と (5.80) 式の k_1, l_1 を (5.81) 式に代入すると，$k_1 = \Delta t f_C$, $l_1 = \Delta t g(t_0, x_0, y_0) = \Delta t g_0$ を用いて

$$\begin{aligned}
x(t_0 + \Delta t) &\simeq x(t_0) + w_1 k_1 + w_2 k_2 \\
&= x(t_0) + w_1 \Delta t f_0 + w_2 \Delta t \left(f_0 + a\Delta t \frac{\partial f_0}{\partial t} + bk_1 \frac{\partial f_0}{\partial x} + bl_1 \frac{\partial f_0}{\partial y} \right) \\
&= x(t_0) + (w_1 + w_2)\Delta t f_0 + w_2 \Delta t^2 \left(a\frac{\partial f_0}{\partial t} + bf_0 \frac{\partial f_0}{\partial x} + bg_0 \frac{\partial f_0}{\partial y} \right)
\end{aligned} \quad (5.83)$$

となる．ここで (5.77) 式において

$$x^{(2)} = \frac{d^2 x}{dt^2} = \frac{d}{dt} f(t,x,y) = \frac{\partial f}{\partial t}\frac{dt}{dt} + \frac{\partial f}{\partial x}\frac{dx}{dt} + \frac{\partial f}{\partial y}\frac{dy}{dt} = \frac{\partial f}{\partial t} + f\frac{\partial f}{\partial x} + g\frac{\partial f}{\partial y}$$

なので，(5.77) 式の二次の項までの式

$$x(t_0 + \Delta t) = x(t_0) + \Delta t f(t_0) + \frac{\Delta t^2}{2}\left(\frac{\partial f_0}{\partial t} + f\frac{\partial f_0}{\partial x} + g\frac{\partial f_0}{\partial y} \right)$$

と (5.83) 式を比較すれば

$$w_1 + w_2 = 1, \ w_2 a = \frac{1}{2}, \ w_2 b = \frac{1}{2} \tag{5.84}$$

が得られる．未知数は四つで条件は三つなので，$a = 1$ とし

$$a = 1, \ b = 1, \ w_1 = \frac{1}{2}, \ w_2 = \frac{1}{2}$$

とすれば

$$\begin{aligned}
k_1 &= \Delta t f(t_n, x_n, y_n), \quad l_1 = \Delta t g(t_n, x_n, y_n), \\
k_2 &= \Delta t f(t_n + \Delta t, x_n + k_1, y_n + l_1), \quad l_2 = \Delta t g(t_n + \Delta t, x_n + k_1, y_n + l_1) \\
x_{n+1} &= x_n + \frac{1}{2}(k_1 + k_2), \quad y_{n+1} = y_n + \frac{1}{2}(l_1 + l_2)
\end{aligned} \tag{5.35}$$

が得られる．これがルンゲ・クッタの二次公式であり改良オイラー法 (ホイン法) とよばれる．誤差のオーダーは $O((\Delta t)^3)$ である．

これらの差分公式は，次のように解釈することができる．常微分方程式

$$\frac{dx}{dt} = f(t,x), \ \ x(t_0) = x_0 \tag{5.86}$$

の両辺を t_0 から $t_0 + \Delta t$ まで積分すると

$$x(t_0 + \Delta t) = x(t_0) + \int_{t_0}^{t_0+\Delta t} f(t, x(t))dt \qquad (5.87)$$

である．(5.79) 式と比較すると，オイラー法は (5.87) 式の右辺第二項の積分を，

$$\int_{t_0}^{t_0+\Delta t} f(t, x(t))dt \simeq \Delta t f(t_0, x(t_0))$$

とし，$t = t_0$ のときの f の値を用いて長方形の面積で近似する方法であることがわかる．

改良オイラー法はこの積分を $t = t_0$ と $t = t_0 + \Delta t$ のときの f の値を用いて，台形で近似することに相当する．(5.87) 式の右辺第二項の積分を台形で近似すると

$$\int_{t_0}^{t_0+\Delta t} f(t, x(t))dt \simeq \frac{\Delta t}{2}\{f(t_0, x(t_0)) + f(t_0 + \Delta t, x(t_0 + \Delta t))\} \qquad (5.88)$$

となる．右辺にこれから求めようとする $x(t_0 + \Delta t)$ が含まれているので，$x(t_0 + \Delta t)$ をオイラー法を用いて $x(t_0 + \Delta t) \simeq x(t_0) + \Delta t f(t_0, x_0)$ とする．次に，

$$k_1 = \Delta t f(t_0, x(t_0)), \quad k_2 = \Delta t f(t_0 + \Delta t, x(t_0) + k_1)$$

とすると (5.88) 式は

$$\int_{t_0}^{t_0+\Delta t} f(t, x(t))dt \simeq \frac{1}{2}(k_1 + k_2)$$

となって

$$x(t_0 + \Delta t) = x(t_0) + \frac{1}{2}(k_1 + k_2)$$

が得られ，(5.85) 式による差分計算スキームとなる．

修正オイラー法 (5.84) 式を満たす係数の組として，

$$a = \frac{1}{2},\ b = \frac{1}{2},\ w_1 = 0,\ w_2 = 1 \qquad (5.89)$$

とすることも考えられる．この計算法を修正オイラー法という．修正オイラー法は (5.87) 式の右辺の第二項の積分を，$f(t_0 + \Delta t/2, x(t_0 + \Delta t/2))$ の値を用いて，

$$\int_{t_0}^{t_0+\Delta t} f(t, x(t))dt \simeq \Delta t f(t_0 + \Delta t/2, x(t_0 + \Delta t/2)) \tag{5.90}$$

とすることに相当する．$x(t_0 + \Delta t/2)$ をオイラー法を用いて $x(t_0 + \Delta t/2) \simeq x(t_0) + f(t_0, x_0)\Delta t/2$ とする．次に，

$$k_1 = \Delta t f(t_0, x(t_0)), \quad k_2 = \Delta t f(t_0 + \Delta t/2, x(t_0) + k_1/2)$$

とすると (5.90) 式は

$$\int_{t_0}^{t_0+\Delta t} f(t, x(t))dt \simeq k_2$$

となり，(5.89) 式の係数の値を設定する差分計算スキーム

$$x(t_0 + \Delta t) = x(t_0) + k_2$$

が得られる．

古典的ルンゲ・クッタ法 (四次公式)　二次公式と同様にして，(5.77) 式, (5.78) 式の三次の項，四次の項までを正しく評価する公式を導出することができる．決定すべき係数には自由度があり，いくつかの公式がある．四次の公式を以下に示す．x_n, y_n を既知とし，k_1, l_1 から k_4, l_4 を

$$k_1 = \Delta t f(t_n, x_n, y_n)$$
$$l_1 = \Delta t g(t_n, x_n, y_n)$$
$$k_2 = \Delta t f(t_n + \Delta t/2, x_n + k_1/2, y_n + l_1/2)$$
$$l_2 = \Delta t g(t_n + \Delta t/2, x_n + k_1/2, y_n + l_1/2)$$
$$k_3 = \Delta t f(t_n + \Delta t/2, x_n + k_2/2, y_n + l_2/2)$$
$$l_3 = \Delta t g(t_n + \Delta t/2, x_n + k_2/2, y_n + l_2/2)$$
$$k_4 = \Delta t f(t_n + \Delta t, x_n + k_3, y_n + l_3)$$
$$l_4 = \Delta t g(t_n + \Delta t, x_n + k_3, y_n + l_3)$$

として順次求め，微小時間 Δt 先の x_{n+1}, y_{n+1} を

$$x_{n+1} = x_n + \frac{1}{6}(k_1 + 2k_2 + 2k_3 + k_4)$$
$$y_{n+1} = y_n + \frac{1}{6}(l_1 + 2l_2 + 2l_3 + l_4)$$

として求める．この公式の誤差のオーダーは $O(\Delta t^5)$ である．

後退オイラー法 オイラー法では

$$\frac{dx}{dt} = f(t, x)$$

を解くときに，前進差分を用いて既知の x_n を用いて $f(t, x)$ を表し

$$\frac{x_{n+1} - x_n}{\Delta t} = f(t_n, x_n)$$

とした．これにより

$$x_{n+1} = x_n + \Delta t f(t_n, x_n)$$

が得られる．この解法のように x_n を用いてすぐに次時刻の値が求められる方法を陽解法という．一方，$f(t, x)$ を時刻 $t_{n+1} = t + \Delta t$ の値を用いて後退差分で表し，

$$\frac{x_{n+1} - x_n}{\Delta t} = f(t_{n+1}, x_{n+1})$$

として

$$x_{n+1} = x_n + \Delta t f(t_{n+1}, x_{n+1}) \tag{5.91}$$

とすることもできる．この差分解法を後退オイラー法という．この方法では (5.91) 式の f の中にこれから求めようとする x_{n+1} が含まれているため，この方程式を解く必要がある．このような方法を陰解法という．数値計算を進めるにつれて，誤差が急激に増大するような場合を不安定という．一般的に陰解法は陽解法よりも安定性に優れる．

参考文献

1) Sellers, P. J., Y. Mintz, Y. C. Sud, and A. Dalcher : A simple biosphere model (SiB) for use within general circulation models, *Journal of Atmospheric Sciences*, 43(6), pp. 505–531, 1986.
2) 佐藤信夫, 里田 弘 : 生物圏と大気圏の相互作用．気象庁数値予報課報告「力学的長期予報をめざして」第 1 章, 別冊第 35 号, pp. 4–73, 1989.
3) Sellers, P. J., D. A. Randall, G. J. Collatz, J. A. Berry, C. B. Field, D. A. Dazlich, C. Zhang, G. D. Collelo, L. Bounoua : A revised land surface parameterization (SiB2) for atmospheric GCMs, Part I: Model Formulation, *Journal of Climate*, 9, pp. 676–705, 1996.
4) Mizuta R., K. Oouchi, H. Yoshimura, A. Noda, K. Katayama, S. Yukimoto, M. Hosaka, S. Kusunoki, H. Kawai, M. Nakagawa : 20-km-mesh global climate simulations using JMA-GSM model –Mean climate states–, *Journal of the Meteorological Society of Japan*, 84(1), pp. 165–185, 2006.
5) Kitoh, A., T. Ose, K. Kurihara, S. Kusunoki, M. Sugi and KAKUSHIN Team-3 Modeling Group : Projection of changes in future weather extremes using super-high-resolution global and regional atmospheric models in the KAKUSHIN Program: Results of preliminary experiments, *Hydrological Research Letters*, 3, pp. 49–53, 2009.
6) Koster, R. D., P. A. Dirmeyer, Z. Guo, G. Bonan, E. Chan, P. Cox, C. T. Gordon, S. Kanae, E. Kowalczyk, D. Lawrence, P. Liu, C-H Lu, S. Malyshev, B. McAvaney, K. Mitchell, D. Mocko, T. Oki, K. Oleson, A. Pitman, Y. C. Sud, C. M. Taylor, D. Verseghy, R. Vasic, Y. Xue, and T. Yamada: Regions of strong coupling between soil moisture and precipitation, *science*, 305, pp. 1138–1140, 2004.
7) Bhumralkar, C. N. : Numerical experiments on the computation of ground surface temperature in an atmospheric general circulation model, *Journal of Applied Meteolorogy*, 14, pp. 1246–1258, 1975.
8) 田中賢治, 池淵周一 : 都市域・水体をも考慮した蒸発散モデルの構築とその琵琶湖流域への適用．京都大学防災研究所年報, 37(B2), pp. 299–313, 1994.
9) 田中賢治, 石岡賢治, 中北英一, 池淵周一 : 水田・湖面における熱収支の季節変化－琵琶湖プロジェクトより－．京都大学防災研究所年報, 44(B2), pp. 427–443, 2001.
10) Kim, W., T. Arai, S. Kanae, T. Oki, and K. Mushiake : Application of the Simple Biosphere Model (SiB2) to a paddy field for a period of rowing season in GAME-Tropics: *Journal of the Meteorological Society of Japan*, 79(1B), pp. 387–400, 2001.
11) Wang, L., T. Koike, K. Yang, P. Jen-Feng Yeh: Assessment of a distributed biosphere hydrological model against streamflow and MODIS land surface temperature in the upper Tone River Basin, Journal of Hydrology, 377, pp. 21–34, 2009.
12) Yorozu, K., K. Tanaka, and S. Ikebuchi : The analysis of inter-annual variability of irrigation water requirement by land surface model, *Proc. of 3rd APHW Conference*, CD-ROM, 2006.
13) 萬和明, 田中賢治, 中北英一 : 水収支に基づく土壌水分推定値の精度評価, 水工学論文集, 53, pp. 403–408, 2009.

第 *6* 章

河道網と流域地形の
数理表現

　河川流域は複雑に分布する山腹斜面と河道網の集合体であり，河道網の接続形態は流域地形の骨格をなす．山腹斜面に降った雨が河道網を通じて流れ集まる過程をモデル化するためには，河道網の接続形態を数量的に表す必要がある．河道網と流出場の数理表現が分布型流出モデルを構築する際の基本となる．

6.1　河道網構造の数理表現手法

　河道網は，最上流端から合流点，合流点から合流点，合流点から最下流端の河道に分割することができる．この分割された河道のことを河道区分と定義する．ある河道区分とそれに接続する斜面から構成される流域を単位流域とすると，そこでの雨水の流れは 図 **6.1** のように表すことができる．対象とする単位流域の上端には，それに接続する 2 つの河道区分から河川流量が流入し，単位流域内の斜面からの流出を受けて，流域下端から下流側の単位流域に流出する．

　この流出過程を上流から順に計算するためには，河道網構造 (河道区分の接続関係) を数理的に表現する必要がある．図 **6.2**(a) に河道網の例を示す．この河道網は 19 個の河道区分から構成されている．河道区分には識別番号を付し，この例では下流からみて同じ高さの河道区分に対して順に一連の番号を付けている．この構造を表すために，椎葉[1]は 図 **6.2**(b) のように行列形式で河道網を表すことを考えた．すなわち，第 1 列に河道区分番号，第 2 列に下流の河道区分番号　第 3 列に上流右岸の河道区分番号，第 4 列に上流左岸の河道区分番号を記したものである．ただし，上下流に河道区分が存在しない場合は河道区分番号に 0 を与える．河道の流れを計算するときには，基本的に上流から順に計算する必要があ

174 第6章 河道網と流域地形の数理表現

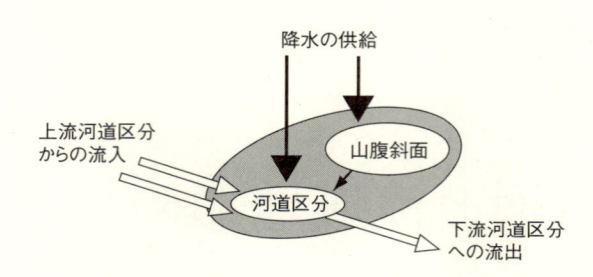

図 6.1：単位流域の雨水の流れ．

り，対象とする河道区分の河川流れを計算する前に，それに接続する上流側の河川流量が計算されている必要がある．また，低平地の河川を対象とする場合は，河道区分の下流側の水理量も必要となる．このように河道区分の接続関係を記録しておけば，河川流れの計算を合理的に実施することができる．椎葉ら[2]は河道網の構造と地形情報をあわせて記録するための，より一般的な数理表現形式を提案している．これについては，6.5 で説明する．

6.2 河道網流れの最適計算順序

 6.1 に示した方法を用いることによって，河道網の構造を数理的に表すことが可能となったが，実際に数百以上の河道区分を有する河道網の流れを計算する場合，河道区分の計算順序によっては，膨大な量の流量系列を記憶せねばならないことがある．ある河道区分での流れを計算するためには，その河道区分よりも上流に存在する河道区分での計算は終了している必要があるが，それに関連しない河道区分の計算はそのときには終了している必要はない．関連しない河道区分の流出計算を先に実行してしまうと，それに関連する河道区分を計算するまでその流量系列を記憶せねばならなくなる．

 この計算順序と記憶容量に関して，高棹・椎葉[3]は使用する記憶容量が最小となるような河道区分の計算順序の決定方法を示し，一つの河道区分からの流量系列を記憶するために必要な記憶容量を 1 記憶単位とすると，最大位数分の記憶単位を用意しておけばよいことを証明した．ただし，ここでいう位数とは，ホートン・ストラーラーの位数理論によるものである．

 たとえば，図 6.2(a) に示す河道網の場合，識別番号の大きな河道区分から順に

$$\begin{bmatrix} 1 & 0 & 2 & 3 \\ 2 & 1 & 4 & 5 \\ 3 & 1 & 0 & 0 \\ 4 & 2 & 6 & 7 \\ 5 & 2 & 8 & 9 \\ 6 & 4 & 0 & 0 \\ 7 & 4 & 10 & 11 \\ 8 & 5 & 0 & 0 \\ 9 & 5 & 12 & 13 \\ 10 & 7 & 14 & 15 \\ 11 & 7 & 16 & 17 \\ 12 & 9 & 0 & 0 \\ 13 & 9 & 0 & 0 \\ 14 & 10 & 0 & 0 \\ 15 & 10 & 0 & 0 \\ 16 & 11 & 18 & 19 \\ 17 & 11 & 0 & 0 \\ 18 & 16 & 0 & 0 \\ 19 & 16 & 0 & 0 \end{bmatrix}$$

第1列: 対象とする河道区分番号, 第2列: 下流の河道区分番号, 第3列: 上流右岸の河道区分番号, 第4列: 上流左岸の河道区分番号, 上下流に河道区分が存在しない場合は0とする.

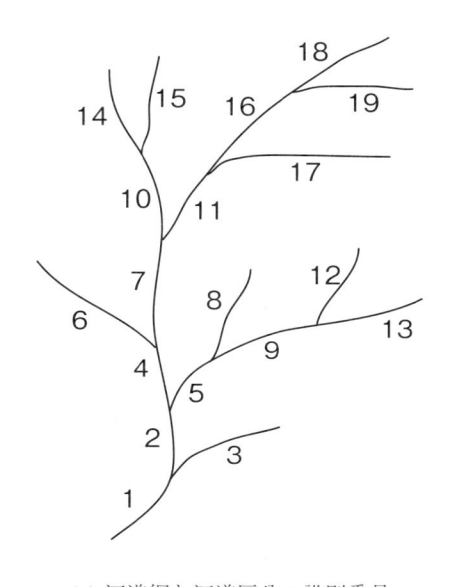

(a) 河道網と河道区分の識別番号　　(b) 行列による河道網構造の表現

図 **6.2**：河道網構造の数理表現.

計算を進めれば，流域下端での河川流量を得ることができる．この場合は，4記憶単位の流量系列が必要である．一方，図 **6.3**(a) は記憶場所を最小とするような計算順序を示しており，図 **6.3**(b) はその記憶場所の番号を示している．この場合，必要となる記憶単位数は3であり，この値は最大位数に等しい．この例では識別番号14の河道区分を1番目に計算しその計算流量系列を1番目の記憶場所に記憶する．次に15番の河道区分の流量系列を計算して1番目の記憶場所に記録されている識別番号14の流量系列を合算したものを2番目の記憶場所に記憶する，それを識別番号10番の河道区分への流入量とすることを示している．ここで示した方法は，一つの合流点に上流から二つの河道区分が流入し一つの河道区分となって流出する二分木構造をしている場合であるが，陸ら[4]は一つの合流点に三つ以上の河道区分が流入する多分木構造の場合についても，最大位数分の記憶場所を用意しておけばよいことを見い出している．

以上，述べた河川流追跡法は，河道網の接続状況に従って逐一，雨水の流れを追跡して集水過程を扱う基本的な方法であり，分布型流出モデルの骨格をなす．

(a) 最適計算順序　　　　　　　　　(b) 記憶場所番号

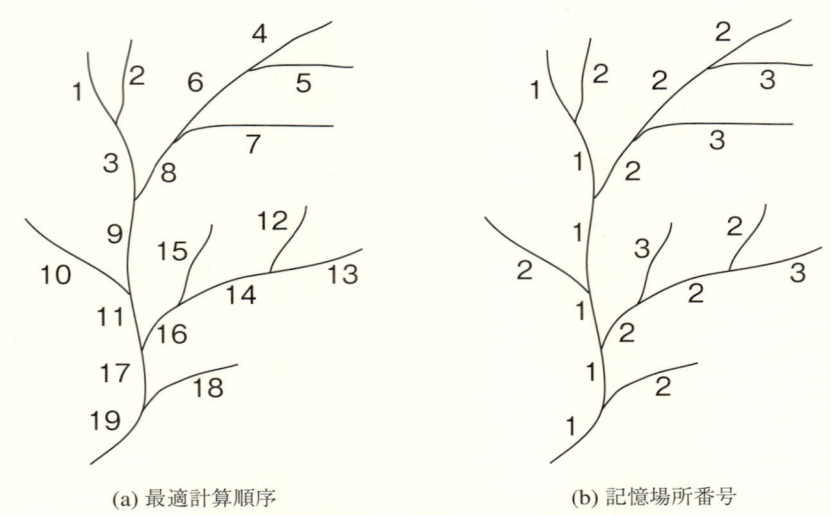

図 **6.3**：河道網流れの最適計算順序と記憶場所.

コラム：河川地形の統計的特性

河道位数の統計則　河道網の形状特性を数量的に表現するために，ホートン[5]は河道をある規則のもとに等級付ける方法を提案した．その後，等級付けの方法は種々提案されたが，ストラーラー[6]がホートンの方法を改良した手法（ホートン・ストラーラーの位数理論）が一般的に使われている．この方法は，次の規則によって各河道区分に位数という整数を割り当てる．

1) 最上流端の河道区分を位数 1 の河道区分とする．
2) 位数 u と位数 v の河道区分の合流によってできる河道区分の位数は，$u = v$ のとき $u + 1$，$u \neq v$ のときは u, v の大きい方の値とする．

図 **6.4** は河道区分に位数を割り当てた例である．流域最下端の河道区分の位数を最大位数という．この河道位数を用いて，河道の地形量に関する次の地形則が経験的に得られている．

$$\text{河道数則} \quad N_u = R_b^{k-u}, \quad R_b = \frac{N_{u-1}}{N_u}, \quad u = 2, \cdots, k$$

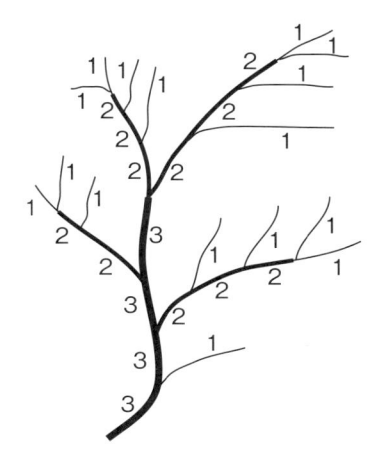

図 **6.4**：ホートン - ストラーラーによる河道位数の付け方.

$$河道長則 \quad \overline{L_u} = \overline{L_1} R_l^{u-1}, \quad R_l = \frac{\overline{L_u}}{\overline{L_{u-1}}} \quad u = 2, \cdots, k$$

$$河道面積則 \quad \overline{A_u} = \overline{A_1} R_a^{u-1}, \quad R_a = \frac{\overline{A_u}}{\overline{A_{u-1}}} \quad u = 2, \cdots, k$$

$$河道勾配則 \quad \overline{S_u} = \overline{S_1} R_s^{k-u}, \quad R_s = \frac{\overline{S_{u-1}}}{\overline{S_u}} \quad u = 2, \cdots, k$$

上記の地形則では，接続する同じ位数の河道区分を一つの河道として数えることに注意する．N_u は位数 u の河道数，$\overline{L_u}$, $\overline{A_u}$, $\overline{S_u}$ はそれぞれ位数 u の河道の平均河道長，平均集水面積，平均河道勾配を表し，k は対象流域の最下流の河道の位数である．R_b, R_l, R_a, R_s は等比数列の公比に相当し，それぞれ分岐比，河道長比，集水面積比，河道勾配比と呼ばれる．その値は $R_b \simeq 4, R_l \simeq 2, R_a \simeq 3 \sim 6, R_s \simeq 2$ である．この例では位数 1，2，3 の河道区分数 N_1, N_2, N_3 はそれぞれ 16，4，1 である．この場合，分岐比 R_b は $R_b = N_1/N_2 = N_2/N_3 = 4$ となる．

以上の地形則は経験的に得られたものであるが，石原ら[7]は河道網の形成過程のランダム性を仮定することによってこれらの理論的な導出を行なうとともに，河道網の分布状況に関する新たな地形則を見い出している．また，河道区分の等級付けにリンク・マグニチュードの概念[8,9]を用いて河道網の統計的特性を論じた研究として，岩佐・小林の研究[10,11]がある．

河道配列の形成過程と統計則　石原ら[7]は，河道網の形成過程にランダム性を仮定し，河道網分布の指標として

- 分岐比の期待値 (1/4 則)
- 合流点数分布の期待値 (1/2 則)
- 河道配分数分布の期待値 (3/4 則)

を確率論的に見出した．具体的には，位数 1 の河道区分数が同じで，河道区分の接続形態がトポロジカルにのみ異なる河道網をすべて数え上げ，各河道網が等確率で発生するとして，上記の地形量の期待値を与える一般式を導いた．

河川地形の統計則と流出モデル　位数の概念と河道網分布の統計則にもとづき，髙棹[12]は洪水ピーク流量およびその近傍の流量波形に注目して河道による雨水の集水過程を取り扱った．また，Rodrigues-Iturbe et al.[13]は，地形則をもとに地形的瞬間単位図 (GIUH, Geomorphologic Instantaneous Unit Hydrograph) を提案し集水過程を扱った．これらの研究は流域内部の河道網分布の統計的特性を利用して河道の集水過程を表現しようとするものである．

6.3 　流域地形の数理表現手法

　雨水や物質の流動を実際の流域特性に対応してモデル化する場合，流域地形を実際に近い形でモデル化することが出発点となる．流域地形を電子計算機上で表現する場合，地形はある規則に従って離散的に取得される標高値の集まりで表される．その表現方法を数値地形モデル (DEM, Digital Elevation Model) とよぶ．DEM は流域地形をどのような形式で表現するかによって図 **6.5** に示すように

- 等高線図モデル (Contour-based DEM)
- 三角形網モデル (Triangular Irregular Network DEM, TIN – DEM)
- グリッドモデル (Grid-based DEM)

(a) 等高線図モデル　　　(b) 三角形網モデル　　　(c) グリッドモデル

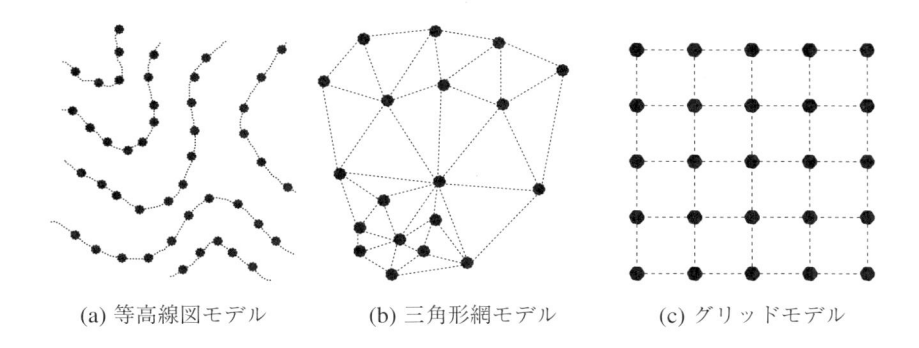

図 **6.5**：流域地形の数値表現手法.

に分類することができる[14]. 流域地形を適切に表現することが分布型流出モデルの基本となるため，これらの地形表現手法を基礎とした流域場のモデルが数多く提案されている．

等高線図モデルによる方法は，地形図の等高線に沿った点の標高を記録し地形を表現する方法である．等高線をもとに雨水の流れ方向 (最急勾配方向) を決定し，それによって斜面を分割するなど，従来，紙の地図の上で行っていた作業を電子計算機上で効率的に行うことが可能となった (図 **6.6**). 水文学的に重要な利点を持つ表現手法であり，小流域を対象として詳細な地形解析とモデル構築が行われている[15),16)].

三角形網モデルによる方法は，地表面を三角形網で覆い，その頂点の標高によって地形を表現する方法である．三角形の覆い方は任意であり複雑な地形形状をしている部分では三角形網を密に設定するなど，頂点のサンプリング密度を空間的に変えることができる．また，山頂・峠・河道・尾根など，特徴的な地形の箇所を三角形の頂点として選ぶことによって，河川・流域界を三角形要素の辺として，流域を面と線として表現することができ，流域地形に即して地形を表現し得る利点を持つ．また，流れ方向 (最急勾配方向) を簡単に計算することができる．三角形要素間での雨水の授受を取り扱うことができるような形で三角形網を形成し (図 **6.7**)，それをもとにした分布型流出モデルが提案されている[14),17)].

グリッドモデルによる方法は，縦横に区切った格子上の標高を用いて地形を表現する方法である．国土数値情報や全世界的に公開されている標高データはこの形式で整備されることが多い．格子点は平面座標上で規則的に配置されているた

180　第6章　河道網と流域地形の数理表現

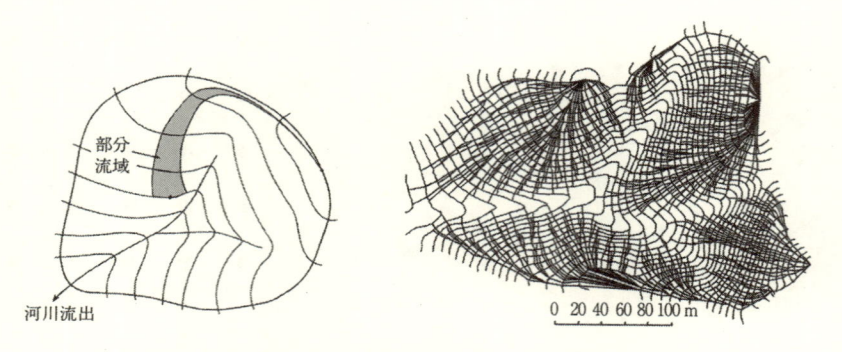

図 6.6：等高線図モデルを用いた最急勾配線の自動生成と斜面分割．左図は斜面分割を模式的に示したものであり，右図は計算機により自動的に最急勾配線を求めた例[15]．

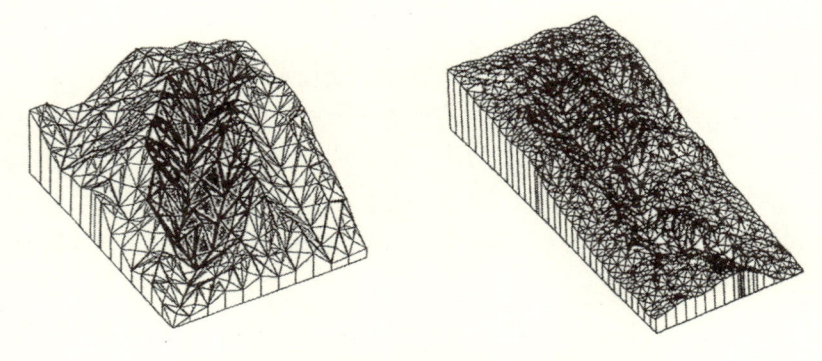

図 6.7：三角形網による流域地形の表現[14]．

め行列形式で扱うことができ，電子計算機による処理が容易という利点がある．この形式の標高データを利用して雨水の流れ方向を一次元的に決定し，雨水の流れを計算する分布型流出モデルが数多く提案されている．また，グリッドモデルを三次元の差分格子と考える流域一体型の三次元水文モデルも実現されている．

　これらの地形モデルならびにそれに基づく流出系のモデル化については，それぞれ得失があり[14]，どれが最もすぐれているといった議論は一概にはできない．しかし，国土数値情報のように公開されている数値地形データは，グリッド形式で整備されていることが多いため，データ処理の容易さから，グリッドモデルを

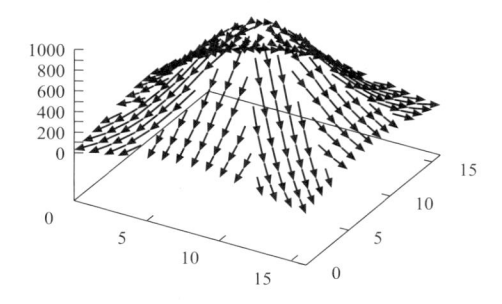

図 6.8：最急勾配方向に下る落水線.

ベースに流れのモデルを構築した例が多い．最もよく用いられる方法は，流域地形をグリッドモデルでモデル化し，雨水は各格子点の周囲 8 方向もしくは 4 方向のうちの最急勾配方向に流下すると考えることで，流域全体の雨水流下経路 (落水線) を決定し，流出追跡計算を行う方法である．こうした方法は，データの取り扱いが容易であり，また，流れのモデルもその流下方向の一次元で考えればよいため，モデルの構造が単純になるという利点を持つ．

一方で，落水線によるモデルでは，各格子点における雨水流下方向が最急勾配方向の一方向しか許されていないため，基本的に，雨水が流下して集まっていく過程しか扱えず，発散地形が雨水流出過程に与える影響を表現できないという問題がある．たとえば，図 6.8 は，山頂から発散するような仮想的な地形を考え，各格子点において最急勾配で下る方向を矢印で示したものである．本来ならば，すべての落水線は山頂から発するはずであり，従来の方法では発散地形における雨水流下方向が適切に表現されているとはいいがたい．また，山腹斜面の途中から発する落水線ができることによって全体的に斜面長が短く算定されるため，雨水流動の計算に影響を与えるものと考えられる．

このような問題に対して，たとえば Quinn et al.[18] は，ある格子点の雨水は，周囲 8 点のうち，その点より標高の低い点すべてに流れるとする方法を提案している．また Costa-Cabral and Burges[19] は，グリッドモデルにおいて，隣接する 4 個の格子点で構成される四角形に対してもっとも適合する平面を決定し，その平面の向きによって流れ方向を決定する方法を提案した．Tarboton[20] は，対象とする格子点とその周囲 8 点を結ぶ線で 8 個の三角形を構成し，その三角形によって決定される方向のうち，最も急に下る方向をその格子点での流れ方向とするこ

とを考えた．Costa-Cabral and Burges[19]とTarboton[20]の方法では，各点での流れ方向は周囲4あるいは8方向に限定されず，$0 \sim 2\pi$の任意の方向をとることになる．その流れ方向が格子の向きに一致していれば，その点の雨水は，周囲のいずれかの点へと流れ，流れ方向が格子の向きからずれていれば，その流れ方向に位置する下流側の二つの点へと流れるとする．このように，上記のいずれの方法も，落水線によるモデル化とは異なり，流れの分岐を許すことによって，発散地形における流れ方向をより適切に決定しようとしている．

6.4 グリッド形式の地形情報を用いた流域地形のモデル化

　落水線による流域地形のモデル化では，モデルの構造上，雨水が流下して集まる過程しか扱えず，発散地形が雨水流下過程に与える影響を表現できない．そこで，雨水が集まるだけでなく発散することも表現できる落水線の決定方法を示す[2),21)]．また，ここで示す方法で作成する流域地形モデルのデータフォーマットについて説明する．

6.4.1 落水線の決定方法

　図 6.9 は最急勾配方向に雨水が流下すると考えた場合の流域地形のモデル化の模式図である．図中の □ は標高値の与えられた点，矢印は各点において最急勾配で下る方向，すなわち，落水線モデルによる雨水の流下方向を示している．図 6.9(a) の点 A, B, C の関係についてみると，B から C は最急勾配で下る方向にあるが，C から B は最急勾配に上る方向にはない．C から最急勾配で上る方向にある点は A である．B から C に雨水が流下すると考えるなら，A から C に雨水が流下すると考えてもよさそうである．このように考えて，各点から最急勾配で上る線を落水線として追加したのが，図 6.9(b) である．点 A からは点 B, C, D, E, F へと雨水が流下することになる．

　図 6.10 は，図 6.8 で示した地形に対して，上に述べた方法で決定した落水線である．図 6.8 では山腹斜面の途中から発する落水線があるのに対し，図 6.10 ではすべての落水線が山頂を出発点とし，より自然な形で雨水流下方向をモデル化することができる．

6.4 グリッド形式の地形情報を用いた流域地形のモデル化　　183

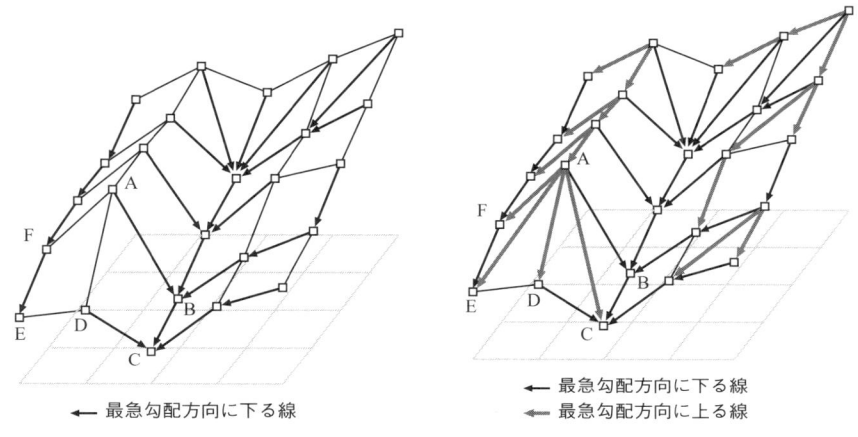

(a) 最急勾配で下る方向の落水線　　　　(b) 最急勾配で上る方向の落水線

図 **6.9**：最急勾配で下る方向と上る方向によって決まる落水線.

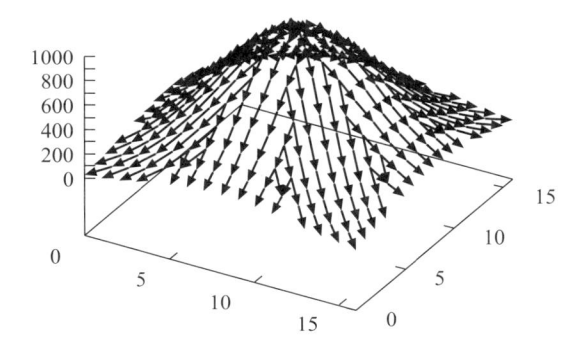

図 **6.10**：最急勾配で上る線を追加した落水線.

6.4.2　斜面素辺に面積を割り当てる方法

　図 **6.11** に示す例では，点 A は流入する落水線を 3 本，流出する落水線を 1 本の計 4 本の落水線を持つので，各落水線に点 A が代表する面積の 4 分の 1 を割り振る．点 B は流入と流出をあわせて 3 本の落水線を持つので，各落水線に点 B が代表する面積の 3 分の 1 を割り振る．これにより，落水線 AB は，（点 A の代表する面積の 4 分の 1）＋（点 B の代表する面積の 3 分の 1）の面積を持つ「面」として扱う．この面のことを「斜面素辺」とよぶことにする．多数の斜面

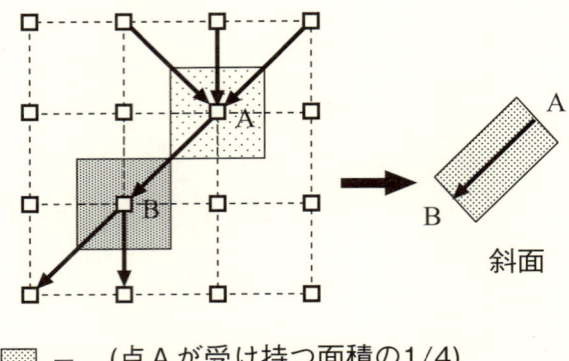

```
     ☐ = (点Aが受け持つ面積の1/4)
     + (点Bが受け持つ面積の1/3)
```

図 6.11：斜面素辺の模式図.

素辺が合流・分流を繰り返して連なることによって，斜面地形の収束・発散が表現される．

6.4.3 流域地形モデルのデータフォーマット

図 **6.12** は，地形をモデル化する場合の流域地形の表し方を示したものである．□と△は，グリッド形式で標高値が与えられる格子点である．□を流域点，△を河道横流域点とよぶことにする．これらの流域点は **6.4.2** で説明した斜面素辺によって接続される．●は河川流路を表す点で，この点のことを河道点とよぶ．河道点と河道点を結ぶ線によって河道網を表す．河道点は図 **6.12** では格子点からずれたところに描かれているが，実際には河道横流域点と重なって位置しており，河道横流域点と河道点を結ぶことで斜面素辺と河道を接続する．図 **6.12** のようにモデル化された流域地形は，

- 格子点データ
- 斜面素辺データ

という二つのデータセットとして記録される．格子点データには流域点，河道横流域点，河道点が記録される．斜面素辺データには流域点と流域点を結ぶ斜面素辺，河道点と河道点を結ぶ辺，河道点と河道横流域点を結ぶ辺が記述される．

6.4 グリッド形式の地形情報を用いた流域地形のモデル化　　185

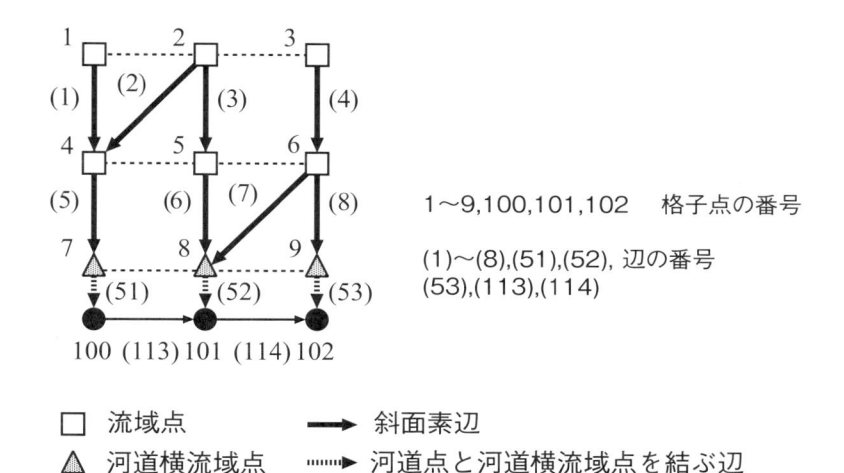

```
1      2      3
□----□----□
(1) ↓ (2)↘ ↓(3) (4)↓
4      5      6
□----□----□
(5) ↓ (6)  ↓(7)↘ (8)↓
7      8      9
△----△----△
   (51)  (52)  (53)
   ●----●----●
  100 (113) 101 (114) 102
```

1〜9, 100, 101, 102　　格子点の番号

(1)〜(8), (51), (52),　辺の番号
(53), (113), (114)

□　流域点　　　　　　→　斜面素辺
△　河道横流域点　　⇢　河道点と河道横流域点を結ぶ辺
●　河道点　　　　　　→　河道点と河道点を結ぶ辺

図 6.12：格子点と斜面素辺の接続関係から構成される流域地形モデル.

　表 6.1 は図 6.12 に対応する格子点データである．格子点データには，格子点番号，格子点種別，格子点の個別情報が，1 格子点につき 1 行に記録される．格子点番号は格子点に固有に与えられる番号である．格子点種別は流域点と河道点の 2 種類がある．格子点の個別情報は格子点の種別によって記録される内容が異なる．流域点の場合は位置座標，その格子点が代表する面積が記録される．河道は流出計算上面積を持たないと考え，河道点の場合は位置座標のみが記録される．表 6.2 は図 6.12 に対応する斜面素辺データである．斜面素辺データには，辺の番号，辺を構成する格子点の番号，辺の種別，辺の情報が一つの辺につき 1 行に記録される．

　辺の番号はその辺に与えられる番号である．辺を構成する格子点の番号は，上流側の格子点，下流側の格子点の順に記録する．辺の種別は，斜面素辺，河道点と河道横流域点を結ぶ辺，河道点と河道点を結ぶ辺の 3 種類がある．辺の情報はその辺の種別によって記録される内容が異なる．斜面素辺の場合はその長さと面積が記録される．河道点と河道点を結ぶ辺の場合は，その長さが記録される．河道点と河道横流域点を結ぶ辺は，河道と斜面の接続関係を表す長さ 0 の辺なので，この欄には何も記録しない．

表 6.1：格子点データ.

番号	種別*	x座標	y座標	z座標	面積
1	1	65.0	20.0	84.0	100.0
2	1	75.0	20.0	80.0	100.0
3	1	85.0	20.0	95.0	100.0
4	1	65.0	10.0	105.0	100.0
5	1	75.0	10.0	90.0	100.0
6	1	85.0	10.0	74.0	100.0
7	1	65.0	0.0	68.0	100.0
8	1	75.0	0.0	65.0	100.0
9	1	85.0	0.0	58.0	100.0
100	2	65.0	0.0	68.0	
101	2	75.0	0.0	65.0	
102	2	85.0	0.0	58.0	

* 流域点：1，河道点：2

表 6.2：斜面素辺データ.

番号	格子点番号		種別*	長さ	面積
1	1	4	1	10.0	133.3
2	2	4	1	14.1	83.3
3	2	5	1	10.0	100.0
4	3	6	1	10.0	133.3
5	4	7	1	10.0	133.3
6	5	8	1	10.0	100.0
7	6	8	1	14.1	83.3
8	6	9	1	10.0	133.3
51	7	100	2		
52	8	101	2		
53	9	102	2		
113	100	101	3	10.0	
114	101	102	3	10.0	

* 斜面素辺：1,
河道点と河道横流域点を結ぶ辺：2,
河道点と河道点を結ぶ辺：3

このように地形を表現すると，斜面と河道を区別しているため，それぞれの場に応じた流れのモデルを適用することができる．また，従来の落水線モデルとは違って，発散する斜面地形にも対応している．さらに，格子点データと斜面素辺データを組み合わせることによって，

- 斜面地形の構造
- 河道網の接続状況
- 斜面長，斜面勾配などの地形量

などの流れのモデルが必要とする情報を容易に得ることができる．

コラム：公開されている地形データセット

様々な研究機関から多くの地形データセットが公開されている．地形データセットは標高データと河道データの2種類に大きく分類される．標高データは，**6.3** で述べたように，空間的に縦横に区切った格子上の標高値をまとめたものとして整備されることが多い．その格子の分解能の精粗によってさまざまなデータが存在する．また，標高の計測方法によって精度にも違いがある．よく利用されているものに，GTOPO30，SRTM Data，ASTER

GDEM(ASTER 全球 3 次元地形データ)，HydroSHEDS，数値地図などがある．河道データには，ベクトル形式で河道の流路位置を記録したもの，グリッド型の標高データから流下方向を算定した流下方向データなどがある．よく利用されているものとして，TRIP(Total Runoff Integrating Pathways)，HydroSHEDS，国土数値情報などがある．

国土数値情報[22] 国土交通省国土計画局が公開しており，国土計画の策定や推進を支援するために国土に関する様々な情報を整備・数値化したものである．

数値地図[23] 国土地理院が刊行しており，基本的に有償である．標高データとしては，5m メッシュ，50m メッシュ，250m メッシュのものがある．5m メッシュのデータは航空レーザ測量によって取得された情報を元に作成されている．50m メッシュ，250m メッシュのデータは，それぞれ地表約 50m，250m 間隔に区切った方眼の中心点の標高を 2 万 5000 分の 1 地形図から計測して作成されている．

ASTER GDEM[24] 人工衛星に搭載したセンサーを用いて，日本の経済産業省と NASA が共同で整備した全陸域の標高データである．空間分解能は 1 秒角（約 30m）である．標高値の精度は約 7〜14m である．

TRIP[25] 東京大学生産技術研究所の沖大幹氏が公開しているグリッド型の河道データで，各グリッドごとに流下方向が記録されている．空間分解能は 1 度角のものと 0.5 度角のものがある．

GTOPO30[26] 米国地質調査所 (USGS) が 1996 年に公開した，空間分解能 30 秒角（約 1km）の全球数値標高データである．8 種類のデータソースを組み合わせて作成されている．標高値の精度（標準偏差）は約 30m である．

SRTM Data[27] 米国航空宇宙局 (NASA) が 2000 年に実施した Shutte Radar Topography Mission によって作成された全球数値標高データである．空間分解能は 3 秒角（約 90m）で，陸域の約 80% をカバーしている．標高値の精度は約 10m である．高緯度地域と急峻山岳地域で一部データの利用できないところがある．

HydroSHEDS[28] 米国地質調査所 (USGS) が公開しており，標高データ，流路位置，流域界，流向，集水面積などのデータが含まれている．南極を除いた全陸域を対象として，前述の SRTM データをもとに作成されている．

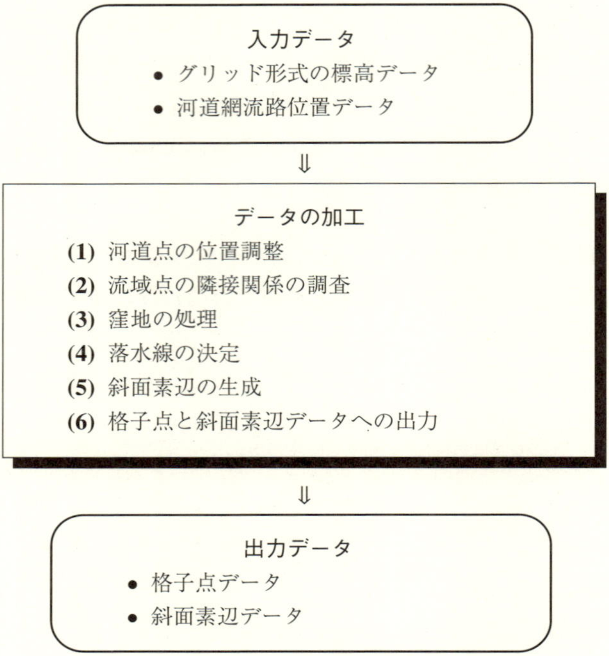

```
┌─────────────────────────┐
│       入力データ         │
│  • グリッド形式の標高データ │
│  • 河道網流路位置データ    │
└─────────────────────────┘
            ⇓
┌─────────────────────────────┐
│        データの加工          │
│ (1) 河道点の位置調整          │
│ (2) 流域点の隣接関係の調査     │
│ (3) 窪地の処理               │
│ (4) 落水線の決定             │
│ (5) 斜面素辺の生成           │
│ (6) 格子点と斜面素辺データへの出力│
└─────────────────────────────┘
            ⇓
┌─────────────────────────┐
│       出力データ         │
│  • 格子点データ           │
│  • 斜面素辺データ         │
└─────────────────────────┘
```

図 **6.13**：流域地形データを生成する流れ.

6.5 流域地形データを生成する計算機アルゴリズム

格子点データ (表 **6.1**) と斜面素辺データ (表 **6.2**) を作成する一連の計算機アルゴリズムを示す．入力データは

- グリッド形式の標高データ
- 河道網流路位置データ

の二つである．これらのデータはコラムに示すような一般公開されている地形データなどから作成することができる[29]–[32]．図 **6.13** は格子点データと斜面素辺データを生成する流れを示したものであり，以下ではこれらのデータを生成する一連のアルゴリズム[32]を説明する．

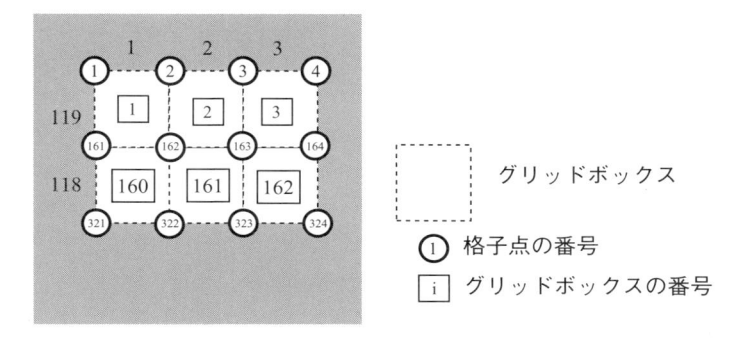

図 **6.14**：標高データの模式図.

6.5.1 入力データ

(1) グリッド形式の標高データ

図 **6.14** に示すようなグリッド形式の標高データとして

- 標高格子点データ (表 **6.3**)
- グリッドボックスデータ (表 **6.4**)

を準備する．標高格子点データは格子点の番号とその位置座標を記録したデータである．グリッドボックスとは，隣接する四つの標高データの格子点で構成される四角形であり，グリッドボックスデータには，グリッドボックスの番号，グリッドボックスの位置，グリッドボックスを構成する標高格子点の番号を，一つのグリッドボックスにつき 1 行に記録する．グリッドボックスの番号は一連の番号でなくてもよい．また，グリッドボックスの位置は，そのグリッドボックスが全体のなかで何行何列目に位置するかを示す．一般に，グリッドモデルでは行列形式でデータを整理して，平面座標は記録しない．しかし，地理座標系で整理した平面座標を UTM 座標系などの直交座標系に変換したときに格子の大きさが同じにならないことを考えて，この形式を採用する．

(2) 河道網流路位置データ

河道網の流路位置データは図郭を単位として記録する．図郭とは，対象流域を覆う領域を互いに重ならない矩形の図郭に区切ったものである．図 **6.15** で示す

表 6.3：標高格子点データ．

格子点の総数			
56000			
格子点の番号	x 座標	y 座標	z 座標
1	10.0	200.0	30.0
2	20.0	200.0	40.0
3	30.0	200.0	90.0
4	40.0	200.0	100.0
⋮	⋮	⋮	⋮
161	10.0	190.0	50.0
162	20.0	190.0	40.0
163	30.0	190.0	50.0
164	40.0	190.0	90.0
⋮	⋮	⋮	⋮
321	10.0	180.0	60.0
322	20.0	180.0	50.0
323	30.0	180.0	1000.0
324	40.0	180.0	80.0
⋮	⋮	⋮	⋮

表 6.4：グリッドボックスデータ．

グリッドボックスの総数		
55521		
グリッドボックスの番号	グリッドボックスの位置	グリッドボックスを構成する格子点の番号[*]
1	1 119	1 161 162 2
2	2 119	2 162 163 3
3	3 119	3 163 164 4
⋮	⋮	⋮
160	1 118	161 321 322 162
161	2 118	162 322 323 163
162	3 118	163 323 324 164
⋮	⋮	⋮

[*] グリッドボックスを構成する格子点番号は左上隅の格子点を先頭に反時計周りの順で記録する．

ように，河道網の構造は「端点」，「河道区分」，「河道点」を用いて表現する．以下に，端点，河道区分，河道点の定義を示す．

端点 河道の上下流端，河道の合流点，河道と図郭との交点（河道区分の上下流端がちょうど図郭線上に位置することもある）を端点と定義する．図郭内に複数存在する端点を識別するために，端点に番号を付ける．番号の同じ端点に複数の河道区分が接続することから河道区分の接続関係が分かる．また，端点が図郭の上にあるのか，図郭内にあるのかを区別するために，端点の位置情報を記録する．

河道区分 端点と端点の間で構成される一連の河道区間を河道区分と定義する．河道区分を識別するために番号を付ける．

河道点 端点と端点の間にあって，河道の位置を表す点を河道点と定義する．河道点を識別するために番号を付ける．一つの河道区分の中では，河道点は一定の方向に記録する．

以上の端点，河道区分，河道点の情報を次に示すフォーマット[2),33)]で記録する．一つの図郭に一つのデータファイルが対応する．図 6.15 に対応するこの

6.5 流域地形データを生成する計算機アルゴリズム　　191

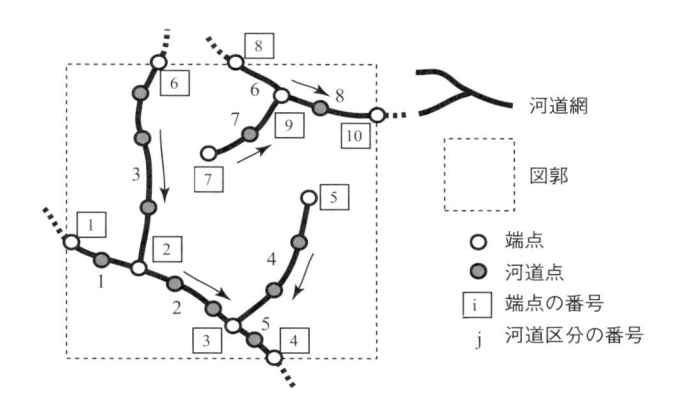

図 **6.15**：河道網の模式図.

フォーマットのデータを 図 **6.16** に示す．データはいくつかのセクションにわかれており，[ ] 内はセクションを表す．ここで示すデータフォーマットを `plain format V.2` とよぶことにする．以下，各セクションについて説明する．

`[Comment]` セクション　データに関する任意の説明を記述する．たとえば，対象地域やデータの単位などを書いておく．

`[Data Format Name]` セクション　データフォーマットの名前を記す．このデータセットでは，`plain format V.2` と書く．

`[Coordinate System]` セクション　データセット作成の際に用いた地図の座標系（投影法）を記す．

`[Map Number]` セクション　このデータが対象とする図郭番号を記す．列番号（x 方向），行番号（y 方向）の順で，間に空白を入れて 1 行に記録する．y 方向の向きは，x 方向から反時計回りに 90° 回転した方向とする．

`[Reference Coordinates]` セクション　地図の座標系として，UTM 座標系を用いると，y 座標は赤道からの距離になるので非常に大きな値となる．実際の作業では赤道からの絶対的な距離が問題になるのではなく，2 点間の相対的な距離が問題となることが多い．そこで，ある基準点を設けて，その基準点からの距離で，点の座標を表すことにする．その基準点の座標値をここに記録する．

```
[Comment]
This is a sample dataset.
[Data Format Name]
plain format V.2
[Coordinate System]
UTM 53
[Map Number]
1 1
[Reference Coordinates]
200.0 0.0
[Vertices of the Map]
300.0 0.0
800.0 0.0
800.0 500.0
300.0 500.0
[Number of End Points]
10
[Data of End Points]
1 300.0 210.0 345.0 4
2 400.0 170.0 330.0 0
3 550.0  60.0 325.0 0
4 330.0   0.0 315.0 1
5 710.0 270.0 369.0 0
6 500.0 500.0 382.0 3
7 550.0 300.0 410.0 0
8 580.0 500.0 403.0 3
9 640.0 400.0 397.0 0
10 800.0 320.0 381.0 2
[Number of River Segments]
8
[Data]
1   1    1   1    4   300.0   210.0   345.0    0.0
1   1    0   1   -1   340.0   180.0  9999.0   10.0
1   1   -2   1    0   400.0   170.0   330.0    0.0
1   1    2   2    0   400.0   170.0   330.0    0.0
1   1    0   2   -1   410.0   120.0  9999.0    0.0
1   1    0   2   -1   483.0    85.0  9999.0   12.0
1   1   -3   2    0   550.0    60.0   325.0    0.0
1   1    3   5    0   550.0    60.0   325.0    0.0
1   1    0   5   -1   420.0    15.0  9999.0   15.0
1   1   -4   5    1   330.0     0.0   315.0    0.0
1   1   -2   3    0   400.0   170.0   330.0    0.0
1   1    0   3   -1   410.0   200.0  9999.0   11.0
1   1    0   3   -1   450.0   320.0  9999.0    0.0
1   1    0   3   -1   475.0   470.0  9999.0    0.0
1   1    6   3    3   500.0   500.0   382.0    0.0
1   1    5   4    0   710.0   270.0   369.0    0.0
1   1    0   4   -1   655.0   200.0  9999.0    7.0
1   1    0   4   -1   600.0   120.0   330.0    7.0
1   1   -3   4    0   550.0    60.0   325.0    0.0
1   1    7   7    0   550.0   300.0   410.0    0.0
1   1    0   7   -1   600.0   350.0   405.0    0.0
1   1   -9   7    0   640.0   400.0   397.0    0.0
1   1    8   6    0   580.0   500.0   403.0    0.0
1   1   -9   6    0   640.0   400.0   397.0    0.0
1   1    9   8    0   640.0   400.0   397.0    0.0
1   1    0   8   -1   710.0   360.0   385.0    0.0
1   1  -10   8    2   800.0   320.0   381.0    0.0
```

図 **6.16**：河道網データセット plain format V.2 の例．[Data] の点線は河道区分の間を識別するために入れたもので，実際のデータには含まれない．

表 **6.5**：河道点の位置情報の値.

値	内容
-1	端点でない河道点
0	図郭内部の端点と合流点
1	図郭下辺上の端点
2	図郭右辺上の端点
3	図郭上辺上の端点
4	図郭左辺上の端点
5	図郭の左下頂点上の端点
6	図郭の右下頂点上の端点
7	図郭の右上頂点上の端点
8	図郭の左上頂点上の端点

[Vertices of the Map] セクション　当該図郭の四隅の座標を，左下，右下，右上，左上の順に，1 点につき 1 行で記す．

[Number of End Points] セクション　当該図郭に含まれる端点の数を記録する．

[Data of End Points] セクション　端点番号，端点の座標 ($x, y,$ 標高値)，河道点の位置情報の順に，空白で区切り，端点一つにつき 1 行ずつ記録する．端点番号は自然数とし，端点毎に異なる値を付ける．ただし，連続した数である必要はなく，区別できればよい．河道点の位置情報の値は，表 **6.5** のように定める．

[Number of River Segments] セクション　図郭内の河道区分の数を記す．

[Data] セクション　河道区分ごとに河道点の情報を記述する．一つの河道区分の情報は，端点に始まり端点で終わる．1 行につき一つの河道点の情報を，以下の順で記録する．

- 図郭番号：河道点が位置する図郭の番号．
- 端点番号：上で設定した端点番号．マイナスが付してある端点番号は，その端点が河道区分の下流端であることを示す．ゼロは端点でないことを表す．
- 河道区分番号：図郭ごとに唯一の番号を与える．図郭内の河道区分の番号は，一連の番号でなくてもよい．

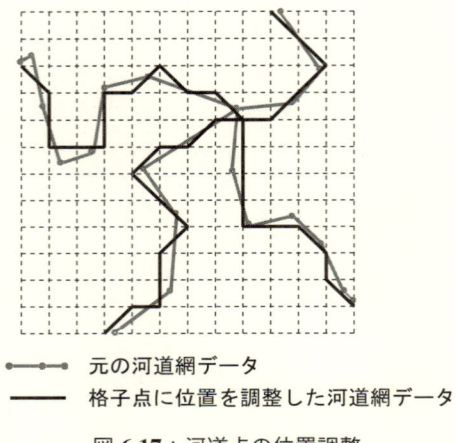

図 6.17：河道点の位置調整.

- 河道点の位置情報 (表 6.5).
- 河道点の座標：標高値が欠測である河道点では，標高値を 9999 にする．
- 川幅は，値が 0 または負なら欠測とみなす．

6.5.2　流域地形データを生成する一連のアルゴリズム

(1)　河道点の位置調整

　河道点の位置は標高格子点の位置と一致しないため，そのままでは河道点と流域点の接続関係を決めることが難しい．そこで，**図 6.17** のように，河道網が標高格子点上を通るように河道点の位置を調整する．この作業では，元の河道網と格子線が交差する点を見つけ，その点に最も近い標高格子点を新たな河道点とする．したがって，格子線を構成する標高格子点をあらかじめ知っておく必要がある．そのため，**表 6.4** のグリッドボックスデータが必要になる．この作業が終わった時点で，すべての標高格子点は，河道を構成する河道点と，それ以外の流域点とに区別できるようになる．

始点の処理　河道区分の始点が領域内にある場合は，河道区分の始点を最も近い標高格子点に移動させる．たとえば図 **6.18**(a) において，始点 R_0 に最も近い標高格子点は P_0 なので，R_0 を P_0 に移動させる．河道区分の始点が領域外にある

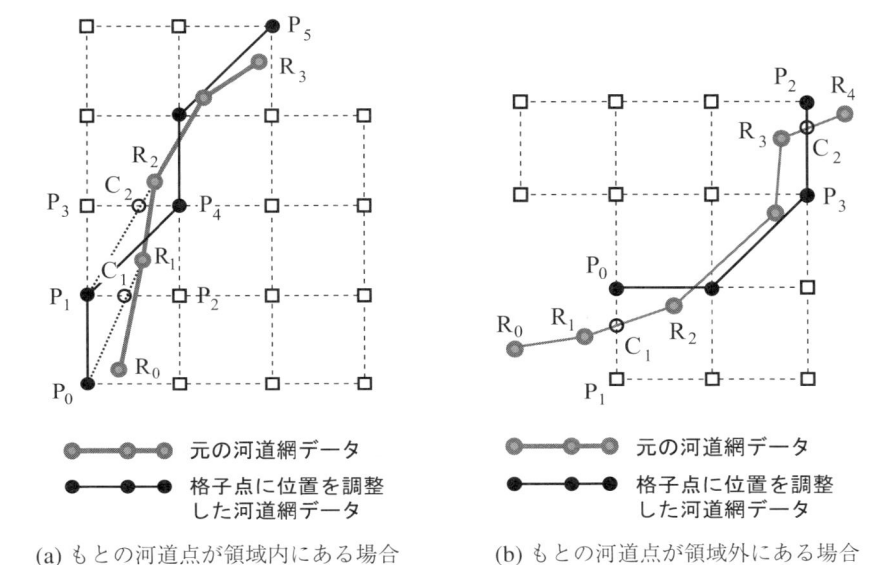

図 6.18：河道点の位置調整.

場合は，その河道区分と格子線が初めて交差する点を探し，その交点に最も近い標高格子点を新しい河道区分の始点とする．たとえば図 6.18(b) において，始点 R_0 は領域外にあるので，河道区分と格子線が初めて交差する点 C_1 を求め，C_1 に最も近い標高格子点 P_0 を新しい河道区分の始点とする．

中間点の処理　始点から順に河道点を結ぶ線分と格子線との交点を求め，その交点に最も近い標高格子点を新たな河道点とする．例えば図 6.18(a) において，線分 P_0R_1 と格子線との交点 C_1 を求め，C_1 に最も近い標高格子点 P_1 を新たな河道点とする．この作業を河道区分の終点もしくは領域外に出るまで繰り返す．領域外に出た場合は，その点を河道区分の終点とみなし，終点の処理に移る．

終点の処理　終点が領域内にある場合は，河道区分の終点を最も近い標高格子点に移動させる．例えば図 6.18(a) において，終点 R_3 に最も近い標高格子点は P_5 なので，R_3 を P_5 に移動させる．終点が領域外にある場合は，その河道区分が格子線と最後に交差する点を求め，その交点に最も近い標高格子点を新しい河道区分の終点とする．図 6.18(b) の場合，線分 R_3R_4 と格子線との交点 C_2 を求め，C_2 に最も近い標高格子点 P_2 を新しい河道区分の終点とする．

196　第6章　河道網と流域地形の数理表現

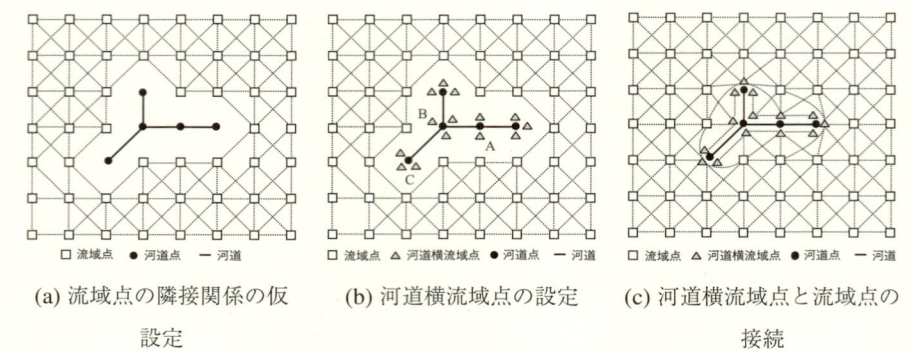

| (a) 流域点の隣接関係の仮設定 | (b) 河道横流域点の設定 | (c) 河道横流域点と流域点の接続 |

図 6.19：流域点の隣接関係の模式図．

(2) 流域点の隣接関係の調査

　流域点と流域点とを結ぶ落水線を決めるためには，流域点相互の隣接関係を知る必要がある．そのために各流域点の周囲に位置する流域点をあらかじめ調べておく．まずはじめに，各流域点の周囲 8 点の隣接関係を調べる．周囲の点が河道点だったり，あるいは流域点でも河道をまたぐ方向にある点は隣接する点とはみなさない．図 6.19(a) は，この時点での流域点の隣接関係を模式的に示したものである．図中，点線で結ばれている点が互いに隣接している流域点である．

　この作業を行なった時点では，流域点と河道点が切り離されており，河道点周りの隣接関係が定められていない．そこで，図 6.19(b) のように河道点と同じ位置に流域点を設け，この点と周囲に位置する流域点との隣接関係を調べる．この新たに設けた流域点を，河道横流域点とよぶことにする．河道横流域点は，その点に隣接する流域点が河道のどちら側に位置しているかを区別するために，一つの河道点に対して複数設ける．たとえば，図 6.19(b) の点 A のような河道区分の中間点の場合は，右岸側の隣接関係を受け持つ河道横流域点と左岸側の隣接関係を受け持つ河道横流域点をそれぞれ一つずつ設ける．点 B のような合流点では，河道に区切られたそれぞれの岸の隣接関係を受け持つ河道横流域点を設ける．点 B の場合は 3 つとなる．点 C のような最上流端もしくは最下流端では，河道の右岸側，左岸側，上流側もしくは下流側のそれぞれの隣接関係を受け持つ 3 つの河道横流域点を設ける．このようにして配置した河道横流域点と周囲の流域点との隣接関係を模式的に示したのが 図 6.19(c) である．このように，河道点と流域点との隣接関係を河道横流域点を介して表現することによって，ある河道の右岸

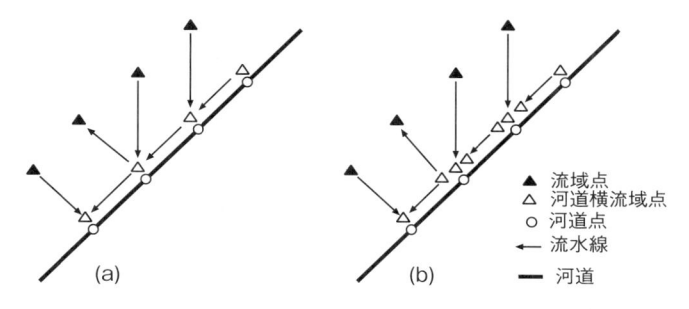

図 6.20: 河道に沿う落水線.

凡例: ▲ 流域点　△ 河道横流域点　○ 河道点　← 流水線　― 河道

側の斜面素辺だけを選び出すといったことが可能となる.

(3) 窪地の処理

窪地とは周りのどの流域点よりも標高値の低い流域点のことである. 窪地では流れ方向を決定することができない. そこで, 窪地に対しては, 隣接する流域点の標高の中で最も低い標高値よりも標高が高くなるように窪地の標高値を調整し, 窪地が無くなるまでこの作業を繰り返す.

(4) 落水線の決定

各流域点において, **(2)** で調べた周囲の流域点との隣接関係をもとに, **6.4.1** で説明した方法にしたがって落水線を決定する. このとき, 図 **6.20**(a) のように, 河道に平行する落水線が生成されることがある. このような落水線ができると, 斜面から流下してきた雨水がいつまでも河道に流入しないことになる. このような場合は図 **6.20**(b) のように河道横流域点を追加し, 斜面素辺と河道を接続する.

(5) 斜面素辺の生成

6.4.2 で説明した方法にしたがって落水線に面積を割り振り, 斜面素辺を生成する.

(6) 格子点と斜面素辺データの生成

格子点データと斜面素辺データを出力する.

6.6 分布型流出モデル構成のための流域地形データの処理

前節までに示したデータ加工により，対象流域を覆う領域の格子点データと斜面素辺データが完成する．これらのデータから，対象流域の地形データを切り出す．最終的に作成された地形データは分布型流出モデルで用いる地形データとなる．ここでは，淀川水系の瀬田川支川である大戸川流域 (189.5 km^2) に適用した例を示しながら，データ処理の方法を説明する．データソースとして，国土地理院による数値地図 50 m メッシュ (標高)，国土数値情報 KS–271(河川単位流域台帳)，KS–272(流路位置，図 6.21) を利用した．

6.6.1 対象流域の抽出・分割

流出モデルを構成する場合，対象流域をいくつかの部分流域に分割し，それぞれの部分流域に流出モデルを適用することが多い．流域構造の骨格となるのは河道網なので，分割作業は通常，流域内を流れる河道網をいくつかの部分河道網に分割し，各々の部分河道網の集水域を部分流域とする．ここで示した地形表現形式では，格子点データと斜面素辺データの組合せで斜面素辺同士の接続関係および斜面素辺と河道網との接続関係を把握することができる．そこで，対象とする流域の河道網をいくつかの部分河道網に分割し，各部分河道網に流入する斜面素辺から上流に次々と遡ることで各部分河道網の集水域を特定する．このときは，まだ発散型の斜面素辺を考えない．図 6.22 は，大戸川流域の河道を 7 個の部分河道網に分割し，それぞれの部分河道網への集水域を抽出して表示したものである．

6.6.2 発散型地形の処理

次に，発散型地形を表現するための落水線を追加する．図 6.23, 図 6.24 は，大戸川上流の一部の地形モデルの拡大図である．図 6.23 は収束地形を表現する落水線，図 6.24 はそれに加えて発散地形を表現する落水線を追加した流域地形モデルである．図 6.24 の黒の太実線が追加された落水線であり，これらは峰や尾根といった発散地形に対応している．

6.6 分布型流出モデル構成のための流域地形データの処理   199

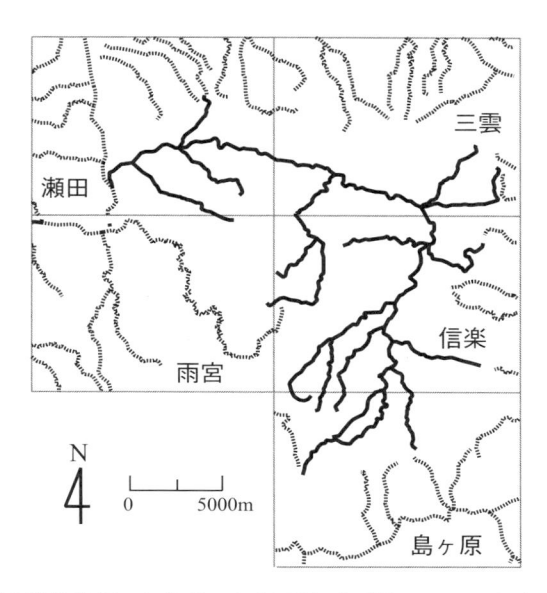

図 **6.21**：国土数値情報から作成した大戸川の河道網．一つの図郭が 2 万 5000 分の 1 地形図に対応する．

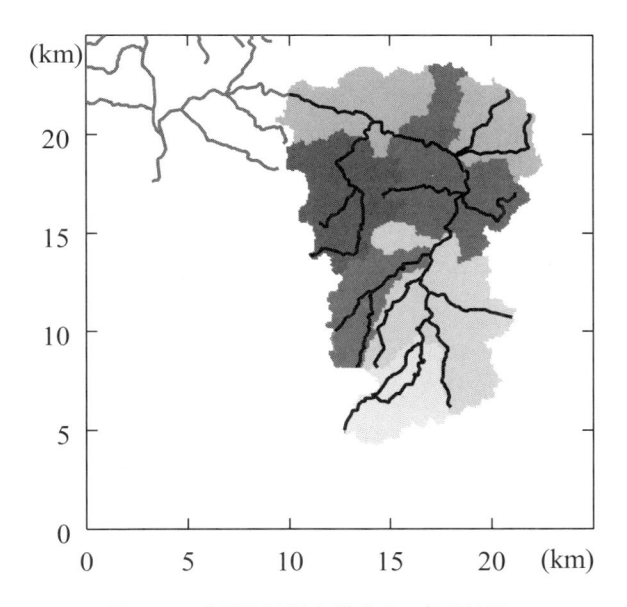

図 **6.22**：大戸川流域を構成する部分流域．

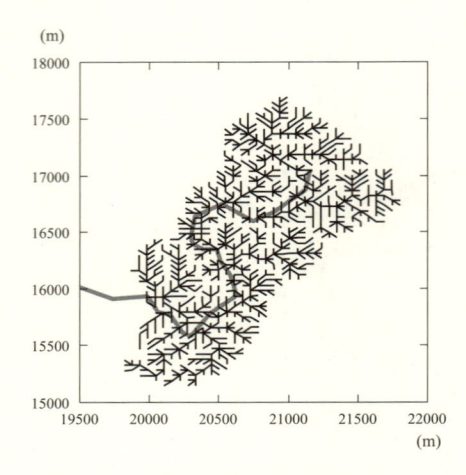

図 6.23：発散地形を表現する落水線を追加する前の地形モデル．黒の細い実線は落水線，灰色の太い実線は河道を表す．

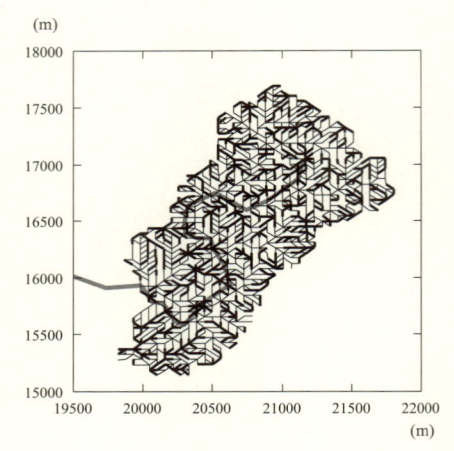

図 6.24：発散地形を表現する落水線を追加した後の地形モデル．黒の太い実線が追加された落水線．

参考文献

1) 椎葉充晴：流出系のモデル化と予測に関する基礎的研究，京都大学博士論文, 1983.
2) 椎葉充晴, 立川康人, 市川 温：流域地形の新しい表現形式とその流域モデリングシステムとの結合, 京都大学水文研究グループ研究資料, 1, 131p, 1998.
3) 高棹琢馬, 椎葉充晴：河川流域の地形構造を考慮した出水系モデルに関する研究, 土木学会論文報告集, 248, pp. 69–82, 1976.
4) 陸旻皎, 早川典生, 小池俊雄：河道網構造に基づく最適追跡順番の決定法, 土木学会論文集, 473号/II-24, pp. 1–6, 1993.
5) Horton, R. E.：Erosional development of streams and their drainage basins; hydrophisical approach to quantitative morphology, *Bulletin of the Geological Society of America*, 56, pp. 275–370, 1945.
6) Strahler, A. N.：Handbook of applied hydrology, ed. Chow, V. T., McGraw-Hill, pp. 43–61, 1964.
7) 石原藤次郎, 高棹琢馬, 瀬能邦雄：河道配列の統計則に関する基礎的研究, 京都大学防災研究所年報, 12B, pp. 345-365, 1969.
8) Shreve, R. L.：Statistical law of stream numbers, *Journal of Geology*, 74, pp. 17–37, 1966.
9) Shreve, R. L.：Infinite topologically random channel network, *Journal of Geology*, 75, pp. 178–186, 1967.
10) 岩佐義朗, 小林信久：マグニチュード理論による河道網の連結構造に関する統計則と指標, 土木学会論文報告集, 273, pp. 35–46, 1978.
11) 岩佐義朗, 小林信久：マグニチュードに基づく流域地形則およびその位数理論との関連性, 土木学会論文報告集, 273, pp. 47–58, 1978.
12) 金丸昭治, 高棹琢馬：水文学, 朝倉書店, pp. 149–178, 1975.
13) Rodríguez-Iturbe, I.：The geomorphological unit hydrograph, Channel Network Hydrology (ed.

K. Beven and M. J. Kirkby), Chap. 3, John Wiley & Sons, pp. 43–68, 1993.
14) 立川康人, 椎葉充晴, 高棹琢馬：三角形要素網による流域地形の数理表現に関する研究, 土木学会論文集, 558/II-38, pp. 45-60, 1997.
15) O'Loughlin, E. M. : Prediction of surface saturation zones in natural catchments by topographic analysis, *Water Resour. Res.*, 22(5), pp. 794-804, 1986.
16) Moore, I. D. and R. B. Grayson : Terrain-based catchment partitioning and runoff prediction using vector elevation data, *Water Resour. Res.*, 27(6), pp. 1177-1191, 1991.
17) 立川康人, 原口 明, 椎葉充晴, 高棹琢馬：流域地形の三角形要素網表現に基づく分布型降雨流出モデルの開発, 土木学会論文集, 565/II-39, pp. 1-10, 1997.
18) Quinn, P., K. Beven, P. Chevallier and O. Planchon : The prediction of hillslope flow paths for distributed hydrological modeling using digital terrain models, *Hydrol. Proc.*, 5, pp. 59 – 80, 1991.
19) Costa-Cabral, M. and S. J. Burges : Digital elevation model networks (DEMON): A model of flow over hillslopes for computation of contributing and dispersal areas, *Water Resour. Res.*, 30(6), pp. 1681 – 1692, 1994.
20) Tarboton, D. G. : A new method for the determination of flow directions and upslope areas in grid digital elevation models, *Water Resour. Res.*, 33(2), pp. 309 – 319, 1997.
21) 椎葉充晴, 市川 温, 榊原哲由, 立川康人：河川流域地形の新しい数理表現形式, 土木学会論文集, No. 621 / II-47, pp. 1 – 9, 1999.
22) 国土交通省国土政策局：http://www.mlit.go.jp/kokudoseisaku/gis/（参照日：2012 年 6 月 16 日）.
23) 国土交通省国土地理院：http://www.gsi.go.jp/tizu-kutyu.html（参照日：2012 年 6 月 16 日）.
24) 財団法人 資源・環境観測解析センター：ASTER GDEM, ASTER 全球 3 次元地形データ, http://www.jspacesystems.or.jp/ersdac/GDEM/J/4.html（参照日：2012 年 6 月 16 日）.
25) 沖大幹：Total Runoff Integrating Pathways (TRIP), http://hydro.iis.u-tokyo.ac.jp/ taikan/TRIP-DATA/TRIPDATA.html（参照日：2012 年 6 月 17 日）.
26) U.S. Geological Survey : GTOPO30, Global 30 Arc Second Elevation Data Set, http://www1.gsi.go.jp/geowww/globalmap-gsi/gtopo30/gtopo30.html（参照日：2012 年 6 月 16 日）.
27) NASA : SRTM, Shittle Radar Topography Mission, http://www2.jpl.nasa.gov/srtm/（参照日：2012 年 6 月 16 日）.
28) U.S. Geological Survey : HydroSHEDS, http://hydrosheds.cr.usgs.gov/（参照日：2012 年 6 月 17 日）.
29) 立川康人, 市川 温, 坂井健介, 椎葉充晴：DCW と GLOBE データセットを用いた流出シミュレーションのための河道網データの生成 –タイ国チャオプラヤ川を対象として–, 水文・水資源学会誌, 11(6), pp. 565–574, 1998.
30) 坂井健介, 立川康人, 市川 温, 椎葉充晴：大河川流域を対象とした流出シミュレーションモデルの構築とそのチャオプラヤ川流域への適用, 水文・水資源学会誌, 12(1), pp. 39–52, 1999.
31) 立川康人, 宝 馨, 田中賢治, 水主崇之, 市川 温, 椎葉充晴：中国淮河流域における河川流量シミュレーション, 水文・水資源学会誌, 15(2), pp. 139–151, 2002.
32) 京都大学大学院工学研究科 社会基盤工学専攻水工学講座 水文・水資源学分野：流域地形情報を基盤とした水文モデル構築システム, http://hywr.kuciv.kyoto-u.ac.jp/geohymos/geohymos.html（参照日：2010 年 6 月 30 日）.
33) 南 裕一, 立川康人, 椎葉充晴, 市川 温：河道網データセットの新たな表現形式とその生成手法について, 土木学会第 52 回年次学術講演会講演概要集, 第 2 部, pp. 328 – 329, 1997.

第7章

分布型降雨流出モデルの構成

6章で述べたように,流域地形のモデル化手法が発展し,流域地形モデルを土台として多くの分布型降雨流出モデルが開発されている.その一例として,本章では6章で示した流域地形モデルを用い,1章で示したキネマティックウェーブモデルを流れのモデルとする分布型降雨流出モデルを解説する.分布型流出モデルは土砂流出や様々な物質の移動の予測にも応用されている.

7.1 グリッド形式の地形情報を用いた分布型降雨流出モデル

グリッド形式の標高データを用いた分布型流出モデルの基本的な考え方は,落水線網の作成にある.6章で述べた流域地形モデルを用いれば,図7.1に示すような落水線網を作成することができる.この落水線網に沿って雨水や物質が移動すると考え,その流れをモデル化する.こうしたモデルは,レーダ雨量計によって観測される雨量を反映した分布型流出モデルとして多数開発され[1]-[3],水量だけでなく水質や土砂移動を対象とするモデル[4]-[9]や融雪流出を予測するモデル[10],[11]に拡張されている.

7.1.1 流域地形データの作成

6章で示した各部分流域の格子点データ(表6.1)と斜面素辺データ(表6.2)を作成することで,図7.2に示すような多数の矩形斜面の集合として,流域地形が表現される.雨水や土砂,様々な物質はこれらの斜面を上流から順次,下流に移

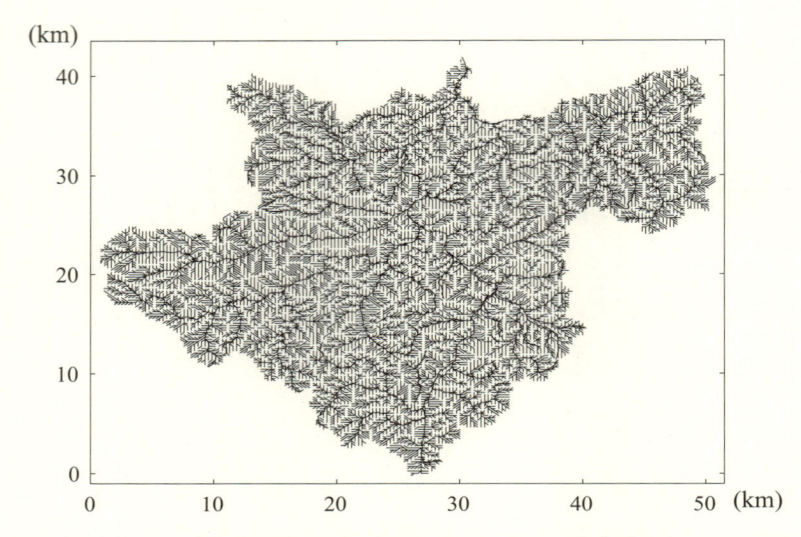

図 7.1：グリッド形式の標高データから作成した 250m 空間分解能の流域地形モデル (円山川流域).

動するものと考える．そのために，格子点データと斜面素辺データから分布型流出モデルで利用する流域地形データを作成する[12),13)]．具体的にはこれらのデータから，

- 斜面素辺の位置，勾配
- 斜面素辺間の接続関係
- 斜面素辺の流出計算順序

の情報を生成し，分布型流出モデル用の地形データを出力する．

(1) 斜面素辺の位置と勾配の算出

図 **6.12** のように番号付けした流域地形情報を表すために，斜面素辺データには，斜面素辺ごとに長さ，面積および両端の格子点の番号が記録されている．これに合わせて斜面素辺ごとに，流量計算に必要となる斜面素辺の位置と勾配を加える．位置情報は他の空間的データ，たとえばレーダ雨量や土地利用のデータなどと重ねあわせる際に必要となる．これらの情報を加えるためには格子点のデータを用いればよい．

7.1 グリッド形式の地形情報を用いた分布型降雨流出モデル

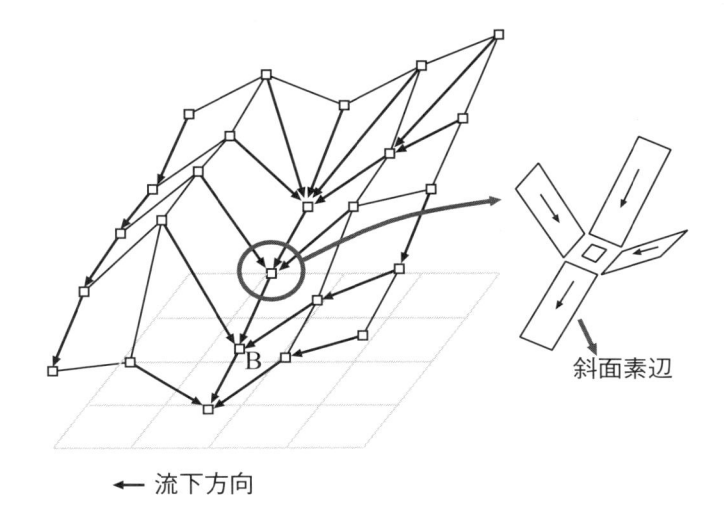

図 7.2：斜面素辺の繋がりによる雨水流れのモデル化．

新たに作成したデータを表 **7.1** に示すフォーマットのデータとして記録する．この形式のデータセットを edge format V.4 データセットとよぶことにする[12]．表 **7.1** の各カラムの意味は次の通りである．

- (a) 斜面素辺の番号
- (b) 斜面素辺の上端の格子点番号
- (c) 斜面素辺の上端の位置座標
- (d) 斜面素辺の下端の格子点番号
- (e) 斜面素辺の下端の位置座標
- (f) 斜面素辺の種別（1: 斜面，2: 斜面と河道を接続する辺，3: 河道）
- (g) 斜面素辺の長さ（(f) が 2 のときは何も書かない）
- (h) 斜面素辺の勾配（(f) が 2 のときは何も書かない）
- (i) 斜面素辺の面積（(f) が 2 あるいは 3 のときは何も書かない）

表中の斜面素辺の種別が 1 となっている辺が，斜面を表す．斜面を表す辺に対しては，その長さ，勾配，面積を記録する．斜面素辺の種別が 2 の辺は，斜面と河道を接続するための長さ 0 の仮想的な斜面素辺であるため，長さ，勾配，面積は空欄とする．斜面素辺種別が 3 の辺は河道を表し，長さと勾配を記録する．

表 7.1：edge format V.4 データセットによる斜面素辺の記述.

(a)	(b)	(c)			(d)	(e)			(f)	(g)	(h)	(i)
1	1	65	20	110	4	65	10	105	1	10	0.5	133.3
2	2	75	20	120	4	65	10	105	1	14.1	1.064	83.3
3	2	75	20	120	5	75	10	90	1	10	3	100
4	3	85	20	95	6	85	10	74	1	10	2.1	133.3
5	4	65	10	105	7	65	0	68	1	10	3.7	133.3
6	5	75	10	90	8	75	0	65	1	10	2.5	100
7	6	85	10	74	8	75	0	65	1	14.1	0.638	83.3
8	6	85	10	74	9	85	0	58	1	10	1.6	133.3
51	7	65	0	68	100	65	0	68	2			
52	8	75	0	65	101	75	0	65	2			
53	9	85	0	58	102	85	0	58	2			
113	100	65	0	68	101	75	0	65	3	10	0.3	
114	101	75	0	65	102	85	0	58	3	10	0.7	

(2) 斜面素辺の接続関係の導出

　edge format V.4 形式のデータにより，流れのモデルで必要となる基本的な地形量が記録された．次に，流出計算に用いるために，edge format V.4 データから，ある斜面素辺の上端あるいは下端の格子点に接続する斜面素辺を探して，その個数と番号を記憶する．その結果を表 7.2 に示す．このデータセットをedge connection V.4 データセットとよぶことにする．表 7.2 は表 7.1 に示したデータセットから生成する．表 7.2 の各カラムの意味は次の通りである．

(a) 斜面素辺の番号
(b) 斜面素辺の上端の格子点番号
(c) 斜面素辺の上端の位置座標
(d) 斜面素辺の下端の格子点番号
(e) 斜面素辺の下端の位置座標
(f) 上流側に接続する斜面素辺の数
(g) 上流側に接続する斜面素辺の番号（(f) 個並べて書く；(f) が 0 のときは何も書かない）
(h) 下流側に接続する斜面素辺の数
(i) 下流側に接続する斜面素辺の番号（(h) 個並べて書く；(h) が 0 のときは何も書かない）
(j) 斜面素辺の種別

7.1 グリッド形式の地形情報を用いた分布型降雨流出モデル　207

表 **7.2**：edge connection V.4 データセットによる接続関係を加えた斜面素辺の記述

(a)	(b)	(c)			(d)	(e)			(f)	(g)		(h)	(i)		(j)	(k)	(l)	(m)
1	1	65	20	110	4	65	10	105	0			2	-5	2	1	10	0.5	133.3
2	2	75	20	120	4	65	10	105	1	-3		2	-5	1	1	14.1	1.064	83.3
3	2	75	20	120	5	75	10	90	1	-2		1	-6		1	10	3	100
4	3	85	20	95	6	85	10	74	0			2	-7	-8	1	10	2.1	133.3
5	4	65	10	105	7	65	0	68	2	1	2	1	-51		1	10	3.7	133.3
6	5	75	10	90	8	75	0	65	1	3		2	-52	7	1	10	2.5	100
7	6	85	10	74	8	75	0	65	2	4	-8	2	-52	6	1	14.1	0.638	83.3
8	6	85	10	74	9	85	0	58	2	4	-7	1	-53		1	10	1.6	133.3
51	7	65	0	68	100	65	0	68	1	5		1	-113		2			
52	8	75	0	65	101	75	0	65	2	6	7	2	-114	113	2			
53	9	85	0	58	102	85	0	58	1	8		1	114		2			
113	100	65	0	68	101	75	0	65	1	51		2	-114	52	3	10	0.3	
114	101	75	0	65	102	85	0	58	2	52	113	1	53		3	10	0.7	

(k) 斜面素辺の長さ（(j) が 2 のときは何も書かない）
(l) 斜面素辺の勾配（(j) が 2 のときは何も書かない）
(m) 斜面素辺の面積（(j) が 2 あるいは 3 のときは何も書かない）

表 **7.2** の情報（(a)〜(e), (j)〜(m)）は edge format V.4 データと同じである．下流側斜面素辺の番号の欄（カラム (i)）には，いま対象としている斜面素辺の下端格子点に対して，流入する方向で接続している斜面素辺には正の符号を付した斜面素辺番号を，流出する方向で接続している斜面素辺には負の符号を付した斜面素辺番号を登録する．たとえば，表 **7.2** では，斜面素辺 1 の下端には二つの斜面素辺が接続しており（カラム (h)），その番号は -5, 2 となっている (カラム (i))．図 **6.12** に示すように，斜面素辺 1 の下端では，斜面素辺 2 と斜面素辺 5 が接続しており，斜面素辺 2 は，斜面素辺 1 の下端に対して流入する方向，斜面素辺 5 は流出する方向で接続している．この違いを表すために斜面素辺番号に符号を付けて，接続の仕方の違いを区別する．

この規則は，斜面素辺上端における接続関係を表す際にも適用する．たとえば，図 **6.12** において，斜面素辺 2 の上端では斜面素辺 3 が接続しているが，斜面素辺 2 から見て斜面素辺 3 は流出する方向で接続している．そこで，表 **7.2** の斜面素辺 2 の行では，カラム (g) には 3 ではなく，-3 と記録する．

表 7.3：計算順に並べ替えた edge connection V.4 データセット.

(a)	(b)	(c)			(d)	(e)			(f)	(g)		(h)	(i)		(j)	(k)	(l)	(m)
1	1	65	20	110	4	65	10	105	0			2	-5	2	1	10	0.5	133.3
2	2	75	20	120	4	65	10	105	1	-3		2	-5	1	1	14.1	1.064	83.3
5	4	65	10	105	7	65	0	68	2	1	2	1	-51		1	10	3.7	133.3
51	7	65	0	68	100	65	0	68	1	5		1	-113		2			
3	2	75	20	120	5	75	10	90	1	-2		1	-6		1	10	3	100
6	5	75	10	90	8	75	0	65	1	3		2	-52	7	1	10	2.5	100
4	3	85	20	95	6	85	10	74	0			2	-7	-8	1	10	2.1	133.3
7	6	85	10	74	8	75	0	65	2	4	-8	2	-52	6	1	14.1	0.638	83.3
52	8	75	0	65	101	75	0	65	2	6	7	2	-114	113	2			
8	6	85	10	74	9	85	0	58	2	4	-7	1	-53		1	10	1.6	133.3
53	9	85	0	58	102	85	0	58	1	8		1	114		2			
113	100	65	0	68	101	75	0	65	1	51		2	-114	52	3	10	0.3	
114	101	75	0	65	102	85	0	58	2	52	113	1	53		3	10	0.7	

(3) 斜面素辺の流出計算順序の決定

(2) で導出した斜面素辺間の接続関係をもとに，斜面素辺の流出計算順序を決定する．斜面素辺の流出計算は，上流側の斜面素辺から下流側の斜面素辺へと順に行なう必要があるので，上で作成した edge connection V.4 データセットを流出計算が可能な順に並び替え，再び edge connection V.4 形式で書き出す．**表 7.3** は**表 7.2** に示したデータセットを計算順に並べ替えたものである．各カラムの意味は**表 7.2** と同じである．

具体的な手順は以下の通りである．まず，河道点と河道横流域点を結ぶ斜面素辺（斜面素辺種別 2）からスタートして，縦型探索（たとえば奥村[14]など）の要領で次々と上流の斜面素辺をたどる．流域最上流の斜面素辺に到達したら，一つ下流の斜面素辺に戻り，上流に位置する他の斜面素辺をたどる．この手順を繰り返し，行きつ戻りつしながら斜面素辺群をくまなく探索して，ある斜面素辺に再び戻ってきた時点で，その斜面素辺に計算順位をつける．こうすることで，任意の斜面素辺より上流に位置する斜面素辺には，必ずその斜面素辺より早い計算順位がつけられることになる．

始点の斜面素辺まで順位がつけられたら，次の河道点と河道横流域点を接続する斜面素辺を始点として同様の手続きを繰り返す．対象とするデータセットに含まれる全ての斜面素辺および河道点と河道横流域点を結ぶ斜面素辺に順位がつけられたら，その順位にしたがってデータを書き出す．河道点と河道点を結ぶ斜面

素辺（斜面素辺タイプ 3）については，ここで示す流れのモデルとは独立した別のモデルで計算することを想定しているので，順位付けを行なわず，すべての斜面素辺および河道点と河道横流域点を結ぶ斜面素辺のデータを書き出したあとに追加して記録するだけとする．以上で流れのモデルを適用するうえで必要な情報がすべて整ったことになる．

7.1.2 発散型斜面の流出計算法

部分流域は勾配，落水方向，面積の情報をもつ矩形斜面の集合であり，それぞれの矩形斜面にキネマティックウェーブモデルを適用する．ここで用いる流域地形モデルでは，発散型の地形に対応するよう拡張されているため，一つの格子点から複数の斜面素辺が発する場合もありうる．そのため，流れのモデルにおいても，雨水が合流して流下する過程だけではなく，一つの斜面素辺を流下してきた雨水が分流して下流側の斜面素辺に流入するという過程も扱うことができるように拡張する．

まず単純なケースとして，ある格子点から二つの斜面素辺が発する場合を考える．その格子点に流入してきた流量を，下流の二つの斜面素辺にどのように配分するか決めることができれば，流出計算を行なうことが可能である．いま，ある格子点への流入量の総和を Q，下流の二つの斜面素辺への流出量を Q_1, Q_2 と書くことにすると，

$$Q = Q_1 + Q_2, \quad Q_1 = \alpha_1 Q, \quad Q_2 = \alpha_2 Q \tag{7.1}$$

と書くことができる．α_1, α_2 を流量配分率とよぶことにする．当然のことながら，$\alpha_1 + \alpha_2 = 1$ である．分流部での流量配分率は，本来，下流側の斜面素辺の幅や勾配，分岐する角度などの関数になっているはずだが，ここでは簡便な方法として，マニング式を用いて下流側斜面への流量配分率を計算する方法を示す．

斜面素辺上の流れは幅広矩形水路上の薄層流として扱うことが可能なので，Q_1, Q_2 はマニング式を使って以下のように表される．

$$Q_1 = \frac{\sqrt{I_1}}{n_1} B_1 h_1^{5/3}, \quad Q_2 = \frac{\sqrt{I_2}}{n_2} B_2 h_2^{5/3} \tag{7.2}$$

n_i, B_i, h_i, I_i ($i = 1, 2$) は，斜面素片 i におけるマニングの粗度係数，斜面幅，水深，斜面勾配である．ここで，分流点では下流側の斜面素辺の上端の水深が一致していると仮定すると，$h_1 = h_2$ である．この関係を用いると，流量配分率 α_1 は以下

のように表される.

$$\alpha_1 = \frac{Q_1}{Q} = \frac{Q_1}{Q_1+Q_2} = \frac{\frac{\sqrt{I_1}}{n_1}B_1}{\frac{\sqrt{I_1}}{n_1}B_1 + \frac{\sqrt{I_2}}{n_2}B_2} \tag{7.3}$$

同様にして α_2 も以下のように表される.

$$\alpha_2 = \frac{Q_2}{Q} = \frac{Q_2}{Q_1+Q_2} = \frac{\frac{\sqrt{I_2}}{n_2}B_2}{\frac{\sqrt{I_1}}{n_1}B_1 + \frac{\sqrt{I_2}}{n_2}B_2} \tag{7.4}$$

一般に,ある格子点から N 個の斜面素辺が分岐しているとして,第 i 番目の斜面素辺への流量配分率 α_i は

$$\alpha_i = \frac{\frac{\sqrt{I_i}}{n_i}B_i}{\sum_{j=1}^{N}\frac{\sqrt{I_j}}{n_j}B_j} \tag{7.5}$$

と表される.以上に述べた方法では,流量配分率が地形量と粗度係数のみから決定される.

各部分流域で計算された斜面系からの流出量が計算できれば,それを河道網への側方流入量として河川流を追跡計算する.河川流追跡モデルとしては,キネマティックウェーブモデル,河道網集中型キネマティックウェーブモデル[15],河道網系ダイナミックウェーブモデル[16]等を利用すればよい.

コラム:グリッドモデルを用いた流域一体型三次元流出モデル

Freeze and Harlan[17]が構想したモデルの概念図を図 **7.3** に示す.この構想では,グリッドは流れを 1 次元的に追跡する単位としてあるのではなく,計算上の空間的な差分格子である.初期・境界条件のもとに質量保存則・運動量保存則からなる偏微分方程式を解くことによって,水の移動が流域一体となって計算される.

この構想を実現したモデルとして SHE (System Hydrologic European) モデル[18]がある.SHE モデルでは降雨から流出に至る地表面過程・地表面流・地

中流・地下水流・河川流を担当するサブモデルの結合体として全体モデルが構成され，2次元あるいは3次元的に雨水の移動が計算される．それぞれのサブモデルが関連する状態量を互いに参照しながら計算を進めていく．計算方法としては，計算ステップごとに流域全体の水移動が一体として一度に計算され，順次時間更新していくという形になる．この形式のモデルはわが国でも開発・適用され，都市河川流域を対象とした総合的な水・熱循環解析モデルとしての応用が試みられている[19),20)]．

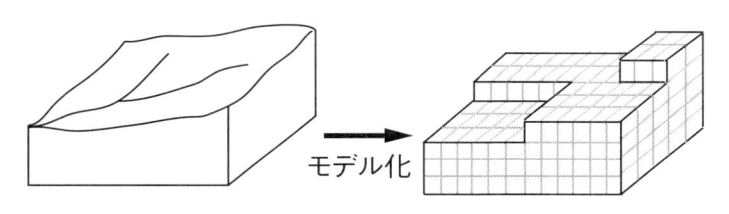

図 7.3：流域一体型の3次元水文モデル．

7.2 分布型降雨流出モデルを用いた流出計算例

淀川上流域の大戸川流域[2)]で，ここで示した発散型斜面の計算手法が導入され，枚方上流域を対象としてダム貯水池の流水制御の効果を含んだ総合的な分布型流出モデルへと発展した[21)]．淀川流域の分布型流出モデルは，地球温暖化時の流況変化予測[22)]や実時間流出予測システムにも用いられた[23)–25)]．淀川流域以外では，利根川上流域[26)]，最上川流域[27)]，吉野川流域[27)]，九頭竜川流域および足羽川流域[28)]，由良川流域[29)]，円山川流域[30)]，上椎葉ダム流域[31),32)]，都賀川流域[33),34)]，佐用川流域[35)]，熊野川流域，阿武隈川流域などへの適用例がある．海外では，韓国[36)]やスリランカ，タイ，米国オクラホマの流域への適用例があり[37)]，湿潤・急峻域での適合性が確認されている．また，降雨流出起源の分析[39),40)]や土砂流出モデル[8),9)]にも拡張されている．以下では，一例として大戸川流域[2)]および都賀川流域[33),34)]に適用した流出解析例を紹介し，次節で土砂流出モデルへの拡張例を示す．

表 7.4：大戸川流域の降雨流出計算に用いたモデルパラメータの値.

n (m$^{-1/3}$s)	m	k_a (m s^{-1})	$d = \gamma D$ (m)
0.6	1.67	0.015	0.15

7.2.1　大戸川流域への適用

(1)　対象流域と流れの基礎式

6 章で示した大戸川流域 (大鳥居流量観測所より上流 148.9 km^2) の流域地形モデルを用いて分布型流出モデルを構成する．一つ一つの斜面素辺は矩形で表され，それらの接続関係はわかっているので，上端から順にキネマティックウェーブモデルを用いて雨水流を追跡する．斜面流れは **1.3.1** に示す中間流・地表面流統合型の流量・流積関係式を用いた．**表 7.4** に設定したモデルパラメータの値を示す．河川流の計算には河道網集中型キネマティックウェーブモデルモデル[15]を使用した．河道網集中型キネマティックウェーブモデルの粗度係数は 0.05 m$^{-1/3}$s とした．また降水データとしては，国土交通省所管の大鳥居，雲井，多羅尾の各観測所で得られたデータを使用した．

(2)　発散型斜面を導入した効果

図 7.4 は，1982 年 8 月 1 日から 3 日の洪水，1990 年 9 月 19 日から 22 日の洪水での流域下端での計算流量と観測流量を比較したものである．どちらの洪水も，両者は多くの時間帯で重なっているが，洪水ピークの部分では発散型斜面を加えた方が，若干ピーク流量が低くなっていることがわかる．これは，発散地形に対応するように斜面素辺を追加したことによって，雨水の流下に伴う集中だけではなく発散も表現されるようになったためにピーク流量が低下したものと考えられる．計算流量と観測流量の一致の程度をナッシュ-サトクリフ指標で評価したところ，従来の流水線モデルでは，1982 年洪水について 0.647，1990 年洪水について 0.919 であったが，発散地形を導入したモデルではそれぞれ 0.704，0.933 となり，収束地形のみの地形モデルを上回る結果が得られた．

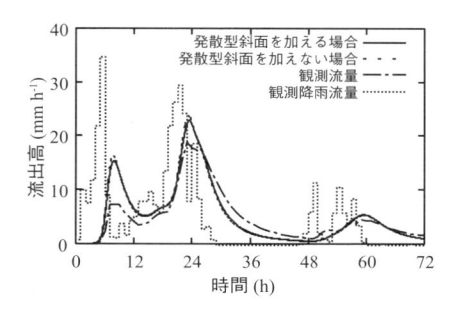

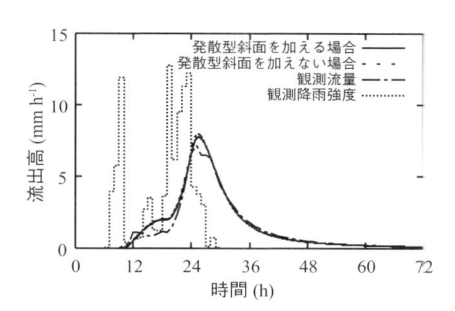

(a)1982 年 8 月 1 日から 3 日の洪水　　　　(b)1990 年 9 月 19 日から 22 日の洪水

図 **7.4**：発散型斜面を導入した場合としない場合の計算流量の違い．

7.2.2 都賀川流域への適用

(1) 対象流域と流れの基礎式

都賀川流域 ($8.57km^2$) の上流域は六甲山地，下流域は雨水排水幹線網が整備された市街地であり，山地域が流域の約 75%，市街地が約 25% を占める．2008 年 7 月にこの流域で発生した急激な出水を分析するために，50m 分解能の分布型流出モデルを構築して，降雨流出の発生過程を分析した[33),34)]．流域地形は国土地理院が発行する数値地図 50m メッシュ (標高) を用い，50m の空間分解能で斜面の流れ方向を一次元的に決定した．図 **7.5** に 50m メッシュ標高データを用いた流域モデルを示す．ここでは，発散型斜面による分流は扱っていない．河道の接続状況と土地利用状況に応じて部分流域を 9 個設定した．下流部は市街地，それ以外は山地である．

流域の大半は勾配 1/20 以上の急勾配斜面であるため，雨水流出の追跡計算には斜面流出，河川流出ともにキネマティックウェーブモデルを用いる．斜面流れは **1.3.3** に示す飽和・不飽和流れを考慮した流量・流積関係式を用いた．市街地は雨水排水幹線網が整備されていて，市街地への降雨の大半は都賀川に流入する．そこで市街地は土層厚をゼロとして地表面流型のパラメータを設定し，等価粗度は河道と同等の値を設定した．また，山地域のパラメータはわが国の他の山地流域で適合する代表的な値を設定した．表 **7.5** に設定したモデルパラメータの値を示す．当流域では流量観測データは存在せず，同定計算はできないので，同じ分布型流出モデルを他の流域に適用した場合に適合する標準的なパラメータ値を用いた．河道では矩形断面を仮定し表面流のみを考えて雨水流を追跡した．

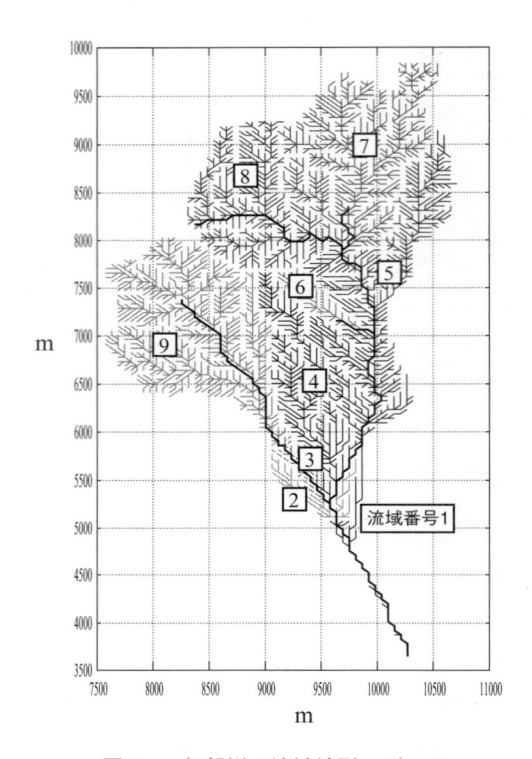

図 **7.5**：都賀川の流域地形モデル．

表 **7.5**：都賀川流域の降雨流出計算に用いたモデルパラメータの値．

土地利用	部分流域番号	面積 (km)	n (m$^{-1/3}$s)	k_a (m s^{-1})	d (m)	d_c (m)	β
市街地	1,2,3,4	2.0	0.06	-	0.0	0.0	-
山地	5,6,7,8,9	6.51	0.3	0.01	0.4	0.2	6.0

(2) 流出経路の分析

図 **7.6** に部分流域 2 の下端に位置する甲橋地点での観測水位，計算流量，流出計算に用いた神戸市の降雨レーダによる降雨強度を示す．降雨レーダの空間分解能は 250m，時間分解能は 2 分 30 秒であり，気象庁の解析雨量によって補正されている．このときのピーク時の推定河川流量は 40.2m^{3}s^{-1} となった．ビデオ映像による新都賀橋下流の横断表面流速分布の推定結果[38]によれば，河道中央部での表面流速は 5m s^{-1} を越え，この表面流速分布から推定される河川

7.2 分布型降雨流出モデルを用いた流出計算例 215

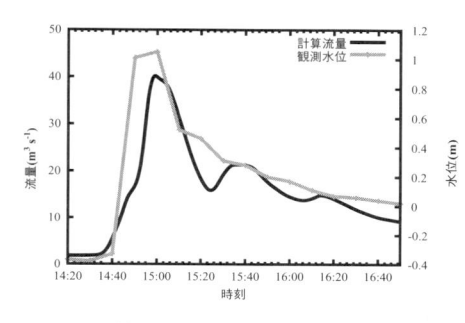

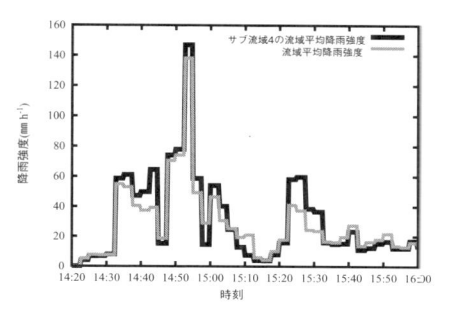

(a) 甲橋地点での観測水位と推定流量　　(b) 雨量レーダによる流域平均降雨強度

図 **7.6**：2008 年 7 月の都賀川出水での観測水深，推定流量とレーダ雨量．

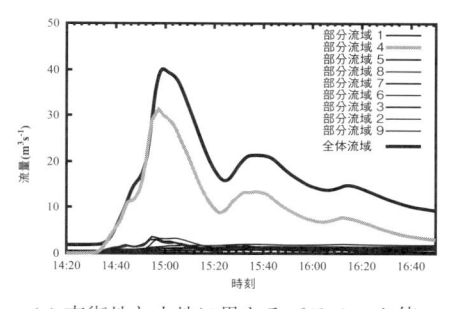

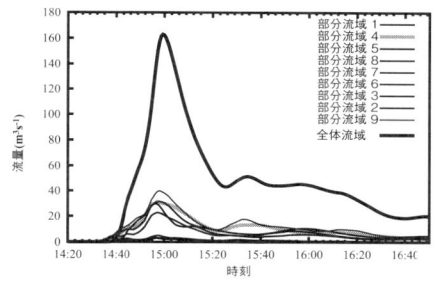

(a) 市街地と山地に異なるパラメータ値　　(b) 流域すべてに市街地のパラメータ値
　　を設定した場合　　　　　　　　　　　　　を設定した場合

図 **7.7**：部分流域からの推定流出量．

流量は 30m^{3}s^{-1} から 40m^{3}s^{-1} 程度とされており，これと適合する結果となっている．また，市街地からの雨水流出が支配的であるとすると，洪水到達時間は数分と考えられるため，合理式を用いてピーク時の河川流量を推定すると，$Q = (1/3.6)fRA = 36$ m^{3}s^{-1} となった．ここで，市街地は雨水排水幹線網が整備されているので $f = 1.0$，レーダ雨量による 10 分間の平均雨量強度の最大値として $R = 60$mm h^{-1} (図 **7.8** 参照)，市街地の面積として A=2.2km^2 とした．これらの結果を合わせて考えると，流出計算結果は妥当なものと考えられる．

図 **7.7**(a) はこのときの各部分流域からの計算流出量である．市街地である部分流域 4 からの流出が全流量の大半を占めており，山地として設定した部分流域からの流出量の計算値は小さな値であった．流域すべてに市街地のパラメータ値を設定した場合の計算流出量を図 **7.7**(b) に示す．この場合は土層厚をゼロとして

(a) レーダ雨量を用いた場合　　　　　(b) 鶴甲地点雨量を用いた場合

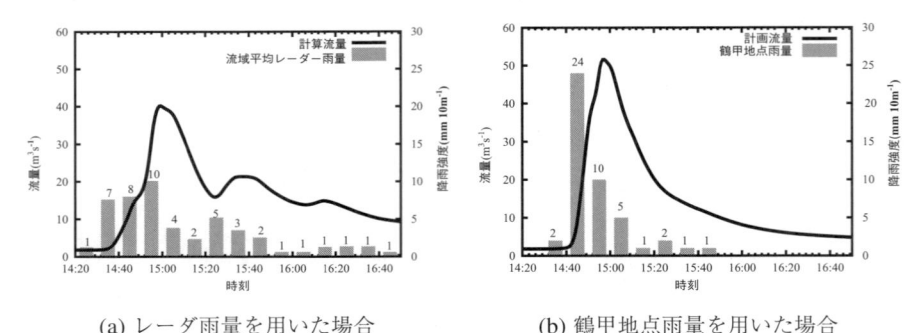

図 7.8：2008 年 7 月出水での流域平均雨量と計算流量.

いるために降雨は地表面流となってすぐに流出する．この場合の甲橋での計算流量は約 160m^{3}s^{-1} となる．この流量が流れるためには，甲橋地点での断面平均流速が 7m となるが，実際には約 5m と推定されており，これだけの流量は流れなかったことが分かっている．これらの観測データと流出解析の結果から，急激な水位上昇をもたらした流出は市街地からの直接流出によると考えられる．

(3) レーダ雨量の有効性

図 7.8 は，レーダ雨量を用いた場合と最も大きな降雨が観測された鶴甲地点の地上雨量を用いた場合の計算流量の違いを示したものである．降雨レーダによる流域平均雨量の 14 時 20 分から 16 時までの積算雨量は 43 mm，同時間帯の鶴甲地上観測雨量の積算雨量は 46 mm であり，積算雨量で見た場合の両者の違いはほとんどない．時間雨量で見ても 14 時から 15 時の降雨は 26mm と同じ値となる．しかし，10 分雨量で見たレーダによる流域平均雨量と甲橋地点での地点雨量の時間変化は大きく異なる．また，その違いによって推定流量にも違いが現れる．

流域が小さい場合は降雨から流出への時間遅れが短い．また，市街地であるか山地であるかといった土地利用の違いが降雨流出に敏感に反応するため，降雨強度の時間空間分布の違いが流出開始時刻やピーク生起時刻，ピーク流量，ハイドログラフの形状に大きく影響する．一地点の雨量情報だけでは，こうした市街地の流出現象の再現が難しい．レーダ雨量観測と分布型流出モデルによって洪水の予測精度が向上する．

コラム：時空間起源に応じたハイドログラフの成分分離[39),40)]

　河川を流れる水がいつどこに降った雨水で構成されているかという情報は，流域場の降雨流出過程を解明するうえで有効な手がかりとなる．そのため，同位体や物理化学指標を用いた観測研究が実施され，雨水の流出経路と滞留時間に関する知見が世界各地の流域で蓄積されている[41),42)]．とくに，降雨の前から流域に貯留されている水（いわゆる古い水）が出水時の大部分を占めること，そしてその古い水の化学成分は出水の規模に応じて変化することが，近年の観測研究によって明らかになっている[43)]．また，これらの観測事実を合理的に説明する流出概念もいくつか提唱されている[44)]．流出モデルが再現するハイドログラフを流水の時空間起源に応じて分離することができれば，その結果と観測結果とを比較することにより，流出過程の再現性を検証することができるようになる．

　雨水の滞留時間を流出モデルの同定に利用するという考え方は，例えば，Vache and McDonnell[45)]が提案している．この手法は，モデル内でトレーサーの流下過程を追跡することによって滞留時間を計算している．また，佐山ら[39),40)]は，分布型流出モデルによって計算されるハイドログラフを，流水の時空間起源に応じて分離する手法を提案し，不飽和・飽和地中流・表面流を考慮する分布型流出モデル[31)]に適用している．この手法では，流水の時空間起源構成比マトリクスという概念を導入し，これをトレーサーに見立ててモデル上で追跡する．これにより新たなパラメータを導入することなく，モデルが再現するハイドログラフを成分分離することができるようになる．

ハイドログラフの時空間起源分離法　図 **7.9** の右下に示す二つの図は，ハイドログラフを時空間起源に応じて分離したイメージを示している．この例では，時間を 0 から 4 の 5 クラスに分割し，0 の時間クラスは降雨イベント前から流域に存在していた古い水を意味している．時間クラス 1 から 4 が対象期間中に降った雨に相当し，ハイエトグラフとハイドログラフの色分けはそれぞれの時間クラスに降った雨が流域下流端から流出している様子を示す．一方，ハイドログラフを流水の空間起源に応じて分離するということは，図 **7.9** に示すような結果を流出モデルの計算から導くことである．この例では，流域を空間ゾーン A から F に分割し，それぞれの空間ゾーンに降った雨がどの

ように流域下流端から流出しているのかを示している．この計算を実現するため，水の時空間起源構成比をもつ仮想的なトレーサー (図 7.9 右上) を追跡する．このマトリクスはある地点をある時刻に流れる水が，いつどこに降った雨水で構成されているかを割合で示したものである．

たとえば，図 7.9 の構成比マトリクスは，流域下端をある時刻に流れている水の成分を表しており，時間クラス 2 の間に空間ゾーン C に降った雨が流水の 6 % を占めることを意味する．このマトリクスを各列ですべての行について足し合わせれば各時間クラスの水が占める割合を知ることができる．すなわち，時刻の流量を時間起源に応じて分離することができる．また，このマトリクスを各行ですべての列について足し合わせれば，流水の空間起源を知ることができる．つまり，このマトリクスの時間変化を流域の下端で計算できれば，上記の目標を達成できる．

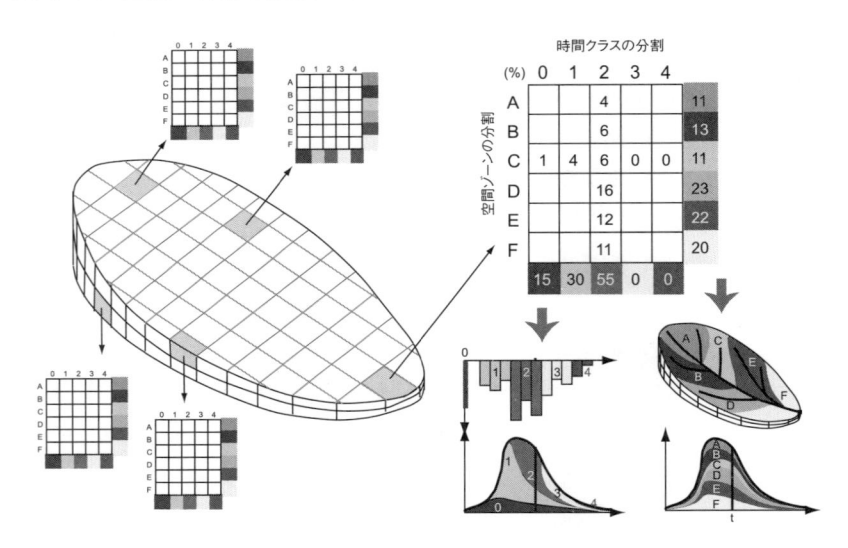

図 7.9：流出ハイドログラフの時空間起源の分離．

ハイドログラフを時空間起源に応じて分離する方法は極めて単純である．流水の時間起源や空間起源は場所によって異なっており，さらに，同じ場所でも表流水と地中水とでは異なるはずである．そのため，分布型流出モデルの各単位斜面・各流出経路にそれぞれ異なる時空間起源構成比マトリクスを割り当て，上流から下流へと順番に追跡計算する．この方法はどのような分

布型モデルにも適用できる．使用する分布型モデルがどの程度の滞留時間を再現しており，流出の空間起源特性がどのようになっているのかを明らかにしておくことはモデルの特性を理解するためにも有効である．また，こうしたモデル出力と観測情報とを比較することによって，流出ハイドログラフの整合性とは別の角度からモデル構造を評価することができるようになる．

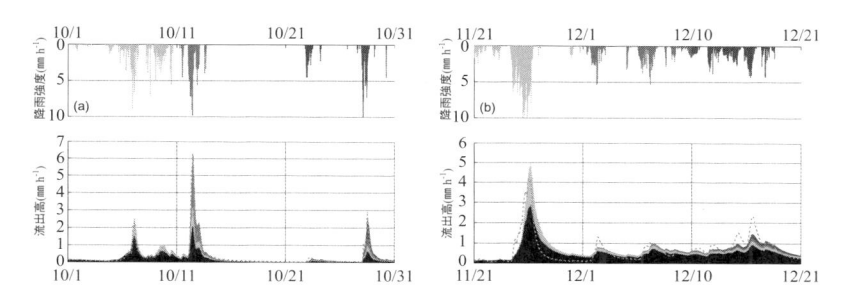

図 **7.10**：雨水の時間起源に応じたハイドログラフの分離結果：(a)M8 流域，(b)WS10 流域．

試験流域における観測情報との比較　この手法を観測情報が豊富なニュージランドのマイマイ流域 (M8) と米国の HJ アンドリュース流域 (WS10) に適用した[40]．これまでの観測結果から，両者の流域で古い水が卓越していること，滞留時間が数カ月から 1 年程度であること，マイマイ流域の方が HJ アンドリュース流域よりも相対的に滞留時間が短いことが明らかになっている．こうした観測事実を既存の分布型流出モデルがどの程度再現できるのかということに着目する．

二つの流域を対象に，降雨の時間起源に応じてハイドログラフを分離した結果を図 **7.10** に示す．図中のハイエトグラフの色分けは異なる時間クラスを示している．また，モデルの初期状態として降雨イベント前から流域に貯留している水（古い水）には黒色を割り当てている．ハイドログラフの色はそれぞれの雨水が流域下流端から流出している状況を示している．この図から，黒色で示した古い水が流出量の多くを占めていることが分かる (M8: 53%，WS10: 71%)．同位体を用いた現地観測の結果から，古い水の割合は，M3 で 75 % から 80 %，WS10 で 70 % 以上と報告されているので，モデルの計算結

果はこうした観測事実と概ね整合している．なお，M8 における古い水の割合は 53 % と過小評価のようにみえるが，これは 30 日間を通しての結果であることに注意する．例えば，10 月後半のイベントだけに着目すれば，その出水イベント以前に降った雨は古い水であり，そのように定義し直して計算した場合，同イベントの古い水の割合は 73 % となる．なお流量の増大に伴って古い水の流出量も増加しているのは，主としてマトリクス部に貯留されていた水が出水時に大空隙部に移動すること，水位の上昇に伴ってマトリクス部の流速が増大することの二つの理由による．

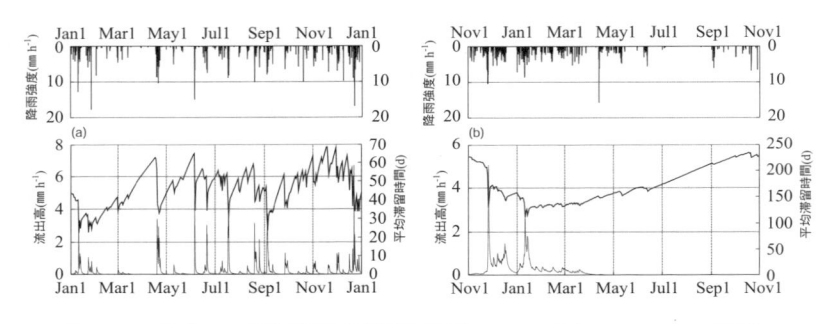

図 7.11：流出水の平均滞留時間推定結果：(a)M8 流域，(b)WS10 流域.

次に流出の平均滞留時間に着目する．これまでに報告されている M8 と WS10 の平均滞留時間はそれぞれ 4 カ月と 1.2 年である．分布型流出モデルでこの滞留時間の違いを表現できるか，なぜ二つの流域で滞留時間が 3.5 倍も異なるのかというのが課題である．図 **7.11** に両流域を対象にして求めた平均滞留時間の結果を示す．平均滞留時間は時間的に変化することがこの計算結果から分かる．各時間の平均滞留時間を年間を通してさらに平均すると，M8 で 46 日，WS10 で 173 日となる．従って，計算の平均滞留時間は観測のそれに比べて短い．この理由はまだ十分に明らかではないが，分析に用いたモデルが基岩を流れる地下水の影響を考慮していないことにも起因していると考えられる．ただし，観測された平均滞留時間は，通常，基底流出時の水のサンプリングをもとに求められている．一方，計算で求めた値は，出水時の滞留時間も含んでいる．図 **7.11** から，基底流出時の平均滞留時間は，それぞれ 70 日，250 日程度であることが分かる．また，両者の滞留時間の違いに着目すると，WS10 の方が M8 よりも平均滞留時間が 3.5 倍程度長いという観

測事実をよく表している．この影響を調べるために，種々の数値実験を行った結果，両者の土層厚が平均滞留時間に大きく影響を及ぼしていることが分かった．WS10 は M8 に比べて土層が厚く，流域貯水量が相対的に大きいため，平均滞留時間が長くなる傾向にある．また，図 **7.11** に示した平均滞留時間の時間変化に着目すると，土層厚の小さい M8 では降雨に対応して平均滞留時間が短くなるのに対し，土層厚の大きい WS10 ではその傾向が小さく，滞留時間は季節的により大きく変化することが分かった．

　上記の分析結果は，流出水の起源に関する観測事実を既存のモデルである程度妥当に表現できることを示した．もともとは，既存のモデルでは古い水が卓越する状況や，滞留時間が長くなるという観測事実を再現できないという仮説のもとに始まった研究であったが，よい意味でその仮説が否定されたといえる．さらに，モデルによる分析結果は，両者の滞留時間の違いが土層厚の違いに起因していること，またそれが滞留時間の時間的な変化にも影響を及ぼしていることなど，今後，観測で検証すべき新たな仮説を提示した．ここで示した流出起源の分析手法は，水文観測とモデリングとをつなぐためのツールであり，二つのアプローチが共同することによって新たな知見を得られるという好例といえよう．

(ICHARM：佐山敬洋)

7.3　分布型土砂流出モデルへの展開

　山地斜面域に降った雨水は，地形や地質の影響を受けながら流動する．とくに豪雨時には，地表付近の土壌がほぼ飽和することによって，中間流や地表面流が卓越する．こうした雨水流は，その流下過程において地表面付近の土壌を侵食し，土壌表層を不安定化させ，ついには表層崩壊を引き起こすこともある．崩壊した土砂は，不安定土砂として近傍に堆積したり，ときにはそのまま土石流化してかなり離れた場所まで流下することもある．2011 年 3 月の東日本大震災での福島第一原子力発電所における事故によって，放射性物質が大気中に放出された．この放射性物質のうち地表に到達したものは土粒子などに付着し，その一部は水の流動に伴って土砂とともに移動する．そのため，土砂の動態を時空間的に

明らかにすることが，新たな側面から重要な課題となっている．

　分布型流出モデルにより雨水流出を表現することが可能となれば，それを土砂流出や物質移動のモデルへと拡張することが可能となる．雨水流動と流域地形は土砂流出の支配的な要因であり，これらを陽に考慮することで物理的基礎に基づく土砂流出のモデル化が可能となるからである．ここでは，前節までに展開した流出モデルを，土壌侵食の再現・予測[7],[8]と表層崩壊のモデル化[9]に応用した例を示す．

7.3.1　土壌侵食のモデル化

　降雨によって表面流が生じると，そのせん断作用によって土壌侵食が発生する．とくに農地のような裸地域の多い流域では土壌侵食の問題は深刻である．佐山・寶[6]はインドネシアのブランタス川上流域を対象として分布型土砂流出モデルを構成している．本流域は細かい粒径の火山灰土で覆われており，土壌侵食が盛んである．この分布型土砂流出モデルでは，流域を斜面素辺の集合体としてモデル化し，各斜面素辺に 1.3.1 で示した中間流・地表面流統合型キネマティックウェーブモデルを適用して雨水流動を計算したうえで，土壌侵食・堆積量を表面流の流速と土粒子の沈降速度の関数としてモデル化している．

　市川ら[8]は沖縄地方の赤土流出を対象としたモデルを構築している．赤土とは沖縄地方に分布する国頭(くにがみ)マージのことで，この土壌が赤黄色を呈していることからこのようによばれている．国頭マージは一般に粒子が細かく透水性が小さいため，降雨によって侵食されやすく，一度侵食されて流水に取り込まれると容易には沈澱しないという性質を持つ．赤土の流出によって珊瑚礁等の水域生態系への悪影響，海水の透明度の低下による観光価値の減少などの問題が発生している．以下ではこのモデルの構成を説明する．

　まず，流域を斜面素辺の集合体でモデル化し，各斜面素辺に 1.3.2 で示した圃場容水量を考慮したキネマティックウェーブモデルを適用して降雨流出計算を行う．図 7.12 のように表土層上に表面流が発生すると，流水の作用によって地表面の土が剥離し下流に流送される．表土層内に存在する微細粒子の重量百分率を p_f として，単位時間単位長さあたりの微細粒子流出強度 S_E を次式で求める．

$$S_E = \rho_s E(1-\gamma) p_f P \tag{7.6}$$

ただし，ρ_s は表土の密度，E は土壌侵食速度，γ は表土層の空隙率，P は表面流

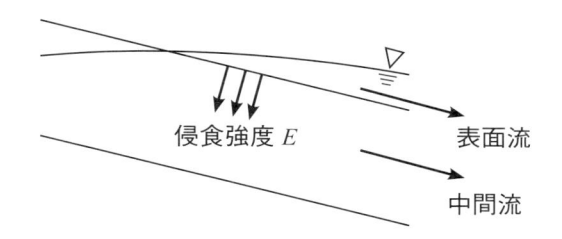

図 **7.12**：表面流による表土の侵食.

の潤辺である．土壌侵食速度 E は表面流の摩擦速度 u_* に比例するとし，ξ を定数として

$$E = \xi u_* \tag{7.7}$$

とする．u_* は表面流の水深などから計算する．S_E の算定方法には様々な手法が提案されており，雨滴の衝撃力による侵食強度を考慮する場合もある[46]．S_E を得たら浮遊土砂の連続式

$$\frac{\partial (CA)}{\partial t} + \frac{\partial (CQ)}{\partial x} = S_E \tag{7.8}$$

を組み合わせて浮遊土砂濃度 C を計算する．A は表面流の通水断面積，Q は表面流の流量であり，これらは降雨流出モデルによって計算される．

7.3.2 表層崩壊のモデル化

山腹斜面の表層崩壊は，斜面表層に雨水が浸透し，表土層が不安定化することによって生じる．高橋・中川[47]は，流域斜面を平均崩壊面積程度のメッシュに分割して水平二次元の浸透流解析を行ない，表土層中の水量を計算したのち表土層を無限長斜面とみなして安定解析を行って，豪雨時の小規模表層崩壊の発生と生産土砂量を推定する手法を提案した．守利ら[9]は，本章で述べた分布型流出モデルをもとに，同様の考えによって表層崩壊モデルを構成した．このモデル化では，流域を斜面素辺の集合体でモデル化し，各斜面素辺に **1.3.1** で示した中間流・地表面流統合型キネマティックウェーブモデルを適用して雨水流出計算を行った．次に，表土層の崩壊に対する安全率 S を

$$S = \frac{\tau_r}{\tau} = \frac{c + \{(\gamma_s - \gamma_w)h' + \gamma_t(D - h')\}\cos\theta\tan\phi}{\{\gamma_s h' + \gamma_t(D - h')\}\sin\theta} \tag{7.9}$$

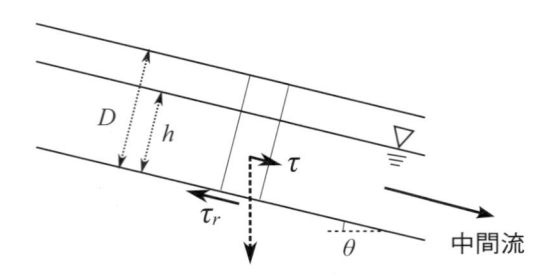

図 **7.13**：表層崩壊モデル.

を用いて計算した．τ は表土層底面に作用するせん断応力 (重力の斜面方向成分) であり，τ_r はこれに抵抗する応力である．また，c は土の粘着力，γ_s は土の飽和単位体積重量，γ_w は水の単位体積重量，γ_t は土の単位体積重量，D は表土層の厚さ，h' は中間流の見かけの水深 (中間流の実質水深を表土層の空隙率で除したもの)，θ は表土層の傾斜角，ϕ は土の内部摩擦角である．

図 **7.13** のように，せん断応力 τ が抵抗応力 τ_r より大きくなったとき，すなわち安全率 S が 1 を下回ったときに，表土層が底面から崩壊すると考える．このようにして，斜面素辺ごとの崩壊に対する安全率を時々刻々計算し，どの斜面素辺で表層崩壊が発生するか求める．崩壊によって生じた土砂は，ただちに近傍の河道に流入して雨水とともに下流に流動するとする．

参考文献

1) 陸旻皎, 小池俊雄, 早川典生：分布型水文情報に対応する流出モデルの開発, 土木学会論文報告集, 411/II-12, pp. 135–142, 1989.
2) 市川 温, 村上将道, 立川康人, 椎葉充晴：流域地形の新たな数理表現形式に基づく流域流出系シミュレーションシステムの開発, 土木学会論文集, 691/II-57, pp. 43–52, 2001.
3) 児島利治, 寶 馨, 立川康人：分布モデルを中心とする洪水流出解析手法の高度化に関する研究, 河川技術論文集, 8, pp. 437–442, 2002.
4) 小尻利治, 小林 稔：GIS を利用した分布型流出モデルによる水量・水質の推定, 河川技術論文集, 8, pp. 431–436, 2002.
5) 砂田憲吾, 長谷川 登：国土数値情報に基づく山地河川水系全体における土砂動態のモデル化の試み, 土木学会論文集, 485/II-26, pp. 37–44, 1994.
6) 佐山敬洋, 寶 馨：斜面侵食を対象とする分布型土砂流出モデル, 土木学会論文集, 726 / II-62, pp. 1–9, 2003.
7) 市川 温, 佐藤康弘, 椎葉充晴, 立川康人, 宝 馨：山地流域における水・土砂動態モデルの構築, 京都大学防災研究所年報, 42(B2), pp. 211–224, 1999.

8) 市川 温, 藤原一樹, 中川勝広, 椎葉充晴, 池淵周一：沖縄地方における赤土流出モデルの開発, 水工学論文集, 47, pp. 751–756, 2003.
9) 守利悟朗, 椎葉充晴, 堀 智晴, 市川 温：流域規模での水・土砂動態のモデル化及び実流域への適用, 水工学論文集, 47, pp. 733–738, 2003.
10) 小池俊雄, 陸 旻皎, 早川典生, 古谷 健, 石平 博：積雪高度分布を考慮した総合的融雪流出解析, 水工学論文集, 39, pp. 79–84, 1995.
11) 陸 旻皎, 小池俊雄, 早川典生：アメダスデータと数値地理情報を用いた分布型融雪解析システムの開発, 水工学論文集, 42, pp. 121–126, 1998.
12) 椎葉充晴, 立川康人, 市川 温：流域地形の新しい表現形式とその流域モデリングシステムとの結合, 京都大学水文研究グループ研究資料, 1, 131p., 1998.
13) 椎葉充晴, 市川 温, 榊原哲由, 立川康人：河川流域地形の新しい数理表現形式, 土木学会論文集, 621/II-47, pp. 1–9, 1999.
14) 奥村 晴彦：C言語による最新アルゴリズム事典, 技術評論社, 1991.
15) 高棹琢馬, 椎葉充晴, 市川 温：分布型流出モデルのスケールアップ, 水工学論文集, 38, pp. 809–812, 1994.
16) 市川 温, 村上将道, 立川康人, 椎葉充晴：グリッドをベースとした河道網系dynamic waveモデルの構築, 水工学論文集, 42, pp. 139–144, 1998.
17) Freeze, R. A. and Harlan, R. L.: Blueprint for a physically-based digitally–simulated hydrologic response model. *Journal of Hydrology*, 9, pp. 237–258, 1967.
18) Abbott, M. B., J. C. Bathurst, J. A. Cunge, P. E. O'Connell, and J. Rasmussen: An introduction to the European Hydrological System–Systeme Hydrologique Europeen, SHE, 1: history and philosophy of a physically-based distributed modelling system, *Journal of Hydrology*, 87, pp. 45–59, 1986.
19) Jia, Y., G. Ni, Y. Kawahara, T. Suetsugi: Development of WEP model and its application to an urban watershed, *Hydrological Processes*, 15(11), pp. 2175–2194, 2001.
20) 木内 豪, 渡部直実：地質・土壌・土地利用の空間分布を考慮した水循環解析手法の検討, 土木学会論文集 B1(水工学), 67(4), pp. PI_565–I_570, 2011.
21) 佐山敬洋, 立川康人, 寶 馨, 市川温：広域分布型流出予測システムの開発とダム群治水効果の評価：土木学会論文集, 803/II-73, pp. 13–27, 2005.
22) 佐山敬洋, 立川康人, 寶 馨, 増田亜未加, 鈴木琢也：地球温暖化が淀川流域の洪水と貯水池操作に及ぼす影響の評価, 水文・水資源学会誌, 21(4), pp.296–313, 2008.
23) 立川康人, 佐山敬洋, 宝 馨, 松浦秀起, 山崎友也, 山路昭彦, 道広有理：広域分布型物理水文モデルを用いた実時間流出予測システムの開発と淀川流域への適用, 自然災害科学, 26(2), pp. 189–201, 2007.
24) 佐山敬洋, 立川康人, 寶 馨：バイアス補正カルマンフィルタによる広域分布型流出予測システムのデータ同化, 土木学会論文集, 土木学会論文集 B, 64(4), pp.226–239, 2008.
25) 福山拓郎, 立川康人, 椎葉充晴, 萬 和明：ダム貯水池による流水制御過程を導入した実時間分布型流出予測システムの開発, 水工学論文集, 54, pp. 541–546, 2010.
26) Kim, S., Y. Tachikawa, E. Nakakita, K. Yorozu and M. Shiiba: Climate change impact on river flow of the Tone river basin, Japan, *Annual Journal of Hydraulic Engneering, JSCE*, 55, pp. S_85–S_90, 2011.
27) 立川康人, 滝野晶平, 市川温, 椎葉充晴：地球温暖化が最上川, 吉野川流域の河川流況に及ぼす影響について, 水工学論文集, 53, pp. 475–480, 2009.
28) 立川康人, 田窪遼一, 佐山敬洋, 寶 馨：平成16年福井豪雨における洪水流量の推定と中小河川流域の治水計画に関する考察, 京都大学防災研究所年報, 48(B), pp. 1–13, 2005.
29) 小林健一郎, 立川康人, 佐山敬洋, 宝 馨：分布型降雨流出モデルによる2004年10月台風23号由良川洪水の解析, 水工学論文集, 50, pp. 313–318, 2006.

30) Hunukumbura P. B., Y. Tachikawa and K. Takara：Improvement of internal behavior in distributed hydrological model, *Annual Journal of Hydraulic Engineering*, 51, pp. 49–54, 2008.
31) 立川康人, 永谷 言, 寳 馨：飽和不飽和流れの機構を導入した流量流積関係式の開発：水工学論文集, 48, pp. 7–12, 2004.
32) 立川康人, N. R. Pradhan and G. Lee：平成 17 年台風 14 号における耳川上流域の洪水の再現と予測, 自然災害研究協議会, 西部地区会報, 30, 研究論文集, pp. 21–24, 2006.
33) 立川康人, 江崎俊介, 椎葉充晴, 市川 温：2008 年 7 月都賀川水難事故における流出現象の再現と事故防止対策に関する考察, 河川技術論文集, 15, pp. 43–48, 2009.
34) 立川康人, 江崎俊介, 椎葉充晴, 市川 温：2008 年 7 月都賀川増水における局地的大雨の頻度解析, 流出解析と事故防止に向けた技術的課題について, 京都大学防災研究所年報, 52(B), pp. 1–8, 2009.
35) 佐山敬洋, 小林健一郎, 寳馨：佐用町河川災害を対象とした降雨流出解析, 土木学会関西支部「平成 21 年台風 9 号による河川災害調査」, pp.28–36, 2010.
36) Lee, G., S. Kim, K. Jung, and Y. Tachikawa：Development of a large basin rainfall-runoff modeling system using the object-oriented hydrologic modeling System (OHyMoS), *KSCE, Journal of Civil Engineering*, 15(3), pp. 595–606, 2011.
37) Hunukumbura, P. B., Y. Tachikawa and M. Shiiba：Distributed hydrological model transferability across basins with different physio-climatic characteristics, *Hydrological Processes*, 26(6), pp. 793–808, 2012.
38) 藤田一郎：都賀川水難事故調査について, 平成 20 年度河川災害に関するシンポジウム, pp. 1–7, 2009.
39) 佐山敬洋, 辰巳恵子, 立川康人, 寳 馨：分布型流出モデルにおける流水の時空間起源に応じたハイドログラフの分離手法, 水文・水資源学会誌, 20(3), pp. 214–225, 2007.
40) Sayama, T. and J. J. McDonnell：A new time-space accounting scheme to predict stream water residence time and hydrograph source components at the watershed scale, *Water Resources Research*, 45, W07401, 2009.
41) McDonnell, J. J., et al.：How old is the water? Open questions in catchment transit time conceptualization, modelling and analysis, *Hydrological Processes*, 24(12), pp. 1745–1754, 2010.
42) 浅野友子, 内田太郎, ジェフリーマクドネル：Variable Source Area Concept の次なる斜面水文過程の概念構築に向けた近年の試み：斜面に降った雨はどこへ行くか？, 水文・水資源学会誌, 8, pp. 459 –468, 2005.
43) Kirchner, J. W.：A double paradox in catchment hydrology and geochemistry, *Hydrological Processes*, 17, pp. 871–874, 2003.
44) McDonnell, J. J.：A rationale for old water discharge through macropores in a steep, hymid catchment, *Water Resources Research*, 26, pp. 2821–2832, 1990.
45) Vache, K. B. and J. J. McDonnell：A process-based rejectionist framework for evaluating catchment runoff model structure, *Water Resources Research*, 42：W02409, 2006.
46) 中川 一, 里深好文, 大石 哲, 武藤裕則, 佐山敬洋, 寳 馨, シャルマ ラジハリ：ブランタス川の支川レスティ川流域における降雨・土砂流出に関する研究, 京都大学防災研究所年報, 50(B), pp. 623–634, 2007.
47) 高橋 保, 中川 一：豪雨性表層崩壊の発生とその生産土量の予測, 第 30 回水理講演会論文集, pp. 199–204, 1986.

第8章

分布型流出モデルの集中化

　分布型流出モデルは時空間分布する水文量を直接扱い，流域内部の任意地点の水文量を予測する．ただし，対象流域の大きさとモデルの空間分解能によっては，非常に多くの計算量を必要とする．流域あるいは部分流域の下端の流量さえ得られればよい場合もあるため，あるサイズを単位として流出現象をまとめて表現し，計算量を減少させる手法が考えられてきた．この手法を分布型流出モデルの集中化という．本章では，分布型流出モデルの集中化手法として，流れのモデルと流れの場の集中化手法について述べ，流出モデルの構成単位について議論する．

8.1 流出モデルの集中化

8.1.1 集中化とその目的

　キネマティックウェーブモデルに代表される分布型流出モデルは偏微分方程式で表され，モデル入力となる降水量やモデル状態量の時空間分布，モデルパラメータの空間分布を，基礎式の中に表現することができる．分布型流出モデルは流域内部の状態量の時空間分布を予測したい場合に有効であるが，全流域あるいはいくつかに分割した流域の下端の流量さえ得られればよいこともある．特に流域面積が大きい場合や計算期間が長い場合，分布型流出モデルをそのまま用いると計算負荷が大きくなるため，計算精度を落とさずに限られた地点の計算結果を高速に得たい場合がある．これを実現するためには，流れのモデルや流れの場である地形やモデル定数の空間分布を，ある大きさを単位としてひとまとめにし

て，流れを表現することが考えられる．これを分布型流出モデルの集中化という．適切なサイズで適切な仮定のもとに集中化すれば，計算精度を落とすことなく計算負荷を大幅に減らすことができる．

集中化手法の一つとして，分布型流出モデルの状態量を空間的に積分して対象流域全体の貯留量を導き，それと流域下端の流出量とを関係付ける手法がよく用いられる．これは流れのモデルの集中化である．これにより，分布型流出モデルを集中型流出モデルに変換することができる．このとき，集中型流出モデルのパラメータは分布型流出モデルから導かれるので，集中型流出モデルのモデルパラメータ値を物理的に推定することができる．もう一つの集中化手法は，流れの場である流域地形やモデル定数の空間分布を集約化し，その集約化した流れの場の上で雨水の流出を考える手法である．これを流れの場の集中化という．

流れのモデルを集中化する場合，一般に貯留量と流出量との間に一意の関係式はなく，それらの関係を定めるためには，流出系が定常状態にあるなど，何らかの条件を設定する必要がある．分布型流出モデルによる流出量を集中型流出モデルで精度よく近似するためには，この条件を適切に設定する必要がある．高棹・椎葉[1]は集中化の誤差構造の基本的な分析を行っている．また，地形表現スケールとモデル定数には密接な関係がある．高棹・椎葉[2]は，流れの場を集中化するために地形表現スケールを粗くすると，その影響がモデル定数におよび，モデル定数の意義が不明確になることを指摘している．

8.1.2　代表的な集中化手法

分布型流出モデルを集中型モデルに変換した研究は非常に多い．星・山岡[3]，星ら[4]はキネマティックウェーブモデルをもとに，貯留量と流出量との二価性を表現する貯留関数モデルを提案した．山田ら[5]は斜面長が短い場合を想定して定常状態を仮定し，キネマティックウェーブモデルから貯留式を導出している．また，高棹・椎葉[1]は，多段貯水池モデルを用いて単一要素キネマティックウェーブモデルの集中化誤差構造を明らかにし，それをもとに中北ら[6]は河道網での流れのモデルの集中化を議論した．また，高棹ら[7]は気象モデルと連携して大河川流域での河道網流れを追跡することを念頭に置き，河川流れのスケールアップを考えた．この手法ではある河道網区間ごとに河川流量が線形的に変化するという仮定を設け，時々刻々その変化率を更新することで計算量を減らすことを考え

た.また,市川ら[8)-11)]は,数値地形情報を組み込んだ山腹斜面系の分布型流出モデルを空間的に積分して,地形の空間分布特性を組み込んだ形で貯留量と流出量の関係を導き,分布型流出モデルを集中化した.

上に述べた,流れのモデルの集中化は,空間的に分布する状態量を扱う流れのモデルそのものを集中化する方法であるが,空間的に分布している流れの場を集中化するという方法もある.たとえば,河道網は文字通り河道が空間的に網状に分布しているが,この複雑な空間構造を持つ河道網を,単純な単一河道区分に置き換えることができれば,それだけ流出計算を簡略化することができる.あるいは,山腹斜面は長さや勾配が場所によって異なるが,似たような長さや勾配を持つ斜面を集めて一度に計算することができれば,同じような斜面に対する流出計算を省略することができる.このような考えに基づいて,高棹・椎葉[12)]は,**1.4.2**で述べた地形パターン関数を河道網系に適用し,河道網内の流れを各河道区分で個別に考えるのではなく,単一の河道区分に対する方程式系で統合的に表現できることを示した.また,市川ら[13)]は,山腹斜面の長さと勾配に基づいて多数の斜面をいくつかのグループに分類し,それぞれのグループの代表的な斜面に対してのみ流出計算を行うという集中化手法を提案した.

8.2 単一矩形斜面でのキネマティックウェーブモデルの集中化

8.2.1 定常状態での貯留量と流出量の関係

単一矩形斜面におけるキネマティックウェーブ流れ

$$\frac{\partial h}{\partial t} + \frac{\partial q}{\partial x} = r(t) \tag{8.1}$$

$$q = \alpha h^m \tag{3.2}$$

を考える.$h(x,t)$ は斜面に垂直に測った水深,$q(x,t)$ は単位幅流量,$r(t)$ は空間的に一様な降雨強度,α, m はパラメータであり,x は空間,t は時間を表す座標である.斜面長を L とし,時刻 $t = 0$ に斜面上には水はないとする.時刻 $t = 0$ に雨が降り始め,一定の降雨強度 r で継続する場合,**1.6.2** で示したように,時刻

$t=0$ に斜面上端から出発した特性曲線が斜面下端に到達する時刻 t_c は

$$t_c = \left(\frac{L}{\alpha r^{m-1}}\right)^{1/m}$$

である．この時刻以降は，斜面への降雨の供給強度と斜面下端からの流出強度が等しくなり，水面形は一定となって定常状態となる．よって $t \geq t_c$ では，斜面上端から距離 x の地点での単位幅流量は $q(x,t) = rx$ となり，この地点の水深は (8.2) 式より $h(x,t) = (rx/\alpha)^{1/m}$ となる．したがって斜面単位幅当たりの貯留量 $s(t)$ は斜面上端から下端までの水深を積分して

$$s(t) = \int_0^L h(x,t)dx = \int_0^L \left(\frac{rx}{\alpha}\right)^{1/m} dx = \frac{m}{m+1}\left(\frac{r}{\alpha}\right)^{1/m} L^{(m+1)/m}$$

となる．このとき斜面下端の流量 $q_L(t) = q(L,t)$ は Lr に等しいので，これらから r を消去すると

$$s(t) = \frac{mL}{m+1}\left(\frac{q_L(t)}{\alpha}\right)^{1/m} \tag{8.3}$$

となって，単位幅当たりの貯留量 $s(t)$ と斜面下端の流出量 $q_L(t)$ の関係式が得られる．なお，斜面下端での水深 $h_L(t) = h(L,t)$ は $h_L(t) = (q_L(t)/\alpha)^{1/m}$ なので，次式が得られる．

$$s(t) = \frac{mL}{m+1}h_L(t) \tag{8.4}$$

連続式 (8.1) を距離 x について 0 から L まで積分すると

$$\int_0^L \left(\frac{\partial h}{\partial t} + \frac{\partial q}{\partial x}\right)dx = \frac{d}{dt}\int_0^L h(x,t)dx + q(L,t) - q(0,t)$$

$$= \frac{d}{dt}s(t) + q_L(t) - q(0,t) = Lr(t) \tag{8.5}$$

となる．(8.3) 式は定常時にのみ成り立つ式であるが，この関係が非定常の場合にも近似的に成り立つと仮定する．斜面上端からの流入はなく $q(0,t) = 0$，

$$k = \frac{mL}{m+1}\left(\frac{1}{\alpha}\right)^{1/m}$$

とすれば，(8.3) 式，(8.5) 式より，集中型の流出モデル

$$\frac{d}{dt}s(t) = Lr(t) - q_L(t), \quad s(t) = kq_L(t)^{1/m} \tag{8.6}$$

が得られる．(8.6) 式がキネマティックウェーブモデルから得られた集中型流出モデルの基礎式である．線形貯水池モデルや貯留関数法はこの形式の集中型流出モデルである．

(8.6) 式において，$s'(t) = s(t)/L$, $q'(t) = q_L(t)/L$ として，貯留高 $s'(t)$ と流出高 $q'(t)$ との関係を考えると

$$\frac{d}{dt}s'(t) = r(t) - q'(t), \quad s'(t) = k'q'(t)^{1/m}, \quad k' = \frac{m}{m+1}\left(\frac{L}{\alpha}\right)^{1/m} \tag{8.7}$$

となる．k' は流域の大きさや勾配，雨水流の伝播速度に関連するパラメータであることがわかる．$1/m$ の値はマニング式を用いて広幅矩形断面を仮定すれば 0.6 であり，地表面流が発生するような大洪水に適合する $1/m$ の値は 0.6 前後の値となることが推察される．キネマティックウェーブモデルに基づく貯留関数パラメータの総合化については，永井ら[14]，星・村上[15]の研究がある．

8.2.2 流量増加時の貯留量の導出

前節において降雨が伝播時間 t_c に達する前の貯留量を考える．まず，時刻 $t = t_1(<t_c)$ での水面形を表す式を考える．時刻 $t = 0$ に斜面上端から出発した特性曲線が時刻 $t = t_1(<t_c)$ に到達する斜面上端からの距離を $x = x_1$ とすると，そこでの単位幅流量 q_1 は $q_1 = rx_1 = \alpha(rt_1)^m$ であり $x_1 = \alpha r^{m-1}t_1^m$ となる．$0 \leq x \leq x_1$ では $q = rx = \alpha h^m$ なので

$$h = \left(\frac{rx}{\alpha}\right)^{1/m}$$

となる．$x_1 \leq x \leq L$ では $h = rt_1$, $q = q_1$ である．図 **8.1** は $r = 50$ mm h^{-1}, $m = 5/3$, $n = 0.3$ m$^{-1/3}$s, $i = 0.1$, $L = 100$m として $\alpha = \sqrt{i}/n$ とした場合の水面形であり，$t_c = (r^{1-m}L/\alpha)^{1/m} = 22.44$ 分のときに定常状態に達する．

このとき，水面形の式を積分して貯留量を求める．$t = t_1$ のときの貯留量を s_1 とする．$x_1 = q_1/r$, $t_1 = (q_1/\alpha)^{1/m}r^{-1}$ を用いると，

$$\begin{aligned}
s_1 &= \int_0^L h\,dx = \int_0^{x_1}\left(\frac{rx}{\alpha}\right)^{1/m}dx + \int_{x_1}^L rt_1\,dx \\
&= \frac{m}{m+1}\left(\frac{r}{\alpha}\right)^{1/m} x_1^{(m+1)/m} + rt_1(L - x_1) \\
&= \frac{m}{m+1}\left(\frac{1}{\alpha}\right)^{1/m} \frac{q_1^{(m+1)/m}}{r} + \left(\frac{q_1}{\alpha}\right)^{1/m}\left(L - \frac{q_1}{r}\right)
\end{aligned}$$

232   第8章 分布型流出モデルの集中化

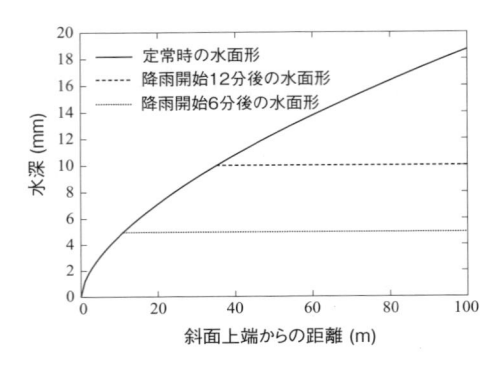

図 8.1: 定常状態前の流量増加時のキネマティックウェーブモデルの水面形.

が得られる．この流量が発生する場合の定常時水面形における貯留量 s を求めると，(8.4) 式 より

$$s = \frac{m}{m+1} Lrt_1$$

となる．

$$s_1 - s = \frac{1}{m+1} t_1 (rL - \alpha r^m t_1^m)$$

であり，

$$t_1 < t_c = \left(\frac{r^{1-m}L}{\alpha}\right)^{1/m}$$

なので，$s_1 \geq s$ となる．等号が成り立つのは $t_1 = t_c$ のときである．定常状態に達する前の流量増加時は，斜面下端の流量が同じ場合，定常時水面形を仮定する場合の方が貯留量は小さくなる．つまり，同じ貯留量の場合，定常時水面形を仮定する場合の方が流出量は大きくなる．

8.2.3 流量低減時の貯留量の導出

前節において，降雨が伝播時間 t_c を越えて継続し，時刻 $t = t_r(>t_c)$ に降雨が終了したとする．このとき，時刻 $t = t_2(>t_r)$ での水面形を求める．時刻 $t = t_c$ での水面形は $h = (rx/\alpha)^{1/m}$ なので，水深が h_* となる斜面上端からの距離は $x_* = (\alpha/r)h_*^m$ となる．時刻 $t = t_r(>t_c)$ で降雨が終了すると，水深が h_* となる位置は伝播速度 $c = dq/dh = m\alpha h_*^{m-1}$ で下流に移動する．したがって $t = t_2(>t_r)$ で

8.2 単一矩形斜面でのキネマティックウェーブモデルの集中化

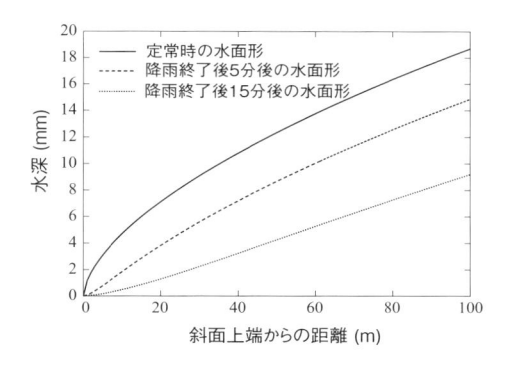

図 **8.2**: 定常状態後の流量低減時のキネマティックウェーブモデルの水面形.

水深が h_* となる地点の斜面上端からの距離は

$$x = x_* + m\alpha h_*^{m-1}(t_2 - t_r) = (\alpha/r)h_*^m + m\alpha h_*^{m-1}(t_2 - t_r)$$

となる．したがって時刻 $t = t_2(> t_r)$ での水面形は

$$x = \frac{\alpha}{r}h^m + m\alpha h^{m-1}(t_2 - t_r) = \alpha h^{m-1}\left[\frac{h}{r} + m(t_2 - t_r)\right] \tag{8.8}$$

と表される．図 **8.2** は前節と同じ条件で，降雨終了後 5 分後と 15 分後の水面形を示したものである．

水面形の式を積分して斜面上の雨水の貯留量を斜面下端の流量の関数として表す．$t = t_2$ のときの貯留量を s_2 とすると，斜面下端 $x = L$ での水深を h_L として

$$\begin{aligned}
s_2 &= h_L L - \int_0^{h_L} x dh = h_L L - \int_0^{h_L} \alpha h^{m-1}\left[\frac{h}{r} + m(t_2 - t_r)\right] dh \\
&= h_L L - \frac{1}{m+1}\frac{\alpha}{r}h_L^{m+1} - \alpha(t_2 - t_r)h_L^m \\
&= \left(\frac{q_L}{\alpha}\right)^{1/m} L - \frac{1}{m+1}\frac{\alpha}{r}\left(\frac{q_L}{\alpha}\right)^{(m+1)/m} - (t_2 - t_r)q_L
\end{aligned} \tag{8.9}$$

が得られる．ここで $q_L = \alpha h_L^m$ は斜面下端での流出量である．

定常時水面形における貯留量 s を求める．この流量が発生する場合，すなわち斜面下端の水深が h_L の場合，(8.4) 式 より

$$s = \frac{m}{m+1}Lh_L$$

である．これらから，
$$s_2 - s = -\frac{1}{m+1}\alpha h_L^m(t_2 - t_r)$$
が得られる．この式を導くために (8.8) 式より
$$L = \alpha h_L^{m-1}\left[\frac{h_L}{r} + m(t_2 - t_r)\right]$$
という関係を用いた．この結果から，$s_2 \leq s$ となることがわかる．等号が成り立つのは $t_2 = t_r$ のときである．定常状態より後の流量減少時は，斜面下端の流量が同じ場合，定常時水面形を仮定する場合の方が貯留量は大きくなる．つまり，同じ貯留量の場合，定常時水面形を仮定する場合の方が流出量は小さくなる．

コラム：貯留量－流出量の関係式の二価性を考慮した流れのモデルの集中化

定常状態での降雨と流出量の関係をもとに導出した集中型モデルでは，貯留量 s と流出量 q の関係 (SQ 関係式あるいは SQ 曲線) は (8.7) 式のように一価の関係式となる．しかし，キネマティックウェーブモデルや実際のデータから得られる SQ 関係は，一価の関係とはならない．図 **8.3** に示すように，一般に SQ 関係はループを描き，流量増加時と減衰時とでは，貯留量の値が同じでも立ち上がり時の方が流出量は小さくなる．

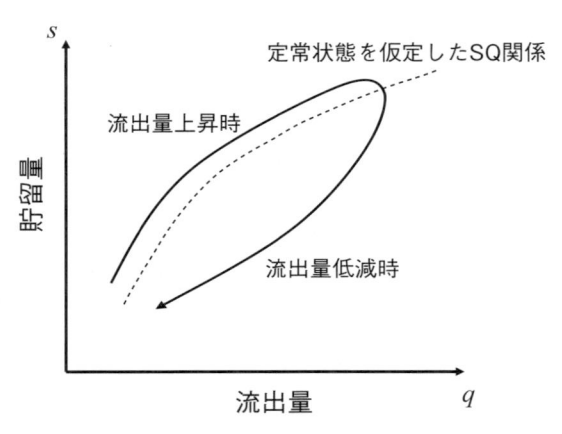

図 **8.3**：貯留量－流出量関係曲線 (SQ 曲線)．

8.2 単一矩形斜面でのキネマティックウェーブモデルの集中化

キネマティックウェーブモデル

$$\frac{\partial h}{\partial t} + \frac{\partial q}{\partial x} = r(t), \ q = \alpha h^m$$

を $t_c = (L\bar{r}^{1-m}\alpha^{-1})^{1/m}$ として，以下の変数変換

$$t = t_c T, \ x = LX, \ h = \bar{r}t_c H, \ q = L\bar{r}Q, \ r(t_c T) = \bar{r}R(T)$$

を用いて無次元化し，$0 \leq X \leq 1, H(X, 0) = 0, H(0, T) = 0$ において

$$\frac{\partial H}{\partial T} + \frac{\partial Q}{\partial X} = R(T), \ Q = H^m \tag{8.10}$$

とする．次に継続時間 $T_r (> T_c)$ の矩形降雨強度 $\bar{r}$ を与えた場合を考えると，s を斜面上の貯留量，$s = L\bar{r}t_c S$ として

$$S = \begin{cases} Q_1^{1/m} - \dfrac{1}{(m+1)R}Q_1^{(m+1)/m} & 0 \leq T \leq T_c \\[1em] \dfrac{m}{m+1}Q_1^{1/m} & T_c \leq T \leq T_r \\[1em] \dfrac{m-1}{m}Q_1^{1/m} + \dfrac{1}{m(m+1)R}Q_1^{(m+1)/m} & T_r \leq T \end{cases} \tag{8.11}$$

が得られる．ここで T_c は無次元到達時間で $T_c = 1$, $Q_1(T) = Q(1, T)$ は斜面下端 ($X = 1$) からの流量である．図 **8.1** は斜面上のキネマティックウェーブ流れにおいて，定常状態に達するまでの水面形の変化であり，$0 \leq t \leq t_c$ すなわち $0 \leq T \leq T_c$ の場合に対応する．図 **8.2** は斜面上のキネマティックウェーブ流れにおいて，定常状態の後で降雨が終了した後の水面形の変化であり，$t \geq t_r$ すなわち $T \geq T_r$ の場合に対応する．

星[3),4)]は，dQ/dT の項が陽に現れるように (8.11) 式を変形し，

$$S = \begin{cases} \dfrac{m}{m+1}Q_1^{1/m} + \dfrac{R - Q_1}{m(m-1)R^2}Q_1^{(2-m)/m}\dfrac{dQ_1}{dT} & 0 \leq T \leq T_c \\[1em] \dfrac{m}{m+1}Q_1^{1/m} & T_c \leq T \leq T_r \\[1em] \dfrac{m}{m+1}Q_1^{1/m} + \dfrac{[R(m-1) + Q_1](R + Q_1)}{m^3(m+1)R^2}Q_1^{(2-2m)/m}\dfrac{dQ_1}{dT} & T_r \leq T \end{cases} \tag{8.12}$$

を得た. (8.12) 式をみると, 定常状態となる $T_c \leq t \leq T_r$ のとき以外では, 第二項に dQ_1/dT の項がある. Prasad[16]が提案した貯留式

$$S = K_1 Q_1^{p_1} + K_2 \frac{dQ_1}{dT}, \frac{dS}{dT} = R - Q_1 \quad (8.13)$$

はこれに対応している. 星は Prasad の貯留式の右辺第二項の K_2 を定数として扱うことに困難があると考え

$$S = K_1 Q_1^{p_1} + K_2 \frac{dQ_1^{p_2}}{dT} = K_1 Q_1^{p_1} + K_2 p_2 Q_1^{p_2-1} \frac{dQ_1}{dT} \quad (8.14)$$

を提案した. 11.2.4 で示すが, 木村の貯留関数法では遅滞時間というパラメータを導入し, 降雨強度と流出量の時間をずらすことで SQ 関係の二価性を表現している.

8.2.4 集中化とその誤差構造

洪水の伝播時間を t_c, 降雨の継続時間を t_r とすると, 前節で示したように $t_r \geq t_c$ であれば降雨流出の状態は定常状態に近づく. そのため, 少数の状態量で水深分布を推定できるようになり, 単一の斜面であれば一つの貯留量で水深分布を得ることができる. 逆に, $t_r < t_c$ の場合は多くの状態量を持たないと, 水深分布を精度よく推定することが難しくなる. 高棹・椎葉[1]は, 単一斜面の流れを多段の貯水池モデルを用いてモデル化し, キネマティックウェーブモデルによる解と比較して, 無次元降雨継続時間 $T_R = t_r/t_c$ と分割個数 K を指標として集中化誤差を分析した.

(8.10) 式に示す無次元化したキネマティックウェーブモデルを K 個の貯水池モデルを直列に繋いだ多段貯水池モデル

$$\frac{dS_i}{dT} = (X_i - X_{i-1})R(T) + Q_{i-1} - Q_i, \ Q_i = H_i^m, \ i = 1, \cdots, K \quad (8.15)$$

で近似することを考える. 図 **8.4** に示すように X_i は分割点であり, 各分割区間 (X_{i-1}, X_i) での定常時の伝播時間が等しくなるように

$$X_i = (i/K)^m, \ i = 0, 1, 2, \cdots, K$$

とする. $X_0 = 0, X_K = 1$ である. S_i は分割区間 (X_{i-1}, X_i) の無次元貯留量, Q_i は

8.2 単一矩形斜面でのキネマティックウェーブモデルの集中化   237

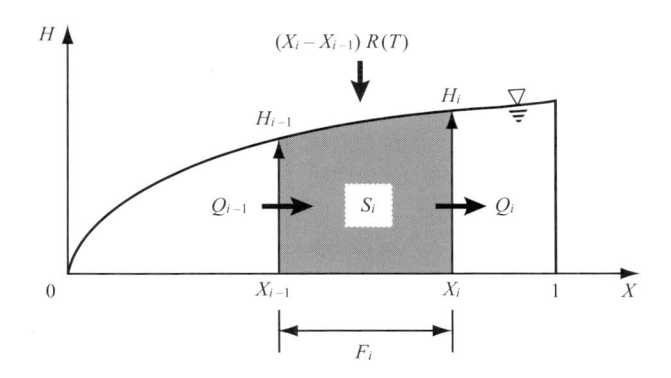

図 8.4：多段貯水池モデルによるキネマティックウェーブ流れの近似表現.

分割点 X_i での無次元流量である．一般に H_i は S_i の関数として一意的に決まらないが，定常状態を仮定すれば

$$Q_i = X_i R(T) = H_i^m$$

なので

$$H_i = b_i \left(\frac{S_i}{X_i - X_{i-1}} \right), \quad b_i = \left(\frac{m+1}{m} \right) \left(\frac{X_i^{1/m}(X_i - X_{i-1})}{X_i^{(m+1)/m} - X_{i-1}^{(m+1)/m}} \right) \tag{8.16}$$

となって Q_i は S_i の一価関数となる．この関係と連続式 (8.15) を用いて多段貯水池モデルを構成する．

多段貯水池モデルでキネマティックウェーブ流れを近似する精度は，無次元降雨継続時間 T_R と分割個数 K，無次元降雨強度 $R(T)$，モデルパラメータ m に依存する．図 8.5 は，多段貯水池モデルによる流れの計算結果とキネマティックウェーブ流れとの違い (集中化誤差) を，

$$e = \max \left| \frac{Q_K(T) - Q_R(T)}{Q_K(T_p)} \right| \tag{8.17}$$

として，e と T_R，K との関連を分析した結果である．ここで $Q_K(T)$ はキネマティックウェーブモデルによる流出量，$Q_R(T)$ は多段貯水池モデルによる流出量，$Q_K(T_p)$ はキネマティックウェーブモデルによる流出量の最大値である．

T_R が大きければ系が定常状態に近づくため貯水池の個数 K は小さくても集中化誤差 e は小さい．しかし，T_R が小さくなって系が定常状態から離れると，同程度の集中化誤差を保つためには K を増やさなくてはならないことが分かる．

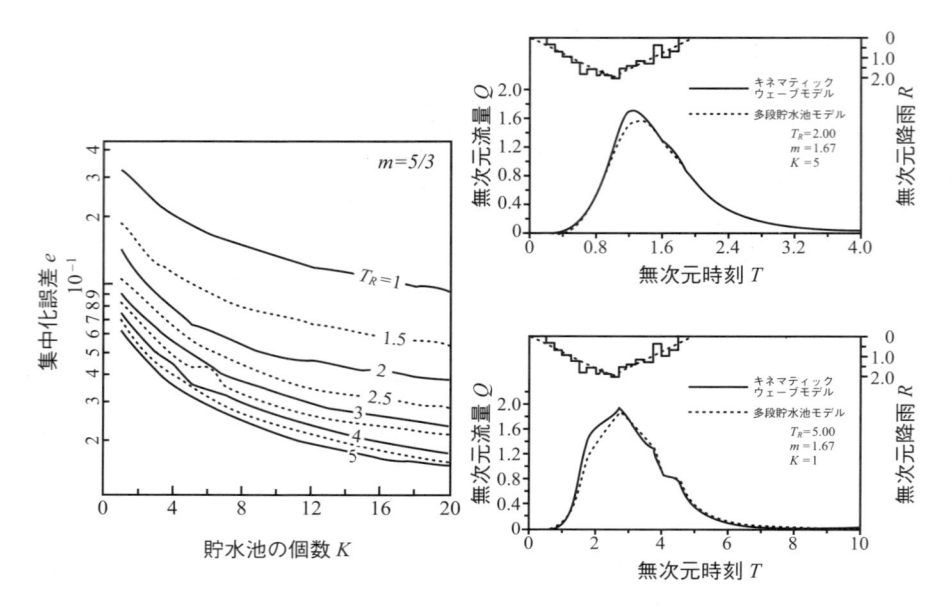

図 8.5：多段貯水池モデルの集中化誤差 (左) と多段貯水池モデルとキネマティックウェーブモデルによるハイドログラフの違い (右).

8.3 山腹斜面系キネマティックウェーブモデルの集中化

7章で示した分布型流出モデルを集中化する手法を示す．市川らは水深の空間分布が流量の関数として陽に表現できる場合の集中化手法[8),9)]を示し，次に水深の分布が流量の関数として陽に解けない一般的な流量流積関係式に対する集中化手法[10),11)]を示した．以下では，より一般的な後者の集中化手法を説明する．

8.3.1 基本的な考え方

(1) 流域内の一つの矩形斜面の貯留量

流域地形は多数の矩形斜面（斜面素辺）が接続して構成されているとする．その中で個々の斜面の流れでは，流量・流積関係式が次式で与えられているとする．

$$q(x,t) = g(h(x,t)) \tag{8.18}$$

$q(x,t)$ は単位幅流量，$h(x,t)$ は水深である．流量・流積関係式は **1.3** で示したように q が h の関数として陽に表され，かつ h で積分可能なものを考える．(8.18) 式を h について解いた式を，

$$h(x,t) = f(q(x,t)) \tag{8.19}$$

と書くことにする．q が $h(x,t)$ のべき乗といった単純な形であれば，f は陽に求まるが，**1.3** で示した表面流・中間流統合型キネマティックウェーブモデルの流量・流積関係式では，f を陽に求めることはできない．

いま，対象とする山腹斜面に定常でかつ空間的に一様な降水が与えられ，降雨流出系が定常状態になっていると仮定する．このときの一つの斜面素辺の貯留量を求める．貯留量を s と書くことにすると，

$$s = \int_0^L w(x)h(x)dx \tag{8.20}$$

である．ここで L は斜面素辺の長さ，$w(x)$ は斜面素辺の幅である．このときの降水強度を $\bar{r}$ と書くことにすると，山腹斜面系内のある地点での流量は，その地点の集水域の面積に $\bar{r}$ を乗じたものとなるので，斜面素辺の上端から x の地点での流量 $Q(x)$ は次式で表される．

$$Q(x) = Q(0) + \bar{r}\int_0^x w(\xi)d\xi = \bar{r}A_{up} + \bar{r}\int_0^x w(\xi)d\xi \tag{8.21}$$

ここで $Q(0)$ は斜面素辺上端からの流入量，A_{up} は当該斜面素辺の上流域の面積で $Q(0) = \bar{r}A_{up}$ である．各斜面素辺に対する A_{up} は，数値地形モデルから計算できる．斜面素辺を幅が一定の矩形とすれば，$w(x)$ を $\bar{w}$（一定）と書き直して以下を得る．

$$s = \bar{w}\int_0^L h(x)dx \tag{8.22}$$

$$Q(x) = \bar{r}A_{up} + \bar{r}\bar{w}\int_0^x d\xi = \bar{r}A_{up} + \bar{r}\bar{w}x \tag{8.23}$$

$$q(x) = Q(x)/\bar{w} = \bar{r}A_{up}/\bar{w} + \bar{r}x \tag{8.24}$$

(2) 流域全体の貯留関係と連続式

斜面素辺一つの貯留量を求めるには，(8.22) 式の積分値を求めればよい．しかし，(8.19) 式で与えられる $f(q)$ が陽に求まらない場合は，(8.22) 式の積分を解

図 8.6: $f(q)$, $g(h)$, $F(q)$ の関係.

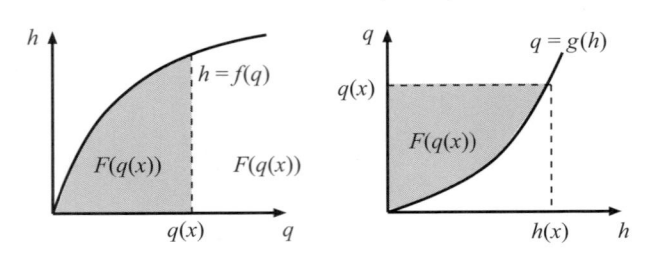

析的に実行することはできない．そこで，極力少ない数値計算で (8.22) 式 の積分を実行する方法を考える．まず (8.24) 式 を x で微分して次式を得る．

$$dq/dx = \bar{r} \rightarrow dx = dq/\bar{r} \quad (ただし \; \bar{r} \neq 0) \tag{8.25}$$

したがって (8.22) 式 は，

$$s = \frac{\bar{w}}{\bar{r}} \int_{q(0)}^{q(L)} f(q) dq = \frac{\bar{w}}{\bar{r}} [F(q(L)) - F(q(0))] \tag{8.26}$$

と変換することができる．ただし，$dF(q)/dq = f(q)$ である．(8.26) 式は，流量と空間座標の間に一対一の関係があることを利用して，通水断面積の空間的な積分を流量の積分に変換したことを意味している．

図 8.6 は，$f(q)$，$g(h)$，$F(q)$ の関係を模式的に示したものである．$h = f(q)$ が q で陽に表され，かつ解析的に積分可能であれば，$F(q)$ は容易に計算できる．しかし一般には q が h の関数として与えられ，$h = f(q)$ は q の陽な関数として求めることができない．そのため $F(q)$ も $f(q)$ を解析的に積分して求めることができない．しかし，$g(h)$ は一般に h で積分可能である．したがって，ある単位幅流量 $q(x)$ に対応する水深 $h(x)$ を求めることができれば，図 8.6 の右図に示すように $F(q(x))$ は次式を用いて求めることができる．

$$F(q(x)) = q(x)h(x) - \int_0^{h(x)} g(h) dh \tag{8.27}$$

これらをもとに，以下の手順で s を計算する．まず，ある降水強度 $\bar{r}$ を仮定する．降雨流出系が定常であるとの仮定から，(8.24) 式 を用いて対象とする斜面素辺の上下端での単位幅流量 $q(0)$，$q(L)$ を計算する．次に，その単位幅流量に対

応する水深 $h(0)$, $h(L)$ を数値的に求める．最後に，(8.27) 式を用いて $F(q(0))$, $F(q(L))$ を求め，(8.26) 式から s を計算する．このように，一つの斜面素辺の貯留量を求めるのに必要な数値計算の回数は，斜面素辺上端と下端の水深を求める計算の二回である．以上の手順ですべての斜面素辺の貯留量を計算する．対象とする山腹斜面全体の貯留量 S と山腹斜面系からの流出量 O は

$$S = \sum_{i=1}^{N} s_i, \quad O = \bar{r} \sum_{i=1}^{N} A_i \tag{8.28}$$

となる．ここで N は斜面素辺の総数，s_i は斜面素辺 i の貯留量，A_i は斜面素辺 i の面積である．この計算を，降雨強度 $\bar{r}$ を変えて繰り返し，様々な降水強度に対応する S と O の関係を求める．S と O の離散的な関係は定常時に対するものであるが，非定常時にも近似的に成り立つとして仮定する．求めた S と O の値は線形補間で内挿する．得られた貯留関係には地形と流れのモデルパラメータの空間分布特性が反映される．この貯留関係と連続式

$$\frac{dS}{dt} = r(t) \sum_{i=1}^{N} A_i - O(t) \tag{8.29}$$

を解いて，流域全体の雨水を逐一追跡することなく，流域下流端からの流出量 $O(t)$ を求める．

8.3.2 中間流・地表面流統合型キネマティックウェーブモデルの集中化

(1) 貯留量と流出量の関係の導出

1.3.1 で示した中間流・地表面流統合型キネマティックウェーブモデル

$$\frac{\partial h}{\partial t} + \frac{\partial q}{\partial x} = r \tag{8.30}$$

$$q = g(h) = \begin{cases} ah & (0 \leq h < d) \\ \alpha(h-d)^m + ah & (h \geq d) \end{cases} \tag{8.31}$$

を集中化する．まず $0 \leq h < d$ の場合を考える（図 **8.7**(a)）．この場合は $h(x) = q(x)/a$ となり，$F(q(x))$ を容易に計算することができて，

$$F(q(x)) = \frac{q(x)^2}{2a} \tag{8.32}$$

(a) $0 \leq h(x) < d$ の場合　　(b) $h(x) \geq d$ の場合

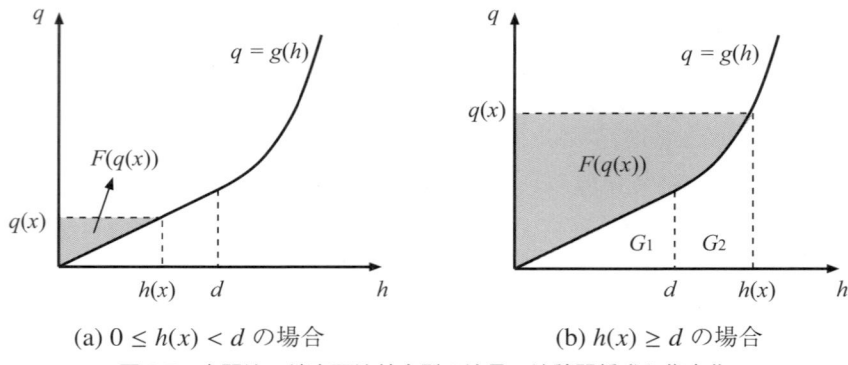

図 **8.7**：中間流・地表面流統合型の流量・流積関係式と集中化.

となる．次に，$h(x) \geq d$ の場合を考える (図 **8.7**(b))．この場合の $F(q(x))$ は，図中の G_1, G_2 を使って次のように書ける．

$$F(q(x)) = q(x)h(x) - G_1 - G_2 \tag{8.33}$$

G_1 は容易に積分できて，$ad^2/2$ である．G_2 は $g(h) = \alpha(h-d)^m + ah$ を d から $h(x)$ まで積分したものであるから，

$$G_2 = \int_d^{h(x)} [\alpha(\xi - d)^m + a\xi]d\xi = \frac{\alpha}{m+1}(h(x) - d)^{m+1} + \frac{a}{2}(h(x)^2 - d^2) \tag{8.34}$$

となる．このようにして求めた G_1, G_2 を (8.33) 式に代入して整理すると，

$$F(q(x)) = q(x)h(x) - \frac{\alpha}{m+1}(h(x) - d)^{m+1} + \frac{ah(x)^2}{2} \tag{8.35}$$

を得る．あとは，前述した手順にしたがって S と O の関係を求める．

(2) 単一斜面への適用

単一の斜面素辺での中間流・地表面流統合型キネマティックウェーブモデルを集中化した．斜面素辺の長さは 100m，面積は 1000m^2，勾配は 15 度である．(a) 表面流のみのケース，(b) 中間流のみのケース，(c) 表面流・中間流がともに発生するケース の三通りで集中化したモデルともとの分布型モデルとの計算結果を比較した．表 **8.1** に計算条件を示す．すべてのケースにおいて，36mm h^{-1} の雨を 10 時間与えた．

8.3 山腹斜面系キネマティックウェーブモデルの集中化　243

表 **8.1**：単一斜面での計算条件.

パラメータ	表面流モデル	中間流モデル	中間流・地表面流統合型モデル
n (m$^{-1/3}$ s)	0.3	—	0.3
m (-)	1.667	—	1.667
k (m s^{-1})	—	0.015	0.015
d (m)	—	∞	0.04

表面流モデルの場合 (図 **8.8**(a)) は，両モデルの計算結果はほぼ一致する．貯留量と流出量の関係は，分布型流出モデルでもほぼ一価の関係にあり，両者の違いは小さい．中間流モデルの場合 (図 **8.8**(b)) は，違いが現れる．ここで示した集中化手法では，定常状態での貯留量–流出量関係を導出し，これを用いて流出計算を行なう．そのため，降雨流出系が定常状態に近い状態では，両者の計算結果は近くなり，定常状態ではない場合は両者の計算結果は離れる．中間流・地表面流統合型モデルの場合 (図 **8.8**(c)) は，計算開始後の 1 時間を経過したあたりで表面流が発生し，その後は集中化したモデルとほぼ一致する．表面流が卓越するような大洪水を対象とする場合は，分布型流出モデルと集中化したモデルの計算結果は同様の結果を示すことが期待される．

(3) **実流域への適用**

集中化した中間流・地表面流統合型キネマティックウェーブモデルを，**6.6**, **7.2.1** で示した大戸川流域 (大鳥居地点より上流域 (148.9 km^2)) に適用する．**6.6** で設定した七つの部分流域ごとに中間流・地表面流統合型キネマティックウェーブモデルを集中化し，河川流は次節で述べる河道網集中型キネマティックウェーブモデル[7]を用いた．中間流・地表面流統合型キネマティックウェーブモデルのパラメータの値は，**7.2.1** で設定した値と同じである．降雨および流量データは，1982 年 8 月 1 日から 3 日の洪水と 1990 年 9 月 19 日から 22 日の洪水を使用した．流量データから直接流出成分を分離したのち，直接流出量に対する流出率を求め，これを降雨データに乗じて有効降雨を得た．この有効降雨をすべての部分流域に対して一様に与えた．

図 **8.9** にモデルによる計算流量と観測流量 (直接流出成分) を比較した結果と流出モデルによって得られた貯留量と流出量の関係および観測値から得られた貯留量と流出量の関係を示す．集中化した流出モデルと分布型流出モデルの計算結果

244   第 8 章　分布型流出モデルの集中化

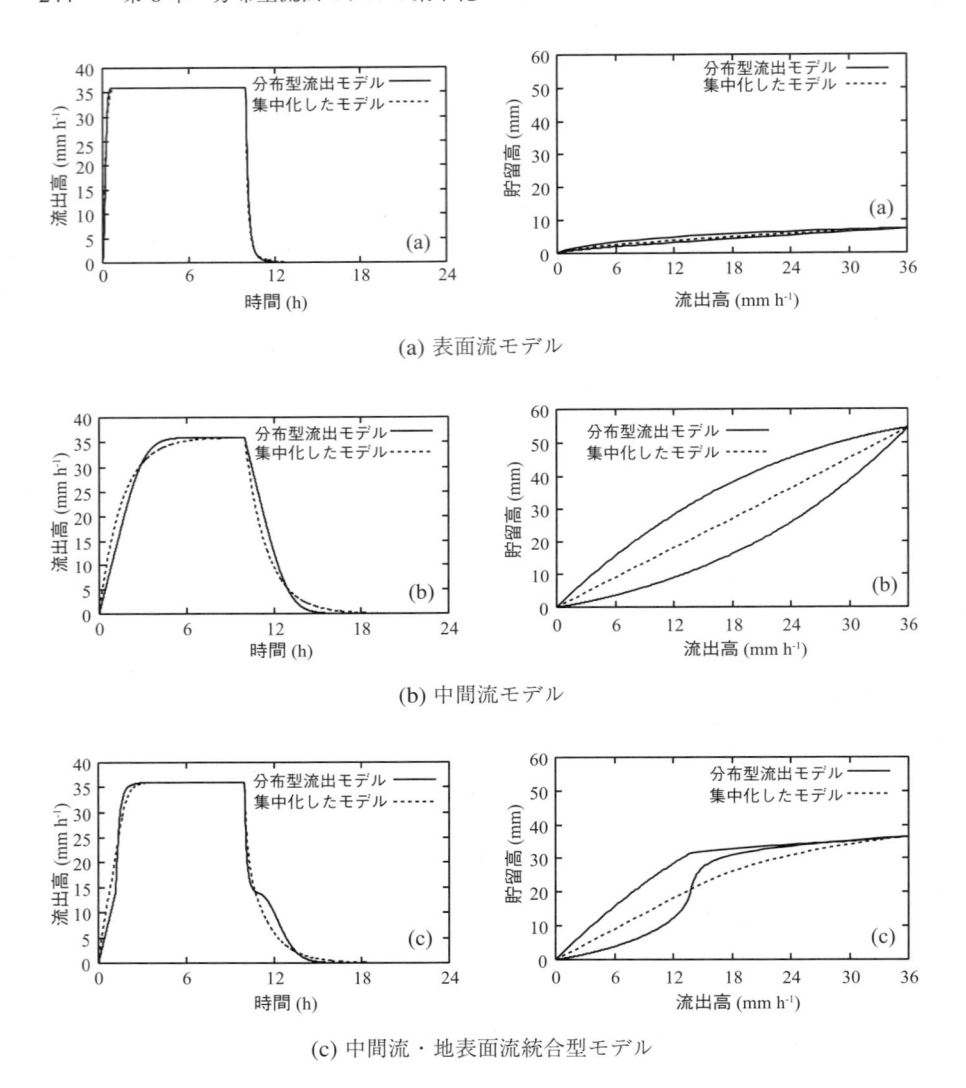

(a) 表面流モデル

(b) 中間流モデル

(c) 中間流・地表面流統合型モデル

図 **8.8**：単一斜面要素での流出計算結果 (上) と貯留量と流出量の関係 (下).

はよく一致している．また，集中化したモデルと分布型モデルの貯留量–流出量の関係はほぼ同様となり，集中化が適切に機能していることがわかる．

8.3 山腹斜面系キネマティックウェーブモデルの集中化　245

(a) 1982 年 8 月 1 日から 3 日の洪水

(b) 1990 年 9 月 19 日から 22 日の洪水

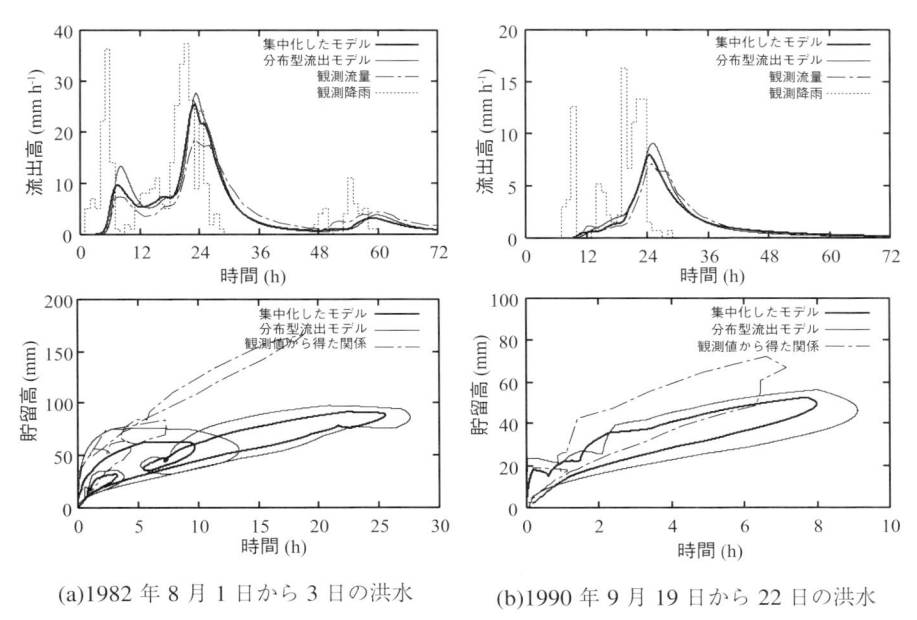

図 **8.9**：大戸川流域での流出計算結果 (大鳥居観測所 (上) と貯留量と流出量の関係 (下).

8.3.3 飽和・不飽和流れを考慮したキネマティックウェーブモデルの集中化

(1) 貯留量と流出量の関係の導出

8.3.1 で説明した手法を用いて，1.3.3 で示した飽和・不飽和流れを考慮したキネマティックウェーブモデル

$$\frac{\partial h}{\partial t} + \frac{\partial q}{\partial x} = r(t)$$

$$q = g(h) = \begin{cases} v_c d_c \left(\dfrac{h}{d_c}\right)^\beta & (0 \le h < d_c) \\ v_c d_c + a(h - d_c) & (d_c \le h < d) \\ v_c d_c + a(h - d_c) + \alpha(h - d)^m & (d \le h) \end{cases}$$

を集中化する[17]．$0 \le h < d_c$ のとき，

$$F(q(x)) = q(x)h(x) - \int_0^{h(x)} g(\xi)d\xi = v_c d_c \left(\frac{h(x)}{d_c}\right)^\beta h(x) - \int_0^{h(x)} v_c d_c \left(\frac{\xi}{d_c}\right)^\beta d\xi$$

$$= v_c d_c h(x) \left(\frac{h(x)}{d_c}\right)^\beta - \frac{v_c d_c^2}{\beta + 1} \left(\frac{h(x)}{d_c}\right)^{\beta+1}$$

となる．$d_c \leq h < d$ のときは，

$$\begin{aligned}
F(q(x)) &= q(x)h(x) - \int_0^{h(x)} g(\xi)d\xi \\
&= [v_c d_c + a(h(x) - d_c)]h(x) - \int_0^{d_c} v_c d_c \left(\frac{\xi}{d_c}\right)^\beta d\xi - \int_{d_c}^{h(x)} [v_c d_c + a(\xi - d_c)]d\xi \\
&= \frac{1}{2}ah(x)^2 + \left(v_c - \frac{a}{2}\right)d_c^2 - \frac{v_c d_c^2}{\beta + 1}
\end{aligned}$$

となり，最後に $d \leq h$ のときは，

$$\begin{aligned}
F(q(x)) &= q(x)h(x) - \int_0^{h(x)} g(\xi)d\xi \\
&= [v_c d_c + a(h(x) - d_c) + \alpha(h(x) - d)^m]h(x) \\
&\quad - \int_0^{d_c} v_c d_c \left(\frac{\xi}{d_c}\right)^\beta d\xi - \int_{d_c}^{d_s} [v_c d_c + a(\xi - d_c)]d\xi \\
&\quad - \int_d^h [v_c d_c + a(\xi - d_c) + \alpha(\xi - d_c)^m]d\xi \\
&= \frac{1}{2}ah(x)^2 + \left(v_c - \frac{a}{2}\right)d_c^2 - \frac{v_c d_c^2}{\beta + 1} + \alpha h(x)(h(x) - d)^m - \frac{\alpha(h(x) - d)^2}{m + 1}
\end{aligned}$$

となる．これらの $F(q(x))$ から一つの斜面素辺の貯留量 s が求まるので，あとは前述した手順に従い，流域全体の流出量と貯留量の関係を求める．

(2) 実流域への適用

吉野川流域 (岩津上流域，図 **8.10** 参照) の流出計算を分布型流出モデルと集中化したモデルとで実施した[18]．降雨データは，流域内とその周辺の 27 地点で観測されたアメダス時間降水量をもとに最近隣法を用いて作成した 1.5km 格子の時空間分布雨量を用いた．計算結果との比較には，国土交通省の岩津地点の観測流量を用いた．2004 年台風 23 号 (10 月 17 日〜10 月 24 日) の分布型モデルと集中化したモデルの比較を図 **8.11**(a) に示す．

図 **8.11**(b) は，集中型モデルによる流出シミュレーションの結果を実測値と比較した結果である．この流出計算では，吉野川流域に存在するダムの流水制御の効果もダムモデルとして導入しているので，図 **8.11**(a) の計算結果よりもピーク流量は小さく，実測値をよく再現している．この集中化は，温暖化による長期の流出変化を分析するために実施した．集中化により計算精度を落とすことなく，

8.3 山腹斜面系キネマティックウェーブモデルの集中化　247

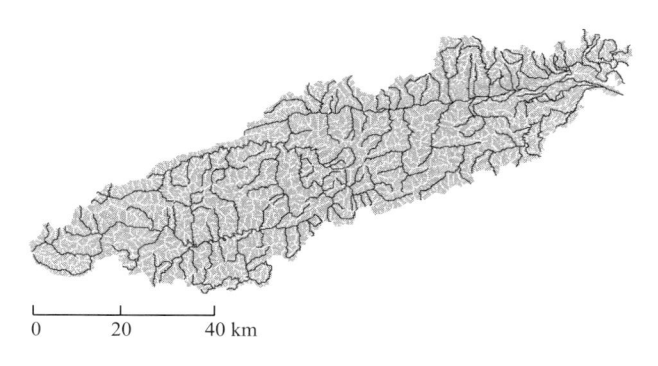

図 8.10：吉野川流域の流出モデル.

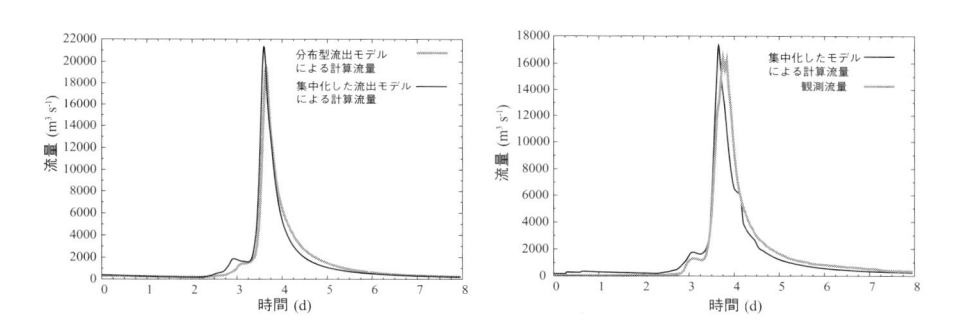

図 8.11：(左図) 分布型流出モデルと集中化した流出モデルの計算値の比較.
(右図) 実測流量と集中化した流出モデルの比較．右図ではダムモデルを河川流
れの計算に導入している.

このときの計算量は斜面流出の計算に分布型流出モデルをそのまま用いる場合の
約半分となった.

コラム：水文量の空間分布を扱う集中型流出モデル

この節で示した集中化手法は，分布型流出モデルを空間的に積分して集中
型流出モデルを導出することにより，水文量の空間分布特性を貯留関係に反
映させる方法である．別の手法として，水文量の空間分布を分布関数として
捉え，集中型流出モデルの中に取り込む方法がある．分布型流出モデルの
ように，流域条件や状態量の陽な空間分布特性は考慮しないが，それらの空間

分布特性を分布関数として流出モデルに組みこむ．

流域の空間分布特性を分布関数として流出モデルに取り込む研究は，早くから行われてきた．平野・伊東[19]，平野[20]は，斜面長などの地形諸量に起因する到達時間の流域内分布を考慮した流出モデルを提案した．藤田[21]は，斜面長の分布を考慮した形で貯留量流出量関係を導出した．また，山田[22),23)]は，時定数分布を取り込んだ流出解析手法を提案した．

Beven and Kirkby[24]によって提案された TOPMODEL もこの形式のモデルである．TOPMODEL は地形指標 (Topographic Index)

$$TI = \ln(a/\tan\beta)$$

の流域内の頻度分布を求め，それを巧みに流出モデルに導入する．ここで a は単位長さの等高線に寄与する流域面積，β はその地点の斜面勾配である．TOPMODEL の概念は広く応用されており，数値地形モデルによる地形指標の算定方法[25]や，グリッドサイズによって異なる地形指標のスケーリング手法[26]など，適用範囲を広げるための多くの手法が開発されている．また河道追跡のルーチンを入れて，TOPMODEL を分布型流出モデルのように扱うモデルもある[27]．

貯留量の空間分布を分布関数として組み込む集中型流出モデルも多数，提案されている．その代表的なモデルとして新安江モデル (Xinangiang Model)[28),29)]がある．また，VIC モデル[30]などそれを簡略化した流出モデル[31]がある．図 **8.12** に具体例を挙げる．横軸 A が飽和面積率，縦軸 h が貯留水深を表し，A_i は不浸透面積率，h_m が最大貯留水深，h_0 が現時点での貯留水深である．降水強度 P から蒸発散強度 E を差し引いた単位時間当たりの入力を考え，それが表層付近の貯留量の増分 ΔS，直接流出量 Q_i，基底流出量 Q_p に分配され，Q_p は深部の貯留量に加わると考える．この配分は A_i と h_m を結ぶ図中の曲線と現時点での貯留水深 h_0 によって決められる．この飽和面積率と貯留水深の関係式によって，貯留量の空間分布が分布関数という形で流出モデルに反映される．山田・山崎[32]は，新安江モデルと同様のモデルを，流域内での保水能の空間分布を採り入れた流出モデルとして早くから考案した．近藤[33]による新バケツモデルも同様の構造を持つモデルである．この形式のモデルは広域の水循環を扱う水文モデルにしばしば採用される．

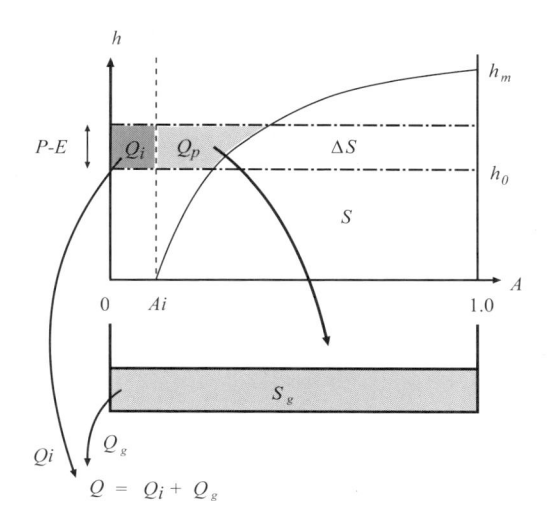

図 8.12：簡略化された新安江モデルのモデル構造[31].

コラム：分布型土砂流出モデルの集中化

 7.3 で示したように，流域全体の土砂動態を把握するために，土砂の生産から輸送までを一体として分析する分布型土砂流出モデルがある．土砂流出量の連続式は一般的に

$$\frac{\partial (h_s c)}{\partial t} + \frac{\partial (q_s c)}{\partial x} = e(x,t) = D_r + D_f$$

と表される．ここに h_s は地表流の水深，c は土砂濃度，q_s は地表流の単位幅流量，e は土砂の供給・堆積強度であり，雨滴の衝撃力による表層土の侵食速度 D_r と表面流の底面せん断力による侵食速度 D_f の和と考える[34]．分布型土砂流出モデルは，分布型降雨流出モデルをもとに，グリッドセル毎に土砂の侵食・堆積過程をモデル化し，上流から下流まで土砂濃度を順に追跡することにより，流域全体の土砂流出量を計算する．

 上記の分布型土砂流出モデルをもとに，集中型の土砂流出モデルを構築する試みがなされている[35]．集中型の土砂流出モデルが構築できれば，より広

域を対象に効率的に長期の土砂生産量などを推定できるようになる．また，分布型流出モデルの集中化と同様，集中化された土砂流出モデルのパラメータに流域の地形や土地利用の情報を反映させることができる．以下に，分布型土砂流出モデルの集中化手法の概要を示す．

分布型土砂流出モデルを集中化するにあたり，流域をまず適当な大きさのグリッドセルに分割する．分布型土砂流出モデルでは各グリッドセルを流れる地表流の土砂濃度 c を時空間的に変化する状態量として取り扱った．一方，ここで示す集中化手法では，この値を空間的に一様であると仮定する．次に侵食速度 D_f を決める最大土砂輸送能力 c_t の時空間分布を推定する．分布型土砂流出モデルでは，c_t は地表流の流速 v_s と斜面勾配 i の積の関数として推定する．分布型流出モデルでは v_s をすべてのグリッドセルで時々刻々追跡するのに対し，集中型土砂流出モデルでは，c_t と v_s の値を流域全体の貯水量(集中型降雨流出モデルの変数) から逆推定する．いずれの変数も，時空間的に変化する値であるが，本章で示した集中化手法を踏襲すれば，流域全体の貯水量から各グリッドセルの v_s と h_s を推定することができる．このようにして求めた，v_s と h_s からすべてのグリッドセルの侵食量と堆積量を求める．

以上をもとに，集中型土砂流出モデルでは，流域全体の土砂の連続式を以下の常微分方程式で表現する．

$$\frac{d(S_w c)}{dt} = \sum_{i=1}^{N} \left(D_{ri} + D_{fi} \right) a_i - Q_w c$$

ここに，D_{ri} は各グリッドセルでの雨滴衝撃力による表層土の侵食速度，D_{fi} は表面流の底面せん断力による侵食速度，a_i は各グリッドセルの面積であり，S_w と Q_w は集中型流出モデルから計算される貯水量と流出量である．D_{ri} と D_{fi} をグリッドセルごとに求める点は分布型土砂流出モデルと同様であるが，D_{fi} を計算するうえで，地表流の流速や水深をグリッドセルごとの状態量として追跡する必要はない．モデルの状態量は流域貯水量 S_w と土砂濃度 c となる．本章で示した集中化手法を用いることで，降雨流出量だけでなく，土砂流出などの物質流出も効率的に解析できるようになる．

(ICHARM：佐山敬洋)

8.4 河道網キネマティックウェーブモデルの集中化

河道網キネマティックウェーブモデルの集中化は，流量・流積関係式のパラメータのべき指数の取扱いによって，二通りの方法が考えられる．一つは，集中化の対象とする河道網でべき指数が一定の場合[6]，もう一つはべき指数が河道区分ごとに異なる場合[7]である．以下，それぞれについて説明する．

8.4.1 べき指数が一定の場合の集中化手法

各河道区分内の流れは以下の式で表されるものとする．

$$\frac{\partial A}{\partial t} + \frac{\partial Q}{\partial x} = q_i \tag{8.36}$$

$$Q = \alpha_i A^m \tag{8.37}$$

ただし，i は河道区分番号を示す添字，t は時間，x は河道区分上端からの距離，A は流積，Q は流量，q_i は河道区分 i への側方流入量，α_i, m はモデル定数である．α_i は河道区分ごとに異なってもよいが，m は対象とする河道網内で一定とする．

側方流入量 q_i は，河道区分 i の集水面積を F_i，河道区分の長さを L_i，河道区分 i の集水域からの単位面積あたりの流出強度を R_i とすると，

$$q_i = \frac{F_i}{L_i} R_i \tag{8.38}$$

と表される．ここでは全河道区分に対して

$$R_i = R_0 = 一定 \tag{8.39}$$

となったときの水面形状を考え，これによって河道網の貯留量流出量関係を求める．

この場合，流量 Q と流積 A は位置だけの関数となるから，(8.38) 式と (8.39) 式を (8.36) 式, (8.37) 式に代入して，

$$Q(x_i) = (A_i - F_i + F_i x_i / L_i) R_0$$

$$A(x_i) = (Q(x_i)/\alpha_i)^{1/m} = (A_i - F_i + F_i x_i / L_i)^{1/m} (R_0/\alpha_i)^{1/m}$$

が得られる．ただし x_i は河道区分 i の上端から流下方向に取った距離，A_i は河道区分 i の下流端より上流にあるすべての河道区分の集水面積の和である．この

とき，河道区分 i の貯留量 S_i は次のように表すことができる．

$$S_i = \int_0^{L_i} A(x_i) dx_i = R_0^{1/m} \tilde{S}_i$$

ただし，

$$\tilde{S}_i = \frac{m}{m+1} \frac{L_i}{F_i} \left(\frac{1}{\alpha_i}\right)^{1/m} [A_i^{(m+1)/m} - (A_i - F_i)^{(m+1)/m}]$$

とおいた．$\tilde{S}_i$ は R_0 に依存しない定数である．

これらの関係を用いて，河道網の定常時の貯留量–流出量の関係式は次のようにして求められる．河道網 J に属する河道区分の集合を Ω_J と記すと，河道網 J 内の全貯留量 S_J は，

$$S_J = \sum_{i \in \Omega_J} S_i = R_0^{1/m} \sum_{i \in \Omega_J} \tilde{S}_i \tag{8.40}$$

で与えられる．一方，河道網 J の下流端点での定常時流量 Q_J は

$$Q_J = R_0 A_{k(J)} \tag{8.41}$$

で与えられる．ただし，$k(J)$ は河道網 J の下流端に位置する河道区分の番号である．すなわち $A_{k(J)}$ は河道網 J の下流端点より上流の全集水面積である．(8.40) 式を R_0 について解き，これを (8.41) 式に代入すると，

$$Q_J = \alpha_J S_J^m \tag{8.42}$$

$$\alpha_J = \frac{A_{k(J)}}{\left(\sum_{i \in \Omega_J} S_i\right)^m} \tag{8.43}$$

が得られる．これが定常時における河道網の貯留量流出量関係式である．(8.43) 式は，定常入力 R_0 に依存しない定数である．

(8.42) 式は定常時に成り立つ関係式だが，側方流入量や上流からの流入量の時間的変化が緩慢であれば，水面形状を定常時のそれで近似することが可能である．この場合は，(8.42) 式の関係を適用して，

$$Q_J(t) = \alpha_J S_J(t)^m \tag{8.44}$$

となる．これと，河道網 J の貯留量 $S_J(t)$ に関する連続式

$$\frac{dS_J}{dt} = \sum_{I \in \Delta_J} Q_I(t) - Q_J(t) + q_J(t) \tag{8.45}$$

を組み合わせれば，$Q_J(t), S_J(t)$ を求めることが可能となる．ただし，河道網 I からの流出が河道網 J への流入となるような I の集合を Δ_J で表した．$q_J(t)$ は河道網 J への側方流入量である．

8.4.2 べき指数が異なる場合の集中化手法

河道区分 i の上端から x の距離にある河道地点の通水断面積 $A_i(x,t)$ と流量 $Q_i(x,t)$ の間には，

$$A_i(x,t) = K_i Q_i(x,t)^{P_i} \tag{8.46}$$

の関係があるとする．K_i, P_i は河道区分 i に固有の定数とし，べき指数 P_i が河道区分ごとに異なってよいとする．次に，河道網内の流量の分布は図 **8.13** に示すように河道に沿う距離とともに直線的に変化するものとし，この流量の空間的な変化率を $q_0(t)$ と書くことにする．すると，$Q_i(x,t)$ は次のように書ける．

$$Q_i(x,t) = Q_i(0,t) + q_0(t)x \tag{8.47}$$

このとき河道区分 i の区分長を L_i とすると，$q_0(t)$ は

$$q_0(t) = \frac{O(t) - \sum_{i=1}^{M} I_i(t)}{\sum_{i=1}^{N} L_i} \tag{8.48}$$

となる．ただし，$O(t)$ は流出量，$I_i(t)$ は上流端からの流入量，M は上流端数，N は河道区分数である．(8.46) 式，(8.47) 式より，通水断面積 $A_i(x,t)$ は，

$$A_i(x,t) = K_i(Q_i(0,t) + q_0(t)x)^{P_i} \tag{8.49}$$

となる．河道区分 i の河道内貯留量 $S_i(t)$ は，(8.49) 式で与えられる $A_i(x,t)$ を x について積分して

$$S_i(t) = \int_0^{L_i} A_i(x,t)dx \tag{8.50}$$

である．$S_i(t)$ をすべての河道区分について合計した

$$S(t) = \sum_{i=1}^{N} S_i(t) \tag{8.51}$$

が河道網内貯留量である．$A_i(x,t)$ は $q_0(t)$ の関数なので，$S_i(t)$ も $q_0(t)$ の関数である．したがって $S(t)$ も $q_0(t)$ の関数になる．

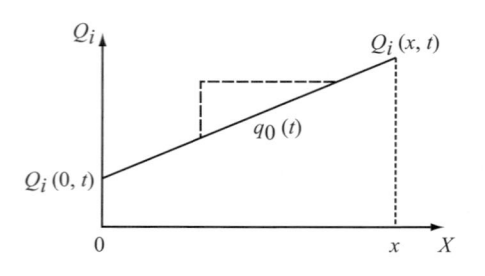

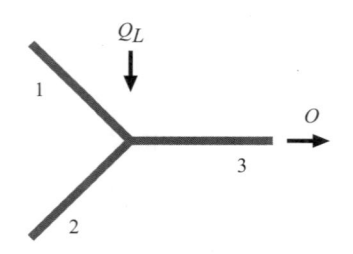

図 8.13：河川流量の空間分布の仮定.

図 8.14：河道網の構成例.

一方，河道網内貯留量 $S(t)$ に関する連続式は，

$$\frac{dS(t)}{dt} = \sum_{i=1}^{M} I_i(t) + Q_L(t) - O(t) \qquad (8.52)$$

となる．ただし，$I_i(t)$ は対象とする河道網への流入量，$Q_L(t)$ は河道網への全側方流入量である．河道網からの流出量 $O(t)$ は (8.48) 式を変形して，

$$O(t) = \sum_{i=1}^{M} I_i(t) + q_0(t) \sum_{i=1}^{N} L_i \qquad (8.53)$$

と書けるので，これを (8.52) 式に代入すると，

$$\frac{dS(t)}{dt} = Q_L(t) - q_0(t) \sum_{i=1}^{N} L_i \qquad (8.54)$$

となり，こちらも $q_0(t)$ の関数となる．よって，(8.51) 式，(8.54) 式を解いて $q_0(t)$ を得ることにより，時刻 $t + \Delta t$ での流出量 $O(t + \Delta t)$ が求まる．

以上に述べた集中化手法の計算例を示す．図 8.14 は計算に用いた河道網の模式図である．各河道区分のパラメータはすべて同じで，河道区分 $i = 1, 2, 3$ について，定数 $K_i = 0.5$，$p_i = 0.5$，河道区分長 $L_i = 100$ m，河道幅 $B_i = 10$ m，側方流入量の時間配分パターンは二等辺三角形状とした．同じ河道網に対してキネマティックウェーブモデルによる追跡計算を行なった．計算結果を図 8.15 に示す．両者の計算結果はほぼ一致する．

ここで設定した河道網内の流量の空間分布に関する (8.47) 式が，もとのキネマティックウェーブモデルによる解とどの程度一致するかは集中化する河道網の大きさに依存する．集中化とその誤差構造に関する 8.2.4 の議論に従えば，無次元

8.5 流れの場の集中化　255

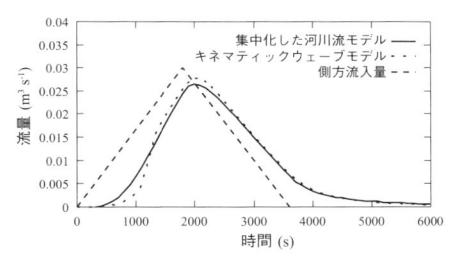

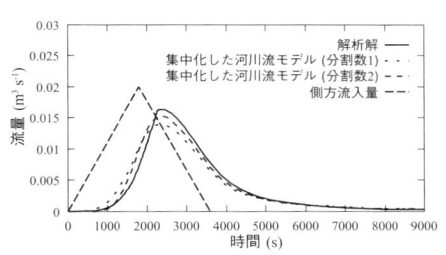

図 8.15：集中化した河川流モデルの計算例.

図 8.16：集中化した河川流モデルの精度と分割サイズ.

入力継続時間 T_r を固定したとき，計算誤差を小さくするには分割数を多くすればよい．T_r は，側方流入継続時間を t_r，平均側方流入強度を q_m，α，m を定数，l を河道区分長としたとき，次のように定義される．

$$T_r = \frac{t_r}{(l\alpha^{-1}q_m^{1-m})^{1/m}} \tag{8.55}$$

単一の河道に対して，分割数の違いが計算結果に与える影響を調べた例を図 **8.16** に示す．河道網のパラメータは，定数 $K = 1.0$，$p = 0.5$，河道区分長 $L = 200$ m，河道幅 $B = 1$ m である．側方流入配分パターンは二等辺三角形状とした．このときの T_r は 1.8 である．分割数 2 の場合は分割数 1 の場合よりも，解析解に近い結果が得られた．

8.5 流れの場の集中化

8.5.1 河道網形状の統合的表現手法

河道網は河道が樹枝状に連なったものであるが，**1.4.2** で説明した地形パターン関数を用いると，これを単純な単一河道区分に置き換えることができる．特に河道網が放射状であれば，そこでのキネマティックウェーブ流れは，理論的に地形パターン関数によって統合的に表現される．河道網が放射状でなくても，流れが線形であれば同様に扱うことができる．また，放射状ではない一般的な形状の河道網での非線形の流れに対しても，近似的な意味では地形パターン関数を用いたモデルで統合的に表現することができる[12]．

(1) 放射状河道網系の統合的表現

ここでいう放射状の河道網とは，分岐比 2 を持ち，同一位数の河道区分は同一の長さを持つような河道網のことである．このような放射状の河道網において，位数 1 の河道区分の上流端からの距離が x であるような河道区分の本数を $N(x)$，河道への単位距離あたりの側方流入量を $r(t)$，河川流の通水断面積を $h(x,t)$，河川流量を $q(x,t)$，最下流端の流出量を $Q(t)$，主河道長を L と表すことにする．河川流量 q と通水断面積 h の間には

$$q = f(h) = \alpha h^m \tag{8.56}$$

なる関係があるとする．ただし $\alpha > 0, m \geq 1$ は定数である．河道区分での流れの連続式は

$$\frac{\partial h}{\partial t} + \frac{\partial q}{\partial x} = r(t) \tag{8.57}$$

であり，流出量 $Q(t)$ は

$$Q(t) = q(L, t) \tag{8.58}$$

として求められる．

位数 1 の河道区分上流端からの距離が x である河道上の地点は $N(x)$ 個あり，それらのすべてで流量，通水断面積が等しいことに注意すると，位置 x での通水断面積，河川流量の和はそれぞれ $N(x)h(x,t)$，$N(x)q(x,t)$ で与えられる．また，各河道区分長ごとに $N(x)$ は一定値をとることに注意すると，(8.57) 式より，

$$\frac{\partial}{\partial t}(Nh) + \frac{\partial}{\partial x}(Nq) = Nr(t) \tag{8.59}$$

を得る．よって変数変換 $y = x/L$，$p(y) = LN(Ly)$，$s(y,t) = LN(Ly)h(Ly,t)$，$(y,t) = N(Ly)q(Ly,t)$，$\alpha^* = \alpha/L$ を用いると，(8.56) 式，(8.59) 式，(8.58) 式は

$$w = p(y)\alpha^*(s/p(y))^m \tag{8.60}$$

$$\frac{\partial s}{\partial t} + \frac{\partial w}{\partial y} = p(y)r(t) \tag{8.61}$$

$$Q(t) = w(1, t) \tag{8.62}$$

と変形される．これは，**1.4.2** で述べた地形パターン関数を導入したモデルの形をしている．このように表現することによって，河道網内の各河道区分の流れを個別に考えるのではなく，単一の方程式系で河道網系が統合的に表現される．

(2) 線形河道網系の統合的表現

放射状に限らない一般的な河道網を考える．ただし，流れは線形と仮定する．すなわち，(8.56) 式において，$m = 1$ と仮定する．L を主河道長とし，流域下流端までの距離が $x' = L - x$ である河道上の地点数を $N(x)$ とする．$r(t)$, $h(x,t)$, $q(x,t)$, $Q(t)$, α の意味は放射状河道網と同じとすると，各河道区分の流れは (8.56) 式，(8.57) 式で記述される．位置が x の河道上の地点は $N(x)$ あるが，放射状河道網の場合と異なり，この $N(x)$ 個の地点の通水断面積，流量は一般に等しくない．しかし，流れの線形性により，この $N(x)$ 個の地点の流量の和と通水断面積の和との比が α になる．よって，$\sum$ 記号を同一位置 x での河道地点のすべての和をとるものとし，

$$y = x/L,\ p(y) = LN(Ly),\ s(y,t) = L\sum h(LY,t),\ w(y,t) = \sum q(Ly,t)$$

とおくと，(8.60) 式～(8.62) 式が成り立つ．このように，河道網が放射状でなくても流れが線形であれば，河道網の流れは地形パターン関数を用いて統合的に表現されることが示される．

(3) 一般の河道網系の統合的表現

河道網が放射状であるか流れが線形であれば，河道網系は地形パターン関数を導入したキネマティックウェーブモデルで統合的に表現することができる．しかし，河道網が放射状でもなくかつ流れも線形ではないような，一般的な場合には，この方法で河川流れを厳密に表現できるとはいえない．しかし，近似的には地形パターン関数を適切に選ぶことによって，非線形でかつ放射状でない河道網系でも，この方法によって統合的に表現される．

図 **8.17** に示すように，13 の河道区分を持ちトポロジカルに異なる河道網を考える．このとき河道網は全部で 11 個あり，図に示すように 15～25 の識別番号をつける．河道区分長はすべて 5km とする．河川流のモデル定数 α, m はそれぞれ m-s 単位系で 0.1，1.45 とする．入力とする側方流入量は，ピーク値が 2.1 m^2 s^{-1}，継続時間が 20 時間の二等辺三角形のものを用いる．側方流入開始時には，河川流の通水断面積は 0 とする．この条件のもとで以下の計算流量を比較する．

1) すべての河道区分の流れを逐一追跡して，河道網下流端の流出流量を求める．この方法を QNET とよぶことにする．

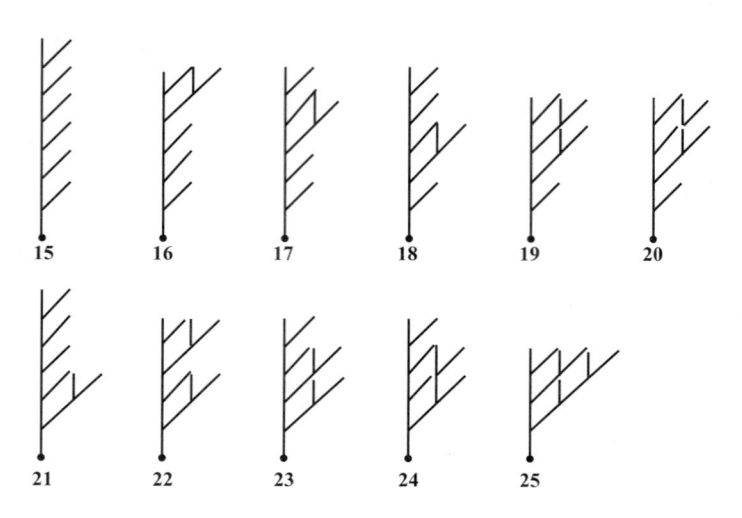

図 8.17：対象とする河道網.

2) (2) で述べたように流れを線形と仮定して得られる地形パターン関数と，$\alpha^* = \alpha/L$ として得られる α^* を用いて単一方程式系 (8.60) 式〜(8.62) 式で流量を計算する．ただし，流れを計算するときは，$m = 1.45$ とする．この方法を QPAT とよぶことにする．
3) 単一方程式系 (8.60) 式〜(8.62) 式で地形パターン関数と α^* を未知定数とみなし，QNET で求めた流量に適合するようにこれらの未知定数を最適化する．ただし地形パターン関数は $y = 0, 1/4, 2/4, 3/4, 1$ の 5 点での値を与えて，他の部分は直線で内挿する．この方法を SUIT とよぶことにする．

図 8.18(a) は放射状に近い形状を持つ番号 25 の河道網での QNET，QPAT，SUIT の結果を比較したものである．この場合はいずれの方法でもほとんど同じ結果が得られた．これは番号 25 の河道網が放射状に近く，ここで述べた議論が成り立つことによる．図 8.18(b) は放射状とは異なる番号 21 の河道網での QNET，QPAT，SUIT の結果を比較したものである．QPAT の計算流量は QNET の計算流量と少し異なるが，SUIT の計算流量は QNET の計算流量をよく再現している．

これらの図からわかるように，河道網が放射状でなくても，それに近ければ (1) で展開した議論が成立する．また，河道網が放射状とはいえない場合も，地

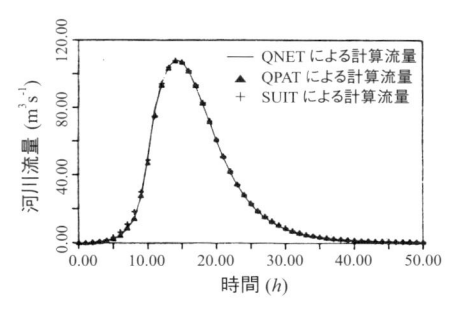

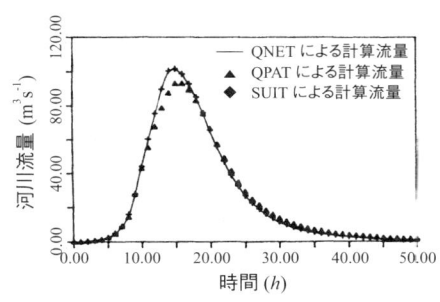

(a) 放射状に近い河道網 25 の場合　　(b) 放射状とは異なる河道網 21 の場合

図 **8.18**：集中化した河川流モデルによる計算結果の比較.

形パターン関数を適切に決定することによって，(8.60) 式～(8.62) 式の単一方程式系で河川流れを統合的に表現できることがわかる.

8.5.2　地形量の統計解析による流域斜面系流出モデルの集中化

　流域斜面内部には様々な形状の斜面が分布して存在しており，これら様々な斜面からの流出が重なりあって斜面域下端での流量を形成している．これらの斜面の地形諸量を計測し，多数の斜面要素をいくつかのグループに分類して計算することで，個々の斜面すべてで流出計算する場合とほぼ等価な流出計算結果を得ることができる[13].

(1)　基本的な考え方

　山腹斜面内には様々な形状を持つ斜面要素が多数存在している．また，土質，植生など流出特性に影響を与える他の要因も空間的に分布しており，これらが複雑に重なりあって流出特性が決定される．ただし，地形形状，土質，植生など流出特性に影響を与える要因 (斜面特性) がよく似た斜面に同じ降雨が与えられれば，それらの流出計算結果はほぼ同じになる．そこで，斜面特性の類似度に応じて流域内の斜面要素をいくつかのグループに分類し，各グループの代表的な要素に対して流出計算を行えば，計算量を大きく削減することができる．この手法を用いれば，斜面特性の分布状況，集中化誤差，グループの個数の関係を事前に明らかにすることができるため，斜面特性の分布や集中化誤差に応じて，グループの個数を設定することができる．

(2) 斜面要素のグループ分け (クラスタリング)

斜面特性には地形形状や土質,植生などがあるが,一般的に斜面特性が N 個あるとして,斜面特性ベクトル $\boldsymbol{\theta} = \boldsymbol{\theta}(\theta_1, \theta_2, \cdots, \theta_N)$ と書くことにする.つまり,$\boldsymbol{\theta}$ の類似度に応じて斜面要素をグループ化することを考える.$\boldsymbol{\theta}$ の類似度は標準化ユークリッド平方距離で表すことにする.$\boldsymbol{\theta}^i$ と $\boldsymbol{\theta}^j$ 間の標準化ユークリッド平方距離を d_{ij} と書くことにすると,d_{ij} は,

$$d_{ij} = \sum_{k=1}^{N} \frac{(\theta_k^i - \theta_k^j)^2}{s_k^2} \tag{8.63}$$

と表され,この値が小さいほど類似度が高いことを意味する.ただし,θ_k^i は $\boldsymbol{\theta}^i$ の k 番目の斜面特性 ($k = 1, 2, \cdots, N$),s_k^2 は斜面特性 θ_k の分散を表す.各特性の差の二乗をその要因の分散で除すことによって無次元化し,次元の異なる特性を共通に取り扱えるようにする.

流域内に存在するすべての斜面要素間の類似度を (8.63) 式で計測し,類似度の高い斜面要素をグループ化する.このようなグループのことをクラスターとよび,要素をグループ化していく作業のことをクラスタリングとよぶ.クラスターとクラスターを統合する際,新しくできるクラスターと他のクラスターの間の類似度を定義する必要がある.その方法としてはいくつか考えられるが,ここでは群平均法を用いることにする.クラスター p とクラスター q を統合して,新しくクラスター t をつくるとする.t と別の任意のクラスター r との間の類似度 d_{tr} は,群平均法によると,pr 間,qr 間の類似度 d_{pr},d_{qr} を用いて次のように表される.

$$d_{tr} = \frac{A_p d_{pr} + A_q d_{qr}}{A_t}, \quad A_t = A_p + A_q \tag{8.64}$$

となる.ただし,A_* はクラスター $*$ に含まれる斜面要素が占める流域面積の総計である.クラスタリングを数回繰り返し,すべての斜面要素をいくつかのクラスターに分類する.

(3) 斜面要素からの流出計算

各クラスターに含まれる斜面要素は斜面特性が類似しているので,その流出特性も類似していると考え,各クラスターを代表するような斜面要素に対してのみ流出計算を行なう.他の斜面要素からの流出計算については,代表的な斜面要素の計算結果で代用する.具体的には,次式のように,各クラスターに含まれる斜

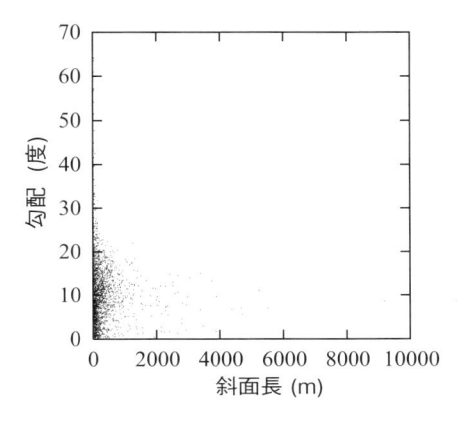

図 **8.19**：斜面特性の散布図．

面要素の斜面特性を各斜面要素の面積で重み付けして平均し，クラスターを代表する斜面要素の斜面特性 $\bar{\theta}$ を計算する．

$$\bar{\theta} = \frac{\sum_{i=1}^{M} A^i \theta^i}{\sum_{i=1}^{M} A^i} \tag{8.65}$$

ただし，M はそのクラスターに含まれる斜面要素の数，A^i は斜面要素 i の面積である．

このようにして各クラスターの代表要素の斜面特性を求めた後，各代表要素に対して中間流・地表面流統合型キネマティックウェーブモデルを適用して流出高を求める．その結果を，各クラスターに含まれる斜面要素が占める面積で重み付けして加算し，斜面域全体からの流出量を求める．

(4) 服部川流域への適用

以上述べた手法を，淀川上流の服部川流域 (約 95 km^2) に適用した．流域の地形を数値地図 250 m メッシュ (標高) データをもとに三角形網モデルで流域地形をモデル化したところ，山腹斜面は 1963 個の斜面要素に分割された．これらの斜面要素を矩形で近似して斜面長と斜面勾配を計測した．図 **8.19** に斜面要素の散布図を示す．この情報をもとに斜面要素 i と j との類似度 d_{ij} を

$$d_{ij} = (l_i - l_j)^2/s_l^2 + (g_i - g_j)^2/s_g^2 \tag{8.66}$$

262   第 8 章　分布型流出モデルの集中化

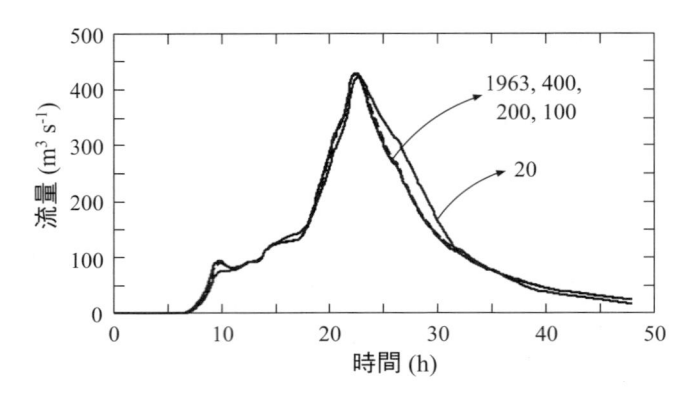

図 8.20：クラスター数を変えた場合の流出計算結果の比較.

で求めた．ここで，l_i は要素 i の斜面長，g_i は斜面勾配，s_l^2 は斜面長の分散，s_g^2 は斜面勾配の分散である．

図 8.20 に，斜面要素を個々別々に流出計算しそれらをすべて足し合わせた場合の計算結果といくつかのクラスターを設定して計算した場合の計算結果を示す．図中の数字はクラスターの数を示している．1963 は斜面すべてを個別に計算して足し合わせたものである．クラスター数を 100 とすると，すべての斜面要素について計算した結果とほぼ一致している．すなわち，1/20 程度の計算量ですべてを個別に計算するのとほぼ同等の計算結果が得られている．

8.6　流出モデルの構成単位の大きさと集中化手法

　流出モデルへの入力となる降雨は空間的に一様ではない．また，地形や土壌，土地利用などの場の条件も空間的に一様ではない．これらの空間的な非一様性を考慮して流出量を予測するために，分布型流出モデルは有効な分析ツールとなる．ただし，対象とする流域サイズやシミュレーション期間，分析の目的によっては，ある大きさの分割流域ごとに集中化した流出モデルを構成して，それらを河道を通して接続する流出モデルが有効なこともある．このときの分割流域のサイズ，つまり流出モデルを構成する基本的な流域の大きさをどう決めるかは，水文モデルを構成するときの基本的な問題となる[36)-40)]．構成要素の大きさを決める要素として，以下が考えられる．

降雨を一様として扱ってもよい大きさ　降雨は空間的に分布しており，分布する降雨をそのまま用いて流出計算を行う場合と，空間平均値など空間的な代表値で置き換えて流出計算を行う場合とでは，置き換える空間スケールによって計算結果が異なる．空間代表値で置き換えてもよい大きさは，分割流域の大きさを決めるスケールの一つと考えられる．

流域の条件を一様として扱ってもよい大きさ　山地森林域と裸地域，水田域のように土地利用や土壌特性が異なる場合は，その区分に従って流域を分割する必要がある．

対象とする流域の大きさ　対象とする流域の大きさが数百 km^2 以下の場合，斜面流出がハイドログラフを形成する主要な水文プロセスとなる．流域面積が大きくなるにつれて，河道を通して雨水が流集する集水過程が流出特性に大きな効果を持つようになる．これらの水文プロセスの現れ方と空間スケールの関係が適切な分割流域の大きさを決めると考えられる．

8.6.1　降雨の空間分布が流出計算に及ぼす影響

降雨の空間分布が流出計算に及ぼす影響を分析した例を以下に示す．椎葉は以下の条件のもとで，降雨の空間分布が流出に及ぼす影響を分析した[41]．

1) 流域内には多数の矩形斜面が存在し，それらはすべて同一の物理的性質を持つとする．
2) 河道の影響は無視できるとする．したがって，全流出量は個々の矩形斜面からの流出量を時間遅れなく足し合わせたものとする．
3) 斜面の流れはキネマティックウェーブモデルで表現する．

$$\frac{\partial h}{\partial t} + \frac{\partial q}{\partial x} = r(t),\ 0 \leq x \leq 1,\ q = \alpha h^m,\ y(t) = q(1, t)$$

h は流積，q は単位幅流量，α と m は定数である．空間座標 x は，$x = 1$ が斜面下端に対応するように無次元化したものである．$y(t)$ は斜面下端からの流出高を表す．

4) 降雨強度 $r(t)$ は，個々の斜面内では空間的に一様であるが，異なる斜面では異なる降雨があるとし，ξ を斜面ごとに与える異なる係数として次式で

与える．

$$r(t) = \xi \bar{r}(t), \ \bar{r}(t) = \frac{R}{t_r} V_0(t/t_r)$$

ここで，R は総降雨量，t_r は降雨継続期間，$V_0(t)$ は以下の関数とする．

$$t < 0, t > 1 \text{ において } V_0(t) = 0, \text{ それ以外の期間で } \int_0^1 V_0(t)dt = 1$$

となるような関数である．以下の数値実験では $0 < t < 1/2$ のとき $V_0(t) = 4t$，$1/2 < t < 1$ のとき $V_0(t) = 4(1-t)$ となるような三角形降雨を与える．

5) ξ の分布を与える確率分布関数 $F(\xi)$ を設定する．$F(\xi_*)$ は，降雨に与える係数 ξ が $\xi \leq \xi_*$ となる斜面の面積が全流域面積に占める割合を表す．

6) $F(\xi)$，あるいは $F(\xi)$ の確率密度関数 $f(\xi) = dF/d\xi$ を用いると全流域からの流出高 $Y(t)$ は

$$Y(t) = \frac{1}{A}\int_0^\infty y(t)A dF(\xi) = \int_0^\infty y(t) f(\xi) d\xi$$

である．A は全流域面積である．

7) 面積平均雨量を与えた場合の流出高を求めて $\bar{Y}(t)$ とする．

8) $q_0 = \alpha R^m$ とし，正規化した $Y(t)$ と $\bar{Y}(t)$ の差の最大値

$$\varepsilon = \sup_{t>0} \left| \frac{Y(t) - \bar{Y}(t)}{q_0} \right|$$

の性質を，降雨特性と流域特性の関連で分析する．

椎葉[41]はこの問題を解析的に分析し，空間的に変動する降雨による流出の方が空間的に一様な降雨による流出よりも早く発生することを示した．また，確率密度関数 $f(\xi)$ としてベータ分布

$$f(\xi) = \begin{cases} \dfrac{1}{c\beta(a,b)} \left(\dfrac{\xi}{c}\right)^{a-1} \left(1 - \dfrac{\xi}{c}\right)^{b-1} & 0 \leq \xi \leq c \\ 0 & \xi < 0, \ c < \xi \end{cases}$$

を用い，数値シミュレーションにより上の解析結果を確認した．$\beta(a,b)$ はベータ関数であり，$E[\xi] = ac/(a+b) = 1$ となるように $c = (a+b)/a$ と設定する．これにより，ξ の分散 σ^2 は次式となる．

8.6 流出モデルの構成単位の大きさと集中化手法

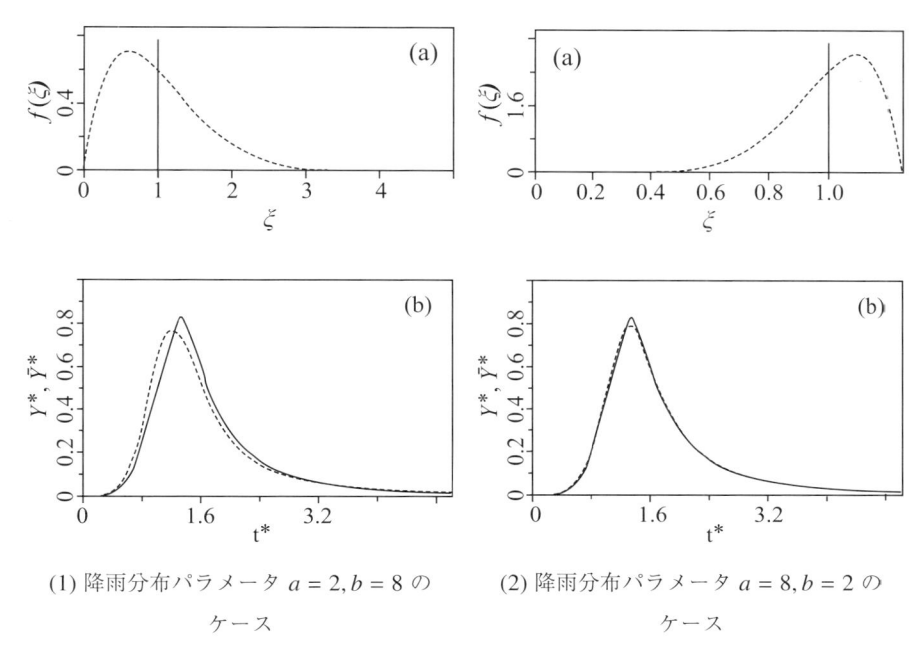

(1) 降雨分布パラメータ $a = 2, b = 8$ の ケース

(2) 降雨分布パラメータ $a = 8, b = 2$ の ケース

図 **8.21**：降雨の空間分布とその流出計算への影響．(a) 設定したベータ分布の確率密度関数．(b) 空間分布する降雨を与えた場合 (破線) と空間平均降雨を与えた場合 (実線) の流出計算結果の違い．

$$\sigma^2 = \frac{b}{a(a+b+1)} \quad (8.67)$$

$Y(t)$ と $\bar{Y}(t)$ の違いの例を 図 **8.21** に示す．図の横軸 t^* は $t_0 = 1/(\alpha R^{m-1})$ として $t^* = t/t_0$ とする無次元時間である．t_0 は概ね系の応答時間を表す．空間的に変動する降雨による流出の方が空間的に一様な降雨による流出よりも早いことが分かる．ケース (1) の違いの方がケース (2) よりも大きいのは，設定した降雨の空間分布の分散の違いと考えられる．(8.67) 式の σ^2 の値は (1) の場合に 0.3636，(2) の場合に 0.0227 である．図 **8.22** は ε と σ の関係を系の相対的な応答時間 $u = t_0/t_r$ の値ごとに整理した結果である．この結果から，降雨分布の空間変動が大きいほど空間平均値を与えた場合との流出の差が大きくなること，系が定常状態に近い場合すなわち u が小さいほど，流出の違いが小さくなることがわかる．

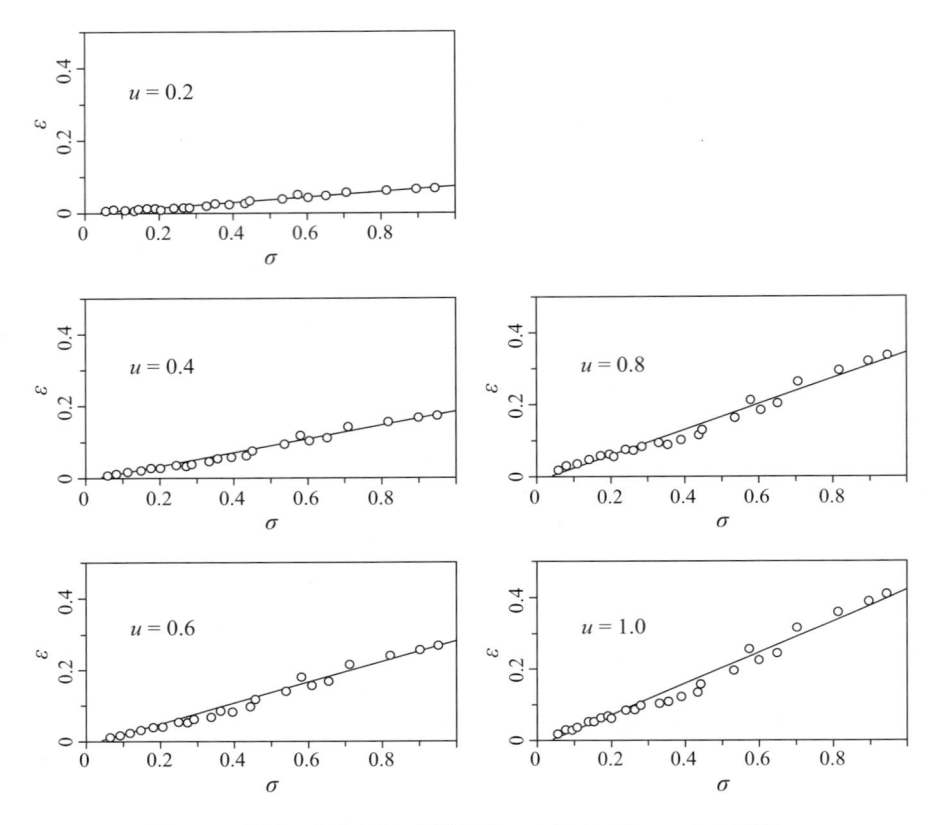

図 8.22：降雨の空間変動の標準偏差 σ と流出の違い ε との関係.

8.6.2　流出計算で考慮すべき降雨の空間分布スケール

　市川らは空間的に相関構造を有する降雨を発生させ，それと分布型流出モデルを用いて流出計算で考慮すべき降水空間分布スケールを分析した[42]．手順は以下の通りである．

1) 降雨強度の確率分布関数と空間相関係数を与えて得られる仮想的な降雨の空間分布を生成する．降雨分布の生成には確率場の発生手法[43]を用い，降雨分布は空間相関を持つ対数正規確率場とした．図 8.23 は発生させた降雨の空間分布の一例であり，250m 空間分解能の降雨とする．μ は降雨強度の空間平均値，δ は変動係数，α は相関長さを表す．

8.6 流出モデルの構成単位の大きさと集中化手法　267

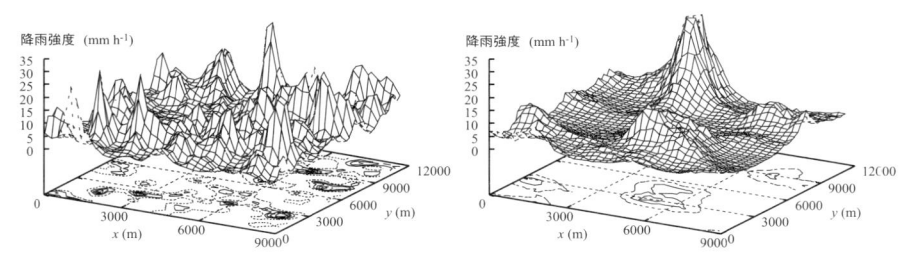

$\mu = 5\text{mm h}^{-1}, \delta = 1, \alpha = 500\text{m}$ の場合　　$\mu = 5\text{mm h}^{-1}, \delta = 1, \alpha = 1500\text{m}$ の場合

図 **8.23**：生成した降雨の空間分布の例.

2) 生成した 250m 空間分解能の降雨を空間解像度レベル 1 の降雨とし，レベル 2 (750m 空間分解能) から 5 (9,000m 空間分解能) まで 3 グリッドごとに平均化した降雨データを作成する.
3) これらの降雨分布が 80,000 秒継続するとして，大戸川流域を対象として構築した 50m 分解能の分布型流出モデルに入力し，流出計算を実施する.

この流出計算結果を分析し，降雨の空間平均値を与えた場合との流出計算結果の違いは流域平均降水強度 μ にほぼ比例すること，降雨の空間分布の変動係数 δ が大きいほど違いが大きくなること，また対象とする領域で支配的と考えられる降雨分布の空間変動スケールを見出し，その空間スケールで降水分布を把握する必要があるという結果を得た.

次に，実際に観測された空間分解能 3km のレーダ雨量を用いて同様の流出計算を行ない，降雨の空間平均レベルごとに，空間平均降雨を与えた場合との流出計算結果の違い

$$\epsilon = \int_{t_s}^{t_e} |Q_s(t) - Q_m(t)|dt / \int_{t_s}^{t_e} Q_s(t)dt \tag{8.68}$$

と流域面積との関係を分析した．ここで，t_s は計算開始時刻，t_e は計算終了時刻，$Q_s(t)$ はレーダ雨量を用いて得た流量，$Q_m(t)$ は平均化を施したレーダ雨量を用いて得た流量である．図 **8.24** は横軸に流域面積，縦軸に ϵ をとって結果をまとめた図である．流域面積が大きくなるにつれて ϵ は小さくなり，レーダ雨量の平均化レベルが大きくなるにつれて ϵ は大きくなる．図中の 3 本の曲線は，下から順にそれぞれレーダ雨量データの平均化レベル 2 (6km 分解能)，平均化レベル 3 (9km 分解能)，平均化レベル 4 (12km 分解能) に対する流出計算値の違い ϵ に対

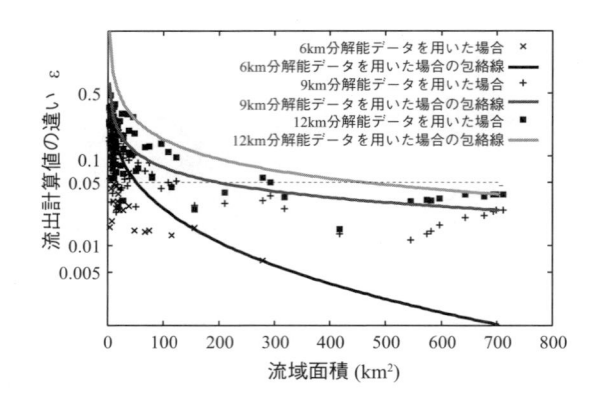

図 **8.24**：流出計算値の違いと流域面積の関係.

する包絡線である．包絡線には次式を用いた．ただし，A は流域面積，a, b, c は定数である．

$$\epsilon = \exp(aA^c + b) \tag{8.69}$$

この式から，ϵ が 0.05 となる流域面積を求めたところ，平均化レベル 2 では 52 km^2，平均化レベル 3 では 202 km^2，平均化レベル 4 では 465 km^2 となった．これは平均化レベル 2 のケースで言うと，雨量データの空間分解能が 6km メッシュの場合，あるいは降水を 6km 分解能で平均化した場合に，5% の流出計算誤差で計算できる最小の流域サイズは約 50 km^2 であることを意味している．別の言い方をすれば，約 50km^2 以上の流域の流量を精度良く再現するためには，6km メッシュ程度の空間分解能で降水分布をとらえれば良いということになる．

コラム：流出シミュレーションによる基準面積の分析

佐山ら[40)]は分布型流出モデルを用いた数値シミュレーションを実行し，流出モデルの基準面積について議論している．分布型流出モデルを面積の異なる複数の流域に適用し，観測降雨を入力した場合と，降雨の分布を流域内で一様にして入力した場合，降雨の位置を流域内でランダムに入れ替えて入力した場合の流出計算結果を比較している．降雨の位置をランダムに入れ替える(雨をシャッフルする)ことは，流域内部で降雨の陽な空間分布以外の分布特性を保存しつつ，雨がどこに降ったかという位置情報をあえて失わせるこ

とを意味する．流域を異なる面積に分割し，その分割した内部で降雨の分布を一様にした場合と，分割した内部で雨をシャッフルした場合の流出計算を行い，降雨の分布が流出計算の結果にどのように影響を及ぼすのかを，流域面積の関係から議論した．

　この分析で対象としている流域は，淀川流域内に位置する 7 個の流域である．図 **8.25** に各流域の位置と面積を示す．C1 は琵琶湖を除いた淀川流域全域である．C2 は淀川流域全体から琵琶湖と琵琶湖へ流入する地域を除いた流域である．その他の 5 個の流域は，降雨量が比較的多い木津川流域を中心に，面積が約 150 km^2 から 1,500 km^2 の間で選定している．

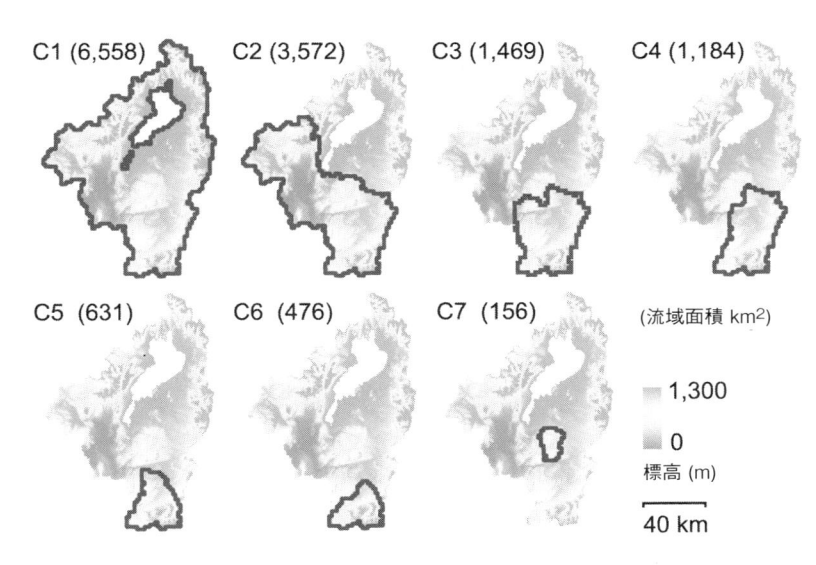

図 **8.25**：数値シミュレーションで対象とする淀川流域内の 7 流域の位置．括弧内は C1 流域から C7 流域までの流域面積 (km^2) を示す．

　図 **8.26** は数値シミュレーションの一例を示している．C3 流域 (1,469 km^2) を対象に観測降雨を入力した場合と C3 流域全体で雨の位置をシャッフルした降雨を入力した場合の，C3 流域全体からの斜面流出量と C3 流域の下流端における河川流量を示している．ここで，斜面流出量とは河川に流入する流量を意味し，各流域の下流端における河川流量と区別して議論している．なおシャッフル降雨については，シャッフルのパターンを変えて 5 回繰り返し

計算を行い，その全ての斜面流出量と河川流量を示している．斜面流出量に着目すると観測降雨によるものとシャッフル降雨によるものとの差は小さいが，河川流量に着目すると両者の差が大きくなっている．つまり，降雨がどこに位置するかという情報を反映する場合としない場合とでは流域全体からの斜面流出にはそれほど影響がなくても，流域下端での河川流量には影響する場合があることを意味している．このように河川は流出の位置を流量に反映する効果を持っていて，基準面積の議論を行う上で重要な特性である．

図 8.27(a) は，6,558km^2 の C1 流域から 156 km^2 の C7 流域までを対象に，観測降雨分布をそのまま入力した場合と，降雨の位置をシャッフルしてから入力した場合の流域下端におけるハイドログラフのピーク流量相対誤差を示している．また，各流域をさらに 2, 4, 8, 16, 32 分割して，その内部で降雨をシャッフルした場合の結果も併記している．図 8.27 の横軸は分割した流域の大きさであり，例えば，6,558 km^2 を 2 分割した場合の結果は，横軸 3,279 km^2 のところにプロットしている．なお，それぞれ 10 個の降雨イベントを用いて計算を行っているため，同じ流域・同じ分割数について 10 個の結果がプロットされている．なお，それぞれのプロットは同じ条件でシャッフルパターンを変えて 5 回の繰り返し計算を行い，その平均値を示している．

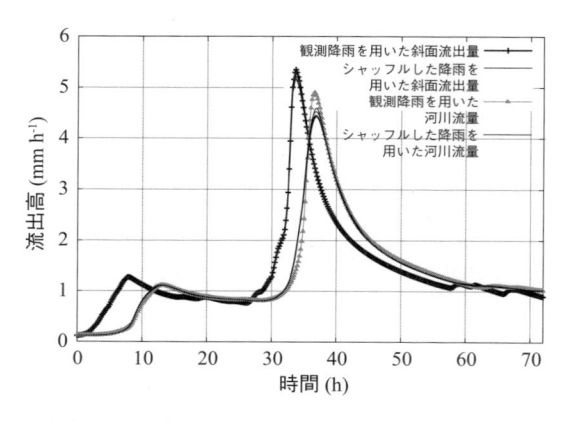

図 8.26：C3 流域 (1,469 km^2) を対象に，R10 の観測降雨とシャッフル降雨を入力した場合の C3 流域全体からの斜面流出量と C3 流域下流端での河川流量．

8.6 流出モデルの構成単位の大きさと集中化手法

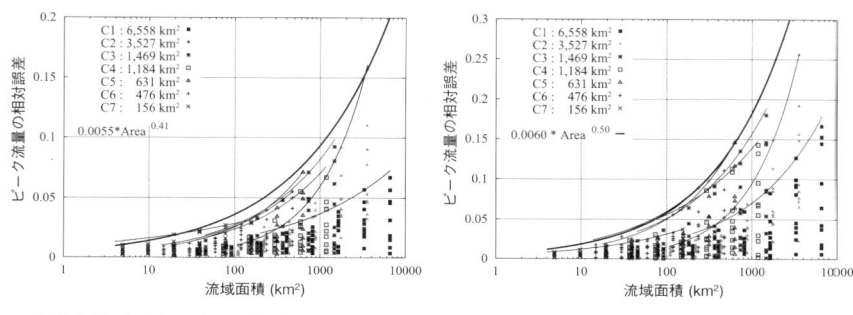

(a)流域分割した内部で降雨の位置をシャッフルした場合 (b)流域分割した内部で降雨を一様とした場合

図 **8.27**：分割面積とピーク相対誤差の関係.

図 **8.27** より分割面積が小さくなるほどピーク相対誤差が小さくなることがわかる．また，例えば C3 流域 (1,469 km^2) に着目すると分割した面積に対応して 5 種類のプロットがあり，その上限値を包絡する線を描ける．同様に，C4 流域 (1,184 km^2) から C7 流域 (156 km^2) に対しても包絡線を描くことができる．そして，それぞれの包絡線は 2 % 以下の幅で重なっている．つまり流域面積が約 150 km^2 から 1,500 km^2 の範囲では，流域面積に関わらず，同様の包絡線を用いてピーク相対誤差の上限値を表現することができる．この結果は，ある許容誤差を設定すれば，その内部で降雨の位置情報を陽に取り扱う必要がない面積を，対象とする流域面積に関わりなく決定できることを意味している．また，対象とする流域面積がその基準面積よりも小さい場合には，降雨分布の統計的性質を反映する限りにおいて，流域全体で集中化することによって生じるピーク流量の相対誤差はその許容誤差を越えないことを意味する．この図のすべてのプロットに対する包絡線の式は

$$P_E = 0.0055 \times A^{0.41} \tag{8.70}$$

となり，ピーク相対誤差 (P_E) と基準面積 A [km^2] との関係を得る．これにより，例えば，ピーク相対誤差の許容誤差を 5 % とすると基準面積は約 200 km^2，10 % とすると約 1,200 km^2 となる．

図 **8.27**(b) は分割域の内部で雨を平均化することによるピーク相対誤差と分割面積の関係を示している．図 **8.27**(a) に示したシャッフル降雨を入力する場合に比べてピーク相対誤差は全体的に大きくなるが，流域面積が 150 km^2

から 1,500 km² の範囲において，分割面積に応じてピーク相対誤差の上限値をひとつの包絡線で表現できることは共通している．一様降雨を入力する場合の上と同じ包絡線として (8.71) 式を得る．

$$P_E = 0.0060 \times A^{0.50} \tag{8.71}$$

これにより，例えば，ピーク相対誤差の許容誤差を 5 % とすると一様降雨を入力する場合の基準面積は約 70 km²，10 % とすると約 300 km² となり，統計的性質を反映する場合に比べてその面積を小さくとらなければならないことがわかる．

こうした分析結果は，集中型モデルを適用するのに適した流域面積を設定するために有効である．また，空間分解能の大きな気象モデルをダウンスケールして降雨流出モデルに入力する際に，降雨の空間分解能をどの程度にまで小さくする必要があるのかを決める判断基準を提供する．モデルパラメータの空間分布について同様の分析がなされており[44]，211 km² の流域を対象にした場合，パラメータ分布をランダムに入れ替えて設定した場合のそれぞれのハイドログラフの計算結果はほぼ一致することが示されている．これは，モデルパラメータの空間分布情報は，211 km² の流域下端の流出量を予測するうえでは，何らかの代表値で置き換えることができることを示唆している．

(ICHARM：佐山敬洋)

参考文献

1) 高棹琢馬, 椎葉充晴：雨水流モデルの集中化に関する基礎的研究, 京都大学防災研究所年報, 28(B2), pp. 213–220, 1985.
2) 高棹琢馬, 椎葉充晴：Kinematic Wave 法における場および定数の集中化, 京都大学防災研究所年報, 21(B2), pp. 207–217, 1978.
3) 星 清, 山岡 勲：雨水流法と貯留関数法との相互関係, 第 26 回水理講演会論文集, pp. 273–278, 1982.
4) 星 清 (編)：実践流出解析ゼミ, 第 8 回流出解析ゼミ –流域における Kinematic wave 法と一般化貯留関数法の関係–, (財) 北海道河川防災研究センター・研究所, pp. 8-1–8-15, 2010.
5) 山田 正, 石井文雄, 山崎幸二, 岩谷 要：小流域における保水能の分布と流出特性の関係につい

て, 第29回水理講演会論文集, pp. 25–30, 1985.
6) 中北英一, 高棹琢馬, 椎葉充晴：河道網系 Kinematic Wave モデルの集中化, 京都大学防災研究所年報, 29(B2), pp. 217–232, 1986.
7) 高棹琢馬, 椎葉充晴, 市川 温：分布型流出モデルのスケールアップ, 水工学論文集, 38, pp. 141–146, 1994.
8) 市川 温, 小椋俊博, 立川康人, 椎葉充晴：山腹斜面流 kinematic wave モデルの集中化, 京都大学防災研究所年報, 41(B2), pp. 219–227, 1998.
9) 市川 温, 小椋俊博, 立川康人, 椎葉充晴：数値地形情報と定常状態の仮定を用いた山腹斜面系流出モデルの集中化, 水工学論文集, 43, pp. 43-48, 1999.
10) 市川 温, 小椋俊博, 立川康人, 椎葉充晴, 宝 馨：山腹斜面流出系における一般的な流量流積関係式の集中化, 水工学論文集, 44, pp. 145-150, 2000.
11) 市川 温, 小椋俊博, 立川康人, 椎葉充晴, 宝 馨：数値地形情報を用いた山腹斜面系流出モデルの集中化法に関する研究, 京都大学防災研究所年報, 43(B2), pp. 201–215, 2000.
12) 高棹琢馬, 椎葉充晴：Kinematic Wave 法への集水効果の導入, 京都大学防災研究所年報, 24(B2), pp. 159–170, 1981.
13) 市川 温, 椎葉充晴, 立川康人：流域内地形量の統計解析による流出過程の集中化, 水工学論文集, 41, pp. 79–84, 1997.
14) 永井明博, 角屋 睦, 杉山博信, 鈴木克英：貯留関数法の総合化, 京都大学防災研究所年報, 25(B2), pp. 207–220.
15) 星 清, 村上泰啓：小流域における総合貯留関数法の開発, 第31回水理講演会論文集, pp. 107–112, 1987.
16) Prasad, R. A.：A nonlinear hydrologic system response model, *Journal of hydraulic division, Proc. of ASCE*, 93(HY4), pp. 201–221, 1967.
17) 佐山敬洋, 立川康人, 寶 馨, 増田亜未加, 鈴木琢也：地球温暖化が淀川流域の洪水と貯水池操作に及ぼす影響の評価, 水文・水資源学会誌, 21(4), pp. 296–313, 2008.
18) 立川康人, 滝野晶平, 市川 温, 椎葉充晴：地球温暖化が最上川・吉野川流域の河川流況に及ぼす影響について, 水工学論文集, 53, pp. 451–456, 2009.
19) 平野宗夫, 伊東尚規：到達時間の分布を考慮した流出解析, 第22回水理講演会論文集, pp. 197–202, 1978.
20) 平野宗夫：山地小河川における流出過程について, 土木学会論文報告集, 308, pp. 69–76, 1981.
21) 藤田睦博：斜面長の変動を考慮した貯留関数法に関する研究, 土木学会論文報告集, 314, pp. 75–86, 1980.
22) 山田 正：山地小流域の瞬間単位図と斜面長分布の関係, 土木学会論文報告集, 308, pp. 11–21, 1981.
23) 山田 正：時定数スペクトルを用いた山地小流域の洪水流出解析, 土木学会論文報告集, 314, pp. 87–98, 1981.
24) Beven, K. J. and M. J. Kirkby：A physically based variable contributing area model of basin hydrology, *Hydrol. Sci. Bull.*, 24, 1, pp. 43–69, 1979.
25) Quinn, P. F., K. J. Beven and R. Lamb：The $\ln(a/\tan\beta)$ index：how to calculate it and how to use it in the TOPMODEL framework, *Hydrological Processes*, 9, pp. 161–182, 1995.
26) Pradhan, N. R., Y. Tachikawa and K. Takara：A downscaling method of topographic index distribution for matching the scales of model application and parameter identification, *Hydrological Processes*, 20, pp. 1385–1405, 2006.
27) Takeuchi, K., P. Hapuarachchi, M. Zhou, H. Ishidaira, and J. Magome：A BTOP model to extend TOPMODEL for distributed hydrological simulation of large basins, *Hydrological Processes*, 22, pp. 3236–3251, 2008.
28) Zhao, R. J., Y. L. Zhang, L. R. Fang, X. R. Liu and Q. S. Zhang：The Xinganjiang model,

hydrological forecasting proceedings of the Oxford Symposium, *IAHS Publ.*, 129, pp. 351–356, 1980.
29) Zhao, R. J. : The Xinanjiang model applied in China, *Journal of Hydrology*, 135, pp. 371–381, 1992.
30) Wood, E. F., D. P. Lettenmaier and V. G. Zartarian : A land-surface hydrology parameterization with subgrid variability for general circulation models, *Journal of Geophy. Res.*, 97(D3), pp. 2717–2728, 1992.
31) Nirupama, Y. Tachikawa, M. Shiiba and T. Takasao : A simple water balance model for a mesoscale catchment based on heterogeneous soil water storage capacity, *Bulletin of the Disaster Prevention Research Institute, Kyoto University*, 45, pp. 61–83, 1996.
32) 山田正, 山崎幸二：流域における保水能の分布が流出に与える影響について, 第 27 回水理講演会論文集, pp. 385–392, 1983.
33) 近藤純正：表層土壌水分量予測用の簡単な新バケツモデル, 水文・水資源学会誌, 6(4), pp. 344–349, 1993.
34) 中川 一, 里深好文, 大石 哲, 武藤裕則, 佐山敬洋, 寶 馨, シャルマ ラジハリ：ブランタス川の支川レスティ川流域における降雨・土砂流出に関する研究, 防災研究所年報, 50(B), pp. 623–634, 2007.
35) Apip, T. Sayama, Y. Tachikawa and K. Takara : Spatial lumping of a distributed rainfall-sediment-runoff model and its effective lumping scale, *Hydrological Processes*, 26(8), pp. 855–871, 2012.
36) 高棹琢馬：流出機構, 第 4 回水工学に関する夏期研修会講義集, 土木学会水理委員会, pp. A.3.1–A3.43, 1967.
37) 椎葉充晴：分布型流出モデルの現状と課題, 京都大学防災研究所, 水資源研究センター研究報告, pp. 31–41, 1995.
38) 立川康人：流域水循環の数値モデルの進歩と今後の課題, 土木学会 2002 年度 (第 38 回) 水工学に関する夏期研修会講義集, pp. 1-1–1-22, 2002.
39) Tachikawa, Y., R. K. Shrestha and T. Sayama : Flood prediction in Japan and the need for guidelines for flood runoff modelling, *IAHS Publication*, 301, pp. 78–86, 2005.
40) 佐山敬洋, 立川康人, 寶 馨：流出モデルの基準面積に関する研究, 土木学会論文集 B, 63(2), pp. 92–107, 2007.
41) 椎葉充晴：流出系のモデル化と予測に関する基礎的研究, 京都大学学位論文, 1983.
42) 市川 温, 立川康人, 堀 智晴, 宝 馨, 椎葉充晴：流出計算で考慮すべき降水空間分布スケールに関する基礎的検討, 水工学論文集, 46, pp. 133–138, 2002.
43) 立川康人, 椎葉充晴：共分散行列の平方根分解をもとにした正規確率場および対数正規確率場の発生法, 土木学会論文集, 656/II-52, pp. 39–46, 2000.
44) 立川康人, 福満匡高, 市川 温, 椎葉充晴：パラメータの空間分布が流出シミュレーション結果に及ぼす影響について, 水工学論文集, 44, pp. 43–48, 2000.

第 II 部

水工計画学

第9章
水文量の頻度解析

　水災害の原因は豪雨という自然現象にあり，その強さは時として人間が制御できる範囲を超える．そこで，安全性の水準を定めて，その水準までは河川整備や治水施設の整備で対応し，水準を超えるような外力については，避難や保険での対応など，水準以下の外力に対する対応とは異なった方法により水災害に対処することを考える．このとき，安全性の水準は超過確率，すなわち現象がある値を超える確率で評価する．水文頻度解析では，この超過確率に対応する確率水文量を合理的に定め，その不確かさを評価することが主要な目的となる．

9.1 治水計画の基本的な考え方

　水文量の確率評価は，対象とする水文量がある確率法則に従って生起すると仮定し，その水文量を確率変数であるとみなすことが基本となる．つまり，確率変数である水文量を X，その実現値(観測値)を x として，X はある確率分布に従う母集団を形成し，その確率分布に従って x が生起すると考える．確率変数 X の確率分布関数を $F_X(x)$ とすると $F_X(x)$ は確率変数 X がある実現値 x を超えない確率であり，確率密度関数を $f_X(x)$ とすると，

$$F_X(x) = P(X \le x) = \int_{-\infty}^{x} f_X(\xi)d\xi$$

である．図 **9.1** に示すように x_u が指定されたとき，x_u より小さな事象が発生する確率 $F_X(x_u)$ を非超過確率，x_u より大きな事象が発生する確率 $1 - F_X(x_u)$ を超過確率という．安全性の水準は，通常，この超過確率で評価される．

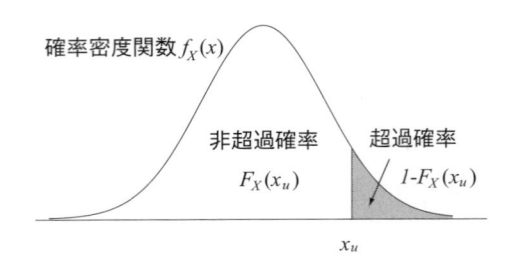

図 9.1：超過確率と非超過確率.

　洪水の規模が想定した規模を超える確率，すなわち，超過確率が小さいほど安全性の水準が高いと評価することにし，治水計画の基準として，対応する洪水の確率規模を決める．我が国では安全性の水準について「河川の重要度」という概念を導入し，全国である程度統一した決め方をすることで，治水投資が偏らないように考えられている[1]．洪水の規模が大きいほど大きな被害が発生すると考えられるが，異なる流域では同一規模の洪水が同じ程度の被害を生じるとは限らない．人口や資産の集中した流域の方が被害が大きいため，対応する洪水の超過確率を揃えると効果的な治水投資にならない．治水投資は，人口や資産の集中した流域に集中した方が効率的である．

　以上は，洪水の規模がある一次元の値，スカラー値で評価されるものとしての考え方であるが，実際には一地点で見ても洪水の規模を洪水のピーク流量の大きさで評価すること，洪水によって流れる流量の総量の大きさで評価することの両方が考えられる．洪水流が堤防を越えるか超えないかを考えるときはピーク流量が大事であるが，洪水を貯めることを考えるときはピーク流量だけでなく洪水のハイドログラフ全体を考えることが重要になる．また，流域の中のどこで流量が大きくなるかは，どこで水災害が起こるかと密接に関係している．したがって，洪水の規模をある一地点でのスカラー値で評価するという考え方は便宜上やむを得ない点もあるが，水害発生の実態に即さない側面を生じるもとになっている．

　我が国では，後述するように，ある対象地点を決めて，その流域規模に応じた継続時間内の降雨総量の超過確率を設計外力の基準にとり，適当な洪水流出モデルを用いて対象降雨を洪水ハイドログラフに変換して，水工設計の基本量とする[1],[2]．継続時間内の降雨量の総和を決めても，降雨の時間分布や空間分布が変われば，洪水のピーク流量やそのハイドログラフは異なり，被害が発生する場所

も変わる．しかし，そういう考え方はせずに，継続時間内の降雨量をまず決めて，その後，実績に応じた降雨の時間分布や空間分布を補助的に用いる．最終的には，ある安全水準(超過確率)を決めて，その安全水準に対応した設計外力を一つ決めるという考え方をとる．

設計外力を定めてそれに対応する治水工法を決めるという考え方が唯一の考え方ではない．たとえば，治水工法を複数個考えておいて，様々な降雨による洪水を多数シミュレーションし，それぞれの治水工法の効果を評価して，平均的に見て効果的な治水工法を選択するというような方法も考えられる．そのためには，時間的・空間的に変化する降雨を確率的に発生させる方法，流域内の洪水を追跡する方法，治水施設による洪水制御や様々な対策を洪水シミュレーションの中で考慮する方法を開発して，外力である降雨や洪水の時間的・空間的分布，不確実性をそのまま治水工法選択の考えに入れることが考えられる．これらを実現するためにやらなければならないことは多いが，設計外力による方法が直面している問題を回避し得る可能性がある．

コラム：総合的な水害評価シミュレーションによる治水対策選択への期待

　降雨の規模が大きく河川で流下し得る規模を超えると，河川堤防を越えたり，破堤したりして外水が流域に氾濫することがある．また，本川水位が高くて支川から本川に排水することができず，雨水が流域に滞留して内水によって氾濫することがある．このような豪雨による水害に対応することを広く治水とよぶ．

　水につかりやすい地域は田畑として利用し，住宅は高台または水につかり難いところに建てる，遊水地をつくるなどして，土地利用を工夫して被害を抑えることも治水の考え方である．戦国・江戸時代には，このような考え方に基づいた治水工法が採用された．近代化に伴い，交通・運送の手段が海岸や平野部を通る鉄道・道路を中心とするようになると，下流平野部の都市部に人口・資産が集中するようになり，そこでの洪水災害を防ぐことが重要な課題になった．そのため都市部の河川に高い連続堤防を築いて，洪水が氾濫することを防ぐ工法が採られた．また，TVAにならって上流域に発電などの利水目的と合わせた治水目的をもつ多目的ダムを構築して，下流の都市部への洪水流量を少なくするという方法も採られるようになった．

堤防建設や河川改修によって流下能力を上げる，上流にダムを建設して下流河川の負担を軽くするという高水工法により水害は軽減して来たが，それでも予想を上回る降雨・洪水が発生して水害が起きる．場合によっては，高水工法によって水害からの安全度が増した流域にさらに人口・資産が集中してくることによって，被害ポテンシャルが増加するいうことも起こってきた．また，都市化が流域の保水能力を低下させ，下水道網の発達によって急激な出水を都市河川が受けるようになって，河川の負荷が高くなるという事態が起こっている．

　水害を防止するには高水工事だけでは不十分であり，総合治水対策やスーパー堤防，超過洪水対策，土地利用規制の必要性が認識されて来た．しかし，直接的な高水工法以外のこれらの方法の効果や費用を合理的に評価する方法が確立されていないため，概念的な努力目標でしかなく，政策として具体化され難い．計画された治水投資をした場合とそうでない場合とを比べて，被害の軽減額がどのように分布するかを示すことが重要である．

　そのためには，水害の発生の仕方や水害による被害額を，洪水氾濫域の浸水深や浸水時間，氾濫流域の土地利用，資産，人口分布から総合的に評価する必要がある．水害の発生域や被害の程度は，原因である降雨や洪水流量の強度，それらの時間・空間分布に依存する．それらは不確実なものであるから，降雨強度が時間的空間的に分布するとして様々なパターンを考慮し，治水施設による水害対策だけでなく，土地利用規制や建築規制など様々な洪水管理対策をシミュレーションモデルに織り込んだ上で，雨水が流域や河川を流下し，資産・人口が分布する流域内を洪水が氾濫・滞留する様子を再現して，その被害額を算定できるようになる必要がある．

　これらを実現するためには，降雨の時空間分布を確率的に模擬発生するシミュレーション技術，様々な治水対策や洪水管理対策を織り込んだ洪水シミュレーション技術の開発，洪水予測の不確かさを確率的に評価するシミュレーション技術，複雑なシミュレーションモデル構築を支援するモデリングシステムやシミュレーション結果を分かりやすく表示するポストプロセッサーの開発，治水対策の費用・便益を計測する技術の高度化，これらの水害評価シミュレーションの基本となる様々な情報の蓄積とデータベース化など，やらなければならないことは多い．

9.2 河川整備基本方針と河川整備計画

1997年(平成9年)の河川法改正までは,河川管理者は管理する河川について計画高水流量その他河川工事実施の基本となる「工事実施基本計画」を定めることとされていたが,1997年の河川法改正で河川管理者は管理する河川について全国的なバランスを考慮し,また個々の河川や流域の特性を踏まえて,計画高水流量その他当該河川の河川工事および河川の維持について基本となるべき「河川整備基本方針」を定めることとされた.河川整備基本方針を受けて,河川管理者は計画的に河川の整備を実施すべき区間について,おおよそ20年〜30年間に実施される「河川整備計画」を定めることになる[1].

9.2.1 河川整備基本方針

河川整備基本方針は,水害の発生状況,水資源の利用状況と開発,河川環境の状況を考慮し,かつ国土形成計画,環境基本計画との調整を図って,水系ごとにその水系に係わる河川の総合的管理が確保できるように定められる.具体的には,当該水系にかかる河川の総合的な保全と利用の方針,河川整備の基本となる基本高水と河道と洪水調節ダムへの配分,主要地点における計画高水流量,計画高水位,計画横断型による川幅,河川維持流量が定められる.

基本高水とは,具体的な決め方については後述するが,計画の基本とする計画基準点,計画対象施設で対応する計画のハイドログラフである.上流で氾濫も起きず,ダムでも制御されないとしたときにその地点に流入してくるハイドログラフで,流出モデルを利用して計算で求める.基本高水に対して,計画した治水施設で制御した場合の各地点の通過流量のピーク流量が計画高水流量であり,その最大水位が計画高水位である.

9.2.2 河川整備計画

河川整備基本方針を受けて,河川管理者は計画的に河川の整備を実施すべき区間について,おおよそ20年〜30年間に実施される「河川整備計画」を定める.河川整備計画には,整備計画の目標,整備の実施事項としての河川工事の目的,種類,施行場所,河川管理施設の機能概要,河川の維持目的,種類,施行場所が定められる.

コラム：河川砂防技術基準に示される洪水防御計画に関する基本事項[1]

　国土交通省河川局が 2004 年 3 月に改訂し，各地方整備局と都道府県に通知した「河川砂防技術基準」計画編の「洪水防御計画に関する基本的な事項」を示す．

総説　洪水防御計画は，河川の洪水による災害を防止又は軽減するため，計画基準点において計画の基本となる洪水のハイドログラフ (以下「基本高水」という) を設定し，この基本高水に対してこの計画の目的とする洪水防御効果が確保されるよう策定するものとする．このため，洪水防御計画は，基本高水に対してこの計画により設置される施設が水系を一貫して相互に技術的，経済的に調和がとれ，かつ十分にその目的とする機能を果たすよう策定されなければならない．また，洪水防御計画の策定に当たっては，河川の持つ治水，利水，環境等の諸機能を総合的に検討するとともに，この計画がその河川に起こり得る最大洪水を目標に定めるものではないことに留意し，必要に応じ計画の規模を超える洪水（以下「超過洪水」という）の生起についても配慮するものとする．河川整備基本方針においては，計画基準点における基本高水のピーク流量とその河道及び洪水調節施設への配分，並びに主要地点での計画高水流量を定め，河川整備計画においては，段階的に効果を発揮するよう目標年次を定め，一定規模の洪水の氾濫を防止し，必要に応じそれを超える洪水に対する被害を軽減する計画とする．その際に，既存施設の有効利用やソフト施策を重視するとともに，流域における対応を取り込むものとする．

基本高水決定の手法　基本高水を設定する方法としては種々の手法があるが，一般には対象降雨を選定し，これにより求めることを標準とするものとする．基本高水は計画基準点ごとにこれを定めるものとする．

対象降雨　対象降雨は計画基準点ごとに選定するものとする．対象降雨は，降雨量，降雨量の時間分布及び降雨量の地域分布の三要素で表すものとする．

9.2 河川整備基本方針と河川整備計画

計画基準点　計画基準点は，既往の水理・水文資料が十分得られて，水理・水文解析の拠点となり，しかも全般の計画に密接な関係のある地点を選定するものとする．計画基準点は，計画に必要な箇所に設けるものとする．

計画規模の決定

1) **計画の規模：** 計画の規模の決定に当たっては，河川の重要度を重視するとともに，既往洪水による被害の実態，経済効果等を総合的に考慮して定めるものとする．
2) **計画規模の同一水系内での整合性：** 同一水系内における洪水防御計画の策定に当たっては，その計画の規模が上下流，本支川のそれぞれにおいて十分な整合性を保つよう配慮するものとする．

対象降雨の選定

1) **対象降雨の降雨量の決定：** 対象降雨の降雨量は，前節によって規模を定め，さらに降雨継続時間を定めることによって決定するものとする．
2) **既往洪水の検討：** 既往洪水の検討は，その洪水の原因となった降雨の性質，雨量の時間分布及び地域分布，その洪水の水位，流量等の水理・水文資料，洪水の氾濫の状況及び被害の実態等について行うものとする．
3) **対象降雨の継続時間：** 対象降雨の継続時間は，流域の大きさ・降雨の特性・洪水流出の形態・計画対象施設の種類・過去の資料の得難さ等を考慮して決定するものとする．
4) **対象降雨の時間分布及び地域分布の決定：** 対象降雨の時間分布及び地域分布は，既往洪水等を検討して選定した相当数の降雨パターンについて，その降雨量を前節の計画規模によって定められた規模に等しくなるように定めるものとする．この場合において，単純に引き伸ばすことによって著しく不合理が生ずる場合には，修正を加えるものとする．
5) **実績降雨と対象降雨との継続時間の調整：** 上記 4) において選定された実績降雨の継続時間が対象降雨のそれと異なる場合には，その長短に

応じて次のように調整するものとする．
  (a) 実績降雨の継続時間が対象降雨のそれよりも短い場合
      実績の継続時間はそのままにして，降雨量のみを対象降雨の降雨量にまで引き伸ばす．ただし，この場合において，上記 4) で述べたような不合理が生ずる場合には，その範囲において修正を加えるものとする．
  (b) 実績降雨の継続時間が対象降雨のそれよりも長い場合
      (a) と同様の取扱いを原則とするが，引き伸ばし後の一連の降雨量が対象降雨の降雨量に比較して相当に大きくなる場合には，対象降雨の継続時間に相当する時間内降雨量のみを引き伸ばし，それ以前の降雨は実績の降雨をそのまま用いることを原則とする．

基本高水の決定

1) **基本高水の決定：** 基本高水は，前節で選定する対象降雨について，適当な洪水流出モデルを用いて洪水のハイドログラフを求め，これを基に既往洪水，計画対象施設の性質等を総合的に考慮して決定するものとする．
2) **対象降雨の流量への変換：** 対象降雨の流量への変換は，その対象とする河川の特性に応じた流出計算法を用いるものとする．なお，洪水の貯留を考慮する必要がない河川においては合理式法によることができるものとする．
3) **洪水流出モデルの定数の決定：** 対象降雨を流量に変換するための洪水流出モデルの諸定数の決定に当たっては，次の事項について十分配慮しなければならない．
   (a) 実績と計画の洪水規模の相違
   (b) 開発等による流域条件の変化
4) **内水の考慮：** 内水の影響が大きいと考えられる場合には，別途その影響を考慮しなければならない．

計画高水流量

1) **計画高水流量：** 洪水防御計画においては，基本高水を合理的に河道，ダム等に配分して，主要地点の河道，ダム等の計画の基本となる高水流量を決定するものとする．これを計画高水流量という．
2) **計画高水流量の決定に際し検討すべき事項**
   河道，ダム，遊水地等の計画高水流量を決定するに際しては，次の各事項について十分検討するものとする．
   (a) ダム，調節池，遊水地といった洪水調節施設の設置の技術的，経済的，社会的及び環境保全の見地からの検討．
   (b) 河道については，現河道改修，捷水路，放水路，派川への分流等についての技術的，経済的，社会的及び環境保全の見地からの検討．
   (c) 河川沿岸における現在及び将来における地域開発及び河川に関連する他事業との計画の調整についての諸問題の検討．
   (d) 著しく市街化の予想される区域については，将来における計画高水流量の増大に対する見通しとその対処方針の検討．
   (e) 超過洪水に対する対応の技術的，経済的，社会的検討．
   (f) 事業実施の各段階における施設の効果の検討．
   (g) 改修後における維持管理の難易についての検討．

超過洪水対策 計画の規模を越える洪水により，甚大な被害が予想される河川については，必要に応じて超過洪水対策を計画するものとする．

9.3 確率年と T 年確率水文量

9.3.1 初生起時間と再帰時間

離散的な時刻の系列 $j = 1, 2, \cdots$ の上で定義された確率事象の系列を考える．次元を明確にするために，これらの系列は，時間間隔 Δt ごとに得られたものであるとして，説明の中で時間間隔 Δt を陽に書き表すことにする．ある特定の事象 E が最初に生起するまでの時間 T_1 を初生起時間 (first occurrence time) とよ

ぶ．特に事象 E が起こる確率 p が一定で各試行が独立であるベルヌーイ試行列を考える．この場合，初生起時間 T_1 が $k\Delta t$ になる確率は，

$$\text{Prob}\,[T_1 = k\Delta t] = (1-p)^{k-1}p \tag{9.1}$$

で与えられる．ただし，Prob $[A]$ は，事象 A が生起する確率を表すものとする．初生起時間が $k\Delta t$ であるということは，始めの $k-1$ 回は事象 E が起こらなくて，k 回目に事象 E が起こるということを意味する．この場合，初生起時間の期待値は，

$$\text{E}\,[T_1] = \sum_{k=1}^{\infty} k\Delta t\, \text{Prob}\,[T_1 = k\Delta t] = p\Delta t \sum_{k=1}^{\infty} k(1-p)^{k-1} \tag{9.2}$$

から求められる．

一般に $|x| < 1$ のとき，

$$\sum_{k=0}^{\infty} x^k = 1 + \sum_{k=1}^{\infty} x^k = \frac{1}{1-x}$$

が成り立つ．この級数は絶対かつ一様に収束するので x に関して項別に微分できて，

$$\sum_{k=1}^{\infty} kx^{k-1} = \frac{1}{(1-x)^2}$$

が成り立つ．この式で $x = 1-p$ とおけば，(9.2) 式の和が $1/p^2$ となり，結局

$$\text{E}\,[T_1] = \frac{\Delta t}{p} \tag{9.3}$$

となる．事象 E が起こってから再び事象 E が起こるまでの時間を事象 E の再帰時間 (recurrence time) とよぶ．ベルヌーイ試行列の場合，ある時刻に事象が起こったかどうかは，つぎに事象が起こる確率に影響しないので，再帰時間の確率分布と初生起時間の確率分布は同じである．この再起時間の期待値を再現期間という．

9.3.2 確率年と T 年確率水文量

離散的な時刻の系列 $j = \cdots, -1, 0, 1, 2, \cdots$ に対してある確率的な水文量 X_j が対応するものとする．いま，時刻の系列 j は年を表すものとする．X_j は第 j 年

の水文量であり，時間間隔は $\Delta t = 1$ 年 となる．たとえば X_j として，ある河道地点での年最大流量やある地点での年最大日降水量などを考えることができる．水文量 X_j は年 j によらず互いに独立で同じ確率分布に従うと仮定する．このとき，水文量 X_j がある特定の値 x_u を超える確率が p であるとする．すなわち，

$$p = \mathrm{Prob}\left[X_j > x_u\right] = 1 - \mathrm{Prob}\left[X_j \leq x_u\right] = 1 - F_X(x_u) \tag{9.4}$$

とする．ただし，$F_X(x)$ は X_j の分布関数である．このとき，

$$T = \frac{\Delta t}{p} = \frac{\Delta t}{1 - F_X(x_u)} \tag{9.5}$$

で定められる T を水文量 x_u の確率年またはリターンピリオドという．

9.3.1 で述べたところによれば，事象 $X_j > x_u$ という事象の生起確率が p であれば，事象 $X_j > x_u$ が起こって再び事象 $X_j > x_u$ が起こるまでの再帰時間の期待値は $\Delta t/p$ で与えられる．したがって，(9.5) 式で定める確率年 T は，X_j が x_u を超過するという事象の再帰時間の期待値である．逆に確率年 T が与えられたときに (9.5) 式から p を定め，(9.4) 式が成り立つような x_u を対応させる場合もあり，このときの x_u を T 年確率水文量という．

9.3.3 非毎年資料による確率年の導出

(1) 非毎年資料による再現期間の近似解

ある河道地点の年最大流量のように毎年一個の資料がある場合，その資料を「毎年資料」という (図 **9.2**(a))．大きな値の分布の特徴を考える場合，一年の最大値だけをとりだして分析することもできるが，たとえば洪水のピーク流量が $1,000 \mathrm{~m}^3\mathrm{s}^{-1}$ を超えるような資料を考えることもある．この場合，年によって資料の個数が変わることになる．図 **9.2**(b) に示すこのような資料を「非毎年資料」という．

非毎年資料を扱う場合の確率年を考える．ある河川のある地点の年最大流量は，その地点でその年に発生したいくつかの洪水のピーク流量の最大値である．いま，洪水のピーク流量が x_p を超えたとき洪水が発生したと定義し，洪水の発生について以下の仮定を置く．

1) 洪水の発生回数はランダムであり，洪水の年間の発生回数が n である確率が p_n であるとする．

(a) 毎年資料

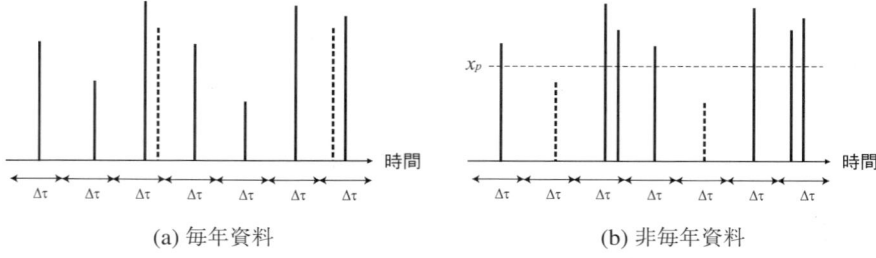

(b) 非毎年資料

図 9.2：毎年資料と非毎年資料 (実線は採用した資料を表す).

2) 一つ一つの洪水ピーク流量は同一の分布関数 $G_X(x)$ を持つとする．洪水の発生をピーク流量が x_p を超えた場合と定義したので，$G_X(x)$ は x_p を超える洪水ピーク流量の分布関数である．

3) 洪水の年間の発生回数は有限であって，ある値 K を超えないとする．議論を明確にするために，年に一度も洪水が発生しなかったときは，年最大洪水ピーク流量は 0 であるとする．

この場合，年最大流量 $X_{\max}$ の分布関数 $F_{X\max}(x)$ は，その年に発生した N 回の洪水のピーク流量 $X_1, X_2, \cdots, X_N$ がすべて x 以下となる確率として得られるので，

$$F_{X\max}(x) = \text{Prob}\,[X_{\max} \leq x] = \text{Prob}\,[X_1 \leq x, X_2 \leq x, \cdots, X_N \leq x]$$
$$= \sum_{n=0}^{K} G_X(x)^n \, p_n \tag{9.6}$$

で与えられる．ここで洪水の発生回数 N は K を超えないと仮定したので，(9.6) 式の総和は K までの和を取っていることに注意する．x が充分大きくて $1 - G_X(x) \ll 1$ であれば，

$$G_X(x)^n = [1 - (1 - G_X(x))]^n \simeq 1 - n\,(1 - G_X(x)) \tag{9.7}$$

とかけるから，これを (9.6) 式に代入すると，

$$F_{X\max}(x) \simeq \sum_{n=0}^{K} p_n[1 - n\,(1 - G_X(x))] = 1 - \left(\sum_{i=0}^{K} n p_n\right)(1 - G_X(x))$$
$$= 1 - m(1 - G_X(x))$$

が得られる．ただし，m は洪水の年間の洪水発生回数の期待値である．この近似式を (9.5) 式に適用すれば，x_u を超えるピーク流量が発生する再現期間は次式で

9.3 確率年と T 年確率水文量 289

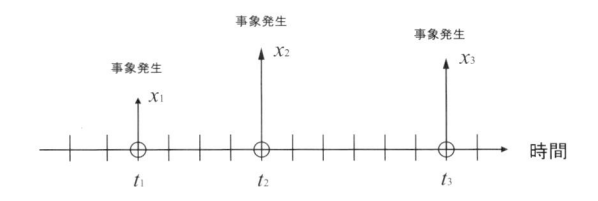

図 9.3：複合ポアソン過程.

与えられる．
$$T = \frac{\Delta t}{m(1 - G_X(x_u))} \tag{9.8}$$

(2) 複合ポアソン過程モデルによる再現期間の導出

現象の発生がポアソン過程であるとみなせるときは，(9.7) 式の近似式を使用しなくてもよい．ポアソン過程とは，パンの中の干し葡萄の分布や宇宙空間の中の星の分布など，連続体の中の点の確率分布のひとつのモデルである．ここでは，時間軸の上で，現象 (たとえば洪水) が生起する時点の分布を考える．ポアソン過程とは次の仮定が成立するような過程である．

1) 微小な区間 $(t, t + \Delta t)$ で事象が 1 度生起する確率は $\mu \Delta t$ で与えられる．μ は単位時間あたりの事象の発生頻度であり，t によらず一定値をとる．
2) 微小な区間 $(t, t + \Delta t)$ で事象が 2 回以上生起する確率は，$\mu \Delta t$ より小さく無視できる．
3) 互いに重ならない時間区間での事象の生起は互いに独立である．

ここで，現象が生起したときに図 9.3 に示すように，その時点に対応して確率変数 X を対応させる．このような過程を複合ポアソン過程 (あるいは marked point process) という．この X の確率分布は，それが発生する時点に独立であり，同一の分布関数 $G_X(x)$ を持つとする．そうすると，確率変数 X がある値 x_u を越える確率は，$1 - G_X(x_u)$ で与えられる．したがって，ある微小な区間 $(t, t + \Delta t)$ で，$X > x_u$ であるような事象が生起する確率は，Δt で事象が発生する確率 $\mu \Delta t$ に $1 - G_X(x_u)$ を掛けて $(1 - G_X(x_u))\mu \Delta t$ で与えられる．以後の記述を簡単にするために，
$$\lambda = \mu(1 - G_X(x_u)) \tag{9.9}$$

と置く．λ の次元は $[\mathrm{T}^{-1}]$ である．

以下，時刻 0 以降で初めて $X > x_u$ であるような事象が生起する時間 T_1 の分布を考える．区間 $(0, t)$ の間に $X > x_u$ であるような事象が生起する回数を N_t と表し，$N_t = 0$ である確率を $P_0(t)$ と表すことにする．すなわち，

$$P_0(t) = \mathrm{Prob}\,[N_t = 0]$$

と表す．$N_{t+\Delta t} = 0$ であること，すなわち $(0, t + \Delta t)$ の間で $X > x_u$ であるような事象が一度も生起しないのは，$(0, t)$ で一度も $X > x_u$ であるような事象が生起せず，かつ $(t, t + \Delta t)$ でも一度も $X > x_u$ であるような事象が生起しない場合であるから，

$$P_0(t + \Delta t) = P_0(t)(1 - \lambda \Delta t + o(\Delta t))$$

とかける．ただし，$o(\Delta t)$ は，Δt よりも高次の微小量を表す．これから，

$$\lim_{\Delta t \to 0} \frac{P_0(t + \Delta t) - P_0(t)}{\Delta t} = -\lambda P_0(t), \quad \therefore \frac{dP_0}{dt} = -\lambda P_0(t)$$

である．初期条件 $P_0(0) = 1$ のもとで，この微分方程式を解くと

$$P_0(t) = \mathrm{e}^{-\lambda t}$$

となる．事象 $X > x_u$ の初生起時間 T_1 が t 以下であることと，$(0, t)$ で事象 $X > x_u$ が少なくとも 1 回生起することとは同等であるから，

$$\mathrm{Prob}\,[T_1 \leq t] = 1 - \mathrm{Prob}\,[N_t = 0] = 1 - P_0(t) = 1 - \mathrm{e}^{-\lambda t} \tag{9.10}$$

が成立する．これは，T_1 の分布関数であるから，これを微分して T_1 の確率密度関数 $\lambda \exp(-\lambda t)$ が得られる．これから，T_1 の期待値を求めると

$$\mathrm{E}[T_1] = \int_0^\infty t\,\lambda \mathrm{e}^{-\lambda t} dt = \left[-t\,\mathrm{e}^{-\lambda t}\right]_0^\infty + \int_0^\infty \mathrm{e}^{-\lambda t} dt = \frac{1}{\lambda} = \frac{1}{\mu\,(1 - G_X(x_u))} \tag{9.11}$$

が得られる．したがって，非毎年資料の場合には，x_u に対応する再現期間 T は，

$$T = \frac{1}{\mu\,(1 - G_X(x_u))} \tag{9.12}$$

で与えられる．逆にこの式を用いて，再現期間 T に対応する水文量 x_u を求めることができる．再度，μ と G_X の定義を示すと，μ は単位時間あたりの事象 (たとえばピーク流量が x_p を超える洪水) の発生頻度であり，G_X はその事象の分布関数 (x_p を超える洪水ピーク流量の分布関数) である．$\mu = m/\Delta t$ と置けば，この式は (9.8) 式と一致する．G_X を表現する確率分布モデルとして指数分布や一般化パレート分布がよく用いられる[3]．

(3) 複合ポアソン過程モデルによる年最大系列の特性

複合ポアソン過程モデルに従う時系列から年最大値の系列を取り出した場合に，その系列が持つ特性を検討する．前項で，区間 $(0, t)$ の間に，$X > x_u$ であるような事象が生起する回数を N_t と表し，$N_t = 0$ である確率 $P_0(t)$ が

$$P_0(t) = e^{-\lambda t}$$

であることを導いた．ここで，Δt を 1 年として $P_0(\Delta t)$ が何を意味するか考えてみよう．$P_0(\Delta t)$ は，$N_{\Delta t} = 0$ すなわち $X > x_u$ であるような事象が 1 年間一度も生起しない確率を表している．これは，年最大値 $X_{\max}$ が x_u よりも小さい事象の確率である．したがって，年最大値の確率分布関数は

$$F_{X\max}(x_u) = \text{Prob}\,[X_{\max} \leq x_u] = e^{-\lambda \Delta t}$$

である．(9.9) 式の $\lambda = \mu(1 - G_X(x_u))$ を上式に代入すると，$F_{X\max}(x_u)$ と $G_X(x_u)$ の関係式

$$F_{X\max}(x_u) = \exp[-\mu(1 - G_X(x_u))\Delta t] \tag{9.13}$$

が得られる．年最大系列という時間の概念を持つ水文量の確率分布関数 $F_{X\max}(x_u)$ と，事象の大きさの確率分布関数 $G_X(x_u)$ およびその発生頻度 μ とが，この式によって関係付けられる．

毎年資料による確率年を T_a とすると，(9.5) 式より

$$T_a = \frac{\Delta t}{1 - F_{X\max}(x_u)}$$

であったので，(9.13) 式を用いて

$$\frac{\Delta t}{T_a} = 1 - F_{X\max}(x_u) = 1 - \exp[-\mu(1 - G_X(x_u))\Delta t]$$

が得られる．これに，(9.12) 式で得た非毎年資料による確率年

$$T_p = \frac{1}{\mu\,(1 - G_X(x_u))}$$

を代入すると，

$$\frac{\Delta t}{T_a} = 1 - \exp\left(-\frac{\Delta t}{T_p}\right) \tag{9.14}$$

が得られる．これが，年最大値を取ってから計算する再現期間 T_a と元の非毎年系列から計算する再現期間 T_p との関係式である．(9.14) 式の右辺を級数展開すると

$$\frac{\Delta t}{T_a} = 1 - \exp\left(-\frac{\Delta t}{T_p}\right) = \frac{\Delta t}{T_p} - \frac{1}{2!}\left(\frac{\Delta t}{T_p}\right)^2 + \frac{1}{3!}\left(\frac{\Delta t}{T_p}\right)^3 - \frac{1}{4!}\left(\frac{\Delta t}{T_p}\right)^4 + \cdots$$

なので $T_a > T_p$ となることがわかる．ただし，$T_p > 10$ 年では T_a と T_p の違いはほとんどない．

$G_X(x)$ として指数分布を用いる場合，(9.13) 式にそれを代入すれば，年最大系列の分布 $F_{X\max}(x)$ はグンベル分布に従うことがわかる．一般化パレート分布を用いる場合は GEV 分布に従う[3]．

(9.13) 式で，x_u が十分大きい場合は，$1 - G_X(x_u)$ が小さくなり，

$$1 - F_{X\max}(x_u) \simeq \mu\Delta t(1 - G_X(x_u)) \tag{9.15}$$

という近似式が得られる．$\mu\Delta t$ は，いま考えている複合ポアソン過程の事象の年間生起回数の期待値である．十分大きな水文データ x_u に対応する年最大値の確率分布の超過確率は，近似的に，事象が生起したときにとる値（非毎年データ値）の確率分布の超過確率に，年間生起回数の期待値を掛けて求められるということである．

9.4 水文量の確率分布モデル

水文頻度解析では一般に 2 個あるいは 3 個の母数を持つ確率分布モデルが用いられる．確率変数の分布特性は，それが従うと考えられる確率密度関数あるいは分布関数によって記述される．また，確率変数の特性値 (積率 (moments)，確率加重積率 (PWM, Probability Weighted Moments) あるいは L 積率 (L moments)) に確率変数の情報が集約される．分布関数の母数とこれらの特性値との関係を用いて母数が推定される．はじめに確率変数の特性値を説明し，次に主要な確率分布モデルの要点を示す[4]-[6]．

9.4.1 確率変数の特性値

積率　確率変数の分布を特徴づける特性値として，確率変数 X の平均値 $\mu = \mathrm{E}[X]$ の周りの r 次の積率は，以下のように定義される．

$$\mu_r = \mathrm{E}[(X-\mu)^r] = \int_{-\infty}^{\infty}(x-\mu)^r f_X(x)dx, \quad r=1,2,3,\cdots \quad (9.16)$$

分散 $\sigma^2 = \mu_2$，ひずみ係数 $\gamma = \mu_3/\sigma^3$ である．標本からこれらの値を推定する場合，N を標本数，$\bar{x}$ を標本平均，S_x を標本標準偏差，C_x を標本ひずみ係数とすると

$$\bar{x} = \frac{1}{N}\sum_{i=1}^{N}x_i, \quad S_x^2 = \frac{1}{N}\sum_{i=1}^{N}(x_i-\bar{x})^2, \quad C_x = \frac{1}{N}\sum_{i=1}^{N}\left(\frac{x_i-\bar{x}}{S_x}\right)^3 \quad (9.17)$$

である．標本からこれらの値を計算し，それぞれの不偏推定量を次式で求める．

$$\hat{\mu} = \bar{x}, \quad \hat{\sigma}^2 = \frac{N}{N-1}S_x^2, \quad \hat{\gamma} = \frac{\sqrt{N(N-1)}}{N-2}C_x \quad (9.18)$$

不偏ひずみ係数の推定式は理論式ではなく，他にも提案されている[6]．

確率加重積率　積率では水文量 X のべき乗の期待値を求めるが，確率加重積率 (PWM) では非超過確率 F に対してべき乗操作を施し

$$\beta_r = \mathrm{E}[X(F(X))^r] = \int_{-\infty}^{\infty}x[F_X(x)]^r f_X(x)dx = \int_{0}^{1}x(F)F^r dF, \quad r=0,1,2,\cdots \quad (9.19)$$

とする．ここで $x(F)$ は非超過確率 F に対応するクオンタイルである．通常の積率と比べて，PWM は高次の積率でも偏りや変動が小さい．多数の確率密度関数について，PWM の解析解が得られている[5]．

β_r の標本推定値を得るために

$$\hat{\beta}_r = \frac{1}{N}\sum_{i=1}^{N}x_{(i)}[F(x_{(i)})]^r, \quad r=0,1,2,\cdots \quad (9.20)$$

がしばしば用いられる．ここで $x_{(i)}$ は N 個の標本を小さいほうから並べた i 番目の値，$F(x_{(i)})$ は後で述べるプロッティング・ポジション公式によって定まる非超過確率であり，$F(x_{(i)}) = (i-0.35)/N$ が用いられる．また，$(r+1)\beta_r$ はある確率母集団から任意に取り出した $(r+1)$ 個の標本の最大値の期待値となることから，

β_r の不偏推定値 b_r として

$$b_r = \frac{1}{N}\sum_{i=r+1}^{N}\frac{{}_{i-1}\mathrm{C}_r}{{}_{N-1}\mathrm{C}_k}x_{(i)}, \quad r = 0, 1, 2, \cdots \quad (9.21)$$

が得られる．この導出はコラムを参照されたい．$r = 0, 1, 2$ については以下となる．

$$b_0 = \frac{1}{N}\sum_{i=1}^{N}x_{(i)}$$

$$b_1 = \frac{1}{N(N-1)}\sum_{i=2}^{N}(i-1)x_{(i)}$$

$$b_2 = \frac{1}{N(N-1)(N-2)}\sum_{i=3}^{N}(i-1)(i-2)x_{(i)}$$

コラム：PWM の不偏推定値の導出

分布関数 $F_X(x)$ を持つ確率母集団から抽出した独立な $(r+1)$ 個のデータを $X_1, X_2, \cdots, X_{r+1}$ とし，その中の最大値を Y と表すことにする．Y が任意の実数 y について $Y \leq y$ となる事象と，すべての X_i, $i = 1, 2, \cdots, r+1$ について $X_i \leq y$ となる事象は同一である．したがって，$Y \leq y$ となる確率，すなわち Y の分布関数 $F_Y(y)$ は，

$$\begin{aligned}F_Y(y) &= \mathrm{Prob}[Y \leq y] \\ &= \mathrm{Prob}[X_i \leq y;\ i = 1, 2, \cdots, r+1] \\ &= \prod_{i=1}^{r+1}F_X(y) = (F_X(y))^{r+1} \end{aligned} \quad (9.22)$$

となる．ここで $F_X(y)$ が確率密度関数 $f_X(y)$ をもつものとすれば $F_Y(y)$ も確率密度関数 $f_Y(y)$ をもち，(9.22) 式を y で微分して

$$\frac{d}{dy}F_Y(y) = f_Y(y) = (r+1)(F_X(y))^r f_X(y)$$

が得られる．これと PWM の定義式 (9.19) 式の両辺を $(r+1)$ 倍した式

$$(r+1)\beta_r = \int_{-\infty}^{\infty} x(r+1)(F_X(x))^r f_X(x) dx \tag{9.23}$$

と見比べると，(9.23) 式の右辺は，取り出した $(r+1)$ 個のデータの中の最大値の期待値となっていることが分かる．

大きさ N の標本から取り出した $(r+1)$ 個のデータのすべての組み合わせを考える．それぞれの標本の最大値の平均値を求めると

$$\frac{1}{{}_N C_{r+1}} \sum_{i=r+1}^{N} {}_{i-1}C_r x_{(i)} \tag{9.24}$$

となる．β_r の不偏推定値 b_r として，(9.23) 式と (9.24) 式を等しいとおけば，(9.21) 式が得られる．

L 積率 母集団から大きさ r の標本を取り出し，そのうちの小さいほうから i 番目の値を $X_{(i:r)}$ とすると，r 次の L 積率は以下で定義される[7]．

$$\lambda_r = \frac{1}{r} \sum_{k=0}^{r-1} (-1)^k {}_{r-1}C_k \, \mathrm{E}[X_{(r-k:r)}], \quad r = 1, 2, 3, \cdots \tag{9.25}$$

標本の大きさが小さい場合，L 積率による変動係数 λ_2/λ_1 やひずみ係数 λ_3/λ_2 の標本推定値は，通常の積率から得られるそれらと比べて偏りが小さく，母数推定に好ましい効果を与えることが知られている．第 1, 2, 3 次の L 積率を具体的に記述すると，以下のようになる．

$$\begin{aligned}
\lambda_1 &= \mathrm{E}[X] \\
\lambda_2 &= \frac{1}{2} \mathrm{E}\left[X_{(2:2)} - X_{(1:2)}\right] \\
\lambda_3 &= \frac{1}{3} \mathrm{E}\left[X_{(3:3)} - 2X_{(2:3)} + X_{(1:3)}\right]
\end{aligned} \tag{9.26}$$

また，L 積率と PWM との間には以下の関係がある．この導出はコラムを参照されたい．

$$\begin{aligned}
\lambda_1 &= \beta_0 \\
\lambda_2 &= 2\beta_1 - \beta_0 \\
\lambda_3 &= 6\beta_2 - 6\beta_1 + \beta_0
\end{aligned} \tag{9.27}$$

大きさ N の標本から L 積率の推定値を得る場合，それから取り出した r 個のデータすべての組み合わせについて (9.26) 式を計算すればよい．3 次までの標本 L 積率は以下で表される．

$$
\begin{aligned}
l_1 &= \frac{1}{N} \sum_{i=1}^{N} x_{(i)} \\
l_2 &= \frac{1}{2} \frac{1}{{}_N C_2} \sum\sum_{i>j} (x_{(i)} - x_{(j)}) \\
l_3 &= \frac{1}{3} \frac{1}{{}_N C_3} \sum\sum\sum_{i>j>k} (x_{(i)} - 2x_{(j)} + x_{(k)})
\end{aligned} \quad (9.28)
$$

これらは不偏推定量である．もうひとつの方法として PWM の不偏推定値 b_r を (9.21) 式から求め，それを L 積率と PWM の関係式 (9.27) 式に代入して l_r を求めることが考えられる．(9.28) 式から直接 l_r を得る手法と，PWM の不偏推定値を通して l_r を得る手法は理論的に同じであり，後者の手法がよく用いられる．標本から L 積率あるいは PWM の推定値を得れば，確率分布関数の母数と L 積率あるいは PWM との理論的な関係式を用いて，母数を推定することができる．

コラム：L 積率と PWM の関係式の導出

分布関数 $F_X(x)$ を持つ確率母集団から抽出した独立な r 個のデータを $X_1, X_2, \cdots, X_r$ とし，小さい方から i 番目の値 $X_{(i:r)}$ を Y と表すことにする．Y が任意の実数 y について $Y \leq y$ となる事象は，すべての $X_i, i = 1, 2, \cdots, r$ について $X_i \leq y$ となる事象，p 個 $(p = 1, \cdots, r-i)$ だけが y よりも大きい事象の合計 $r - i + 1$ 個の排反な事象の和事象である．したがって，$Y \leq y$ となる確率，すなわち Y の分布関数 $F_Y(y)$ は，

$$
\begin{aligned}
F_Y(y) &= (F_X(y))^r \\
&\quad + r(1 - F_X(y))(F_X(y))^{r-1} \\
&\quad + \cdots \\
&\quad + \frac{r!}{(r-i)!i!}(1 - F_X(y))^{r-i}(F_X(y))^i
\end{aligned}
$$

となる．これを y で微分すると，$X_{(i:r)}$ の確率密度関数

$$f_Y(y) = \frac{r!}{(r-i)!(i-1)!}(1-F_X(y))^{r-i}(F_X(y))^i f_X(y)$$

が得られる．従って $X_{(i:r)}$ の期待値は

$$\mathrm{E}[X_{(i:r)}] = \int_{-\infty}^{\infty} x f_Y(x) dx = \frac{r!}{(r-i)!(i-1)!} \int_{-\infty}^{\infty} x(1-F_X(x))^{r-i}(F_X(x))^i f_X(x) dx$$

となり，L 積率の定義式 (9.25) 式にこれを代入すると

$$\begin{aligned}\lambda_r = \frac{1}{r}\sum_{k=0}^{r-1}(-1)^k {}_{r-1}C_k \frac{r!}{(r-k-1)!k!} \\ \times \int_{-\infty}^{\infty} x(1-F_X(x))^k (F_X(x))^{r-k-1} f_X(x) dx, \ \ r=1,2,3,\cdots \end{aligned} \quad (9.29)$$

が得られる．これと PWM の定義式 (9.19) 式から L 積率と PWM との間の関係式が得られる．$r=1,2,3$ について (9.29) 式を具体的に書くと，

$$\lambda_1 = \int_0^1 x(F) dF$$

$$\lambda_2 = \int_0^1 x(F)(2F-1) dF$$

$$\lambda_3 = \int_0^1 x(F)(6F^2 - 6F + 1) dF$$

となる．これらと (9.19) 式から (9.27) 式が得られる．

9.4.2 正規分布と対数正規分布

正規分布 正規分布の確率密度関数は以下で表される．

$$f_X(x) = \frac{1}{\sqrt{2\pi}\sigma} \exp\left[-\frac{1}{2}\left(\frac{x-\mu}{\sigma}\right)^2\right], \ \ -\infty < x < \infty \quad (9.30)$$

母数 μ, σ^2 は X の平均値と分散である．L 積率とは以下の関係がある．

$$\lambda_1 = \mu, \ \ \lambda_2 = \sigma/\sqrt{\pi}$$

$z = (x - \mu)/\sigma$ とすると標準正規分布の確率密度関数と分布関数は以下となる．

$$\phi(z) = \frac{1}{\sqrt{2\pi}} \exp\left(-\frac{1}{2}z^2\right), \quad \Phi(z) = \frac{1}{\sqrt{2\pi}} \int_{-\infty}^{z} \exp\left(-\frac{1}{2}s^2\right) ds, \quad -\infty < z < \infty \quad (9.31)$$

水文頻度解析では T 年確率水文量を求めるために，非超過確率 p に対する確率水文量 (クオンタイル) $x_p = \mu + \sigma z_p$ を得る必要がある．(9.31) 式から解析的に $z_p = \Phi^{-1}(p)$ を得ることはできないため，たとえば以下の近似式が用いられる．

$$z_p = \Phi^{-1}(p) \simeq -\sqrt{\frac{y^2[4y + 100)y + 205]}{[(2y + 56)y + 192]y + 131}}, \quad y = -\ln(2p) \quad (9.32)$$

ここで $10^{-7} < p < 0.5$ である．$p > 0.5$ の場合は分布の対称性により $z_p = -z_{1-p}$ とすればよい．

対数正規分布 年最大流量や年最大日降水量など，極値水文量の分布は対称ではなく，右に歪む分布を示すことが多い．このような水文量 X に対して対数変換を施した確率変数

$$Y = \ln(X - c)$$

が正規分布をとると見なせるならば，X は対数正規分布に従うと考えることができる．対数正規分布の確率密度関数は

$$f_X(x) = \frac{1}{(x - c)\sqrt{2\pi}\zeta} \exp\left[-\frac{1}{2}\left(\frac{\ln(x - c) - \lambda}{\zeta}\right)^2\right], \quad c < x < \infty \quad (9.33)$$

で表される．c は X の下限値である．非超過確率 p に対する確率水文量 x_p は

$$x_p = c + \exp(\lambda + \zeta z_p)$$

で得られる．z_p は (9.32) 式で得られる．Y が従う確率密度関数 $g_Y(y)$ は $g_Y(y) = f_X(x)dx/dy$ なので

$$g_Y(y) = \frac{1}{\sqrt{2\pi}\zeta} \exp\left[-\frac{1}{2}\left(\frac{y - \lambda}{\zeta}\right)^2\right]$$

となる．$g_Y(y)$ は正規分布の確率密度関数であり，

$$\lambda = \mathrm{E}[Y], \quad \zeta^2 = \mathrm{E}[(Y - \lambda)^2]$$

である．母数 c, λ, ζ と確率変数 X の平均値 μ, 分散 σ^2, ひずみ係数 γ との間には以下の関係がある．

$$\mu = E[X] = c + \exp\left(\lambda + \frac{\zeta^2}{2}\right) \tag{9.34}$$

$$\sigma^2 = E[(X-\mu)^2] = [\exp(2\lambda + \zeta^2)][\exp(\zeta^2) - 1] \tag{9.35}$$

$$\gamma = E[(X-\mu)^3]/\sigma^3 = (\exp(\zeta^2) + 2)(\exp(\zeta^2) - 1)^{1/2} \tag{9.36}$$

9.4.3 グンベル分布と一般化極値分布

グンベル分布 ある母集団から得られた一組の標本 (一群のデータ) の中の最小値および最大値，いわゆる極値がどのような分布に従うか，グンベルらによって詳細に検討された[8]．極値分布に関する第 I 種漸近分布をグンベル分布とよぶ．グンベル分布は年最大流量や年最大日降水量などによい適合性を示す．グンベル分布の確率密度関数，分布関数はそれぞれ

$$f_X(x) = \frac{1}{a}\exp\left[-\frac{x-c}{a} - \exp\left(-\frac{x-c}{a}\right)\right], \quad -\infty < x < \infty \tag{9.37}$$

$$F_X(x) = \exp\left[-\exp\left(-\frac{x-c}{a}\right)\right] \tag{9.38}$$

である．非超過確率 p に対する確率水文量 x_p は次式で求められる．

$$x_p = F_X^{-1}(p) = c - a\ln[-\ln(p)]$$

母数 a, c と確率変数 X の平均値 μ, 分散 σ^2 との間には以下の関係がある．

$$\mu = c + 0.5772a, \quad \sigma^2 = \pi^2 a^2/6$$

L 積率とは以下の関係がある．

$$\lambda_1 = c + 0.5772a, \quad \lambda_2 = a\ln 2$$

一般化極値分布 一般化極値分布 (generalized extreme-value distribution, GEV 分布) の分布関数は次式で表される．

$$F_X(x) = \exp\left[-\left(1 - k\frac{x-c}{a}\right)^{1/k}\right] \tag{9.39}$$

$$k < 0 \text{ のとき } \left(c + \frac{a}{k}\right) \leq x < \infty, \quad k > 0 \text{ のとき } -\infty < x \leq \left(c + \frac{a}{k}\right)$$

a は尺度母数，c は位置母数，k は形状母数である．$k = 0$ のとき，GEV 分布はグンベル分布に一致する．$k < 0$，$k > 0$ のとき，それぞれ第 II 種，第 III 種極値分布に対応する．GEV 分布はこれらの極値分布を統合的に表現する確率分布である．非超過確率 p に対する確率水文量 x_p は次式で求められる．

$$x_p = c + \frac{a}{k}\left[1 - (-\ln p)^k\right]$$

母数 a，c，k と確率変数 X の平均値 μ，分散 σ^2，ひずみ係数 γ との間には以下の関係がある．

$$\mu = c + \frac{a}{k}[1 - \Gamma(1 + k)], \quad \sigma^2 = \left(\frac{a}{k}\right)^2 \{\Gamma(1 + 2k) - [\Gamma(1 + k)]^2\}$$

$$\gamma = \text{sign}(k)\frac{-\Gamma(1 + 3k) + 3\Gamma(1 + k)\Gamma(1 + 2k) - 2\Gamma^3(1 + k)}{[\Gamma(1 + 2k) - \Gamma^2(1 + k)]^{3/2}}$$

$\text{sign}(k)$ は k の正負に応じた正負の符号を表す．L 積率とは以下の関係がある．

$$\lambda_1 = c + \frac{a}{k}[1 - \Gamma(1 + k)], \quad \lambda_2 = \frac{a}{k}(1 - 2^{-k})\Gamma(1 + k), \quad \frac{\lambda_3}{\lambda_2} = \frac{2(1 - 3^{-k})}{1 - 2^{-k}} - 3$$

ワイブル分布 年最小流量や渇水流量など最小値の確率分布を扱う場合，下限値が 0 のワイブル分布がしばしば使われる．ワイブル分布の分布関数は次式で表される．

$$F_X(x) = 1 - \exp\left[-\left(\frac{x - c}{a}\right)^k\right], \quad x > c, \, a > 0, \, k > 0 \tag{9.40}$$

$k = 1$ のときは指数分布となる．母数 a，k と確率変数 X の平均値 μ，分散 σ^2 との間には，以下の関係がある．

$$\mu = c + a\Gamma\left(1 + \frac{1}{k}\right), \quad \sigma^2 = a^2\left\{\Gamma\left(1 + \frac{2}{k}\right) - \left[\Gamma\left(1 + \frac{1}{k}\right)\right]^2\right\}$$

L 積率とは以下の関係がある．

$$\lambda_1 = c + a\Gamma\left(1 + \frac{1}{k}\right), \quad \lambda_2 = a(1 - 2^{-1/k})\Gamma\left(1 + \frac{1}{k}\right)$$

9.4.4 ピアソン III 型分布と対数ピアソン III 型分布

ピアソン III 型分布　形状母数 k の値によって様々な分布に対応できる分布関数としてピアソン III 型分布がある．この確率密度関数は次式で表される．

$$f_X(x) = \frac{1}{|a|\Gamma(k)} \left(\frac{x-c}{a}\right)^{k-1} \exp\left(-\frac{x-c}{a}\right) \tag{9.41}$$

$k > 0$, $a > 0$ のとき $c < x < \infty$, $a < 0$ のとき $-\infty < x < c$

a は尺度母数，c は位置母数，k は形状母数で $0 < k < 1$ のとき逆 J 字型，$k = 1$ のとき指数分布，k が大きくなると正規分布に漸近する．母数 a, c, k と確率変数 X の平均値 μ，分散 σ^2，ひずみ係数 γ との間には以下の関係がある．

$$\mu = c + ak, \quad \sigma^2 = a^2 k, \quad \gamma = \frac{2a}{|a|\sqrt{k}}$$

また，L 積率とは以下の関係がある．

$$\lambda_1 = c + ak, \quad \lambda_2 = \frac{a\Gamma(k+0.5)}{\sqrt{\pi}\,\Gamma(k)}$$

非超過確率 p に対する確率水文量 x_p は次式で求められる．

$$x_p = c + aw_p$$

ここで w_p は，$w = (x-c)/a$ として (9.41) 式から定まる分布関数

$$F_X(x) = \int_c^x f_X(t)dt = \frac{1}{\Gamma(k)} \int_0^w w^{k-1} \exp(-w)dw, \quad a > 0 \text{ のとき}$$

$$F_X(x) = \int_{-\infty}^x f_X(t)dx = 1 - \frac{1}{\Gamma(k)} \int_0^w w^{k-1} \exp(-w)dw, \quad a < 0 \text{ のとき}$$

において，$p = F_X(x_p)$ となるときの w_p の値である．w_p の近似解として

$$w_p = b\left(1 + \frac{z_p}{3\sqrt{k}} - \frac{1}{9k}\right)^3$$

がよく使われる．ここで z_p は p に対する標準変量であり，たとえば (9.32) 式で得られる．

対数ピアソン III 型分布　対数変換を施した確率分布がピアソン III 型分布に従う分布を対数ピアソン III 型分布という．この確率密度関数は次式で与えられる．

$$f_X(x) = \frac{1}{|a|\Gamma(k)x}\left(\frac{\ln x - c}{a}\right)^{k-1}\exp\left(-\frac{\ln x - c}{a}\right) \quad (9.42)$$

$k > 0$, $a > 0$ のとき $\exp(c) < x < \infty$, $a < 0$ のとき $0 < x < \exp(c)$

非超過確率 p に対する確率水文量 x_p は，$w = (\ln x - c)/a$ として次式で求められる．

$$x_p = \exp(c + aw_p)$$

9.4.5 一般化パレート分布

一般化パレート (generalized Pareto distribution, GP 分布) の分布関数を以下に示す．GP 分布は，ある値以上の水文量の分布を表す場合にしばしば用いられる．

$$F_X(x) = 1 - \left[1 - k\left(\frac{x-c}{a}\right)\right]^{1/k}, k < 0 \text{ のとき } c \leq x < \infty, \quad (9.43)$$
$$k > 0 \text{ のとき } c \leq x \leq c + a/k$$

a は尺度母数，c は位置母数，k は形状母数である．非超過確率 p に対する確率水文量 x_p は次式で求められる．

$$x_p = c + \frac{a}{k}\left[1 - (1-p)^k\right]$$

母数 a, c, k と確率変数 X の平均値 μ，分散 σ^2，ひずみ係数 γ との間には以下の関係がある．

$$\mu = c + \frac{a}{1+k}, \quad \sigma^2 = \frac{a^2}{k}(1+k)(1+2k), \quad \gamma = \frac{2(1-k)(1+2k)^{1/2}}{1+3k}$$

また，L 積率とは以下の関係がある．

$$\lambda_1 = c + \frac{a}{1+k}, \quad \lambda_2 = \frac{a}{(1+k)(2+k)}, \quad \frac{\lambda_3}{\lambda_2} = \frac{1-k}{3+k}$$

9.5　確率分布モデルの母数推定

確率分布モデルの母数推定法として，積率法，最尤法，L 積率法，確率紙を用いた図式推定法がある[4)-6)]．確率分布モデルや標本サイズによって適切な母数推定法が異なることが知られている[9),10)]．

9.5.1 積率法による母数推定

　与えられた標本から (9.17) 式によって標本積率を求め，それらの不偏推定量を (9.18) 式で得て，積率と母数との関係式を解いて母数を推定する．3 母数対数正規分布を例にとると，確率変数に関するモーメントと母数 c, λ, ζ の間には (9.34) 式〜(9.36) 式の関係がある．そこで，まずデータから $\bar{x}$, S_x^2, C_x を求めて，それらの不偏推定値を得る．次に (9.36) 式を解いて ζ を得て，それを (9.35) 式に代入し，これを解いて λ を得る．最後に (9.34) 式を用いて c を得る．

9.5.2 最尤法による母数推定

　母数 θ をもつ確率密度関数を $f_X(x; \theta)$ と書くと，N 個の観測値 $x_i, i = 1, \cdots, N$ が得られる確からしさは尤度関数

$$L(\theta) = \prod_{i=1}^{N} f_X(x_i; \theta)$$

で計ることができる．$L(\theta)$ を最大とする $\hat{\theta}$ を求めるためには，$L(\theta)$ の対数について

$$\frac{\partial \ln L(\theta)}{\partial \theta} = 0$$

となるように確率密度関数の母数を決めればよい．3 母数対数正規分布の確率密度関数を $f(x; c, \lambda, \zeta)$ とすると

$$\frac{\partial \ln L(\theta)}{\partial \lambda} = 0 \text{ より } \lambda = \frac{1}{N} \sum_{i=1}^{N} \ln(x_i - c) \tag{9.44}$$

$$\frac{\partial \ln L(\theta)}{\partial \zeta} = 0 \text{ より } \zeta^2 = \frac{1}{N} \sum_{i=1}^{N} (\ln(x_i - c) - \lambda)^2 \tag{9.45}$$

$$\frac{\partial \ln L(\theta)}{\partial c} = 0 \text{ より } \sum_{i=1}^{N} \frac{1}{x_i - c} + \frac{1}{\zeta^2} \sum_{i=1}^{N} \frac{\ln(x_i - c) - \lambda}{x_i - c} = 0 \tag{9.46}$$

となる．(9.44) 式，(9.45) 式を (9.46) 式に代入して λ, ζ を消去すると

$$\frac{1}{N} \left\{ \sum_{i=1}^{N} \left[\ln(x_i - c) - \frac{1}{N} \sum_{i=1}^{N} \ln(x_i - c) \right]^2 - \sum_{i=1}^{N} \ln(x_i - c) \right\} \sum_{i=1}^{N} \frac{1}{x_i - c} + \sum_{i=1}^{N} \frac{\ln(x_i - c)}{x_i - c} = 0 \tag{9.47}$$

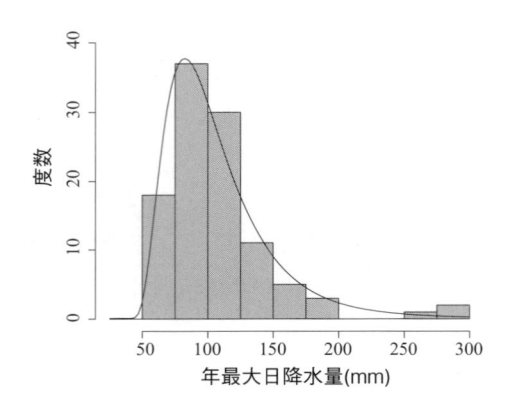

図 **9.4**：年最大日降水量のヒストグラムとそれに当てはめた 3 母数対数正規分布.

が得られる．これを数値的に解いて c を求め，λ, ζ を順に求める．

(9.47) 式 を用いて c を求めるのではなく，観測データの最小値 $x_{(1)}$, 最大値 $x_{(N)}$, 中央値 x_m から

$$c = \frac{x_{(1)}x_{(N)} - x_m^2}{x_{(1)} + x_{(N)} - 2x_m}, \quad x_{(1)} + x_{(N)} - 2x_m > 0 \tag{9.48}$$

として c を求め，(9.44) 式，(9.45) 式により λ, ζ を決める方法をクオンタイル法という．年最大日降水量の分布に対して，クオンタイル法によって求めた母数による対数正規分布を重ねた例を図 **9.4** に示す．

9.5.3 L 積率および PWM による母数推定

確率分布関数の母数と L 積率あるいは PWM との関係式が得られていれば，これらから母数を推定することができる．GEV 分布を例にとると，r 次の PWM は次式で表される．

$$\beta_r = (r+1)^{-1}\left\{c + \frac{a}{k}\left[1 - \frac{\Gamma(1+k)}{(r+1)^k}\right]\right\}, \quad k > -1, \; r = 0, 1, 2, \cdots$$

これより次式が得られる.

$$\lambda_1 = \beta_0 = c + \frac{a}{k}[1 - \Gamma(1+k)] \tag{9.49}$$

$$\lambda_2 = 2\beta_1 - \beta_0 = \frac{a}{k}(1 - 2^{-k})\Gamma(1+k) \tag{9.50}$$

$$\frac{2\lambda_2}{\lambda_3 + 3\lambda_2} = \frac{2\beta_1 - \beta_0}{3\beta_2 - \beta_0} = \frac{1 - 2^{-k}}{1 - 3^{-k}} \tag{9.51}$$

標本からL積率あるいはPWMの推定値を得れば,上式の左辺の値が定まる.(9.51)式を解いてkを得れば,(9.50)式,(9.49)式を用いてa, cを得ることができる.(9.51)式を解くために近似式

$$k \simeq 7.8590d + 2.9554d^2, \quad d = 2\lambda_2/(\lambda_3 + 3\lambda_2) - \ln 2/\ln 3$$

が提案されている[4)-6)].

9.5.4 確率紙による確率分布の当てはめと母数推定

確率紙とは,観測データとそれに対応する非超過確率をプロットするように作成されたグラフ用紙であり,確率分布関数ごとに異なる確率紙がある.観測データとその非超過確率をプロットしたときに,それらが直線上に並べば,観測データはその確率分布に適合すると考える.

(1) プロッティング・ポジション公式

確率紙にデータをプロットするためには,観測データの値とそれに対応する非超過確率を知る必要がある.この非超過確率を定める公式をプロッティング・ポジション公式という.もっともよく使われるワイブル公式は,N個の標本を小さいほうから順に並べた$x_{(1)}, x_{(2)}, \cdots, x_{(N)}$の$i$番目の非超過確率$p_i$を

$$p_i = F_X(x_{(i)}) = \frac{i}{N+1}$$

とする.一般にプロッティング・ポジション公式は,aを$0 \leq a \leq 0.5$の定数として,i番目の標本x_iの非超過確率を

$$p_i = F_X(x_{(i)}) = \frac{i - a}{N + 1 - 2a} \tag{9.52}$$

で与える.ワイブル公式は$a = 0$である.図**9.5**に順序統計量,プロッティング・ポジション公式と確率分布との関係を示す.この図では,右下に水文量x_iを

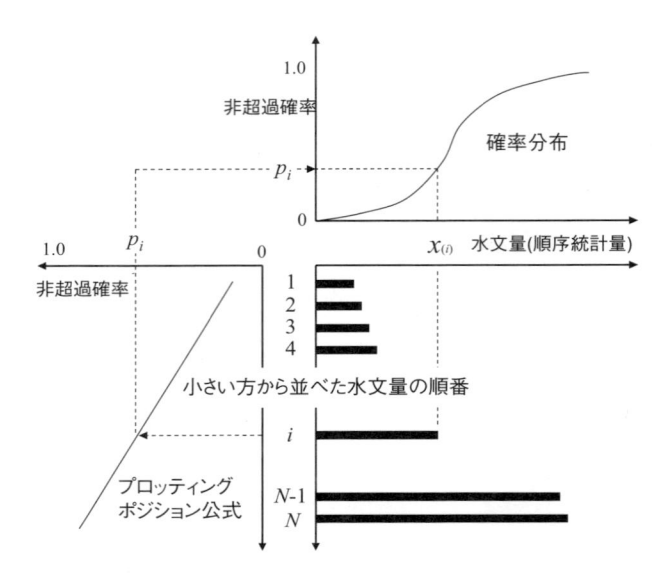

図 9.5：順序統計量，プロッティング・ポジション公式と確率分布との関係．

小さい順に並べた図を示しており，プロッティング・ポジション公式を用いて左下のように小さいほうから i 番目の水文量 $x_{(i)}$ の非超過確率 p_i が定まることを示している．これにより，$x_{(i)}$ と p_i の値が求まり，確率紙を用いて適合する確率分布を調べることができる．

以下にワイブル公式の導出過程を示す．$X_1, X_2, \ldots, X_N$ を確率分布関数 $F_X(x)$ を持つ母集団から得た独立な N 個の標本データであるとし，$X_1, X_2, \cdots, X_N$ の中で i 番目に小さい値を $X_{(i)}$ と表すことにする．$X_{(i)}$ の値は N 個のサンプルを取るごとに異なる値を取るため，$X_{(i)}$ に対する非超過確率 $U_i = F_X(X_{(i)})$ は確率変数と考えることができる．この確率変数 U_i は，$F_X(X_{(i)})$ がどのような確率分布関数であるかによらずベータ分布に従い，その平均値 $\mathrm{E}[U_i]$，分散 $\mathrm{Var}[U_i]$ は

$$\mathrm{E}[U_i] = \frac{i}{N+1} \tag{9.53}$$

$$\mathrm{Var}[U_i] = \frac{i(N-i+1)}{(N+1)^2(N+2)} \tag{9.54}$$

となる．(9.53) 式から，順序統計量 $X_{(i)}$ を非超過確率

$$p_i = \frac{i}{N+1} \tag{9.55}$$

の位置にプロットするワイブル公式が得られる．(9.53) 式，(9.55) 式より

$$\mathrm{E}[F_X(X_{(i)})] = p_i$$

となる．ワイブル公式は確率値不偏 (probability-unbiased) である．ワイブル公式は確率分布関数に依存しない．

一方，クオンタイル値 (ある非超過確率に対する確率変数の値) に偏りがない (quantile-unbiased)，すなわち

$$\mathrm{E}[X_{(i)}] = F_X^{-1}(p_i)$$

となるように定められたプロッティング・ポジション公式がある[4),6)]．この場合は確率分布関数によって適切な公式が異なる．(9.52) 式において，一様分布に対しては $a = 0$ とするワイブル公式，正規分布には $a = 0.375$ とするブロム公式，グンベル分布には $a = 0.44$ とするグリンゴルテン公式が，偏りの小さい公式であるとされている．通常，対象とする水文量が従う確率分布は事前には分からないので，どの公式を用いれば最も偏りが小さくなるかはわからない．そのため，多くの確率分布に対して偏りが小さいとされるカナン公式 ($a = 0.4$) が提案されている．

(2) 確率紙

横軸に標本に対応する非超過確率，縦軸に標本をプロットして，確率分布への適合度を確認できるように作成したグラフ用紙を確率紙という．横軸の目盛りは，確率分布ごとに異なる非超過確率の値を取り，縦軸は普通の目盛りを取る．プロットした点が直線上に並べば，標本データはその確率分布に適合すると考える．正規確率紙の場合，横軸に普通目盛りで標準変量を -3 から 3 程度にとり，標準変量に対応する非超過確率の値を横軸の目盛りとして表示する．横軸と縦軸を入れ替えて，縦軸に非超過確率を取ることもある．

正規分布の場合，その母数を μ，σ とすると標準変量 s と変量 x との間には

$$s = \frac{x - \mu}{\sigma} \quad \text{すなわち} \quad x = \sigma s + \mu$$

の関係がある．確率紙にプロットした点に直線を当てはめたとすると，切片が μ，傾きが σ となる．$s = 0$ は非超過確率 0.5 に対応するため，これに対応する変量を $x_{0.5}$ とすると $\mu = x_{0.5}$ となる．また，$s = 1$ は非超過確率 0.84 に対応するた

308　第9章　水文量の頻度解析

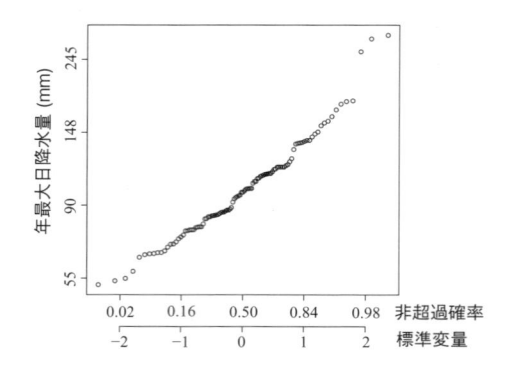

図 9.6: 対数正規確率紙にプロットした年最大日降水量.

め，これに対応する変量を $x_{0.84}$ とすると $\sigma = x_{0.84} - \mu$ となる．これらを用いると，確率分布の母数を確率紙から求めることができる．

　対数正規確率分布の場合は，サンプルデータを対数変換し，正規確率紙にプロットすればよい．つまり，縦軸の目盛りを対数目盛りにすれば対数正規確率紙となる．図 9.6 はプロッティング・ポジション公式としてワイブル公式を用い，図 9.4 の年最大日降水量を対数正規確率紙上に表示した例である．グラフ上の点はほぼ直線上にあり，この年最大日降水量は対数正規分布に従うと考えることができる．

9.6　確率分布関数の適合度評価

9.6.1　相関係数と SLSC

　分布する水文量に異なる確率分布関数を当てはめた場合，どの確率分布関数がもっともよく当てはまるかを評価することを適合度評価という．順序統計量を $x_{(i)}$ とし，プロッティング・ポジション公式によって定まる非超過確率を p_i とする．一方，当てはめた確率分布関数を $F_X(x)$ とし，p_i に対応する理論的なクオンタイルを $x_i = F_X^{-1}(p_i)$ とする．このとき，順序統計量 $x_{(i)}$ と当てはめた確率分布関数によるクオンタイル x_i とがどの程度一致するかを見れば，標本の確率分布関数への適合度を評価することができる．この $x_{(i)}$ と x_i の散布図を Q-Q プロット (クオンタイル-クオンタイルプロット) という．図 9.7 に，図 9.4 の年最大日

9.6 確率分布関数の適合度評価

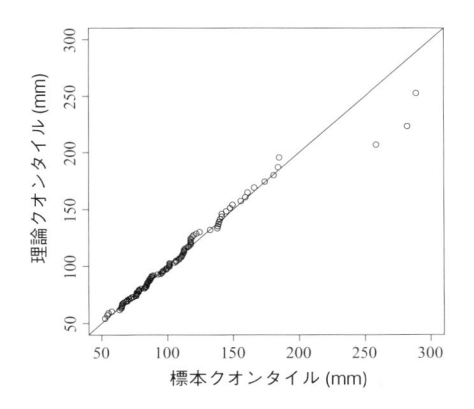

図 9.7: 年最大日降水量の Q-Q プロット．

降水量を対数正規分布に当てはめた場合の Q-Q プロットの例を示す．

適合度の指標として $x_{(i)}$ と x_i の相関係数 COR がある．

$$\text{COR} = \frac{\sum_{i=1}^{N}(x_{(i)} - \overline{x})(x_i - \overline{x_*})}{\sqrt{\frac{1}{N}\sum_{i=1}^{N}(x_{(i)} - \overline{x})^2}\sqrt{\frac{1}{N}\sum_{i=1}^{N}(x_i - \overline{x_*})^2}}, \quad \overline{x} = \frac{1}{N}\sum_{i=1}^{N}x_{(i)}, \quad \overline{x_*} = \frac{1}{N}\sum_{i=1}^{N}x_i \tag{9.56}$$

また，標準最小二乗基準 SLSC がある[11]．標本から得られる順序統計量 $x_{(i)}$ を用いて求まる標準変量を $s_{(i)}$ とする．また，標準化した確率分布関数を Φ とし，非超過確率 p_i に対して定まる標準変量を s_i とする．$x_{(i)}$ を標準変量 $s_{(i)}$ に変換する関数を g とすると，

$$s_{(i)} = g(x_{(i)}), \quad s_i = \Phi^{-1}(p_i)$$

であり，SLSC は次式で得られる．

$$\text{SLSC} = \frac{\sqrt{\frac{1}{N}\sum_{i=1}^{N}(s_{(i)} - s_i)^2}}{s_{1-q} - s_q} \tag{9.57}$$

s_{1-q}, s_q はそれぞれ非超過確率 $1-q, q$ に対する標準変量であり，通常 $q=0.01$ とされている．SLSC の値が小さいほど適合度がよく，0.03 以下であれば適合度が高いと判断される．

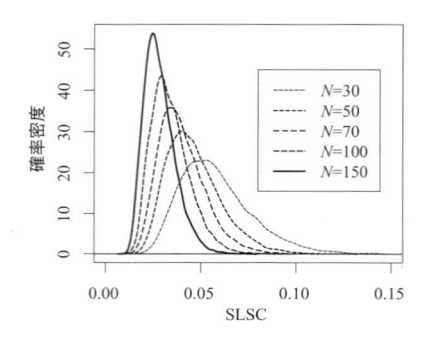

図 **9.8**：シミュレーションによって得た標準正規分布に対する SLSC の確率密度関数[12].

9.6.2 SLSC による適合度評価への統計的仮説検定の導入

　SLSC による適合度検定では，0.03 以下であれば適合度が高いと判断されるが，標本数や確率分布関数による違いを考慮する必要がある．そこで，SLSC による適合度評価に統計的仮説検定の考え方を導入する[12].

(1) 標本数が異なる場合の SLSC の分布の違い

　標準正規分布から N 個の標本をランダムに発生させて，もとの標準正規分布との間の SLSC を計算する．図 **9.8** はこの手順を一万回繰り返して得た SLSC の確率密度関数である．プロッティング・ポジション公式としてカナン式 ((9.52) 式で $a = 0.4$) を用いた．図 **9.8** を見ると，SLSC の確率密度関数は標本数が増えるに従って期待値，分散ともに小さくなり，分布は左にシフトすることがわかる．この結果をふまえて，葛葉は標本数に応じて異なる SLSC の基準値を用いる必要があることを指摘し，SLSC を確率分布する統計量として捉えて，SLSC の基準値の分位値を示した[13].

(2) 確率分布モデルが異なる場合の SLSC の分布の違い

　SLSC の分子だけを適合度の評価指標とすると，確率分布モデルによって標準変量のばらつきが異なるため，確率分布モデルの適合度を測ることができない．SLSC はこの点を考慮して，確率分布モデルの分布の広がりを表す $s_{1-q} - s_q$ で分子を除算することによって，確率分布モデルの違いを減じようとしている．しかし，この操作だけでは確率分布モデル間の評価指標の統一が十分になされない．

9.6 確率分布関数の適合度評価　311

(a) SLSC の確率密度関数　　(b) $s_{(i)}/(s_{0.99} - s_{0.01})$ の標準偏差

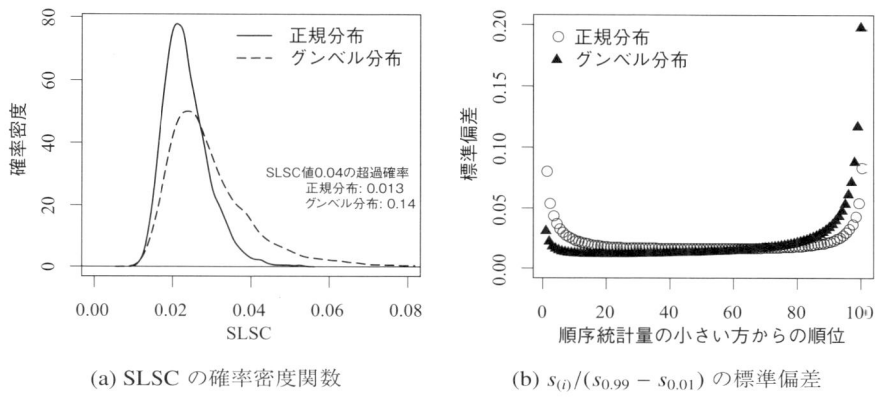

図 **9.9**：正規分布とグンベル分布の比較 (標本数が 100 の場合)[12].

図 **9.9**(a) は標本数 100 のときの正規分布とグンベル分布の SLSC の確率密度関数である．発生させた標本に適合するように最尤法によって母数を求め，その確率分布関数に対して SLSC を求めた．これらの二母数確率分布では，母数の値が異なっても SLSC の分布は同じである．図を見ればわかるようにグンベル分布のほうが下に潰れた形状をしている．SLSC の値が 0.04 に対応する超過確率は，正規分布で 0.013，グンベル分布で 0.14 となる．正しいモデルを誤って候補から外してしまう確率は，グンベル分布のほうが正規分布に比べて 10 倍程度大きく，SLSC の基準値を同じ値とした場合，異なる確率分布モデルに対して，SLSC による適合度評価は公平な判断を下しているとはいえない．

図 **9.9**(b) は縦軸に順序統計量 $s_{(i)}/(s_{0.99} - s_{0.01})$ の標準偏差を，横軸にその順序を表している．裾が長いところで $s_{(i)}/(s_{0.99} - s_{0.01})$ の値が大きくなっていることがわかる．グンベル分布のような右裾の長い分布では，特にその部分で $s_{(i)}$ のばらつきが大きくなり，$s_{0.99} - s_{0.01}$ で除算してもなお確率分布モデルの形状の違いによる影響を打ち消すことができない．結果としてグンベル分布は SLSC の値も正規分布より大きくばらつくことになり，図 **9.9**(a) のように SLSC の確率密度関数の右裾が厚くなる．

(3) SLSC を検定統計量とした適合度の統計的仮説検定の導入

SLSC の基準値を固定するのではなく，超過確率をある基準で固定し，その超過確率に対応する SLSC の値を適合度評価の基準値として採用すれば，標本数

表 **9.1**：正規分布 (上)，グンベル分布 (下) における SLSC の基準値 (棄却限界値)[12]．N は標本数であり，母数推定法として積率法，PWM 法，最尤法を用いた場合の有意水準 0.3 から 0.01 に対応する SLSC の棄却限界値を示す．

	正規分布															
	積率法					PWM 法					L 積率法					
標本数	有意水準 α					有意水準 α					有意水準 α					
N	0.3	0.2	0.1	0.05	0.01	0.3	0.2	0.1	0.05	0.01	0.3	0.2	0.1	0.05	0.01
10	0.058	0.064	0.073	0.082	0.098	0.057	0.063	0.074	0.085	0.106	0.063	0.068	0.078	0.086	0.103
20	0.047	0.051	0.058	0.065	0.078	0.047	0.051	0.059	0.066	0.083	0.049	0.053	0.060	0.066	0.079
30	0.041	0.045	0.051	0.056	0.068	0.041	0.045	0.052	0.058	0.072	0.042	0.046	0.052	0.057	0.069
40	0.037	0.040	0.045	0.049	0.059	0.037	0.040	0.046	0.050	0.062	0.038	0.041	0.046	0.050	0.060
50	0.034	0.037	0.041	0.045	0.055	0.034	0.037	0.042	0.046	0.057	0.034	0.037	0.042	0.046	0.055
60	0.032	0.034	0.039	0.043	0.051	0.032	0.035	0.039	0.043	0.052	0.032	0.035	0.039	0.043	0.051
70	0.029	0.032	0.036	0.039	0.047	0.030	0.032	0.036	0.040	0.049	0.030	0.032	0.036	0.040	0.048
80	0.028	0.030	0.034	0.038	0.045	0.028	0.031	0.035	0.039	0.047	0.028	0.031	0.035	0.038	0.046
90	0.027	0.029	0.032	0.036	0.043	0.027	0.029	0.033	0.036	0.044	0.027	0.029	0.033	0.036	0.043
100	0.026	0.028	0.031	0.034	0.040	0.026	0.028	0.031	0.035	0.041	0.026	0.028	0.031	0.034	0.040
110	0.024	0.026	0.030	0.032	0.039	0.024	0.027	0.030	0.033	0.040	0.025	0.027	0.030	0.033	0.039
120	0.024	0.025	0.029	0.031	0.037	0.024	0.026	0.029	0.032	0.038	0.024	0.026	0.029	0.031	0.037
130	0.023	0.025	0.028	0.030	0.036	0.023	0.025	0.028	0.030	0.037	0.023	0.025	0.028	0.030	0.036
140	0.022	0.024	0.027	0.029	0.035	0.022	0.024	0.027	0.030	0.036	0.022	0.024	0.027	0.029	0.035
150	0.021	0.023	0.026	0.029	0.033	0.021	0.023	0.026	0.029	0.034	0.022	0.023	0.026	0.029	0.033
170	0.020	0.022	0.025	0.027	0.032	0.020	0.022	0.025	0.027	0.032	0.020	0.022	0.025	0.027	0.032
200	0.019	0.021	0.023	0.025	0.030	0.019	0.021	0.023	0.025	0.030	0.019	0.021	0.023	0.025	0.030
	グンベル分布															
	積率法					PWM 法					L 積率法					
標本数	有意水準 α					有意水準 α					有意水準 α					
N	0.3	0.2	0.1	0.05	0.01	0.3	0.2	0.1	0.05	0.01	0.3	0.2	0.1	0.05	0.01
10	0.060	0.066	0.075	0.084	0.100	0.057	0.064	0.074	0.086	0.113	0.068	0.078	0.096	0.119	0.176
20	0.050	0.055	0.063	0.070	0.087	0.049	0.054	0.064	0.075	0.102	0.056	0.064	0.079	0.097	0.140
30	0.044	0.049	0.056	0.064	0.083	0.044	0.049	0.058	0.068	0.098	0.049	0.056	0.069	0.084	0.127
40	0.040	0.044	0.051	0.059	0.077	0.040	0.045	0.053	0.063	0.090	0.045	0.051	0.062	0.075	0.109
50	0.038	0.041	0.048	0.054	0.073	0.037	0.042	0.049	0.058	0.083	0.041	0.047	0.057	0.069	0.101
60	0.035	0.039	0.045	0.052	0.068	0.035	0.039	0.047	0.055	0.079	0.039	0.044	0.054	0.065	0.094
70	0.033	0.037	0.042	0.048	0.064	0.034	0.037	0.044	0.051	0.072	0.037	0.042	0.050	0.059	0.083
80	0.032	0.035	0.041	0.047	0.064	0.032	0.036	0.042	0.050	0.072	0.035	0.040	0.048	0.058	0.082
90	0.031	0.034	0.039	0.046	0.061	0.031	0.035	0.041	0.048	0.069	0.034	0.038	0.046	0.056	0.079
100	0.030	0.033	0.039	0.044	0.060	0.030	0.034	0.040	0.047	0.067	0.033	0.037	0.045	0.054	0.076
110	0.028	0.031	0.037	0.042	0.057	0.029	0.032	0.038	0.045	0.064	0.031	0.035	0.042	0.051	0.071
120	0.028	0.031	0.036	0.042	0.056	0.028	0.031	0.037	0.044	0.062	0.031	0.034	0.041	0.050	0.069
130	0.027	0.030	0.035	0.040	0.055	0.027	0.030	0.036	0.042	0.061	0.030	0.033	0.040	0.048	0.068
140	0.026	0.029	0.034	0.039	0.054	0.026	0.029	0.035	0.041	0.060	0.029	0.032	0.039	0.047	0.067
150	0.026	0.028	0.033	0.038	0.052	0.026	0.029	0.034	0.040	0.057	0.028	0.032	0.038	0.045	0.064
170	0.025	0.027	0.032	0.037	0.049	0.025	0.028	0.033	0.038	0.054	0.027	0.030	0.036	0.043	0.060
200	0.023	0.026	0.030	0.035	0.047	0.023	0.026	0.031	0.036	0.051	0.025	0.029	0.034	0.041	0.056

や確率分布モデルが異なる場合も，適合度を統一的に評価することができる．表 **9.1** に正規分布，グンベル分布の場合の SLSC の棄却限界値を示す．この表から標本数，確率分布モデル，設定する有意水準によって，SLSC の基準値を定めればよい．母数推定法として積率法，PWM 法，最尤法を考え，プロッティング・ポジション公式にはいずれもカナン公式を用いた．母数推定法による棄却限界値の違いは小さい．

コラム：気象庁「東京」観測所データを用いた雨量確率の算定

算定の背景 治水計画における設計外力の基準の一つは，降雨の年超過確率である．例えば，河川整備基本方針における設計基準は 100 年確率，今後 20〜30 年間での整備内容を定める河川整備計画の設計基準は 30 年確率，というように設定する．ここでは，東京都の治水計画等で多用される気象庁東京管区気象台「東京」観測所の日雨量データを用いて年最大日雨量を抽出し（**表 9.2**），年超過確率の算定を行った．

表 9.2：気象庁・東京管区気象台「東京」観測所の年最大日雨量.

No	年月日	年最大日雨量(mm)	No	年月日	年最大日雨量(mm)	No	年月日	年最大日雨量(mm)
1	1876/09/15	76.2	46	1921/7/25	107.6	91	1966/6/28	225.5
2	1877/10/20	79.9	47	1922/7/4	88.8	92	1967/10/27	43.0
3	1878/09/15	150.9	48	1923/6/9	97.9	93	1968/12/5	75.5
4	1879/06/03	99.8	49	1924/9/16	141.5	94	1969/9/20	74.5
5	1880/10/03	116.7	50	1925/8/26	138.2	95	1970/7/1	73.0
6	1881/11/05	86.4	51	1926/9/17	70.5	96	1971/8/31	169.5
7	1882/10/01	109.7	52	1927/9/14	94.2	97	1972/7/15	103.0
8	1883/07/08	125.6	53	1928/6/2	101.7	98	1973/11/10	96.5
9	1884/04/05	72.2	54	1929/9/10	175.9	99	1974/9/1	87.5
10	1885/10/15	149.5	55	1930/7/30	92.9	100	1975/7/4	93.0
11	1886/09/26	64.5	56	1931/10/13	150.4	101	1976/10/9	56.0
12	1887/10/05	77.8	57	1932/11/14	168.5	102	1977/9/19	104.5
13	1888/11/21	78.9	58	1933/10/20	122.2	103	1978/4/6	54.0
14	1889/07/10	162.0	59	1934/11/2	67.0	104	1979/10/19	122.5
15	1890/10/06	123.8	60	1935/10/27	163.6	105	1980/9/10	65.5
16	1891/09/13	109.0	61	1936/9/27	93.6	106	1981/10/22	215.0
17	1892/05/25	84.5	62	1937/10/16	74.8	107	1982/9/12	167.5
18	1893/05/26	56.3	63	1938/6/29	278.3	108	1983/9/28	97.5
19	1894/08/10	132.8	64	1939/7/31	147.0	109	1984/6/23	73.0
20	1895/07/22	133.0	65	1940/6/17	77.6	110	1985/6/30	96.0
21	1896/11/26	74.0	66	1941/7/22	139.7	111	1986/8/4	185.0
22	1897/09/08	73.2	67	1942/9/19	116.1	112	1987/9/4	66.0
23	1898/06/05	159.4	68	1943/10/10	126.2	113	1988/8/11	141.0
24	1899/07/25	110.1	69	1944/10/7	164.7	114	1989/8/1	195.0
25	1900/7/8	56.9	70	1945/10/5	152.8	115	1990/9/30	123.5
26	1901/12/26	80.5	71	1946/9/18	70.6	116	1991/9/19	220.5
27	1902/8/3	66.3	72	1947/9/15	118.5	117	1992/10/9	119.0
28	1903/9/23	164.8	73	1948/9/16	157.5	118	1993/8/27	234.5
29	1904/10/10	126.1	74	1949/8/24	141.0	119	1994/6/19	70.0
30	1905/8/17	106.8	75	1950/7/29	151.3	120	1995/9/17	93.5
31	1906/8/24	171.5	76	1951/8/21	103.5	121	1996/9/22	259.5
32	1907/9/18	111.7	77	1952/6/24	71.5	122	1997/8/23	98.5
33	1908/9/30	89.2	78	1953/6/24	60.0	123	1998/9/16	94.0
34	1909/9/27	74.1	79	1954/6/23	92.2	124	1999/7/13	130.5
35	1910/8/10	146.6	80	1955/10/11	106.2	125	2000/7/8	115.0
36	1911/8/6	129.2	81	1956/10/2	77.2	126	2001/10/10	186.0
37	1912/6/17	133.5	82	1957/6/27	119.0	127	2002/9/6	107.5
38	1913/8/27	158.7	83	1958/9/26	371.9	128	2003/8/15	151.0
39	1914/8/29	165.9	84	1959/10/18	70.1	129	2004/10/9	222.5
40	1915/8/10	96.0	85	1960/9/1	83.9	130	2005/7/26	74.5
41	1916/7/29	115.7	86	1961/10/9	161.2	131	2006/12/26	154.5
42	1917/10/25	113.8	87	1962/11/3	55.3	132	2007/10/27	88.5
43	1918/3/16	62.3	88	1963/8/28	154.5	133	2008/8/5	111.5
44	1919/7/29	69.9	89	1964/8/20	61.9	134	2009/10/8	127.0
45	1920/9/30	193.7	90	1965/5/27	118.0	135	2010/9/8	102.0

データの収集・整理 気象庁のホームページの気象統計情報 (http://www.data.jma.go.jp/obd/stats/etrn/index.php, 2011.6.17 参照) から, 東京観測所の日雨量データを取得した. 東京観測所では 1876 年から雨量観測を行っている. 表 9.2 は, 2010 年までの 135 年間のデータから抽出した年最大日雨量である. この 135 年間における最大値は 371.9mm d^{-1}, 最小値 43.0mm d^{-1}, 平均値 118.5mm, 標準偏差 50.3mm である.

表 9.3: 「東京」観測所日雨量の確率降雨の算定結果.

(a) 確率分布モデルの適合度

確率分布モデル	指数分布	ガンベル分布	平方根指数型最大値分布	一般化極値分布	対数ピアソンIII型分布 (対数空間法)	岩井法	石原・高瀬法	対数正規分布3母数クオンタイル法	対数正規分布3母数 (Slade II)	対数正規分布2母数 (Slade I, L積率法)	対数正規分布2母数 (Slade I, 積率法)	対数正規分布4母数 (Slade IV, 積率法)
	Exp	Gumbel	SqrtEt	Gev	LogP3	Iwai	IshiTaka	LN3Q	LN3PM	LN2LM	LN2PM	LN4PM
X-COR(99%)	0.988	0.990	0.995	0.995	0.996	0.994	0.995	0.995	0.995	0.992	0.992	0.992
P-COR(99%)	0.977	0.998	0.997	0.998	0.998	0.998	0.997	0.998	0.998	0.998	0.998	0.998
SLSC(99%)	0.032	0.031	0.018	0.018	0.017	0.019	0.024	0.019	0.019	0.022	0.022	0.023
対数尤度	−671.4	−700.4	−697.8	−698.5	−697.6	−697.9	−697.8	−697.4	−697.4	−698.6	−698.6	−698.6
pAIC	1346.9	1404.7	1399.6	1403.0	1401.3	1401.8	1401.7	1400.8	1400.9	1401.2	1401.1	1405.3
X-COR(50%)	0.987	0.984	0.992	0.990	0.996	0.987	0.991	0.989	0.990	0.985	0.985	0.985
P-COR(50%)	0.995	0.996	0.995	0.995	0.998	0.996	0.995	0.995	0.995	0.996	0.996	0.996
SLSC(50%)	0.046	0.057	0.033	0.032	0.031	0.033	0.035	0.032	0.033	0.035	0.037	0.133

(b) 確率年に対応する年最大日降水量

確率年	Exp	Gumbel	SqrtEt	Gev	LogP3	Iwai	IshiTaka	LN3Q	LN3PM	LN2LM	LN2PM	LN4PM	適合度良好分布の平均
2	102	110	107	108	108	109	107	108	107	110	110	110	108
3	124	131	127	128	128	129	127	128	127	130	130	130	128
5	151	154	151	152	151	152	150	152	151	153	152	152	152
10	188	183	184	182	183	182	182	183	182	182	181	181	183
20	225	210	218	214	215	211	214	215	214	210	209	208	213
30	246	226	239	233	234	228	233	233	233	226	225	224	232
50	273	246	266	257	259	250	258	258	257	246	245	244	255
80	298	264	292	280	283	270	282	280	281	265	264	262	277
100	310	273	305	291	294	280	294	291	292	274	273	271	287
150	332	288	329	312	316	298	315	312	312	291	289	286	307
200	347	300	346	327	332	311	331	326	328	303	301	298	321
400	384	326	390	365	372	342	370	363	365	332	329	325	355
500	396	335	404	378	385	353	383	375	377	341	338	334	367
600	406	342	416	389	396	361	394	385	388	349	346	342	376
700	414	348	426	398	406	369	403	394	397	356	353	348	384

確率計算 確率水文量を算定するツールとして, 財団法人国土技術研究センターが開発・公開している「水文統計ユーティリティ Ver1.5」(http://www.jice.or.jp/sim/t1/kasen_keikaku.html, 2011.6.17 参照) を用いる. 水文統計ユーティリティ Ver1.5 では, 毎年資料として 13 種類, 非毎年資料として 3 種類の確率分布モデルを用いて水文統計計算を行うことができる. 表 9.3 は, 毎年値 (年最大日雨量) の統計解析結果である. また, 図 9.10 は, 対数確率紙上に示した各確率分布モデルのクオンタイルと非超過確率の関係である.

9.6 確率分布関数の適合度評価　315

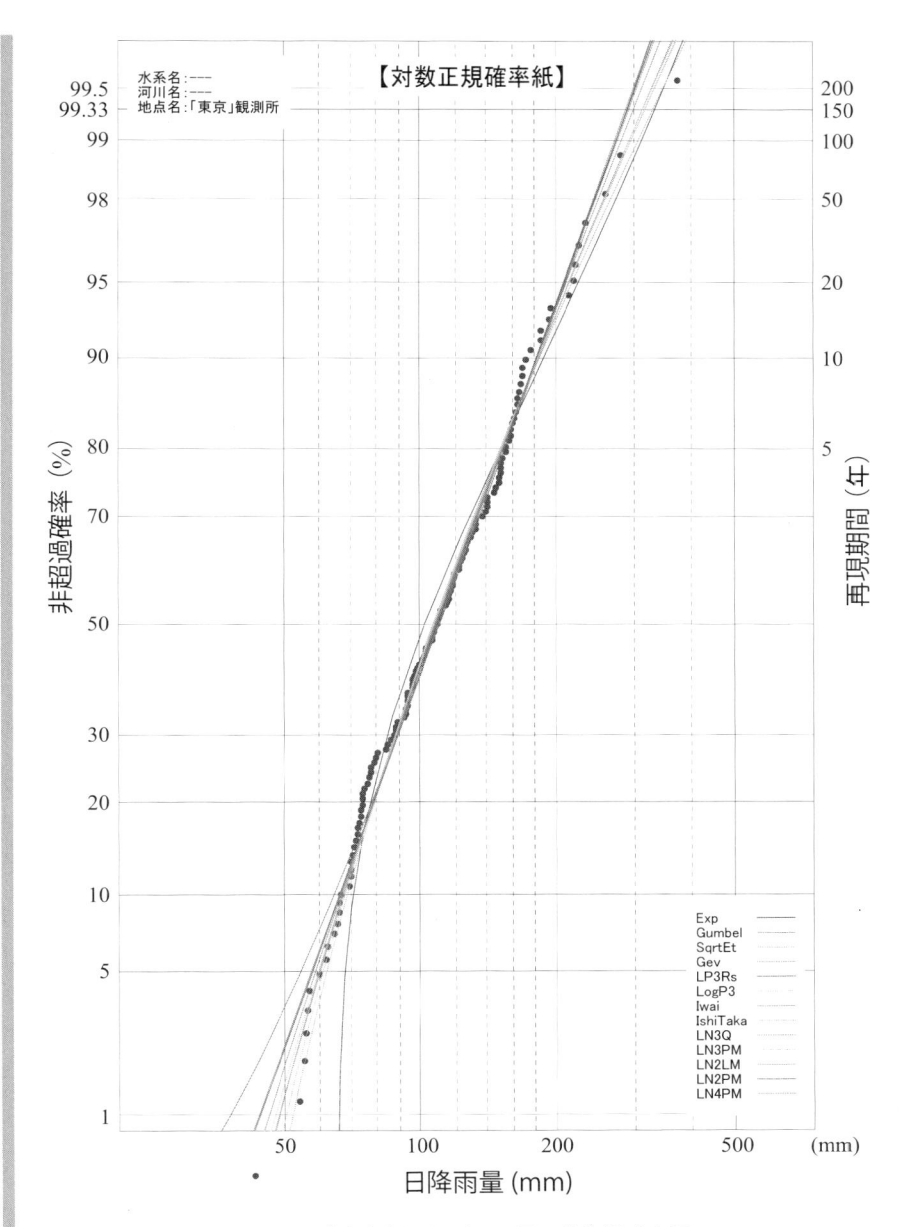

図 **9.10**：「東京」観測所日雨量の非超過確率図.

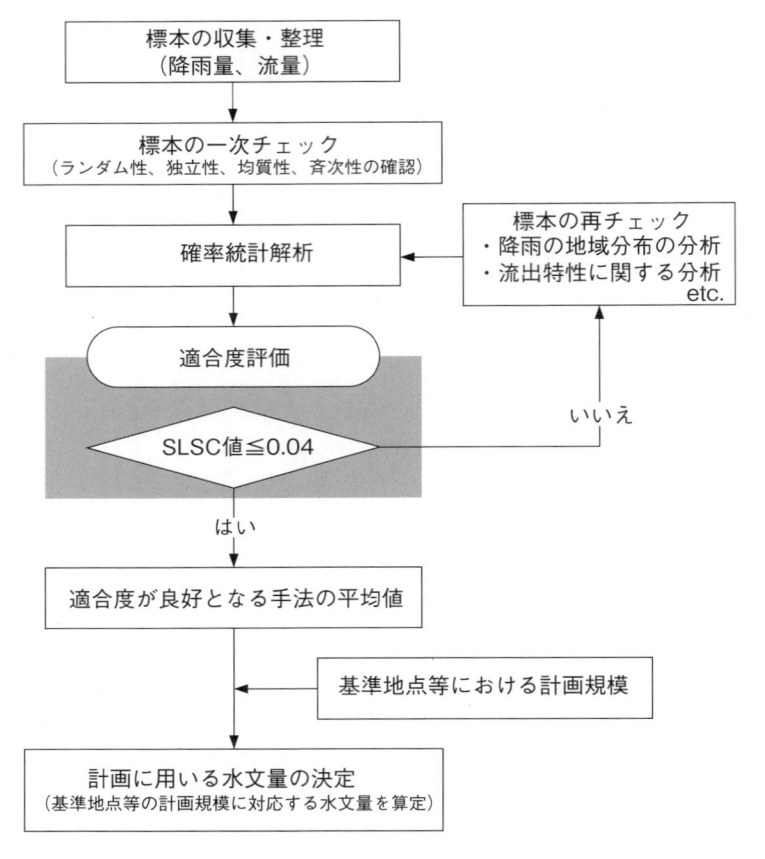

```
┌─────────────────────┐
│   標本の収集・整理    │
│   (降雨量、流量)     │
└──────────┬──────────┘
           ↓
┌─────────────────────────────────┐
│      標本の一次チェック           │
│(ランダム性、独立性、均質性、斉次性の確認)│
└──────────┬──────────────────────┘
           ↓
┌─────────────────┐        ┌──────────────────┐
│  確率統計解析    │←───────│   標本の再チェック   │
└──────────┬──────┘         │・降雨の地域分布の分析│
           ↓                │・流出特性に関する分析│
┌─────────────────┐        │           etc.   │
│   適合度評価     │        └──────────────────┘
└──────────┬──────┘                  ↑
           ↓                        いいえ
      ◇SLSC値≦0.04◇──────────────────┘
           │はい
           ↓
┌─────────────────────────┐
│ 適合度が良好となる手法の平均値│
└──────────┬──────────────┘
           ↓         ┌──────────────────────┐
           ←─────────│ 基準地点等における計画規模│
           ↓         └──────────────────────┘
┌─────────────────────────────┐
│    計画に用いる水文量の決定     │
│(基準地点等の計画規模に対応する水文量を算定)│
└─────────────────────────────┘
```

図 **9.11**：確率水文量設定の考え方フロー (高水計画検討の手引き (案)，平成 19 年 7 月，(財) 国土技術研究センター).

　治水計画策定後に計画の大きな変更が無いように，図 **9.11** のフローに従い，毎年値の 13 手法のうち適合度の良好な確率分布モデルを複数選定し，その平均値を採用する．すべての確率分布モデルで SLSC(99% 値) は 0.04 以下となった．この結果，30 年確率雨量は 232mm，100 年確率雨量は 287mm，135 年間の最大日雨量 371.9mm は 500〜600 年確率雨量である．

((株) 建設技術研究所：荒木 千博)

9.7 リサンプリング手法による確率水文量の不確実性の評価

リサンプリング手法とは原標本から部分的にデータを抽出したり，繰返しを許して元の標本と同じデータ個数だけ抽出したりという操作を反復して多数のデータセットを作り出し，元の標本から得られる統計量の偏りを補正したり，統計量の推定誤差を求めたりする手法である．

9.7.1 ジャックナイフ法

N 個の標本すべてを用いて統計量を求め，それを次のように記す．

$$\hat{\psi} = \psi(x_1, x_2, \cdots, x_N)$$

次に，i 番目のデータを除いた $N-1$ 個のデータを用いて統計量を求め，それを

$$\hat{\psi}_{(i)} = \psi(x_1, x_2, \cdots, x_{i-1}, x_{i+1}, \cdots, x_N)$$

と記す．$\hat{\psi}_{(i)}$ は全部で N 個 ($i = 1, 2, \cdots, N$) 求められる．得られた統計量を用いて $\hat{\psi}_{(i)}$ の平均値 $\hat{\psi}_{(\bullet)}$ を求める．

$$\hat{\psi}_{(\bullet)} = \frac{1}{N} \sum_{i=1}^{N} \hat{\psi}_{(i)}$$

偏りを補正した統計量 ψ のジャックナイフ推定値とその推定誤差分散は次式で求められる．

$$\hat{\psi}_J = N\hat{\psi} - (N-1)\hat{\psi}_{(\bullet)}, \quad \hat{s}_J^2 = \frac{N-1}{N} \sum_{i=1}^{N} (\hat{\psi}_{(i)} - \hat{\psi}_{(\bullet)})^2$$

9.7.2 ブートストラップ法

N 個の原標本 $x_1, x_2, \cdots, x_N$ から繰返しを許して N 個取り出し，それを $x_1^*, x_2^*, \cdots, x_N^*$ とする．この 1 組の標本をブートストラップ標本という．ブートストラップ標本を用いて統計量を求め，それを次のように記す．

$$\psi^* = \psi(x_1^*, x_2^*, \cdots, x_N^*)$$

この操作を独立に B 回繰り返す．つまり，全部で B 個のブートストラップ標本それぞれに対して ψ^* を求め，i 番目のブートストラップ標本から得られる統計量を ψ_i^* と記す ($i=1,2,\cdots,B$)．統計量 ψ のブートストラップ推定値とその推定誤差分散を次式により求める．

$$\hat{\psi}_B^* = \frac{1}{B}\sum_{i=1}^{B}\psi_i^*, \quad \hat{s}_B^2 = \frac{1}{B-1}\sum_{i=1}^{B}(\psi_i^* - \hat{\psi}_B^*)^2$$

9.8 非定常性を考慮した水文頻度解析モデル

現象の確率統計的特性が時間とともに変化すると考えられる場合，時系列データをある期間で区切り，その間は水文量の変化が定常であるとして確率分布関数を当てはめて，母数や確率水文量の時間変化を論じることがある．一方で，確率分布モデルの母数を時間の関数として表し，そのパラメータを同定することが考えられる．GEV 分布

$$F_X(x) = \exp\left\{-\left(1-k\frac{x-c}{a}\right)^{1/k}\right\}$$

を例にとると，t を時間とし，位置母数 c，尺度母数 a に対して，

$$c(t) = c_0 + c_1 t + c_2 t^2, \; a(t) = \exp(a_0 + a_1 t)$$

として，母数に関するパラメータを最尤推定法によって求めることが考えられる[14]．

9.9 確率降雨強度曲線 (IDF 曲線)

降雨継続時間が D の年最大降雨強度が適合する確率分布関数を $F_{I_D}(i)$ と書くことにする．i は降雨継続時間 D の平均降雨強度である．異なる D，たとえば 10 分，1 時間，1 日などの継続時間を持つ年最大平均降雨強度データを収集し，水文頻度解析により $F_{I_D}(i)$ を定めたとする．図 **9.12** は横軸に継続時間 D と降雨強度 i，縦軸に非超過確率 $F_{I_D}(i)$ を取ってそれらの関係を模式的に示したものである．

再現期間 T ごとに継続時間 D とその継続時間内の平均降雨強度 i との関係がわかると都合がよい．そこで，再現期間 T，すなわち非超過確率をパラメータと

9.9 確率降雨強度曲線 (IDF 曲線)　319

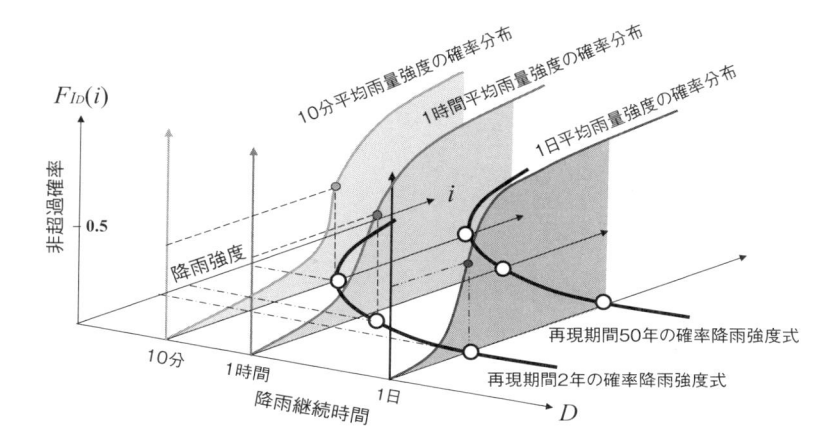

図 9.12：確率降雨強度曲線 (Intensity–Duration–Frequency curve) の概念図.

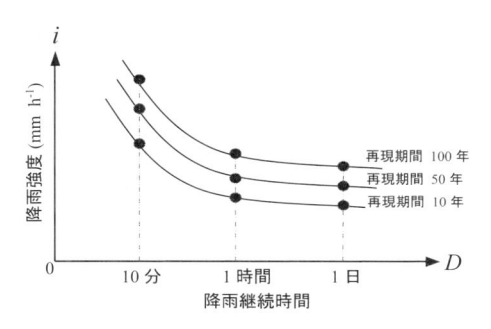

図 9.13：確率降雨強度曲線 (Intensity–Duration–Frequency curve).

して固定して

$$1 - F_{I_D}(i) = \frac{1}{T}$$

となるような降雨強度 i を継続時間 D ごとに求め，i を縦軸，D を横軸にして図 9.13 のように，それらの関係を示した曲線を確率降雨強度曲線 (IDF 曲線，Intensity–Duration–Frequency curve) という[15]．たとえば再現期間が 2 年の場合を考えると，図 9.12 において非超過確率が 0.5 となる降雨強度を継続時間ごとに求めて $i-D$ 面上にプロットし，継続時間と降雨強度との間に関係式を当てはめれば，それが再現期間 2 年の降雨強度曲線 (Intensity–Duration curve) となる．

降雨強度式としては a を T の関数,b を D の関数として

$$i(D,T) = \frac{a(T)}{b(D)}, \quad \text{たとえば} \quad i(D,T) = \frac{cT^{\xi}}{(D+\theta)^{\eta}}$$

などの関係式が実用的に用いられてきた.

9.10 総合確率法

　総合確率法は,計画規模の洪水ピーク流量を求めるために用いられる手法で,日本のいくつかの流域の治水計画に利用されている.従来,我が国で慣用されてきた手法を拡張して,降水の時空間分布をより考慮した手法であるが,その基本的な考え方を記述した原著文献がない.そこで,以下にその数学的な説明を示す.総合確率法は,洪水の発生を非毎年資料として扱うことが理論的背景にあり,そこに立ち返って数学的な解釈を試みることで,年最大総降雨量の確率分布と年最大洪水ピーク流量の確率分布との新たな関係を見出すことができる[16].

　総合確率法によって,ある超過確率の洪水ピーク流量を求める場合の基本的な仮定は,つぎのようである.

1) ある降雨期間内の総降雨量と降雨の時間的・空間的分布パターンは独立である.
2) いずれの降雨パターンにおいても,降雨パターンを固定し,総降雨量だけを変化させた場合,総降雨量とともに洪水ピーク流量は単調に増加する.

　一つ目の仮定に対応して,位置 x, y の時刻 t での降雨強度 $r(x, y, t)$ を,つぎのように表すことにする.

$$r(x, y, t) = R\xi(x, y, t), \qquad (x, y) \in A, \quad 0 \le t \le T_r$$

ここで,A は対象とする流域を表し,T_r は降雨期間,R は降雨期間 T_r 内の流域平均の総降雨量(本節では,総降雨量をこの意味で使う),$\xi(x, y, t)$ は降雨の時間的・空間的分布パターンであって,

$$\iint_A \left(\int_0^{T_r} \xi(x, y, t) dt \right) dxdy = A$$

となるように正規化されているとする.ただし,右辺の A は,対象としている流

域の流域面積である．降雨の時間的・空間的分布パターンは，非常に多様であるが，ここでは単純化して，以下の仮定を置く．

3) 降雨の時間的・空間的分布パターン $\xi(x, y, t)$ は，N 個のパターンだけをとるとして，i 番目の降雨パターンを $\xi_i(x, y, t)$ と表すことにする．また，降雨パターン ξ_i が生起する確率 p_i は与えられているとする．また，降雨期間は T_r とし，これを固定する．

また，降雨の発生時点についてつぎの仮定を置く．

4) 洪水（たとえばある地点の洪水ピーク流量が，事前に定められたある特定の洪水ピーク流量を超える事象）を生じさせるような降雨の発生は，単位時間あたりの発生確率が μ のポアッソン過程に従うとし，そうした降雨事象が発生したときの総降雨量 R の確率分布は，発生時点とは独立に，同一の確率分布関数 $G_R(R)$ に従うとする．

仮定 1) から 3) が成り立つとすれば，洪水を生じるような降雨事象が発生したときに，洪水ピーク流量 Q_p が特定の洪水ピーク流量 Q_{p1} を超過する確率 $\text{Prob}[Q_p > Q_{p1}]$ は，i 番目の降雨パターン ξ_i が生起する確率 p_i と，その降雨パターンによって生起する洪水ピーク流量 Q_p が Q_{p1} を超える確率との積の和をとって求められることになり，

$$\text{Prob}[Q_p > Q_{p1}] = \sum_{i=1}^{N} p_i \, \text{Prob}\left[Q_p > Q_{p1} \mid \xi = \xi_i\right]$$

$$= \sum_{i=1}^{N} p_i \, \text{Prob}\left[R > R_i(Q_{p1})\right] \quad (9.58)$$

である．ここで $R_i(Q_{p1})$ は，降雨パターンが ξ_i に固定されていて，総降雨量 R を変化させたときに，洪水ピーク流量 Q_p がちょうど Q_{p1} になるような総降雨量を表している．仮定 2) により，このような $R_i(Q_{p1})$ を求めることができる．

図 **9.14** は，(9.58) 式に対応して，総降雨量 R の確率分布から洪水ピーク流量 Q_p の超過確率が求められる過程を説明する図である．横軸に流域平均の総降雨量 R，縦軸に洪水ピーク流量 Q_p をとっている．×印は，過去の降雨イベントに対する総降雨量，洪水ピーク流量をプロットしたものである．$R - Q_p$ 面上の曲線は，これらの降雨イベントに対応して，降雨パターン ξ_i を固定して，総降雨量

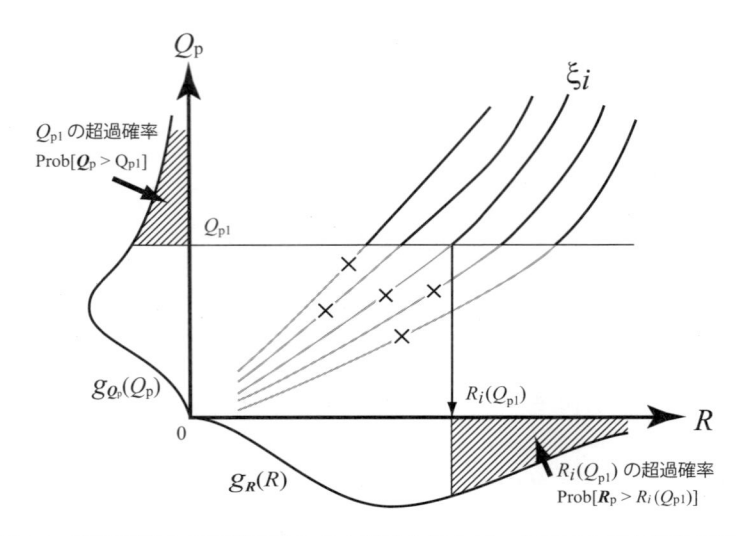

図 **9.14**：降雨期間内の総降雨量の分布関数と洪水ピーク流量の分布関数の関係．

R を変化させたときの R と Q_p の関係を表している．$g_R(R)$ は総降雨量 R の確率密度関数，$g_{Q_p}(Q_p)$ は洪水ピーク流量 Q_p の確率密度関数である．

Q_p が Q_{p1} となる場合の総降雨量 $R(Q_{p1})$ は降雨パターン ξ_i ごとに異なり，Prob$[R > R_i(Q_{p1})]$ は降雨パターン ξ_i ごとに定まる $R_i(Q_{p1})$ の超過確率である．(9.58) 式は，$Q_p > Q_{p1}$ となる確率を求めるために，(R, Q_p) が，図 **9.14** の実線部分にある確率を求めている．流域の降雨流出モデルが与えられていれば，降雨パターン $R\xi_i(x, y, t)$ から洪水流出ハイドログラフを算出することによって，総降雨量 R とある洪水ピーク流量 Q_p の関数関係（図 **9.14** の実線で結ばれる一つの曲線）を求めることは可能で，その逆関数 $R_i(Q_p)$ を求めることができる．また，過去の降雨データを解析することによって，降雨期間 T_r の総降雨量の確率分布が求められれば，Prob$[R > R_i(Q_p)]$ の値を求めることは可能である．

(9.58) 式の左辺は，洪水が発生したときの洪水ピーク流量 Q_p の超過確率を表しているので，Q_p の確率分布関数を $G_{Q_p}(Q_p)$ と表すと，

$$1 - G_{Q_p}(Q_p) = \sum_{i=1}^{N} p_i \, \text{Prob}\left[R > R_i(Q_p)\right] = \sum_{i=1}^{N} p_i \left(1 - G_R(R_i(Q_p))\right) \quad (9.59)$$

が得られる．

仮定 4) により, 洪水事象の発生も単位時間あたりの発生確率が μ で, 事象が発生したときの洪水ピーク流量の確率分布関数が (9.59) 式によって求められる複合ポアッソン過程になるから, **9.3** で述べた (9.13) 式を用いて, 年最大洪水ピーク流量 $Q_{p\,\max}$ の確率分布関数 $F_{Q_{p\max}}(Q_p)$ は,

$$F_{Q_{p\max}}(Q_p) = \exp\left[-\mu\Delta t(1 - G_{Q_p}(Q_p))\right] \tag{9.60}$$

から計算できる. Δt は時間間隔であり, ここでは 1 年を表す. この式の右辺に, (9.59) 式を代入すると,

$$\begin{aligned}F_{Q_{p\max}}(Q_p) &= \exp\left[-\mu\Delta t \sum_{i=1}^{N} p_i \left\{1 - G_{\boldsymbol{R}}(R_i(Q_p))\right\}\right] \\&= \prod_{i=1}^{N} \exp\left[-\mu\Delta t \left(1 - G_{\boldsymbol{R}}(R_i(Q_p))\right)\right]^{p_i}\end{aligned} \tag{9.61}$$

が得られる. 総降雨量 R の分布関数 $G_{\boldsymbol{R}}(R)$ と年最大総降雨量の $R_{\max}$ の分布関数 $F_{\boldsymbol{R}_{\max}}(R_{\max})$ の関係式も, (9.13) 式を用いて

$$F_{\boldsymbol{R}_{\max}}(R) = \exp\left[-\mu\Delta t(1 - G_{\boldsymbol{R}}(R))\right] \tag{9.62}$$

となり, (9.61) 式の右辺に代入すれば,

$$F_{Q_{p\max}}(Q_p) = \prod_{i=1}^{N} F_{\boldsymbol{R}_{\max}}(R_i(Q_p))^{p_i} \tag{9.63}$$

が得られる. この式は, 年最大総降雨量の確率分布関数と年最大洪水ピーク流量の確率分布関数との関係を表している.

(9.61) 式を用いて年最大洪水ピーク流量の分布関数を求める場合は, 洪水を生じさせる総降雨量 R の確率分布関数 $G_{\boldsymbol{R}}$ と降雨の発生頻度 μ が必要であるのに対し, (9.63) 式を用いて年最大洪水ピーク流量の確率分布関数を求める場合は, 年最大総降雨量の確率分布関数があればよく, 式の誘導の過程で用いた $G_{\boldsymbol{R}}$ と μ は必要でないことに注意されたい.

(9.63) 式の右辺は, Q_p が十分大きい場合は,

$$\begin{aligned}\prod_{i=1}^{N} F_{\boldsymbol{R}_{\max}}(R_i(Q_p))^{p_i} &\simeq \prod_{i=1}^{N} (1 - p_i(1 - F_{\boldsymbol{R}_{\max}}(R_i(Q_p)))) \\&\simeq 1 - \sum_{i=1}^{N} p_i(1 - F_{\boldsymbol{R}_{\max}}(R_i(Q_p)))\end{aligned}$$

と近似できるから，近似式

$$1 - F_{Q_{\text{p max}}}(Q_{\text{p}}) \simeq \sum_{i=1}^{N} p_i (1 - F_{R_{\max}}(R_i(Q_{\text{p}}))) \qquad (9.64)$$

が得られる．年最大総降雨量の確率分布にしたがう総降雨量を発生させ，降雨の時空間分布を実績データあるいはシミュレーションによって設定して降雨入力を得た後，それを流出モデルを介して流量ハイドログラフに変換し，(9.64) 式を用いて年最大洪水ピーク流量の確率分布を求めるという手法がとられることがある．この手法は，厳密に言えば，(9.63) 式に合致する方法ではない．年最大総降雨量を発生させる降雨イベントが年最大洪水ピーク流量を発生させるとは限らないからである．(9.64) 式は (9.59) 式と同様の式であるが，(9.59) 式は年最大値の確率分布ではなく，事象発生の確率分布について成立する式であることに注意する必要がある．ただし，流量が十分に大きい場合は，近似式 (9.64) が成り立つため，それに対応する手法と考えられる．

降雨の時空間分布パターンの生起に関する一般的な確率モデルを構成するのは困難で，実際に生起した降雨パターンの経験分布がそのまま用いられることが多い．その場合は，過去に生起した降雨パターンの個数を N とし，$p_i = 1/N$ とすることになる．$p_i = 1/N$ を (9.63) 式に代入すると，右辺は，$F_{R_{\max}}(R_i(Q_{\text{p}}))$, $i = 1, \cdots, N$ の相乗平均になる．このとき，近似式 (9.64) 式は

$$F_{Q_{\text{p max}}}(Q_{\text{p}}) \simeq \frac{1}{N} \sum_{i=1}^{N} F_{R_{\max}}(R_i(Q_{\text{p}})) \qquad (9.65)$$

となって，年最大ピーク流量の非超過確率 $F_{Q_{\text{p max}}}(Q_{\text{p}})$ は $F_{R_{\max}}(R_i(Q_{\text{p}}))$, $i = 1, \cdots, N$ の算術平均となる．

再現期間が T 年の年最大洪水ピーク流量 $Q_{\text{p max }T}$ は，(9.61) 式，(9.63) 式あるいは近似式 (9.65) から計算される年最大洪水ピーク流量 $Q_{\text{p max}}$ の確率分布関数 $F_{Q_{\text{p max}}}(Q_{\text{p}})$ を用いて，

$$F_{Q_{\text{p max}}}(Q_{\text{p max }T}) = 1 - \frac{1}{T} \qquad (9.66)$$

を満たす $Q_{\text{p max }T}$ として求められる．

図 **9.15** は，(9.66) 式に対応して，年最大総降雨量の確率分布から年最大洪水ピーク流量の超過確率が求められる過程を説明する図である．洪水を生じさせる

9.10 総合確率法　325

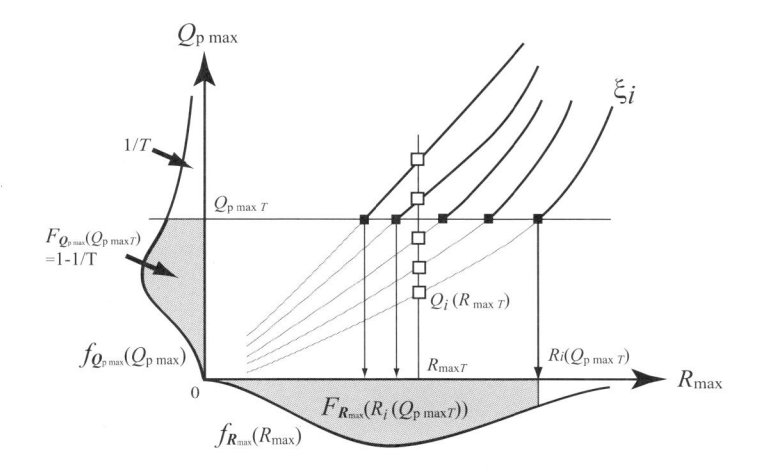

図 9.15：総合確率法の概念図 (年最大総降雨量の分布関数と年最大洪水ピーク流量の分布関数の関係).

総降雨量の確率分布から洪水ピーク流量の確率分布を求める過程を説明する図 **9.14** との違いに注意されたい.

従来，我が国で慣用されてきた方法では，まず降雨期間 T_r の年最大降雨量 $R_{\max}$ の確率分布関数を求め，次に再現期間が T 年の年最大降雨量 $R_{\max T}$ を求めて固定し，降雨強度が $R_{\max T}\xi_i(x,y,t)$ で与えられるときの洪水ピーク流量 $Q_i(R_{\max T})$, $i=1,\cdots,N$ (図 **9.15** の $R_{\max T}$ と $R-Q_p$ 関係との交点) を算出して，カバー率という概念を用いて，その大きいほうから指定した順位のピーク流量を基本高水として定めるという手順がとられてきた. この方法は計算量も少なく簡便であり，系統的な方法の一つであるが，理論的な関係式である (9.66) 式に対応した方法ではない.

総合確率法は，降雨の時間的・空間的分布を考慮に入れて，年最大洪水ピーク流量 $\boldsymbol{Q}_{\mathrm{p\,max}}$ がある洪水ピーク流量 $Q_{\mathrm{p\,max}\,T}$ を超過する確率

$$\mathrm{Prob}[\boldsymbol{Q}_{\mathrm{p\,max}} > Q_{\mathrm{p\,max}\,T}] = \int_{Q_{\mathrm{p\,max}\,T}}^{\infty} f_{\boldsymbol{Q}_{\mathrm{p\,max}}}(Q_{\mathrm{p}})dQ_{\mathrm{p}}$$
$$= \int_{Q_{\mathrm{p\,max}\,T}}^{\infty}\int_{0}^{\infty} f_{\boldsymbol{R}_{\max},\boldsymbol{Q}_{\mathrm{p\,max}}}(R_{\max},Q_{\mathrm{p}})dR_{\max}dQ_{\mathrm{p}}$$

を求めようとするものである. $\boldsymbol{R}_{\max}, \boldsymbol{Q}_{\mathrm{p\,max}}$ の同時確率密度関数 $f_{\boldsymbol{R}_{\max},\boldsymbol{Q}_{\mathrm{p\,max}}}(R_{\max},Q_{\mathrm{p}})$

の具体的な関数形を求めることは容易ではないが，それが得られなくても，左辺の年最大洪水ピーク流量の周辺分布（図 **9.15** の左側の軸に示す分布）を求めることができる．この周辺分布の確率分布関数を求める計算式が (9.61) 式，(9.63) 式である．総合確率法は，従来の手法と比べてより多くの計算量を必要とし，降雨の時空間パターン ξ やその生起確率 p は，現時点では経験分布から求めざるを得ないが，降雨の時間的・空間的分布の違いによって流量が異なることを考慮した手法である．降雨の時空間分布の流量への影響が大きい河川流域では，現在，慣用されている手法よりも総合確率法によるのがよい．

参考文献

1) 国土交通省：河川砂防技術基準，計画編，http://www.mlit.go.jp/river/shishin_guideline/gijutsu/gijutsukijunn/keikaku/index.html (参照日：2012 年 7 月 23 日).
2) 国土交通省：河川砂防技術基準，調査編，平成 24 年 6 月版，http://www.mlit.go.jp/river/shishin_guideline/gijutsu/gijutsukijunn/chousa/index.html (参照日：2012 年 7 月 23 日).
3) 星 清：洪水ピークの確率評価法について，開発土木研究所月報，539, pp. 34–40, 1998.
4) Stedinger, J. R., R. M. Vogel, and E. Foufoula-Georgiou : Frequency analysis of extreme events, Chapter 18, Handbook of Hydrology, (Ed.) D. Maidment, McGraw-Hill Professional, pp. 18.1–18.66, 1993.
5) 星 清：水文頻度解析，水文・水資源ハンドブック，朝倉書店, 7.3, pp. 238–248, 1997.
6) 星 清：水文統計解析，開発土木研究所月報, 540, pp. 31–63, 1998.
7) Hosking, J. R. M. : L-moments: Analysis and estimation of distributions using linear combinations of order statistics, *J. Royal Statistical Soc., B*, 52(2), pp. 105–124, 1990.
8) Ang, A. H-S. and W. H. Tang : Probability concepts in engineering: emphasis on applications to civil and environmental engineering, John Wiley & Sons, 2006. 訳書として，伊藤，亀田，能島，阿部：改訂 土木・建築のための確率・統計の基礎，丸善, 2007.
9) Takara, K. and J. R. Stedinger : Recent Japanese contributions to frequency analysis and quantile lower bound estimators, *Stochastic and Statistical Methods in Hydrology and Environmental Engineering*, Vol. I, (Ed.) K.W. Hipel, Kluwer Academic Publishers, pp. 217–234, 1994.
10) 宝 馨, 高棹琢馬：水文頻度解析モデルの母数推定法の比較評価，水工学論文集，土木学会, 34, pp. 7–12, 1990.
11) 宝 馨, 高棹琢馬：水文頻度解析における確率分布モデルの評価規準，土木学会論文集，393/II-9, pp. 151–160, 1988.
12) 林 敬大, 立川康人, 椎葉充晴, 萬 和明, Kim Sunmin：SLSC による水文頻度解析モデル適合度評価への統計的仮説検定の導入，土木学会論文集, B1(水工学), 68(4), I_1381–I_1386, 2012.
13) 葛葉泰久：治水計画策定における統計的手法 –SLSC 及び費用便益分析に関する考察–, 土木学会論文集 B, 66(1), pp.66–75, 2010.
14) Coles, S. : An introduction to statistical modeling of extreme values, Springer, 208p, 2001.
15) 岩井重久, 石黒正儀：応用統計水文学，第 8 章, 確率降雨強度式の算定法，森北出版, pp. 148–177, 1970.
16) 椎葉充晴, 立川康人：総合確率法の数学的解釈，土木学会論文集, 投稿中.

第10章

水文量の時系列解析と時系列シミュレーション

時間の経過とともに変動する現象の記録を時系列 (time series) といい，時間変化する降水強度や河川の水位・流量などの水文量を総称して水文時系列という．水文時系列解析の対象は，時系列の確率・統計的な構造を分析すること，その変動を表現する時系列モデルを構成して時系列を模擬発生させること，あるいは将来の時系列変動を予測することである．長期間の水文時系列データを模擬発生させることは，水工施設の設計や効果的な運用方法の検討に役立つ．

10.1 水文時系列解析の目的

時系列解析の目的は，時系列データの確率・統計的な特性を分析してその特性を再現する時系列モデルを構成すること，次に構成した時系列モデルを用いて観測時系列と同じ確率・統計的な特性を有する時系列を模擬発生させること，または現在までに得られた観測時系列から将来の水文量を予測することにある．

水工施設を設計したり水工施設の適切な運用ルールを定めたりしようとすると，多くの場合，次のような問題に直面する．

1) 水工施設の設置予定箇所の近傍で長期間の河川流量データがあることが望ましいが，限られた期間の流量時系列データしか存在しない．
2) 河川流量データは存在せず，ある期間の降水量時系列データしか存在しない．
3) 降水量データあるいは河川流量データはあるが，時系列を記録する時間間隔が長く，より短い時間間隔の時系列データがないと役に立たない．

これらの場合に時系列解析が重要な役割を果たす．1)の場合，存在する流量データから流量時系列の確率・統計的特性を推定し，流量時系列モデルを構成して長期間の流量データを模擬発生させることが考えられる．2)の場合も，存在する降水量データをもとに降雨時系列モデルを構成して長期間の降水量データを模擬発生させた後，流出モデルを介して模擬発生させた降水時系列を流量時系列に変換することが考えられる．3)はある時間間隔の時系列からそれよりも短い時間間隔の時系列の変動を推定することであり，ディスアグリゲーション (disaggregation) あるいはダウンスケーリング (downscaling) とよばれる．ディスアグリゲーションが必要となる場合は，他にも以下が考えられる．

- 水文頻度解析によって，ある再現期間，ある継続時間の年最大降水量を推定した．この降雨に対応する洪水ピーク流量を推定したい．そのために継続時間内の降雨の総量を時間単位に分解したい．
- 長期間の時系列データとして日単位の降雨データは存在する．治水施設を設計するために，このデータから時間単位での時系列特性を得たい．
- 大気大循環モデルによる気候変動推計情報は，日単位などに平均化した時系列データが公開されることが多い．この日平均時系列データから時間単位の時系列を推定したい．

以上は，水工施設を設計する場合や効率的な運用方法を分析するために，水文時系列シミュレーションに期待される内容である．これらに加えて，実時間での水文予測にも水文時系列解析は威力を発揮する．現時点までの降水量の変化をもとに数時間先の降水量を予測したり，現時点までの水位変化をもとに数時間先の水位を予測したりすることがこれに相当する．これらは，**15章**で述べる状態空間モデルが威力を発揮する．

確率・統計的な時系列モデルは，観測された時系列データから確率・統計的な特性を分析して，その特性を再現する時系列を模擬発生させることに主眼が置かれる．時系列データが生み出される物理的背景よりも，結果としての観測データを分析して，現象の確率・統計的な変動を再現しようとする．時系列モデルという場合は，通常，確率・統計的なモデルを指す．一方で，物理的なモデルも時系列を発生させるために用いられる．物理モデルでは自然現象を支配する物理方程式を構成し，ある初期条件・境界条件のもとでそれを数値的に解いて時系列データを得る．たとえば，気候変動にともなう将来の気候推計データは，物理法則に

したがう支配方程式を解くことによって得られる将来の気温や降水量などの時系列データから構成される．

確率・統計的な時系列モデルと物理モデルとを組み合わせることによって，様々な応用が考えられる．たとえば，上述したように，降雨データを時系列モデルを用いて発生させ，それを物理的な流出モデルへの入力として，流量時系列データを得ることが考えられる．また，気候モデルによって計算されたある物理量の時系列特性を分析してその特性を再現する時系列モデルを構成し，より長期間の時系列データを発生させたり，気候モデルによって得られる水文量を時系列モデルを用いてダウンスケールしたりすることが考えられる．

10.2 様々な水文時系列データ

時間的に変動する代表的な水文量として，降水量，河川水位，河川流量，気温，風速，日射量がある．降水量は，通常，ある時間間隔，たとえば10分，60分などの時間間隔で，その間の降水量の積算値を整理する．この時系列データをもとに日，月，年の積算値，あるいはその期間の平均強度を表す降水時系列を作成する．これらの時系列データは，それぞれ日降水量データ，月降水量データ，年降水量データとよばれる離散時系列である．**図10.1**は日単位で整理した降水時系列の例である．河川水位は，連続時間，またはある時間間隔ごとにその時刻の水位が記録される．流量データは，通常，水位流量曲線を用いて水位データを変換することで得られる．**図10.2**は，1時間間隔の流量データを連ねて示したものである．この時系列データをもとに日，月，年の積算値あるいはその期間の平均流量を表す流量時系列が作成される．それらの時系列データはそれぞれ，日流量データ，月流量データ，年流量データとよばれる．

各時刻で一種類のデータが記録される場合，一変量時系列となる．観測地点によっては風速と風向のように複数のデータが同時に記録されることがあり，これらを多変量時系列として扱うことがある．また，複数の異なる降水観測所や水位観測所の同時刻のデータを多変量時系列として扱うこともある．

時系列は，その時間的な変動によって定常時系列と非定常時系列に分類される．時系列の確率・統計的特性が時間的に変化しない時系列を定常時系列という．一方，ある期間で見た時系列の平均値が時間とともに変化したり，平均値の

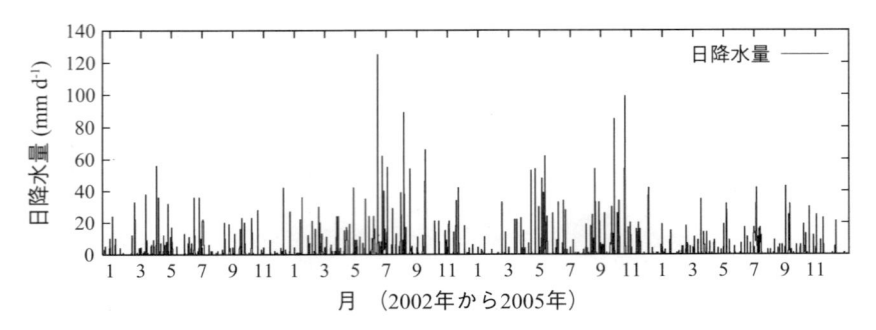

図 10.1：降水量の時系列の例 (桂観測所の 2002 年から 2005 年の日降水量データ).

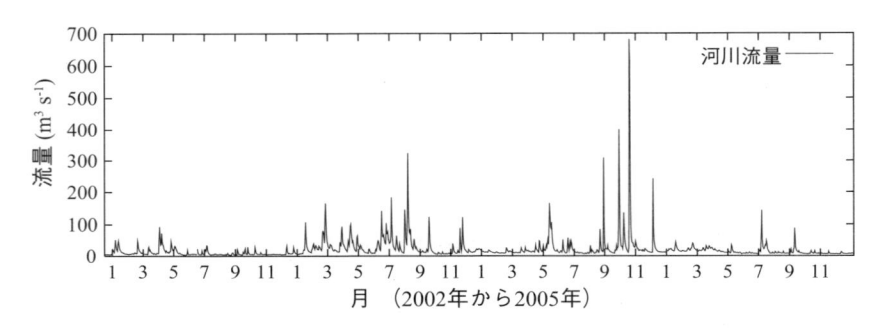

図 10.2：河川流量の時系列の例 (桂観測所の 2002 年から 2005 年の時間流量データ).

周りのばらつきが時間とともに変化する場合など，時間とともに時系列の確率・統計的特性が変化する時系列を非定常時系列という．

離散的な時系列を $x_1, x_2, \cdots, x_n$ とし，これらの変量の同時確率密度関数 $f(x_1, x_2, \cdots, x_n)$ を考える．この確率密度関数が，時間をずらしても変化しない場合，すなわち，l を任意の時間間隔を表すインデックスとして

$$f(x_1, x_2, \cdots, x_n) = f(x_{1+l}, x_{2+l}, \cdots, x_{n+l})$$

が成り立つ場合，その時系列は強定常であるという．特に，二次までのモーメントについて

$$\mathrm{E}[x_n] = \mathrm{E}[x_{n+l}], \ \mathrm{Var}[x_n] = \mathrm{Var}[x_{n+l}], \ \mathrm{Cov}[x_m, x_n] = \mathrm{Cov}[x_{m+l}, x_{n+l}]$$

が成り立つ場合，弱定常あるいは二次定常という．ここで E[ ] は期待値，Var[ ] は分散，Cov[ ] は共分散を求める演算記号である．

時系列データの頻度分布が正規分布に従う場合，その時系列をガウス型時系列という．そうでない場合が非ガウス型時系列である．ガウス型時系列の変動パターンは，平均値の周りに上下に対称にばらつく．もとのデータの頻度分布が正規分布に従わない場合も，ある変換を施すことによって近似的にガウス型時系列を構成できることがある．ガウス型時系列が定常である場合，二次までのモーメントで時系列の同時確率密度関数が定まるので，弱定常性と強定常性は同じである．

10.3 時系列モデル

代表的な時系列モデルとして AR モデル (AutoRegressive model) と ARMA モデル (AutoRegressive Moving Average model) をとりあげ，これらの時系列モデルによって表現される時系列の特徴や，観測時系列の時系列モデルへの当てはめについて説明する．

10.3.1 AR モデル

定常時系列 x_n を過去の実現値 x_{n-i} と白色雑音 v_n の線形和で表現したモデル

$$x_n = \mu_x + \sum_{i=1}^{p} a_i(x_{n-i} - \mu_x) + v_n \tag{10.1}$$

を次数 p の自己回帰モデルあるいは AR モデルとよび AR(p) と表す．μ_x は x の期待値である．$a_i, i = 1, 2, \cdots, p$ は自己回帰係数，v_n は平均値 0 で分散 σ_v^2 の正規分布に従う白色雑音であり，v_n はそれより前の時系列 x_{n-i} とは無相関とする．すなわち，v_n は

$$\begin{aligned} \mathrm{E}[v_n] &= 0 \\ \mathrm{E}[v_n v_m] &= \begin{cases} \sigma_v^2, & n = m \\ 0, & n \neq m \end{cases} \\ \mathrm{E}[v_n x_{n-i}] &= 0, \quad i = 1, 2, \cdots, p \end{aligned}$$

を満たすとする．もっとも簡単な一次の自己回帰モデル AR(1) は

$$x_n = \mu_x + a(x_{n-1} - \mu_x) + v_n \tag{10.2}$$

である. AR(1) は,時刻 n の水文量 x_n を一時刻の水文量 x_{n-1} と白色雑音 v_n の線形和によって表す. AR(1) のモデルパラメータは, μ_x, a, v_n の分散 σ_v^2 となる.

x_n の観測時系列が得られており,それが AR(1) 過程で表現できるとして,モデルパラメータ μ_x, a, σ_v^2 を求めることを考える.

$$\mu_x = \mathrm{E}[x_n]$$

である. 次に, x_n の分散を σ_x^2 と表すと

$$\begin{aligned}\sigma_x^2 &= \mathrm{E}[(x_n - \mu_x)^2] = \mathrm{E}[a^2(x_{n-1} - \mu_x)^2 + 2a(x_{n-1} - \mu_x)v_n + v_n^2] \\ &= a^2\sigma_x^2 + \sigma_v^2\end{aligned}$$

である. 従って, $-1 < a < 1$ という条件のもとに

$$\sigma_v^2 = (1 - a^2)\sigma_x^2 \tag{10.3}$$

が得られる. 次に,時間差が一期の自己共分散関数 C_1 は

$$C_1 = \mathrm{E}[(x_n - \mu_x)(x_{n-1} - \mu_x)] = a\mathrm{E}[(x_{n-1} - \mu_x)^2] + \mathrm{E}[v_n(x_{n-1} - \mu_x)] = a\sigma_x^2$$

時間差が二期の自己共分散関数 C_2 は

$$\begin{aligned}C_2 &= \mathrm{E}[(x_n - \mu_x)(x_{n-2} - \mu_x)] = a\mathrm{E}[(x_{n-1} - \mu_x)(x_{n-2} - \mu_x)] + \mathrm{E}[v_n(x_{n-2} - \mu_x)] \\ &= aC_1 = a^2\sigma_x^2\end{aligned}$$

となる. 一般に時間差 $k \geq 0$ について

$$C_k = a^k \sigma_x^2$$

の関係が得られるので,両辺を σ_x^2 で割ると,時間差 $k \geq 0$ の自己相関関数 ρ_k は

$$\rho_k = a^k \tag{10.4}$$

となる. 観測時系列データから標本自己相関関数 $\hat{\rho}_k$ を求めれば, (10.4) 式に適合するように a の推定値 $\hat{a}$ を定めることができる. $\hat{a}$ が定まれば (10.3) 式と観測時系列データから得られる標本分散 $\hat{\sigma}_x^2$ を用いて

$$\hat{\sigma}_v = \sqrt{1 - \hat{a}^2}\,\hat{\sigma}_x \tag{10.5}$$

として σ_v の推定値を得ることができる.

一般に，次数 p の AR モデル

$$x_n - \mu_x = \sum_{i=1}^{p} a_i(x_{n-i} - \mu_x) + v_n \qquad (10.6)$$

のパラメータ $a_1, a_2, \cdots, a_p$ と σ_v は次のようにして求めることができる．(10.6) 式の両辺に $(x_{n-k} - \mu_x)$, $k = 0, 1, \cdots, p$ を乗じて期待値を取ると

$$\mathrm{E}[(x_n - \mu_x)(x_{n-k} - \mu_x)] = \sum_{i=1}^{p} a_i(\mathrm{E}[x_{n-i} - \mu_x)(x_{n-k} - \mu_x)]) + \mathrm{E}[v_n(x_{n-k} - \mu_x)]$$

となる．$C_k = \mathrm{E}[(x_n - \mu_x)(x_{n-k} - \mu_x)]$ とすると，$k = 1, \cdots, p$ のときは $\mathrm{E}[v_n(x_{n-k} - \mu_x)] = 0$ なので

$$C_k = \sum_{i=1}^{p} a_i C_{k-i}, \quad k = 1, \cdots, p \qquad (10.7)$$

が得られる．$k = 0$ のときは

$$\mathrm{E}[v_n(x_n - \mu_x)] = \mathrm{E}\left[v_n\left(\sum_{i=1}^{p} a_i(x_{n-i} - \mu_x) + v_n\right)\right] = \mathrm{E}[v_n v_n] = \sigma_v^2$$

なので

$$C_0 = \sum_{i=1}^{p} a_i C_i + \sigma_v^2 \qquad (10.3)$$

が得られる．(10.7) 式と (10.8) 式はユールウォーカー方程式 (Yule-Walker equation) とよばれる．

観測時系列データから標本自己共分散関数 $\hat{C}_k, k = 0, 1, \cdots, p$ を計算し，(10.7) 式に代入すると，$a_1, a_2, \cdots, a_p$ を未知定数とする連立一次方程式

$$\begin{pmatrix} \hat{C}_0 & \hat{C}_1 & \cdots & \hat{C}_{p-1} \\ \hat{C}_1 & \hat{C}_0 & \cdots & \hat{C}_{p-2} \\ \vdots & \vdots & \ddots & \vdots \\ \hat{C}_{p-1} & \hat{C}_{p-2} & \cdots & \hat{C}_0 \end{pmatrix} \begin{pmatrix} \hat{a}_1 \\ \hat{a}_2 \\ \vdots \\ \hat{a}_p \end{pmatrix} = \begin{pmatrix} \hat{C}_1 \\ \hat{C}_2 \\ \vdots \\ \hat{C}_p \end{pmatrix} \qquad (10.9)$$

が得られる．これを解けば回帰係数の推定値 $\hat{a}_i$, $i = 1, \cdots, p$ が得られる．次に (10.8) 式を用いれば

$$\hat{\sigma}_v^2 = \hat{C}_0 - \sum_{i=1}^{p} \hat{a}_i \hat{C}_i \qquad (10.10)$$

より，白色雑音の分散の推定値が得られる．推定した AR モデルによる予測誤差分散は

$$\begin{aligned}
\mathrm{E}[e_n^2] &= \mathrm{E}\left[\left((x_n - \mu_x) - \sum_{i=1}^{p} a_i(x_{n-i} - \mu_x)\right)^2\right] \\
&= \mathrm{E}[(x_n - \mu_x)^2] - 2\mathrm{E}\left[(x_n - \mu_x)\sum_{i=1}^{p} a_i(x_{n-i} - \mu_x)\right] + \mathrm{E}\left[\left(\sum_{i=1}^{p} a_i(x_{n-i} - \mu_x)\right)^2\right] \\
&= C_0 - 2\sum_{i=1}^{p} a_i C_i + \sum_{j=1}^{p}\sum_{i=1}^{p} a_i a_j C_{i-j}
\end{aligned}$$

となる．この予測誤差分散を最小とするように a_i を定めるとすると

$$\frac{\partial \mathrm{E}[e_n^2]}{\partial a_i} = -2C_i + 2\sum_{j=1}^{p} a_j C_{i-j} = 0, \ \ i = 1, \cdots, p$$

である．この式は (10.7) 式に他ならない．よって (10.9) 式で得られる $\hat{a}_i$, $i = 1, \cdots, p$ は予測誤差分散を最小とするように定められることがわかる．

10.3.2 ARMA モデル

定常時系列 x_n を過去の実現値と現在および過去の白色雑音の線形和で表現したモデル

$$x_n = \mu_x + \sum_{i=1}^{p} a_i(x_{n-i} - \mu_x) + v_n - \sum_{i=1}^{q} b_i v_{n-i} \tag{10.11}$$

を次数 (p, q) の自己回帰移動平均モデルあるいは ARMA モデルとよび ARMA(p, q) と表す．b_i, $i = 1, 2, \cdots, q$ は定数係数であり，それ以外の変数の意味は前節の AR モデルと同様である．(10.11) 式は

$$x_n = \mu_x + \sum_{i=1}^{p} a_i(x_{n-i} - \mu_x) + u_n \tag{10.12}$$

として，ノイズ項 u_n が

$$u_n = v_n - \sum_{i=1}^{q} b_i v_{n-i} \tag{10.13}$$

と表される場合に相当する．$q = 0$ の場合，$u_n = v_n$ であり (10.11) 式は p 次の AR モデルとなる．また，(10.13) 式を q 次の移動平均モデルあるいは MA モデル (Moving Average model) といい MA(q) と表す．

10.3 時系列モデル

もっとも簡単な自己回帰移動平均モデル ARMA(1,1) は

$$x_n = \mu_x + a(x_{n-1} - \mu_x) + v_n - bv_{n-1} \tag{10.14}$$

と表される．このモデルのパラメータ a, b, σ_v を求めることを考える．x_n の分散を σ_x^2 と表すと

$$\begin{aligned}
\sigma_x^2 &= E[(x_n - \mu_x)^2] = E[\{a(x_{n-1} - \mu_x) + v_n - bv_{n-1}\}^2] \\
&= a^2\sigma_x^2 + \sigma_v^2 + b^2\sigma_v^2 - 2abE[(x_{n-1} - \mu_x)v_{n-1}] \\
&= a^2\sigma_x^2 + \sigma_v^2 + b^2\sigma_v^2 - 2abE[\{a(x_{n-2} - \mu_x) + v_{n-1} - bv_{n-2}\}v_{n-1}] \\
&= a^2\sigma_x^2 + \sigma_v^2 + b^2\sigma_v^2 - 2ab\sigma_v^2 = a^2\sigma_x^2 + (1 - 2ab + b^2)\sigma_v^2
\end{aligned}$$

となる．$a^2 < 1$ ならば，$1 - 2ab + b^2 > 0$ は満たされるので

$$\sigma_v^2 = \frac{1 - a^2}{1 - 2ab + b^2}\sigma_x^2 \tag{10.15}$$

が得られる．次に，時間差が一つの自己共分散関数 C_1 は

$$\begin{aligned}
C_1 &= E[(x_n - \mu_x)(x_{n-1} - \mu_x)] \\
&= aE[(x_{n-1} - \mu_x)^2] + E[v_n(x_{n-1} - \mu_x)] - bE[v_{n-1}(x_{n-1} - \mu_x)] = a\sigma_x^2 - b\sigma_v^2
\end{aligned}$$

となるので

$$C_1 = \frac{(a - b)(1 - ab)}{1 - 2ab + b^2}\sigma_x^2$$

が得られる．$k = 2$ に対しては

$$\begin{aligned}
C_2 &= E[(x_n - \mu_x)(x_{n-2} - \mu_x)] \\
&= aE[(x_{n-1} - \mu_x)(x_{n-2} - \mu_x)] + E[v_n(x_{n-2} - \mu_x)] - bE[v_{n-1}(x_{n-2} - \mu_x)] = aC_1
\end{aligned}$$

となり，$k \geq 2$ に対しては

$$C_k = a^{k-1}C_1$$

となる．以上から C_1, C_k を σ_x^2 で割ると，自己相関係数 ρ_1, ρ_k は

$$\rho_1 = \frac{(a - b)(1 - ab)}{1 - 2ab + b^2}, \quad \rho_k = a^{k-1}\rho_1, \ k \geq 2 \tag{10.16}$$

となる．時系列データから $\hat{\rho}_1$, $\hat{\rho}_2$ を推定し，(10.16) 式を解くことによって a, b の推定値を得ることができる．このとき，ARMA(1,1) モデルは $-1 < a < 1$ かつ $-1 < b < 1$ を満たす必要がある．次に，時系列データから推定した $\hat{\sigma}_x^2$ を (10.15) 式に用いれば，σ_v の推定値を得ることができる．

AR(1) モデルの自己相関係数は，(10.4) 式に示すように $\rho_k = a^k, k \geq 1$ であった．これと (10.16) 式とを比較すると，ARMA(1, 1) モデルは a, b の値の与え方によって，より柔軟な自己相関構造を設定することができる．

10.4 時系列モデルを用いた水文時系列の模擬発生

対象とする水文量によりその確率・統計的な特性は大きく異なる．そのため，前節で示した時系列モデルを基本としつつ，水文時系列の発生には様々な工夫が加えられる．たとえば，年流量を対象とする場合，その頻度分布は正規分布とみなすことができることが多く，AR モデルをそのまま適用できることがある．年流量の分布のひずみ係数が 0 とみなせない場合は，その分布に対数正規分布を仮定して正規分布に変換した上で AR モデルを適用する手法[1]，あるいは正規白色雑音でないノイズ成分とともに AR モデルを適用してガンマ分布を持つ時系列を発生させる方法[1],[2]などがある．水文時系列を月単位で発生させることを考えると，季節的な変化を考慮する必要がある．また，降水時系列は，流量時系列と異なり，降る降らないといった間欠的な特性を導入する必要がある．以下では，それらを工夫した例として，月流量時系列と時間降水量時系列の発生手法を説明する．

10.4.1　AR(1) モデルを用いた月流量時系列の発生

第 n 月の月流量 y_n の頻度分布が正規分布に従うとみなせるならば，

$$x_n = (y_n - \mu_n)/\sigma_n$$

として月ごとに変数変換を施す．μ_n, σ_n はそれぞれ第 n 月の月流量平均値と標準偏差である．すると，x_n は N(0,1) に従う標準正規変量とみなされる．次に AR(1) モデルを用いて

$$x_n = a_{n,n-1} x_{n-1} + v_n \tag{10.17}$$

とモデル化する．(10.4) 式より $a_{n,n-1}$ は第 n 月と第 $n-1$ 月の正規化された月流量の相関係数，(10.5) 式より v_n は $N(0, 1 - a_{n,n-1}^2)$ に従う正規白色雑音である．このモデルはトーマスとファイアリングによって最初に月流量時系列の模擬発生に適用されたことからトーマス・ファイアリングモデル[3]とよばれる．

月流量の分布は非対称性を示すことが多く，第 n 月の月流量 y_n の分布が 3 母数対数正規分布

$$f_Y(y_n) = \frac{1}{(y_n - c_n)\zeta_n \sqrt{2\pi}} \exp\left\{-\frac{1}{2}\left(\frac{\ln(y_n - c_n) - \lambda_n}{\zeta_n}\right)^2\right\}$$

に従うとみなせる場合は，x_n と y_n で

$$y_n = c_n + \exp(\lambda_n + \zeta_n x_n) \tag{10.18}$$

という関係式を設定して (10.17) 式のようにモデル化すればよい．元の時系列 y_n と y_{n-1} の相関係数 $\rho_{n,n-1}$ と対数変換後の時系列 x_n と x_{n-1} の相関係数 $a_{n,n-1}$ の間には以下の関係がある．

$$\rho_{n,n-1} = \frac{\exp[\zeta_{n-1}\zeta_n a_{j,j-1}] - 1}{\sqrt{\exp(\zeta_{n-1}^2) - 1}\sqrt{\exp(\zeta_n^2) - 1}} \tag{10.19}$$

これらの関係を用いることにより，月流量の時系列データを次の手順で発生させることができる．

1) 月流量の観測時系列 y_n を用いて月ごとに相関係数 $\rho_{n,n-1}$ の推定値を求める．また，y_n の確率分布モデルの母数を推定する．
2) (10.19) 式を用いて $a_{n,n-1}$ の推定値を月ごとに求める．
3) (10.17) 式を用いて x_n を発生させる．
4) (10.18) 式を用いて元の時系列 y_n に変換する．

(10.19) 式は以下のように導くことができる．今，正規分布に従う二つの確率変数を

$$X_1 \sim \mathrm{N}(m_{X_1}, \sigma_{X_1}^2), \quad X_2 \sim \mathrm{N}(m_{X_2}, \sigma_{X_2}^2)$$

とし，$Y_1 = e^{X_1}$, $Y_2 = e^{X_2}$ の共分散 C_{Y_1, Y_2} を考える．

$$m_{Y_i} = \exp\left(m_{X_i} + \frac{\sigma_{X_i}^2}{2}\right), \quad \sigma_{Y_i}^2 = m_{Y_i}^2[\exp(\sigma_{X_i}^2) - 1], \quad i = 1, 2$$

という関係式と，X_1 と X_2 との共分散を C_{X_1, X_2} として

$$X_1 + X_2 \sim \mathrm{N}(m_{X_1} + m_{X_2}, \sigma_{X_1}^2 + \sigma_{X_2}^2 + 2C_{X_1, X_2})$$

であることを用いると

$$C_{Y_1,Y_2} = E[Y_1Y_2] - E[Y_1]E[Y_2]$$
$$= \exp\{m_{X_1} + m_{X_2} + \frac{1}{2}(\sigma_{X_1}^2 + \sigma_{X_2}^2 + 2C_{X_1,X_2})\} - m_{Y_1}m_{Y_2}$$
$$= m_{Y_1}m_{Y_2}\{\exp(C_{X_1,X_2}) - 1\}$$

となる. $\rho(X_1, X_2) = C_{X_1,X_2}/(\sigma_{X_1}\sigma_{X_2})$, $\rho(Y_1, Y_2) = C_{Y_1,Y_2}/(\sigma_{Y_1}\sigma_{Y_2})$ とすると

$$\rho(Y_1, Y_2) = \frac{C_{Y_1,Y_2}}{\sigma_{Y_1}\sigma_{Y_2}} = \frac{m_{Y_1}m_{Y_2}(\exp(C_{X_1,X_2}) - 1)}{\sigma_{Y_1}\sigma_{Y_2}}$$
$$= \frac{\exp(C_{X_1,X_2}) - 1}{\sqrt{\exp(\sigma_{X_1}^2) - 1}\sqrt{\exp(\sigma_{X_2}^2) - 1}} = \frac{\exp(\sigma_{X_1}\sigma_{X_2}\rho(X_1, X_2)) - 1}{\sqrt{\exp(\sigma_{X_1}^2) - 1}\sqrt{\exp(\sigma_{X_2}^2) - 1}}$$

となって (10.19) 式 を得ることができる.

10.4.2 分解モデルを用いた月流量時系列の発生

トーマス・ファイアリングモデルでは隣り合う月間の相関係数のみが保存されるように月流量が発生させられる. しかし, 二月以上の相関関係は考慮されず, それを積算して得られる年流量が, 実際の年流量データの特性を保存することは保障されない. この欠点を克服するために, 次のような分解手法 (disaggregation) が Valencia and Schaake[4] によって提案された.

1) 年流量の時系列をたとえば AR モデルあるいは ARMA などによってモデル化し, それを用いて年流量時系列を発生させる.
2) 月流量の確率分布および相関特性が保存されるように, 1) で発生させた年流量を月流量に分解する.

1 地点を対象として, 年流量を月流量に分解する手順を以下に示す. $Y = (y_1, y_2, \cdots, y_{12})^T$ を月流量ベクトル, x を年流量時系列モデルから発生させた年流量 (スカラー), $V = (v_1, v_2, \cdots, v_{12})^T$ を互いに無相関な標準正規乱数ベクトル, $A = (a_1, a_2, \cdots, a_{12})^T$ を係数ベクトル, B を (12×12) の係数行列とする. また, x, Y は平均値 0 の変量に変換されており, 最終的に元の時系列に変換するものとする. このとき月流量ベクトル Y と年流量 x との関係を

$$Y = Ax + BV \tag{10.20}$$

とモデル化する．このようにモデル化することができれば，年流量 x を発生させた後，上式に従って $Y = (y_1, y_2, \cdots, y_{12})^\mathrm{T}$ を発生させることができる．すなわち発生させた年流量 x を月流量ベクトル Y に分解することができる．

係数行列 A と B は次のように定める．(10.20) 式の両辺に右側から x を乗じて期待値をとると

$$\mathrm{E}[Yx] = A\mathrm{E}[x^2] + B\mathrm{E}[Vx] = A\mathrm{E}[x^2]$$

となるので $S_{Yx} = \mathrm{E}[Yx]$，$S_{xx} = \mathrm{E}[x^2]$ とすると

$$A = S_{Yx} S_{xx}^{-1} \tag{10.21}$$

が得られる．S_{Yx} は各月の月流量と年流量の共分散ベクトル，S_{xx} は年流量の分散であり，観測された時系列データからそれらの推定値を算定すれば，A の推定値 $\hat{A}$ が得られる．また，月流量間の相関行列 S_{YY} は

$$S_{YY} = \mathrm{E}[YY^\mathrm{T}] = \mathrm{E}[(Ax + BV)(Ax + BV)^\mathrm{T}] = A\mathrm{E}[x^2]A^\mathrm{T} + B\mathrm{E}[VV^\mathrm{T}]B^\mathrm{T}$$
$$= AS_{xx}A^\mathrm{T} + BB^\mathrm{T} = S_{Yx}A^\mathrm{T} + BB^\mathrm{T} = AS_{xY} + BB^\mathrm{T}$$

となる．したがって

$$BB^\mathrm{T} = S_{YY} - AS_{xY} \tag{10.22}$$

が得られる．S_{YY} は各月の月流量の分散共分散行列であり，(10.21) 式，(10.22) 式から BB^T の推定値 $\hat{B}\hat{B}^\mathrm{T}$ が得られる．$\hat{B}\hat{B}^\mathrm{T}$ から $\hat{B}$ を求めることができれば，(10.20) 式を用いて，発生させた年流量を月流量に分解することができる．

10.4.3　組み合わせモデルを用いた降水時系列の発生

AR モデルや ARMA モデルは，河川流量など連続的に変化する現象をモデル化する場合に有用なモデルである．しかし，降水時系列のように，降水期間と無降水期間が交互に生じる間欠的な時系列を表現するためには，AR モデルや ARMA モデルをそのまま利用することは難しい．そこで，降水の発生・非発生を表現する時系列モデル m_n と降水が発生した場合の降水の変動を表現する時系列モデル x_n とを組み合わせて $z_n = m_n x_n$ とするモデルが考えられる[2]．

図 **10.3** は，降雨の有無 m_n をマルコフ連鎖で表現し，降雨が発生した場合の時系列モデル x_n に AR(1) モデルを用いて，$z_n = m_n x_n$ として時間単位の降水時系列を発生させた例である[5]．この手法は，日単位で提供された温暖化気候推計

340 第 10 章 水文量の時系列解析と時系列シミュレーション

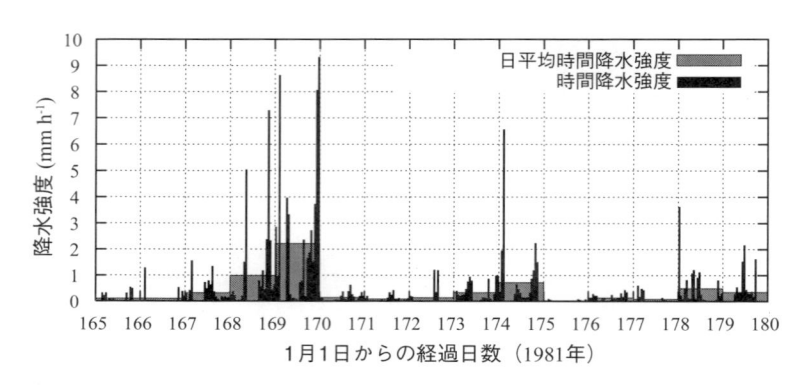

図 10.3：時間降水量時系列の発生とそれを用いた日降水量のダウンスケール．

データを時間単位の降水量時系列に分解するために用いられた．時間降水量の発生手順は以下の通りである．

1) 日降水量データを調べて，降水がある日を抽出する．
2) 降水がある日を対象として，時間降水量時系列を発生させる．まず，各時間における降水の有無を一次マルコフ連鎖に従うものとして発生させる．次に，降水有りとされる時間の降水量時系列を AR(1) モデルを用いて発生させる．
3) 1 次マルコフ連鎖と AR(1) モデルのパラメータは，日降水量に応じて同定する．ここでは，日降水量を 10 クラスに分け，それぞれのクラスごとにモデルパラメータを決定した．
4) 発生させた時間降水量の一日の総量が，その日の日降水量と一致するように係数をかけて調整する．

10.5 ポイントプロセスモデル

連続的な時間軸上において事象を確率的に発生させ，それらを合成して時系列データを生成するモデルとして，ポイントプロセスモデルがある．ポイントプロセスモデルは AR モデルのように時系列全体を一つのモデル式として表現するのではなく，事象の発生 (発生時期と強度，継続時間など) を確率分布モデルとして

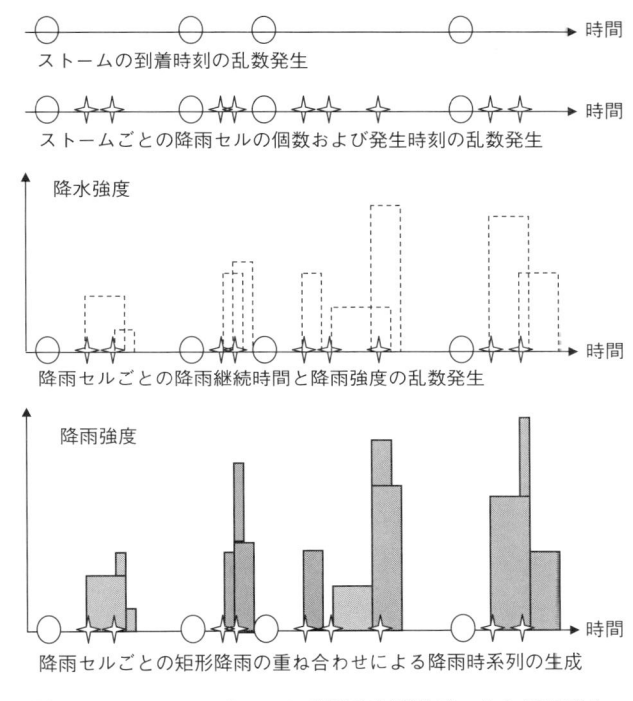

図 **10.4**：NSRP モデルによる降雨時系列データの模擬発生.

表現し，それらを合成して時系列データを生成する．この形式のモデルは間欠的に発生する事象の発生過程をそのままモデル化できるため，降雨時系列の発生に応用されている．

ポイントプロセスモデルを用いて水文時系列を模擬発生する代表的な時系列モデルとして **NSRP (Neyman Scott Rectangular Pulse)** モデルがある．図 **10.4** に示すように，NSRP モデルは以下の手順により時系列を生成する．

1) 降雨をもたらすストームの発生時刻を平均発生率 λ のポアソン過程で表す．ストームの再帰時間 T_1 (ストームと次のストームの間の時間間隔) の確率密度関数は指数分布 $f_{T_1}(t) = \lambda e^{-\lambda t}$ で表す．
2) 一つのストームの中に発生する降雨セルの個数 x を平均個数 ν のポアソン分布
$$P(X = x) = \frac{(\nu t)^x}{x!} e^{-\nu t}, \quad x = 0, 1, 2, \cdots$$

で表す．t は 1) で発生させたストームの時間間隔である．一つのストームには最低一つの降雨セルが発生すると考え，上式で発生させた x に 1 を足した個数を降雨セルの個数とする．

3) ストームの到来時刻と降雨セル，降雨セルと降雨セルの間の時間間隔 s は平均発生率 β の指数分布 $f_{S_1}(s) = \beta e^{-\beta s}$ に従うとする．

4) 一つの降雨セルの継続時間と強度はそれぞれ平均継続時間 η^{-1}，平均降雨強度 ξ^{-1} の指数分布で表す．

5) これらによって発生させた矩形降雨を重ね合わせて降雨時系列データとする．

ある一箇所の降雨時系列を対象とする NSRP モデルのモデルパラメータは $\lambda, \nu, \beta, \eta, \xi$ である．時間間隔 h で区切った第 i 番目の区間の降雨量を Y_i^h として，Rodriguez-Iturbe ら[6] は NSRP モデルによって生成する降雨時系列データの平均値，分散，共分散が次式によって得られることを導いた．

$$\mathrm{E}[Y_i^h] = \frac{\lambda \nu h}{\eta \xi} \tag{10.23}$$

$$\mathrm{Var}[Y_i^h] = \frac{\lambda(\nu^2 - 1)[\beta^3 A_1(h) - \eta^3 B_1(h)]}{\beta \xi^2 \eta^3 (\beta^2 - \eta^2)} + \frac{4\lambda \nu A_1(h)}{\eta^3 \xi^2} \tag{10.24}$$

$$\mathrm{Cov}[Y_i^h, Y_{i+k}^h] = \frac{\lambda(\nu^2 - 1)[\beta^3 A_2(h,k) - \eta^3 B_2(h,k)]}{\beta \xi^2 \eta^3 (\beta^2 - \eta^2)} + \frac{4\lambda \nu A_2(h,k)}{\eta^3 \xi^2} \tag{10.25}$$

ここで

$$A_1(h) = \eta h - 1 + e^{-\eta h}$$
$$B_1(h) = \beta h - 1 + e^{-\beta h}$$
$$A_2(h,k) = (1 - e^{-\eta h})^2 e^{-\eta h(k-1)}/2$$
$$B_2(h,k) = (1 - e^{-\beta h})^2 e^{-\beta h(k-1)}/2$$

である．パラメータを決定するためにはこの関係式を用いればよい．時間間隔 h のデータの個数を n_h とすれば，観測時系列から得られる標本平均値，標本分散，時間差 k の標本共分散は

$$\hat{\mu}(h) = \frac{1}{n_h} \sum_{i=1}^{n_h} Y_i^h$$

$$\hat{\sigma}_0(h) = \frac{1}{n_h} \sum_{i=1}^{n_h} (Y_i^h - \hat{\mu}(h))^2$$

$$\hat{\sigma}_k(h) = \frac{1}{n_h} \sum_{i=1}^{n^h} (Y_i^h - \hat{\mu}(h))(Y_{i+k}^h - \hat{\mu}(h))$$

となる．5個のパラメータがあるので，観測降雨データの時間間隔が1時間である場合は，たとえば1時間データの平均値，1時間データの分散，3時間データの分散，1時間データの共分散，3時間データの共分散を標本データから求め，それらを (10.23) 式，(10.24) 式，(10.25) 式 の左辺に与えて，5元の非線形連立方程式を解けばよい．

(10.24) 式，(10.25) 式 の h と k の設定の仕方には自由度がある．そこで，h と k の異なるモーメントの標本値 $\hat{f}_i$ とそれに対応する理論式によって得られるモーメント $f_i(\lambda, \nu, \beta, \eta, \xi)$ を多数設定し，標本値と理論値の差が最も小さくなるように

$$\min \sum_{i=1}^{m} w_i (1 - f_i/\hat{f}_i)^2$$

としてパラメータを決定する方法がしばしば取られる．ここで w_i は重みを表す．

このモデルは，降雨発生の統計的な特性が定常であることを仮定しているので，月単位や季節単位に区切ってパラメータが決定される[7]．発生させた降雨時系列から得られる降雨極値の再現性が向上するようにモデルパラメータを決定する方法が検討されている[8]-[10]．

コラム：WGR モデル

雨域はその平面的な大きさによって，低気圧の広がりに相当する $10^4 \mathrm{km}^2$ 以上の総観スケール，レインバンドとよばれる帯状の降雨域に相当する $10^2 \sim 10^4 \mathrm{km}^2$ のメソスケールに分類され，階層構造を成す．レインバンドは $10 \sim 30 \mathrm{km}^2$ 程度の降雨セルがクラスター状に発生する場 (クラスターポテンシャル) を形成し，その中で降雨セルは生成・発達・衰弱・消滅を繰り返す．WGR モデル[11],[12]は，こうした降雨場の時空間的な変動を，1) レインバンド，2) クラスターポテンシャル，3) 降雨セルという3つの階層構造を考えてポイントプロセスモデルで表現する．発生手順を以下に示す．

1) レインバンドの到着時刻をポアソン過程に従って発生させる．
2) レインバンド内のクラスターポテンシャルの発生位置と発生時刻をポアソン過程に従って発生させる．

3) レインバンド内の降雨セルの個数，発生時刻，発生位置をポアソン過程に従って発生させる．降雨セルごとに設定される降雨強度は，降雨セルの中心位置からの距離と降雨セル発生からの時間によって定まる．
4) 発生させた降雨セルの降雨強度を空間的に合成して降雨場とする．

WGR モデルパラメータは，レインバンドの発生，対流場の発生，降雨セルの発生・消滅に関連するパラメータ合計 15 個を設定する．図 10.5 は WGR モデルによって発生させた降雨場の一例である．

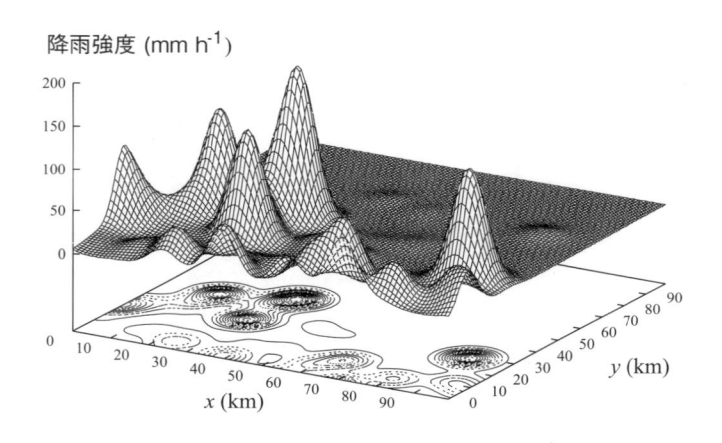

図 10.5：WGR モデルによって生成された降雨場.

10.6 乱数の発生手法

時系列モデルを用いて水文時系列を発生させる場合，乱数の発生手法が重要である．ある確率分布に従う乱数を発生させる場合，まず一様乱数を発生させて，次にそれを変換して対象とする確率分布に従う乱数を生成する．

10.6.1 一様乱数

ある範囲でどの値も等しい確からしさで現れる乱数を一様乱数という．一様乱数を発生させる手法として線形合同法がある．線形合同法は次の漸化式を用いて

順次，整数 I_j を発生させる．

$$I_j = (aI_{j-1} + c) \mod m \quad (10.26)$$

a, c, m は非負の整数であり，mod は余りを表す演算記号である．上式は，$aI_{j-1}+c$ を m で割った余りを I_j とすることを表す．生成される I_j は 0 と $m-1$ の間をとる．$0 \le u_i < 1$ となるような一様乱数を発生させるためには，$u_i = I_i/m$ とすればよい．生成される乱数列は a, c, m の値と I_0 によって決まり，I_0 を seed number という．(10.26) 式のような漸化式を用いて計算機によって生成される乱数列は，厳密な乱数ではないため擬似乱数とよばれる．32 ビット整数を扱う計算機では，

$$a = 7^5 = 16807, \quad c = 0, \quad m = 2^{31} - 1 = 2147483647$$

が "minimal standard" として使われてきた[13]．

10.6.2 変換法

$0 \le u < 1$ の範囲の一様乱数 u を発生させる．次に発生させた u をある関数 $x = g(u)$ で変換して，確率密度関数 $f_X(x)$ に従うような x を生成することを考える．問題は変換関数 $g(u)$ の設定法である．u の確率密度関数を $p_U(u)$ とすると，$p_U(u) = 1$ である．したがって

$$f_X(x)dx = p_U(u)du = du \quad (10.27)$$

となり $u = F_X(x)$ が得られる．$F_X(x)$ は x の確率分布関数である．これより変換関数 $g(u)$ は

$$x = g(u) = F_X^{-1}(u) \quad (10.28)$$

とすればよいことがわかる．つまり，図 **10.6** に示すように，発生させたい確率分布関数の逆関数を変換関数とすればよい．たとえば，指数分布 $F_X(x) = 1 - e^{-\lambda x}$ に従う乱数を発生させたい場合は，$u = 1 - e^{-\lambda x}$ を x について解いた $x = -(1/\lambda)\ln(1-u)$ を変換関数とすればよい．

正規分布に従う乱数を発生させる場合は，u_1, u_2 を $0 < u < 1$ の一様乱数として

$$x_1 = \sqrt{-2\ln u_1}\cos(2\pi u_2), \quad x_2 = \sqrt{-2\ln u_1}\sin(2\pi u_2) \quad (10.29)$$

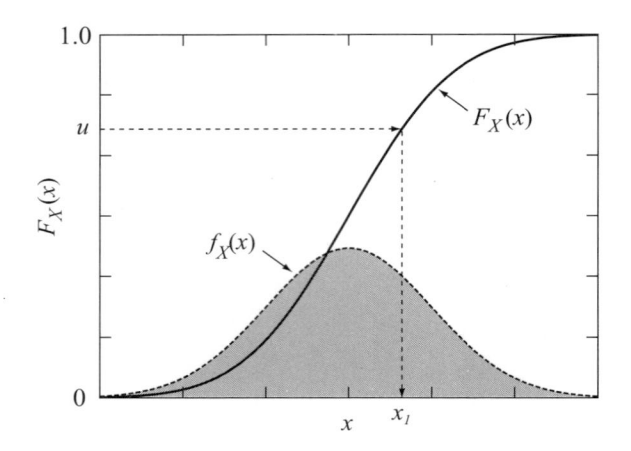

図 **10.6**：変換法による乱数の発生法の模式図.

とすれば，x_1, x_2 は標準正規分布に従う乱数となる．この方法を Box-Muller 法とよぶ．証明は以下の通りである．(10.29) 式より

$$u_1 = \exp\left[-\frac{1}{2}(x_1^2 + x_2^2)\right], \ u_2 = \frac{1}{2\pi} \arctan \frac{x_2}{x_1} \tag{10.30}$$

が得られる．(10.27) 式は多変数の場合にも拡張できて

$$f(x_1, x_2, \cdots) = p(u_1, u_2, \cdots)\left|\frac{\partial(u_1, u_2, \cdots)}{\partial(x_1, x_2, \cdots)}\right| = \left|\frac{\partial(u_1, u_2, \cdots)}{\partial(x_1, x_2, \cdots)}\right| \tag{10.31}$$

となる．絶対値の中は u の x についてのヤコビ行列式である．二次元の場合を考えて (10.30) 式を (10.31) 式に代入すると

$$f(x_1, x_2) = \left|\frac{\partial(u_1, u_2)}{\partial(x_1, x_2)}\right| = \left(\frac{1}{\sqrt{2\pi}}e^{-x_1^2/2}\right)\left(\frac{1}{\sqrt{2\pi}}e^{-x_2^2/2}\right) \tag{10.32}$$

が得られる．右辺は標準正規分布の確率密度関数の積に他ならず，x_1, x_2 はそれぞれ独立に標準正規分布に従うことがわかる．対数正規乱数は発生させた正規乱数を e^{x_1} とすればよい．

10.6.3 棄却法

(10.28) 式を用いる変換法は，確率分布関数の逆関数が解析的に求められる場合に有効である．そうでない場合，たとえばガンマ分布やポアソン分布に従う乱

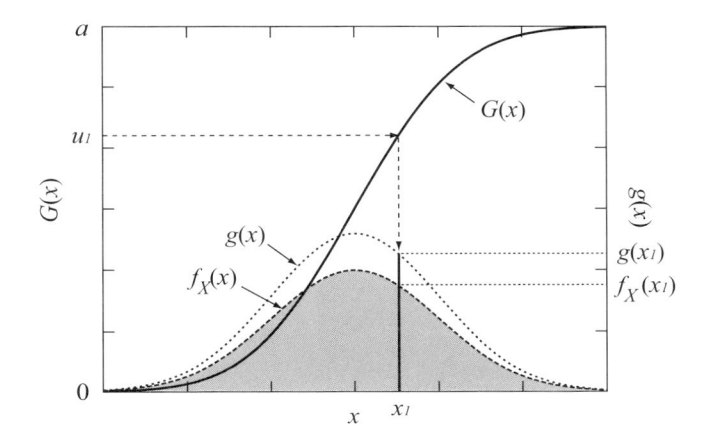

図 10.7：棄却法による乱数の発生法の模式図.

数発生に適用できる一般的な乱数発生手法として棄却法がある．棄却法は以下の手順により乱数を発生させる．

1) 図 10.7 に示すように，生成したい乱数の確率密度関数を $f_X(x)$ とする．すべての点で $g(x) \geq f_X(x)$ であるような関数 $g(x)$ を選ぶ．$g(x)$ は積分関数 $G(x)$ とその逆関数が解析的に得られるものとする．
2) $a = \int_{-\infty}^{\infty} g(x)dx$ を求める．a は 1 以上の値を取る．
3) $0 \leq u < a$ となるような一様乱数を発生させ，その値を u_1 とする．
4) 1) で設定した $G(x)$ の逆関数を用いて，$x_1 = G^{-1}(u_1)$ となる x_1 を求める．
5) $0 \leq u < g(x_1)$ となる一様乱数を u_2 を発生させる．$0 \leq u_2 < f_X(x_1)$ ならば，x_1 を $f_X(x)$ に従う乱数として採用する．

この手順をとれば，確率密度関数 $f_X(x)$ に従う乱数を発生させることができる．

コラム：空間相関を持つ正規乱数の発生手法

空間的な相関を持つ確率変量のデータシミュレーション手法として，正規確率場および対数正規確率場を発生させる計算機アルゴリズムを示す[14]．

LU 分解法 相関を持つ確率ベクトルの基本的な発生法は，相関構造を設定した共分散行列を LU 分解 (コレスキー分解) する方法である．R を $N \times N$ 次元の共分散行列とすると R は対称行列であり，R が正定値行列ならば R を次のようにコレスキー分解することができる．

$$R = LL^{\mathrm{T}}$$

ここで L は $N \times N$ の下三角行列である．この下三角行列 L に，N 次元の互いに無相関なランダムベクトル w ($w \sim \mathrm{N}(0, I)$，I は $N \times N$ の単位行列) を乗ずれば，得られる N 次元ベクトル $y = Lw$ が求めるべき確率場となる．なぜなら

$$\mathrm{E}[yy^{\mathrm{T}}] = \mathrm{E}[Lww^{\mathrm{T}}L^{\mathrm{T}}] = L\mathrm{E}[ww^{\mathrm{T}}]L^{\mathrm{T}} = LL^{\mathrm{T}} = R$$

であり，y の共分散行列は R となるからである．ここで $\mathrm{E}[\ ]$ は確率変数の平均を取る操作の意味で用いた．w は正規乱数を N 個並べて作成したベクトルとすればよい．この方法は非常に簡単で直接的な方法であるが，共分散行列のサイズが大きくなると，計算機メモリを大量に取るために実行が不可能となる可能性がある．

平方根分解法 計算機メモリ取得の問題を回避するための手法の概要を示す．まず，$N \times N$ 次元の共分散行列 R を $N \times N$ 次元の対称行列 S の積 $R = SS$ に分解することを考える．もし，この行列 S を求めることができれば，LU 分解法と同様に S にランダムベクトル w を乗じてできるベクトル $y = Sw$ が求めるべき確率場となる．なぜならば

$$\mathrm{E}[yy^{\mathrm{T}}] = \mathrm{E}[Sww^{\mathrm{T}}S^{\mathrm{T}}] = S\mathrm{E}[ww^{\mathrm{T}}]S^{\mathrm{T}} = SS^{\mathrm{T}} = SS = R$$

となって，y の共分散行列は R となるからである．

この S を近似的に求めることを考える．共分散行列 R は対称行列であり，かつ非負正定値行列なので，次のように固有値分解することができる．

$$R = Q\Lambda Q^{\mathrm{T}}$$

ここで Q は $N \times N$ 次元の直交行列，Λ は $N \times N$ 次元の対角行列であり，$\Lambda = \mathrm{diag}(\lambda_1, \lambda_2, \cdots, \lambda_N)$，であって，対角成分には R の固有値が並ぶ．R は

非負正定値行列なので，すべての固有値は 0 以上の値を取る．したがって，

$$\Lambda^{1/2} = \mathrm{diag}(\sqrt{\lambda_1}, \sqrt{\lambda_2}, \cdots, \sqrt{\lambda_N})$$

という行列を設定することができ，S を $S = Q\Lambda^{1/2}Q^{\mathrm{T}}$ とすることができる．ここで，固有値の最小値と最大値を含む区間で $\sqrt{\lambda}$ を多項式

$$\sqrt{\lambda} = \alpha_0 + \alpha_1 \lambda + \alpha_2 \lambda^2 + \cdots + \alpha_p \lambda^p + \delta$$

で近似すれば

$$S = Q(\alpha_0 I + \alpha_1 \Lambda + \cdots + \alpha_p \Lambda^p + \Delta)Q^{\mathrm{T}} = \alpha_0 I + \alpha_1 R + \cdots + \alpha_p R^p + Q\Delta Q^{\mathrm{T}}$$

となる．ここで，$\alpha_0, \cdots, \alpha_p$ は定係数であり δ は近似誤差を表す．上式の展開には以下を用いた．

$$R^n = (Q\Lambda Q^{\mathrm{T}})^n = Q\Lambda^n Q^{\mathrm{T}}$$

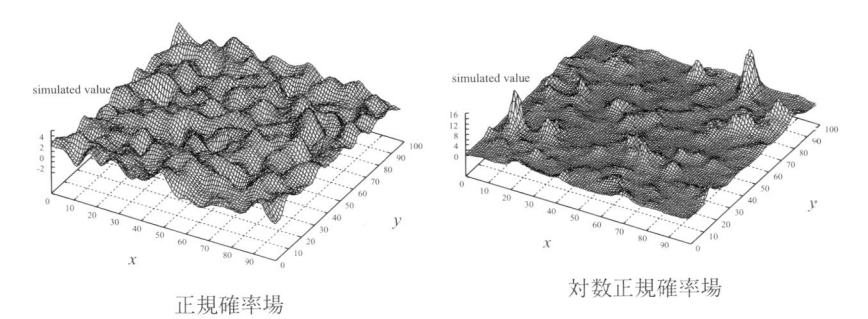

正規確率場 　　　　　　　対数正規確率場

図 **10.8**：100×100 のグリッドに対して発生させた確率場．

発生させた対数確率場の例　格子間隔が x 方向，y 方向ともに 1.0 であるような 100×100 の矩形領域を設定し，正規分布に従うように発生させた確率場の一例を 図 **10.8**(a) に示す．この例では，共分散関数 $C(h)$ をガウス関数

$$C(h) = C(0)\exp(-h^2/a^2)$$

で与えた．h は距離，$C(0)$ は分散の値，a は相関長さである．ここでは，$C(0) = 1.0$，$a = 5.0$，発生させる確率場の平均値 $m = 1.0$ とした．図 **10.8**(b) は同様の手順によって発生させた対数正規確率場である．

参考文献

1) 星 清：水文時系列解析, 水文・水資源ハンドブック, 7.4, pp. 248–251, 1997.
2) Salas, J. D. : Analysis and modeling of hydrologic time reries, Chapter 19, Handbook of Hydrology, ed. D. R. Maidment, McGraw-Hill Professional, pp. 19.1–19.72, 1993.
3) Thomas, H. A., Jr. and M. B. Fiering : Mathematical synthesis of streamflow sequences for the analysis of river basins by simulation, in design of water-resource systems, Harvard University Press, Cambridge, Massachusetts, pp. 459–493, 1962.
4) Valencia, R. D. and J. C. Schaake : Disaggregation processes in stochastic hydrology, *Water Resources Reserch*, 9(3), pp. 580–585, 1973
5) 佐山敬洋, 立川康人, 寶 馨, 増田亜未加, 鈴木琢也：地球温暖化が淀川流域の洪水と貯水池操作に及ぼす影響の評価, 水文・水資源学会誌, 21(4), pp. 296–313, 2008.
6) Rodriguez-Iturbe, I., D. Cox and V. Isham : Some models for rainfall based on stochastic point processes, *Proc. R. Soc. London* A 410, pp. 269–288, 1987.
7) Cowpertwait, P., P. E. O'Connell, A. V. Metealfe, and J. A. Mawdsley : Neyman-Scott modeling of rainfall time series: 1. fitting procedures for hourly and daily data, 2. regionalization and disaggregation procedures, *J. Hydrol*. 175 (1-4), pp. 17-46, pp. 47–65, 1996.
8) Cowpertwait, P. : A Poisson-cluster model of rainfall: high-order moments and extreme values, *Proc. R. Soc. Lond*., A 454: 885–898, 1998.
9) C. A. Mondonedo, Y. Tachikawa, and K. Takara : Evaluation of the quantiles of the Neyman-Scott rainfall model, *Annual Journal of Hydraulic Engineering*, JSCE, 51, pp. 79–84, 2007.
10) C. Mondonedo, Y. Tachikawa, and K. Takara : Improvement of monthly and seasonal synthetic extreme values of the Neyman-Scott rainfall model, *Hydrological Processes*, 24(5), pp. 654–663, 2010.
11) Waymire, E., V. K. Gupta, and I. Rodriguez-Iturbe : A spectral theory of rainfall intensity at the meso-β scale, *Water Resources Research*, 20(10), pp. 1453–1465, 1984.
12) Valdes, B. J., I. Rodriguez-Iturbe, and V. K. Gupta : Approximations of temporal rainfall from multidimensional model, *Water Resour. Res*., 21(8), pp. 1259–1270, 1985.
13) Kroese, D. P., T. Taimre, and I. Z. Botev : Handbook of Monte Carlo Methods, John Wiley & Sons, pp. 4–5, 2011.
14) 立川康人, 椎葉充晴：共分散行列の平方根分解をもとにした正規確率場および対数正規確率場の発生法, 土木学会論文集, 656/II-52, pp. 39–46, 2000.

第 11 章

流出システムのモデル化

　流域の水循環は，ある物理法則あるいは統計法則に従う部分システムが相互に関連する流出システムとして考えることができる．水工計画では主として降水が河川流量に変換される過程を流出システムとして捉え，数理モデルとしてモデル化し，人間活動と関連して水循環の様々な様相を予測することに焦点を当てる．本章では流出システムの捉え方とモデル化手法について説明する．

11.1 流出システムと流出モデル

11.1.1 流出システム

　流域にもたらされた降水は，様々な経路を通った後，河川流量に変換される．その過程は，入力を出力に変換する様々な部分システムが相互に関連する流出システムによって形成されていると考えることができる．流出解析とはこの流出システムを分析し，それぞれの部分システムが従う物理法則または統計法則を明らかにすること，それらの相互関係を明らかにすること，部分システムやそれらの相互関係を数式で表現した数理モデルを構成して流出を予測することに他ならない．以下に，高棹による流出システムの捉え方を引用する[1),2)]．

　　　流出システムという場合，それは確かな物理法則または統計法則の従う同質の部分システムの順序付けられた集合を意味する．したがって，流出システムの特性を統一的かつ量的に把握するためには，全体システムを構成する法則の違った部分システムの機構と相互関係を明確にして，全体シ

第 11 章 流出システムのモデル化

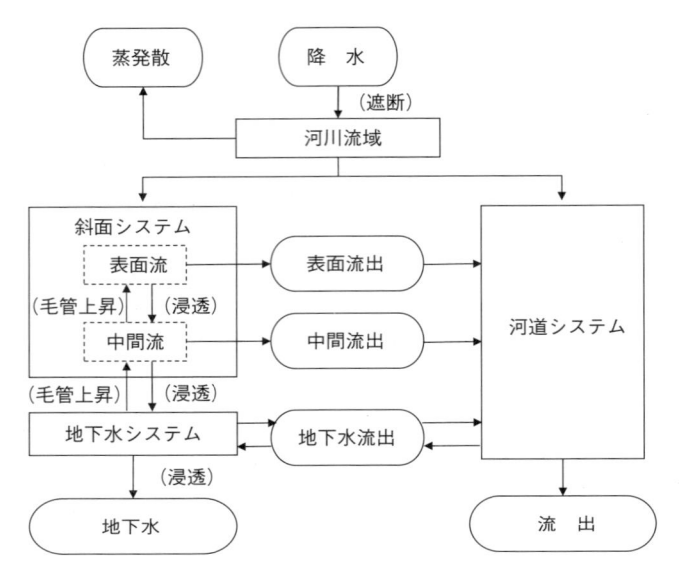

図 11.1：流出システム[1),2)].

ステムの組織的表現を行うことが必要である．

図 **11.1** は流出システムのブロック線図であって，降水から流量までの雨水の道すじ，すなわち，各部分システムの相互関係をシステム化したものである．四角は部分システム，丸四角は入力または出力，矢印は入力または出力の方向を示したものである．システムを特徴づける主要な物理量としては

- 入力：システムに作用する外的起因（たとえば降水）
- 出力：システムに作用した一つまたはそれ以上の入力によって生ずる結果（たとえば流量）
- システムパラメータ：システムの動特性を支配するパラメータ（たとえば，勾配あるいは流出の低減指数）

の 3 つである．また，全体システムを考えたとき，出力は矢印の方向の部分システムへの入力になるし，その逆も起こり得る．

流出システムを明確にするためには，広範囲な研究が必要であるが，大別して，1) 現象の観測，2) システムを表現する数式モデルの設定ということができよう．この状況は密接な関係があるもので，現象の観測といって

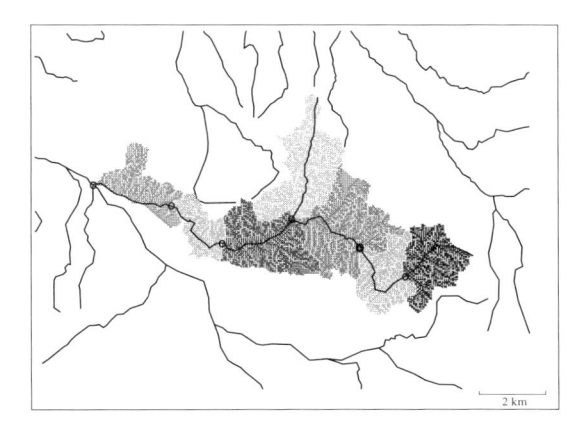

図 **11.2**：地形によって決定される部分流域.

も，何をどのような基準で観測するかは，モデルから要求されるものであり，また数式モデルは現象の観測が基本であることはいうまでもない．この両者が互いにフィードバック的に関連しているという認識こそが，流出システムを正確に理解していくただ一つの道である．

水工計画で対象とする場は，図 **11.1** に示される雨水の流出システムを中心として，人間による水利用や流水制御の過程，水循環に伴って発生する土砂や物質の移動・拡散過程，水質や水温の変化過程などが加わって構成される．全体の流出システムを構成する部分システムを理解し，部分システム間の相互関係を明らかにすること，次に部分システムの機構を適切な数理モデルを用いて要素モデルとして表現し，要素モデルを組み合わせて全体のシステムモデルを組織的に表現することが，流出予測の基礎を構成する．

11.1.2 流出システムの構成要素

図 **11.2** は標高データを用いて各河道区分に流入する斜面を特定し，流域を空間的に分割した例である．このように空間的に分割された部分流域を構成単位とし，その中で起こっている水循環を図 **11.1** で示されるような流出システムとして捉えることができれば，それらを空間的に相互に結合することによって，全体の流出システムを考えることができる．図 **11.1** に示すように，流出システムに

含まれる主要な部分システムは以下である．

- 流域に到達した雨水が斜面表層付近の流れを通して河道に流出するまでの斜面システム．
- 斜面からの流出や地下水からの供給を受けて雨水を流下させる河道システム．
- 斜面から供給を受け河川に長期的に雨水を供給する地下水システム．地下水システムと河川システムとは双方向に入出力関係を持つ．扇状地およびその下流では河川システムから地下水システムに河川水が供給されることがある．
- 河道から氾濫原あるいは市街地への河川水の氾濫を扱う氾濫システム．
- 人間活動による水利用や流水制御の過程．たとえばダム貯水池での流水制御や水田での取水・排水，発電のための取水・導水システム．
- 水循環に伴って発生する様々な現象．たとえば土砂や物質の移動・拡散，水温や水質の変化，さらには植生の生育過程や農作物の生産過程などの部分システム．

これらの部分システムを数式で表現し，電子計算機を用いて再現・予測できるようにした数理モデルを流出モデルという．ここでは流出システムに含まれる主要な部分システムを示したが，降水システムや蒸発散システムも流出システムと一体として対象とすることがある．

図 11.3 は洪水流出を分析の対象として，部分流域の雨水の流れを模式的に表した例である．この場合は山腹斜面での早い流れと河道での流れが支配的な現象となるため，それらの機構をモデル化して互いに空間的に結合することによって，流域全体の洪水流出現象をモデル化する．

自然現象による水循環の中で，我々は生活に適合するように流出システムを改変し，それを利用してきた．農業用水の確保を目的とした灌漑・排水事業や，上下水道整備，治水・利水を目的としたダム貯水池による流水制御などである．それらのプロセスが相互に影響しあって，実際の流出システムを形成している．河川流量はもはや自然状態での値とは言えず，人工的に制御された結果である．このような流水制御の効果を陽に表現する水工シミュレーションモデルでなければ，流出現象を再現することはできないし，将来の流出現象を予測することもできない．ダム貯水池などでの流水制御過程のモデル化や，農業取排水の過程のモ

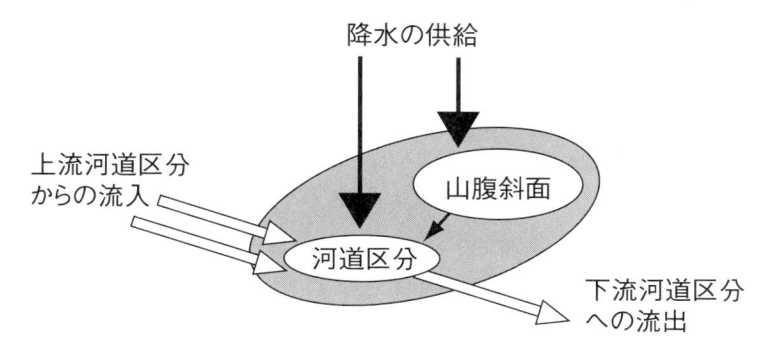

図 11.3：部分流域での雨水の流れのモデル化.

デル化が必要となる．河川計画や流域管理に関する意思決定のためには，自然の流出現象に加えて流水制御の影響をモデル化し，それを用いて将来の流出現象を予測する必要がある．

11.1.3 流出モデルの目的

流出モデルの主要な目的は，流出システムを理解し部分システム間の相互関係を明確にすることにある．また工学的な目的として，洪水や渇水による河川流量を予測すること，治水施設や利水施設の効果を分析すること，流域環境や気候変化に伴う水循環の変化を予測して将来に備えることなどがある．具体的には，主として以下の目的のために流出モデルを構築する．目的によって，流出モデルの構成の仕方は異なる．

(1) 現象のより深い理解のための流出モデル

水文観測は流域での水移動・物質移動のある一断面を捕らえているに過ぎず，観測値だけで流出現象を理解することはできない．現象をより深く理解するためには，現象の観測とともに流域内の水や物質の循環過程を説明する理論を理解する必要がある．この理論を数式として表現したものが流出モデルである．流出現象の観測とそれを説明する理論を構成し，互いのフィードバックを通して流出現象を理解する営みが流出解析である．流域下端だけでなく，流域内部の水文量の時空間分布が得られるような流出モデルが現象の理解を助ける．また，流出モデ

ルの内部で雨水や物質移動の時空間分布を追跡できる仕組みがあると，観測とモデルとをつなぐ有効なツールとなる．

(2) 河川計画や水工構造物の設計のための河川流量の予測

洪水による災害を軽減・防止する手段として，水工構造物 (堤防，遊水地，ダムなど) を設置したり補強したりすることが考えられる．そのためには，水工構造物の適切な規模やもっとも効果が見込まれる設置位置を知る必要がある．洪水防御計画の立案の基本となる洪水ハイドログラフ (基本高水) は，ある定められた規模の計画降雨を流出モデルに入力して求められる．

(3) 実時間での河川水位・流量の予測

洪水に関する予警報の発令や水防活動，ダム貯水池などの水工施設の効率的な稼動のためには，実時間での河川水位・流量の予測が有効である．そのために数時間先までの予測降雨を入力として，流出モデルを用いて数時間先の河川水位・流量を時々刻々予測することが求められる．流出モデルは，短時間で数時間先までの予測計算が終了するモデルが要求される．

(4) 水資源予測 (長期の流況予測)

河川水は農業用水，工業用水，都市用水など，水利用の主要な水源となっている．流域環境の変化や気候変化に伴って水資源が時間的・空間的にどのように変化するか，また河川からどの程度の水量を期待することができるかを予測するために，長期間の流況を予測する流出モデルが必要となる．

(5) 環境変化に伴う水循環の変化予測

流域環境の変化や社会状況の変化，気候変化によって水循環は大きく変化する可能性があり，それらの変化による水循環の変化の仕方を事前に予測することが求められる．流出モデルは，場の条件が変わった場合のモデルパラメータの値を適切に設定できるような流出モデルが必要となる．観測データによってのみモデルパラメータが定まる流出モデルでは，この目的に対する適用は難しい．物理的な流出モデルはパラメータの調整が不要というわけではないが，パラメータの取り得る範囲や場の条件に対するパラメータの値をある程度想定できる．

(6) 水文観測が十分でない流域の水循環予測

洪水の発生や水資源の変化を予測するためには，水文観測が基本となる．しかし，十分な水文観測がなされておらず，今後ともその実施がすぐには難しい地域が存在する．それらの地域での水文量を予測するためには，流域条件からモデルパラメータが定まるような流出モデルと気象・気候予測モデルが有効である．

11.1.4 流出モデルの分類

流出モデルは流出システムのすべてを忠実に再現しようとするものではなく，目的に応じて支配的な現象のいくつかをモデル化し，それらを相互に結合して全体の流出モデルを構成する．そのため，目的に応じて流出モデルは異なるものとなる．我が国の洪水予測を対象とする場合を考えてみる．このときの降水量は一日で 100mm 以上を記録することが通常である．一方で蒸発散量は夏季のもっとも蒸発しやすい条件のもとでも一日当たり 6mm 程度である．そのため，洪水流量を推定する場合は洪水期間中の蒸発散量を重視する必要はない．このとき，流域のある対象地点での河川流量を予測する流出モデルを考えると，降雨から河川流量への変換過程は，f を降雨から河川流量への変換過程を表現する流出モデルとして，次のように表すことができる．

河川流量 = f(降水強度, 地形, 土地被覆, 地質, 初期の水分状態)

降水強度の時間・空間的な分布の仕方は河川流量の形成に大きく影響する．また同じ降水強度でも，それを受ける地形や土地利用，地質が異なれば河川流量は異なる．たとえば，土地利用が森林から都市域に変化すれば，洪水時の河川流量は一般により大きくなる．さらに，同じ降水強度でも，直前に大きな降水があって流域が湿った状態にあるか，あるいは乾いた状態にあるかによって洪水の発生の仕方は異なる．河川流量を長期的に予測することを考えると，蒸発散量が河川流量を支配する大きな要因となる．この場合は，気温や日射量，風速など蒸発散量を推定する水文量も，流出モデルに与えねばならない重要な情報となる．

このように，流出モデルは目的によって重点を置く水文素過程が異なり，それに応じて必要とする情報も異なる．また，ある対象地点一地点だけの河川流量を予測することを目的とするのか，流域内部の水分状態の時空間的な変動を予測することを目的とするのかによっても，異なる形式の流出モデルを用いる必要がある．**表 11.1** に流出モデルの分類の一例を示す．以下，これに関して解説する．

表 11.1：流出モデルの分類.

- ○ 予測の対象期間から見た分類
  - 短期流出モデル（洪水流出モデル）
  - 長期流出モデル（流況予測モデル）
- ○ モデル構成の考え方から見た分類
  - 応答モデル（降雨流出の応答関係から構成される流出モデル）
  - 概念モデル（降雨流出の概念的な関係式から構成される流出モデル）
  - 物理モデル（物理的な法則に基づく基礎式から構成される流出モデル）
- ○ モデル構成の空間的な違いから見た分類
  - 集中型流出モデル（集中定数系システムモデル）
  - 分布型流出モデル（分布定数系システムモデル）

(1) 短期流出モデルと長期流出モデル

　短期流出モデル (short-term rainfall-runoff model) とは，その言葉の通り数時間から数日の流出現象を再現・予測するモデルを言う．日本の流域を対象として考えると，短期流出モデルと洪水流出モデルとは同じ意味で用いられ，数日の河川流量を一時間単位またはそれよりも短い時間単位で再現・予測することが目的となる．この場合の流出モデルは，降雨から河川流量の変換過程，つまり斜面流出過程と河道網での流れのモデル化が流出モデルの主要部分となり，蒸発散過程はモデルに導入しないことが多い．

　一方，数ヶ月から年単位の長期の流況を再現・予測することを目的とする長期流出モデル (long-term rainfall-runoff model) では，蒸発散を適切にモデルに反映させることが重要となる．長江やメコン河など大陸の大河川流域の河川流量を予測する場合は，数ヶ月単位で河川流量が変動するため，洪水流出だけを目的としたモデルはありえず，すべての水文素過程を考慮した流出モデルが必要となる．

(2) 応答モデルと概念モデル，物理モデル

　降雨流出モデルを例に取ると，モデルへの入力は降雨強度，モデルからの出力は流出強度となる．応答モデルは，この入出力データの応答関係から降雨強度と河川流量との関係を得ようとする流出モデルである．後で述べる単位図法もこの範疇に含まれる．降雨から流量への物理的な変換構造を踏まえたモデルではないため Black Box Model とよばれることもある．

概念モデル (conceptual model) とは，降雨－流量の変換過程を概念的に表現するモデルである．代表的な概念モデルとして，貯留関数法やタンクモデルがある．タンクモデルは，側方と下方に流出孔を持つタンクを直列に連ねたタンク群を考え，一番上部の流出孔からの流出を地表面からの早い流出，一番下部のタンクからの流出を地下水からの遅い流出と考えて，それらの総和を河川流量とする．概念モデルは，過去の長期間の降雨と河川流量のデータが存在し，適切にモデルパラメータを決定できれば，河川流量を再現・予測することができる．計算負荷が小さいために，実時間での洪水予測にしばしば用いられてきた．

物理モデル (physically-based model) とは，物理法則に基づく連続式と運動式をもとに降雨から流出への変換過程を表現するモデルである．**1章**で述べたキネマティックウェーブモデルやそれを用いた分布型流出モデルは代表的な物理モデルである．

応答モデルや概念モデルは，水文データが長期間に渡って存在し，将来も流域環境が変化しないことを前提とし，観測された入力データと出力データに適合するようにモデル定数を決定する．モデル定数の決定には数理的な最適化手法を始めとして様々な手法が提案されている．モデル定数の値をうまく定めることができれば適合性はよい．ただし，モデル定数を定めたときに用いた観測雨量や流量を大きく上回るような大洪水について，これらのモデルやパラメータの値が有効であるか，十分に検討する必要がある．また，得られたモデル定数を他の流域に用いたり流域条件が変化した場合に，同じ定数値を用いることは一般に難しい．

土地利用の変化など流域環境が大きく変化した場合に，洪水の発生の仕方や水循環がどのように変化するかといった問題に対処するためには，土地利用や流域環境の変化を適切にモデルに表現することができる流出モデルが必要となる．物理モデルたとえばキネマティックウェーブモデルは等価粗度や土層厚，透水係数などの物理的に解釈のできるパラメータを導入して雨水の流出を表現するモデルであり，土地利用の変化をそれらのパラメータの値の変化として流出モデルに反映させることができる．もちろん，物理モデルも土地利用などの外的な条件のみによって，最適なモデル定数を定められる訳ではなく，観測データによるパラメータ同定は避けて通れない．ただし，モデル定数は物理的な意味を持つため，適切な時空間スケールで構築された流出モデルであれば，モデル定数の値の範囲を想定することができる．水文データが存在しない場合や土地利用の変化を想定した場合の流出予測は，物理モデルに頼らざるをえない．

(3) 集中型流出モデルと分布型流出モデル

流出モデルを空間的な構造の違いによって分類すると，集中型流出モデル (集中定数系システムモデル，lumped-parameter system model) と分布型流出モデル (分布定数系システムモデル，distributed-parameter system model) に分けられる．ある対象地点の予測が重要であり流域内の雨水や物質の移動を知る必要がない場合は，対象地点の上流域を一つの単位としてモデル化することがしばしば行われる．この形式の流出モデルを集中型流出モデルという．集中型流出モデルの入力は対象地点上流の流域平均の降水量や蒸発散量であり，それが流域下端の対象地点での河川流量に変換される過程をモデル化する．集中型モデルはモデル式に空間座標が反映されず，通常，時間を独立変数とする常微分方程式で表される．

一方，雨水や物質が空間的にどのように移動するかを知ることが必要となる場合がある．この場合は流域内の水文量の時空間分布を再現・予測する流出モデルが必要となる．この形式の流出モデルを分布型流出モデルという．分布型流出モデルは雨量レーダによる降雨の詳細な時空間観測データや流域地形，土地利用の数値データを導入することで，より精度の高い水文予測を目指すモデルであり，時間と空間を独立変数とする偏微分方程式で表される．流域を空間的に分割してそれぞれのサブ流域を集中型流出モデルで表現し，それらを空間的に組み合わせることによっても，空間的な水文量の変動を考慮する流出モデルを構築することができる．こうした形式の流出モデルを含めて，水文量の空間分布を扱うモデルを広く分布型流出モデルという．

11.2 集中型流出モデル

11.2.1 合理式

合理式は洪水時のピーク流量を推定するために使われる手法であり，雨水から流量への時間的な変換過程を表現するものではないが，中小河川流域での河川計画や下水道計画ではよく使われる．流域に入る降水量と流域下端からの河川流量とが等しくなる状態を仮定することで得られる次式を合理式 (rational formula) とよぶ．

$$Q = \frac{1}{3.6} fRA \tag{11.1}$$

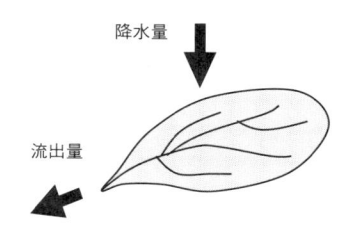

図 11.4：合理式の模式図.

Q は対象地点での河川流量 ($m^3\ s^{-1}$)，R は洪水到達時間内の流域平均の降水強度 ($mm\ h^{-1}$)，A は流域面積 (km^2) である．f は流出係数とよばれる 1.0 以下の無次元の係数であり，遮断や浸透によって河川流量に寄与しない雨水を表現する．1/3.6 は単位を変換するための係数である．

合理式は，降雨が一定強度で降り続き，流量が最大となる状態に到達する時点での降雨強度と流出強度との関係を表している（図 11.4）．理論的にはキネマティックウェーブモデルで明らかなように，一定強度で降雨が継続する場合に斜面上端を発した特性曲線が斜面下端に到達する時刻以降の状態で成立する式である．したがって，洪水ピーク流量に到達するまでに時間を要し，その間に降水量が時空間的に大きく変化することが想定される大河川流域での利用には適さない．通常は，$10 km^2$ 以下の小流域の水工施設の設計に用いられる．

11.2.2 単位図法

時刻 $t - \tau, \tau \geq 0$ に大きさ 1 の降雨が瞬間的に加わった場合の時刻 t での流出強度を $u(\tau)$ とし，時刻 $t - \tau$ の降雨強度 $r(t - \tau)$ による時刻 t での流出強度を $u(\tau)r(t - \tau)$ とする．この $u(\tau)$ を単位図という．$u(\tau)$ は単位インパルス応答関数ともよばれる．シャーマンによって提案された単位図法[3]は，この流出強度を重ね合わせて降雨から流出への変換過程をモデル化する方法である．モデルに与える降雨強度は有効降雨強度であり，出力は直接流出高となる．事前に観測降雨強度から有効降雨強度を求める必要がある．また，得られる直接流出高に基底流出を加えて最終的な流出量が計算される．

直接流出に寄与する流域平均の有効降雨強度を $r_e(t)$，直接流出強度（直接流出高）を $q(t)$ とすると，時刻 $t - \tau_1$ の有効降雨強度 $r_e(t - \tau_1)$ による時刻 t の流出

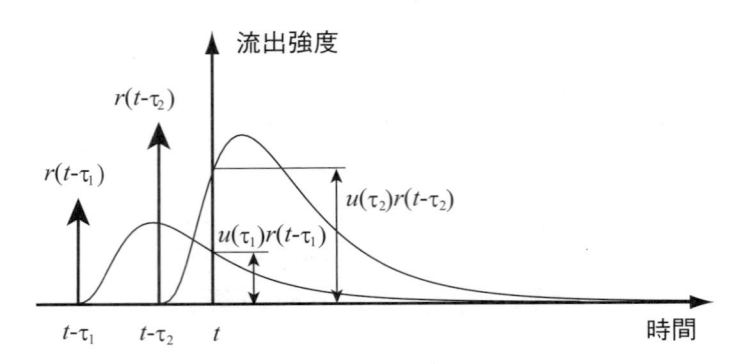

強度は $u(\tau_1)r_e(t-\tau_1)$, 時刻 $t-\tau_2$ の有効降雨強度 $r_e(t-\tau_2)$ による時刻 t の流出強度は $u(\tau_2)r_e(t-\tau_2)$ となるので, これらを足し合わせて時刻 t の流出強度は 図 **11.5** に示すように

$$q(t) = u(\tau_1)r_e(t-\tau_1) + u(\tau_2)r_e(t-\tau_2)$$

となる. したがって, 連続する有効降雨強度 $r_e(t)$ による直接流出強度は, 時刻 t 以前の有効降雨による流出強度を積分して

$$q(t) = \int_0^\infty u(\tau)r_e(t-\tau)d\tau, \quad \int_0^\infty u(\tau)d\tau = 1 \qquad (11.2)$$

となる.

(11.2) 式をもとに, 離散時間の単位図による計算式を導く. いま, ある時間 T を考え, $\tau > T$ では $u(\tau) = 0$ として

$$\int_0^T u(\tau)d\tau = 1$$

とする. N を正の整数として $\Delta t = T/N$ とし, この時間間隔ごとに有効降雨量が得られるとして, 時刻 $t-(k+1)\Delta t$ から $t-k\Delta t$ の間の有効降雨量 $P_{t-k\Delta t}$ を

$$P_{t-k\Delta t} = \int_{k\Delta t}^{(k+1)\Delta t} r_e(t-\tau)d\tau$$

とする. また Δt で区切られる時間間隔ごとに有効降雨強度は一定とみなし, 時刻 $t-(k+1)\Delta t$ から $t-k\Delta t$ の間の有効降雨強度を $P_{t-k\Delta t}/\Delta t$ とする. このとき,

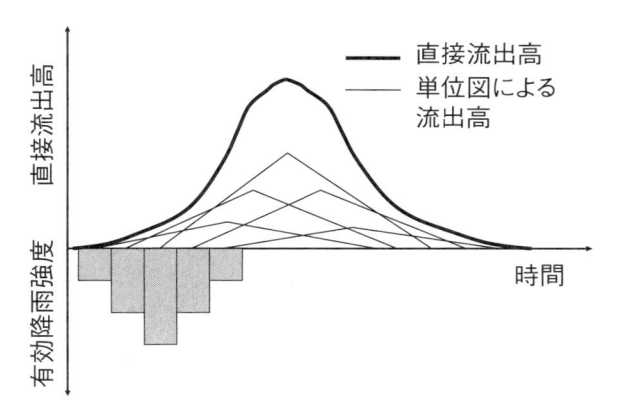

図 **11.6**：単位図法の模式図.

(11.2) 式をもとに $q(t)$ を表すと,

$$q(t) = \int_0^\infty u(\tau) r_e(t-\tau) d\tau = \int_0^T u(\tau) r_e(t-\tau) d\tau$$
$$= \frac{P_t}{\Delta t} \int_0^{\Delta t} u(\tau) d\tau + \frac{P_{t-\Delta t}}{\Delta t} \int_{\Delta t}^{2\Delta t} u(\tau) d\tau + \cdots$$
$$+ \frac{P_{t-k\Delta t}}{\Delta t} \int_{k\Delta t}^{(k+1)\Delta t} u(\tau) d\tau + \cdots + \frac{P_{t-(N-1)\Delta t}}{\Delta t} \int_{(N-1)\Delta t}^{N\Delta t} u(\tau) d\tau$$

となる．ここで

$$U_k = \frac{1}{\Delta t} \int_{(k-1)\Delta t}^{k\Delta t} u(\tau) d\tau,\ k = 1, 2, \cdots, N \tag{11.3}$$

とおくと，U_k が離散時間の単位図の縦距となる．これを用いて時刻 t の直接流出高 $q(t)$ は，

$$q(t) = P_t U_1 + P_{t-\Delta t} U_2 + \cdots + P_{t-(k-1)\Delta t} U_k + \cdots + P_{t-(N-1)\Delta t} U_N$$
$$= \sum_{k=1}^N P_{t-(k-1)\Delta t} U_k \tag{11.4}$$

となり，$q(t)$ に流域面積を乗じると流域からの直接流出量となる．図 **11.6** に示すように，流量ハイドログラフは，時刻ごとに単位時間の有効降雨量を単位図に乗じてそれらを足し合わせたものであり，それに基底流量を合わせた値が最終的な計算ハイドログラフとなる．

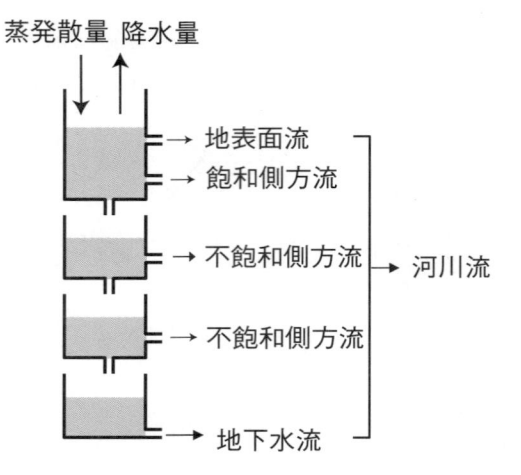

図 11.7: タンクモデルの概念図.

11.2.3 タンクモデル

タンクモデル[4]は菅原によって提案された概念モデルである．短期流出から長期流出まで多くの適用例がある．タンクモデルの基本的な構造を図 11.7 に示す．タンクの側方と底に流出孔を設定し，タンクを直列に配置して流出を再現する．タンクモデルはモデルの構造の中で基底流出を表現しており，モデルに与える降雨強度は有効降雨強度ではなく，観測された流域平均降雨強度である．

タンクモデルは，タンクの配列の仕方やタンクの個数，流出孔の個数など無数の組み合わせが考えられるが，わが国では図 11.7 のような四段直列のタンクモデルがよく用いられる．概念的に上部のタンクからの側方流出を表面流出量，上部から下部のタンクへの流出を下層への浸透量，下部のタンクからの側方流出を地下水流出量と考える．

図 11.7 に示すタンクモデルにおいて，降雨強度を r，蒸発散強度を e，地表面流の流出高を q_1，飽和側方流の流出高を q_2，第二段タンクへの流出量を q_3 とする．また，第一段タンクの貯留高を s_1，地表面流および飽和側方流の流出口の高さを h_1, h_2，それらの流出口に対する流出の比例定数を a_1, a_2，タンク底からの流出の比例定数を a_3 とすると，第一段タンクの連続式は

$$\frac{ds_1}{dt} = r - e - q_1 - q_2 - q_3$$

となる．側方の流出量はそれぞれ次のようになる．

$$q_1 = \begin{cases} a_1(s_1 - h_1) & s_1 > h_1 \text{ のとき} \\ 0 & s_1 \leq h_1 \text{ のとき} \end{cases} \quad q_2 = \begin{cases} a_2(s_1 - h_2) & s_1 > h_2 \text{ のとき} \\ 0 & s_1 \leq h_2 \text{ のとき} \end{cases}$$

下方への流出量は $q_3 = a_3 s_1$ である．二段目以降のタンクについても同様の常微分方程式を考え，それらを連立させて解く．得られた側方流出孔からの流量の総和に流域面積を乗じた値を河川流量と考える．

図 **11.7** の構造を持つタンクモデルのパラメータの個数は側方流出孔の高さ 4 個，比例係数 8 個の合計 12 個となり，パラメータの同定は容易ではない．しかし，一旦，適切なパラメータ値を同定することができれば，流量の再現性は高い．

11.2.4 貯留関数法

非線形の貯水池モデルであり，その非線形性の表現の仕方やモデル構造において，いくつかの改良されたモデルが提案されている．非常に簡単なモデル構造であるにも関わらず，洪水の再現性が高く，わが国の治水計画を立案する上での基本的な流出モデルとして用いられている．

(1) 木村の貯留関数法

木村の貯留関数法[5),6)]は，流域を流出域と浸透域に区分することによって有効降雨の算定を貯留・流出プロセスの中で扱い，洪水流出量を計算する方法である．木村の貯留関数法は 1960 年代に建設省(現在は国土交通省)で開発されて以来，多くの流域の治水計画で用いられてきた．

図 **11.8** のように流域を流出域と浸透域に分け，それぞれからの流出を考える．流域面積を A，流出域の面積を A_1，浸透域の面積を A_2 とすると $A = A_1 + A_2$ である．$f_1 = A_1/A$ は一次流出率とよばれるパラメータであり，この流出域の面積率となる．時間を t，流出域および浸透域の貯留高を s_1, s_2 それぞれへの流域平均の降雨強度を $r_{e1}(t)$, $r_{e2}(t)$，それぞれからの直接流出高を $q_1(t)$, $q_2(t)$ とすると，連続式は，

$$\frac{ds_1}{dt} = r_{e1}(t - T_{L1}) - q_1(t), \quad \frac{ds_2}{dt} = r_{e2}(t - T_{L2}) - q_2(t) \tag{11.5}$$

となる．ここで T_{L1}, T_{L2} は遅滞時間とよばれるパラメータである．遅滞時間の導入により貯留高と流出高の関係の二価性が巧みに表現される．流出域と浸透域

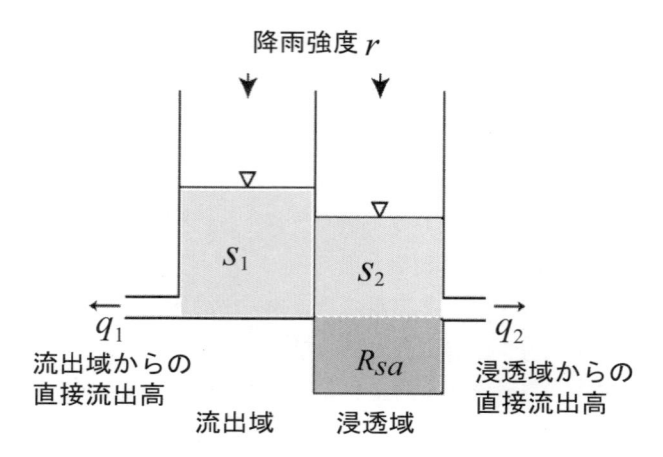

図 11.8：木村の貯留関数法の概念図.

での貯留高と直接流出高の関係式は

$$s_1 = k_1 q_1^{p_1}, \ s_2 = k_2 q_2^{p_2} \tag{11.6}$$

とする．遅滞時間を導入する際，みかけの貯留量を s_{l1}, s_{l2} とし，流出高の時間をずらして

$$\frac{ds_{l1}}{dt} = r_{e1}(t) - q_1(t + T_{L1}), \ \frac{ds_{l2}}{dt} = r_{e2}(t) - q_2(t + T_{L2})$$

とする説明がしばしばなされるが，時刻 t のときに時刻 $t + T_{L1}$, $t + T_{L2}$ の流出高を考える連続式の物理的な解釈が難しい．そこで (11.5) 式に示すように降雨強度に遅滞時間を導入し，現在時刻 t の連続式に関連する降雨は，時刻 $t - T_{L1}$, $t - T_{L2}$ より前の降雨であるとする．

　流出域からはすべての降雨が直接流出に寄与すると考える．一方，浸透域では，最初，雨水が浸透して流出に寄与しないが，降雨開始時からの累加雨量が飽和雨量 R_{sa} を超えると，流出に寄与すると考える．具体的には，有効降雨強度 $r_{e1}(t)$, $r_{e2}(t)$ は，$r(t)$ を流域平均の降雨強度，計算開始時刻を t_0 として，

$$r_{e1}(t) = r(t), \ r_{e2}(t) = \begin{cases} 0, & 0 \leq \int_{t_0}^{t} r(\tau)d\tau < R_{sa} \ \text{のとき} \\ r(t), & \int_{t_0}^{t} r(\tau)d\tau \geq R_{sa} \ \text{のとき} \end{cases} \tag{11.7}$$

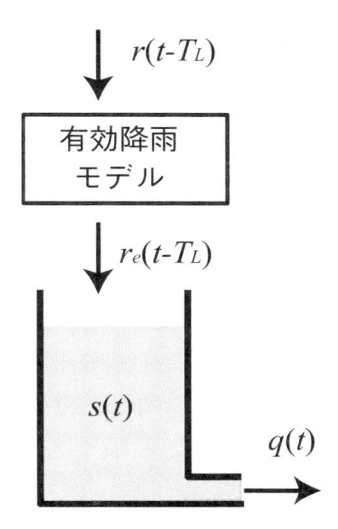

図 **11.9**：有効降雨モデルを分離した貯留関数法.

とする．総直接流出高を $q(t)$ と書けば

$$q(t) = \frac{1}{A}(A_1 q_1(t) + A_2 q_2(t)) = f_1 q_1(t) + (1 - f_1) q_2(t)$$

となる．総流出量 $Q(t)$ は，$q(t)$ に流域面積 A を乗じた総直接流出量に基底流量 Q_b を加えて

$$Q(t) = A_1 q_1(t) + A_2 q_2(t) + Q_b(t) = A f_1 q_1(t) + A(1 - f_1) q_2(t) + Q_b(t)$$

とする．パラメータの値は流出域と浸透域とで異なる値を設定することが望ましいが，$k_1 = k_2$, $p_1 = p_2$, $T_{L1} = T_{L2}$ とすることが多い．

(2) 有効降雨モデルを分離した貯留関数法

図 **11.9** に示すような有効降雨の算定と貯留・流出機構を分離した貯留関数法もしばしば用いられる[7),8)]．s を貯留高，q を直接流出高，r_e を有効降雨強度，k, p をモデルパラメータとすると，この貯留関数法は以下の連続式，貯留量と流出量との関係式から構成される．

$$\frac{ds}{dt} = r_e(t - T_L) - q, \ s = kq^p \qquad (11.8)$$

有効降雨強度 $r_e(t)$ は，$r(t)$ を流域平均の降雨強度，計算開始時刻を t_0 として，次式で与える．

$$r_e(t) = \begin{cases} f_1 r(t), & 0 \le \int_{t_0}^{t} r(\tau)d\tau < R_{sa} \text{ のとき} \\ r(t), & \int_{t_0}^{t} r(\tau)d\tau \ge R_{sa} \text{ のとき} \end{cases} \quad (11.9)$$

ここで f_1 は $0 < f_1 < 1$ とする有効降雨に関するパラメータであり，通常は対象流域で観測された一雨ごとの総雨量と直接流出高の関係から定める．木村の貯留関数法の一次流出率とは意味合いが異なる．総流出量 $Q(t)$ は，総直接流出高 $q(t)$ に流域面積 A を乗じた総直接流出量に基底流量 Q_b を加えて，以下とする．

$$Q(t) = Aq(t) + Q_b(t)$$

この貯留関数法と木村の貯留関数法では，モデル構造が違うことに注意してほしい．木村の貯留関数法は流出域と浸透域の二つの貯留量を考える．f_1 の意味は，全流域面積に対する流出域の割合である．有効降雨は流れのモデルと一体となって考えられている．一方で，この貯留関数法の貯留量は一つである．f_1，R_{sa} は流れのモデルとは分離された有効降雨モデルのパラメータとして用いられる．有効降雨モデルは流れのモデルとは独立しているので，異なる有効降雨モデルが用いられることもある．たとえば雨水保留量曲線を用いた貯留関数法[9]がある．

コラム：有効降雨パラメータ f_1 と R_{sa} の決め方

有効降雨モデルを分離した貯留関数法では，f_1 と R_{sa} は有効降雨モデルのパラメータと考える．f_1 は $0 < f_1 < 1$ とする地質条件などによって定まる流域固有のパラメータと考え，通常は対象流域で観測された一雨ごとの総雨量と総直接流出高の関係から定める．図 11.10 は，香川県の土器川流域で観測された総雨量−総直接流出高の関係をプロットし，それらを通る平均的な折れ線を当てはめた例である[10]．総降雨量が 200mm 以下では $f_1 = 0.72$，200mm を超えると $f_1 = 1.0$ となる様子が見て取れる．

R_{sa} は降雨すべてが直接流出に寄与する状態に遷移するまでの降雨強度の積算値であり，流域の初期の乾湿状態に依存して変化すると考える．図 11.10 の 200mm はもっとも乾燥した状態での R_{sa}，つまり R_{sa} の最大値と考えることができる．発生した洪水に対して，R_{sa} の値は直接流出量と有効降雨量から

定めることができる.まず,観測流量ハイドログラフから直接流出量と基底流出量とを分離する.直接流出量の分離法としてもっとも単純な方法は,初期流量を基底流量とする水平分離法である.また,ハイドログラフ逓減部の折曲点を用いる方法がある.これは対数をとった流量ハイドログラフを用いて,ピーク流量発生後の逓減部を折線近似し,第1折曲点を表面流出の終了時点,第2折曲点を中間流出の終了時点と考えて,ハイドログラフの立ち上がり点と逓減部の第2折曲点を結んだ線を直接流出量と基底流出量を分離する線と考える方法である.

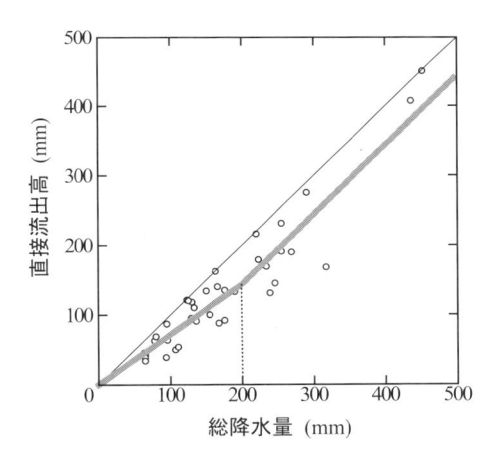

図 **11.10**:土器川流域で得られた総雨量と総直接流出高との関係[10].

分離された直接流出量の総和が得られれば,それを流域面積で割って総直接流出高が得られる.この値は総有効降雨量に他ならない.そのため,計算開始時刻を t_0,降雨が終了した後,十分時間が経過したときの時刻を t_e とすると,その間の総降水量から総直接流出高(すなわち総有効降雨量)を減じた値が降雨の損失分に等しいので

$$\int_{t_0}^{t_e} r(\tau)d\tau - \int_{t_0}^{t_e} q(\tau)d\tau = (1-f_1)R_{sa}, \quad 0 < f_1 < 1$$

という関係が成り立つ.これから R_{sa} は

$$R_{sa} = \frac{\int_{t_0}^{t_e} r(\tau)d\tau - \int_{t_0}^{t_e} q(\tau)d\tau}{1-f_1}$$

となる．f_1 が降雨ごとに変化しない流域ごとに定まるパラメータとするならば，R_{sa} は総降雨量と総直接流出高から定まる．R_{sa} は降雨すべてが直接流出に寄与する状態に遷移すると考えるまでの降雨強度の積算値である．R_{sa} は飽和雨量とよばれるが，飽和不足雨量とする方が R_{sa} の概念に近い．

コラム：パラメータ k, p, T_L の決め方

有効降雨モデルのパラメータが定まれば，次に流れのモデルパラメータである k, p, T_L を定める．以下では図解法による方法を示す．(11.8) 式を，たとえば以下のように差分近似する．

$$s(t+\Delta t) = s(t) + r_e(t-T_L)\Delta t - \frac{\Delta t}{2}(q(t+\Delta t) + q(t))$$

初期時刻において $s(0) = 0$ とし，Δt を適当に定め，T_L の値を仮定して，$s(t+\Delta t)$ の値を順次求める．$q(t)$ は基底流量分離後の直接流出高の実測値である．次に q と s をプロットする．

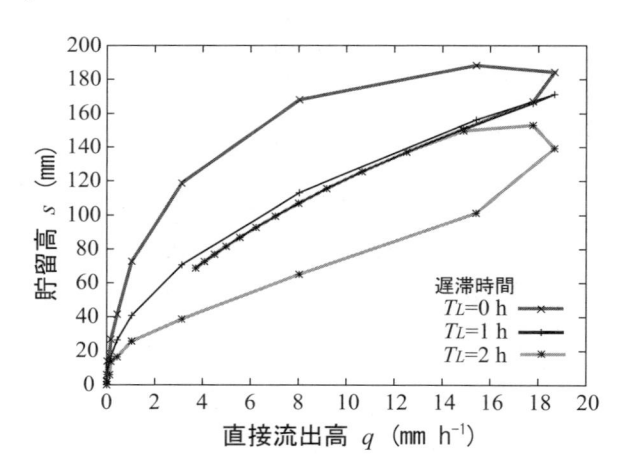

図 **11.11**：直接流出高と貯留高との関係．

図 **11.11** は，$T_L = 0, 1, 2$ h のときの $s-q$ 関係である．$T_L = 1$ h のとき，s と q とはほぼ一価の関係にある．T_L が定まれば，そのときの $s-q$ 関係につ

いて k, p を求める．$s = kq^p$ の両辺とも対数を取ると $\ln s = \ln k + p \ln q$ となる．そのため，縦軸，横軸とも対数軸としてプロットした点に直線を当てはめれば，その切片と傾きから k, p を決めることができる．

(3) 星の貯留関数法

星[11),12)]は貯留量と流出量の関係の二価性を表現するために，矩形降雨を与えた場合のキネマティックウェーブモデルを積分して得られるこれらの関係式から，次式を提案した．

$$s(t) = k_1 q(t)^{p_1} + k_2 \frac{dq^{p_2}}{dt} \tag{11.10}$$

木村の貯留関数法では遅滞時間というパラメータの導入により貯留量と流出量の二価性が表現されるが，星の貯留関係法では物理的な基礎式の展開によって二価性を考慮した貯留関係式が導かれている (**8 章参照**)．

11.3　分布型流出モデル

11.3.1　キネマティックウェーブモデル

雨水流の移動を水理学的な連続式と運動式とでモデル化する．雨水流法，等価粗度法ともよばれる．詳しくは **1 章**で解説した通りである．たとえば，図 **11.12**(a) のように河道区分に従って流域を分割し，分割した流域ごとに図 **11.12**(b) のように矩形斜面で流域をモデル化する．雨水は最初に斜面を流下し，次に河道を流下すると考える．

斜面では，降水強度 r から浸透強度 p，蒸発強度 e を差し引いた有効降雨強度 r_e が斜面に供給されると考えると，連続式と運動式は以下となる．

$$\frac{\partial h}{\partial t} + \frac{\partial q}{\partial x} = r_e(x,t) \cos\theta = (r(x,t) - p(x,t) - e(x,t)) \cos\theta \tag{11.11}$$

$$q = f(x, h) \tag{11.12}$$

t は時間，x は流下方向に取った距離，$h(x,t)$ は流積，$q(x,t)$ は単位幅流量である．斜面長を L とすると，斜面下端の単位幅流量は $q(L,t)$ となる．河道に沿った距離 y での斜面下端の単位幅流量を $q_L(y,t)$ と書くことにする．この斜面流出

(a) 流域分割の例　　　　(b) 部分流域における流出過程のモデル化

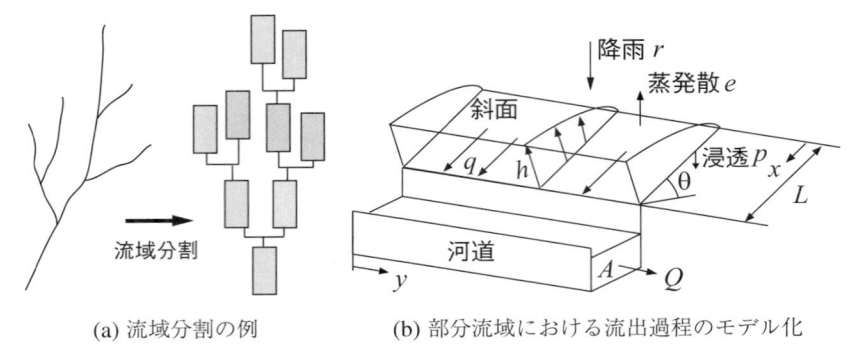

図 **11.12**：流域分割とキネマティックウェーブモデルによる流出過程のモデル化.

量が河道モデルの入力となる．河川流の連続式および運動式は，$Q(y, t)$ を河道の流量，$A(y, t)$ を通水断面積として，

$$\frac{\partial A}{\partial t} + \frac{\partial Q}{\partial y} = q_L(y, t) \tag{11.13}$$

$$Q = g(y, A) \tag{11.14}$$

となる．(11.14) 式の具体的な式は **4** 章で示した通りであり，河道の断面形状や勾配，粗度係数によって定まる．分割流域を河道を通して接続することによって，全体の流出モデルが構成される．

(11.12) 式の流量・流積関係式は，**1** 章で示したようにいくつかのモデルがある．表面流型の流量・流積関係式としてマニング式を用いれば，斜面勾配を $\sin\theta$，等価粗度を n, $m = 5/3$ として

$$q = \frac{\sqrt{\sin\theta}}{n} h^m \tag{11.15}$$

となる．これらのパラメータの値は土地被覆状態から推定できるため，過去に水文データの存在しない流域でもある程度，流量を推定することが可能となる．これらの理由により，キネマティックウェーブモデルは物理モデルとよばれる．流量・流積関係式については，(11.15) 式を発展させた中間流・地表面流統合型の流量・流積関係式[13]，圃場容水量を考慮した流量・流積関係式[14]，飽和・不飽和流れを考慮した流量・流積関係式[15] がある．また，斜面形状の収束・発散などの地

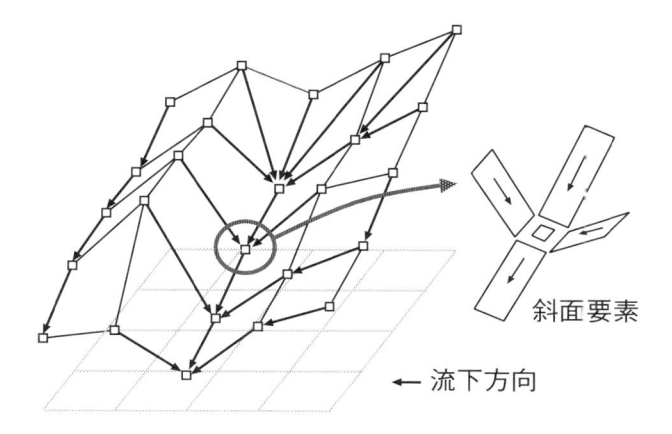

図 **11.13**：数値標高データを用いた流域地形表現と分布型流出モデル[18),19)].

形変化を扱ったキネマティックウェーブモデル[13),16)]がある．これらについては **1章**を参照されたい．

キネマティックウェーブモデルは，数値地形情報によって構成された流域地形モデルの流れのモデルとしてしばしば用いられる．グリッド形式で整理された数値標高データを用いて流域地形を矩形斜面の集合として表現し，流域の空間分布特性を表現した分布型流出モデルが多数開発されている[17),18)]．**図 11.13** はその一例である．椎葉らによる分布型流出モデル[18),19)]を **6章**，**7章**に記述している．

11.3.2　分布型流出モデルの集中化

対象流域の大きさとモデルの空間分解能によっては，分布型流出モデルは非常に多くの計算量を必要とする．計算量の多さは異なる条件を設定した多数の水工シミュレーションや実時間流出予測を実施する上で障害となるため，あるサイズごとに水文過程をまとめて表現し，そのサイズ毎に簡略化した流出モデルを適用することが従来より考えられてきた．ある大きさで現象をまとめて表現することを集中化とよび，この大きさを集中化スケールとよぶ．

分布型流出モデルを集中型モデルに変換するためには，分布型流出モデルを表現する偏微分方程式を空間的に積分すればよい[11),20)–24)]．特に，数値地形情報を用いた詳細な分布型流出モデルを対象として，集中型モデルを導出する手法が市

川らによって実現された[25)-28)]．これらは，定常状態を仮定して数値地形情報を組み込んだ山腹斜面系の分布型流出モデルを空間的に積分し，地形の空間分布特性を組み込んだ形で貯留量と流出量の関係を導く．これによって空間分布する地形情報が物理的に集中型モデルに組み込まれることになる．これらの集中化手法は **8章**を参照されたい．

11.4 流出系を構成する様々な要素モデル

前節で取り上げた流出モデルに加えて流出系を構成する要素モデルとして，河川流モデル，湖沼モデル，洪水氾濫流モデル[29),30)]，水田モデル[31)-33)]，ダムによる流水制御のモデル[35)-39),41)]，土砂動態モデル[42)-44)]，物質循環や水質，水温を扱うモデルがある．それらのいくつか要素モデルの概要を示す．ダムモデルについては次節で述べる．

11.4.1 河川流モデル

山腹斜面から流出した雨水が複雑に接続する河道網を流下・流集していくときに受ける変換効果を表現するモデルが河川流追跡モデルである．河川流れを追跡する方法は以下のように分類することができる．

- 水理学的追跡法 (hydraulic river routing)
    - キネマティックウェーブ法 (kinematic wave method)
    - 拡散波法 (diffusion wave method)
    - マスキンガム－クンジ法 (Muskingum–Cunge method)
    - ダイナミックウェーブ法 (dynamic wave method)
- 水文学的追跡法 (hydrologic river routing)
    - 貯水池モデル (reservoir model)
    - 貯留関数法 (storage function method)
    - マスキンガム法 (Muskingum method)

水理学的追跡手法は，開水路流れの連続式と運動式を基本として河川流を追跡する方法である．山地流域の急勾配河川ではキネマティックウェーブモデルが，低平地の緩勾配河川ではダイナミックウェーブモデルが有効である．河川区間内

の河川流の流速や水位，通水断面積を求める必要がある場合には水理学的追跡手法を用いる．河川区間内の流量・水位には関心がなく，いくつかに区分した河川区間下端での流量のみが対象となる場合は，水文学的追跡手法を用いることができる．水文学的追跡手法では，河川区間の河道貯留量とその河川区間への流入量および流出量との関係をモデル化し，河川区間上端からの流量を与えて河川区間下端から流出する河川流量を求める．水文学的追跡手法の代表的な手法として貯水池モデル，貯留関数法，マスキンガム法がある．河川流追跡モデルの詳細は**4章**を参照されたい．

11.4.2 氾濫流モデル

河道に到達した雨水は，そのまま河道を流下し，海に至るのが一般的であるが，河川流量が河道の流下能力を上回った場合や，何らかの原因で河川堤防が決壊した場合には，雨水は河道から再び流域へ流れだし氾濫する．あるいは，主に都市域において，降雨強度が下水道などの排水能力を上回る場合には，雨水が流域地表面に氾濫する．氾濫水は，浸水による被害をもたらすことが多い．流域の水災害危険度を評価するには，このような氾濫水の挙動を再現・予測するモデルが必要となる．

(1) 支配方程式

氾濫水はその平面的な広がりに比べて水深が相対的に小さいことが多い．そのため，氾濫水は平面二次元の非定常流としてモデル化されることが一般的である．平面二次元非定常流の支配方程式は，流体運動の基礎式である連続式とナヴィエ・ストークス式を鉛直方向に積分することで以下のように与えられる．

$$\frac{\partial h}{\partial t} + \frac{\partial M}{\partial x} + \frac{\partial N}{\partial y} = r - i \tag{11.16}$$

$$\frac{\partial M}{\partial t} + \frac{\partial (uM)}{\partial x} + \frac{\partial (vM)}{\partial y} = -gh\frac{\partial H}{\partial x} + \frac{\tau_{s,x}}{\rho} - \frac{\tau_{b,x}}{\rho} \tag{11.17}$$

$$\frac{\partial N}{\partial t} + \frac{\partial (uN)}{\partial x} + \frac{\partial (vN)}{\partial y} = -gh\frac{\partial H}{\partial y} + \frac{\tau_{s,y}}{\rho} - \frac{\tau_{b,y}}{\rho} \tag{11.18}$$

ただし，h は水深，H は水位，ρ は水の密度，g は重力加速度，M, N は x, y 方向の単位幅流量で $M = uh$, $N = vh$, u, v は水深方向に平均化された x, y 方向

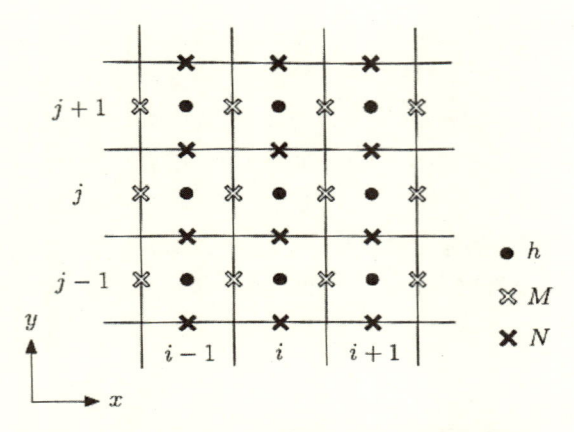

図 11.14：スタッガード格子による未知量の配置.

の流速，r は降水強度，i は排水強度，$\tau_{s,x}$, $\tau_{s,y}$ はそれぞれ氾濫水表面に作用する x, y 方向のせん断応力，$\tau_{b,x}$, $\tau_{b,y}$ はそれぞれ地表面において作用する x, y 方向のせん断応力である．

地表面でのせん断応力の計算には，n をマニングの粗度係数として，次式を用いることが多い．

$$\tau_{b,x} = \frac{\rho g n^2 u \sqrt{u^2+v^2}}{h^{1/3}}, \quad \tau_{b,y} = \frac{\rho g n^2 v \sqrt{u^2+v^2}}{h^{1/3}}$$

氾濫水表面でのせん断応力は小さく，氾濫計算では一般に考慮する必要はない．

(2) 数値計算法

(11.16) 式から (11.18) 式で与えられる平面二次元非定常流の基礎式を数値的に解くには，直交格子，非構造格子のいずれも用いることができる．ここでは，武田[29]，川池[30]を参考に，直交格子のもとで (11.16) 式〜(11.18) 式を解く方法を説明する．図 11.14 は，直交格子系における未知量の配置を示したものである．(11.16) 式〜(11.18) 式の連立方程式の未知量は，水深 h, x 方向の単位幅流量 M, y 方向の単位幅流量 N である．水深 h は格子セルの中心に，x 方向の単位幅流量 M は x 軸と直交する格子線に，y 方向の単位幅流量 N は y 軸と直交する格子線にそれぞれ配置する．このように未知量を配置した格子はスタッガード格子とよばれる．x 方向，y 方向の格子セルの大きさをそれぞれ Δx, Δy とする．

11.4 流出系を構成する様々な要素モデル 377

各格子セルには番号をつける．たとえば x 方向に i 番目，y 方向に j 番目の格子セルには (i, j) という番号をつける．同様に格子線にも番号をつける．たとえば x 軸と直交する格子線の場合，格子セル (i, j) と格子セル $(i+1, j)$ にはさまれる格子線には $(i+1/2, j)$ という番号をつける．格子セルと格子線につけた番号は，時刻を表す添字 k とともに，未知量を識別するために使われる．すなわち，時刻 k における格子 (i, j) の水深は $h_{i,j}^k$ のように表す．

以下，上述の記法を用いて，リープフロッグ法による差分式を示す．リープフロッグ法とは，ある時刻で水深を求めたら，次の計算時刻では単位幅流量を求め，さらに次の計算時刻では再び水深を求める，といったように，水深と単位幅流量を時間的に交互に求めていく方法である．まず，(11.16) 式は次のように差分化される．

$$\frac{h_{i,j}^{k+3} - h_{i,j}^{k+1}}{2\Delta t} + \frac{M_{i+1/2,j}^{k+2} - M_{i-1/2,j}^{k+2}}{\Delta x} + \frac{N_{i,j+1/2}^{k+2} - N_{i,j-1/2}^{k+2}}{\Delta y} = (r-i)_{i,j}^{k+2}$$

この式において，時刻 $k+1$ の水深と，時刻 $k+2$ の単位幅流量，降雨強度，排水強度が既知であるとすると，時刻 $k+3$ の水深は次式のように得られる．

$$h_{i,j}^{k+3} = h_{i,j}^{k+1} - \frac{2\Delta t}{\Delta x}\left(M_{i+1/2,j}^{k+2} - M_{i-1/2,j}^{k+2}\right) - \frac{2\Delta t}{\Delta y}\left(N_{i,j+1/2}^{k+2} - N_{i,j-1/2}^{k+2}\right) + 2\Delta t(r-i)_{i,j}^{k+2}$$

つぎに，(11.17) 式，(11.18) 式はそれぞれ以下のように差分化される．

$$\begin{aligned}
&\frac{M_{i-1/2,j}^{k+2} - M_{i-1/2,j}^{k}}{2\Delta t} \\
&+ \frac{u_{i,j}^k \frac{M_{i-1/2,j}^k + M_{i+1/2,j}^k}{2} + \left|u_{i,j}^k\right| \frac{M_{i-1/2,j}^k - M_{i+1/2,j}^k}{2}}{\Delta x} - \frac{u_{i-1,j}^k \frac{M_{i-3/2,j}^k + M_{i-1/2,j+1/2}^k}{2} + \left|u_{i-1,j}^k\right| \frac{M_{i-3/2,j}^k - M_{i-1/2,j}^k}{2}}{\Delta x} \\
&+ \frac{v_{i-1/2,j+1/2}^k \frac{M_{i-1/2,j}^k + M_{i-1/2,j+1}^k}{2} + \left|v_{i-1/2,j+1/2}^k\right| \frac{M_{i-1/2,j}^k - M_{i-1/2,j+1}^k}{2}}{\Delta y} \\
&- \frac{v_{i-1/2,j-1/2}^k \frac{M_{i-1/2,j-1}^k + M_{i-1/2,j}^k}{2} + \left|v_{i-1/2,j-1/2}^k\right| \frac{M_{i-1/2,j-1}^k - M_{i-1/2,j}^k}{2}}{\Delta y} \\
&= -g\frac{h_{i,j}^{k+1} + h_{i-1,j}^{k+1}}{2} \frac{(h_{i,j}^{k+1} + z_{i,j}) - (h_{i-1,j}^{k+1} + z_{i-1,j})}{\Delta x} \\
&- \frac{g\left(\frac{n_{i,j}+n_{i-1,j}}{2}\right)^2 \frac{M_{i-1/2,j}^{k+2} + M_{i-1/2,j}^k}{h_{i,j}^{k+1} + h_{i-1,j}^{k+1}} \sqrt{(u_{i-1/2,j}^k)^2 + (v_{i-1/2,j}^k)^2}}{\left(\frac{h_{i,j}^{k+1} + h_{i-1,j}^{k+1}}{2}\right)^{1/3}}
\end{aligned} \tag{11.19}$$

$$\frac{N^{k+2}_{i,j-1/2} - N^k_{i,j-1/2}}{2\Delta t}$$

$$+ \frac{u^k_{i+1/2,j-1/2}\frac{N^k_{i,j-1/2}+N^k_{i+1,j-1/2}}{2} + \left|u^k_{i+1/2,j-1/2}\right|\frac{M^k_{i,j-1/2}-N^k_{i+1,j-1/2}}{2}}{\Delta x}$$

$$- \frac{u^k_{i-1/2,j-1/2}\frac{N^k_{i-1,j-1/2}+N^k_{i-1,j-1/2}}{2} + \left|u^k_{i-1/2,j-1/2}\right|\frac{N^k_{i-1,j-1/2}-N^k_{i,j-1/2}}{2}}{\Delta x}$$

$$+ \frac{v^k_{i,j}\frac{N^k_{i,j-1/2}+N^k_{i,j+1/2}}{2} + \left|v^k_{i,j}\right|\frac{N^k_{i,j-1/2}-N^k_{i,j+1/2}}{2}}{\Delta y} - \frac{v^k_{i,j-1}\frac{N^k_{i,j-3/2}+N^k_{i,j-1/2}}{2} + \left|v^k_{i,j-1}\right|\frac{N^k_{i,j-3/2}-N^k_{i,j-1/2}}{2}}{\Delta y}$$

$$= -g\frac{h^{k+1}_{i,j}+h^{k+1}_{i,j-1}}{2}\frac{(h^{k+1}_{i,j}+z_{i,j}) - (h^{k+1}_{i,j-1}+z_{i,j-1})}{\Delta y}$$

$$- \frac{g\left(\frac{n_{i,j}+n_{i,j-1}}{2}\right)^2 \frac{N^{k+2}_{i,j-1/2}+N^k_{i,j-1/2}}{h^{k+1}_{i,j}+h^{k+1}_{i,j-1}} \sqrt{(u^k_{i,j-1/2})^2 + (v^k_{i,j-1/2})^2}}{\left(\frac{h^{k+1}_{i,j}+h^{k+1}_{i,j-1}}{2}\right)^{1/3}} \quad (11.20)$$

ただし，(11.19) 式，(11.20) 式の流速は以下で与える．

$$u^k_{i-1/2,j} = 2M^k_{i-1/2,j}/(h^{k+1}_{i,j}+h^{k+1}_{i-1,j}),\ v^k_{i,j-1/2} = 2N^k_{i,j-1/2}/(h^{k+1}_{i,j}+h^{k+1}_{i,j-1})$$

$$u^k_{i,j-1/2} = (u^k_{i-1/2,j} + u^k_{i-1/2,j-1} + u^k_{i+1/2,j} + u^k_{i+1/2,j-1})/4$$

$$v^k_{i-1/2,j} = (v^k_{i,j-1/2} + v^k_{i-1,j-1/2} + v^k_{i,j+1/2} + v^k_{i-1,j+1/2})/4$$

$$u^k_{i,j} = (u^k_{i-1/2,j} + u^k_{i+1/2,j})/2,\quad u^k_{i-1,j} = (u^k_{i-3/2,j} + u^k_{i-1/2,j})/2$$

$$v^k_{i,j} = (v^k_{i,j-1/2} + v^k_{i,j+1/2})/2,\quad v^k_{i,j-1} = (v^k_{i,j-3/2} + v^k_{i,j-1/2})/2$$

$$u^k_{i+1/2,j-1/2} = (u^k_{i+1/2,j} + u^k_{i+1/2,j-1})/2,\quad u^k_{i-1/2,j-1/2} = (u^k_{i-1/2,j} + u^k_{i-1/2,j-1})/2$$

$$v^k_{i-1/2,j+1/2} = (v^k_{i,j+1/2} + v^k_{i-1,j+1/2})/2,\ v^k_{i-1/2,j-1/2} = (v^k_{i,j-1/2} + v^k_{i-1,j-1/2})/2$$

$$u^k_{i+1/2,j} = 2M^k_{i+1/2,j}/(h^{k+1}_{i,j}+h^{k+1}_{i+1,j}),\ u^k_{i-3/2,j} = 2M^k_{i-3/2,j}/(h^{k+1}_{i-1,j}+h^{k+1}_{i-2,j})$$

$$u^k_{i+1/2,j-1} = 2M^k_{i+1/2,j-1}/(h^{k+1}_{i,j-1}+h^{k+1}_{i+1,j-1}),\ u^k_{i-1/2,j-1} = 2M^k_{i-1/2,j-1}/(h^{k+1}_{i,j-1}+h^{k+1}_{i-1,j-1})$$

$$v^k_{i,j+1/2} = 2N^k_{i,j+1/2}/(h^{k+1}_{i,j}+h^{k+1}_{i,j+1}),\ v^k_{i-1,j+1/2} = 2N^k_{i-1,j+1/2}/(h^{k+1}_{i-1,j}+h^{k+1}_{i-1,j+1})$$

$$v^k_{i-1,j-1/2} = 2N^k_{i-1,j-1/2}/(h^{k+1}_{i-1,j}+h^{k+1}_{i-1,j-1}),\ v^k_{i,j-3/2} = 2N^k_{i,j-3/2}/(h^{k+1}_{i,j-1}+h^{k+1}_{i,j-2})$$

(11.19) 式，(11.20) 式においては，時刻レベル k の単位幅流量と，時刻レベル $k+1$ の水深が既知であるとすると，時刻レベル $k+2$ の単位幅流量を求めることができる．このようにして，水深と単位幅流量の計算を交互に繰り返すことで，氾濫水の挙動を求めることができる．

(3) 境界条件

氾濫計算における境界条件は，大きく三種類に分けることができる．

流量境界条件　計算対象領域とそれ以外を隔てる境界部分や，計算対象領域内部の河道と接するような部分では，流量に関する境界条件を与えることが多い．たとえば前者の場合は，境界線を横切る流量はないという条件がしばしば使われる．後者の場合は，河川から堤内地への越流量が与えられることが多い．

水位（水深）境界条件　河川から堤内地への越流を考える場合，河川水位を境界条件として与えることも多い．この場合は，河川水位，堤防高，堤内地の水位の関係から越流量を求める．また，感潮河川では，潮位によって河川水位が変わり，結果として越流量にも影響することがある．そのため，潮位を境界条件として与えなければならない場合もある．

側方流出入境界条件　(11.16) 式右辺の降雨強度と排水強度が側方流出入境界条件である．地面への浸透を考慮する場合は，排水強度に含めて考える．

11.4.3　水田における灌漑取水と洪水流出のモデル化

日本をはじめとして東アジア，東南アジアの国々では稲作が農業の中心であり，河川流域の土地利用は水田がかなりの割合を占める．水田は貯留効果を持ち，灌漑・排水により水位や水量が人為的に管理されるため，自然流域とは異なる流出特性を持つ．こうした水田独特の水移動過程を水文モデルに反映させることが，河川流域での水文現象を正しく評価・分析する上で重要である．

これまでに提案されてきた水田流出モデルは，長期的な流出計算を対象とするものと，洪水流出を対象とするものの二つに大きく分類される．前者の代表的なものとして複合タンクモデル[31]が，後者の代表的なものとして低平地タンクモデル[32]がある．複合タンクモデルは，土地利用状況に応じて複数のタンクモデルを組み合わせたもので，耕作者による取水や水田からの還元水を考慮し，水田での水管理を反映させたモデルである．計算は日単位で行われ，基本的には通年の計算を念頭においているため，洪水氾濫時の畦畔越流を簡略化して取り扱っている．低平地タンクモデルは，低平地の河川や水田での洪水流出を対象としたモデルである．河道や水田を貯水池とみなし，河道と水田の間の流量は両者の水位から堰の公式で計算される．そのため，水田から河道への流出のみならず，氾濫時

の河道から水田への流入をも模擬できるという利点を持つ．ただし，洪水流出計算を対象としているため，取水等の水管理状況はモデルに組み込まれていない．市川ら[33]は，複合タンクモデルと低平地タンクモデルを組み合わせることで，水田耕作に伴う水管理と河道網系との相互作用を考慮した水田モデルを開発した．このモデルを参考に，水田における灌漑取水と洪水流出のモデル化について説明する．

(1) 複合タンクモデル

複合タンクモデルは，農業用水の合理的利用のため，反復利用状況を把握したり，農業用水と流域の水収支の関係を把握することを目的として開発された．複合タンクモデルは，土地利用別に山地・水田・畑等のタンクを作成し，これらを相互に複数接続して流域全体を表現する．このうち，水田域のタンクモデルは，畦畔，落水口，浸透量などの物理条件を考慮し，また季節によって異なる取排水状況を表現するなどの特徴を持っている．

水田域のタンクモデルは，**図 11.15** のように直列二段のタンクモデルとなっており，上段タンクには二つの側方流出孔と一つの浸透孔，下段タンクには一つの側方流出孔がある．上段タンクの下部側方流出孔からの流出は，水田の落水口からの流出に対応している．この流出孔の高さ ($H_α$) は，水田での平均的な湛水深（維持湛水深）に一致しており，取水者はこの維持湛水深を満たすように取水すると考えることで水田における水管理状況をモデルに組み込む．また，維持湛水深を実際の農作業に対応して季節的に変動させて現実に即した水管理を反映させる．水田の湛水深は，蒸発散量と浸透量の和である減水深と密接に関連するため，**図 11.16** に示す維持湛水深の季節変動パターンは，浸透係数 $β$ とあわせて決める必要がある．以下に，一例として，渡辺ら[31]が野洲川流域を対象として維持湛水深の季節変動パターンを決定した手順を示す．

1) 灌漑期を次の 7 期間に分割する．
    苗代期　　　　　　4/1 〜 4/24　　生育後期 1　7/21 〜 9/5
    代かき・田植え期　4/25 〜 5/2　　生育後期 2　9/6 〜 9/15
    生育前期　　　　　5/3 〜 6/20　　落水期　　　9/16 〜 9/25
    中干期　　　　　　6/21 〜 7/20

2) 減衰深の実測値から水田を 8 タイプに分類する．生育前期の維持湛水深を

11.4 流出系を構成する様々な要素モデル

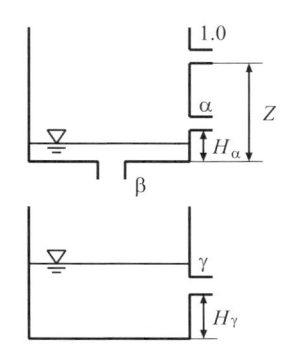

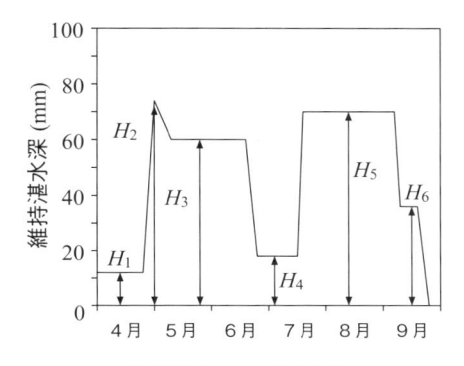

図 11.15：水田域のタンクモデル．　　**図 11.16**：維持湛水深の季節変動パターン．

全タイプ一律に 60 mm ($H_3 = 60$ mm) とし，この時期の水田の浸透量実測値に上段タンクからの浸透量が等しくなるように，浸透係数 β を決定する ($\beta = P_1/H_3$, P_1 は生育前期の実測浸透量).

3) 苗代期の維持湛水深 H_1 は，浸透量が 2 mm d^{-1} となるように逆算する．
4) 生育後期 1 の維持湛水深 H_5 は，生育後期の実測の日浸透量データとタンクからの浸透量が一致するように，2) で決定した浸透係数 β から逆算する ($H_5 = P_2/\beta$, P_2 は生育後期の実測浸透量).
5) この他の期間の維持湛水深 H_2, H_4, H_6 は，H_3 と H_5 を用いて決定する．

このようにして定められた維持湛水深パターンに従って上段タンク下部側方流出孔の高さを変動させる．上段タンクの上部側方流出孔からの流出は，畦畔越流を表現しており，この流出孔の高さ Z は畦畔の高さに一致している．また，畦畔より越流する水は通常 24 時間で流出すると考え，流出係数は 1.0 としている．下段タンクからの流出は地下水流出を表し，土壌水分や浸透性を考慮して流出孔の高さ，流出係数を定める．

(2) 低平地タンクモデル

水田を主体とする低平地域の短期洪水流出解析法として，不定流の基礎式に基づく水理学的手法があるが，計算が煩雑になるという欠点がある．そこで，低平地の流出現象にみられる非定常性が小さいことに着目し，運動式よりもむしろ雨水の流出入についての連続条件に重点をおくことで計算を簡略化した準水理学的

な流出解析法が考案された．図 **11.17** に示す低平地タンクモデル[32]もそのひとつである．低平地タンクモデルは，河道や水田を貯水池とみなし，それぞれを河道タンク，水田タンクとよぶ．河道タンク，水田タンクはいわゆるタンクモデルとは異なり，河道タンク間の流量は水面勾配と河床勾配の関係から等流または不等流の式で計算される．また，水田タンクは河道タンクと越流堰によって結ばれているものとし，水田タンクと河道タンクの間の流量は，両者の水位から以下の堰の公式で計算される．

$$Q = C_1 B h_1^{3/2} \frac{H_P - H_R}{|H_P - H_R|} \quad (h_2/h_1 < 2/3 \text{；完全越流}) \quad (11.21)$$

$$Q = C_2 B h_2 \frac{H_P - H_R}{\sqrt{|H_P - H_R|}} \quad (h_2/h_1 \geq 2/3 \text{；潜り越流}) \quad (11.22)$$

ここに，B は堰幅，H_R は接続する河道タンク水位，C_1, C_2 は流量係数で，m-s 単位では $C_1 = 1.5495, C_2 = 4.0258$ である．この越流係数により，$h_2/h_1 = 2/3$ のときの完全越流と潜り越流の堰の公式の連続性が保たれている．また h_1, h_2 は，Z は堰高とすると次式で得られる．

$$h_1 = H_H - Z, H_H = \max(H_P, H_R)$$
$$h_2 = H_L - Z, H_L = \min(H_P, H_R)$$

(3) 複合タンクモデルと低平地タンクモデルを組み合わせたモデル

　複合タンクモデルの水田域のモデルは，水田の場の構造と取水という人為的なプロセスをモデル内部に組み込んでいる．低平地タンクモデルは，洪水時における水田と河道網系の間の水の動きを物理的に表現している．両モデルはともに，水田での水理現象や場の物理的構造を実際に近い形で表現しているため，両者を組み合わせることによって，水田耕作に伴う水管理と洪水時における水田と河道網系の相互作用を表現する水田モデルを構成することができる．

　具体的には，複合タンクモデルの水田域のモデルを基本的なモデル構造として採用し，場の構造，落水口からの流出，田面からの浸透，地下水流出，取水過程は，複合タンクモデルと同様に取り扱う．畦畔越流については，低平地タンクモデルの考え方を採用し，河道と水田の水位の関係から堰の公式を使って計算する．以上をまとめると，両者を組み合わせた水田モデルの構造は 図 **11.18** のようになる．

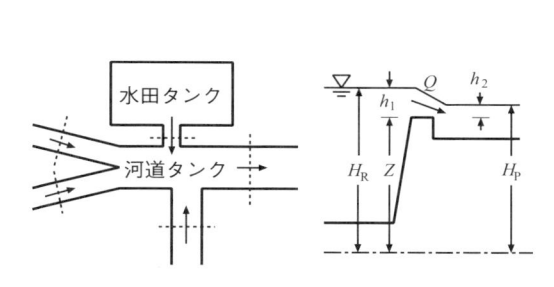

図 11.17: 低平地タンクモデル.

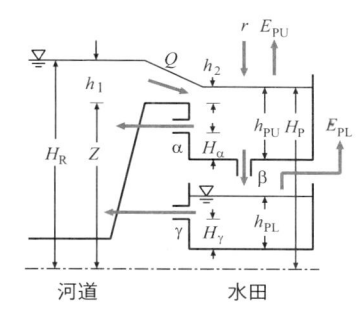

図 11.18: 複合タンクモデルと低平地タンクモデルを組み合わせた水田モデルの構造.

r を降雨量, E_{PU} を上段タンクからの蒸発散量, E_{PL} を下段タンクからの蒸発散量, h_{PU} を上段タンクの水深, h_{PL} を下段タンクの水深, α, β, γ をそれぞれ上段タンクの流出孔の流出係数, 上段タンクの浸透孔の浸透係数, 下段タンクの流出孔の流出係数, H_α, H_γ をそれぞれ上・下段タンクの側方流出孔の高さとすると, 上段タンクの基礎式は,

$$\frac{dh_{PU}}{dt} = r - E_{PU} - \alpha \max(h_{PU} - H_\alpha, 0) - \beta h_{PU} - q + i \qquad (11.23)$$

下段タンクの基礎式は,

$$\frac{dh_{PL}}{dt} = \beta h_{PU} - \gamma \max(h_{PL} - H_\gamma, 0) - E_{PL} \qquad (11.24)$$

となる. H_α は複合タンクモデルと同様に, 維持湛水深の変化パターンに合わせて上下させる. これによって農作業者による水管理をモデル化している. また, (11.23) 式の q は洪水時における畦畔越流による流出入分で,

$$q = Q/A \qquad Q\text{: 越流量}, A\text{: 水田の面積}$$

となる. 越流量 Q は水田の水位と隣接する河道の水位から (11.21), (11.22) 式を用いて計算する. $Q > 0$ の場合, 水田から河道へ越流が生じていることを意味する. この項によって, 洪水時における水田 – 河道網系の相互作用を考慮している. (11.23) 式の i は渓流, 溜池, 河道からの取水分で, 次式で求める.

$$i = I/A \qquad I\text{: 溜池などからの取水量の総和}$$

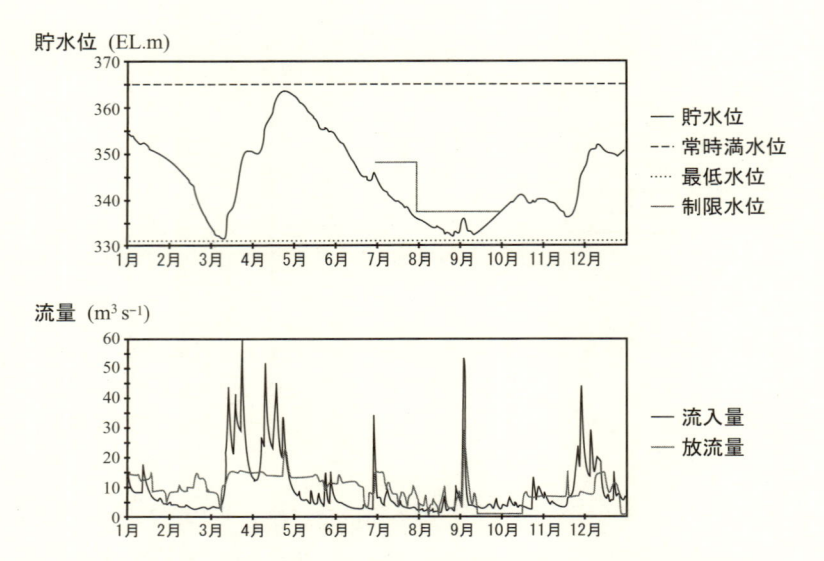

図 11.19：真名川ダムにおける 2008 年の年間の貯水位，流入量，放流量．

11.5 ダム流水制御モデル

　水工施設が設置され，治水効果や利水効果が発揮されている流域を対象とするならば，その効果をシミュレーションモデル内に陽に取り込み，人間活動の影響を陽に取り入れた流出モデルを構築して，それを基本として水工計画を考える必要がある．図 11.19 に福井県の九頭流川上流に設置されている真名川ダムの年間のダム貯水位とダム流入量・放流量を示す．真名川ダムの流域面積は 223.7km^2 で，流域は日本海型気候の多雨多雪地帯に属する．図 11.19 の上図に示すように，年間の貯水位の変化は 40m 近くある．下図は年間の流入量と放流量の変化であり，融雪や洪水による流入量を貯留して流入量の少ないときに放流している．放流量は自然状態の流入量とは大きく異なることがわかる．このように，ダム貯水池によって河川流量は人為的な影響を大きく受けている．

11.5.1　ダム貯水池における洪水調節

　ダムの操作方法は各ダムの建設目的や操作方針，そのダムの流域特性などに応じて定められている[34]．洪水調節を目的としたダムでは操作方法に共通部分があ

11.5 ダム流水制御モデル　　385

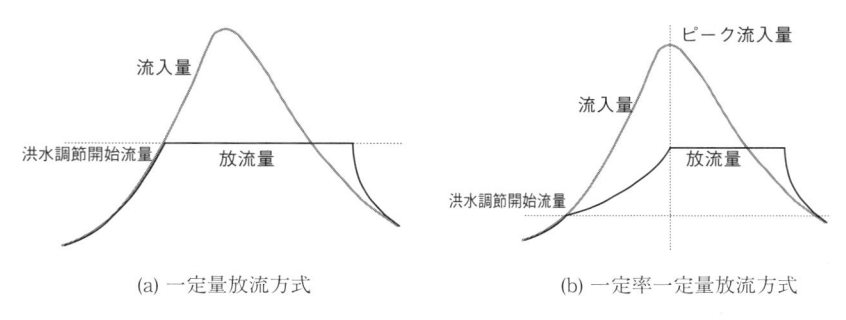

図 11.20：わが国の代表的な洪水調節方式.
(a) 一定量放流方式
(b) 一定率一定量放流方式

り，洪水前にダムの貯水容量を確保し，その容量を利用して洪水流を調節するという方式を取る．洪水調節容量を確保する方式は次の三種類に大別できる．

- 制限水位方式：洪水の発生する可能性の大きい期間 (洪水期間) は，ダムの水位をあるレベル (制限水位) まで下げることによってダムの貯水容量を確保する方法である．たとえば，真名川ダムでは，図 11.19 に示すように，洪水期間を 7 月 1 日から 9 月 30 日と設定し，7 月 1 日から 7 月 31 日の間の最大貯水位を 348.0m に，8 月 1 日から 9 月 3 日の最大貯水位を 337.4m として洪水に備える．洪水期間以外の期間は非洪水期間とよばれる．
- サーチャージ方式：常時満水位の上にサーチャージ水位を設定し，この水位差分を洪水調節容量として年間を通じて確保する．
- 予備放流方式：洪水の発生が予想されるときから洪水警戒体制に入り，洪水発生前にダムの水位をあるレベル（予備放流水位）まで下げ，ダムへの流入量がある一定流量（洪水流量）に達するまでその水位を保つことによってダムの貯水容量を確保する．

以上の方式を組み合わせて洪水調節容量を確保し，洪水調節操作を実施する．洪水調節操作は以下の六つに分類される．

- 一定率放流方式：流入量の一定の割合を放流する方式
- 一定量放流方式 (図 11.20(a))：流入量に関係なく放流量を一定に保つ方式
- 一定率一定量放流方式 (図 11.20(b))：流入量がピークに達するまでは流入量に対して一定の割合で放流し，流入量がピークに達した後はそのときの放流量を保つ方式

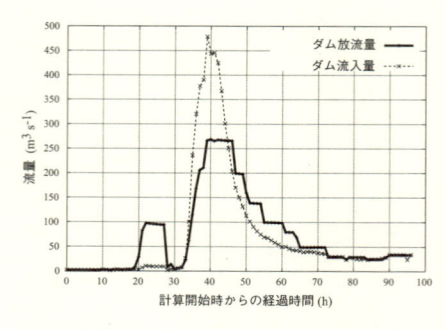

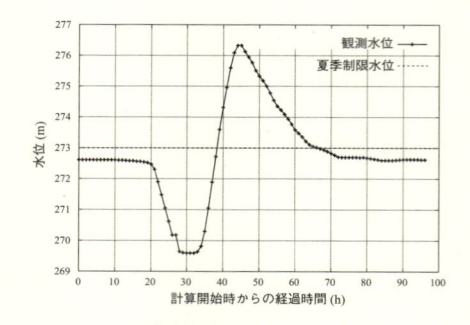

(a) 実績流入量と放流量 (1997 年 9 月)　　(b) 実績貯水位 (1997 年 9 月)

図 11.21：青蓮寺ダムにおける洪水調節.

- 全量貯留方式：洪水の全量を貯留する方式
- 自然貯留方式：越流型の放流設備などにより放流量を自然に調節する方式
- 一定開度方式：放流ゲートを一定開度に保つ方式

　我が国の多くのダムでは，自然貯留方式を除いて一定量放流方式あるいは一定率一定量放流方式が採用されている．洪水調節を行った後，水位が制限水位を超えている場合は下流に支障を与えない程度の流量で放流し，水位を制限水位まで低下させる．また予備放流水位を維持する必要がなくなった場合には，その後の流水を貯留して水位を回復させる．図 11.21 は淀川水系の木津川上流に設置された青蓮寺ダムでの洪水調節の例である．20 時から 30 時にかけて予備放流が実施され，貯水位が下げられている．その後，一定率一定量放流方式によりダム放流が実施されている．

11.5.2　ダムの操作規定と意思決定のモデル化

　河川管理者がゲート操作などを通じて洪水流を貯留する方式は，制限水位方式と予備放流方式であり，洪水調節操作では，一定量放流方式，一定率放流方式，一定率一定量放流方式となる．これらの放流操作をモデル化する上で，共通となるパラメータは以下となる．

- ダム貯水池の貯水量–水位の関係式
- 洪水調節容量を確保する方式と洪水調節操作の方式
- 洪水期間と非洪水期間

- ダム操作の基準となる貯水位 (サーチャージ水位，常時満水位，制限水位，ただし書き操作開始水位)
- 洪水調節開始流量あるいは洪水流量 (ダム貯水池への流入量がある値を超えたときに洪水調節を開始する流量)

これらのパラメータの設定に加えて，ダム操作に関する管理者の意思決定手順を定式化する必要がある．

- 警戒体制に入る条件のモデル化：気象台から降雨に関する注意報や警報が発令されるなど，洪水の発生が予想される場合，ダム管理者は洪水操作に備えて洪水警戒体制に入る．この警戒体制に入る条件をモデル化する．
- 予備放流水位のモデル化：洪水警戒体制に入ると，予備放流を行うダムでは，ダム管理者は，起こり得る洪水の規模を判断して予備放流水位を定める．この水位の定め方をモデル化する．
- 予備放流の実施条件のモデル化：予備放流は，その時点までの降雨履歴や今後予想される降水量，および現在のダムの水位等をダム管理者考慮して，ダム管理者が判断する．この実施条件をモデル化する．また，予備放流の実施を決めてから実際に放流を開始するまでに，関係機関に対する通知・警報のために取られる時間もモデル化する必要がある．

上記のダムモデルのパラメータは，ダム緒元や操作規定 (ダム施設管理規定，ダム操作細則，各種操作要領) から得ることができる．ただし，管理者の意思決定手順は操作規定だけでは決まらず，そのときの気象・水文条件や下流の洪水状況などに左右される．そのため，実績の放流記録を分析して，それを参考に管理者の意思決定手順を定式化する必要がある．

11.5.3 ダム操作のモデル化

ダム貯水池のパラメータと意思決定手順を操作規則や操作実績から定式化した後，ダムによる流水制御過程をモデル化する[35)-41)]．これにより，ダムへの流入量，ダム上流域の平均降水量および連携操作の対象となるダムの操作過程を入力情報とし，ダムからの放流量とダム貯水池の水位を予測する．ダムの操作は，図**11.22** に示すように

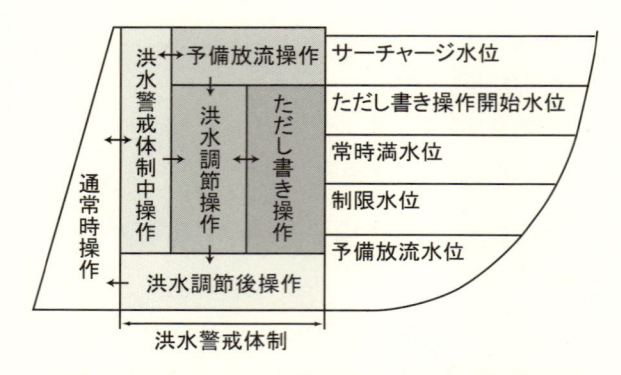

図 11.22：ダム流況制御モデルで考慮する 6 段階の操作過程と基準水位.

- 通常時の操作
- 洪水警戒体制中の操作
    - 予備放流操作
    - すりつけ操作・水位維持操作
    - 洪水調節操作
    - 異常洪水操作 (ただし書き操作)
    - 後期放流操作 (洪水調節後の操作)

の操作過程のいずれかにあり，それぞれの操作過程にある場合の操作方法と，ある操作過程から別の操作過程に移行する条件を if-then 形式で定式化する．具体的なモデル化手法の一例[37]-[41]を順を追って述べる．

(1) 通常時の操作のモデル化

洪水期間，非洪水期間，制限水位，常時満水位をそれぞれモデルパラメータとし，通常時と判断されている期間は，非洪水期間は常時満水位に，洪水期間は制限水位に水位を保つよう放流量を決定する．非洪水期間から洪水期間への遷移期間を定め，その期間で常時満水位から制限水位に水位を低下させるよう放流を行うようにモデル化する．洪水期間から非洪水期間への遷移期間も同様に定め，その期間で制限水位から常時満水位まで水位を回復させることとする．

たとえば，時刻 i およびその 1 ステップ前の時刻 $i-1$ での流入強度を I^i, I^{i-1}

として，次のようにモデル化する．

$$O^i = \begin{cases} (1.0 + a)\dfrac{I^{i-1} + I^i}{2}, & V^i < V_r \text{ のとき} \\ (1.0 - a)\dfrac{I^{i-1} + I^i}{2}, & V^i \geq V_r \text{ のとき} \end{cases} \quad (11.25)$$

O^i は時刻 i の放流強度，V^i は時刻 i の貯水量，V_r は目標とする貯水量 (常時満水位あるいは制限水位に対応する貯水量) である．放流量を定めるパラメータ a を設定して，目標の水位に近づけることとする．

(2) 洪水警戒体制中の操作のモデル化

洪水警戒体制に入る条件は，「近接する気象台から注意報や警報が発令された場合や統合管理事務所から指示があった場合」などとされており，操作規定には詳細な条件は明記されていない．ただし，ダムによっては「流域内の平均累計雨量が数十 mm に達して，かつ降雨の継続が予想される場合に洪水警戒体制に入る」などの記述があり，過去の降雨履歴と将来の降雨予測をもとに管理者による意思決定がなされていることがわかる．そこで，洪水警戒体制に入る条件を，「現在時刻から将来 T_{wf} 時間内の総降水量が R_{wf} 以上と予想された場合は洪水警戒体制に入る」となどと定義することにより，ダム管理者の意思決定を定式化することができる．あるいはより簡便に，ダム流入量が洪水調節開始流量 Q_f のある割合を超えた場合に洪水警戒体制に入るとモデル化することも考えられる．

洪水警戒体制の解除の条件についても，操作規定には「洪水警戒体制を維持する必要がなくなったと認める場合」などの記述はあるが詳細な条件は記されていない．そこで，洪水警戒体制の解除の条件を「現在時刻から過去 T_{wp} 時間内の総降水量が R_{wp} 以下となった場合は洪水警戒体制を解除する」，あるいはより簡便に，ダム流入量が洪水調節開始流量 Q_f のある割合以下となった場合に洪水警戒体制を解除するようにモデル化することが考えられる．

予備放流操作のモデル化　予備放流を行うダムでは，それによって洪水前の貯水容量を確保することが操作規定に定められている．予備放流によって達成する目標の水位を予備放流水位とよび，これは予測する洪水の規模に応じてその都度，ダム管理者が決定する．予備放流量はその最大流量が施設管理規定に明記されているが，実際には事前放流指示要領に書かれている予備放流量の基準値にしたがうことが多いようである．また，予備放流を実施する前には準備期間をとり，そ

の間に関係機関や下流域に対して通知・警告を出す.

予備放流に入る条件は,「洪水調節を行う必要が生ずると認められ,水位が予備放流水位を超えている場合」などの記述があるだけで施設管理規定には詳細な条件は明記されていない.ただし,ダムによってはその事前放流指示要領に,台風の位置とその台風の上陸の可能性や台風に伴うダム流域内での実績降雨および降雨予想に関する記述があり,管理者が過去の降雨履歴と将来の降雨予測をもとに意思決定を行っていることがわかる.そこで,「現在時刻から過去 T_{pp} 時間内の総降水量が R_{pp} 以上となり,かつ,将来 T_{pf} 時間内の総降水量が R_{pf} 以上と予想された場合は予備放流操作に入る」などとして管理者の意思決定を定式化することができる.

予備放流水位は洪水規模に応じて決定される.予備放流の最低水位が操作規定に明記されている場合はその値を,されていない場合は観測値から予備放流水位を推定し,それをモデルパラメータとする.予備放流量に関しても,その基準値が事前放流指示要領に明記されている場合はその値を,されていない場合は実績値から予備放流量を推定する.また,単位時間当たりの最大放流増加量や,予備放流を行うための準備期間なども操作規定や実測データをもとに考慮する.

すりつけ操作と水位維持操作のモデル化 洪水警戒体制中に入った場合,流入量が洪水調節開始流量に達する前で,貯水位が制限水位以下であれば,少しずつ放流量を増加させる.このときの操作はたとえば,以下のように定式化できる.

$$O^i = \frac{I^{i-1} + I^i}{2}, \quad V^i < V_r \text{ のとき} \tag{11.26}$$

さらに流入量が増加し,上の操作を継続した場合に貯水位が制限水位を超えるならば,制限水位を超えないように水位を維持する操作を実施する.このときの操作は,たとえば以下のように定式化できる.

$$O^i = b(V^i - V_r + I^i \Delta T), \quad V^i \geq V_r \text{ のとき} \tag{11.27}$$

ここで,ΔT は時刻 i と $i+1$ の間の時間,b は期間 ΔT の間に制限水位を超える貯水量の何割を減らすかを決定する係数であり,放流実績データから推定する.(11.27) 式の計算の結果,放流量 O^i が流入量 I^i より小さくなる場合は,$O^i = I^i$ とし,O^i が Q_f より大きくなれば,$O^i = Q_f$ と設定しなおす.

洪水調節操作のモデル化　流入量が洪水調節開始流量を超えた場合は洪水調節に入る．流入量が洪水調節開始流量よりも少なくなれば，洪水調節を終了する．洪水調節はダムに応じて一定量放流方式あるいは一定率一定量放流方式として，一定量放流方式の場合は，放流量を以下のように定式化する．

$$O^i = Q_f \quad V_r < V^i < V_c \text{ のとき} \tag{11.28}$$

ここで，V_c はただし書き操作開始水位時の貯水量である．一定量一定率放流方式の場合は，c をダム貯水池ごとのパラメータ，I_p をピーク流入量として以下とする．

$$O^i = \begin{cases} Q_f + c(I^i - Q_f), \ I^i > I^{i-1}, \ V_r < V^i < V_c \text{ のとき} \\ Q_f + c(I_p - Q_f), \ I^i < I_p, \ V_r < V^i < V_c \text{ のとき} \end{cases} \tag{11.29}$$

異常洪水時操作 (ただし書き操作) のモデル化　計画規模を超える洪水が発生した場合には，洪水調節を続けるとダムの水位が上昇して危険な状態に陥る．そのため，水位がただし書き操作開始水位を超え，かつ，今後，サーチャージ水位を超えることが予想される場合には，速やかに流入量と同じ量を放流し，水位がそれ以上上昇しないようにする．そこで，水位がただし書き操作開始水位を超えた時点で，

$$O^i = I^i, \ V^i \geq V_c \text{ のとき} \tag{11.30}$$

として，ダム流入量をそのまま放流する．なお，一時間あたりの放流量の増分は，水位がサーチャージ水位を超えない限り，事前に定めた単位時間当たりの最大放流増加量以下にする．水位がただし書き操作開始水位よりも低くなった時点でこの操作を終了する．

後期放流操作 (洪水調節後の操作) のモデル化　洪水調節中，または，ただし書き操作中に流入量が洪水調節開始流量を下回った時点で洪水調節を終了し，後期放流操作過程に入る．洪水調節を行った後に，水位が洪水期間では制限水位，非洪水期間では常時満水位を超えているときは，水位を制限水位または常時満水位にまで低下させる．水位が制限水位または常時満水位にまで低下した時点でこの操作を終了する．

図 **11.23** は，このような定式化のもとにダムモデルを構成してダム流入量・放流量，貯水位を計算した例である[38]．洪水規模が小さい場合は，そのときの気

(a) 流入量と放流量 (1997 年 9 月)　　(b) 貯水位 (1997 年 9 月)

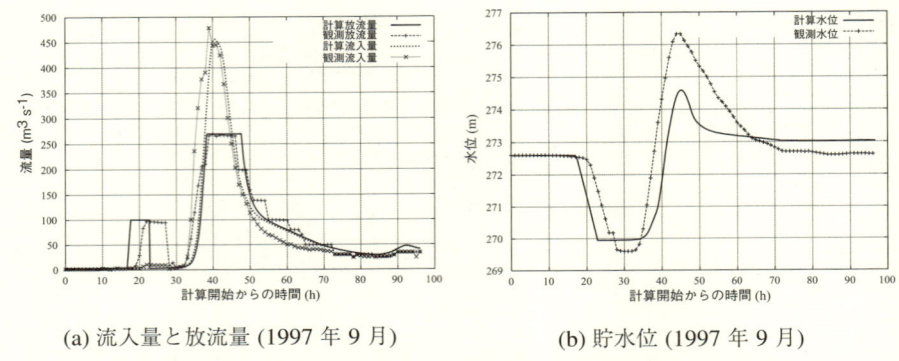

図 **11.23**：青蓮寺ダムにおける洪水時の流入量・放流量と貯水位の実績値および計算値[38]．

象・水文状況に応じて貯水量を確保しようとする管理者の意思が働く場合があるため，ダムモデルによる放流量の再現性が低い場合がある．洪水規模が大きい場合は，管理者の裁量の範囲が小さいため，一般にダムモデルによる放流量の再現性は高くなる．

コラム：ダム制御モデルを含めた統合分布型流出モデルと淀川流域の治水安全度の変化の分析

　淀川流域の雨水流出をダムの流況制御過程を含めてモデル化し，淀川流域全域 (枚方地点上流：7281 km^2) を対象として，流況制御の効果を分析した例を示す[38],[39]．淀川流域では 1953 年の洪水災害を契機に治水計画が見直され，1954 年に淀川水系改修基本計画が制定された．その後も 1959 年，1961 年と大規模な出水が発生したため，1965 年に淀川水系改修基本計画が見直され，淀川水系工事実施基本計画が制定された．現在，淀川に敷設されている主要なダムはこの改修基本計画または工事実施基本計画に盛り込まれたものであり，1999 年に比奈知ダムが完成するまでの 30 余年にわたりダムが建設された (図 **11.24**)．

　7 章で示された分布型流出モデルにダムモデルを組み込んだ流出モデルを構築し，1960 年，1970 年，1980 年，1990 年，2000 年までに完成しているダムを考慮して流出計算を行い，同じ降雨に対する枚方地点のピーク流量の

違いを調べた．対象とする降雨は 1980 年以降でもっとも淀川流域に大きな被害をもたらした 1982 年の台風 10 号時の二日間の降雨である．枚方上流における二日間流域平均雨量を年超過確率 1/15，1/30，1/50，1/100，1/150，1/200，1/300 に相当するように引き伸ばして入力降雨を設定した．

図 **11.24**：淀川全流域 (枚方上流) の数値河道網データと主要 8 ダム，流量観測所の位置．

図 **11.25** に枚方地点におけるピーク流量の計算結果を示す．図の横軸は降雨の確率年 (再現期間) であり，縦軸は計算期間中のピーク流量を表す．図中の折線はそれぞれの年のはじめに建設が終了しているダムのみをモデルに組み込んで計算したピーク流量の結果を結んでいる．1980 年代には流域内に新しいダムが建設されていないので，1980 年と 1990 年の線は重なっている．

瀬田川洗堰のみが主要なダムとして存在していた 1960 年に着目すると，淀川の治水計画が対象としている 1/200 の年超過確率に相当する降雨 (以後

「1/200 降雨」とよぶことにする）を入力とした場合，ピーク流量が約 18,000 m^3 s^{-1} となった．これは枚方地点の基本高水のピーク流量が 17,000 m^3 s^{-1} であることから，妥当な値であると考える．また，同地点での計画洪水流量は 12,000 m^3 s^{-1} であり，仮に上流で氾濫がなく，枚方地点の通水能力が 1960 年当時に 12,000 m^3 s^{-1} であったと仮定すれば，1/30 の年超過確率に対応する降雨で計画洪水流量に達することになる．

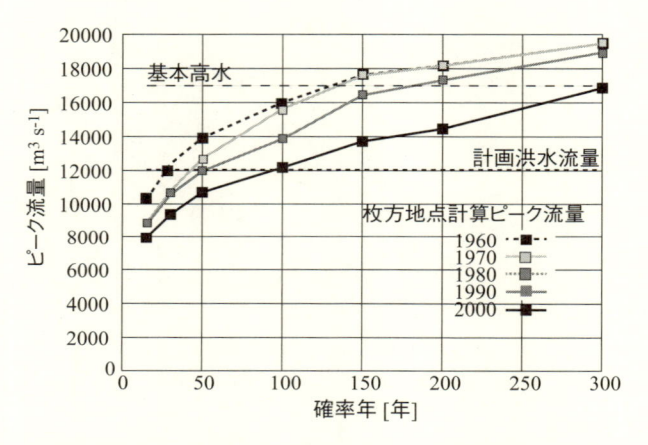

図 11.25：年代別のダムによる治水効果．横軸に確率年，縦軸にダムを考慮して計算した枚方地点でのピーク流量を示す．

1970 年までに天ヶ瀬ダムと高山ダムが完成した．図 11.25 の 1970 年の結果に着目すると，年超過確率 1/15 から 1/50 ぐらいまでの降雨に対して，ピークを約 2,000 m^3 s^{-1} 低減させる効果が現れている．その結果，1960 年には年超過確率 1/30 の降雨で計画洪水流量に達していたものが年超過確率 1/40 の降雨でも計画洪水流量を超えないようになった．1980 年までには青蓮寺ダム，室生ダムが完成し，1970 年の結果に比べると年超過確率 1/100 から 1/150 程度の規模の降雨に対してピーク流量を約 2000 m^3 s^{-1} 低減する効果が現れている．しかし，それより規模の小さい洪水に対しては，この二つのダムは枚方地点のピーク流量を低減させていないことがわかる．これは，青蓮寺ダムと室生ダムが高山ダムの上流に位置し，高山ダムの貯水容量がその二つのダムに比べて大きいため，小さい規模の洪水に対しては高山ダムのみで洪水調節が可能であることを示している．

2000年までには布目ダム，比奈知ダム，日吉ダムが完成した．ピーク流量の低減効果が降雨の規模に関わらず現れており，特に，年超過確率1/200から1/300のきわめて大きな降雨に対してもそのピーク流量の低減効果が現れている．これは，桂川に唯一存在する日吉ダムの効果や，布目ダムの影響により木津川のダムがダム群効果を発揮したためであると考えられる．複数のパターンの降雨を対象とし，当時の河道の通水能力にもとづいて議論をする必要があるが，これらのダム群の完成により，現在では年超過確率1/100の降雨で計画洪水流量に達する程度まで，淀川流域の治水安全度は向上していることがわかる．

　最近は計画規模を超えるような降雨がしばしば発生し，ダムの操作規則を見直すことが課題となることがある．このためには上下流の河川の整備状況や降雨流出予測の精度，ダム群の構造的制約などを考慮する必要がある．また，流域全体を守るダム群の操作や，特定地点における壊滅的な被害を避けるためのダム群操作など，多様化する治水目的に応じて望ましいダム操作のあり方を検討していくことも課題となっている．こうした問題を分析する試みして，ダムモデルを導入した分布型流出モデルに動的計画法を組み合わせた手法の開発が進められている[40]．こうした手法を用いれば，任意地点の河川流量を変数にもつ目的関数を設定し，その目的関数を最適化するダム群の操作パターンを見出すことができる．また，各ダムの構造的な特性を水位や流量の制約条件として設定することができるので，ダムの構造や操作規則を変更した場合に，最適な操作パターンとそれに伴う洪水流量がどのように変化するのかを分析することができる．また，カルマンフィルタを用いた実時間予測システムにダムモデルを導入する手法も検討されている[41]．

(ICHARM：佐山敬洋)

11.6　流出モデルによる予測の不確かさ

　流出システムを完全にモデル化することは困難であり，流出予測には不確かさが避けられない．その不確かさの原因がどこにあるかを理解し，予測の不確かさを数値的に示して，それらがどのように伝播して流出予測の不確かさとなって現

れるかを分析することが重要である.

11.6.1 流出予測の不確かさの要因

　流出モデルによる予測の不確かさは，主として入力データの不十分さ，モデル構造の不十分さ，パラメータ同定の不十分さ，初期・境界条件の不十分さに起因する.

入力データの不十分さ　降雨観測の空間観測密度はわが国のアメダス地上観測点で約 $17km^2$ に一つである．世界的に見れば高密度な観測網だが，降雨の空間分布を十分に捉えることは難しい．時間的な観測密度も流出予測の不確かさの要因となる．我が国の主要な河川流域の洪水予測には，少なくとも時間単位の降雨強度データが必要である．レーダ雨量計によって降雨の時空間観測密度は飛躍的に向上しているが，レーダは地上に到達する降雨強度そのものを計っているわけではないため，降雨強度の推定値には誤差が避けられない．

モデル構造の不十分さ　モデル構造とは場の条件(地形，地質，土地利用)のモデル化と流れのモデル化を意味する．現実の場の条件を完全に流出モデルに反映させることはできない．また，実際の土層中の雨水の流れを高密度にかつ広域に観測することは不可能であり，シミュレーションモデルに用いる水文プロセスの基礎式が，現実と適合していない可能性がある．場の条件のモデル化と流れのモデル化を完全に記述できないため，流出予測には不可避の不確かさが伴う．

モデルパラメータ同定の不十分さ　モデル構造が適切であっても，モデルパラメータ値が適切に求められていない場合は正しい予測ができない．また，ある洪水の再現に対しては十分に適合するパラメータの値であっても，それが他の洪水には適合しないことがある．これは，モデル構造が不十分なために洪水ごとに最適なパラメータが異なる場合に相当する．これまでに経験したことのない大洪水を予測しようとする場合，このことは極めて重要な課題となる．また，流出モデルが多数のモデルパラメータを持つ場合，現象を再現するパラメータの値の組は複数存在する可能性があり，どれが最適なパラメータか判断がつかないことがある．これらのパラメータ同定の不十分さにより，流出予測には不可避の不確かさが伴う．

初期・境界条件の不十分さ　シミュレーションモデルに設定する初期状態量や境界条件を正しく推定することは容易ではない．流出モデルであれば，初期の土壌の乾湿の状態を適切に設定しないと，洪水流量を再現することは難しい．地下水モデルであれば，初期条件に加えて境界条件の設定が地下水位の再現性に大きく影響するが，これらを正しく設定することは容易ではない．

これらは高棹[1],[2]が示した流出システムを特徴づける諸量

- 入力：流出システムに作用する外的起因（たとえば降水）
- 出力：流出システムに作用した一つまたはそれ以上の入力によって生ずる結果（たとえば流量）
- 流出システムパラメータ：システムの動特性を支配するパラメータ（たとえば，勾配あるいは流出の低減指数）

の不確かさに他ならない．これらの予測の不確かさを生じる原因を分析し，それを減少させる取組が PUB (Predictions in Ungauged Basins) という世界的な枠組みで実施された[45],[46]．

11.6.2　流域の分割サイズと流出モデル

流出システムの基本的なモデル化法は，流域をいくつかの空間的な構成要素に分割し，そこでの水文過程をモデル化してそれらを空間的に結合することによって全体の水循環を表現することである．この場合，流出モデルの構成要素の大きさ（分割流域の合理的な大きさ）をどのように決定するかが基本的に重要である．高棹はこの基本となる大きさを「基準面積」とよび，現象の時間変化を適切に表現する「基準時間」とともに早くからモデル化の上での重要性を指摘した[1]．

椎葉[47]は，この大きさの考え方として「地理的空間分布 (geographically distributed)」と「統計的空間分布 (statistically distributed)」という二つの空間分布を考え，この境界となるスケールを見出すことを提案した．図 **11.26** にその概念図を示す．今，流域下端での流量を予測することを考える．図中の領域 A は流域の基本的な構成単位（合理的に定められた大きさの分割流域）であり，たとえば Wood らの REA (Representative Elementary Area)[48] に対応する．この領域 A の大きさで捉えられる現象は直接，流域規模での現象（ここでは流域下端での河川流量）に関与し，領域 A が流域内部のどこに存在するかは流域下端の流量予測に

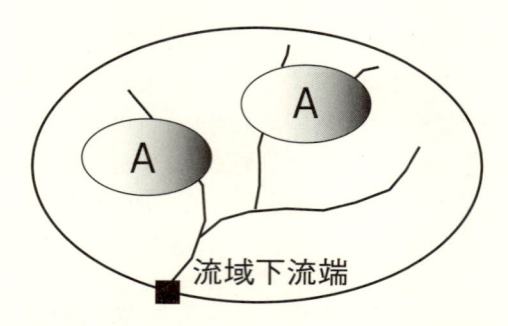

図 11.26：地理的空間分布と統計的空間分布.

重要であるとする．このスケールでの水文量の空間分布は「地理的空間分布」である．一方，領域 A の内部での水文量の空間分布は，その分布がどの位置のものであるかは流域下端の流量予測には重要ではなく，その領域内での分布の特性（たとえば対数正規分布している等）が重要と考える．このスケールの水文量の空間分布は「統計的空間分布」である．この境界をなすスケールがモデル構築の基本空間サイズと考えられる．降雨の空間分布が流量に及ぼす影響や，適切な空間分割サイズが決められた後の様々な集中化手法は **8 章**で述べたとおりである．

11.6.3 地形表現スケールとモデル定数

物理的な分布型モデルは，観測流量と計算流量とが適合するようにモデルパラメータの値をチューニングするのではなく，モデルパラメータの値を直接観測する，あるいはモデルパラメータと関連する物理量を測定することによってモデルパラメータの値を決定することを理想とするモデルである．しかし，このようなパラメータの決定は容易ではない．最も大きな問題は，モデルパラメータの値が流出モデルの空間表現スケールに依存してしまうことである．

キネマティックウェーブモデルを例にとって考える[49]．このモデルでは図 **11.12** のように流域をいくつかの斜面に分割し，その斜面ごとにキネマティックウェーブモデルを適用する．流域分割を単純に粗くすると，分割によってできた斜面の長さが現実の斜面より大きくなる傾向がある．また斜面勾配が現実のものと違ったり，支流が無視されるようになる．このような，斜面長，斜面勾配，支流の取扱いに対する影響は，しばしばモデル定数（この場合は等価粗度）の調整

によってカバーされる.しかしそれでは,斜面の抵抗特性を表す定数として導入された等価粗度が,地形表現に伴う影響を含むことになってしまう.

それを具体的に示そう.河道効果を無視して,斜面特性は流域で一様とする.斜面のモデルとして,斜面長 L を持つ一様平面を考える.斜面上の流れは以下のキネマティックウェーブモデルを考える.

$$\frac{\partial h}{\partial t} + \frac{\partial q}{\partial x} = r_e \cos\theta, \quad q = \alpha h^m \tag{11.31}$$

ただし,q は斜面単位幅あたりの流量,h は流下方向に垂直に取った水深,r_e は有効降雨強度,θ は斜面勾配,x は斜面に沿う距離,t は時間である.α, m は定数で,マニングの平均流速公式によって,$\alpha = \sqrt{\sin\theta}/n$,$m = 5/3$ とする.n は等価粗度である.ここで,

$$h_* = h/\cos\theta, \quad q_* = q/L\cos\theta, \quad x_* = x/L$$

と変数変換すると

$$\frac{\partial h_*}{\partial t} + \frac{\partial q_*}{\partial x} = r_e, \quad q_* = \alpha^* h_*^m, \quad 0 \le x_* \le 1 \tag{11.32}$$

と変形される.これから次式が得られる.

$$\frac{1}{m\alpha_*}\left(\frac{q_*}{\alpha_*}\right)^{\frac{1-m}{m}}\frac{\partial q_*}{\partial t} + \frac{\partial q_*}{\partial x_*} = r_e, \quad 0 \le x_* \le 1 \tag{11.33}$$

ここで,

$$\alpha_* = \frac{(\cos\theta)^{m-1}\sqrt{\sin\theta}}{nL}$$

である.斜面下端での $q_*(1,t)$ は流出高であり,観測流出高と有効降雨強度 $r_e(t)$ を (11.33) 式に与えて定まるモデルパラメータは α_* であることがわかる.すなわち,斜面長 L,斜面勾配 θ,等価粗度 n は相互に関係していて独立して同定することはできない.斜面長 L と斜面勾配 θ は地形表現スケールの違いによって異なる.そのため,本来,地形とは関連のないはずの n の値がそれらに影響されてしまう.つまり,流れに関するパラメータがそれとは関係のないはずの場のスケールに異存してしまう.

11.6.4 流出モデルと観測できる現象の空間スケールの違い

　流出モデルの空間スケールと観測する現象のスケールとが異なることが，観測値からモデルパラメータを物理的に決定することを難しくしている．物理的なモデルを用いて洪水流出現象をモデル化する場合，土壌層内の流れをダルシー則で表現すると，そのモデルパラメータとして透水係数の値を必要とする．このとき，観測流量に合うようにモデルパラメータを決定すると，透水係数の値は現地の土壌サンプルによって得られる値の一桁から二桁程度大きな値となることをしばしば経験する．

　洪水時には土層中の大空隙を高速に流れる雨水が大量に発生するため，これらを再現するために流出モデルの平均的な透水係数は大きな値を取ることになると理解されるが，このような斜面スケールでの平均的な透水係数を土壌サンプルから得ることはできない．流出モデルで用いられる透水係数は斜面全体を代表する透水係数であり大空隙での早い流れの効果も含めたそれであるが，観測で得られる透水係数は斜面よりもはるかに小さなスケールでのそれである．

　物理的基礎を持つ流出モデルは水文データが十分観測されない流域でこそ，威力を発揮せねばならない．この場合，地形表現スケールとモデルパラメータの値との関連を適切に理解することが，適切な予測を得る鍵となる．

参考文献

1) 高棹琢馬：流出機構, 第 4 回水工学に関する夏期研修会講義集, 土木学会水理委員会, pp. A.3.1–A3.43, 1967.
2) 金丸昭治, 高棹琢馬：水文学, 朝倉書店, 1975.
3) Sharman, L. K.: Storm-flow from rainfall by the unit-graph method, *Eng. News Rec.*, 108, pp. 501–505, 1932.
4) 菅原正巳：流出解析法, 共立出版, 1972.
5) 木村俊晃：貯留関数法 (II)〜(IV-2), 土木技術資料, 4(1, 4, 5, 6, 7), 1962.
6) 木村俊晃：貯留関数法の最近の進歩, 第 22 回水理講演会論文集, 土木学会, pp. 191–196, 1978.
7) 角屋 睦, 永井明博：流出解析手法 (その 10) 貯留法 – 貯留関数法による洪水流出解析 –, 農業土木学会誌, 48(10), pp. 43–50, 1980.
8) 高棹琢馬, 椎葉充晴, 宝 馨：貯留モデルによる実時間流出予測に関する基礎的研究, 京都大学防災研究所年報, 25(B2), pp. 245–267, 1982.
9) 永井明博, 角屋 睦, 杉山博信, 鈴木克英：貯留関数法の総合化, 京都大学防災研究所年報, 25(B2), pp.207–220, 1982.
10) 日本学術会議 河川流出モデル・基本高水評価検討等分科会：河川流出モデル・基本高水の検証に関する学術的な評価 (回答), 参考資料 3, 貯留関数法とその適用法, 2011.

11) 星 清, 山岡 勲: 雨水流法と貯留関数法との相互関係, 第 26 回水理講演会論文集, pp. 273–278, 1982.
12) 星 清 (編): 実践流出解析ゼミ, 第 8 回流出解析ゼミ –流域における Kinematic wave 法と一般化貯留関数法の関係–, (財) 北海道河川防災研究センター・研究所, pp. 8-1-8-15, 2010.
13) 高棹琢馬, 椎葉充晴: Kinematic Wave 法への集水効果の導入, 京都大学防災研究所年報, 24(B2), pp. 159–170, 1981.
14) 椎葉充晴, 立川康人, 市川 温, 堀 智晴, 田中賢治: 圃場容水量・パイプ流を考慮した斜面流出モデルの開発, 京都大学防災研究所年報, 41(B2), pp. 229–235, 1998.
15) 立川康人, 永谷 言, 宝 馨: 飽和・不飽和流れの機構を導入した流量流積関係式の開発, 水工学論文集, 48, pp. 7 – 12, 2004.
16) 高棹琢馬, 椎葉充晴, 立川康人: 流域微地形に対応した準 3 次元斜面要素モデルと流域規模モデルの自動作製, 第 33 回水理講演会論文集, 1989, pp. 139–144.
17) 陸 旻皎, 小池俊雄, 早川典生: 分布型水文情報に対応する流出モデルの開発, 土木学会論文集, 411/II-12, pp. 135–142, 1989.
18) 市川 温, 村上将道, 立川康人, 椎葉充晴: 流域地形の新たな数理表現形式に基づく流域流出系シミュレーションシステムの開発, 土木学会論文集, 691/II-57, pp. 43–52, 2001.
19) 椎葉充晴, 市川 温, 榊原哲由, 立川康人: 河川流域地形の新しい数理表現形式, 土木学会論文集, 621/II-47, pp. 1–9, 1999.
20) 山田 正, 石井文雄, 山崎幸二, 岩谷 要: 小流域における保水能の分布と流出特性の関係について, 第 29 回水理講演会論文集, pp. 25–30, 1985.
21) 山田 正: 山地流出の非線形性に関する研究, 水工学論文集, 47, pp. 259–264, 2003.
22) 高棹琢馬, 椎葉充晴: 雨水流モデルの集中化に関する基礎的研究, 京都大学防災研究所年報, 28(B2), pp. 213–220, 1985.
23) 中北英一, 高棹琢馬, 椎葉充晴: 河道網系 Kinematic Wave モデルの集中化, 京都大学防災研究所年報, 29(B2), pp. 217–232, 1986.
24) 高棹琢馬, 椎葉充晴, 市川 温: 分布型流出モデルのスケールアップ, 水工学論文集, 38, pp. 809-812, 1994.
25) 市川 温, 小椋俊博, 立川康人, 椎葉充晴: 山腹斜面流 kinematic wave モデルの集中化, 京都大学防災研究所年報, 41(B2), pp. 219–227, 1998.
26) 市川 温, 小椋俊博, 立川康人, 椎葉充晴: 数値地形情報と定常状態の仮定を用いた山腹斜面系流出モデルの集中化, 水工学論文集, 43, pp. 43–48, 1999.
27) 市川 温, 小椋俊博, 立川康人, 椎葉充晴, 宝 馨: 山腹斜面流出系における一般的な流量流積関係式の集中化, 水工学論文集, 44, pp. 145–150, 2000.
28) 市川 温, 小椋俊博, 立川康人, 椎葉充晴, 宝 馨: 数値地形情報を用いた山腹斜面系流出モデルの集中化手法に関する研究, 京都大学防災研究所年報, 43(B2), pp. 201–215, 2000.
29) 武田 誠: 高潮の氾濫解析法とその都市域への応用に関する研究, 京都大学博士学位論文, 1996.
30) 川池健司: 都市における氾濫解析法とその耐水性評価への応用に関する研究, 京都大学博士学位論文, 2001.
31) 渡辺紹裕ほか: 水文水利総合モデルによる流域水環境の評価に関する研究, 平成 4 年度科学研究費補助金 (一般研究 C) 研究成果報告書, 1993.
32) 早瀬吉雄, 角屋 睦: 低平地タンクモデルとその基礎的特性 –低平地タンクモデルによる流出解析法 (1)–, 農土論集, 165, 1993.
33) 市川 温, 佐藤康弘, 立川康人, 椎葉充晴: 長短期流出計算統合型水田モデルの構築と構造的モデル化法によるその要素モデル化, 水文・水資源学会誌, 10(6), pp. 557–570, 1997.
34) (財) ダム技術センター編: 多目的ダムの建設 平成 17 年版, 第 7 巻, 管理編, 36, pp. 32–84, 2009.
35) 高棹琢馬, 椎葉充晴, 堀 智晴: 洪水制御支援のためのエキスパートシステムに関する基礎的検討, 京都大学防災研究所年報, 31(B2), pp. 357–368, 1988.

36) 高棹琢馬, 椎葉充晴, 堀 智晴, 佐々木秀紀：分散協調問題解決モデルを用いた洪水制御支援システムの設計, 京都大学防災研究所年報, 32(B2), pp. 401–413, 1989.
37) 市川 温：分布型流域流出系モデルの構成と集中化に関する研究, 京都大学博士学位論文, 2001.
38) 佐山敬洋, 立川康人, 寶 馨, 市川温：広域分布型流出予測システムの開発とダム群治水効果の評価, 土木学会論文集, 803/II-73, pp. 13-27, 2005.
39) 佐山敬洋, 菅野浩樹, 立川康人, 寶 馨：ダム群操作過程を導入した広域分布型流出予測システムによる淀川流域の治水安全度評価, 水工学論文集, 50, pp. 601–606, 2006.
40) 佐山敬洋, 立川康人, 菅野浩樹, 寶 馨：分布型流出モデルと動的計画法の統合による貯水池制御最適化シミュレータの開発, 水工学論文集, 54, pp. 547–552, 2010.
41) 立川康人, 福山拓郎, 椎葉充晴, 萬 和明, キム スンミン：流水制御過程を導入した実時間分布型流出予測手法の複数ダム流域への展開, 土木学会論文集, B1(水工学), 68(4), pp. I_517–I_522, 2012.
42) 市川 温, 佐藤康弘, 椎葉充晴, 立川康人, 宝 馨：山地流域における水・土砂動態モデルの構築, 京都大学防災研究所年報, 42(B2), pp. 211–224, 1999.
43) 市川 温, 藤原一樹, 中川勝広, 椎葉充晴, 池淵周一：沖縄地方における赤土流出モデルの開発, 水工学論文集, 47, pp. 751–756, 2003.
44) 守利悟朗, 椎葉充晴, 堀 智晴, 市川 温：流域規模での水, 土砂動態のモデル化及び実流域への適用, 水工学論文集, 47, pp. 733–738, 2003.
45) Sivapalan, M., K. Takeuchi, S. W. Franks, V. K. Gupta, H. Karambiri, V. Lakshmi, X. Liang, J. J McDonnell, E. M. Mendiondo, P. E. O'Connell, T. Oki, J. W. Pomeroy, D. Schertzer, S. Uhlenbrook, and E. Zehe：IAHS decade on predictions in ungauged Basins (PUB), 2003-2012: shaping an exciting future for the hydrological sciences, *Hydrological Sciences Journal*, 48(6), pp. 857–880, 2003.
46) Tachikawa, Y., Y. Yamashiki, and M. Tsujimura (Eds)：Special Issue: Predictions in Ungauged Basins –Japan Society of Hydrology and Water Resources, *Hydrological Processes*, 26(6), pp. 791–946, 2012.
47) 椎葉充晴：分布型流出モデルの現状と課題, 京都大学防災研究所, 水資源研究センター研究報告, pp. 31–41, 1995.
48) Wood, E. F., M. Sivapalan, K. Beven, and L. Band：Effects of spatial variability and scale with implication to hydrologic modeling, *Journal of Hydrology*, 102, pp. 29–47, 1988.
49) 高棹琢馬, 椎葉充晴：Kinematic Wave 法における場および定数の集中化, 京都大学防災研究所年報, 21(B2), pp. 207–217, 1978.

第12章

水理・水文モデリングシステム

　水理・水文モデリングシステムとは，個々の水理・水文現象のモデル化を対象とするのではなく，要素となるモデル同士を結合して全体の水理・水文モデルを構成する基盤となるソフトウェアのことであり，様々な水理・水文現象を，全体の流出システムの中の構成要素としてモデル化し，それらを相互に組み合わせて全体の水理・水文現象を表現するシミュレーションモデルを構築することを目的とする．水理・水文シミュレーションモデルが科学的な客観性を確保するためには，水理・水文モデルの構成方法を共通にし，誰もがモデルの構成方法を確認して実行できるようなモデル構成の基盤となるモデリングシステムが必要である．構成要素となる要素モデルが共通の仕様にしたがって構築され動作すれば，要素モデルを相互に比較したり交換したりすることが容易となる．また，社会から要請される高度で複雑な水理・水文シミュレーションモデルを短期間のうちに実現し，政策決定に寄与することができる．本章では水理・水文モデリングシステムが備えるべき要件を示し，わが国で開発された水理・水文モデリングシステムであるOHyMoSとCommonMPを解説する．

12.1 水理・水文モデリングシステムとは

12.1.1 水理・水文モデリングシステムとその必要性

　斜面流出や洪水追跡など，個々の水理・水文計算を実現する数値計算プログラムは数多く存在する．これらの数値計算プログラムを相互に組み合わせて利用することができれば，高度な水理・水文計算を実施することができる．しかし，

個々の数値計算プログラムは通常，異なる組織に属する研究者・技術者によって独立に開発されるため，それらを相互に組み合わせて利用することは容易ではない．通常，コンピュータシミュレーションモデルは開発者ごとに計算機環境やプログラミング言語が異なる．計算機プログラムの構成の仕方も異なることが多く，開発された計算機プログラムを相互に組み合わせて使おうとすると，ソースコードを読んでそのモデルの入出力の方式や操作方式を明確に理解し，自分のシステムに合うようにソースコードを書き直さねばならない．その作業は非常に煩雑になり，現実的にはほとんど不可能である．

　このことは，複雑で高度なシミュレーションモデルになればなるほど，それを開発した個人か研究グループしかそのソースコードを理解することができず，第三者によるシミュレーションモデルの評価や検証が容易ではないことを意味する．本来ならば，シミュレーションモデルの適用結果を評価するだけでなく，モデル構造や計算アルゴリズムが評価されるべきであるし，またモデルの一部分を取り出して分析的な検討をしたり，他の研究・技術開発グループのモデルを取り入れるなど，開発された資産を有効に利用してよりよいモデルを構築できることが望ましい．複雑なシミュレーションモデルこそ，モデルの中身で評価され，かつそれが新たなシミュレーションモデルを構築するための資産として用いられねばならないのに，そうしたことができないのは，客観的かつ科学的なシミュレーションモデルの評価という点から，大きな問題である．研究機関や研究グループが共同して一つの標準的なシミュレーションモデルを構築しても問題は解決しない．水理・水文シミュレーションモデルの多様性は，水理・水文現象が数多くの要素過程が組み合わさっていることに根ざしているから，標準的なモデルを作成したとしても，現実の流域の変化に対応できなくなってしまう．

　水理・水文現象が多様な水理・水文プロセスからなっていることを考えると，シミュレーションモデルを標準化するのではなく，水理・水文モデルの構成方法を共通にし，シミュレーションモデル構成の基盤となるモデリングシステムをつくることが，科学的な客観性を確保するために必要である．モデリングシステムは，個々の現象をモデル化することを対象とするのではなく，共通の仕様によって構築された要素モデルを自由自在に接続し，要素モデル間のデータの授受を受け持って，全体のシミュレーションモデルを構成する役割を持つ．すべての要素モデルが共通の仕様にしたがって作られ，そのモデリングシステム上で動作すれば，要素モデル相互を比較することや交換することが容易となる．また，他のグ

ループで開発された要素モデルを自分のシミュレーションモデルに組み込んで利用することも容易となる．このような水理・水文モデリングシステムが存在すれば，シミュレーションモデルの第三者による検証が可能となり，また，他者が開発した要素モデルを組み合わせて，高度で複雑な水理・水文シミュレーションを短期間のうちに実現することができる．

12.1.2　いくつかの水理・水文モデリングシステム

水理・水文モデリングシステムには，いくつかの先行するソフトウェアがある．たとえば米国では HEC (Hydrologic Engineering Center，アメリカ合衆国陸軍工兵隊水文工学センター) による一連のソフトウェアやアメリカ地質研究所 (USGS) が主体となって開発した MMS (Modular Modeling System) がある．欧州ではデンマーク水理・環境研究所による MIKE や OpenMI (Open Modeling Interface) が開発されている．OpenMI はモデル間でのデータの授受を扱うインターフェイスとなるソフトウェアであり，欧州共同体のサポートのもとにオープンソースで開発が進められている．OpenMI によるインターフェイスを実装する要素モデルを開発すれば，この仕様にしたがう要素モデルを相互に接続することが可能とされている．

わが国では水理・水文モデリングシステムとして，OHyMoS (Object-oriented Hydrological Modeling System) がある．OHyMoS は京都大学で開発された水理・水文モデリングシステムであり，水理・水文モデルを構造的にモデル化して効率的なモデリングとシミュレーションを実行する環境を提供している．OHyMoS は，様々なプログラミング言語で開発が進められ，モデリングシステム本体を含めた全ソースコードが公開されている[1)-3)]．これまでに C++ 版，Java 版 (OHyMoSJ)，Visual C#.NET 版 (OHyMoS.NET) が公開されている．OHyMoS では水理・水文モデルの空間的な接続構造を構造定義ファイルというテキストファイルによって実現する．既存の要素モデルを用いるならば，対象流域に合わせて構造定義ファイルを作成するだけで，容易にシミュレーションモデルを構成することができる．また，定められた仕様に従ういくつかの関数を定義することにより，新しい要素モデルを容易に作成することができる．

CommonMP (Common Modeling Platform for water-material circulation analysis) は，国土交通省国土技術政策総合研究所が中心となって開発した Windows

環境で動作するモデリングシステムである[4),5)]．CommonMP は OHyMoS の設計構想がベースとなって開発が進められた．そのため，OHyMoS が持つ機能の大部分は CommonMP にも搭載されている．また，シミュレーションモデルの開発や実行を GUI 上で実施することができるため，モデル開発が容易であると同時に，シミュレーションモデルの接続構造を一目で確認することができる．

　OHyMoS と CommonMP はどちらもモデル開発のための仕様が公開されており，利用者が自由に要素モデルの開発を行うことができる．要素モデルに必要な基本構造はあらかじめ定められて準備されており，個々の要素モデルは，この基本となるモデル構造を引き継いで作成する．OHyMoS と CommonMP は，そうした要素モデルを組み合わせて全体のシミュレーションモデルを構築し実行する環境を提供する．

12.1.3　水理・水文モデリングシステムが備えるべき要件

　流域の水循環は空間的な広がりの中で発生する．流域全体の水循環は，**11** 章で示したように，流出システムが空間的に相互に結合するとして，**図 12.1** のように捉えることができる．そこで，地形や土地被覆に応じて流域を区分し，最終的にそれらを空間的に結合して流域全体の水循環を構成する全体のシミュレーションモデルを構成することを考える．水理・水文過程を表現するシミュレーションモデルとしてどのような計算モデルを用いるにせよ，空間的に流域を区分し，その中で支配的な水文現象を要素化してそれらを相互に結合することにより，水理・水文過程をモデル化することができる．このとき，上記で述べたような水理・水文モデリングシステムが備えるべき要件を考える．

　シミュレーションモデルの一部分を取り出して分析的な検討をしたり，他の開発者によるモデルの成果を新たに開発するシミュレーションモデルに組み込むためには，モデリングシステムは次のような要件を満たす必要がある．

1) 個々の水理・水文過程を表現する要素となるモデル (要素モデル) は，その現象に適した固有の時間・空間スケールでモデル化することができる．
2) 要素モデルは全体のシミュレーションモデル (全体系モデル) の中で自在に取り替えることができる．
3) 全体系モデルは，個々の要素モデルの時間進行，要素モデル間のデータの授受を管理し，全体のシミュレーションを進行させる．

12.1 水理・水文モデリングシステムとは 407

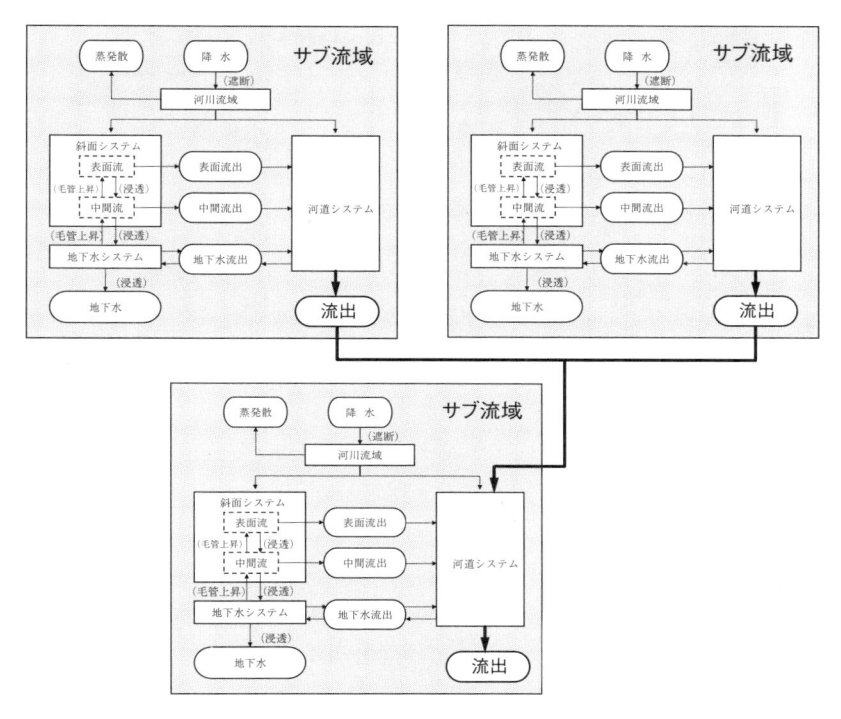

図 12.1：空間的に結合する流出システム.

　要素モデルは機能的に完結していて，他の要素モデルや全体系モデルから独立していることが求められる．これらを踏まえると，水理・水文モデリングシステムは，次のような仕様を備えることが望ましい．OHyMoS や CommonMP は，これらを満たすように開発されたモデリングシステムである．

モデル構造　水理・水文シミュレーションモデルの全体構造を要素モデル群の階層構造とする．つまり，**図 12.2** のように要素モデルを複数，相互に接続することで全体系モデルを構成する．全体系モデルの作成・修正作業は，それぞれ，要素モデルの組立・交換作業とする．

標準機能　水理・水文シミュレーションモデルの要素モデルの基本動作である以下の機能を標準化し，**図 12.3**(a) に示すように，これらの標準機能のみを持つ「基本型要素モデル」を定義する．

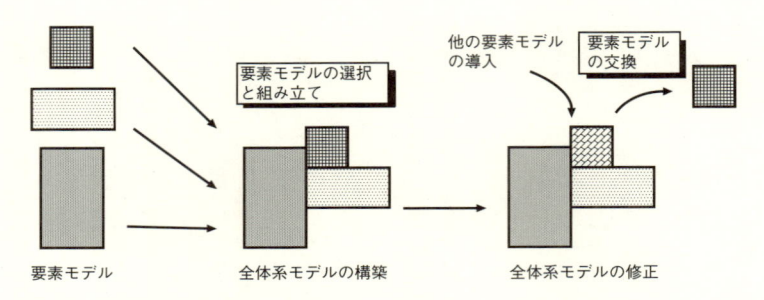

図 12.2：OHyMoS や CommonMP で考える水理・水文シミュレーションモデルの構造.

- モデルパラメータ値の設定
- モデル状態量の初期化
- 要素モデル間のデータの受け渡し
- 計算時間の更新

　個々の要素モデルは，図 12.3(b) に示すように基本型要素モデルに要素モデル独自の機能を付加して作成する．要素モデル独自の機能とは，たとえば，キネマティックウェーブモデルや貯留関数法など，モデルごとの計算手法やパラメータを意味する．後で具体的に述べるが，オブジェクト指向プログラミング言語には，任意に定めた機能を「継承」してそれに新たな機能を付加するという概念が備わっている．このプログラミング言語機能を用いれば，ある規格化した「基本型要素モデル」の機能を「継承」して，それに独自の機能を付加することにより，同じ基本機能を有する独自の要素モデルを構築することができる．

入出力　要素モデル間のデータの授受は，要素モデルに付加する「受信端子」と「送信端子」によって実現する．これらの「端子」を通して，要素モデルの出力データは，他の要素モデルの入力データとなるか，ファイルに出力される．

12.2　OHyMoS を用いた水理・水文モデルの構成

12.2.1　オブジェクト指向言語を用いた要素モデルの概念

　図 12.3(a) に示す「基本型要素モデル」が OHyMoS の要素モデルの骨格とな

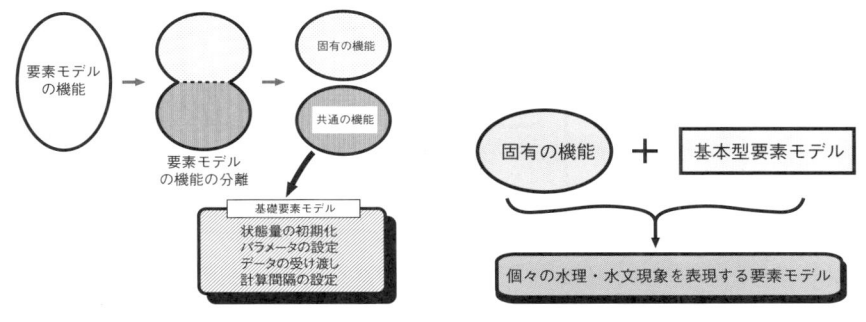

(a) 基本型要素モデルの持つ機能 (b) 固有の機能を付加した要素モデル

図 12.3：基本型要素モデルとその基本機能を継承する個々の要素モデルの作成.

る．基本型要素モデルは，水理・水文モデルの要素モデルとして要求される共通の基本的な機能のみを持つ．すべての要素モデルは，この基本型要素モデルに要素モデルが独自に必要とする機能を付加して作成する．基本型要素モデルを利用して要素モデルを構築すれば，モデリングシステムで要求する共通仕様は自動的に組み込まれる．そのためモデル作成者は共通仕様を意識することなく，要素モデルを構築することができる．

この機能を実現するために OHyMoS はオブジェクト指向プログラミング言語を用いて開発されている．これはオブジェクト指向言語が持つ「クラス」，「継承」，「多態性」という概念が，上で述べたような仕様を実現する上で，都合がよいためである．OHyMoS は，オブジェクト指向言語 C++，Java，Visual C#.NET を用いて OHyMoS C++ 版，OHyMoSJ，OHyMoS.NET が開発され公開されている．以下，オブジェクト指向言語を用いたモデリングシステムの概念を説明する．

クラス　データとそれらを操作する関数を一つのパッケージにまとめたものをクラスという．このデータをデータメンバ，関数をメンバ関数とよぶ．貯留量などのモデル状態量やモデルパラメータなどをデータメンバ，連続式や運動式によって表される支配方程式をメンバ関数として，要素モデルをクラスとして表現する．

継承　オブジェクト指向言語は，あるクラスで定義されたデータメンバやメンバ関数をもとに，それに新たなデータメンバやメンバ関数を加えて新たなクラスを

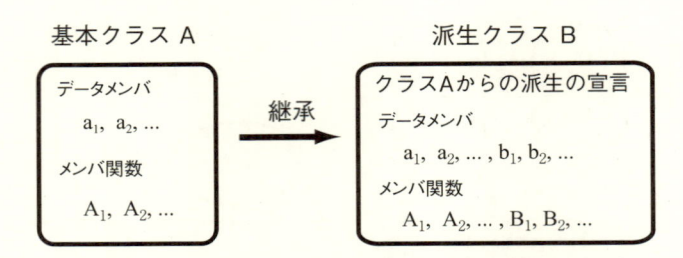

図 12.4：基本型要素モデルのクラスを継承して作成される個々の要素モデルのクラス．

作成する機能を持つ．図 12.4 に示すように，元のクラスを基本クラス，機能を付加して新たに作成したクラスを派生クラスという．このように，派生クラスが基本クラスの機能を引き継ぐことを「継承」という．OHyMoS では，基本型要素モデルを基本クラスとして作成し，その派生クラスとして個々の具体的な要素モデルを作成する．基本型要素モデルで定義された機能を継承することにより，要素モデルが備えるべき共通仕様は具体的な要素モデルに自動的に反映される．

多態性 OHyMoS では，1 ステップ先の状態量を求める計算の方法を Calculate という名前のメンバ関数として定義する．基本型要素モデルでは Calculate は 1 ステップ先の計算を実施する関数であることが約束されていて，具体的な計算内容は個々の要素モデルで定義する．このように，基本クラスでメンバ関数の使用方法を規格化し，その操作により実現される個々の内容は派生クラスごとに定義することができる．この機能を「多態性」という．また，多態性を実現するために，基本クラスで定義される関数のことを仮想関数とよぶ．この機能を用いることにより，仕様は共通で，個々の計算内容は異なる要素モデルを実現する枠組みが得られる．

12.2.2　OHyMoS の全体構成

OHyMoS を利用した一般的な全体系モデルの構成を図 12.5 に示す．12.1.3 で述べたように，OHyMoS では，対象とする流域の水理・水文現象を表現する要素モデルを構成し，それらを相互に接続して全体系モデルを構成する．実際の数理計算を行なうのは要素モデルであり，全体系モデルは，

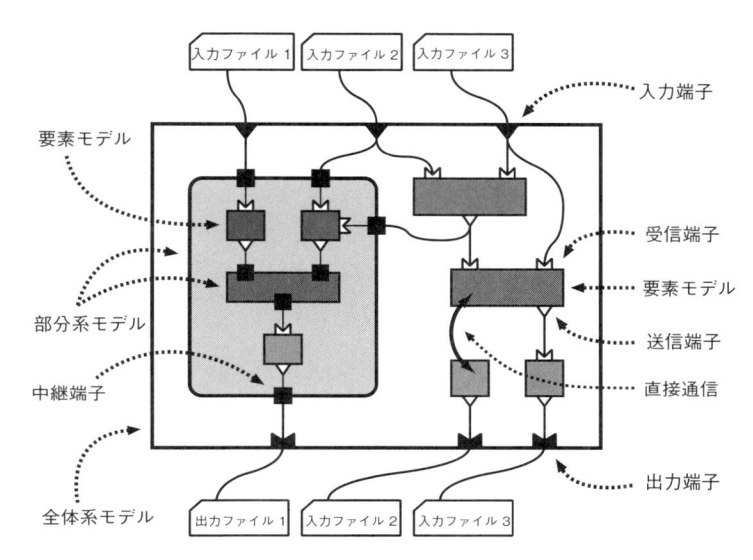

図 12.5：モデルの構成.

1) モデル利用者との対話的作業
2) データファイルとシミュレーションモデルとのデータの入出力
3) 全体系モデルを構成する要素モデルに対する計算実行の指示

を行い，流出シミュレーションの進行を管理する役割をもつ．全体系モデルは上で述べた要素モデルを基本として，以下の機能により実現される．

端子 要素モデル間のデータの入出力は，基本的には要素モデルに付加する「端子」によって行う．データの授受は，時刻とその時刻のデータをセットにしたデータパックにより行う．要素モデルの入出力は「受信端子」と「送信端子」，部分系モデルと全体系モデルの入出力は「中継端子」，全体系モデルと外部ファイルとの入出力には「入力端子」と「出力端子」を用いる．これらのデータパックモデルと端子モデルも基本型モデルがあり，利用者が新しく定義するデータ型を扱うことも可能となっている．「端子」を通したデータの授受では，データを送信端子に保存して，下流側のモデルが受信端子を通して必要な時刻のデータを取得する．受信側の要素モデルは必要となるデータが上流の送信端子に登録されるまで，計算を保留する．「計算を保留する」という機能があるために，OHyMoS

では要素モデルの計算順序を陽に指定する必要がない．後で述べる「構造定義ファイル」で，要素モデルの相互の接続関係さえ定義すれば，計算できる要素モデルから自動的に計算が進められる．

直接通信　上流から順に下流に計算を進める場合は，「端子」方式のデータ授受でよいが，洪水流をダイナミックウェーブモデルで表現する場合の河道区間上下端の間のデータの授受のように，接続する端子間でデータを相互にやり取りすることが必要となる場合がある．接続する要素モデルが繰り返し計算によって収束計算を必要とするような場合(要素間反復計算)である．このときは「受信側」が「送信側」に対して必要となるデータを指定する「直接通信」を用いる．直接通信を用いた要素間反復計算については，**12.4** で述べる．

部分系モデル　全体系モデルの中に部分系モデルを作成することができる．部分系モデルは全体系の中の一部分に対応し，要素モデルあるいは部分系モデルを用いて定義する．たとえば，地中の流れとして中間流と地下水流を考え，それぞれの現象を要素モデルとして実現する場合，これらを接続したモデルを一つの部分系モデルとして定義することができる．部分系モデルも全体系モデルと同様に，それを構成する要素モデルおよび部分系モデルに対して計算実行命令を送り，流出シミュレーションの進行を管理する．全体系モデルと部分系モデルには，要素モデルと同様に「基本型全体系モデル」，「基本型部分系モデル」が用意されており，それらを継承して個々のシミュレーションモデルを構成する．

OHyMoS の特徴をまとめると，以下のようである．

- 要素モデルを組み合わせて全体系モデルを構成する．
- 要素モデルとして必要となる基本機能(パラメータ値の設定，初期値の設定，計算時間の更新など)は，基本型要素モデルの機能として用意される．
- 具体的な要素モデルは基本型要素モデルを継承して構築する．
- 要素モデルは，個々に設定する独自の時間単位で計算が進行する．
- 要素モデル間のデータの授受は「端子」を通じて行う．
- 端子によるデータ授受では対応できない場合に対応するため，要素モデル同士が直接データを交換する直接通信の機能がある．
- 計算終了時の最終状態をデータファイルに書きだす．このファイルを読み

込むことによって，計算を再開することができる．

12.2.3 要素モデルの作成手順

OHyMoS では基本型要素モデルを継承し，個々の要素モデルを作成する．要素モデルを表すクラスの作成に必要な作業は次の通りである．下記に示す関数は，その基本機能が基本型要素モデルのクラス `Element` で定められた仮想関数であり，個々の要素モデルのクラスで具体的な機能を実装する．

1) 基本型要素モデルのクラス `Element` を継承する．
2) 受信端子，送信端子を実現する変数を `Receive` 型，`Send` 型を用いて宣言し，データメンバとして定義する．
3) 宣言した受信端子の変数のポインタを `Register_receive_ports` 関数を用いて登録する．同様に，宣言した送信端子の変数のポインタを `Register_send_ports` 関数を用いて登録する．
4) モデルパラメータ，モデル状態量をデータメンバとして定義する．
5) モデルパラメータ値を設定する `Set_parameter` 関数，モデル状態量を初期化する `Set_initial_state` 関数を定義する．
6) 初期のデータ送信を行う `Initial_output` 関数を定義する．
7) 1 ステップ分の計算・送信を行う `Calculate` 関数を定義する．
8) 次の計算のための計算時間間隔を算出する `Calculate_time_step` 関数を定義する．
9) 計算終了時のモデル状態量を出力する関数 `Save_terminal_state` を定義する．
10) 次の時間ステップの計算の実行あるいは終了を判断する関数 `Can_you_calculate` を定義する．
11) 初期化後の一連の計算作業を行う `Work` 関数を定義する．

要素モデルの開発者が実際に作成せねばならない部分は一部であり，サンプルとなるソースコードをもとに作成すれば，容易に要素モデルを作成することができる．OHyMoS C++ 版を用いた具体的なソースコードの作成方法を **12.3** で示す．

第 12 章 水理・水文モデリングシステム

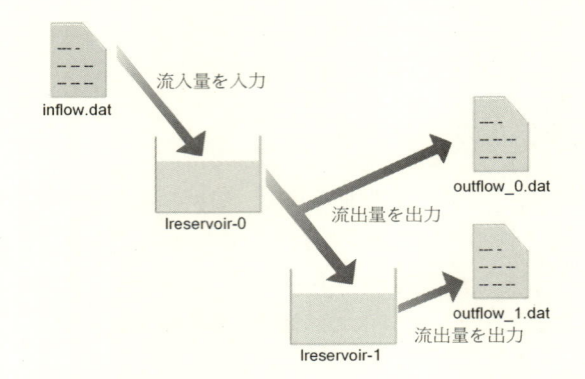

図 **12.6**：線形貯水池モデルを用いたシミュレーションモデルの構築.

12.2.4　全体系モデルの作成手順

　全体系モデルを構成するために，要素モデルの接続構造や入出力ファイルを定義する「構造定義ファイル」，個々の要素モデルのモデルパラメータの値を記録する「パラメータファイル」，個々の要素モデルの初期状態の値を記録する「初期状態量ファイル」をそれぞれ一つ用意する．これにより，シミュレーションの実行が可能となる．具体的な例を挙げて，これらのファイルの記述例を示す．

(1)　構造定義ファイル

　図 **12.6** のように，線形貯水池モデルが二つ直列に繋がったモデルを考える (線形貯水池モデルは **4.3.1** を参照のこと)．上流側の貯水池モデル lreservoir-0 への流入強度として入力データ inflow.dat が与えられ，それを受け取ったモデルは，下流の線形貯水池モデル lreservoir-1 と出力ファイル outflow_0.dat に流出量を送信し，下流の線形貯水池モデル lreservoir-1 は出力ファイル outflow_1.dat に流出強度を送信する．このシミュレーションモデルに対して構造定義ファイルを作成した例がソースコード **12.1** である．OHyMoS ではこのような形式の構造定義ファイルを用いることで，シミュレーションモデルの空間的な接続構造を定義する．構造定義ファイルはテキストファイルであり，# から始まる行，および行内の # 以降はコメントと見なされる．構造定義ファイルの名前は自由に付けてよい．構造定義ファイルは大きく分けて Numbers Part, Memory Allocations Part, Register and Connect Part の三つのセクションから構成される．

12.2 OHyMoS を用いた水理・水文モデルの構成　415

ソースコード 12.1：OHyMoS の構造定義ファイルの例 (sample.scf).

```
# 1. Numbers Part  要素モデル数,入出力ファイル数,端子数の設定
1 # input ports, 入力データ数
2 # components, 要素モデル数
0 # iterator elements, 要素間反復計算を行う要素モデル数
0 # iterator sets, 要素間反復計算を行うグループ数
2 # output ports, 出力データ数

# 2. Memory Allocations Part  要素モデルや入出力ファイルの設定
[InputPorts]
0 inflow.dat I_file double

[Components]
0 lreservoir 0 Lreservoir
1 lreservoir 1 Lreservoir

[Iterators]
# No Use

[OutputPorts]
0 outflow_0.dat 80 O_file double
1 outflow_1.dat 80 O_file double

# 3. Register and Connect Part  接続情報の設定
[RegisterIterators]
# No Use

[ConnectPorts]
r 0 c 0 rp 0
c 0 sp 0 s 0
c 0 sp 0 c 1 rp 0
c 1 sp 0 s 1
z # end mark

[ConnectComponents]
z # end mark
```

Numbers Part (要素モデル数や入出力ファイル数，端子数の設定) Numbers part には，`input ports` (入力データ数)，`components` (要素モデル数)，`iterator elements` (要素間反復計算を行う要素モデル数)，`iterator sets` (要素間反復計算を行うグループ数)，`output ports` (出力データ数) の個数をこの順に設定する．この例では，上流から順に要素モデルの計算を進めればよいので，要素間反復計算を行う要素モデルはない．そこで，`iterator elements`，`iterator sets` の個数は 0 とする．要素間反復計算については後述する．

Memory Allocations Part (要素モデルや入出力ファイルの設定) Memory Allocations Part は，[InputPorts]，[Components]，[Iterators]，[OutputPorts] の四つのサブセクションから構成される．各サブセクションは [ ] で囲まれたラベルで開始する．

[InputPorts]　入力データに関する情報を記述する．1 行に一つの入力データ情報を書く．入力データの通し番号，入力ファイル名，入力ファイルのクラス名をこの順に書き，通し番号は 0 から始める．

[Components] 要素モデルに関する情報を記述する．1行に一つの要素モデル情報を書く．要素モデルの通し番号，オブジェクトの固有名，オブジェクトの固有番号，要素モデルのクラス名，モデルに関する追加情報をこの順に書き，固有番号は 0 から連続して番号を付ける．要素モデルはオブジェクトの固有名と固有番号，クラス名の三つによってモデルを識別する．サンプルの中ではオブジェクトの固有名が lreservoir であるモデルが二つあるが，これらは固有番号が 0 と 1 で異なるため別の要素モデルと認識されている．これらの識別情報をもとに，パラメータファイルや初期状態ファイルに記述される値が，対応する要素モデルに設定される．

[Iterators] 要素間反復計算に関する情報を記述する．この例では利用しないので空欄でよい．

[OutputPorts] 出力データに関する情報を記述する．1行に一つの出力データ情報を書く．出力データの通し番号，出力ファイル名，ファイル出力時の1行の最大文字数，出力ファイルのクラス名をこの順に書き，通し番号は 0 から始める．

Register and Connect Part (接続情報の設定) Register and connect part は，[RegisterIterators]，[ConnectPorts]，[ConnectComponents] の三つのサブセクションから構成される．各サブセクションは [ ] で囲まれたラベルで開始し，[RegisterIterators] を除き，行頭に z が書かれている行をセクションの終わりとする．

[RegisterIterators] 要素間反復計算を行う構成要素の登録を行う．この例では使用していないため，空欄でよい．

[ConnectPorts] 要素モデル，入出力データ間の接続登録を行う．一つの接続について1行で記述するものとし，送信側の端子情報，受信側の端子情報の順に記述する．端子情報は以下の情報を組み合わせる．まず，Memory Allocation Part で設定した入出力端子と要素モデルを区別するために，r (Receive : 入力データを指定した InputPort)，s (Send : 出力データを指定した OutputPort)，c (Component : 要素モデル)，i (Iterators : 反復計算を行う要素モデル) のいずれかを示す．この記号に Memory Allocations Part で宣言した入力端子，出力端子あるいは要素モデルの通し番号を付

ける．要素モデルの場合は，さらに要素モデルの中で設定した複数の送受信端子を区別するために，要素モデル内で設定した送受信端子の名称と番号を指定する．

[ConnectComponents]　直接通信を行う構成要素の登録を行う．この例では使用していないため，行頭に z とだけ書く．

(2) パラメータファイル

構造定義ファイル内で宣言した要素モデルに与えるモデルパラメータの情報を記述する．パラメータファイルでは，構造定義ファイルと同様，# から始まる行，および行内の # 以降はコメントとして処理される．前述した構造定義ファイルに対応するパラメータファイルの例を**ソースコード 12.2** に示す．パラメータファイル名は自由に付けてよいが，パラメータファイルの拡張子は pmt とする．

ソースコード 12.2：OHyMoS のパラメータファイルの例 (sample.pmt).

```
# ParameterFile
ScfTotalSystem total_system 0
{
    Lreservoir lreservoir 0
    3600 60

    Lreservoir lreservoir 1
    3600 60
}
```

最初に全体系モデルのパラメータを指定する．通常は，`ScfTotalSystem total_system 0` として，全体システムの表すオブジェクトの固有名 `total_system`，オブジェクトの固有番号 `0` を記述するだけでよい．各要素モデルごとのパラメータ情報は，構造定義ファイルで指定した要素モデルのクラス名，オブジェクトの固有名，オブジェクトの固有番号を記述し，その次の行に要素モデルのパラメータ値を記す．モデルパラメータの値は，それらを読み取るメンバ関数 `Set_parameter` の定義に従って順に記述する．ここでは，貯留量 s と流出量 q の関係を表す $S = kQ$ の k の値を 3600 秒，差分計算間隔を 60 秒と指定している．

(3) 初期状態量ファイル

構造定義ファイル内で宣言した要素モデルに与える初期状態量の情報を記述する．初期状態量ファイルでは，構造定義ファイルと同様，#から始まる行，および行内の#以降はコメントとして処理される．前述した構造定義ファイルに対応

する初期状態量ファイルの例をソースコード **12.3** に示す．初期状態量ファイル名はパラメータファイルと同じで，拡張子は `ist` とする．

最初に全体系モデルの初期状態量を指定する．パラメータファイルと同様に，`ScfTotalSystem total_system 0` として，全体システムの表すオブジェクトの固有名 `total_system`，オブジェクトの固有番号 `0` を記述する．その次の行には，シミュレーションモデル全体の計算開始時刻 (秒単位) を記述する．たとえば，ここで指定した計算開始時刻が 1200 秒であれば，入力データも 1200 秒以降が計算に用いられる．

各要素モデルごとのパラメータ情報は，構造定義ファイルで指定した要素モデルのクラス名，オブジェクトの固有名，オブジェクトの固有番号を記述し，その次の行に要素モデルの初期状態量の値を記す．初期状態量の値は，それらを読み取るメンバ関数 `Set_initial_state` の定義に従って順に記述する．基本的には，要素モデル個別の計算開始時刻は，全体系モデルの計算開始時刻と同じにする．ここでは計算開始時刻を 0 秒，初期貯留量を $10.0\,\mathrm{m}^3$ と指定している．

ソースコード **12.3**：OHyMoS の初期状態量ファイルの例 (sample.ist).

```
# InitialStateFile
ScfTotalSystem total_system 0
0 # 計算開始時刻の指定
{
    Lreservoir lreservoir 0
    0 10.0

    Lreservoir lreservoir 1
    0 10.0
}
```

12.2.5 シミュレーションの実行

以上で計算の条件が整ったので，UNIX (Linux) システム上であれば，以下のようにコマンドラインで計算を実行する．

```
% ohymos sample.scf sample
```

`ohymos` は実行コマンドであり，第一引数の `sample.scf` は構造定義ファイルを，第二引数の `sample` はパラメータファイルおよび初期状態量ファイルに付けた名前を指定する．パラメータファイルと初期状態量ファイルに付ける名前は共通であり，拡張子はそれぞれ `pmt`，`ist` とする．

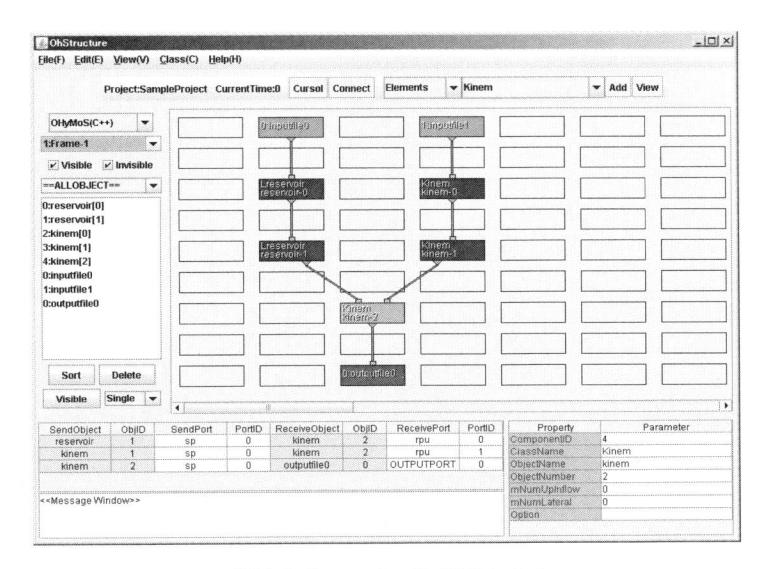

図 12.7：構造定義ファイル作成環境 OhStructure.

12.2.6　OHyMoS の周辺アプリケーション

　OHyMoS を利用するためには，構造定義ファイルとそれに対応するパラメータファイル，初期状態量ファイルを作成すればよい．既存の要素モデルを用いるだけで目的が達成されるならば，新たな要素モデルを開発する必要はない．要素モデルの使い方 (クラスの名称，送受信端子の名称と番号，パラメータ値とそのパラメータファイルでの並べ方，初期状態量とその初期状態量ファイルでの並べ方) を知れば，その要素モデルを使うことができる．

　構造定義ファイル，パラメータファイル，初期状態量ファイルはシミュレーションモデルとは独立しているため，これらを自動的に生成することが考えられる．7 章で示した分布型流出モデルは C++ 版 OHyMoS を用いて実現されている．この分布型流出モデルの構造定義ファイル，パラメータファイル，初期状態量ファイルは，河道網データの接続関係から自動的に生成するようにしている[6]．

　構造定義ファイルを GUI 環境で作成するソフトウェアとして OhStructure がある[7],[8]．OhStructure は図 12.7 に示すように，GUI 環境で視覚的に要素モデル同士の関係を捉えながら，その接続関係を指定することができる．要素同士の接続を画面上で表示するだけでなく，接続の方法や要素の情報を同時に参照できる

ことに加え，構造定義ファイルでの記述の誤りを検出し，構造定義ファイルの編集段階でエラーを出力することができる．また，パラメータファイル，初期状態量ファイルを同時に作成し，構造定義ファイルに適合した形で出力する．さらに，OhStructure は全体の構造定義ファイルの中から部分流域の構造を抽出して，その部分流域に対応する構造定義ファイルを出力する機能を持つ．抽出された要素モデルに対応するパラメータファイル・初期状態量ファイルも，抽出された構造定義ファイルの形に合わせて自動的に出力される．

12.3 OHyMoS による要素モデルの実装例

OHyMoS を用いて流出シミュレーションモデルを構築する場合，全体系モデルは共通なので，利用者は要素モデルさえ作成すればよい．要素モデルと対象流域の構造定義ファイル，パラメータファイル，初期状態量ファイルを作成すれば，流出シミュレーションが可能となる．**4.3.1** で説明した線形貯水池モデルを例として，要素モデルの実装方法を具体的に示す．

12.3.1 線形貯水池モデル

線形貯水池モデルは

$$\frac{dS}{dt} = I - Q, \ S = kQ$$

で表現される．t は時間，S は貯留量，Q は流出量，I は流入量，k は貯留量と流出量の関係を表す係数である．$S = kQ$ を連続式に代入して Q を消去し，これを差分化して，

$$\frac{S(t+\Delta t) - S(t)}{\Delta t} = \frac{I(t+\Delta t) + I(t)}{2} - \frac{S(t+\Delta t) + S(t)}{2k}$$

とする．Δt は差分間隔である．これを $S(t+\Delta t)$ について解けば，

$$S(t+\Delta t) = \left\{\frac{I(t+\Delta t) + I(t)}{2} + S(t)\left(\frac{1}{\Delta t} - \frac{1}{2k}\right)\right\} / \left(\frac{1}{\Delta t} + \frac{1}{2k}\right) \qquad (12.1)$$

$$Q(t+\Delta t) = S(t+\Delta t)/k \qquad (12.2)$$

となり，差分計算間隔 Δt ごとの Q が得られる．このモデルで，状態量は S，パラメータは k と Δt である．

12.3.2 要素モデルの構成

OHyMoS の要素モデルは基本的に一つのクラスから成り立ち，基本型要素モデルのクラス element.h を継承し，親クラスで定義された仮想関数を実装する形で作成する．OHyMoS の線形貯水池モデルを，ヘッダファイル lreservoir.h と，具体的な関数定義からなるソースファイル lreservoir.cc の二つで構成する．要素モデルのクラス作成を以下の五つの部分にわけて説明する．

- クラス宣言部
- クラス初期化部
- 変数宣言部 (パラメータ，状態量，継承される変数)
- 主要計算部
- その他の関数部

各部分のソースコードを参照しながら具体的に説明する．

(1) クラス宣言部

ソースコード **12.4** およびソースコード **12.5** は，線形貯水池モデルを OHyMoS の要素モデルとして実現した lreservoir.h と lreservoir.cc の中のクラス宣言とインクルードファイルの設定部分を示したものである．要素モデルは，OHyMoS で用意されたヘッダファイルやライブラリで定義された関数を用いて作成する．また，OHyMoS に用意されている基本型要素モデルのクラス Element を継承して作成する．

ソースコード **12.4**：lreservoir.h のインクルードファイル設定とクラス宣言部．

```
#include <stdio.h>
#include <time.h>
#include <math.h>

#include "element.h" // クラス Element の定義．
#include "p_tmp.h"   // テンプレートクラス Receive, Send の定義．

// 線形貯水地モデルの要素モデルのクラス Lreservoir の定義
class Lreservoir : public Element // 基本型要素モデルのクラス Element を継承した Lreservoir ク
    ラスの宣言
{
    /////////////////
    //ClassContents//
    /////////////////
}
```

ソースコード **12.5**：lreservoir.cc のインクルードファイル設定．

```
#include "lreservoir.h"
```

線形貯水池モデルのヘッダファイルでインクルードするヘッダファイルは五種類である．`stdio.h` は C++ の標準入出力関数を用いるため，`time.h` は要素モデル内で `time_t` 型 (時間型) を用いるため，`math.h` は平方根などの数的処理を用いるためにインクルードする．`element.h` は `Lreservoir` クラスが継承すべき Element クラスの定義を含むヘッダファイルであり，OHyMoS の一部である．`p_tmp.h` は要素モデルが計算に用いる端子クラスの定義を含むヘッダファイルである．lreservoir.cc では自身のヘッダファイルである `lreservoir.h` をインクルードする．

(2) クラス初期化部

ソースコード **12.6** は，lreservoir.h 内のクラス初期化を行う部分を示したものである．ここでは OHyMoS の要素モデルの生成，初期化に関わる関数を定義する．また，要素モデルが使用する受信端子，送信端子の宣言を行う．

ソースコード **12.6**：lreservoir.h のクラス初期化部分．

```cpp
// 受信端子を宣言し，要素モデルの受信端子として登録する
Receive<double> rp;
void Register_receive_ports(void)
{
    Register((void*) &rp);
}
// 送信端子を宣言し，要素モデルの送信端子として登録する
Send<double> sp;
void Register_send_ports(void)
{
    Register((void*) &sp);
}
// 線形貯水池モデルのインスタンス作成
Lreservoir* NewElement() { return (new Lreservoir()); }
// コンストラクタ
Lreservoir(void):Element()
{
    class_name = "Lreservoir";
    rp.Init("rp", 0), // 受信端子名 rp, 番号 0
    sp.Init("sp", 0) // 送信端子名 sp, 番号 0
}
// 構造定義ファイルからの初期化呼び出し
Boolean Init(char* o_name, int o_num, FILE*)
{ return Element::Init(o_name, o_num, 0, NULL); }

// デストラクタ
~Lreservoir(void) {}
```

Receive<double> rp　受信端子は Receive< 伝送したいデータ型 > の形式で宣言する．

12.3 OHyMoS による要素モデルの実装例

Send<double> sp 　送信端子も同様に Send<伝送したいデータ型> の形式で宣言する．

void Register_receive_ports(void) 　宣言した受信端子を関数 Register を用いて登録する．ポインタを登録する必要があるため，Register((void*) &rp) のように受信端子 rp を登録すればよい．複数の受信データを用いたい場合には受信端子の宣言を増やし，Register もその数に応じて追加する．

void Register_send_ports(void) 　宣言した送信端子を登録する．関数 Register を用いる登録の方法は Register_receive_ports と同様である．

Lreservoir* NewElement() 　線形貯水池モデルを新しく作成する際に用いる．この関数が起点となり，Lreservoir モデルが生成される．動作としては新たな Lreservoir クラスのインスタンスを返す．

Lreservoir(void):Element() 　コンストラクタであり，クラスと同じ名称である．このとき要素モデルが継承した Element クラスのコンストラクタも呼び出している．コンストラクタの内部ではクラス名 class_name の設定と，端子の初期化を行う．端子には端子の名称と番号をつける．ここでは受信端子の名称を rp とし番号を 0，送信端子の名称を sp とし番号を 0 としている．この名称と番号は，構造定義ファイルの中で要素モデルや入出力ファイルとの接続関係を設定するときに用いられる．

Boolean Init(char* o_name, int o_num, FILE*) 　構造定義ファイルの情報から要素モデル自体の初期化を行う．第一引数 char* o_name は構造定義ファイルから与えられた要素モデルの固有名称，第二引数 int o_num は構造定義ファイルから与えられた要素モデルの固有番号，最後の FILE* は構造定義ファイルのファイルポインタである．構造定義ファイルのファイルポインタは，構造定義ファイル内に端子の数に関わるパラメータなどをもつ場合に用いられる．今回の Lreservoir モデルではこのパラメータを用いないため，特別な処理はせず Element::Init(o_name, o_num, 0, NULL) のように親クラスの Init 関数に情報を渡している．ここでの戻り値である Boolean 型は YES か NO かで表わされる C++ の bool 型とほぼ同じものである．YES が true，NO が false を表すと考えてよい．初期化が問題なく成功した場合には YES を返す．

(3) 変数宣言部

ソースコード 12.7 は，lreservoir.h 内の変数宣言部を抜粋したものである．OHyMoS の要素モデルが計算に用いるモデルパラメータ，状態量などをデータメンバとしてヘッダファイルの中で宣言する．

ソースコード 12.7：lreservoir.h のデータメンバ宣言部分．

```
public:
// モデルパラメータ
double k; // 貯留量に対する流出係数 k (sec)
time_t dt; // 計算時間間隔 dt (sec)

// モデル状態量
double s; // 貯留量 s (m3)
```

double k 貯留量 S と流出量 Q の関係を表す $S = kQ$ の **k** をデータメンバとして宣言する．

time_t dt 差分計算を行う計算時間間隔 **dt** をデータメンバとして宣言する．**time_t** は C++ で時間，時刻の数値を保存する型であり，データの扱いは **long** 型と同じである．

double s モデル状態量である貯留量 **s** をデータメンバ宣言する．

線形貯水池モデル用に宣言したデータメンバ以外に，基本型要素モデルクラス **Element** から継承されたデータメンバが存在する．ソースコード 12.8 は，基本型要素モデルクラス element.h の変数宣言部を抜粋したものであり，要素モデルが継承して利用するデータメンバである．

ソースコード 12.8：element.h のデータメンバ宣言部分の抜粋．

```
public:
// シミュレーションモデル内部の現在時刻 (sec)
time_t current_time;
// 計算 1 ステップ分の時間間隔 (sec)
time_t time_step;
```

time_t current_time 要素モデルの現在時刻を保持する．

time_t time_step 要素モデルの計算 1 ステップ分の時間間隔を保持する．

(4) 主要計算部

ソースコード 12.9 に lreservoir.h の中の差分計算に関するメンバ関数の定義部分を示す．ソースコード 12.10 は lreservoir.cc の中の上のメンバ関数の実装

12.3 OHyMoS による要素モデルの実装例

部分である．ヘッダファイルにはメンバ関数の定義が書かれている．実装は lreservoir.cc で行う．主要計算部分はモデルパラメータの設定，初期状態の設定，一差分計算間隔ごとの計算を実現するメンバ関数から構成され，要素モデルの動作の中核となる．以下で実装するメンバ関数は，基本型要素モデルのクラスである `Element` で定義された仮想関数である．

ソースコード **12.9**：lreservoir.h の差分計算に関するメンバ関数の定義部分．

```
public:
// 初期状態による出力の送信
Boolean Initial_output(void);

// 差分時間間隔 1 ステップ分の計算
Boolean Calculate(void);

// モデルパラメータの設定
void Set_parameter(FILE* fp);

// 状態量の初期化
void Set_initial_state(FILE* fp);
```

ソースコード **12.10**：lreservoir.cc の差分計算に関するメンバ関数の実装部分．

```
// パラメータファイルからパラメータの値を読み取る.
void Lreservoir::Set_parameter(FILE* fp)
{
    fscanf(fp, "%lf %ld", &k, &dt);
}
// 初期状態量ファイルから初期時刻と初期状態量の値を読み取る.
void Lreservoir::Set_initial_state(FILE* fp)
{
    fscanf(fp, "%ld %lf", &current_time, &s);
}
// 初期時刻の出力を計算して送信端子のデータを送る.
Boolean Lreservoir::Initial_output(void)
{
    double outflow = s / k;
    sp.Send_data(current_time, outflow);
    return YES;
}
// 差分時間間隔 1 ステップ分の計算を定義する.
Boolean Lreservoir::Calculate(void)
{
    // 入力データを取得する.線形内挿された値が返される.
    double inflow1 = rp.Get_data(current_time);
    double inflow2 = rp.Get_data(current_time + dt);

    // dt 時間先の貯留量と流量を計算する.
    s = ((inflow1 + inflow2)/2.0 + s * (1.0/dt - 1/(2.0*k)) / (1.0/dt + 1/(2.0*k));
    double outflow = s / k;

    // 計算したデータを送信する.
    sp.Send_data(current_time + dt, outflow);
    return YES;
}
```

void Lreservoir::Set_parameter(FILE* fp) パラメータファイルからパラメータを取得する．ここではパラメータファイルのファイル型のポインタ FILE* fp が

与えられ，fscanf 関数を用いることで，要素モデルの貯留量に対する流出係数 k とタイムステップ dt を読み込む．

void Lreservoir::Set_initial_state(FILE* fp) 初期状態量ファイルから初期状態量を取得し，要素モデル内部の初期時刻 current_time と初期貯留量 s を読み込む．

Boolean Lreservoir::Initial_output(void) 設定したパラメータと初期状態量をもとに計算開始時刻の初期出力を行う．基本的な初期化処理もこのメンバ関数内で行う．ここでは，出力する流量 outflow は初期貯留量 s を流出係数 k で割った値である．計算した値は関数 Send_data によりモデル内部の現在時刻である current_time と合わせて，送信端子 sp に保持される．計算が終了したら YES を返し，もし計算中に不具合が発生したり，不正なパラメータなどが検出された場合は NO を返す．

Boolean Lreservoir::Calculate(void) 差分時間間隔 1 ステップ分の計算を行う．要素モデルの計算時刻が進むごとによび出され，データの受け取りからモデル計算，データの送信までを行う．ここではまず関数 Get_data により受信端子 rp から流入量を取得する．差分計算を行うため，現在時間の流入量 inflow1 と計算時間間隔 dt 後の流入量 inflow2 を取得する．(12.1) 式に従って，inflow1，inflow2，計算時間間隔 dt，係数 k，現在時刻の貯留量 s を用いて，次時刻の貯留量を得る．次に，(12.2) 式に従い，計算した貯留量を流出係数 k で割って，次時刻の流出量 outflow を得る．流出量は Initial_output と同様に，次時刻の current_time + dt と合わせて，送信端子 sp に蓄積する．計算が終了したら YES を返し，もし計算中に不具合が発生したり，不正な計算が検出された場合は NO を返す．

(5) その他のメンバ関数

ソースコード 12.11 は lreservoir.cc の中のその他の関数部分を抜粋したものである．

void Lreservoir::Save_terminal_state(FILE* fp) 計算終了時の状態量の値をファイルに保存するために用いる．OHyMoS はシミュレーション終了時に，終了時の状態量を書き出して，その時点からのシミュレーションの再開を可能に

している．状態量を書き出すファイルのポインタ FILE* fp が与えられ，関数 fprintf を用いることで，要素モデル内部の現在時刻 current_time と貯留量 s をファイルに書き出す．注意すべき点として，ここで書きこんだファイルは関数 Set_initial_state によって読み込むことを想定しているため，関数 Set_initial_state で指定した書式と，ここで書きこむ書式を一致させておく必要がある．

ソースコード **12.11**：lreservoir.cc のその他のメンバ関数．

```
// 計算終了時の状態量の値をファイルに書き出す．
void Lreservoir::Save_terminal_state(FILE* fp)
{
    fprintf(fp, "%ld_%f", current_time, s);
}
```

ソースコード **12.12** は lreservoir.h の中のその他の関数部分を抜粋したものである．

ソースコード **12.12**：lreservoir.h のその他のメンバ関数．

```
// 計算終了時の状態量の値を保存する．
void Save_terminal_state(FILE* fp);

// 次の計算に用いる差分時間間隔を取得する．
time_t Calculate_time_step(void) { return dt; }

// 計算を継続するか終了するかを確認する．
Boolean Can_you_calculate(void) { return Can_you_calculate0(); }

// 現在時刻から中間目標時刻までの計算を管理する．
Boolean Work(void) { return Work0(); }

// time_t Necessary_time_from(Receive_port* rp)
// {
// 実装しなくてもよい．
// }
```

void Save_terminal_state(FILE* fp)　上述した関数の宣言である．

time_t Calculate_time_step(void)　計算時間間隔ごとによび出され，次回の計算時間間隔 time_step を計算し，戻り値として返す関数である．ここでは計算時間間隔は固定値であるため，常にパラメータの計算時間間隔である dt を返すようにしている．Boolean Work(void) の定義によっては，この関数は呼び出されない．

Boolean Can_you_calculate(void)　計算が可能な状態であるかを判断する．計算が可能であれば YES を返し，不可であれば NO を返す．NO を返すケースは，既に要素モデルが現在時刻の計算を終えているケースと，必要なデータが受信端子

から取得できないケースがある．計算が可能であるかを判断するために基本的な二つの関数が用意されているが，自分で記述することもできる．ここではその一つである Boolean Can_you_calculate0(void) を利用している．Boolean Can_you_calculate0(void) は，登録されている受信端子のすべてが，現在時刻から計算時間間隔だけ先 current_time + time_step のデータを取得できることを確認し，取得可能であれば YES を返す．もう一つのオプションである Boolean Can_you_calculate1(void) は，現在時刻 current_time のデータが取得できれば YES を返す．

Boolean Work(void)　現在時刻 current_time から中間目標時刻までの計算を行う．中間目標時刻とは，全体の要素モデルが歩調を合わせて計算を進めていくために用いる数値である．OHyMoS では計算終了時刻までに一定の時間間隔で中間目標時刻を設定し，要素モデルは中間目標時刻まで計算すれば，他の要素モデルが中間目標時刻までの計算を終えるのを待つという時間管理方式をとる．Work はこの一連の管理を要素モデル内で行うための関数であり，Calculate や Calculate_time_step の呼び出し元となる．

　Work には基本的な二つの関数が用意されているが，自分で記述することもできる．ここではその一つである Boolean Work0(void) を利用している．Boolean Work0(void) は，上述の Can_you_calculate を呼び出し，計算が可能であれば Calculate を実行する．計算後，Calculate_time_step を用いて新たな計算時間間隔を設定したのち，現在時刻を計算時間間隔分進め，再び Can_you_calculate を呼び出す．以上の過程を Can_you_calculate が NO を返すまで繰り返し行い，最後に Calculate 内で蓄積されたデータパックに対する処理を行う．戻り値は一度でも計算を実行した場合には YES を返し，計算を実行しなかった場合，計算済みであった場合に NO を返す．また，もう一つのオプションである Boolean Work1(void) は，Work0 から Calculate_time_step の呼び出しを取り除いたもので，要素モデルが Calculate 内部で計算時間間隔を変化させる場合に用いられる．

time_t Necessary_time_from(Receive_port* rp)　不要になったデータパックを削除するときに用いられる．過去の受信データを必要とする要素モデルの場合，ここでどの程度過去のデータまで保持しておけばよいかを記述しておく．実装しなければ現在時刻である current_time を返すようになっており，現在時刻より以

前の受信データは不要であることになる．今回作成する線形貯水池モデルでは過去の受信データは用いないため，実装する必要はない．

12.4 OHyMoS の直接通信機能を用いた要素間反復計算

OHyMoS は要素間のデータの授受を原則として端子による通信で行う．この場合，受信側の要素モデルは必要なデータを受信するまで計算を保留し，送信側の要素モデルに対しては何もしない．上流から下流に向かって順次計算を進めるだけであればこの方式で問題ないが，要素モデル間で収束計算が必要になる場合は，この方式では対応できない．この場合の通信方法として，受信側が送信側に対して送信データを指定する直接通信機能が用意されている．

12.4.1 要素間反復計算の必要性

OHyMoS では，一つの要素モデルの出力を別の要素モデルが入力として用いるという関係を，端子によるデータの授受で表現している．端子による接続では送信側と受信側の要素モデルは切り離されており，個々に計算が進む．水文流出計算の多くの場合は，このようなモデル構成で計算を進めることができる．しかし，要素モデルと別の要素モデルがそれぞれ計算を進めつつ，それぞれの状態量のつじつまがあうまで計算を反復することが必要となる場合がある．

たとえば，河川の本川に支流が合流している状況を想定すると，合流点では本川の水位と支流の水位が一致し，かつ流量の連続性も保たれる必要がある．本川と支流をそれぞれ別の要素としてモデル化し，支流下端の流量を端子で授受するようにすると，支流下端の流量が本川への流入量になるという関係は満たされるが，合流点で水位が等しくなるという関係は必ずしも満たされない．合流点における本川の水位を端子で授受するようにすると，水位の関係は満たされるが，今度は流量の連続性が満たされるとは限らない．現在時刻の流量と水位を相互に端子で授受して，それぞれ独立に計算するということも考えられるが，次時刻の流量と水位の水理学的関係が正しく満たされる保証はない．このような計算を可能とするためには，単なる入力と出力の関係を表す端子による接続では不十分であり，複数の要素モデルが直接通信機能を使って情報を交換しあいながら計算を反

復する必要がある．

12.4.2　要素間反復計算の流れ

　要素間反復計算を行うためには，反復計算に関係する複数の要素モデルが，モデルの状態量が確定する時刻と反復計算の目標とする時刻を共有する必要がある．OHyMoS の要素モデルでは，これらをそれぞれ `fixed_time`, `target_time` というデータメンバで記憶している．`fixed_time` より前の状態量は変更されず，反復計算する要素モデルは `fixed_time` から `target_time` までの間の状態量を，収束するまで繰り返し計算する．計算の収束条件は，各要素モデルで自由に決めることができる．たとえば河川流モデルならば，合流点における本川と支流の流量の出入りが一致するという条件である．この条件が満たされるまで，関係する要素モデルは状態量を修正しながら計算を反復する．

　`fixed_time` から `target_time` までの間は 1 ステップで進む必要はなく，`time_step` を適当に設定して細かく進むことも可能である．例えば，`fixed_time` から `target_time` までの間を 1 時間として，その間を 15 分きざみで計算することもできる．ただし，`current_time` + `time_step` は `target_time` を越えてはならない．

　図 12.8 は，二つの要素モデル（モデル A とモデル B）が要素間反復計算を行っていると仮定して，これらのモデルがどのように計算を進めていくかを模式的に示したものである．まずはじめに，要素間反復計算を行う二つのモデルに共通の反復計算目標時刻 `target_time` を設定する（図 12.8(a)）．つぎに，モデル A，モデル B がそれぞれ `target_time` に達するまで計算を行う (b)．二つの要素モデルの計算時間間隔 `time_step` は異なっていても構わない．モデル A, B ともに計算が target_time まで達したら，すなわち `current_time` = `target_time` となったら，二つの要素モデル間の収束条件 (流量や水位の連続性など) が満たされているか確認する (c)．収束条件が満たされていれば，それぞれの要素モデルに蓄積された `target_time` から `fixed_time` 間の計算結果を出力し，`target_time`, `fixed_time` を更新して (d)，次の計算ステップに進む (e)．収束条件が満たされていなければ，それぞれの要素モデルの `current_time` を `fixed_time` に戻し，(a) に戻って `fixed_time` から `target_time` までの計算を反復する．

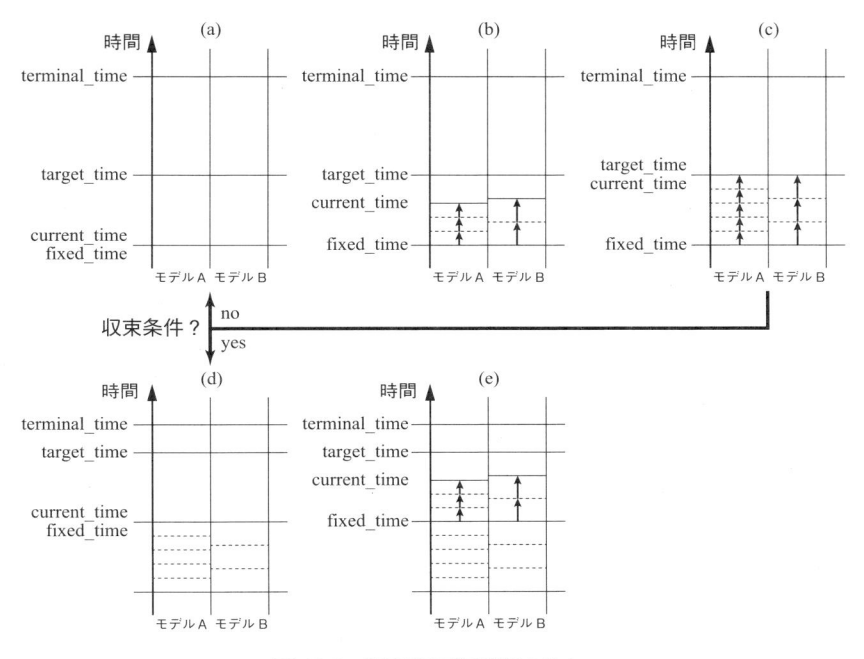

図 12.8：要素間反復計算の流れ．

12.4.3 要素間反復計算の例

図 12.9 は河川本流に 2 本の支流が流入している状況を模式的に示したものである．このような河道網を流下する洪水流を要素間反復計算で追跡した例を示す[9]．要素間反復計算を行う要素モデルは，本流の要素モデル，本流の右岸側から合流する支流の要素モデル，本流の左岸側から合流する支流の要素モデルの計三つである．図中の矢印は洪水流の流下方向を示している．それぞれの要素モデルはダイナミックウェーブ法で洪水流を追跡する．基礎式は

$$\frac{\partial A}{\partial t} + \frac{\partial Q}{\partial x} = q \tag{12.3}$$

$$\frac{\partial Q}{\partial t} + \frac{\partial}{\partial x}\left(\frac{Q^2}{A}\right) + gA\left(\frac{\partial h}{\partial x} - i_0 + I_f\right) = 0 \tag{12.4}$$

であり，四点重み付け陰型差分法[10]で解く．A は通水断面積，Q は流量，q に河道単位長さ当たりの側方流入量，g は重力加速度，i_0 は河床勾配，I_f は摩擦損失

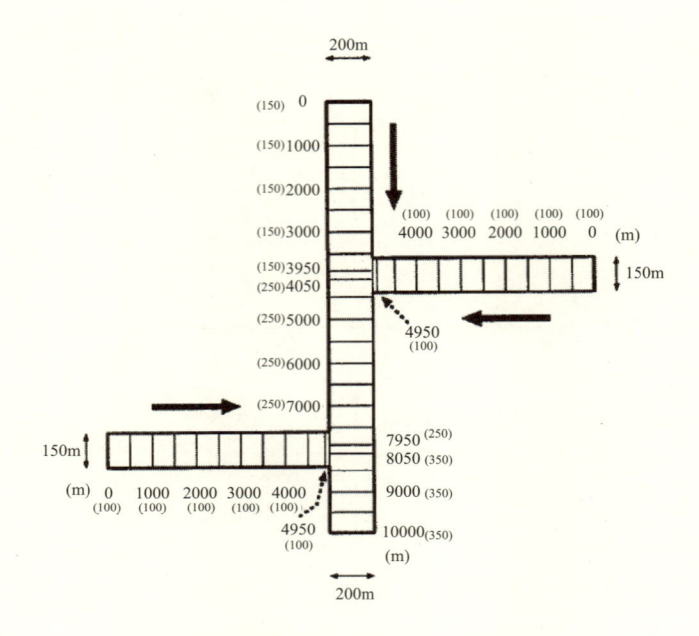

図 12.9：要素間反復計算を行う河川流モデル.

勾配で，抵抗則としてマニング式を用いるとき $I_f = n^2(Q/A)^2/R^{4/3}$，n は粗度係数，R は径深，h は水深，x は流下方向にとった空間座標，t は時間座標である．

　この計算で重要な点は本流と支流の合流点の取扱いである．合流点では，支流から本流への流入量が本流の水位に影響を与えると同時に，本流の水位が支流からの流入量に影響を与える．すなわち，互いが他の境界条件となっており，単純な入力と出力の関係として表現することはできない．そこで，本流と支流の要素モデルの間で反復計算を行い，合流点での水位と流量の水理条件が満たされるようにする．具体的には以下のようにして要素間反復計算を行う．

1) 合流点における支流から本流への流入量を q^* と仮定し，q^* を (12.3) 式の右辺の側方流入量として本流の計算を行う．
2) 1) の本流の計算から得られる合流点の水位を支流下端の境界条件として支流の計算を行う．
3) 2) の支流の計算から得られる支流下端での単位幅流量を q^{**} とする．

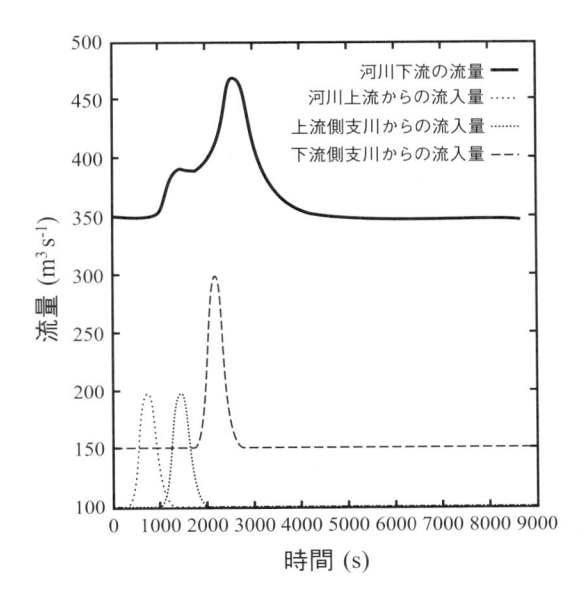

図 12.10：要素間反復計算による洪水流追跡計算結果.

4) q^* と q^{**} の値を比較し，十分近い値であれば反復計算が収束したと判断し，次の計算ステップに進む．q^* と q^{**} の値が離れていれば，双方の水理学的条件が満たされていないので，$0 \leq \alpha \leq 1$ として $\alpha q^{**} + (1-\alpha)q^*$ を改めて q^* と置き，1) に戻る．
5) 以上の手順を計算が収束するまで繰り返す．

上記の手順で要素間反復計算を行い洪水流を追跡した結果を図 **12.10** に示す．本流の計算条件は，河道長 1 万 m，河道幅 200 m，河床勾配 0.0005，マニングの粗度係数 0.03，計算時間間隔 60 秒，計算断面数 23，支流の計算条件は，河道長 5,000m，河道幅 150 m，河床勾配 0.0005，マニングの粗度係数 0.03，計算時間間隔 60 秒，計算断面数 12 とした．本流と支流の上流端で洪水流の時系列を境界条件として与え，これが河道を流下する様子を要素間反復計算で追跡した．反復計算時間間隔 (`fixed_time` と `target_time` の間の時間) は 60 秒，反復計算の重み係数 α は 0.7 とした．計算開始時の各計算断面における流量は図 **12.9** の括弧内の数値として示されている．

12.5 CommonMPを用いた水理・水文モデルの構成

12.5.1 CommonMPの全体構成

CommonMP[4),5)]は，国土交通省国土技術政策総合研究所が中心となって開発した水理・水文モデリングシステムである．CommonMPはOHyMoSの設計構想が基本となって開発されており，要素モデルを構造的にモデル化して，個々の要素モデルを接続することで全体のシミュレーションモデルを実現する．OHyMoSで記述した端子によってモデル間の接続を実現する考え方も同様である．OHyMoSの入出力端子に相当するものは，CommonMPでは要素モデルの一つである入力要素モデルとして，出力端子にあたるものは出力要素モデルとして実装されている．また，データ値とデータ記録時刻の組であるOHyMoSのデータパックは，CommonMPでは伝送データという名称でよばれる．ベクトルデータを扱う入出力モデルが標準で装備されており，非時系列データやGISデータも扱えるように工夫されている．

OHyMoSではGUIをもつOhStructureによってモデル構築を支援しているが，CommonMPは図**12.11**に示すように，標準でモデル構築や実行のためのGUI環境を搭載しており，シミュレーションモデルの構築から実行までを一つのソフトウェア上で行うことができる．また，計算終了後の結果をコンピュータ画面上にグラフや数表の形で出力する出力要素モデルも用意されている．CommonMPでは，ライブラリ管理ウィンドウを用いてCommonMPに登録されている演算要素モデル，入力方式などを管理する．演算要素モデルの設定や演算要素モデルが送受信する伝送データ情報の設定を，同様にこのウィンドウから行う．要素モデルの管理が容易になるだけでなく，CommonMPウェブサイト，データベースと連携することで，要素モデルを自由に使いこなすことができる．

CommonMPは入力データとして，コンピュータ内のファイル，データベースだけでなく，Web上のファイルやデータベースにもアクセスする機能を持ち，国土交通省が運用する水文水質データベースに収録されている観測データの取得機能も実現されている．GIS情報との連携，インストールやセットアップといったソフトウェアとしてのユーザビリティも強化されている．CommonMPはGUIだけでなくCUIによるシミュレーションも可能であり，シェルスクリプトと組み合わせて計算エンジンとしても利用することもできる．

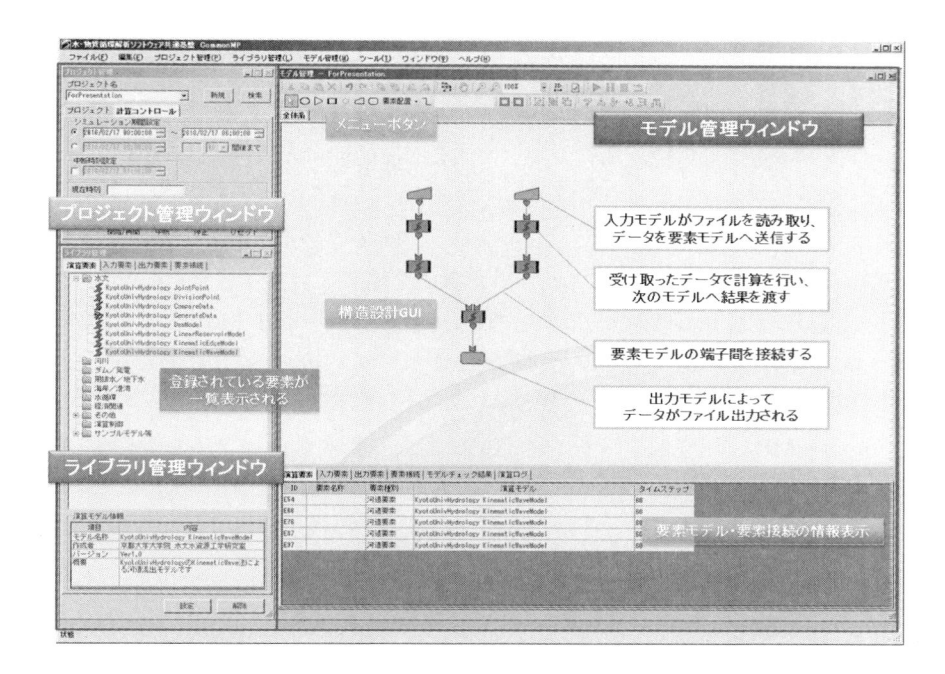

図 **12.11**：CommonMP の操作画面.

12.5.2　要素モデルの作成手順

　CommonMP は Windows 上で動作するソフトウェアであり，開発環境はマイクロソフト社の Visual C# を用いて，.NET Framework を用いて開発されている．CommonMP 上で新規に要素モデルを開発する手順は，概念的には OHyMoS とほぼ同じである．GUI のための関数も実装する必要があるが，サンプルに沿って作業すれば，容易に作成することができる．また，これらの開発を補助する開発環境も準備されている．詳しくは著者らによる解説書[5]や CommonMP に付属する解説書を参照されたい．

　最終的に作成される CommonMP の要素モデルは，ライブラリ (DLL ファイル) になる．この DLL ファイルを，所定のフォルダに保存するだけで CommonMP の GUI 画面に登録されて，利用可能な状態となる．

12.5.3 全体系モデルの作成手順

OHyMoS では，構造定義ファイル，パラメータファイル，初期状態量ファイルを作成することで，全体系モデルを構成した．CommonMP では，操作画面上でシミュレーションモデルを構築することにより，同様の情報をもつプロジェクトファイルが作成される．また，このプロジェクトファイルの設定情報を XML 形式のテキストファイルとして書き出す機能を備えている．書き出したテキストファイルは CommonMP 構造定義ファイルとよばれ，OHyMoS での構造定義ファイル，パラメータファイル，初期状態量ファイルを一つにまとめた形となっている．

CommonMP 構造定義ファイルは XML 形式のテキストファイルなので，別のソフトウェアで作成したり加工したりすることができる．また，これを CommonMP に読み込ませることも可能である．この機能を用いれば，様々な周辺ソフトウェアを開発することができる．

12.5.4 シミュレーションの実行

利用したい要素モデルの DLL ファイルを CommonMP が指定する所定のフォルダにコピーする．これによって要素モデルは，CommonMP の GUI 画面のモデル管理ウィンドウに登録され，全体系モデルの要素として利用する準備が整う．GUI 環境では，要素モデルは，それぞれモデルプロパティ詳細設定画面からパラメータおよび初期値を設定する．次に，プロジェクト管理ウィンドウで計算時間を設定して，シミュレーションを実行する．CommonMP は OHyMoS と同様にコマンドライン上から実行する環境も備えている．これを用いれば，スクリプトを利用して多数の計算を実行することができる．

12.5.5 CommonMP の周辺アプリケーション

(1) CommonMP と OHyMoS との連携

CommonMP は OHyMoS の基本構想をベースに作られているため，計算に必要となる情報はほぼ一致している．そのため，OHyMoS 上で動作する要素モデルを CommonMP 上に移植すれば，同じデータを用いて両方のシステムで同じ流出シミュレーションを行うことができる．著者らの研究グループでは，OHyMoS

上で動作する様々な要素モデルを CommonMP 上に移植するとともに，OHyMoS の構造定義ファイル，パラメータファイル，初期状態量ファイルを，CommonMP 仕様の構造定義ファイルに書き換える構造定義ファイル変換ソフトウェア SCF Converter を開発している[11]．

(2) CommonMP の様々な利用法

CommonMP は，図 **12.11** に示すような GUI を用いて計算を実行する環境に加えて，コマンドライン上で構造定義ファイルを指定して実行する環境も備えている．一旦，シミュレーションモデルを構築すると，モデルパラメータの最適同定やパラメータの感度分析など，条件を変えて多数の流出シミュレーションを繰り返し実行することになる．こうしたときは，コマンドライン上で動作する CommonMP を用いると都合がよい．著者らの研究グループでは，モデルパラメータの一括変換や条件を変えた多数の流出計算，モデルパラメータ同定を実現する実行環境を開発している．

コラム：洪水予測の実務における CommonMP の適用

「流出モデルを『要素モデル』の組合せによって簡便に作成するためのモデリングシステムを開発する」，このアイデアを初めて聞いたのは 1991 年の春，卒業論文のテーマを決める研究室ゼミだった．要素モデルを組み立てて流出モデルを構築する手法は，玩具のブロックを組み立てて様々なものを形づくるイメージで斬新さを感じた．学生時代に研究テーマとして OHyMoS のシステム開発に関わったのは，まだ MS-DOS 上のコマンドライン操作が主流の時代であった．当時，Tkl/Tk というツールを用いて OHyMoS に GUI 環境を付加し，操作性を向上させるアイデアもあった．しかし，GUI 環境の構築には膨大な作業が予想される一方で，研究レベルでの利用においてはコマンドライン操作でもさほど不自由でなかったことから，GUI 環境の開発は見送られた．

それから 20 年以上が経過し，DHI の MIKE シリーズなど GUI 環境を整えた流出システムが普及する中で，漸く CommonMP が開発されて無償配布され，また，要素モデルについても分布型流出モデルや貯留関数法，タンクモデル，ダムモデルなど，多様な要素モデルが公表もしくは試作されるに至っ

た．現在，国土交通大学校や各地方整備局では CommonMP に関する研修も行われ，(独) 土木研究所 ICHARM でも海外から来日した技術者に対する研修が行われており，流出解析はよりハードルの低いものとなった．今後，国内，海外を問わず CommonMP が実務レベルで普及することが期待されるが，実務では，例えば次のような活用方法が想定される．

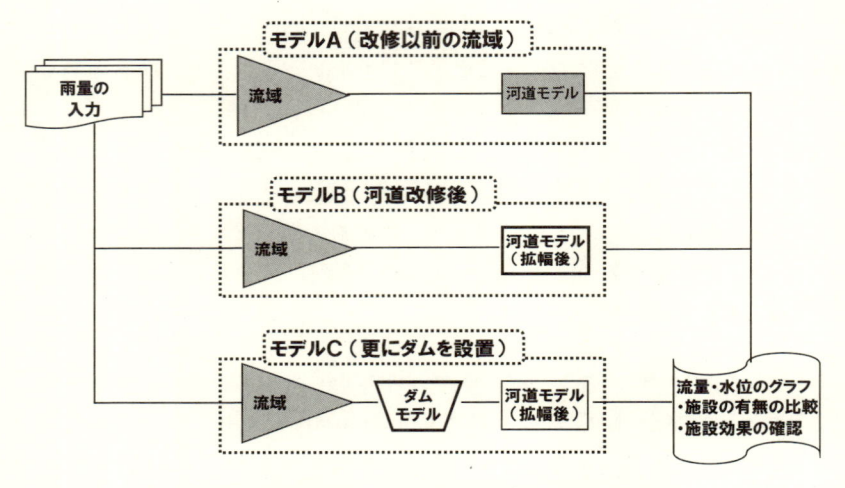

図 12.12：複数モデルによる治水効果の比較・検証.

複数ケースによる治水効果の比較や検証　大規模な洪水が発生した際，ダムによって水位は何 cm 低下したのか，河道掘削を行えばどの程度水位が下がるのか等々，治水効果に関する説明が，河川管理者に求められる．こうした分析を行う場合，図 12.12 に示すように様々なケースを想定したシミュレーションモデルを並列に配置し，出力結果を比較すれば，洪水対策ごとの治水効果や対策の有無による違いなどを，簡便に比較できる．CommonMP 上でこうした分析を行う場合，まず，原型のモデル A を作成し，A をコピーして一部の要素モデルを交換すれば，容易にモデル B，C を作成できる．また，転勤等でシステムを引き継ぐ際も，CommonMP では視覚的にプログラムの内容を確認できるため，前任者が書いたソースプログラムを一行ずつ読み解くような苦労も不要となる．

12.5 CommonMPを用いた水理・水文モデルの構成

複数モデルによる実時間洪水予測　洪水予測には，水位相関法や，貯留関数法のような集中型モデル，そして分布型流出モデルによる予測など複数の手法がある．いずれの予測手法でも，一定の予測誤差を伴うが，誤差の大きさはモデルの特性，流域や降雨の状況により変動する．ある予測値の誤差が通常のレベルなのか，または，異常に大きいのか，その見極めは難しいが，たとえば，図 12.13 のように複数の予測モデルを並べて同時に実行し比較すれば，助けとなろう．また，実際の洪水時には観測データが欠測して予測計算ができない場合が生じることがある．その場合，複数の予測モデルを同時に実行するシステムであれば，ある予測モデルが動作を停止しても，他の予測モデルにより洪水予測を継続できる可能性が残される．避難行動の参考ともされる洪水予測システムでは，悪条件の中でも機能停止に陥らない堅牢性は実務者の助けになる．

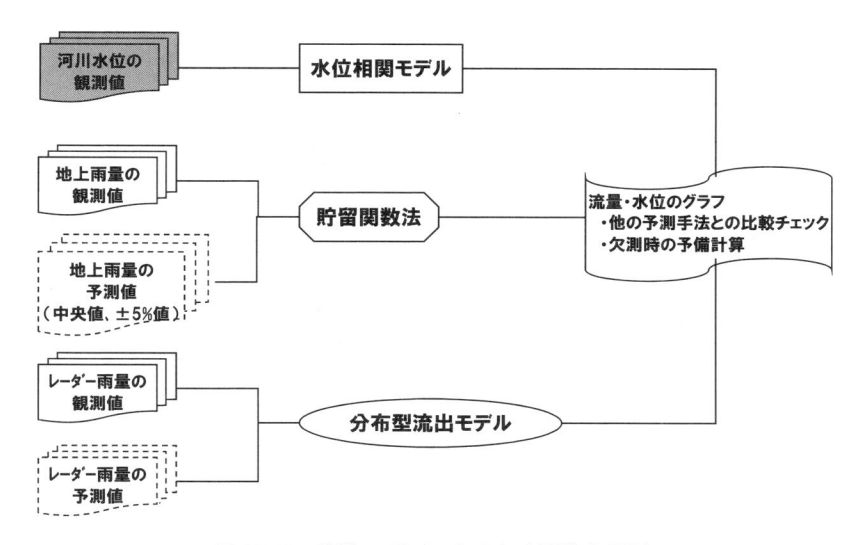

図 **12.13**：複数モデルによる実時間洪水予測.

以上の手法を適用する場合，従来のプログラミング言語で予測システムを構築することも可能だが，CommonMP を活用することで，プログラミングに係る作業が大幅に効率化され，分析手法の共有，担当者間の引き継ぎ，追加検討等が容易になるものと考えられる．今後，流出予測計算がより身近な

ものとなれば，実務者の技術力向上にもつながることが期待される．

(国土交通省：鈴木俊朗)

参考文献

1) 京都大学大学院工学研究科 社会基盤工学専攻水工学講座 水文・水資源学分野：水文モデル構築システム OHyMoS, http://hywr.kuciv.kyoto-u.ac.jp/ohymos/ (参照日: 2012 年 6 月 30 日).
2) 高棹琢馬, 椎葉充晴, 堀 智晴, 鈴木俊朗：流出シミュレーションモデル構成の新しい枠組, 水工学論文集, 37, pp. 805-808, 1993.
3) 高棹琢馬, 椎葉充晴, 市川 温：構造的モデリングシステムを用いた流出シミュレーション, 水工学論文集, 39, pp.141-146, 1995.
4) CommonMP ホームページ: http://framework.nilim.go.jp/ (参照日: 2012 年 6 月 30 日).
5) 椎葉充晴, 立川康人編：CommonMP 入門 –水・物質循環シミュレーションシステムの共通プラットフォーム–, 技報堂出版, 2011.
6) 京都大学大学院工学研究科 社会基盤工学専攻水工学講座 水文・水資源学分野：流域地形情報を基盤とした水文モデル構築システム, http://hywr.kuciv.kyoto-u.ac.jp/geohymos/geohymos.html (参照日: 2012 年 6 月 30 日).
7) 加藤真也, 椎葉充晴, 市川温, 立川康人：水文モデリングシステム OHyMoS の構造定義ファイル作成環境の開発, 水工学論文集, 53, pp. 451-456, 2009.
8) 京都大学大学院工学研究科 社会基盤工学専攻水工学講座 水文・水資源学分野: OhStructure (OHyMoS の構造定義ファイル作成支援ツール), http://hywr.kuciv.kyoto-u.ac.jp/ohymos/ohstructure/ohstructure.html (参照日: 2012 年 6 月 30 日).
9) 椎葉充晴, 市川 温, 柴田 研, 榊原哲由, 村上将道, 高棹 琢馬：構造的モデリングシステムにおける要素間反復計算の実現と河道網流れの追跡計算への適用, 京都大学防災研究所年報, 39(B2), pp. 383-398, 1996.
10) 土木学会：水理公式集 –昭和 60 年版–, 1985.
11) 京都大学大学院工学研究科 社会基盤工学専攻水工学講座 水文・水資源学分野：水文・水資源研究室で公開している CommonMP 情報, http://hywr.kuciv.kyoto-u.ac.jp/commonmp/ (参照日: 2012 年 6 月 30 日).

第13章

水害に対する流域管理的対策の費用便益評価

　土砂災害に対しては，砂防ダムや傾斜地崩壊対策工のようなハード対策と同時に，土砂災害防止法，建築基準法等に法的根拠を持つ開発行為規制が存在する．これは土砂災害危険度が大きいと判断される区域を定め，その区域での土地利用に一定の規制をかけるものである．洪水氾濫災害に対しても，土砂災害と同様に土地利用規制などの流域管理的対策をとって被害を軽減させることが考えられる．ただし，平常時における利便性や快適性が低下するというマイナスの側面もある．流域管理的対策を実施した場合としない場合とで，どちらがその地域にとって有利な選択といえるか，合理的に分析する必要がある．ここでは，水工学的なシミュレーション手法と都市計画における経済学的な分析手法とを組み合わせることで，水防災のための流域管理的対策を実施した場合に生じる費用 (可処分所得や平常時における利便性の低下など) と便益 (水災害被害額の減少) を計測する手法を説明する．また，その手法を実際の流域に適用した事例を紹介する．

13.1　流域管理的対策の費用便益評価の手順

　ここで説明する流域管理的対策の費用便益評価は，大きく三段階からなる．

1) 雨水氾濫シミュレーションによる水災害危険度の評価
2) 流域管理的対策を施した場合の立地状況の予測
3) 流域管理的対策を施した場合の費用便益の計測

　水防災のための流域管理的対策を評価するために，まず，対象とする地域の水災害危険度を明らかにする必要がある．地域の水災害危険度を測る指標として

は，過去の水害における浸水実績や浸水深などが考えられるが，水害ごとに雨の降り方が違っていたり，あるいは水害の発生した時期によって流域の条件(土地利用形態や治水施設の整備度など)が異なることから，過去の被災状況に基づいて水災害危険度を公平に評価することは容易ではない．こうした問題点を避けるため，**11章**で説明したような洪水氾濫モデルによる雨水氾濫シミュレーションを用いて水災害危険度を評価することが一般的である．具体的には，対象流域において様々な再現期間の降雨事象に対する雨水氾濫計算を行い，各地区で得られた最大浸水深で水災害危険度を評価する．

次に，流域管理を実施した場合の立地状況を，立地均衡モデルによって予測する．立地均衡モデルは都市経済学の分野で開発されたものであり，世帯や企業の立地選択行動と地主の不動産資産供給行動をモデル化し，土地もしくは建物床面積の需給量が一致するという条件(立地均衡条件)のもとで，地代(家賃)と立地量を算定する．たとえば，土地利用規制のような流域管理によって，水災害危険度の高い土地が住宅地として利用できなくなったとする．すると，土地の供給量が減ることから，地代は上昇し，また一世帯あたりの住宅床面積は小さくなることが予想される．このような流域管理に伴う立地状況の変化を，立地均衡モデルを用いて予測する．流域管理の対象となる地区は，先に求めた水災害危険度に基づいて決定する．

最後に，流域管理に伴う費用(可処分所得や平常時の利便性の低下など)と便益(水災害被害額の減少)を計測する．上述したように，土地利用規制のような流域管理的対策を実施することで地代は上昇し，また一世帯あたりの住宅床面積は小さくなることが予想される．すなわち，世帯の可処分所得は減少し，利便性も低下する．このマイナスの効果を金銭的に評価したものを流域管理的対策の費用と考える．一方，流域管理を実施すると，水災害危険度の高い地域に住む世帯が減少することから，水災害被害額は減少すると予想される．この水災害被害額の減少が流域管理的対策の便益となる．

13.2 立地均衡モデルの構成

立地均衡モデルはその考え方によって様々なバリエーションが考えられるが，本質的には，対象とする地域をいくつかの領域(ゾーン)に分割し，各ゾーンごと

13.2 立地均衡モデルの構成

に土地や建物の需要と供給が一致するという条件で，それぞれのゾーンの地代と立地量を求めるという構成になっている．次に，土地もしくは建物の需給構造について考える．現実の土地・建物の取引では，売買によるものと賃貸借によるものの二種類が存在するが，ここでは，すべて賃貸借によるものと仮定する．すなわち，各ゾーンの土地や建物は，対象としている地域の外に居住する地主 (不在地主) が所有しており，世帯は地主から土地や建物を借りて利用していると考える．さらに，対象地域に在住する世帯の総数は一定であると仮定する (閉鎖型都市の仮定)．これらの仮定は立地均衡モデルのような都市経済モデルでしばしば用いられる仮定である[1],[2]．

立地選択主体である世帯は，自らの効用を最大化するように立地選択 (ゾーン選択) する．一般に，世帯の効用は地代や利便性などの関数となっており，この関数から世帯の住宅に関する需要行動を表す住宅需要関数が導出される．その一方で，地主は地代収入が最大となるように住宅を供給する．地主の住宅供給行動を後述する住宅床面積供給可能量と地代 (ここでは家賃) の関数で表したものを住宅供給関数とよぶ．最終的に，これらの関数群と立地均衡条件から構成される連立方程式を解くことで，全ゾーンの地代と立地量が算出される．以下，立地均衡モデルの構成式と均衡解の算出について説明する．

13.2.1 世帯の立地選択行動のモデル化

世帯が居住地を選択する場合，所得や地代，便利さなどを勘案して，自らの効用 (満足度) が最大となるところを選ぶのが一般的と考えられる．ただ実際には，世帯が常に合理的に行動するとは限らないし，また情報が不十分なために客観的にみたときの効用が最大ではないところに立地する可能性もある．このように，効用というものは確定的ではなく確率的に変動するものと考えたほうがより自然である．こうした考えに基づいて人間の選択行動をモデル化した理論がランダム効用理論である (たとえば土木学会編[3])．ここでは，世帯がある居住地を選択したときの立地効用をランダム効用理論に基づいて，

$$U_j = V_j + \varepsilon_j \tag{13.1}$$

$$V_j = V_j(Y, R_j, E_j) \tag{13.2}$$

として定式化する．ただし，$j = 1 \sim M$ で M は全ゾーン数，U_j はゾーン j を選択したときに得られる効用，V_j は U_j の確定項部分，ε_j は U_j の確率項部分，Y は世帯の所得，R_j はゾーン j の地代，E_j はゾーン j の地理的特性 (最寄駅までの所要時間，最寄駅から都市中心部までの所要時間など) から構成されるベクトルである．V_j はしばしば間接効用関数とよばれる．

世帯の立地効用については，平常時の効用と水災害時の効用が異なると考えて，その期待値を用いる方法もあるが[4),5)]，多くの世帯は水災害のリスクをあまり考慮せずに立地行動していると思われることから，ここでは (13.1)，(13.2) 式で与えられる効用が，そのまま世帯の期待する効用であるとした．また，同様の理由で，水災害危険度 (たとえば予想浸水深など) を立地効用の説明変数とはしなかった．

世帯の立地効用の確率項 ((13.1) 式中の ε_j) がグンベル分布に従うと仮定すると，ロジットモデルが導出される[3)]．世帯の立地選択行動をロジットモデルで表現することにすると，世帯の立地選択 (ゾーン選択) 確率は次式のように表される．

$$P_j = \frac{\exp(\theta V_j)}{\sum_{k=1}^{M} \exp(\theta V_k)} \tag{13.3}$$

ここで，P_j はゾーン j を選択する確率，θ は立地効用の確率項がグンベル分布に従うとしたときのパラメタである．もちろん，$\sum_{j=1}^{M} P_j = 1$ である．

対象地域の全世帯数を N とすると，ゾーン j を選択する世帯の数 N_j は次式で与えられる．

$$N_j = N P_j \tag{13.4}$$

また，各ゾーンにおける一世帯あたりの住宅床面積需要量 q_j は，ロイの定理 (たとえば中村・田渕[1)]など) を用いて (13.2) 式から次式のように導出される．

$$q_j = -\frac{\partial V_j / \partial R_j}{\partial V_j / \partial Y} \tag{13.5}$$

13.2.2 地主の住宅供給行動のモデル化

地主は地代収入ができるだけ大きくなるように住宅を供給する．つまり，地代が高い場合には住宅を多く貸し出そうとし，地代が低い場合には住宅供給量を減

らす．したがって，一般に地主の住宅供給行動は地代の関数としてモデル化される．これを次式のように表す．

$$L_j = K_j \left(1 - \frac{\sigma_j}{R_j}\right) \quad (13.6)$$

ただし，L_j はゾーン j における住宅床面積供給量，K_j はゾーン j における住宅床面積供給可能量，σ_j はパラメタで，地主の定めた地代の最低額に相当する．上式は，地代が高い場合には住宅を多く貸し出そうとし，地代が低い場合には住宅供給量を減らすという地主の行動様式を表している．また，多くの地主は，地代の最低額を決めていて，実際の地代がその額より少しでも高くなければ住宅を供給しないという前提になっている．

13.2.3 立地均衡条件

各ゾーンにおいて，世帯の住宅需要量と地主の住宅供給量が等しくなるとき，立地が均衡したことになる．すなわち立地均衡条件は，ゾーン j を選択する世帯数 N_j，ゾーン j における一世帯あたりの住宅床面積需要量 q_j，地主の住宅床面積供給量 L_j を用いて，次式となる．

$$L_j = q_j N_j \quad (13.7)$$

13.2.4 立地均衡解の算出

以上述べた，(13.2) 式～(13.7) 式によって構成される M 元の非線形連立方程式を解く．未知数は各ゾーンの地代 R_j ($j = 1, 2, \cdots, M$) である．この連立方程式を満たす解 (地代) を均衡地代とよぶ．各ゾーンに立地する世帯の数 N_j や均衡立地量 $q_j N_j$ は均衡地代から診断的に求められる．

13.3 流域管理的対策のモデル化と費用便益の計測

流域管理的対策としてはさまざまなものが考えられるが，ここでは土地利用規制を例にとって説明する．ここで想定する土地利用規制とは，水災害危険度の高い地域の利用を禁じるというものである．すなわち，土地利用規制が実施される

と，地主は自分が所有する土地のうち，水災害危険度の高い部分を住宅地として供給することができなくなる．このような土地利用規制による影響を，(13.6) 式中の K_j (住宅床面積供給可能量) を小さくすることで表現する．具体的には，雨水氾濫解析の結果に基づいて，各ゾーンごとに土地利用規制の対象となる面積を算出し，これにそのゾーンの平均容積率を乗じたものを，もとの住宅床面積供給可能量から差し引くことで土地利用規制を表現する．これにより地代は上昇し，その結果として世帯の効用は低下すると予想される．また，地代や立地量の変化は地主の効用にも影響を与えているはずである．その一方で，水災害に対して脆弱な土地の利用を規制するということは，水災害被害額の減少という便益をもたらすはずである．これらの土地利用規制に伴う費用と便益を計測する[6]．

13.3.1 土地利用規制に伴う費用の計測

土地利用規制に伴う費用は，地代の上昇による可処分所得や住宅床面積の減少による効用水準の低下という形で世帯が負担する費用と，住宅供給者としての地主が負担する費用とから構成される．世帯の費用は，非限定等価的偏差[7]で評価する．等価的偏差とは，何らかの選択を行う際に基準となる要因が，ある状態から別の状態に変化したときに，その新しい状態における効用水準を元の状態のまま得るためには，どれだけの追加所得が必要か示したものである．すなわち今の問題にあてはめて考えれば，地代を規制前の状態に保ったまま，効用水準を規制後の値にするのに必要な追加所得ということになる．一般に，効用水準は規制後のほうが規制前より低くなるので，追加所得といっても実際には所得の低下を意味する．つまり，土地利用規制に伴って世帯が負担する費用ということになる．

世帯が立地行動を行った結果得られる効用水準は，最大効用の期待値で計測されるので[8]，世帯の効用水準 S は，

$$S = \frac{1}{\theta} \ln \sum_{j=1}^{M} \exp(\theta V_j) \tag{13.8}$$

として与えられる[3),8)]．S は土地利用規制の有無で変化する．規制なしの場合の効用水準を S^α，規制ありの場合の効用水準を S^β とすると，S^α, S^β は各々の状態

での均衡地代 R_j^α, R_j^β を用いて以下のように表される.

$$S^\alpha = \frac{1}{\theta} \ln \sum_{j=1}^{M} \exp(\theta V_j(Y, R_j^\alpha, E_j)) \tag{13.9}$$

$$S^\beta = \frac{1}{\theta} \ln \sum_{j=1}^{M} \exp(\theta V_j(Y, R_j^\beta, E_j)) \tag{13.10}$$

先に述べたように,ここで考える非限定等価的偏差は,地代を規制なしの状態に保ったまま,効用水準を規制ありの値にするのに必要な追加所得 (実際には所得の低下分) であるから,世帯に対する非限定等価的偏差 (所得の低下分) を ΔY と書くことにすると,次式のようになる.

$$S^\beta = \frac{1}{\theta} \ln \sum_{j=1}^{M} \exp(\theta V_j(Y - \Delta Y, R_j^\alpha, E_j)) \tag{13.11}$$

上式を ΔY について解けば,世帯が負担する費用が算出される.ΔY は一世帯が負担する費用であるから,対象地域の世帯全体で負担する費用は,$N\Delta Y$ ということになる.

次に,地主が負担する費用を考える.地主は住宅の供給者であることから,土地利用規制に伴う地主の費用は,規制による供給者余剰の変化分として定義する.ゾーン j の地主の供給者余剰を W_j と書くことにすると,W_j は次式で与えられる.

$$\begin{aligned} W_j &= \int_0^{\lambda_j} (\rho_j - R_j) dL_j = \int_0^{\lambda_j} \left(\rho_j - \frac{\sigma_j K_j}{K_j - L_j}\right) dL_j \\ &= \rho_j \lambda_j - \sigma_j K_j \ln \frac{K_j}{K_j - \lambda_j} \end{aligned} \tag{13.12}$$

ただし,ρ_j は均衡地代,λ_j は均衡住宅床面積である.上記の供給者余剰を土地利用規制がない場合とある場合のそれぞれで算出し,その差をとったものが土地利用規制に伴う地主の費用ということになる.

13.3.2 土地利用規制に伴う便益の計測

土地利用規制に伴う便益とは水災害被害額の低下のことである.土地利用規制による水災害被害額の低下分は,雨水氾濫解析の結果から,水害統計[9]の家屋被

448　第13章　水害に対する流域管理的対策の費用便益評価

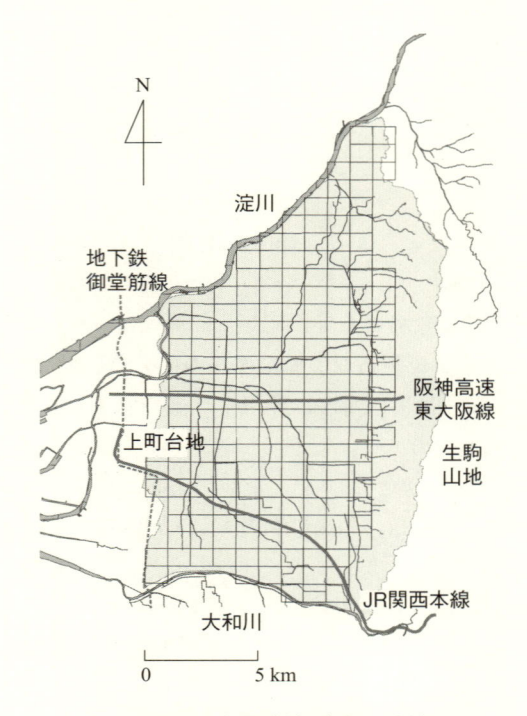

図 13.1：大阪地域 (寝屋川流域).

害額・家庭用品被害額の算出方法を用いて計算する．すなわち，土地利用規制がある場合とない場合の水災害被害額を算出し，その差をとって，土地利用規制による水災害被害額の低下分 (便益) を求める．

13.4　寝屋川流域への適用

　前節で説明した立地均衡モデルを寝屋川流域 (図 13.1) に適用し，土地利用規制による費用便益を評価する．寝屋川流域は大阪府東部に広がる流域である．流域面積は約 270 km^2 であり，大阪府の面積の約 14% を占める．流域の約 4 分の 3 は，地盤が河川水面より低い低平地となっており，これらの地域では降った雨はそのままでは河川に流入できず，いったん下水道によって集められ，ポンプにより河川に排水されている．寝屋川流域では河川改修が進んだことにより，平成

以降の被災家屋数は減少しつつある．しかし急激な都市化によって市街化区域は75%を超えており，流域からの雨水流出量が増大し，排水施設の能力を超え浸水する内水被害は依然として繰り返されている．平成9年8月にも床上・床下浸水合わせて9213世帯という浸水被害が発生している．大阪府と流域12市は，寝屋川流域水害対策計画(2006年2月15日策定)[10]に基づき，河道改修や治水緑地，流域調節池等の貯留施設，地下河川による放流施設等の整備，流出抑制対策などを行っている．ここでは対象地域を第三次メッシュ区画で分割しゾーンとした．第三次メッシュは経度差45秒，緯度差30秒の経緯度線で囲まれた区画であり，およそ1km^{2}の大きさである．

13.4.1 間接効用関数の定式化

寝屋川流域の世帯がゾーンjに立地したときに得られる効用の確定部分V_j (間接効用関数) は，

$$V_j = dY - c_j \ln R_j - eT_j - fD_j \tag{13.13}$$

として与えた．ただし，R_jはゾーンjの地代 (円 m^{-2}y^{-1})，Yは世帯の所得 (円 y^{-1})，T_jはゾーンjにおける最寄駅までの所要時間 (分)，D_jはゾーンjにおける最寄駅から都市中心部主要駅までの所要時間 (分)，c_j, d, e, fは定数である．また，(13.5)，(13.13) 式より，一世帯あたりの住宅床面積需要量q_jは，次式で与えられる．

$$q_j = \frac{c_j}{d} \frac{1}{R_j} \tag{13.14}$$

13.4.2 立地均衡モデルの同定

(1) モデルパラメータの同定方法

立地均衡モデルは多数のパラメータを含んでおり，実際の土地利用に基づいてモデルを同定する必要がある．(13.13) 式のパラメータ値は，以下の方法で求める．まず，世帯の間接効用関数を次式のように変形する．

$$V_j = d\left(Y - \frac{c_j}{d} \ln R_j\right) - eT_j - fD_j \tag{13.15}$$

つぎに，(13.14) 式に住宅床面積需要量q_j，地代R_jの実際のデータを代入してc_j/dの値を求める．最後に，残りのパラメータd, e, fを重回帰分析で推定す

る．ただし，効用 V_j は直接計測することができないので，基準ゾーン J を設定し，あるゾーン j と基準ゾーン J の立地選択確率の比を求め，両辺の対数をとることにより次式を得る．

$$\ln \frac{P_j}{P_J} = \theta V_j - \theta V_J$$
$$= \theta d \left(\frac{c_J}{d} \ln R_J - \frac{c_j}{d} \ln R_j \right) - \theta e (T_j - T_J) - \theta f (D_j - D_J) \quad (13.16)$$

上式左辺の P_j と P_J は，それぞれ総世帯数に対するゾーン j と J の世帯数の割合であり，現況のデータから算出する．また，右辺の θd，θe，θf にかかる係数を現況のデータから求めることで，これらのパラメータ値を重回帰分析で推定する．ただし，θ は各パラメータから独立して求めることができないので 1 と置くことにする．また，地主の住宅供給モデルのパラメータ値 σ_j は，(13.6) 式に，各ゾーンにおける現況の地代，住宅床面積供給量，住宅床面積供給可能量を代入することで推定する．

(2) モデルパラメータの同定に使用したデータ

地代については，総務省統計局の平成 10 年住宅・土地統計調査に収録されている家賃のデータを利用した．ただしこのデータは行政区単位で整備されていたため，各ゾーンが属する行政区の家賃をそのゾーンの家賃とした．ゾーンが複数の行政区にまたがっている場合は，最も占有率の高い行政区の家賃をそのゾーンの家賃とした．さらに，このデータは 1 m^2 あたりの額ではなかったので，平成 12 年国勢調査の「地域メッシュ統計」から，各ゾーンにおける一世帯の平均所有面積を求め，この面積でさきほどの家賃を除して，1 m^2 あたりの額を求めた．これを現況の地代データとした．所得は，平成 10 年住宅・土地統計調査に収録されている世帯の年間収入階級を用いて算出した．データには八区分の年間収入階級と階級ごとの世帯数が収録されていることから，各階級の平均年収と世帯数より寝屋川流域における世帯の平均年収を算出した．

最寄駅までの所要時間については，ゾーンの中心点から最寄駅までの距離を測定したうえで，最寄駅までの距離が 1 km 以内のエリアを徒歩圏，1 km 以上のエリアをバス圏と想定し，徒歩の速度を 4 km h^{-1}，バスの速度を 8 km h^{-1} として算出した．ただし，バスの場合は，乗車時間だけでなく待ち時間を考慮する必要がある．ここでは，バスの運行を 1 時間に 4 本と考え，運行間隔 15 分の半分であ

(a) 均衡地代と現況地代の比較　　(b) 均衡世帯数と現況世帯数の比較

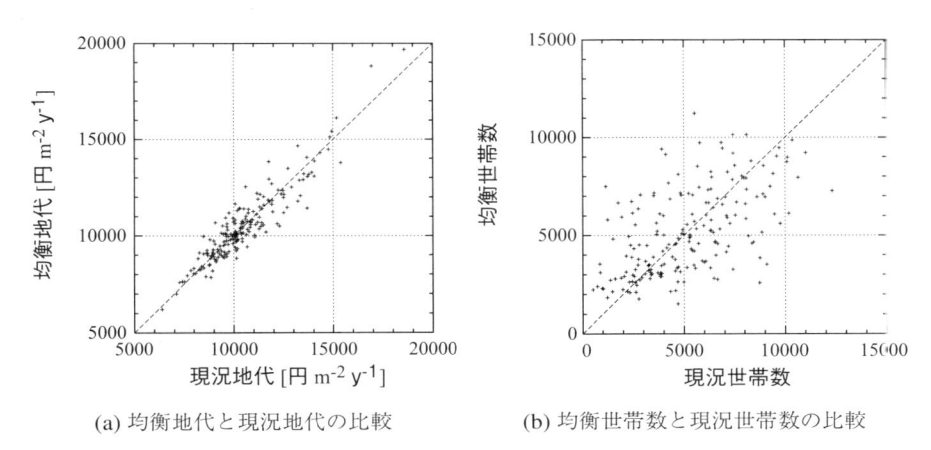

図 **13.2**：同定された立地均衡モデルによる計算値と計測値の比較.

る 7.5 分を待ち時間とした．最寄駅から都市中心部の主要駅までの所要時間は，インターネットの経路検索サービスを用いて計測した．都市中心部の主要駅として，JR 大阪駅，梅田，東梅田，難波 (JR，近鉄，御堂筋線，南海)，淀屋橋，本町を想定した．所要時間については，最寄駅から主要駅までの最短経路を考え，乗換等に要する時間も含めることにした．

住宅床面積供給量は，平成 12 年国勢調査のデータに収録されている一世帯あたりの住宅床面積に世帯数を乗じて算出した．一方，住宅床面積供給可能量については，国土数値情報の「土地利用メッシュ」と，細密数値情報の「用途地域・容積率」から算出した．具体的には，「土地利用メッシュ」より，各ゾーンごとに，住宅地として使用されているかあるいは住宅地に転用可能と思われる，建物用地, 田, その他の農用地, その他の用地 (空き地) の合計面積を算出し，ついで「用途地域・容積率」より，各ゾーンの平均容積率を求めて，最後に両者を掛け合わせることでゾーンごとの住宅床面積供給可能量とした．

(3) 立地均衡モデルの同定結果

図 **13.2** は，立地均衡モデルによって算定された均衡地代と現況の地代および均衡世帯数と現況世帯数とを比較したものである．モデルパラメータ d, e, f を重回帰分析で推定したところ，$d = 1.21 \times 10^{-7}$ (t 値：1.91)，$e = 4.98 \times 10^{-2}$ (t 値：-7.27)，$f = 2.71 \times 10^{-2}$ (t 値：-3.32) となり，重相関係数は 0.543 となった．ち

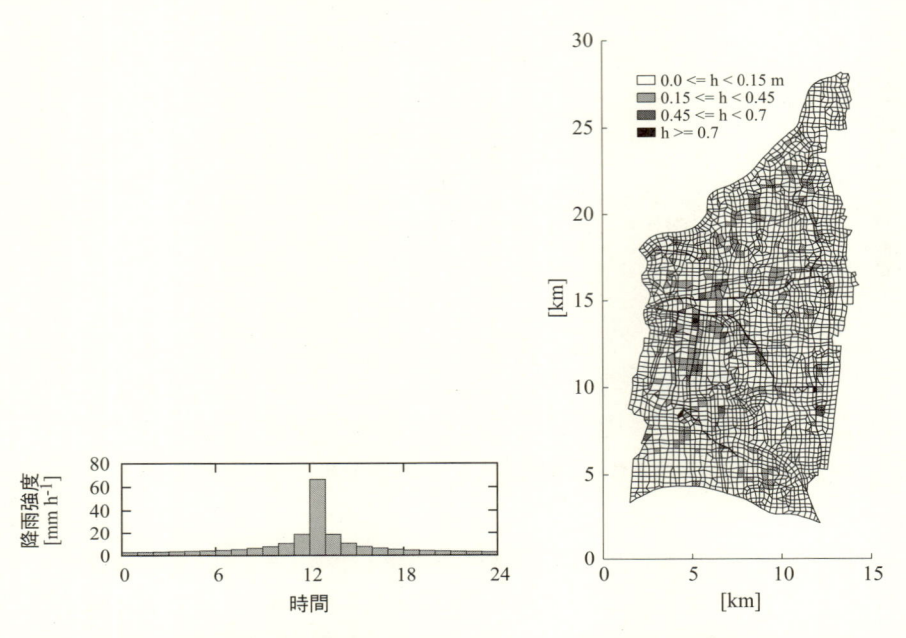

図 13.3：再現期間 40 年の降雨データ．　　　図 13.4：最大浸水深の分布．

なみに，基準ゾーンについては，対象地域において，地代，最寄駅までの所要時間，最寄駅から都市中心部までの所要駅までの所要時間が平均的であったゾーン（三次メッシュコード：51357487, 東大阪市南西部）を採用した．均衡地代と現況地代はおおむね一致している．また，世帯数については全体的な傾向が再現されている．

13.4.3　雨水氾濫シミュレーション

川池ら[11]によって開発された統合型雨水氾濫解析モデルを用いて寝屋川流域における雨水氾濫シミュレーションを行なった．氾濫シミュレーションに使用した雨量データは，大阪府の資料を参考に作成した再現期間 2 年から 500 年の中央集中型の降雨波形とした．降雨継続時間は 24 時間とした．図 13.3 は再現期間が 40 年の降雨データであり，図 13.4 はこれを用いて得られた最大浸水深の分布である．

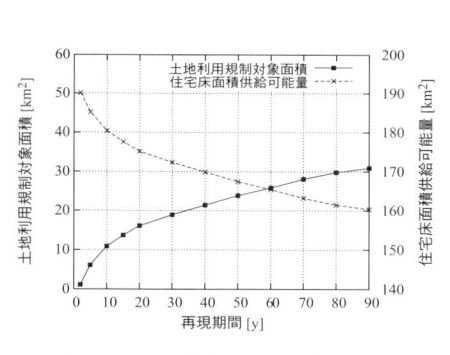

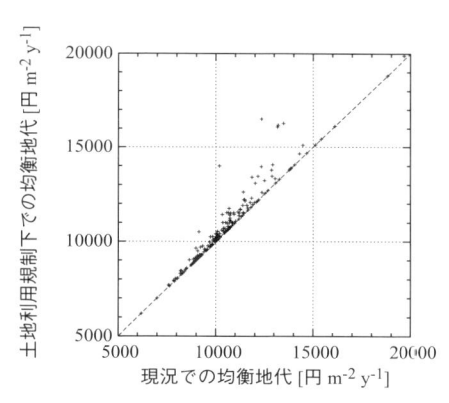

図 **13.5**：土地利用規制対象面積. 　　図 **13.6**：土地利用規制下での地代.

13.4.4 土地利用規制下での立地状況の予測

(1) 検討する土地利用規制

図 **13.5** は，雨水氾濫シミュレーションの結果に基づいて算出した土地利用規制の対象とする面積と住宅床面積供給可能量を示したものである．雨水氾濫シミュレーションの結果，最大浸水深が 15 cm 以上となる地域を土地利用規制の対象とした．図の横軸は，雨水氾濫シミュレーションで用いた降雨データの再現期間であり，再現期間が大きくなるほど，土地利用規制の対象となる面積は増大し，住宅床面積供給可能量は減少している．ここで住宅床面積供給可能量は，土地利用規制のもとで住宅地に転用が可能な土地面積に各ゾーンの平均容積率を乗じ，すべて足し合わせたものである．たとえば，再現期間が 10 年の降雨事象を基準とした場合は，約 10 km^2 の地域が土地利用規制の対象となり，約 180 km^2 の地域が住宅地として利用可能であることを示している．再現期間が 90 年を超える降雨事象を基準にすると，ゾーン全体が土地利用規制の対象となる地区が発生するため，これ以上の土地利用規制を検討するのは過剰であると判断した．

(2) 土地利用規制下での均衡地代・均衡世帯数

上に述べたような形で土地利用規制をモデル化し，規制のレベル (基準とする降雨の再現期間) を弱いものから強いものまで変えながら，土地利用規制下での立地状況を予測した．その結果の一例として，図 **13.6** に，再現期間 40 年の降雨を基準とした土地利用規制下での均衡地代を散布図にして示す．横軸は現況での

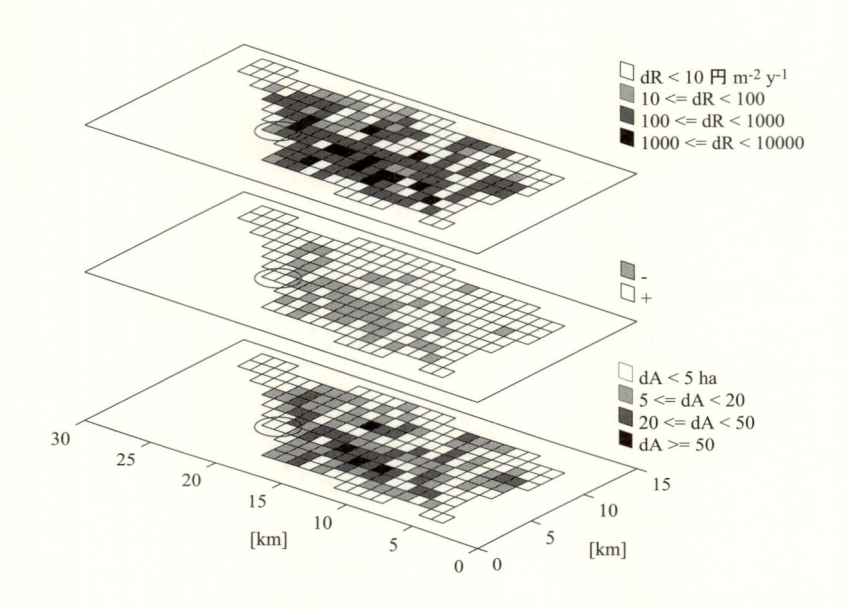

図 13.7：(下段) 土地利用規制面積，(中段) 均衡世帯数の増減，(上段) 地代上昇額の空間分布．

均衡地代，縦軸は土地利用規制下での均衡地代である．すべてのゾーンで 45 度線の上もしくは上方にプロットされており，土地利用規制に伴う地代の上昇がシミュレーションされていることがわかる．最大で 4000 円 $m^{-2}y^{-1}$ を超える地代上昇が予測されている．

図 **13.7** は，再現期間 40 年の降雨を基準としたときの土地利用規制面積 (下段)，均衡世帯数の増減 (中段)，地代上昇額 (上段) の空間分布を示したものである．図下段の "dA" は土地利用規制面積を，中段の "-" は世帯数の減少を，"+" は世帯数の増加を，上段の "dR" は地代の上昇額をそれぞれ表す．基本的に土地利用規制面積の大きいゾーンで世帯数が減少し，地代が上昇していることがわかる．また，土地利用規制面積が小さいにもかかわらず一定程度の地代上昇がみられるゾーンも存在する (たとえば，図中に丸で囲んだゾーンなど)．これは，そのゾーンの近隣に土地利用規制面積の大きいゾーンがあることで，相対的に当該

13.4 寝屋川流域への適用　455

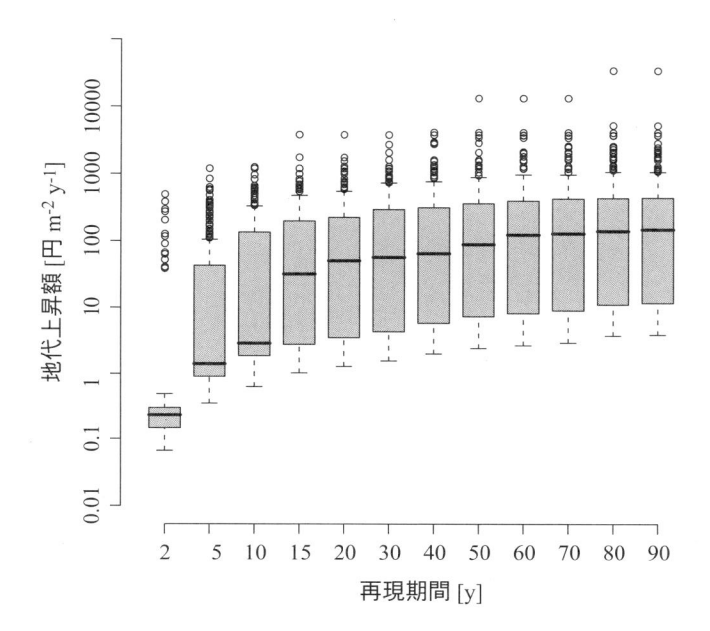

図 13.8：土地利用規制のレベルと地代上昇額の関係：箱の下端は下側四分位値を，上端は上側四分位値を，箱内部のやや太い線は中央値を表す．箱の両端から出ているひげは，それぞれの四分位値から箱の高さ×1.5 の範囲にある最小値・最大値を示す．○印はひげで示す範囲を越える値 (外れ値) を表す．

ゾーンに対する需要が高まったためと考えられる．図 13.8 は，土地利用規制のレベルと地代上昇額の関係を箱ひげ図で示したものである．土地利用規制のレベルが強まるにつれて地代上昇額も大きくなっている．また，各レベルでの地代上昇額のばらつきは非常に大きく，水災害危険度の空間的なばらつきの大きさを反映している．

13.4.5　土地利用規制に伴う費用便益の計測

(1)　世帯の費用

土地利用規制に伴う世帯の費用は，ΔY として計測される．(13.11), (13.13) 式から ΔY は，

$$\Delta Y = (S^\alpha - S^\beta)/d \tag{13.17}$$

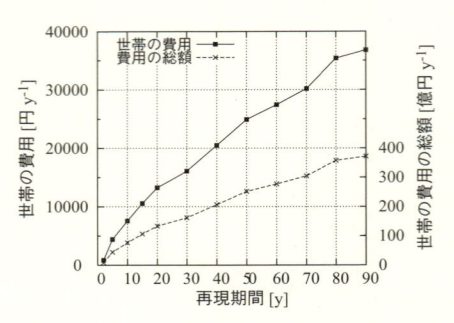

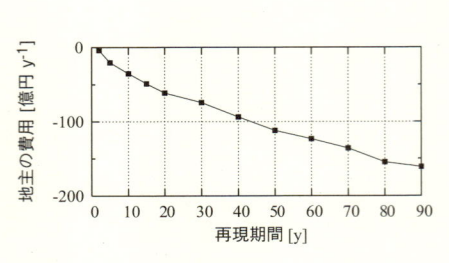

図 13.9：土地利用規制に伴う世帯の費用.

図 13.10：土地利用規制に伴う地主の費用.

として与えられる．このようにして，寝屋川流域において土地利用規制を実施した場合に世帯が負担する費用を算出したところ，**図 13.9** のようになった．図中には一世帯あたりの費用と全世帯の総費用をあわせて示している．当然ではあるが，土地利用規制のレベルを強めるにしたがって世帯の負担する費用は増大している．再現期間 40 年の降雨を基準とした土地利用規制による一世帯一年あたりの負担額は 20000 円程度，全世帯での総負担額は 200 億円程度と算定され，再現期間 90 年の降雨を基準とすると，一世帯一年あたりの負担額は 37000 円程度，全世帯では 370 億円程度と算定された．

(2) 地主の費用

地主の費用は，土地利用規制なしの場合の供給者余剰から，規制を実施した場合の供給者余剰を引いたものとして定義される．寝屋川流域において算出した地主の土地利用規制に伴う費用を**図 13.10** に示す．地主の費用は負となっていることから，土地利用規制が実施されても，地主が支払うことになる費用は発生せず，むしろ利益をうけることがわかる．これは，土地利用規制が実施されれば，住宅地として供給できる土地の面積は減少するものの，地代の上昇によってそのマイナスが打ち消されるからである．規制レベルが強まるにしたがって地主の利益は増加している．

(3) 土地利用規制に伴う便益

土地利用規制による便益は，水災害被害額の軽減分として算出される．水災害被害額の計算には，水害統計[9]に示されている家屋被害額および家庭用品被害額

13.4 寝屋川流域への適用　457

表 13.1: 浸水深別被害率.

		床下浸水	床上浸水		
			50 cm 未満	50〜100 cm 未満	100 cm 以上
家屋	A	0.032	0.092	0.119	0.342
	B	0.044	0.126	0.176	0.415
	C	0.050	0.144	0.205	0.452
家庭用品		0.021	0.145	0.326	0.605

の算定手法を利用する．実際の水災害被害としては，事業所資産被害や農作物被害などもあるが，ここで対象としているのは一般の世帯のみであることから，これらの被害については考慮しない．

一世帯あたりの家屋被害額および家庭用品被害額はそれぞれ，(一世帯あたりの延床面積) × (都道府県別家屋単位面積あたりの評価額) × (浸水深別被害率)，および (一世帯あたりの家庭用品所有額) × (浸水深別被害率) として計算される．これらの値を対象地域全体で積分したものが水災害被害額となる．家屋単位面積あたりの評価額は各都道府県ごとに定められており，ここでの対象地域を含む大阪府では 16 万 5200 円 m^{-2} となっている．一世帯あたりの家庭用品所有額は全国一律で，1491 万 2000 円となっている．

浸水深別被害率は，家屋に対するものと家庭用品に対するもので異なり，また浸水した地区の地盤勾配によっても異なる．表 13.1 は浸水深別被害率の値をまとめたものである．表中の A, B, C は地盤勾配の区分を表し，A は勾配が 1/1000 未満，B は 1/1000〜1/500 未満，C は 1/500 以上を意味する．地盤勾配が大きくなるにつれて被害率が大きく設定されている．ここでは，国土数値情報の「自然地形メッシュ」に収録されている傾斜度のデータから各地区の平均的な地盤勾配を算出した．被害率は浸水が床下と床上で区別されており，床上浸水の欄に記載されている「50 cm 未満」などの数値は，床面から測った浸水深である．床下浸水と床上浸水の境目となる浸水深は建物によって異なるが，ここでは一般的な建物を想定し，地面から測った最大浸水深が 45 cm 未満ならば床下浸水，45 cm 以上であれば床上浸水と判断した．

浸水被害を算定するときには，住宅の形式 (一戸建て，集合住宅など) を考慮する必要がある．たとえば集合住宅の高層階に住む世帯は浸水による直接的被害をほとんど受けないからである．ここでは，国勢調査のデータを利用して，ある

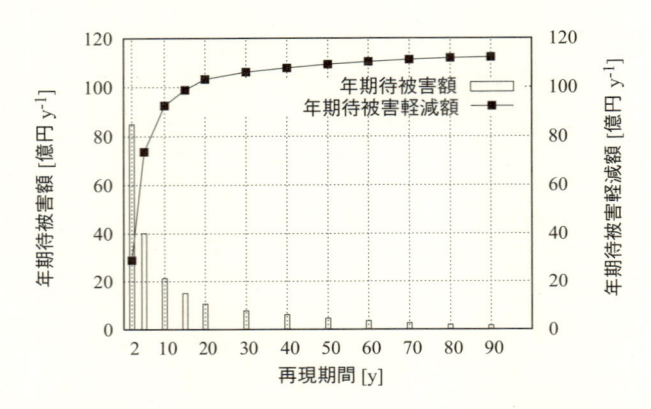

図 13.11：再現期間ごとの土地利用規制に対する水災害年期待被害額と水災害年期待被害軽減額.

地区に住む世帯のうちどの程度の割合の世帯が被災する可能性があるか算出した.具体的には,平成 12 年国勢調査に関する地域メッシュ統計に収録されている「住宅の建て方別住宅に住む一般世帯の割合」をもとに,各地区ごとに,水災害によって被災する可能性の高い住宅 (一戸建て,長屋建て,共同住宅の 1 階部分) に居住する世帯の割合を算出した.

以上のようにして,現況ならびに土地利用規制下での水災害被害額を算出し,土地利用規制によってどの程度水災害被害額が軽減するのか調べた.図 13.11 に,各再現期間での土地利用規制に対する水災害年期待被害額と水災害年期待被害軽減額を示す.水災害被害額は降雨事象の規模によって大きく変化するため,さまざまな規模の降雨条件 (再現期間 2 〜 500 年) に対する雨水氾濫シミュレーションの結果から,水災害被害額の年間期待値 (水災害年期待被害額) を求めた.その結果,対象地域の現況の立地状況では,水災害年期待被害額は一年あたり約 113 億円と算出された.これに対して,土地利用規制下では,水災害に対して脆弱な地域の利用が制限されているために,予想通り水災害被害額が減少した.この水災害年期待被害軽減額が土地利用規制による社会的な便益である.もっとも弱い土地利用規制 (再現期間 2 年相当) であっても,年間期待値で 30 億円程度被害額が軽減されると算定された.再現期間 90 年相当の土地利用規制を実施すると,被害はほとんどなくなり,被害軽減額は現況の年間期待被害額である約 113 億円に漸近している.

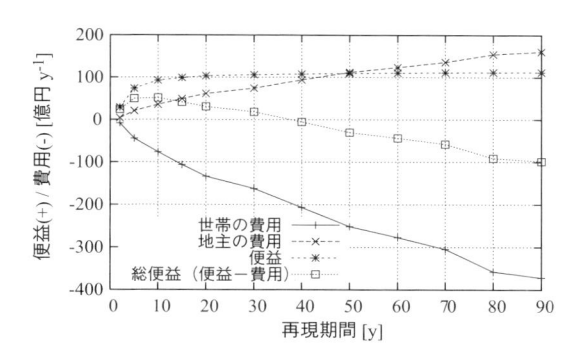

図 13.12：土地利用規制に伴う費用，便益，および総便益．

13.4.6 土地利用規制に伴う費用と便益の比較

13.3 で述べた土地利用規制に伴う費用と便益を比較し，土地利用規制の妥当性・有効性について検討する．図 **13.12** は，図 **13.9** に示した世帯の費用，図 **13.10** に示した地主の費用，および図 **13.11** に示した水災害年期待被害軽減額をまとめて表示するとともに，水災害年期待被害軽減額から費用を差し引いた総便益も加えて示している．ただし，費用は負として，便益は正として表示している．

この図を見て明らかなように，比較的弱いレベル(再現期間 2〜30 年相当)の土地利用規制では総便益が正となっており，社会的な便益が費用を上回っている．すなわち，比較的高い頻度で浸水するような地区については住宅地として利用しないほうが社会的にみてメリットがあるということになる．再現期間 40 年相当の土地利用規制では費用と便益がほぼ一致し，それより強い規制下では，地代の上昇など世帯の負担する費用が便益を上回っている．したがって，ここで対象としている地域では，再現期間 40 年相当を超えた土地利用規制は過剰であるということがわかる．

コラム：建築規制のモデル化

水防災のための流域管理的対策としては，土地利用規制のほかに，建築規制が考えられる．たとえば，水災害危険度の高い地域では，住宅の一階床面を定められた高さにしなければならない，といったものである．沼間ら[12] は，ここで説明した枠組みと同様にして，建築物に関する規制の費用便益を評価

する手法を提案した．具体的には，建築物の床面を定められた高さまで上げるのに必要な追加的費用を算出し，これを地主が地代に転嫁して回収すると想定した．(13.6) 式中の σ_j は地主の定めた地代の最低額であり，規制がない場合の値に上記の追加的費用を加えることで建築規制の影響をモデル化した．

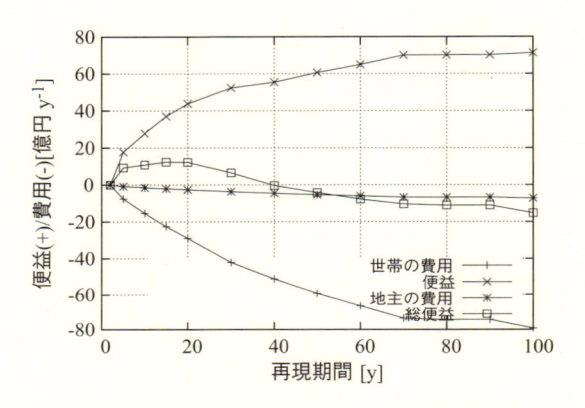

図 13.13：建築規制に伴う費用と便益．

図 13.13 は，建築規制を行った際に発生する費用便益をまとめたものである．図の見方は 図 13.12 と同じである．土地利用規制の場合と同様に，弱いレベルの建築規制で総便益が正となっている．ただし，総便益の値は土地利用規制に比べて小さく，最大でも年間 10 億円程度である．ここで想定している建築規制は，一階床面を定められた高さにすれば，水災害危険度の高い地域であっても居住することを認めるものである．すなわち，その地域で湛水が生じれば，床下浸水による被害が必ず発生することになる．このことから，規制によって低減できる被害額 (便益) は小さくなる．その一方で，土地利用規制とは違って，危険な地域でも住宅地として利用できるので，建築規制に伴う費用 (地代の上昇や住宅床面積の減少など) も小さくなる．このように，建築規制では土地利用規制に比べて便益と費用の絶対値が小さいため，総便益の値も小さくなっている．すなわち，建築規制は土地利用規制より社会に対する影響が小さいといえる．

コラム：流域管理的対策の費用便益分析の拡張

ここで説明した枠組みでは全ての世帯の所得は同一であるとしているが，実際の世帯の立地行動は所得によって異なっているはずである．また流域管理的対策が世帯に与える利害得失も，所得の多寡によって異なると考えられる．このようなことから，寺本ら[13),14)]は，流域管理的対策の費用便益評価を行う枠組みのなかで，世帯所得の分布を考慮できるように立地均衡モデルを拡張したうえで，大阪と東京の二大都市圏を対象として土地利用規制の費用便益評価を行うとともに，土地利用規制が世帯に与える影響を所得の違いに応じて分析している．図 **13.14** は，大阪を対象に土地利用規制を実施した場合の費用が世帯の所得に占める割合を示したものである．(+) の線が低所得層，(×) の線が中所得層，(*) の線が高所得層を意味している．この図より，土地利用規制の影響は所得によって異なること，土地利用規制に伴う社会的費用は所得が低いほど相対的に大きく，低所得層の負担が大きいことがわかる．さらに市川ら[15)]は，上記の拡張された手法を建築規制の費用便益評価に適用している．

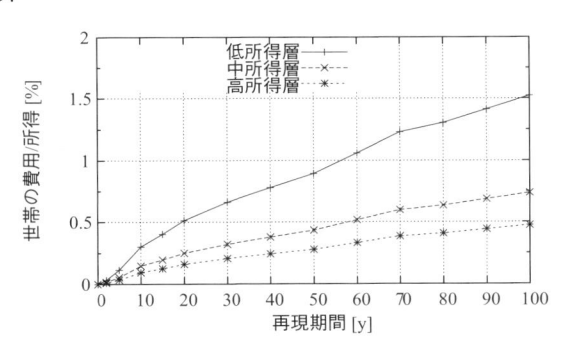

図 **13.14**：費用の世帯所得に対する割合．

13.5 土地利用規制とハード的対策との費用の比較

いま対象としている寝屋川流域では，治水施設の建設や流域対策などを軸とした総合的な治水事業 (寝屋川流域総合治水対策) が実施されている[16)]．ここでは，

寝屋川流域総合治水対策を参考として，土地利用規制とハード的な治水対策を費用の観点から比較する．寝屋川流域総合治水対策 (以下，総合治水対策) は，河道改修，分水路・地下河川・遊水地・流域調節池・下水道増補幹線の整備，雨水流出抑制施設の設置などによって，外水域からの流出に対しては再現期間 100 年，内水域からの流出に対しては再現期間 40 年の治水安全度の達成を目標とした事業で，その総事業費は約 1 兆円である．

13.5.1　比較についての基本的な考え方

　土地利用規制とハード的な治水対策の比較にあたっては，当然のことながら，同一の降雨事象を基準として考える必要がある．上に述べたように，総合治水対策では内水域からの流出に対して超過確率 1/40 の治水安全度を目標としていることから，ここでは再現期間 40 年相当の中央集中型降雨 (以下，1/40 中央集中型降雨) を基準とする．すなわち，1/40 中央集中型降雨を基準として土地利用規制を実施した場合の費用と，当該降雨に対するハード的対策を総合治水対策の枠組みで実施した場合の費用を比較する．ただし，総合治水対策では戦後最大実績降雨 (1957 年, 八尾地点) を計画策定の根拠としており，ここで対象とする 1/40 中央集中型降雨とは異なる．一般に対象とする降雨波形が異なれば，計画する治水施設の規模や組合せも自ずと異なるが，ここでは，総合治水対策の考え方にできるだけ沿いつつ，降雨波形の違いも考慮に入れて比較することにする．

　ちなみに，**13.3** で算出した土地利用規制に伴う費用は，総合治水対策の一環としてすでに設置済みの治水施設に加えて，さらに土地利用規制を実施したときに発生する費用であるから，ハード的対策に要する費用についても同様に考える必要がある．また，一般的な公共事業の評価では，事業完成までに要する将来の費用を社会的割引率を用いて現在価値に変換するのが普通であり，実際，ハード的対策に伴う費用についてはそのような取扱いが可能である．しかし **13.3** において算出した土地利用規制に伴う費用は，土地利用規制を実施した場合に発生する費用であって，土地利用規制という事業が完了するまでの費用ではないため，社会的割引率のような考え方にはなじまない．そこで，ハード的対策に要する費用を施設の耐用年数で除して施設供用期間 1 年あたりの費用に換算し，これに施設の年間維持管理費を加えた費用を，土地利用規制に伴う費用と比較した．施設の耐用年数は，治水経済調査マニュアル (案)[17] を参考として 50 年とした．

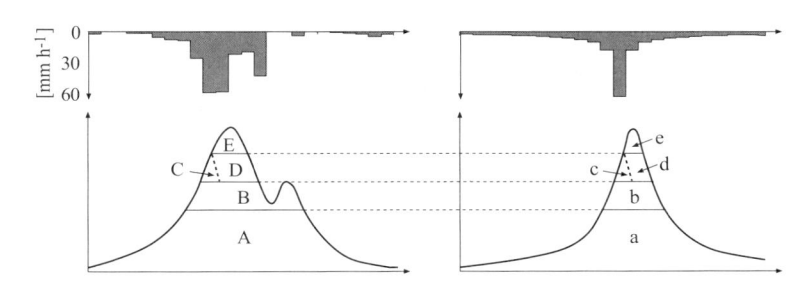

図 **13.15**：対象とする降雨・流量および諸施設の分担：左が総合治水対策の場合，右が 1/40 中央集中型降雨の場合．

13.5.2　ハード的対策に伴う費用の算定

図 **13.15** 左は，総合治水対策で計画対象としている降雨・流量および諸施設の分担を模式的に示したものである[16]．A の部分は河道・分水路・遊水地で，B の部分は地下河川で，C の部分は下水道貯留 (下水道に流入した雨水のうち河川等に放流しきれない分を貯留する) で，D の部分は流域調節池で，E の部分は雨水流出抑制施設でそれぞれ対応することになっている．図 **13.15** 右は，1/40 中央集中型降雨を対象とした場合に，総合治水対策の考え方に沿って諸施設の分担を定めるとどのようになるか模式的に示したものである．すなわち，図 **13.15** 左と同様に，a は河道・分水路・遊水地で，b は地下河川で，c は下水道貯留で，d は流域調節池で，e は雨水流出抑制施設でそれぞれ対応することになる．このうち，遊水地と分水路については，すでに設置済みとして雨水氾濫シミュレーションを行なっているため，ここで検討すべきハード的対策には該当しない．

河道改修と地下河川の建設は，洪水を安全に流すための事業であり，降雨波形が異なっていても，対象とする洪水流量が同じであれば，1/40 中央集中型降雨に対しても総合治水対策と同等の整備が必要と考えられる．したがって，総合治水対策において未整備の部分がここで考えるべきハード的対策に該当する．大阪府の概算によれば，河道改修・地下河川の未整備部分の事業費は，それぞれ 320 億円，2140 億円となっている (平成 16 年度末時点)．また，厳密には，河道改修・地下河川建設は内水と外水の両方にまたがる対策であり，比較対象である土地利用規制が内水のみに対する対策であることを考えると，上述の事業費のうち内水対策の部分だけを考える必要があるが，実際問題として事業費を内水対策と外水

対策で区分することが難しいため，現時点での未整備部分はすべて内水対策にあてられるものと考えることにする．

流域調節池は内水対応の施設であり，平成 16 年度末時点での残事業費は約 2160 億円となっている．ただし，流域調節池は雨水を貯留するための施設であり，計画の基準となる降雨波形 (総降水量) によって必要な施設の規模は大きく異なることに注意する．総合治水対策で基準としている降雨波形では，最大 1 時間降水量が 62.9mm, 24 時間降水量が 311.2mm であるのに対し，ここで対象としている 1/40 中央集中型降雨ではそれぞれ 66.4mm, 213.1mm であって，最大 1 時間降水量ではほぼ同等であるものの，24 時間降水量では 100 mm 近い差がある．総合治水対策での流域調節池の計画貯留量 (図 **13.15** 左：D の部分) は 180 万 m^3 であるが，1/40 中央集中型降雨を基準としたときの必要貯留量 (図 **13.15** 右：d の部分) はそれよりも小さくなると予想される．ここでは，1/40 中央集中型降雨を与えたときに流域調節池で貯留すべき雨水の体積を総合治水対策の考え方に沿って算出し，この値から既設の流域調節池の総貯留量を差し引いたうえで，流域調節池の建設単価を乗じて，流域調節池に関する費用を算定することにした．その結果，流域調節池で貯留すべき雨水の体積が 72 万 m^3 で，既設の流域調節池の総貯留量である 13 万 m^3 を引いて建設単価の 15.6 万円 m^{-3} を乗じると，費用は約 920 億円と算定された．

雨水流出抑制施設は，雨水を貯留・浸透させるためのものであるが，ここでは棟間貯留や校庭貯留のような貯留型の施設を考えることにする．流域調節池と同様にして，1/40 中央集中型降雨を与えたときに雨水流出抑制施設で貯留すべき雨水の体積 (図 **13.15** 右：e の部分) を算出し (200 万 m^3)，これに雨水流出抑制施設の整備単価 (7 万円 m^{-3}) を乗じて費用を算出する．その結果，費用は 1400 億円と算定された．

最後に下水道の整備費用であるが，平成 16 年度末時点での残事業費は約 1300 億円となっている．これには総合治水対策で計画されている地下河川・流域調節池との接続に必要な費用も含まれている．上述のように流域調節池の規模が小さくなれば接続費用も小さくなる可能性がある．しかし，どの程度小さくなるのか算定するのが難しいため，ここでは平成 16 年度末時点での値をそのまま下水道に関する費用とした．以上より，1/40 中央集中型降雨に対するハード的対策に伴う全費用は約 6080 億円と算定された．

13.5.3 費用の比較

　土地利用規制 (再現期間 40 年相当) に伴う費用は，13.3 で求めた世帯の費用 (年間約 207 億円) と地主の費用 (年間約 −94 億円) の和であり，年間約 113 億円と算定される．一方，総合治水対策の枠組みに沿って算出したハード的対策の費用は約 6080 億円であり，施設供用期間 (50 年間) 1 年あたりの費用は約 122 億円と計算される．これに，施設の年間維持管理費として約 5 億円を加えた，約 127 億円がハード的対策で年間に必要な費用ということになる．

　以上の結果を単純に比較すれば，土地利用規制のほうが年間で 14 億円ほど費用が少ない．ただ，上述のハード的対策のうち，河道改修と地下河川建設には一部外水対応の部分が含まれていること，土地利用規制では直接的な被害は防げるものの，規制地区の浸水による間接的な被害 (交通途絶による被害など) は防げないことを考えると，土地利用規制が有利であると断言することはできない．いずれにしても，土地利用規制とハード的対策に要する費用はオーダー的には同程度であることを鑑みれば，土地利用規制も治水対策の一つのメニューとして検討に値するのではないかと考えられる．

コラム：「地先の安全度」に基づく氾濫原管理（滋賀県の事例）

基礎となる指標　二線堤・輪中堤，水害防備林などの氾濫流制御施設の保全・整備，土地利用規制，建築物の耐水化，あるいは水防活動・避難誘導の充実化など，氾濫原での各種減災対策を計画・実施するためには，いわゆる "治水安全度" と称される各河川施設の性能ではなく，図 13.16 に示すような氾濫原の各地点における安全度 (以下，「地先の安全度」という) を計量する必要がある[18]．

図 13.16：地先の安全度と治水安全度との違い．

「地先の安全度」は氾濫水理解析によって得ることができ，例えば図 13.17 に示すように，各地点の発生頻度や水理諸量，あるいは被害の程度を用いて表現される．滋賀県では，主要河川のみならず，下水道 (雨水) や農業用排水路も含めた河川・水路群からの氾濫を統合的に解析可能な計算モデルを開発し，県下の主要氾濫域に適用している[19),20)]．また，人的被害や甚大な資産被害の要因となる家屋被害に着目し，被害の程度を，家屋流失，家屋水没，床上浸水，床下浸水，の四種類に分類している．また，図 13.18 および図 13.19 に計算結果の一部を示しておく．

年発生確率			被害の種類 (浸水深・流体力)				
			無被害	床下浸水	床上浸水	家屋水没	家屋流失
			$h<0.1$m	0.1m$<h$ <0.5m	0.5m$\leq h$ <3.0m	$h \geq 3$m	$u^2h \geq$ 2.5m^3/s^2
1/2	(0.500)						
1/10	(0.100)			④			
1/30	(0.033)						
1/50	(0.020)				③		
1/100	(0.010)						
1/200	(0.005)					②	①

左図は，当該地点に一般家屋がある場合に，
① 家屋流失が 200 年に 1 度程度，
② 家屋水没が 200 年に 1 度程度，
③ 床上浸水が　50 年に 1 度程度，
④ 床下浸水が　10 年に 1 度程度，
の確率で発生することを意味する．

ここに，h：浸水深(m)，u：流速(m/s)である．

図 13.17：リスクマトリクスを用いて表現したある地点における「地先の安全度」．

滋賀県における流域治水対策の枠組み　滋賀県は，人的被害の回避，甚大な資産被害の回避を目的に，流域・氾濫原における治水対策に関する基本方針 (滋賀県流域治水基本方針) を定めている．ここでは，各対策を次のように分類し，計画洪水の処理を目的とした河川整備とあわせて，重層的に推進することが規定されている[21)]．

- 流域貯留対策：調整池，グラウンド，森林土壌，水田・ため池での雨水貯留など，河川・水路等への急激な洪水流出を緩和する対策．
- 氾濫原減災対策：輪中堤，二線堤，水害防備林，土地利用規制，建築物の耐水化など，河川・水路の施設能力を超える洪水により氾濫が生じた場合にも，まちづくりの中で被害を最小限に抑える対策．
- 地域防災力向上対策：防災訓練や防災情報の発信など，避難行動や水防活動を支援する対策．

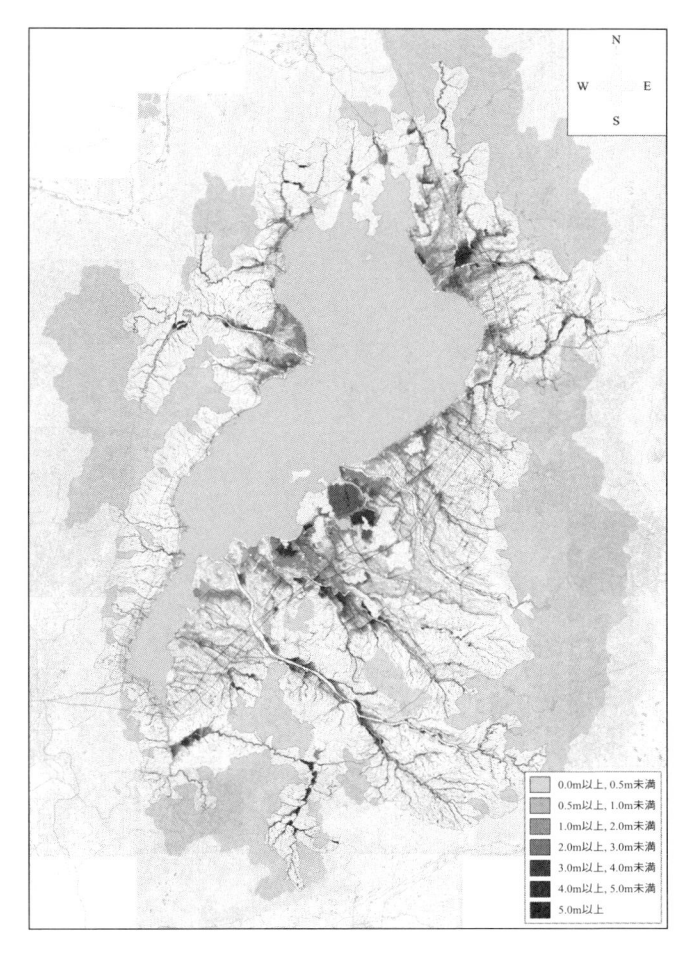

図 **13.18**：200 年確率の最大浸水深 (2011 年 5 月時点の試算結果).

この基本方針で特筆すべき点として，土地利用規制および建築物の耐水化に関して具体的な基準値が示されていることが挙げられる．**図 13.20** に示すように，領域 A では"甚大な資産被害"を回避するため「原則として市街化区域に含めない」こととしており，さらに領域 B では"人的被害"に直結する家屋流失・水没を回避するため，「避難可能な床面が予想浸水面以上となる構造」あるいは「予想流体力で流失しない強固な構造」を建築許可の条件としている．

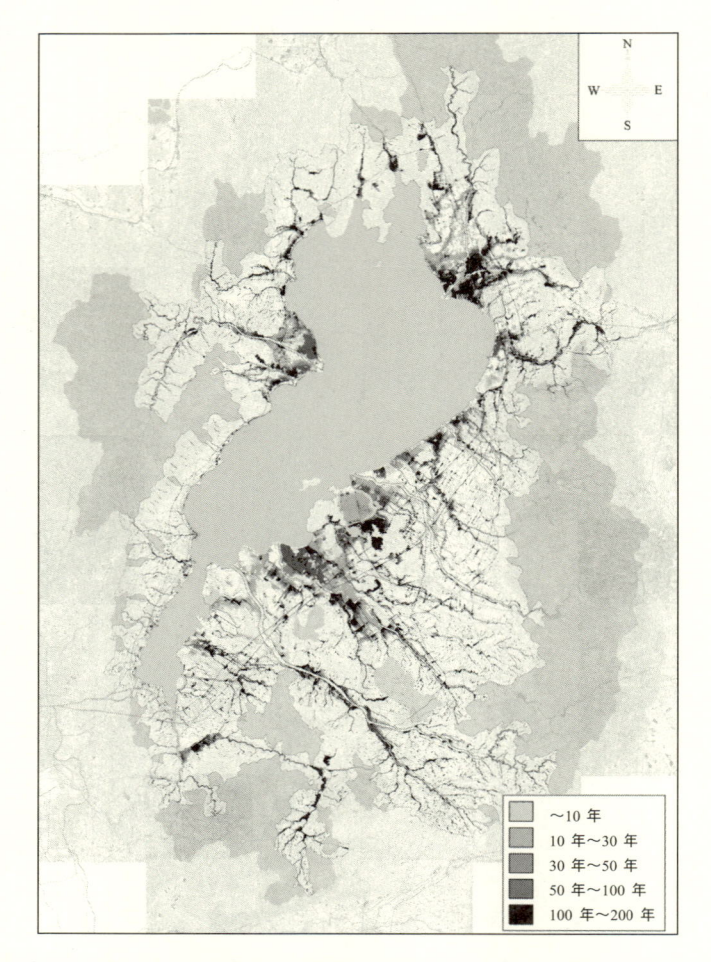

図 **13.19**：50cm 以上の浸水の再現期間．家屋があれば床上浸水となる (2011 年 5 月時点の試算結果).

また，氾濫原各種対策を河川整備の代替案と扱わず，「重層的に」進めるとした点も特徴的である．数十年来，氾濫原減災対策の必要性も広く指摘されてきたものの，今日まで本格展開には至っていない．これは，リスク情報の不足とともに，わが国の治水制度が有する特性が主な要因となっている．

河川管理に対する行政責任が強調される現行法制度下では，"河川整備" と "氾濫原減災対策" とが二者択一になった場合，後者が選択される余地はほとんどない．そのため滋賀県は，氾濫原減災対策を積極的に展開するための政

策的戦略として，河川管理とは分離して氾濫原管理を所管する組織を新設し，河川管理と氾濫原管理とを「二者択一」ではなく「重層的に」推進する行政システムを構築している．

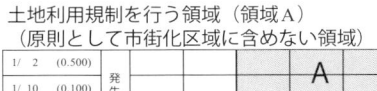

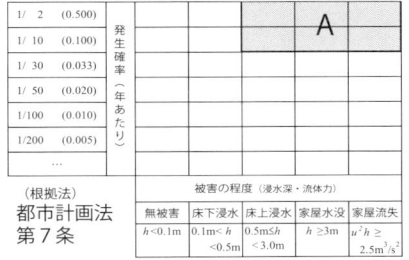

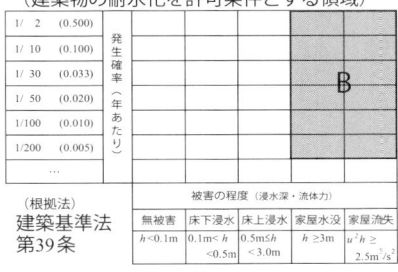

図 13.20：土地利用・建築規制の対象となるリスクの範囲．

「地先の安全度」を活用した治水対策の効果検証　「地先の安全度」を活用すれば，各種治水対策の効果を検証することも可能である．例えば，外力ごとに想定される被害と区間発生確率との積を総和すれば，年あたりに想定される平均的な被害(以下，「年平均想定被害」という)が得られる．さらに，対策前後での年平均想定被害の増減を評価すれば，河川整備・流域貯留対策・氾濫原減災対策といった区別なく，各対策の効果を比較考量することも可能となる．滋賀県では，年平均想定流失家屋数，年平均想定水没家屋数，年平均想定床上浸水家屋数，という三指標により各対策の効果を検証している．

(滋賀県：瀧 健太郎)

参考文献

1) 中村良平, 田渕隆俊：都市と地域の経済学, 有斐閣ブックス, 324p, 1996.
2) 金本良嗣：都市経済学, 東洋経済新報社, 377p, 1997.
3) 土木学会 編：非集計行動モデルの理論と実際, 土木学会, 240p, 1995.
4) 高木朗義, 森杉壽芳, 上田孝行, 西川幸雄, 佐藤 尚：立地均衡モデルを用いた治水投資の便益評価手法に関する研究, 土木計画学研究・論文集, 13, pp. 339–348, 1996.

5) 吉田正卓, 高木朗義：災害リスクマネジメントに基づいた総合治水対策の評価モデルの構築, 土木計画学研究・論文集, 20, pp. 313–322, 2003.
6) 市川 温, 松下将士, 堀 智晴, 椎葉充晴：水災害危険度に基づく土地利用規制政策の費用便益評価に関する研究, 土木学会論文集 B, 63(1), pp. 1–15, 2007.
7) 森杉壽芳 編：社会資本整備の便益評価, 186p, 勁草書房, 1997.
8) (社) 土木学会編：新体系土木工学, 60 交通計画, 技報堂出版, 1993.
9) 国土交通省河川局：平成 14 年版水害統計, 503p, 2004.
10) 大阪府：寝屋川流域水害対策計画, 2006.
11) 川池健司, 井上和也, 戸田圭一, 坂井広正, 相良亮輔：低平地河川流域における内水氾濫解析法とその寝屋川流域への適用, 水工学論文集, 46, pp. 367–372, 2002.
12) 沼田雄介, 市川 温, 堀 智晴, 椎葉充晴：水災害危険度に基づく建築規制政策の費用便益評価に関する研究, 水工学論文集, 51, pp. 583–588, 2007.
13) 寺本雅子, 市川 温, 立川康人, 椎葉充晴：水災害危険度に基づく土地利用規制の費用便益評価 ―世帯所得の分布を考慮して―, 土木学会論文集 B, 66, pp. 119–129, 2010.
14) 寺本雅子, 市川 温, 立川康人, 椎葉充晴：水災害危険度に基づく土地利用規制の適用性に関する分析, 土木学会論文集 B, 66, pp. 130–144, 2010.
15) 市川温, 寺本雅子, 沼間雄介, 西澤諒亮, 立川康人, 椎葉充晴：水災害危険度に基づく建築規制の費用便益評価と土地利用規制との比較, 土木学会論文集 B, 66, pp. 145–156, 2010.
16) 大阪府：寝屋川流域総合治水対策 (パンフレット), 2004.
17) 国土交通省河川局：治水経済調査マニュアル (案), 2005.
18) 堀 智晴, 古川整治, 藤田 暁, 稲津謙治, 池淵周一：氾濫原における安全度評価と減災対策を組み込んだ総合的治水対策システムの最適設計 - 基礎概念と方法論 -, 土木学会論文集 B, 64(1), 1–12, 2008.
19) 瀧 健太郎, 松田哲裕, 鵜飼絵美, 藤井悟, 景山健彦, 江頭進治：中小河川群の氾濫域における超過洪水を考慮した減災対策の評価方法に関する研究, 河川技術論文集, 15, pp. 49–54, 2009.
20) 瀧 健太郎, 松田哲裕, 鵜飼絵美, 小笠原豊, 西嶌照毅, 中谷惠剛：中小河川群の氾濫域における減災型治水システムの設計, 河川技術論文集, 16, pp. 477–482, 2010.
21) 滋賀県：滋賀県流域治水基本方針, 2011.

第14章

運動学的手法による実時間降雨予測

　洪水災害を防止・軽減する上で，豪雨や洪水流出の実時間予測が重要な役割を担っている．実時間予測とは，現象が実際に起こっている最中に，過去の知識と時々刻々得られる気象・水文観測情報をもとに，現象の予測を逐次的に進めていく手法である．洪水防御のための治水施設整備とともに実時間予測技術の進展によって，ダム操作・避難・水防活動を効果的に実施することにより洪水災害を防止・軽減することができる．実時間での降雨予測手法として，運動学的手法，流体力学・熱力学に基づく物理学的手法，運動学的手法に物理学的手法を組み合わせた手法が考案されており，様々な工夫によって予測精度の向上が試みられている．本章では，代表的な運動学的手法として移流モデルを中心に降雨の短時間降雨予測手法を説明する．

14.1　運動学的手法による降雨予測

　気象レーダや気象衛星によるリモートセンシング情報から降雨強度の空間分布を推定し，降雨強度分布の時間的変動パターンを時間的に外挿する手法を運動学的手法とよぶ．レーダ雨量データを用いる多くの降雨予測手法は，この運動学的手法に分類される．運動学的手法の中で，早くから提案された手法として立平・牧野[1]の方法がある．彼らは，現在時刻のレーダエコー図を700 hPa面の風向・風速で移流させる方法を考案した．Austin and Bellon[2]はある移流ベクトルに沿って降雨パターンが平行移動するものと仮定して，移流ベクトルを相互相関法によって求める方法を提案した．土木研究所で開発された雨域追跡法[3]は，相互相関係数を算出する前にエコー図を2値化して，中規模の降水現象の動きに対

応しようとした．以下に示す移流モデル[4),5)]は，予測に用いる移流ベクトルを位置座標の一次式で設定する運動学的手法で，雨域の平行移動，回転，せん断的歪み，膨張などを考慮することができる．

14.1.1 移流モデルの基礎式

水平面上に設定された直交座標系を (x, y) とし，地点 (x, y)，時刻 t での降雨強度を $r(x, y, t)$ として，雨域の移動や変形を

$$\frac{\partial r}{\partial t} + u\frac{\partial r}{\partial x} + v\frac{\partial r}{\partial y} = w \tag{14.1}$$

で表す．ここで u, v は雨域の移動ベクトル，w は雨域の移動に伴う雨域の発達・衰弱量を表す．u, v, w は位置座標の一次式，

$$\begin{aligned} u &= c_1 x + c_2 y + c_3 \\ v &= c_4 x + c_5 y + c_6 \\ w &= c_7 x + c_8 y + c_9 \end{aligned} \tag{14.2}$$

で表現できるものとする．$c_1 = c_2 = c_4 = c_5 = c_7 = c_8 = c_9 = 0$ とおくと，(14.1)式はベクトル (c_3, c_6) に沿った平行移動を表す．雨域の回転，せん断的歪み，膨張なども表現することができ，回転角速度 ω_{yx}，せん断速度 γ_{yx}，x 軸，y 軸に沿った歪み速度 e_x, e_y は，$c_1, \cdots, c_9$ を用いて，$\omega_{yx} = (-c_2 + c_4)/2$, $\gamma_{yx} = c_2 + c_4$, $e_x = c_1$, $e_y = c_5$ と表される．

14.1.2 モデルパラメータの同定

パラメータ $c_1, \cdots, c_9$ をレーダデータから逐次，同定することを考える．(14.2)式を (14.1) 式に代入すると，

$$\frac{\partial r}{\partial t} + (c_1 x + c_2 y + c_3)\frac{\partial r}{\partial x} + (c_4 x + c_5 y + c_6)\frac{\partial r}{\partial y} = (c_7 x + c_8 y + c_9) \tag{14.3}$$

が得られる．レーダ観測域に含まれる長方形領域をとり，それを $\Delta x \times \Delta y$ の長方形メッシュに分割する．$\Delta x, \Delta y$ は長方形メッシュの x 軸方向，y 軸方向の大きさである．このとき座標 (x_i, y_j) を長方形領域の左から第 i 列，下から第 j 行のメッ

シュの中心点の座標として,

$$x_i = (i - 1/2)\Delta x, \quad i = 1, \cdots, M$$
$$y_j = (j - 1/2)\Delta y, \quad j = 1, \cdots, N$$

とする. M, N はそれぞれ x 軸方向, y 軸方向のメッシュ数である. また,

$$t_k = k\Delta t, \quad k = 0, \cdots, -(K+1)$$

とおく. Δt は時間間隔であり, $(K+1)\Delta t$ はパラメータ同定に用いる過去のデータ長である. これらを用いて地点 (x_i, y_j), 時刻 t_k での (14.3) 式の降雨強度の偏微分項を

$$\left[\frac{\partial r}{\partial t}\right]_{ijk} = \frac{r(x_i, y_j, t_{k+1}) - r(x_i, y_j, t_{k-1})}{2\Delta t}$$

$$\left[\frac{\partial r}{\partial x}\right]_{ijk} = \frac{r(x_{i+1}, y_j, t_k) - r(x_{i-1}, y_j, t_k)}{2\Delta x}$$

$$\left[\frac{\partial r}{\partial y}\right]_{ijk} = \frac{r(x_i, y_{j+1}, t_k) - r(x_i, y_{j-1}, t_k)}{2\Delta y}$$

で差分近似し, (14.3) 式に代入して

$$(c_1 x_i + c_2 y_j + c_3)\left[\frac{\partial r}{\partial x}\right]_{ijk} + (c_4 x_i + c_5 y_j + c_6)\left[\frac{\partial r}{\partial y}\right]_{ijk}$$
$$-(c_7 x_i + c_8 y_j + c_9) = -\left[\frac{\partial r}{\partial t}\right]_{ijk} - \nu_{ijk} \qquad (14.4)$$

とおく. ν_{ijk} は残差を表すために導入されたものであり, 上記のモデル化が妥当であれば 0 になるべきものである. したがって残差平均和

$$J_c = \sum_{k=-K}^{-1} \sum_{i=2}^{M-1} \sum_{j=2}^{N-1} \nu_{ijk}^2 \qquad (14.5)$$

を最小とするように $c_1, \cdots, c_9$ を推定する. ν_{ijk} は $c_1, \cdots, c_9$ に関する一次式なので, J_c を $c_1, \cdots, c_9$ で偏微分して 0 とおいて得られる連立方程式を解けば $c_1, \cdots, c_9$ が得られる.

実時間での逐次計算では, 平方根情報フィルタを用いる方法[6],[7]が正規方程式を構成してそれを解くよりも好ましく, 予測アルゴリズムを効率的で柔軟なものにする. まず, (14.4) 式を未知のパラメータ $c_1, \cdots, c_9$ に関する観測式

$$a_{ijk,1} d_1 c_1 + a_{ijk,2} d_2 c_2 + \cdots + a_{ijk,9} d_9 c_9 = b_{ijk} - \nu_{ijk} \qquad (14.6)$$

と考える．ただし，

$$a_{ijk,1} = x_i \left[\frac{\partial r}{\partial x}\right]_{ijk}, \ a_{ijk,2} = y_j \left[\frac{\partial r}{\partial x}\right]_{ijk}, \cdots, a_{ijk,9} = -1, \ b_{ijk} = -\left[\frac{\partial r}{\partial t}\right]_{ijk}$$

であり，$d_1, \cdots, d_9$ は (14.2) 式でパラメータ c_i を 0 に固定するとき 0，そうでないとき 1 と定める．平方根情報フィルタによる具体的な計算手順を以下に示す．

1) $K \times (M-2) \times (N-2)$ の約数 m を一つとって，固定しておく．
2) $(9+m)$ 行 10 列の行列 S を用意し，上の 9 行の成分を 0 とおく．またスカラー変数 I_c を 0 とおく．
3) それぞれの (i, j, k) の組み合わせに対して，1 行 10 列のベクトル $(a_{ijk,1}d_1, \cdots, a_{ijk,9}d_9, b_{ijk})$ を作り，行列 S の 10 行目以降に次々と追加していく．行列 S の行数が $m+9$ になったら，行列 S にハウスホルダー変換を施して，S の最初の 9 列が次のような上三角行列

$$\begin{pmatrix} S_{1,1} & S_{1,2} & \cdots & S_{1,9} & S_{1,10} \\ & S_{2,2} & \cdots & S_{2,9} & S_{2,10} \\ & & \cdots & \cdots & \cdots \\ & & & \cdots & \cdots \\ & & & S_{9,9} & S_{9,10} \\ & & & & S_{10,10} \\ & & & & \cdots \\ 0 & & & & S_{m+9,10} \end{pmatrix} \quad (14.7)$$

になるように変換し，

$$I_c + \sum_{i=10}^{m+9} S_{i,10}{}^2$$

を改めて I_c とおき，S の下 m 行を削除する．
4) 上記の処理をすべてのメッシュと時刻，すなわち $i = 2, \cdots, M-1, j = 2, \cdots, N-1, k = -K, \cdots, -1$ について繰り返し，最後に

$$\begin{pmatrix} S_{1,1} & S_{1,2} & \cdots & S_{1,9} \\ & S_{2,2} & \cdots & S_{2,9} \\ & & & \cdots \\ & & & \cdots \\ 0 & & & S_{9,9} \end{pmatrix} \begin{pmatrix} c_1 \\ c_2 \\ \vdots \\ \\ c_9 \end{pmatrix} = \begin{pmatrix} S_{1,10} \\ S_{2,10} \\ \cdots \\ \cdots \\ S_{9,10} \end{pmatrix} \quad (14.8)$$

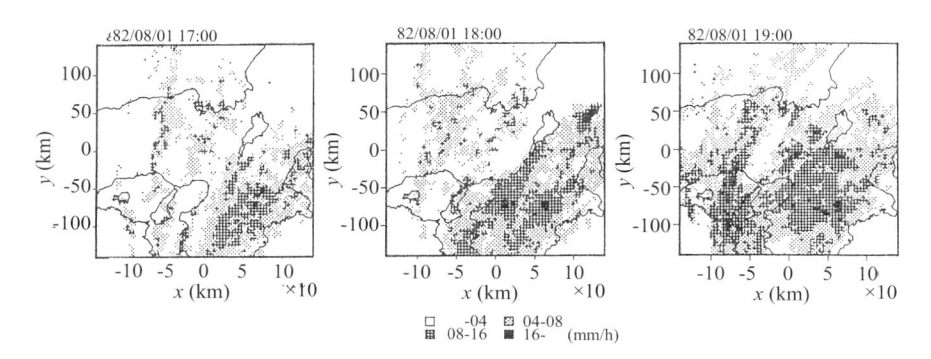

図 **14.1**：レーダ雨量計による 1982 年 8 月 1 日 17 時，18 時，19 時の降雨強度分布の観測値.

を解いてパラメータ $c_1, \cdots, c_9$ を得る．$i = 9, 8, \cdots, 1$ に対して順に，

$$c_i = \begin{cases} 0, & S_{i,i} = 0 \text{ のとき} \\ \left(S_{i,10} - \sum_{j=i+1}^{9} S_{i,j} c_j\right)/S_{i,i} & S_{i,i} \neq 0 \text{ のとき} \end{cases} \quad (14.9)$$

とおけばよい．

この手順を終えた時，最小二乗推定値 (14.5) 式に対応する残差平均和 J_c が I_c にセットされている．(14.6) 式の d_i が 0 にセットされた場合は，c_i は 0 になる．したがって，パラメータ c_i の中のどれかを 0 に固定したい場合，別にプログラムを用意せず，d_i を操作すればよい．このように，u, v, w を位置座標の一次式で表すことにより，u, v, w の推定を線形最小二乗推定問題として扱うことが可能となり，時々刻々得られるレーダ情報を用いて，逐次，これらのパラメータ値を推定することができる．

14.2　移流ベクトルと雨域の発達・衰弱量の分析

国土交通省の深山レーダ雨量計によって得られた 1982 年台風 10 号の降雨データを用いて，パラメータ $c_1, \cdots, c_9$ の時間変化の性質を検討する．図 **14.1** は 1982 年 8 月 1 日 17 時，18 時，19 時の降雨強度分布の観測値．図 **14.2** は上が 17 時から 18 時，下が 18 時から 19 時の降雨強度分布の観測値から得られた移流

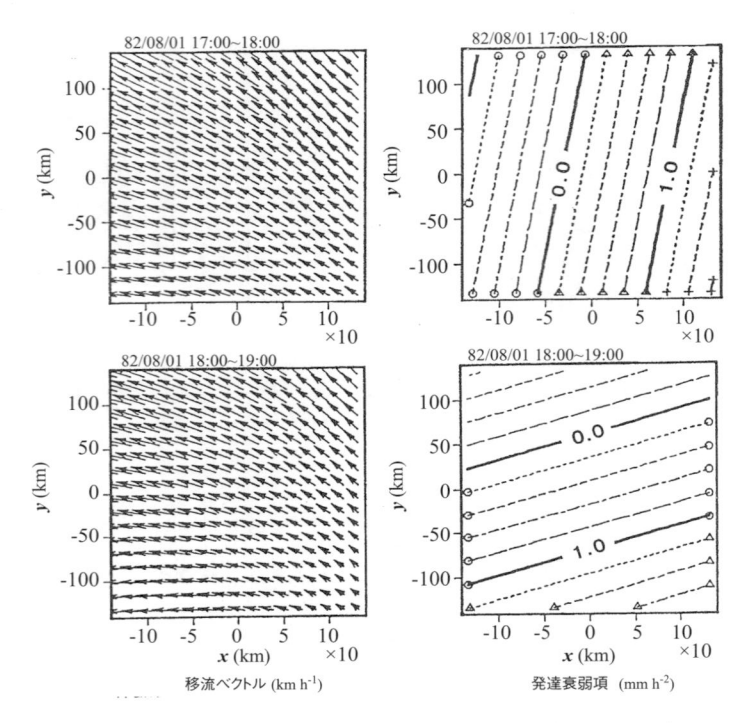

図 14.2：同定された移流ベクトル u, v (左) および発達衰弱項 w (右) の推定値. 上が 17 時から 18 時, 下が 18 時から 19 時の推定値.

ベクトル u, v と発達・衰弱項 w の空間分布を示す. 同定された移流ベクトルと発達・衰弱項は降雨強度分布の変化によく対応し, 移流ベクトルと発達・衰弱量の場所的変化を捉えている.

次に, 移流ベクトルと発達・衰弱項の時間変化の特徴をみるために, パラメータ $c_1, \cdots, c_9$ を 15 分間隔で $K = 1$ として求めた. レーダサイトでの移流ベクトル成分 $u_0 = c_3$, $v_0 = c_6$, 回転角速度 $\omega_{yx} = (-c_2 + c_4)/2$, 発達・衰弱項の係数 c_7, c_8, c_9 の時間変化とそれらの自己相関関係を表すコレログラムを図 **14.3** に示す. 発達衰弱項の係数を除くといずれも持続性が高く, 過去のデータからこれらのパラメータを同定し予測に利用できることを根拠づけている. 一方で, 発達・衰弱項の時間的変化は激しく, それらの係数は平均値 0 でランダムに推移しており, コレログラムが示すように持続性は認められない. 予測計算では発達衰弱量は 0 としたほうがよいことがわかる.

14.2 移流ベクトルと雨域の発達・衰弱量の分析　477

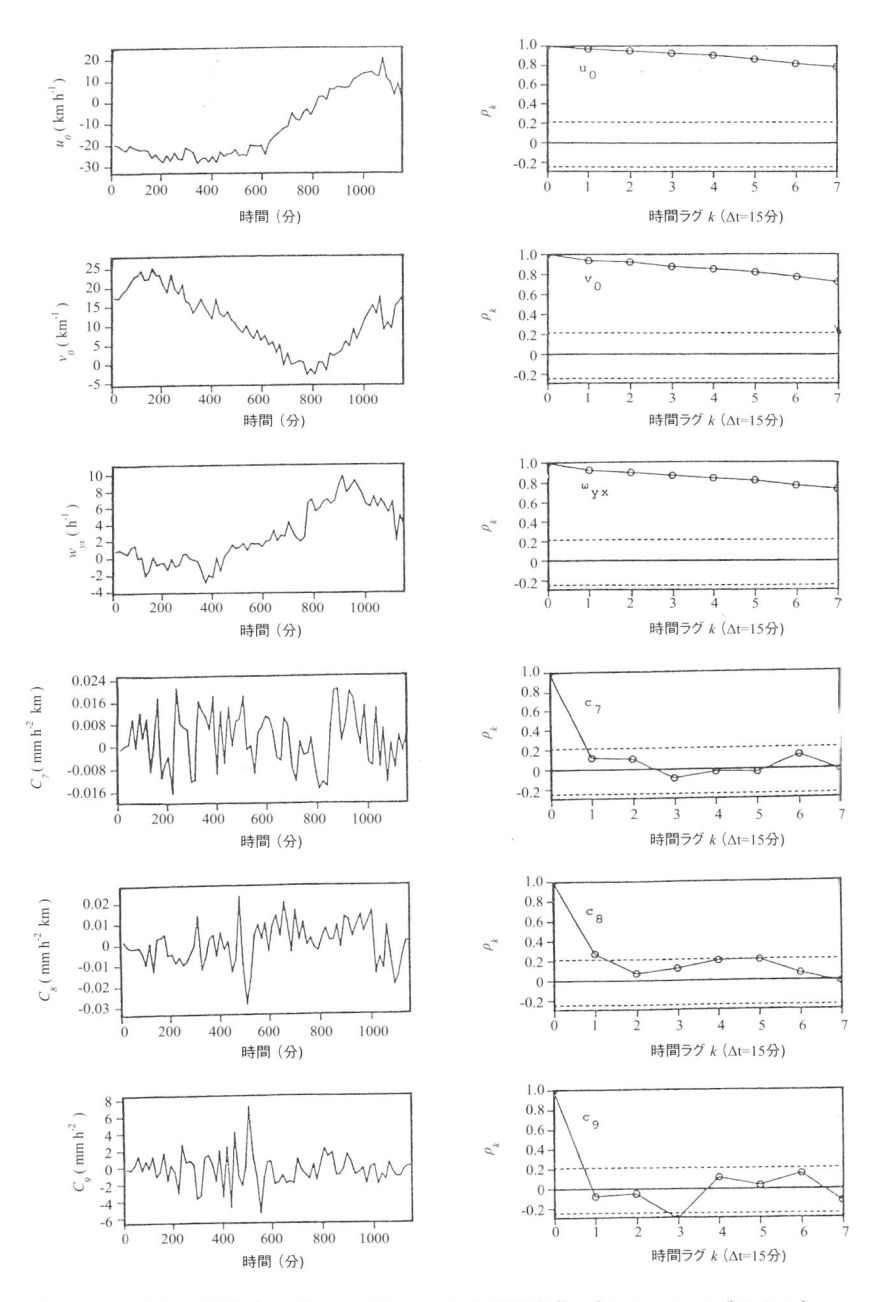

図 **14.3**：同定した移流モデルのパラメータの時間変化 (左) とコレログラム (右).

14.3 移流モデルによる降雨予測

パラメータ $c_1, \cdots, c_9$ の値が同定されれば，これらの値がしばらくの時間は一定であると仮定して，将来の降雨強度を予測する．(14.1) 式に対応する特性微分方程式は，

$$\frac{dx}{dt} = c_1 x + c_2 y + c_3 \tag{14.10}$$

$$\frac{dy}{dt} = c_4 x + c_5 y + c_6 \tag{14.11}$$

$$\frac{dr}{dt} = c_7 x + c_8 y + c_9 \tag{14.12}$$

で与えられる．(14.10) 式，(14.11) 式によって定められる特性基礎曲線の上で，降雨強度は (14.12) 式にしたがって変化する．これらの式は解析的に解くことができ，上の二式の解は，

$$\begin{pmatrix} x(t) \\ y(t) \end{pmatrix} = R(t-s : c_1, \cdots, c_6) \begin{pmatrix} x(s) \\ y(s) \\ 1 \end{pmatrix} \tag{14.13}$$

の形に表すことができる．ここで $R(t-s : c_1, \cdots, c_6)$ は，$t-s$, $c_1, \cdots, c_6$ にのみ依存して決まる 2×3 次行列で，定係数の線形微分方程式に関する理論から解析的に求められる．

将来時刻 s での予測値を得ることを考える．現在時刻を t_0，リードタイムを τ と表し，$t = t_0$, $s = t_0 + \tau$, $x(s) = x_i$, $y(s) = y_j$ とおくと，(14.13) 式は，

$$\begin{pmatrix} x(t_0) \\ y(t_0) \end{pmatrix} = R(-\tau : c_1, \cdots, c_6) \begin{pmatrix} x_i \\ y_j \\ 1 \end{pmatrix} \tag{14.14}$$

となる．この左辺の点は，将来時刻 $s = t_0 + \tau$ に点 (x_i, y_j) に到達する特性曲線の現在時刻 t_0 での位置を表している．現在時刻の格子点上の降雨強度データから地点 $(x(t_0), y(t_0))$ での降雨強度を求めて (14.12) 式にしたがって降雨強度を変化させれば，それが将来時刻 $s = t_0 + \tau$ での地点 (x_i, y_j) での降雨強度の予測値を与える．

この方法で降雨を予測した例を図 **14.4** に示す．また，図 **14.5** に由良川流域の流域平均時間雨量について，移流モデルによる予測値と過去 3 時間の移動平均を

14.3 移流モデルによる降雨予測 479

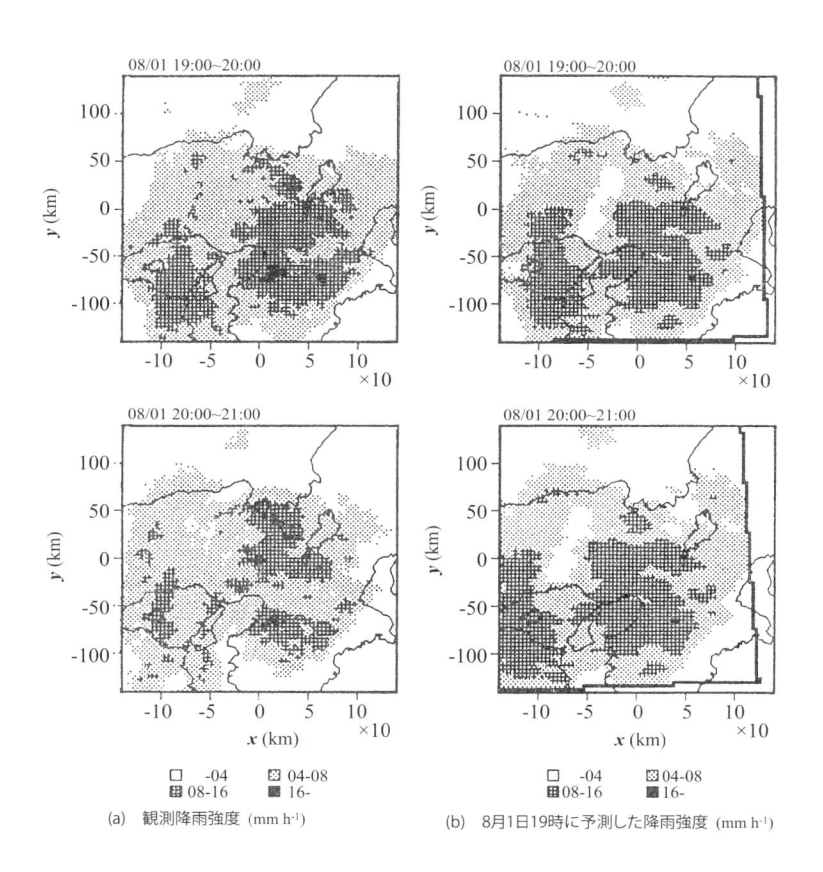

図 14.4：観測降雨強度 (左) と予測降雨強度 (右) との比較.

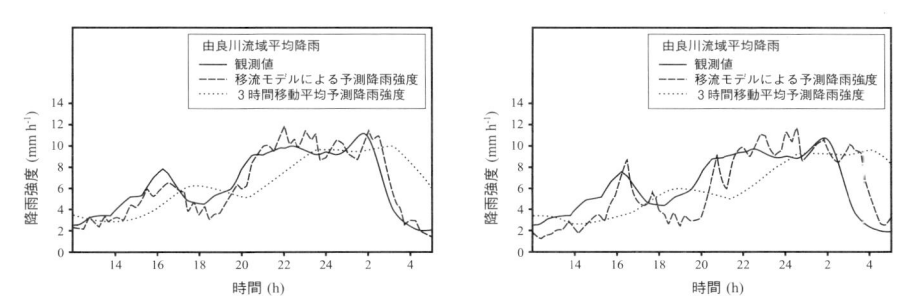

図 14.5：由良川流域の流域平均時間雨量の観測値と予測値との比較. 左図が 1 時間先予測，右図が 2 時間先予測.

外挿して得た予測値とを示す．観測値と比較すると，移流モデルによる予測値が移動平均による予測値を大きく改善していることがわかる．

コラム：移流モデルおよび予測誤差モデルによる実時間降雨予測

　短時間降雨予測は，10km 以下の空間分解能で数時間先までの降水予測を目標とする．これまでに実用化されている短時間降雨予測手法として，レーダ情報や気象衛星情報から降水強度分布を推定し，降雨分布の時間変動パターンを時間的に外挿する運動学的手法がある．椎葉ら[4])によって開発された移流モデルは，運動学的手法の代表的な手法である．しかし，運動学的手法による降雨予測は，降雨強度の急激な変化や地形の影響による降雨の変化を考慮することができないため，精度良い予測結果を得るには改良の必要がある．Kim ら[8])はその改良手法の一つとして，移流モデルによる降雨予測誤差を分析し，その予測誤差のパターンをモデル化することによって移流モデルの予測精度を上げる手法を考えた．

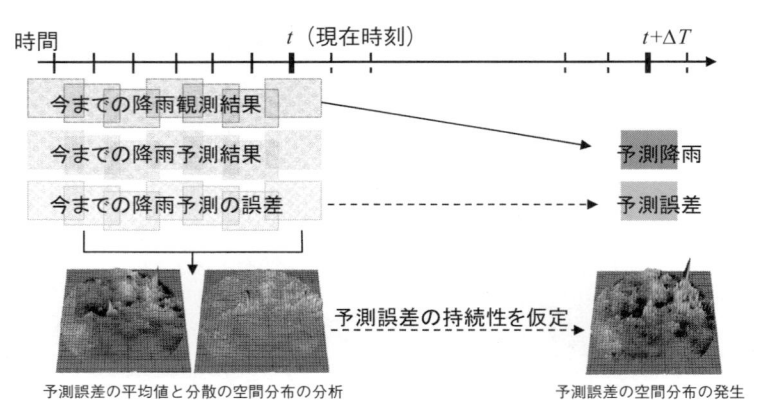

図 14.6：予測誤差モデルの概念図．現在時刻 t までの予測降雨と観測降雨を比較し，予測誤差のパターンを分析して，$t + \Delta t$ の予測降雨を補正する．

　予測誤差のモデル化は，移流モデルを用いて得た数時間先までの予測降雨分布と実際に観測された降雨分布とを比較して，予測誤差の空間的なパターンを分析することから始まる．たとえば，図 14.6 のある時刻 t までの予測降雨分布と観測降雨分布を比較し，予測誤差の空間的なパターンをグリッドご

との平均誤差とその標準偏差で定量化する．予測誤差の空間パターンは持続性があるため，次の時刻 $t + \Delta t$ の予測降雨も同様の予測誤差が含まれると考え，空間相関を考慮した正規確率場を発生させて[9]，予測値を補正する．これにより，アンサンブル降雨予測を得て移流モデルによる予測降雨の不確実性を考慮するとともに，地形の影響などによって現れる局地的な降雨強度の発達・衰弱の変化を実時間で把握し，それらを移流モデルの予測降雨に反映させることができる．

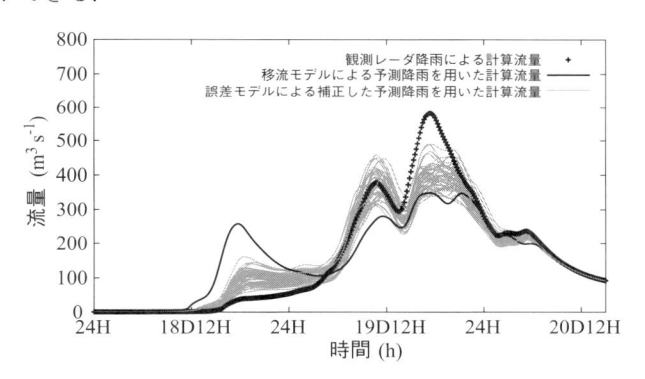

図 14.7：1 時間先の予測降雨を用いた計算流量および予測誤差モデルによって得られるアンサンブル予測降雨を用いた計算流量．

　予測精度の向上を検証するために，移流モデルによって得た 1 時間先予測降雨とそれに予測誤差モデルを適用したアンサンブル予測降雨を，それぞれ **7 章**で示した分布型流出モデルに入力して流出計算を行った．**図 14.7** は淀川流域の大鳥居観測所上流域 ($156km^2$) での 1992 年 8 月の洪水に対する 1 時間先予測の結果である．この図を見ると，移流モデルによる予測降雨を予測誤差モデルで補正したアンサンブル予測降雨による計算流量は，もとの移流モデルによる予測降雨を用いた場合の予測流量の精度を改善している．降雨イベントの特性や降雨強度の分布によって予測誤差モデルの適用結果は変わるが，長時間に渡って強い降雨が発生する降雨についてはより効果があることが示されている[8]．

(京都大学大学院工学研究科：Kim Sunmin)

14.4 短時間降雨予測手法の展開

14.4.1 移流モデルの改良

　降雨強度の発達・衰弱は，その時の気象条件と地形とが影響しあって生み出されると考えられるため，運動学的手法のみでそれを表現することは難しい．そのため，移流モデルによる予測降雨と実績降雨との差を用いたアンサンブル予測手法[8]，地形性降雨の物理的な算定手法を移流モデルに導入する手法[10]，さらにこれらを組み合わせた手法[11]が提案され，運動学的予測手法の予測精度の向上が図られている．また，予測誤差の評価[12]とその提供も，実時間予測では重要な課題となる．

14.4.2 不安定場概念を用いた降雨予測手法

　運動学的な手法による降雨予測では，降雨の発達・衰弱の時間変化を表現することに限界がある．これを改善するために，不安定場概念に基づく降雨予測手法[13]-[15]が開発されている．中北らは，地形によってはその構造に影響を受けず，地形との相互作用によって降水へのインプットである水蒸気から水分への変換効率を高めて降水をもたらす場を「不安定場」と定義し，不安定場の移動によって降水分布の変動を表現した．地形の影響を受けないと考えられる不安定場を推定することができれば，それは安定した構造をしているので，運動学的手法によってその移動を表すことができると考えられる．不安定場のパラメータは，3次元レーダ情報から得られる水蒸気相変化量の三次元分布から推定される．

参考文献

1) 立平良三, 牧野義久：デジタル化されたエコーパターンの予測への適用, 気象庁, 研究時報, 26, pp. 188-199, 1974.
2) Austin, G. L. and A. Bellon : Very-short-range-forecasting of precipitation by the objective extrapolation of radar and satelite data, Nowcasting, ed. K. A. Browning, Academic Press, New York, pp. 177–190, 1982.
3) 土木研究所水文研究室：レーダー雨量計による降雨の短時間予測に関する調査報告書, 土木研究所資料, 2406, 1986.
4) 椎葉充晴, 高棹琢馬, 中北英一：移流モデルによる短時間降雨予測手法の検討, 第28回水理講演会論文集, pp. 349–354, 1984.
5) Takasao, T. and M. Shiiba : Development of techniques for on-line forecasting of rainfall and

flood runoff, *Natural Disaster Science*, 6(2), pp. 83–112, 1984.
6) Bierman, G. J. : Factorization methods for discrete sequential estimation, Academic Press, New York, 1977.
7) 椎葉充晴：レーダ雨量計を利用した降雨の実時間予測と実時間流出予測法, 土木学会 1987 年度水工学に関する夏期研修会講義集, pp. 1-1–1-18, 1987.
8) Kim, S., Y. Tachikawa, T. Sayama and K. Takara: Ensemble flood forecasting with stochastic radar image extrapolation and a distributed hydrologic model, *Hydrological Processes*, 23(4), pp. 597-611, 2009.
9) 立川康人, 椎葉充晴：共分散行列の平方根分解をもとにした正規確率場および対数正規確率場の発生法, 土木学会論文集, 656/II-52, pp. 39-46, 2000.
10) 中北英一, 寺園正彦：地形性降雨を考慮した移流モデルによる短時間降雨予測手法の精度向上に関する研究, 京都大学防災研究所年報, 52(B), pp. 527-538, 2009.
11) 中北英一, 吉開朋弘, キムスンミン：地形性降雨を考慮したレーダー短時間降雨予測へのエラーアンサンブルの導入, 土木学会論文集 B1(水工学), 67(4), pp.I_619–I_624, 2011.
12) 立川康人, 小松良光, 宝 馨：移流モデルによる予測降雨場の誤差構造のモデル化と降雨場の発生, 京都大学防災研究所年報, 45(B2), pp. 101-111, 2002.
13) 中北英一, 山浦克仁, 椎葉充晴, 池淵周一, 高棹琢馬：3 次元レーダー情報を用いた降雨生起場の推定と短時間降雨予測手法の開発, 京都大学防災研究所年報, 33(B2), pp. 193-212, 1990.
14) 中北英一, 澤田典靖, 川崎隆高, 池淵周一, 高棹琢馬：不安定場モデルをベースにした 3 次元レーダー情報による短時間降雨予測手法, 京都大学防災研究所年報, 35(B2), pp. 483-507, 1992.
15) 椎葉充晴, 中北英一：降雨と流出の実時間予測手法について, 気象予測とその水文・水資源学への応用, pp. 130-145, 1992.

第15章

実時間流出予測の基礎理論

　決定論的な状態空間型流出モデルが与えられたときに，入出力の観測誤差・モデル誤差に対応するノイズ項を付加して，確率過程的な状態空間型流出モデルを構成する基本的な考え方を述べる．次に，構成された確率過程的な状態空間型流出モデルにフィルタリング・予測理論を適用して実時間流出予測システムを構成する方法を説明する．また，流出システムの非線形性への対処をより精密にする方法として，統計的二次近似の理論を展開し，数値的安定性の点で優れているUDフィルタと結合したフィルタリング・予測理論を示す．本章では一般的な形式で実時間流出予測の理論的基礎を示す．具体的な適用例は **16章** で示す．

15.1　実時間流出予測システムの基本的な考え方

　実時間流出予測システムを図 **15.1** の手順で構成する．流出予測を考えるためには，流出モデルが必要となる．流出現象を決定論的に考える場合は，流出モデルを用いて観測降雨および予測降雨を流出量に変換し，それを予測流量とする．決定論的な手法では流出モデルのもつモデル誤差，降雨の観測誤差，降雨の予測誤差が考慮されず，時々刻々入手される観測流量が予測に生かされない．

　そこで，決定論的な流出モデルに，モデル誤差や観測誤差に対応するノイズ項を明示的に導入して，確率過程的な流出モデルに変換する．これを確率過程的状態空間モデルという．これが図 **15.1** の第 1 の矢印に相当する．次に，この確率過程的状態空間モデルに，フィルタリング・予測理論を適用して，実時間流出予測システムを構成する．これが図 **15.1** の第 2 の矢印に相当する．このように，実時間流出予測システムを構成するためには，

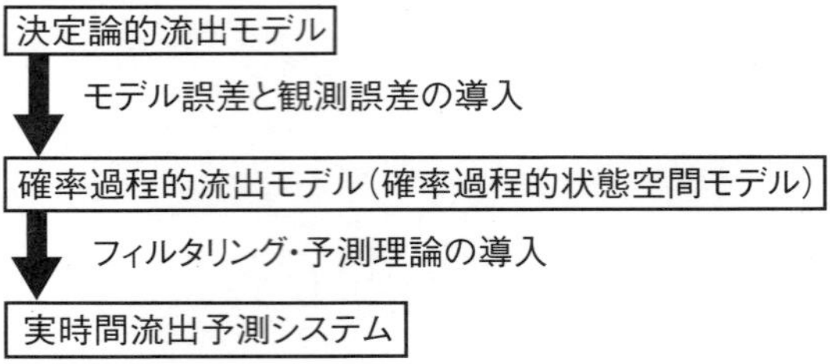

```
┌──────────────────┐
│ 決定論的流出モデル │
└──────────────────┘
          ↓ モデル誤差と観測誤差の導入
┌─────────────────────────────────────────┐
│ 確率過程的流出モデル(確率過程的状態空間モデル) │
└─────────────────────────────────────────┘
          ↓ フィルタリング・予測理論の導入
┌──────────────────────┐
│ 実時間流出予測システム │
└──────────────────────┘
```

図 15.1：実時間流出予測システムの構成の基本的な枠組み．

- 確率過程的状態空間モデルの構成
- フィルタリング・予測理論の導入

が基本となる．そこで，**15.2** では，流出モデルをもとにした確率過程的状態空間モデルの構成手法を説明する．**15.3** 以降では，**15.2** で示した確率過程的流出モデルを用いて，実時間流出予測システムを構成するための基礎理論および計算手法を示す[1]．

15.2 確率過程的状態空間モデルによる降雨流出系の表現

15.2.1 状態空間型流出モデル

流出モデルのほとんどは，状態ベクトル x を適当に定義することによって，次のような状態空間モデルと考えることができる．

$$\text{状態方程式：} \quad \frac{dx_i(t)}{dt} = f_i(x, c, \overline{r}), \ i = 1, \cdots, N_x \tag{15.1}$$

$$\text{出力方程式：} \quad y(t) = g(x(t), c) \tag{15.2}$$

ここで，$x(t)$ は N_x 次元のベクトル，$x_i(t)$ は $x(t)$ の第 i 成分，$\overline{r}$ は面積平均降雨強度，$y(t)$ は時刻 t の流出強度，c は N_c 次元のパラメータベクトル，f_i, g はスカラー値関数である．以後，f_i を成分とする N_x 次元ベクトル値関数を $f(x(t), c, \overline{r})$ と表すことにする．

(15.1) 式，(15.2) 式で記述されるシステムモデルでは，ある時刻 t_0 でベクトル x の値が与えられ，t_0 以後の入力 $\overline{r}$ の値が与えられると，t_0 以前にベクトル x が

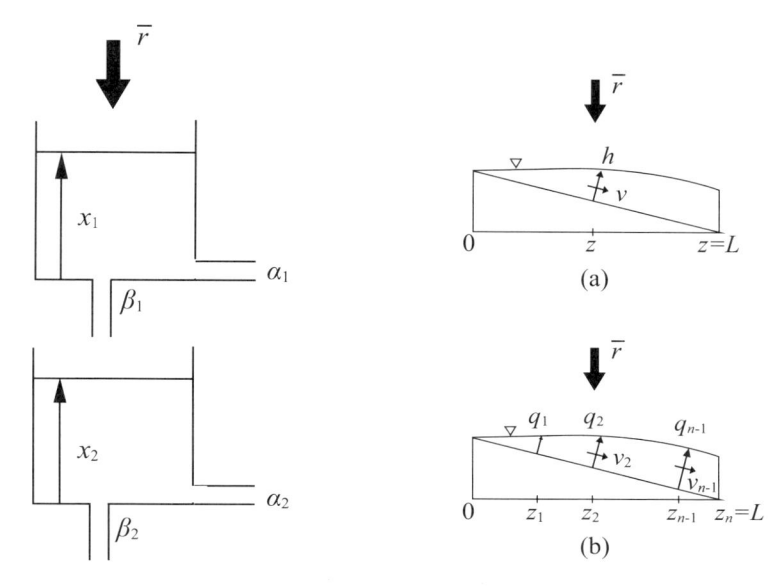

図 **15.2**：タンクモデルの例.　　　図 **15.3**：斜面流出モデルの例.

とった値に無関係に，t_0 以後の x の推移，出力 y の値が確定する．このようなベクトル x を状態ベクトルという．また，状態ベクトルを用いて表すような動的システムのモデルを状態空間モデルという (例えば，北川[2]を参照).

流域をいくつかの部分流域に分割して，分割流域ごとの面積平均降雨強度を入力と考えることも可能である．そのときは $\bar{r}$ をベクトルと考えればよい．また，多地点の流出強度を考えることも可能である．そのときは，y をベクトル，g をベクトル値関数と考えればよい．以下では記述を簡単にするために，$\bar{r}$, y はいずれもスカラーであるとする．

実際に (15.1) 式，(15.2) 式で表される流出モデルの例を図 **15.2** と図 **15.3** に示す．図 **15.2** は二段のタンクモデルである．この図で，x_1, x_2 は各タンクの貯水高であり，α_1, α_2 は流出孔の比例定数，β_1, β_2 は浸透孔の比例定数である．タンクの貯水高に関する連続式は，

$$\frac{d}{dt}\begin{pmatrix} x_1 \\ x_2 \end{pmatrix} = \begin{pmatrix} \bar{r} - (\alpha_1 + \beta_1)x_1 \\ \beta_1 x_1 - (\alpha_2 + \beta_2)x_2 \end{pmatrix} \tag{15.3}$$

で与えられる．また流域面積を A_f とすると，流出強度 y は

$$y = A_f(\alpha_1 x_1 + \alpha_2 x_2) \tag{15.4}$$

と表される．(15.3) 式，(15.4) 式が (15.1) 式，(15.2) 式に相当する．この例では，流出孔をタンク底に一つだけとったので，(15.3) 式，(15.4) 式の右辺が x の一次式になっている．一般のタンクモデルでは，(15.3) 式，(15.4) 式の右辺は，区分的には x の一次式であるが，全体としては x に関して非線形な関数になる．

もう 1 つ例をあげる．斜面長 L の不浸透面上の単位幅の流れを考える（図 **15.3**(a)）．斜面流水深を h，斜面に沿う断面平均流速を v として，$q = vh$ とおくと，連続式

$$\frac{\partial h}{\partial t} + \frac{\partial q}{\partial z} = \bar{r} \tag{15.5}$$

が得られる．等流近似を用いると，q と h の間には，

$$q = \alpha h^m \tag{15.6}$$

の関係がある．ただし，α, m は定数である．ここで斜面を分割して，図 **15.3**(b) に示すように，$z_0 = 0 < z_1 < \cdots < z_n = L$ なる分点をとり，$z_{i-1} < z < z_i$ での斜面単位幅当たりの貯水量を x_i，位置 z_i での q を q_i と表すと，(15.5) 式から

$$\frac{dx_i}{dt} = (z_i - z_{i-1})\bar{r} - q_i + q_{i-1}, \ i = 1, \cdots, n \tag{15.7}$$

が得られる．ただし，$q_0 = 0$ とおく．定常時水面形状を考えると，α_i を定数として，q_i と x_i の間には

$$q_i = \alpha_i x_i^m \tag{15.8}$$

なる関係があるから，これを (15.7) 式に代入すると，

$$\frac{d}{dt}\begin{pmatrix} x_1 \\ x_2 \\ \vdots \\ x_n \end{pmatrix} = \begin{pmatrix} z_1\bar{r} - \alpha_1 x_1^m \\ (z_2 - z_1)\bar{r} + \alpha_1 x_1^m - \alpha_2 x_2^m \\ \vdots \\ (z_n - z_{n-1})\bar{r} + \alpha_{n-1} x_{n-1}^m - \alpha_n x_x^m \end{pmatrix} \tag{15.9}$$

が得られる．流出強度 y は，流域面積を A_f とすると，

$$y = \frac{A_f}{L}\alpha_n x_n^m \tag{15.10}$$

と表されることになる．(15.9) 式，(15.10) 式で記述されるモデルは，(15.1) 式，(15.2) 式で記述される形の状態空間モデルである．なお，分点の間隔 $(z_i - z_{i-1})$ を無限に小さくすれば，(15.9) 式は，(15.6) 式を (15.5) 式に代入した偏微分方程式

$$\frac{\partial h}{\partial t} + \alpha m h^{m-1}\frac{\partial h}{\partial z} = \bar{r} \tag{15.11}$$

に帰する．また，(15.10) 式は

$$y = \frac{A_f}{L}\alpha[h|_{z=L}]^m \tag{15.12}$$

となる．(15.11) 式，(15.12) 式で記述されるモデルもまた状態空間モデルで，状態量は水深分布 $h(z), 0 \leq z \leq L$ である．この場合は，状態量は無限次元で，状態方程式は偏微分方程式になっている．(15.9) 式，(15.10) 式はそれを有次元の状態空間モデルで近似したものである．

コラム：貯留関数法による状態空間モデル

11.2.4 (2) の貯留関数法は，時間を t，貯留高を $x(t)$，流出高を $q(t)$，降雨強度を $r(t)$，モデルパラメータを k, p, f_1, T_L として

$$\frac{dx(t)}{dt} = f_1 r(t - T_L) - q(t)$$
$$q(t) = (x(t)/k)^{1/p}$$

と表される．流域面積を A_f とすると流出強度 y は，

$$y = A_f q$$

である．これらの式は (15.1) 式，(15.2) 式と同じ形式であることがわかる．

15.2.2　モデル誤差の考慮

(15.1) 式，(15.2) 式で記述される状態空間型の流出モデルが与えられているとする．このとき，状態ベクトル x の初期値を適当に選び，ティーセン法や等雨量線法等によって算定した面積平均降雨強度 u を $\bar{r}$ に代入して流出強度 y を計算しても，それが観測流量に一致することはほとんどない．その理由として次の事項が考えられる．

1) 面積平均降雨強度の算定誤差，流出強度の観測誤差がある．
2) 降雨強度の空間的分布の影響があり，それを面積的に平均化するために誤差が生じる．

3) 流出モデルの構造に誤りがある．たとえば，本来，分布系である流出系を集中系でモデル化していること，モデル化にあたって考慮していない部分系の影響があること，採用した f, g の関数形が適切でないことなど．
4) 流出モデル中のパラメータの同定が不十分である．

このうち，1) の入出力誤差と 2)〜4) の流出モデル自体の誤差を分けて考えることにする．2)〜4) の流出モデル自体の不十分さによる誤差をモデル誤差という．モデル誤差は，システム誤差，モデルノイズ，あるいはシステムノイズとよばれることもある．入出力の誤差の問題は後で考察することにし，本項ではモデル誤差だけを考え，(15.1) 式，(15.2) 式にモデル誤差を表す項を形式的に付加することを考える．すなわち，

$$\text{状態方程式}: \quad \frac{dx(t)}{dt} = f(x(t), c, \overline{r}) + v_x \qquad (15.13)$$

$$\text{出力方程式}: \quad y(t) = g(x(t), c) + v_y \qquad (15.14)$$

を考える．v_x, v_y がモデル誤差に対応すると考えるノイズ項である．

ノイズ項 v_x, v_y の確率モデルとして最も簡単なものは，それらを平均値 0 の正規白色過程とするものである．すなわち，v_x, v_y は

$$\mathrm{E}[v_x] = 0, \ \mathrm{E}[v_y] = 0 \qquad (15.15)$$

$$\mathrm{E}\left[\begin{pmatrix} v_x(t) \\ v_y(t) \end{pmatrix} \begin{pmatrix} v_x(s)^\mathrm{T} & v_y(s) \end{pmatrix}\right] = \begin{pmatrix} Q_x & 0 \\ 0 & Q_y \end{pmatrix} \delta(t-s) \qquad (15.16)$$

とする．ただし，E[ ] は期待値をとることを表す演算記号，$\delta(t)$ はディラックのデルタ関数であり，Q_x は N_x 次非負値対称行列，Q_y は非負値のスカラーである．T は転置記号であり，v_x は N_x 次列ベクトル，v_y はスカラーである．

最も簡単な (15.15) 式，(15.16) 式のモデルは，もとの流出モデルが流出システムの推移を十分に表現していて，過去とは無相関のノイズがあるだけという理想的な想定をしていることを意味する．現実の流出モデルにこのような理想的な想定をすることには無理があると思われる．(15.15) 式，(15.16) 式のような白色ノイズモデルを用いた流出予測の結果は，予測残差に持続性が見られることが多い．これは，全体としてのモデルの不完全さを示すものであるが，システムの動的挙動を表す $f(x, \overline{r})$, $g(x)$ を固定する限りにおいては，モデル誤差に対応するものとして付加した v_x, v_y の確率モデルの不十分さにその原因があるわけである．

最も簡単な白色ノイズモデルよりも，少し一般性を有するノイズ項のモデルは指数関数的相関をもつ定常確率モデルである．これは，たとえば，Jazwinski[3]によって定式化されており，Bierman[4]によって動的システムのフィルタリング問題に導入されている．以下，このモデルを用いて v_x, v_y を表現するモデルを考える．できるだけ一般的に考えるために，各成分が指数関数的相関を持つ互いに独立なノイズからなる N_p 次の確率過程的ベクトル p を考えることにし，v_x, v_y は

$$v_x = G_x p, \; v_y = G_y p \tag{15.17}$$

と表されるとする．ただし，G_x は既知の $N_x \times N_p$ 次定行列，G_y は N_p 次定ベクトルとする．p の第 i 成分 p_i は，

$$\frac{dp_i}{dt} = -\left(\frac{1}{\tau_i}\right)p_i + v_{p_i} \tag{15.18}$$

に従うとする．$\tau_i > 0$ は時定数であり，v_{p_i} は平均値 0 で

$$E[v_{p_i}(t)v_{p_i}(s)] = \left(\frac{2}{\tau_i}\right)\sigma_{p_i}^2 \delta(t-s) \tag{15.19}$$

なる正規白色ノイズである．ただし $\sigma_{p_i}^2 > 0$ は，定常状態での p_i の分散である．$i \neq j$ のとき，v_{p_i} と v_{p_j} は無相関とする．(15.18) 式を満たす p_i は積分して，

$$p_i(t_{k+1}) = m_{i,k} p_i(t_k) + \xi_{i,k}, \; t_k < t_{k+1} \tag{15.20}$$

の形にかける．ただし，

$$m_{i,k} = \exp\left(-\frac{t_{k+1}-t_k}{\tau_i}\right) \tag{15.21}$$

$$\xi_{i,k} = \int_{t_k}^{t_{k+1}} \exp\left(-\frac{t_{k+1}-\eta}{\tau_i}\right) v_{p_i}(\eta) d\eta \tag{15.22}$$

である．これから，

$$E[p_i(t_{k+1})p_i(t_k)] = m_{i,k} E[p_i(t_k)^2] \tag{15.23}$$

$$E[\xi_{i,k}] = 0, \; E[\xi_{i,k}^2] = q_{\text{dis},i} = (1-m_{i,k}^2)\sigma_{p_i}^2 \tag{15.24}$$

が得られる．(15.21) 式と (15.23) 式によって，p_i が指数関数的相関構造を持つことが分かる．(15.20) 式の形の表現は，後で状態方程式を時間に関して離散化するとき利用されることになる．なお，$\tau_i \to 0$ のとき，(15.21) 式より明らかな

ように, $m_{ij} \to 0$ となって, (15.23) 式から, p_i が白色過程に近づくことがわかる. 以下, p をシステムノイズベクトルとよぶことにする.

以上, 状態方程式は (15.17) 式を (15.13) 式に代入した式と (15.18) 式を合わせて

$$\frac{dx_i(t)}{dt} = f_i(x(t), c, \overline{r}) + G_{x_i} p(t),\ t_{k-1} < t \leq t_k,\ i = 1, \cdots, N_x \qquad (15.25)$$

$$\frac{dp_i(t)}{dt} = -\left(\frac{1}{\tau_i}\right) p_i(t) + v_{p_i}(t),\ i = 1, \cdots, N_p \qquad (15.26)$$

となる. ただし, G_{x_i} は G_x の第 i 行を表す行ベクトルである. 出力方程式は (15.17) 式を (15.14) 式に代入して

$$y(t) = g(x(t), c) + G_y p(t) \qquad (15.27)$$

となる.

15.2.3 観測誤差の考慮

(1) 入力に対する観測誤差の考慮

これまで, 入力は面積平均降雨強度 $\overline{r}$ と考えてきた. しかし, 面積平均降雨強度そのものは観測されない. 観測されるのは, 幾つかの地点のある時間間隔内の累加降雨量である. 面積平均降雨量は, これらの値から, たとえばティーセン法によって推定される. さらに, その時間間隔内では一定の強度をとるとして, 時間間隔で割った u で, 面積平均降雨強度 $\overline{r}$ が推定される.

ここで, 入力に対して新しい見方を導入する. 入力は面積平均降雨強度 $\overline{r}$ ではなくて, 上述したところの, 地点雨量の観測値から一定の方式で算定される面積平均降雨強度の推定値 u であると考える. 言い換えると, 面積平均降雨強度 $\overline{r}$ を流出強度 y に変換するものとして流出モデルを考えるのではなく, $\overline{r}$ の推定値 u を流出強度 y に変換するものとして流出モデルを考える. この見方に立って, これまでの記述で $\overline{r}$ と書いたところを u と書くことにする. この新しい解釈の利点は, $\overline{r}$ を u に置き換えることによる誤差を (15.17) 式のモデル誤差 v_x, v_y に含めて考えることにより, 入力 u の観測誤差を考慮する必要がなくなることである. 入力 u はある一定時間間隔 (簡単のため, この時間間隔を単位時間とする) ごとに一定値をとることにし, これを次式で表す.

$$u(t) = u_k = \text{const},\ t_{k-1} < t \leq t_k \qquad (15.28)$$

(2) 出力に対する観測誤差の考慮

出力である流出強度もまた一定の時間間隔ごとに観測される．簡単のため，流出強度の観測もまた単位時間ごとになされるものとし，時刻 t_k の観測値を $y_k = y(t_k)$ と表す．観測誤差あるいは観測ノイズを w_k と表すと，観測方程式は (15.27) 式より，

$$y_k = g(x(t_k), c) + G_y p(t_k) + w_k \tag{15.29}$$

となる．観測誤差 w_k は平均値 0，分散 R の白色正規系列をなすと考える．

15.2.4 まとめ

本節で得た確率過程的流出モデルは次のようにまとめられる．

$$\text{状態方程式：} \frac{dx_i(t)}{dt} = f_i(x(t), c, u_k) + G_{x_i} p(t), \ i = 1, \cdots, N_x \tag{15.30}$$

$$\frac{dp_i(t)}{dt} = -\left(\frac{1}{\tau_i}\right) p_i(t) + v_{p_i}(t), \ i = 1, \cdots, N_p \tag{15.31}$$

$$\text{出力方程式：} y(t) = g(x(t), c) + G_y p(t) \tag{15.32}$$

$$\text{観測方程式：} y_k = y(t_k) + w_k \tag{15.33}$$

ただし，$t_{k-1} < t \leq t_k$ であり，G_{x_i} は G_x の第 i 行を表す行ベクトルである．また，$v_{p_i}(t)$ は，

$$\text{E}[v_{p_i}(t)] = 0$$

$$\text{E}[v_{p_i}(t) v_{p_j}(s)] = \left(\frac{2}{\tau_i}\right) \sigma_{p_i}^2 \delta(t-s) \delta_{ij}$$

なる連続白色正規過程，w_k は

$$\text{E}[w_k] = 0, \ \text{Var}[w_k] = R$$

である白色正規系列である．

システムノイズベクトル $p(t)$，観測誤差 w_k を考慮することによって，フィルタ理論を適用して，流量観測情報を利用した状態量や出力の予測が可能になる．このとき，システムノイズベクトルの次元 N_p，システムノイズ $p_i(t)$ の時定数 τ_i，定常時分散 $\sigma_{p_i}^2$，係数行列 G_x, G_y，観測誤差 w_k の分散 R を決定する問題が新たに発生する．R は観測システムに応じて決定されるべきものであるが，他のパラメータは過去の出水資料から決定することになる．

15.3 線形フィルタ理論

観測関数が推定する確率ベクトルの一次式である場合のフィルタリング理論 (カルマンフィルタ) の理論を要約して示す．その詳細については，Jazwinski[3]，Bierman[4]，Bertsekas[5]を参照するとよい．また，解析的にはカルマンフィルタと全く同一ではあるが，電子計算機のアルゴリズムとして実現した場合に数値的安定性の点でより優れたフィルタである UD フィルタ (Bierman[4]，片山[6]) を紹介する．これは，確率ベクトルの推定誤差の共分散行列の UD 分解を利用するフィルタである．UD 分解は非線形関数を統計的に近似するときにも好都合であるので，本節では UD 分解によるフィルタリング・予測のアルゴリズムを重点的に展開する．

15.3.1 線形最小分散推定

結合分布している n 次元の確率ベクトル x と p 次元の確率ベクトル z を考え，これらの平均値ベクトル，共分散行列が既知であるとして次のように表す．

$$\bar{x} = \mathrm{E}[x],\ \bar{z} = \mathrm{E}[z] \tag{15.34}$$

$$\Sigma_{xx} = \mathrm{Cov}[x, x] = \mathrm{Var}[x] = \mathrm{E}[(x - \bar{x})(x - \bar{x})^\mathrm{T}]$$

$$\Sigma_{xz} = \mathrm{Cov}[x, z] = \mathrm{E}[(x - \bar{x}(z - \bar{z})^\mathrm{T}] \tag{15.35}$$

$$\Sigma_{zz} = \mathrm{Cov}[z, z] = \mathrm{Var}[z] = \mathrm{E}[(z - \bar{z})(z - \bar{z})^\mathrm{T}]$$

ただし，$\mathrm{E}[\xi]$ は ξ の期待値を，$\Sigma_{\xi\eta} = \mathrm{Cov}[\xi, \eta]$ は ξ と η との共分散行列を，$\mathrm{Var}[\xi]$ は ξ 自身の共分散行列を表すものとする．x, z は列ベクトルで，T は転置記号である．また Σ_{zz} は正則とする．

ここで z の実現値が得られたときに，x を推定することを考える．z は x とある関連を持っているので，その実現値は x の値を推定する手掛かりとなるのである．この意味で，z を x の観測ベクトルという．観測ベクトル z が得られたときの x の推定値 $x_\mathrm{est}(z)$ として，推定誤差の二次ノルムの期待値

$$J = \mathrm{E}[\|x - x_\mathrm{est}(z)\|^2] \tag{15.36}$$

を最小にするものが考えられる．このような規準で x を推定することを最小分散推定 (minimum mean square estimation) という．z が与えられたときの x の最小分散推定値は，z が与えられたときの x の条件付き期待値 $\mathrm{E}[x|z]$ で与えられるこ

とが知られている．条件付き期待値 E[$x|z$] を求めるには，(15.34) 式，(15.35) 式で示される値を知っているだけでは不十分であって，x と z の結合確率分布そのものを知っていなければならない．

これに対して，次に述べる線形最小分散推定 (linear minimum mean square estimation) では，(15.34) 式，(15.35) 式で示される値だけで推定値を求めることができる．線形最小分散推定では，x の推定値として z に関して線形な式

$$x_{\text{est}}(z) = Az + b \tag{15.37}$$

を考える．ここで，A は $n \times p$ 次行列，b は n 次列ベクトルで，いずれも確率的に変動しないものとする．このような線形の推定式の中で，(15.36) 式の推定誤差の二次ノルムの期待値

$$J = \text{E}[(x - Az - b)^{\text{T}}(x - Az - b)] \tag{15.38}$$

を最小にする A, b をとったものを，z が与えられたときの x の線形最小分散推定値といい，$x^*(z)$ と表すことにする．

(15.38) 式の J を最小にする A, b は A, b の各成分で J を偏微分し 0 と等値して得られる連立一次方程式を解いて得られる．また，観測誤差 $x - x^*(z)$ の共分散行列 $\text{Var}[x - x^*(z)]$ を求めることができる．結果のみ示すと，

$$x^*(z) = \bar{x} + \Sigma_{xz}\Sigma_{zz}^{-1}(z - \bar{z}) \tag{15.39}$$

$$\text{Var}[x - x^*(z)] = \Sigma_{xx} - \Sigma_{xz}\Sigma_{zz}^{-1}\Sigma_{xz}^T \tag{15.40}$$

である (付録 **15.A.1** 参照)．いずれも，z の値と (15.34) 式，(15.35) 式で既知とした値のみを用いて求められている．

線形最小分散推定による推定誤差の二次ノルムの期待値は，もちろん，最小分散推定による推定誤差の二次ノルムの期待値よりも小さくはなり得ない．特別に，x と z が結合正規分布に従うときは，線形最小分散推定と最小分散推定 (=条件付き期待値) は一致する．このときは，z が与えられたときの x の条件付き確率分布は正規分布 $\text{N}(x^*(z), \text{Var}[x - x^*(z)])$ に従う．線形最小分散推定に関して次の性質が成り立つことは容易に確かめられる．

$$\text{E}[x - x^*(z)] = 0 \tag{15.41}$$

$$\text{Cov}[x - x^*(z), z] = 0 \tag{15.42}$$

$$\text{Cov}[x - x^*(z), x^*(z)] = 0 \tag{15.43}$$

$$x^*(cz + d) = x^*(z) \tag{15.44}$$

ただし，(15.44) 式で c, d はそれぞれ任意の p 次正則行列，p 次列ベクトルである．

15.3.2 逐次線形最小分散フィルタ (カルマンフィルタ)

観測ベクトル z に加えて，新たに，

$$y = Hx + w \tag{15.45}$$

で定められる m 次観測ベクトル y が得られるとする．ただし，H は $m \times n$ 次行列，w は

$$\mathrm{E}[w] = 0, \ \mathrm{Cov}[w, x] = 0, \ \mathrm{Cov}[w, z] = 0$$

である m 次確率ベクトルであって，その共分散行列が既知かつ正則とし，

$$R = \mathrm{Var}[w] > 0$$

と表すことにする．w を観測誤差ベクトルと呼ぶ．一般に，観測ベクトル y が，x の関数 $g(x)$ と観測誤差ベクトル w の和で，

$$y = g(x) + w \tag{15.46}$$

と表せるとき，$g(x)$ を観測関数とよぶことにする．(15.45) 式では，観測関数が x の一次式となっている．以下の議論では，観測関数が x の一次式であることは本質的に重要である．厳密に言えば，Hx は x の一次の項のみからなっており定数項を含んでいない．しかし，観測関数が定数項 y_0 を含んで $Hx + y_0$ と表される場合には，$y - y_0$ を改めて観測ベクトルとみなせば以下の議論が適用される．

さて，すでに得られている観測ベクトル z に y を追加した $(p+m)$ 次列ベクトルを

$$z^+ = \begin{pmatrix} z \\ y \end{pmatrix} \tag{15.47}$$

と書くことにする．y が得られる前の z のみが得られているときの x の線形最小分散推定 $x^*(z)$，その推定誤差の共分散行列 $\mathrm{Var}[x - x^*(z)]$ を，それぞれ $\tilde{x}$, $\tilde{P}$ と表し，$\tilde{x}$ を，y が得られる前という意味で，事前推定値とよぶことにする．これに対して，y が得られたときの，言い換えると z^+ が与えられたときの x の線形最

小分散推定値 $x^*[z^+]$, その推定誤差の共分散行列 $\text{Var}[x - x^*(z^+)]$ を, それぞれ $\hat{x}$, $\hat{P}$ と表し, $\hat{x}$ を事後推定値とよぶことにする. (15.39) 式, (15.40) 式により,

$$\tilde{x} = x^*(z) = \overline{x} + \Sigma_{xz}\Sigma_{zz}^{-1}(z - \overline{z}) \tag{15.48}$$

$$\tilde{P} = \text{Var}[x - x^*(z)] = \Sigma_{xx} - \Sigma_{xz}\Sigma_{zz}^{-1}\Sigma_{xz}^T \tag{15.49}$$

である. また,

$$\hat{x} = x^*(z^+)$$

$$\hat{P} = \text{Var}[x - x^*(z^+)]$$

である. $\hat{x}$, $\hat{P}$ は定義通りに計算することも可能であるが, それらは $\tilde{x}$, $\tilde{P}$ および H, R, y を用いて表され, それ以外の値, たとえば z の値や (15.34) 式, (15.35) 式で示した値は不要であることを示す. そのために, まず z が得られた場合の y の推定値と $y - y^*(z)$ の共分散が

$$y^*(z) = H(\overline{x} + \Sigma_{xz}\Sigma_{zz}^{-1}(z - \overline{z})) = H\tilde{x} \tag{15.50}$$

$$\text{Var}[y - y^*(z)] = H(\Sigma_{xx} - \Sigma_{xz}\Sigma_{zz}^{-1}\Sigma_{xz}^T)H^T + R = H\tilde{P}H^T + R \tag{15.51}$$

であることに注意する. (15.50) 式, (15.51) 式の最初の等号は公式 (15.39) 式, (15.40) 式を適用して, 2 番目の等号は (15.48) 式, (15.49) 式を代入して得られる. そこで,

$$\xi = \begin{pmatrix} z \\ y - y^*(z) \end{pmatrix} = \begin{pmatrix} I_p & 0 \\ -H\Sigma_{xz}\Sigma_{zz}^{-1} & I_m \end{pmatrix} z^+ + \begin{pmatrix} 0 \\ -H\overline{x} + H\Sigma_{xz}\Sigma_{zz}^{-1}\overline{z} \end{pmatrix}$$

とおく. ここで, k 次単位行列を I_k と表す. (15.44) 式の性質から,

$$x^*(z^+) = x^*(\xi) \tag{15.52}$$

が成り立つ. また, (15.41) 式〜(15.43) 式の性質を用いると

$$\overline{\xi} = \text{E}[\xi] = \begin{pmatrix} \overline{z} \\ 0 \end{pmatrix} \tag{15.53}$$

$$\Sigma_{x\xi} = \text{Cov}[x, \xi] = \begin{pmatrix} \Sigma_{xz} & \tilde{P}H^T \end{pmatrix} \tag{15.54}$$

$$\Sigma_{\xi\xi} = \text{Var}[\xi] = \begin{pmatrix} \Sigma_{zz} & 0 \\ 0 & H\tilde{P}H^T + R \end{pmatrix} \tag{15.55}$$

が得られるから, これらを

$$x^*(\xi) = \overline{x} + \Sigma_{x\xi}\Sigma_{\xi\xi}^{-1}(\xi - \overline{\xi}), \quad \text{Var}[x - x^*(\xi)] = \Sigma_{xx} - \Sigma_{x\xi}\Sigma_{\xi\xi}^{-1}\Sigma_{x\xi}^T \tag{15.56}$$

に代入して，$x^*[\xi]$，$\text{Var}[x - x^*(\xi)]$ が求められる．(15.52) 式より，これらが $\hat{x}$，$\hat{P}$ であって，実際に (15.53) 式～(15.55) 式を (15.56) 式に代入して (15.48) 式，(15.49) 式を用いると，求める公式

$$\hat{x} = \tilde{x} + \tilde{P}H^T(H\tilde{P}H^T + R)^{-1}(y - H\tilde{x}) \tag{15.57}$$

$$\hat{P} = \tilde{P} - \tilde{P}H^T(H\tilde{P}H^T + R)^{-1}H\tilde{P} \tag{15.58}$$

が得られる．これがカルマンフィルタである．特に，

$$K = \tilde{P}H^T(H\tilde{P}H^T + R)^{-1} \tag{15.59}$$

で定める $n \times m$ 行列 K をカルマンゲインという．これを用いると，(15.57) 式，(15.58) 式は

$$\hat{x} = \tilde{x} + K(y - H\tilde{x}) \tag{15.60}$$

$$\hat{P} = \tilde{P} - KH\tilde{P} \tag{15.61}$$

と表される．観測ベクトル y がスカラーである場合のカルマンフィルタのサブルーチン KALFIL を用意している[*1]．このサブルーチンでは (15.61) 式の代わりに，I_n を n 次の単位行列として，これと等価な公式

$$\hat{P} = (I_n - KH)\tilde{P}(I_n - KH)^T + KRK^T$$

を用いており，このカルマンフィルタを Stabilized Kalman filter とよぶ．このフィルタは通常のカルマンフィルタよりも数値的精度の点で優れている．

15.3.3 UD フィルタ

カルマンフィルタのアルゴリズム，特に (15.61) 式をそのままコーディングすると，桁落ちして $\tilde{P}$ の計算精度が低下し，ついに $\tilde{P}$ が非正則になることもある．これに対して，Bierman[4]が提案している UD フィルタは，数値的に安定であり $\tilde{P}$ の正則性も保たれる．n 次正定値行列 P が与えられているとき，対角成分が 1

[*1] 著者らが所属する研究室のホームページでは，カルマンフィルタに関する FORTRAN77 サブルーチン群および C#言語によるユーティリティ関数を収めた Filter クラスを提供している．以降，登場するサブルーチンはこれに含まれているので，参考にしてほしい．

の上三角行列 U と対角成分が正の対角行列 D を用いて

$$P = UDU^{\mathrm{T}}$$
$$= \begin{pmatrix} 1 & u_{12} & \cdots & u_{1n} \\ & 1 & \cdots & u_{2n} \\ & & \ddots & \vdots \\ 0 & & & 1 \end{pmatrix} \begin{pmatrix} d_1 & & & 0 \\ & d_2 & & \\ & & \ddots & \\ 0 & & & d_n \end{pmatrix} \begin{pmatrix} 1 & & & 0 \\ u_{12} & 1 & & \\ \vdots & \vdots & \ddots & \\ u_{1n} & u_{2n} & \cdots & 1 \end{pmatrix}$$

と表すことを P の UD 分解という．P の正定値性と D の対角成分が正であるという条件とは同値である．P が与えられて，この式の U, D を求めるには，サブルーチン UDFACT を用いるとよい．行列 U の対角成分は 1 であることが決まっているから，U の対角成分に D の対角成分を格納して記憶容量を節約するのが普通であり，サブルーチン UDFACT でもそうしている．

UD フィルタでは，最初に $\tilde{x}$ と $\tilde{P}$ の UD 分解 $\tilde{U}\tilde{D}\tilde{U}^{\mathrm{T}}$ とが与えられているとし，$\hat{x}$ と $\hat{P}$ の UD 分解 $\hat{U}\hat{D}\hat{U}^{\mathrm{T}}$ を求める．すなわち，推定誤差の共分散行列 $\tilde{P}$, $\hat{P}$ は計算の過程では表れず，UD 分解を直接更新する．UD フィルタのサブルーチン UDFILT を用意している．アルゴリズムの詳細は Bierman[4] を参照されたい．サブルーチン UDFILT と KALFIL を比較すると分かるように，UD フィルタはカルマンフィルタとほとんど同じ計算量，記憶容量で実現される．数値的安定性を考慮すると，カルマンフィルタを用いるよりも UD フィルタを用いる方がよいと考えられる．

コラム：線形最小分散推定式の導出例（状態量がスカラーの場合）

観測式 (15.46) として状態量の一次式を考え，観測値を得て状態量を推定し直す過程をより具体的に説明する．まず，状態量 x と観測値 y との間に次の関係があるとする．

$$y = Hx + y_0 + w \tag{15.62}$$

ここでは，状態量，観測値ともスカラーの場合を考える．H, y_0 は事前に定められた定数，w は観測式の誤差を表す誤差項で $\mathrm{E}[w] = 0$, $\mathrm{E}[w^2] = R$ とする．また，観測値 y が得られる前の状態量の推定値 $\tilde{x}$ とその推定誤差分散 $\tilde{P} = \mathrm{E}[(x - \tilde{x})^2]$ が与えられており，x と w とは互いに無相関であるとする．

このとき，実際に観測値 y を得たときに

$$\hat{x} = a(y - y_0) + b \tag{15.63}$$

として，$\hat{x}$ による推定誤差の二乗平均 $\hat{P} = \mathrm{E}[(x - \hat{x})^2]$ が最小となるように $\tilde{x}$ を推定し直すことを考える．

事後推定値 $\hat{x}$ の推定方式を決めるために (15.63) 式 の a, b を定めることを考えよう．$\hat{x}$ による推定誤差の二乗平均値

$$\hat{P} = \mathrm{E}[(x - \hat{x})^2] = \mathrm{E}[(x - a(y - y_0) - b)^2]$$

が最小となるように b で微分して 0 とおくと

$$\frac{\partial \hat{P}}{\partial b} = -2\mathrm{E}[x - a(y - y_0) - b] = 0$$

となる．このとき

$$\mathrm{E}[x - a(y - y_0) - b] = \mathrm{E}[x - \hat{x}] = 0 \tag{15.64}$$

となって推定誤差の期待値が 0 となるため，$\hat{x}$ は不偏推定値であることがわかる．また，$\hat{x}$ が不偏推定値であるため，$\hat{P}$ は事後推定値の誤差の分散に等しくなる．(15.62) 式 と (15.63) 式 を (15.64) 式 に代入すると

$$\mathrm{E}[x - \hat{x}] = \mathrm{E}[x - a(Hx + w) - b] = (1 - aH)\mathrm{E}[x] - a\mathrm{E}[w] - b$$
$$= (1 - aH)\mathrm{E}[x] - b = 0$$

となる．ここで，y が得られる前の x の事前推定値は $\mathrm{E}[x] = \tilde{x}$ であることに注意すると，

$$b = (1 - aH)\tilde{x} \tag{15.65}$$

が得られる．これを (15.63) 式 に代入すると

$$\hat{x} = a(y - y_0) + (1 - aH)\tilde{x} = \tilde{x} + a(y - y_0 - H\tilde{x}) \tag{15.66}$$

となり，y が得られた場合の $\hat{x}$ の推定式が得られる．次に，この式の a を定

めることを考える．(15.62) 式と (15.66) 式を用いると $\hat{P}$ は

$$\begin{aligned}
\hat{P} &= \mathrm{E}[(x-\hat{x})^2] = \mathrm{E}[\{x-[\tilde{x}+a(y-y_0-H\tilde{x})]\}^2] \\
&= \mathrm{E}[[(1-aH)(x-\tilde{x})-aw]^2] \\
&= (1-aH)^2 \mathrm{E}[(x-\tilde{x})^2] - 2(1-aH)a\mathrm{E}[(x-\tilde{x})w] + a^2\mathrm{E}[w^2] \\
&= (1-aH)^2 \tilde{P} + a^2 R
\end{aligned} \qquad (15.67)$$

となる．$\hat{P}$ が最小となるように (15.67) 式を a で微分して 0 とおけば

$$\frac{\partial \hat{P}}{\partial a} = -2(1-aH)H\tilde{P} + 2aR = 0$$

となり

$$a = \frac{H\tilde{P}}{H^2\tilde{P}+R} \qquad (15.58)$$

となって線形最小分散推定式 (15.66) が定まる．$\hat{x}$ は状態量を観測値の線形関数として定める推定量の中で，推定誤差の二乗平均値 (推定誤差の分散に等しくなる) が最小となるように定める推定量であるため，最小二乗平均線形推定とよばれる．

(15.66) 式は，新たな観測値 y を加えることによって状態量の推定値を更新する方式を表している．a は事前推定値 $\tilde{x}$ をどの程度修正するかを表す重みとなる．観測誤差分散 R が事前推定誤差分散 $\tilde{P}$ よりも大きい場合，すなわち相対的に状態推定値の推定精度が高く，観測値よりも事前推定値がより信頼できる場合，

$$a = \frac{H\tilde{P}}{H^2\tilde{P}+R} = \frac{H(\tilde{P}/R)}{H^2(\tilde{P}/R)+1} \to 0$$

であり，a は 0 に近い値をとる．この場合，新たな観測値による修正の度合いは小さい．一方，R が $\tilde{P}$ よりも小さい場合，すなわち観測値による状態量の測定精度が高い場合は，

$$a = \frac{H\tilde{P}}{H^2\tilde{P}+R} = \frac{H}{H^2+(R/\tilde{P})} \to \frac{1}{H}$$

となって a は $1/H$ に近い値をとり，$\tilde{x}$ は観測値 y によって大きく修正されることがわかる．a はカルマンフィルタにおけるカルマンゲインに他ならない．

観測後の状態量の推定誤差分散は (15.68) 式を (15.67) 式に代入して

$$\hat{P} = \frac{\tilde{P}R}{H^2\tilde{P} + R} = \tilde{P} - aH\tilde{P} \tag{15.69}$$

となる．

(15.69) 式を用いれば $\hat{P} - \tilde{P} = -aH\tilde{P} = -H^2\tilde{P}^2/(H^2\tilde{P} + R) < 0$ であり，新たな観測値が加わることによって推定誤差分散値が減少することがわかる．つまり，観測を繰り返すことによって，より確からしい推定値が得られる．

15.4 非線形関数の統計的近似の理論

前節では，観測関数が推定する確率ベクトルの一次式である場合のフィルタ理論を要約して示した．しかし実際に対象とする降雨流出系では非線形の観測関数を考えなければならないことが多い．非線形の観測関数に対する一般的かつ厳密なフィルタを有限な記憶量で実現することは不可能であるが，近似的な非線形フィルタがいくつか提案されている．これらの近似フィルタのほとんどは，推定する確率ベクトルの多項式を用いて観測関数を近似することを出発点としている．観測関数の多項式近似の方法としては，テイラー近似による方法と，本節で述べる統計的近似による方法などが考えられており，一般には，後者の方法によるフィルタの方が精度がよいと言われている[7]．我々が対象とする降雨流出系では，たとえばタンクモデルのように，系を記述する関数が区分的に定義されているために，そのテイラー展開を考えることが不可能であることが多い．統計的近似による方法はこうした場合にも適用可能であるという利点を持つ．

非線形関数を多項式で近似する手法は 15.7 で述べるように，「時間更新」の問題を取り扱う場合にも有効であるので，本節では，観測関数に限らず，一般に n 次元確率ベクトル x の非線形関数 $g(x)$ を多項式，特に一次式または二次式で統計的に近似する理論を示す．これを利用する非線形フィルタは 15.5 で述べる．

15.4.1 統計的線形化

(1) 統計的線形化とエルミート - ガウス公式による実現

n 次元ベクトル ξ の非線形関数 $g(\xi)$ と，平均値 $\bar{x}$，共分散行列 P をもつ n 次元確率ベクトル x が与えられているときに，

$$x \sim N(\bar{x}, P) \tag{15.70}$$

と仮定して，定数 B と n 次元ベクトル H を

$$J(B, H) = E[|g(x) - (B + H(x - \bar{x}))|^2]$$

が最小となるようにとって，非線形関数 $g(x)$ を

$$g(x) \simeq B + H(x - \bar{x}) \tag{15.71}$$

と近似することを，関数 $g(x)$ の統計的線形化 (statistical linearization) という．関数 $g(x)$ がベクトル値をとるときも，$g(x)$ の各成分ごとに統計的に線形化する．ここでは，$x - \bar{x}$ の一次式の形で $g(x)$ を近似したが，$B_0 = B - H\bar{x}$ とおけば，x の一次式 $B_0 + Hx$ の形の近似解が得られる．

$J(B, H)$ を最小にする B, H は，$J(B, H)$ を B, H の各成分で偏微分し，0 と等値として得られる方程式

$$PH^T = E[(x - \bar{x})g(x)] \tag{15.72}$$
$$B = E[g(x)] \tag{15.73}$$

を満たす．x は正規分布 $N(\bar{x}, P)$ に従うと仮定したので，上式右辺の期待値を求めることが可能で，これから H, B が決定される．実際には，x が正規分布に従うことが保証されなくても，H, B を求めるための一つの近似として，正規分布仮定 (15.70) 式をおく．

実は x が正規分布に従うと仮定しても，$g(x)$ が x の整多項式である場合など，簡単な解析関数である場合を除いて，(15.72) 式，(15.73) 式の右辺の期待値を求めるのは容易ではない．(15.72) 式，(15.73) 式の右辺の期待値を計算するのに利用できる数値積分公式の 1 つに，エルミート - ガウス公式 (たとえば，Abramowitz and Stegan[8] を参照) がある．この公式によれば，D を n 次の正定値対角行列として，

$$z \sim N(0, D) \tag{15.74}$$

表 15.1：エルミート - ガウス公式による標本点 $(\beta(i), i = 1, \cdots, N)$ とその重み $(p(i), i = 1, \cdots, N)$.

N	$\beta(i), i = 1, \cdots, N$	$p(i), i = 1, \cdots, N$	N	$\beta(i), i = 1, \cdots, N$	$p(i), i = 1, \cdots, N$
2	-1.000000000000001	0.500000000000Q+00	7	-3.750439717725714	0.548268855972Q-03
	1.000000000000001	0.500000000000Q+00		-2.366759410734541	0.307571239676Q-01
3	-1.732050807568877	0.166666666667Q+00		-1.154405394739969	0.240123178605Q+00
	0.0	0.666666666667Q+00		0.0	0.457142857143Q+00
	1.732050807568877	0.166666666667Q+00		1.154405394739969	0.240123178605Q+00
4	-2.334414218338978	0.458758547681Q-01		2.366759410734541	0.307571239676Q-01
	-0.741963784331010	0.454124145232Q+00		3.750439717725714	0.548268855972Q-03
	0.741963784331010	0.454124145232Q+00	8	-4.144547186125894	0.112614538375Q-03
	2.334414218338978	0.458758547681Q-01		-2.802485861287542	0.963522012079Q-02
5	-2.856970013872806	0.112574113277Q-01		-1.636519042435108	0.117239907662Q+00
	-1.355626179974267	0.222075922006Q+00		-0.539079811351375	0.373012257679Q+00
	0.0	0.533333333333Q+00		0.539079811351375	0.373012257679Q+00
	1.355626179974267	0.222075922006Q+00		1.636519042435108	0.117239907662Q+00
	2.856970013872806	0.112574113277Q-01		2.802485861287542	0.963522012079Q-02
6	-3.324257433552119	0.255578440206Q-02		4.144547186125894	0.112614538375Q-03
	-1.889175877753711	0.886157460419Q-01	9	-4.512745863399783	0.223458440077Q-04
	-0.616706590192595	0.408828469556Q+00		-3.205429002856470	0.278914132123Q-02
	0.616706590192595	0.408828469556Q+00		-2.076847978677830	0.499164067652Q-02
	1.889175877753711	0.886157460419Q-01		-1.023255663789133	0.244097502895Q+00
	3.324257433552119	0.255578440206Q-02		0.0	0.406349206349Q+00
				1.023255663789133	0.244097502895Q+00
				2.076847978677830	0.499164067652Q-02
				3.205429002856470	0.278914132123Q-02
				4.512745863399783	0.223458440077Q-04

であるとき，n 次元実ベクトル ξ の関数 $f(\xi)$ によって定められる確率変数 $f(z) = f(z_1, z_2, \cdots, z_n)$ の期待値は，D の (i,i) 成分を D_i として，

$$\mathrm{E}[f(z)] \simeq \sum_{k_1, \cdots, k_n = 1}^{N} f(\sqrt{D_1}\beta_{k_1}, \cdots, \sqrt{D_n}\beta_{k_n}) p_{k_1} p_{k_2} \cdots p_{k_n} \quad (15.75)$$

によって近似的に求められる．ただし，N は標本点の個数，$\beta_1, \cdots, \beta_N$ は標準正規分布に対する標本点の座標値，$p_1, \cdots, p_N$ はこれらの標本点に対する重みである．参考のために，表 15.1 に $N = 2, \cdots, 9$ のときの β_k，p_k の値を示す．共分散行列が対角行列でない場合，すなわち一般に x が (15.70) 式の形の正規確率ベクトルであるときには，共分散行列 P を 15.3.3 で述べた UD 分解によって，

$$P = UDU^\mathrm{T} \quad (15.76)$$

と分解されているとする．ただし，U は対角成分が 1 の上三角行列，D は正定値対角行列である．この D が (15.74) 式中の D と同一であるとすれば，

$$x = \bar{x} + Uz \quad (15.77)$$

と考えることができるので，$f(z) = g(\overline{x} + Uz)$ とおいて (15.75) 式を用いると $\mathrm{E}[g(x)]$ を求めることができる．

この考え方に基づいて，(15.76) 式，(15.77) 式を (15.72) 式，(15.73) 式に代入すると，

$$DU^\mathrm{T} H^\mathrm{T} = \mathrm{E}[zg(\overline{x} + Uz)] \tag{15.78}$$
$$B = \mathrm{E}[g(\overline{x} + Uz)] \tag{15.79}$$

が得られる．右辺の期待値は (15.75) 式を利用して求められるから，これを解いて H，B を求めることができる．D が対角行列，U が上三角行列であるから，(15.78) 式を H について解くのは容易である．サブルーチン STALIN はこうして H，B を求める一般的なプログラムである．こうして，統計的線形化と UD 分解手法とが結びつけられた．これは，数値的に精度の高い UD フィルタと線形的統計化手法とが結合できることを示すものである．

(2) 統計的線形化の性質

確率ベクトル x の次元を n とすると，エルミート・ガウス公式を利用する $g(x)$ の統計的線形化では，N 点公式を用いるとして，関数値 $g(x)$ を N^n 回計算することになる (サブルーチン STALIN 参照)．したがって，確率ベクトル x の次元 n が大きくなると，関数値の計算コストは飛躍的に増大する．しかし，幸いにして，統計的に線形化しようとしている関数 $g(x)$ の形によっては，この関数値計算コストを大幅に削減することができる．これは，統計的線形化の次の性質による．

1) 関数 $g(x)$ が幾つかの関数の和 $g_1(x) + g_2(x) + \cdots + g_m(x)$ に等しいときは，各 $g_i(x)$ ごとに統計的に線形化して，$g_i(x) \sim B_i + H_i(x - \overline{x})$ が得られる．
2) x の一部の成分のみからなる確率ベクトル v の確率変数 $g(v)$ を統計的に線形化するときは，v の周辺分布だけを考えて統計的に線形化してよい．

性質 1) は，(15.71) 式，(15.72) 式で定める H，B の $g(x)$ に対する線形性による．元々，x の一次式で表される x の関数の統計的線形化はもちろん元の一次式に等しいから，この性質 1) によって，関数 $g(x)$ が x の一次式と非線形項の和に分解されるときには，非線形項だけの統計的線形化を考えればよいことになる．

性質 2) は正規分布の次の性質による．簡単のため，x の一部の成分のみからなる確率ベクトル v は，最初の N 個の成分からなるとし，残りの $M = n - N$ 個

の成分からなる確率ベクトルを w と表すことにし,

$$x = \begin{pmatrix} v \\ w \end{pmatrix} \begin{matrix} N \text{次元} \\ M \text{次元} \end{matrix} \tag{15.80}$$

と分解されるものとする．これに対応して，平均値 $\overline{x}$, 共分散行列 P も

$$\overline{x} = \begin{pmatrix} \overline{v} \\ \overline{w} \end{pmatrix}, \quad P = \begin{pmatrix} P_{vv} & P_{vw} \\ P_{wv} & P_{ww} \end{pmatrix} \tag{15.81}$$

分解しておく．x が正規分布に従うならば，v が与えられたときの w の条件付き確率分布も正規分布であって，その条件付き平均値ベクトル $\hat{w}$, 条件付き共分散行列 $\hat{P}_{ww}$ は

$$\hat{w} = \overline{w} + P_{wv}P_{vv}^{-1}(v - \overline{v})$$
$$\hat{P}_{ww} = P_{ww} - P_{wv}P_{vv}^{-1}P_{vw}$$

で求められる．したがって，

$$K_{wv} = P_{wv}P_{vv}^{-1}$$

とおくと,

$$\mathrm{E}[(w - \overline{w})|v] = K_{wv}(v - \overline{v}) \tag{15.82}$$
$$\mathrm{E}[(w - \overline{w})(w - \overline{w})^\mathrm{T}|v] = \hat{P}_{ww} + K_{wv}(v - \overline{v})(v - \overline{v})^\mathrm{T}K_{wv}^\mathrm{T} \tag{15.83}$$

が成り立つ．

この性質を用いて性質 2) が成り立つことを示す．この項では，公式 (15.82) 式のみが用いられる．公式 (15.83) 式は，次の統計的二次近似の項で用いられる．周辺分布だけを考えても同じ期待値が得られるのは明白であるから，定数項については性質 2) が成り立つのは当然である．よって，以下，一次の項の係数ベクトル H について考える．x の分割 (15.80) 式に対応して，H を

$$H = \begin{pmatrix} H_v & H_w \end{pmatrix}$$
$$\quad N \text{列} \quad M \text{列}$$

と分割する．H は (15.72) 式から決定されるから，x の分割 (15.80) 式に対応して (15.72) 式を書き直すと，

$$\begin{pmatrix} P_{vv} & P_{vw} \\ P_{wv} & P_{ww} \end{pmatrix} \begin{pmatrix} H_v^\mathrm{T} \\ H_w^\mathrm{T} \end{pmatrix} = \begin{pmatrix} \mathrm{E}[(v - \overline{v})g(v)] \\ \mathrm{E}[(w - \overline{w})g(w)] \end{pmatrix} \tag{15.84}$$

15.4 非線形関数の統計的近似の理論

と書ける．ここで (15.82) 式を用いると，

$$E[(w-\overline{w})g(v)] = E[E[w-\overline{w}|v]g(v)] = K_{wv}E[(v-\overline{v})g(v)] \quad (15.85)$$

が得られるから，これを (15.84) 式に代入し，両辺に左から行列

$$\begin{pmatrix} I_N & 0 \\ -K_{wv} & I_M \end{pmatrix} \quad (15.86)$$

をかけると，

$$\begin{pmatrix} P_{vv} & P_{vw} \\ 0 & \hat{P}_{ww}^{\mathrm{T}} \end{pmatrix} \begin{pmatrix} H_v^{\mathrm{T}} \\ H_w^{\mathrm{T}} \end{pmatrix} = \begin{pmatrix} E[(v-\overline{v})g(v)] \\ 0 \end{pmatrix} \quad (15.87)$$

が得られる．これを解くと，

$$P_{vv}H_v^{\mathrm{T}} = E[(v-\overline{v})g(v)] \quad (15.88)$$
$$H_w = 0 \quad (15.89)$$

が得られる．(15.88) 式は，周辺分布だけを考えて $g(v)$ を統計的に線形化するときに係数ベクトルが満たすべき (15.72) 式に一致し，(15.89) 式は，統計的線形化に対して v 以外の成分の寄与がないことを示している．これで性質 2) が示された．これは必ずしも自明ではなく，(15.82) 式を用いて示されたことに注意されたい．Gelb[7] も同じ内容を異なった形式で議論している．

この性質 2) を用いて関数値の計算コストの削減を実現するには，確率ベクトル v の周辺分布の共分散行列 P_{vv} の UD 分解を求める必要がある．計算精度のことを考えなければ，x の共分散行列 P の UD 分解からサブルーチン PREPRD によって P を求め，その部分行列 P_{vv} をサブルーチン UDFACT によって UD 分解するというのも 1 つの方法である．しかし，Modified Weighted Gram-Schmidt (MWG-S 法) (Bierman[4]) を用いて，P の UD 分解から P_{vv} の UD 分解を直接求める方が計算コストと計算精度の両者の点で有利である．サブルーチン UDPART はそのためのサブルーチンである．これにより，サブルーチン UDPART とサブルーチン STALIN を続けて用いれば，x の部分ベクトルの非線形関数 $g(v)$ の統計的線形化ができる．

このような部分的な統計的線形化が関数値の計算回数を大幅に削減する例を示す．四段のタンクモデルを例にとる．簡単のため，状態量はその 4 段タンクの貯水高だけであるとする．すなわち，未知パラメータや有色ノイズを考えないことにする．このとき，四段の貯水高全部の関数として第 1 段のタンクの側方流出高

を考えると，エルミート・ガウス三点公式を用いることにしても $3^4 = 81$ 回も関数値計算が必要である．実際は，第一段タンクの側方流出高は第一段タンクの貯水高のみの関数であるから，第一段タンクの貯水高の周辺分布に関して統計的線形化することにすれば，関数値計算回数は 3 回となる．

以上，統計的線形化の持つ二つの性質を述べ，これが関数値計算コストの削減に役立つことをみた．この好都合な性質は，実は次の項で述べる統計的二次近似の場合にも成り立つことが示される．統計的線形化による誤差の評価については，統計的二次近似の誤差の評価とあわせて，**15.4.3** で議論する．

15.4.2 統計的二次近似

(1) 統計的二次近似とその実現

15.4.1 と同じ前提のもとで，非線形関数 $g(x)$ に対して，

$$J(B^*, H, A) = \mathrm{E}\left[\left|g(x) - B^* - H(x - \bar{x}) - \frac{1}{2}(x - \bar{x})^\mathrm{T} A(x - \bar{x})\right|^2\right] \tag{15.90}$$

を最小とする定数 B^*，n 次行ベクトル H，n 次対称行列 A をとって，

$$g(x) \simeq B^* + H(x - \bar{x}) + \frac{1}{2}(x - \bar{x})^\mathrm{T} A(x - \bar{x}) \tag{15.91}$$

と近似することを考える．このような近似を統計的二次近似 (Statistical second-order approximation) とよぶことにする．$g(x)$ がベクトルの場合も各成分ごとに (15.91) 式の形で近似することにすれば，統計的二次近似を確率ベクトル関数 $g(x)$ に対しても適用できる．

$J(B^*, H, A)$ を最小にする B^*，H，A は，B^*，H，A の各成分で $J(B^*, H, A)$ を偏微分したものを 0 と等値して得られる方程式

$$B^* = \mathrm{E}[g(x)] - \frac{1}{2}\mathrm{tr}[AP] \tag{15.92}$$

$$PH^\mathrm{T} = \mathrm{E}[(x - \bar{x})g(x)] \tag{15.93}$$

$$PAP = \mathrm{E}\left[(x - \bar{x})(x - \bar{x})^\mathrm{T} g(x)\right] - \mathrm{E}[g(x)]P \tag{15.94}$$

から定められる．ただし，正方行列 A の対角成分の総和を $\mathrm{tr}[A]$ と表している．また，(15.93) 式，(15.94) 式を導くときに，正規分布に対して成り立つ性質

$$\mathrm{E}\left[(x_i - \bar{x}_i)(x_j - \bar{x}_j)(x_k - \bar{x}_k)\right] = 0 \tag{15.95}$$

$$\mathrm{E}\left[(x_i - \bar{x}_i)(x_j - \bar{x}_j)(x_k - \bar{x}_k)(x_l - \bar{x}_l)\right] = P_{ij}P_{kl} + P_{ik}P_{jl} + P_{il}P_{jk} \tag{15.96}$$

を用いた．ここに，x_i, $\bar{x}_i$ はそれぞれ，x, $\bar{x}$ の第 i 成分であり，$P_{ij} = \text{Cov}[x_i, x_j]$ である．

(15.92) 式右辺の $(1/2)\text{tr}[AP]$ は (15.91) 式右辺の二次項の期待値であることに注意して，

$$B = \text{E}[g(x)] \tag{15.97}$$

とおき，(15.91) 式を

$$g(x) \simeq B + H(x - \bar{x}) + \left[\frac{1}{2}(x - \bar{x})^\text{T} A(x - \bar{x}) - \frac{1}{2}\text{tr}[AP]\right] \tag{15.98}$$

と書くことも可能である．H を定める (15.93) 式，B を定める (15.97) 式は，統計的線形化の (15.72) 式，(15.73) 式とまったく同一であるから，統計的二次近似は，統計的線形化に (15.98) 式右辺の [·] の項を付加したものといえる．この付加項の性質については後で検討する．

統計的線形化の場合と同様に，x の共分散行列 P の UD 分解 (15.76) 式を用いて，x を (15.77) 式のように表すと，(15.92) 式〜(15.94) 式は

$$B^* = \text{E}[g(\bar{x} + UZ)] - \frac{1}{2}\text{tr}[AUDU^\text{T}] \tag{15.99}$$

$$DU^\text{T} H = \text{E}[Zg(\bar{x} + UZ)] \tag{15.100}$$

$$DU^\text{T} AUD = \text{E}[ZZ^\text{T} g(\bar{x} + UZ)] - \text{E}[g(\bar{x} + UZ)]D \tag{15.101}$$

と書ける．これらの式の右辺の期待値は公式 (15.75) 式によって求められるから，(15.100) 式，(15.101) 式を解いて H, A を求めることができ，これを (15.99) 式に代入して B^* が求められる．ただし，(15.99) 式右辺の $\text{tr}[AUDU^\text{T}]$ を求めるには，

$$\text{tr}[AUDU^\text{T}] = \text{tr}[U^{-\text{T}} D^{-1} (DU^\text{T} AUD) U^\text{T}] = \text{tr}[D^{-1}(DU^\text{T} AUD)]$$

が成り立つことを利用するとよい．上の二番目の等式は，トレースの持つ性質 $\text{tr}[Q^{-1}AQ] = \text{tr}[A]$ による．$DU^\text{T} AUD$ は (15.101) 式の右辺で計算される対称行列で，これを $A^* = (A^*_{ij})$ と表すと，

$$\frac{1}{2}\text{tr}[AUDU^\text{T}] = \frac{1}{2}\sum_{i=1}^{n} \frac{A^*_{ii}}{D_i}$$

によって求められる．こうして B^*, H, A を求める一般的なサブルーチン SOAP を用意している．

(2) 統計的二次近似の性質

統計的線形化の場合と同様に次の性質が成立ち，これを利用すれば関数値の計算コストが削減される．

1) 関数 $g(x)$ が和 $g_1(x) + g_2(x) + \cdots + g_m(x)$ で表されれば，各 $g_i(x)$ を統計的に二次近似し，その結果を加算すると $g(x)$ の統計的二次近似が得られる．

2) x の部分ベクトル v のみに依存する関数 $g(v)$ に対して，v の周辺分布だけを考えて統計的二次近似してよい．

性質 1) は (15.92) 式〜(15.94) 式 で定められる B^*，H，A の $g(x)$ に対する線形性による．性質 2) については B^* の代わりに (15.97) 式の B を考えれば，B，H に関しては統計的線形化の場合と全く同じであって，A に関してのみ議論すればよいだけである．確率ベクトル v，w を **15.4.1(2)** とまったく同じにとり，

$$A = \begin{pmatrix} A_{vv} & A_{vw} \\ A_{wv} & A_{ww} \end{pmatrix} \tag{15.102}$$

と表すと，(15.94) 式は

$$\begin{pmatrix} P_{vv} & P_{vw} \\ P_{wv} & P_{ww} \end{pmatrix} \begin{pmatrix} A_{vv} & A_{vw} \\ A_{wv} & A_{ww} \end{pmatrix} \begin{pmatrix} P_{vv} & P_{vw} \\ P_{wv} & P_{ww} \end{pmatrix}$$
$$= \begin{pmatrix} \mathrm{E}\left[(v-\overline{v})(v-\overline{v})^T g(v)\right] & \mathrm{E}\left[(v-\overline{v})(w-\overline{w})^T g(v)\right] \\ \mathrm{E}\left[(w-\overline{w})(v-\overline{v})^T g(v)\right] & \mathrm{E}\left[(w-\overline{w})(w-\overline{w})^T g(v)\right] \end{pmatrix}$$
$$- \mathrm{E}[g(v)] \begin{pmatrix} P_{vv} & P_{vw} \\ P_{wv} & P_{ww} \end{pmatrix} \tag{15.103}$$

とかける．ここで，

$$\mathrm{E}\left[(v-\overline{v})(w-\overline{w})^T g(v)\right] = \mathrm{E}\left[(v-\overline{v})\mathrm{E}\left[(w-\overline{w})^T|v\right] g(v)\right]$$
$$\mathrm{E}\left[(w-\overline{w})(v-\overline{v})^T g(v)\right] = \mathrm{E}\left[\mathrm{E}\left[(w-\overline{w})|v\right](v-\overline{v})^T g(v)\right]$$
$$\mathrm{E}\left[(w-\overline{w})(w-\overline{w})^T g(v)\right] = \mathrm{E}\left[\mathrm{E}\left[(w-\overline{w})(w-\overline{w})^T|v\right] g(v)\right]$$

に注意して，公式 (15.82)，(15.83) 式を用いて (15.103) 式右辺第一項から w を消去し，さらに，行列 (15.86) を左から，行列 (15.86) 式の転置行列を右から，

(15.103) 式の両辺にかけると，

$$\begin{pmatrix} P_{vv} & P_{vw} \\ 0 & \hat{P}_{ww} \end{pmatrix} \begin{pmatrix} A_{vv} & A_{vw} \\ A_{wv} & A_{ww} \end{pmatrix} \begin{pmatrix} P_{vv} & 0 \\ P_{wv} & \hat{P}_{ww} \end{pmatrix}$$
$$= \begin{pmatrix} \mathrm{E}\left[(v-\bar{v})(v-\bar{v})^{\mathrm{T}}g(v)\right] - \mathrm{E}[g(v)]P_{vv} & 0 \\ 0 & 0 \end{pmatrix}$$

が得られる．これから

$$A_{ww} = 0, \; A_{vw} = 0, \; A_{wv} = 0$$
$$P_{vv} A_{vv} P_{vv} = \mathrm{E}\left[(v-\bar{v})(v-\bar{v})^{\mathrm{T}}g(v)\right] - \mathrm{E}[g(v)]P_{vv}$$

が得られる．これで性質 2) が証明された．

以上によって，確率変数 $g(x)$ の統計的二次近似を求めるには，x の二次関数で表せない部分だけをとりだして統計的二次近似すればよいこと，また，x の部分ベクトル v の関数の形であるときは，部分ベクトル v の UD 分解をすでに述べたサブルーチン **UDPART** によって求め，その後，サブルーチン **SOAP** を用いればよいことがわかる．

15.4.3　統計的近似の誤差の性質

前の二つの項で，統計的線形化と統計的二次近似を定義し，そのいくつかの性質を明らかにした．本項では，これらの統計的近似による誤差の相関構造を分析する．前項までは，統計的に近似しようとしている関数 $g(x)$ はスカラー値をとるものとしてきたが，本項では，より一般的に $g(x)$ が m 次列ベクトル値をとるものとして議論する．すでに述べておいたように，ベクトル値関数 $g(x)$ の統計的線形化，統計的二次近似は各成分ごとに統計的線形化，統計的二次近似することに等しいと定める．

したがって，m 次ベクトル値関数 $g(x)$ の統計的線形化は，

$$g(x) \simeq B + H(x - \bar{x}) \tag{15.104}$$
$$B = \mathrm{E}[g(x)] \tag{15.105}$$
$$PH^{\mathrm{T}} = \mathrm{E}\left[(x - \bar{x})g(x)\right] \tag{15.106}$$

で与えられる．ただし，B は m 次列ベクトル，H は $m \times n$ 次行列である．ここで，統計的線形化誤差 ϵ_1 を

$$\epsilon_1 = g(x) - [B + H(x - \bar{x})] \tag{15.107}$$

で定めると，(15.105) 式，(15.106) 式により，

$$\mathrm{E}[\epsilon_1] = 0 \tag{15.108}$$

$$\mathrm{Cov}[\epsilon_1, x] = \mathrm{E}[\epsilon_1(x-\overline{x})^\mathrm{T}] = 0 \tag{15.109}$$

$$\begin{aligned}\mathrm{Var}[\epsilon_1] &= \mathrm{Var}[g(x)] - HPH^\mathrm{T} \\ &= \mathrm{Var}[g(x)] - \mathrm{Cov}[g(x), x]P^{-1}\mathrm{Cov}[x, g(x)]\end{aligned} \tag{15.110}$$

が成り立つことが導かれる．すなわち，統計的線形化誤差 ϵ は，期待値 0 で x とは無相関であって，その共分散行列は (15.110) 式を用いて計算することができる．ただし，$g(x)$ の共分散行列 $\mathrm{Var}[g(x)]$ は $g(x)$ に関して線形でないから，エルミート・ガウス公式を用いてその値を求めようとすると，N 点公式を用いるとして N^n 回関数値 $g(x)$ を計算する必要がある．この場合には，関数値の計算回数を削減できない．よって，x の次元 n が小さい場合を除いて，統計的線形化誤差 ϵ_1 の共分散行列 $\mathrm{Var}[\epsilon_1]$ を評価するのは不可能ではないにしても，多大の計算コストを要する．

次に，統計的二次近似について考える．統計的二次近似を (15.98) 式の形で考えると，m 次ベクトル値関数 $g(x)$ の統計的二次近似は，

$$g(x) \simeq B + H(x - \overline{x}) + \left[\frac{1}{2}(x-\overline{x})^\mathrm{T}A_i(x-\overline{x}) - \frac{1}{2}\mathrm{tr}[A_i P]\right] \tag{15.111}$$

$$B = \mathrm{E}[g(x)] \tag{15.112}$$

$$PH^\mathrm{T} = \mathrm{E}[(x-\overline{x})g(x)] \tag{15.113}$$

$$PA_i P^\mathrm{T} = \mathrm{E}[(x-\overline{x})(x-\overline{x})^\mathrm{T}g_i(x)] - \mathrm{E}[g_i(x)]P, \ \ i = 1, \cdots, m \tag{15.114}$$

で与えられる．ただし，B は m 次列ベクトル，H は $m \times n$ 次行列，$g_i(x)$ は $g(x)$ の第 i 成分，A_i は n 次対称行列であり，(15.111) 式の右辺第 3 項の [·] は [·] の中の値を第 i 成分とする m 次列ベクトルを表す．(15.112) 式，(15.113) 式は (15.105) 式，(15.106) 式とまったく同一であって，統計的二次近似は統計的線形化に (15.111) 式の右辺第三項を付加したものであることがわかる．ここで，第 i 成分を

$$\delta_i = \frac{1}{2}(x-\overline{x})^\mathrm{T}A_i(x-\overline{x}) \tag{15.115}$$

で定める m 次列ベクトルを δ でかくと，その期待値ベクトル $\overline{\delta}$ の第 i 成分 $\overline{\delta_i}$ は，

$$\overline{\delta_i} = \frac{1}{2}\mathrm{tr}[A_i P]$$

15.4 非線形関数の統計的近似の理論

で与えられる．δ は統計的二次近似の二次項である．$\delta, \overline{\delta}$ を用いると，統計的二次近似の誤差 ϵ_2 は，

$$\epsilon_2 = g(x) - \{B + H(x - \overline{x}) + (\delta - \overline{\delta})\} \tag{15.116}$$

と表される．これを用いると，統計的線形化による誤差 ϵ_1 は，

$$\epsilon_1 = (\delta - \overline{\delta}) + \epsilon_2 \tag{15.117}$$

と表されることになる．すなわち，統計的線形化による誤差 ϵ_1 は，統計的二次近似によって付加される項 $(\delta - \overline{\delta})$ と，統計的二次近似による誤差 ϵ_2 の和に分解される．

統計的二次近似によって付加された項 $(\delta - \overline{\delta})$ の期待値はもちろん 0 である．また，公式 (15.95) 式により，$(\delta - \overline{\delta})$ は x とは無相関である．ϵ_1 は x と無相関であるから，これにより，統計的二次近似の誤差 ϵ_2 は x と無相関であること，また ϵ_1 の期待値は 0 であるから，ϵ_2 の期待値も 0 であり，以下となる．

$$\mathrm{E}[\epsilon_2] = 0$$
$$\mathrm{Cov}[\epsilon_2, x] = 0$$

実は，ϵ_2 は，さらに二次項とも無相関である．これを示すために，まず，$(\delta - \overline{\delta})$ の共分散行列 R_δ の (i, j) 成分が，

$$R_{\delta, ij} = \frac{1}{2}\mathrm{tr}[A_i P A_j P] \tag{15.118}$$

で与えられることに注意しよう．ϵ_2 の第 j 成分を $\epsilon_{2,j}$，B の第 j 成分を B_j，H の第 j 行を H_j，A_i の (k, l) 成分を A_{ikl} とかくことにすると，

$$\begin{aligned}
&\mathrm{Cov}[\delta_i, \epsilon_{2,j}] \\
&= \mathrm{E}[(\delta_i - \overline{\delta_i})\epsilon_{2,j}] \\
&= \mathrm{E}\left[\left\{\frac{1}{2}(x - \overline{x})^\mathrm{T} A_i (x - \overline{x}) - \frac{1}{2}\mathrm{tr}[A_i P]\right\}\left\{g_j(x) - B_j - H_j(x - \overline{x}) - (\delta_j - \overline{\delta_j})\right\}\right] \\
&= \frac{1}{2}\mathrm{E}\left[\left\{(x - \overline{x})^\mathrm{T} A_i (x - \overline{x}) - \mathrm{tr}[A_i P]\right\} g_j(x)\right] - R_{\delta, ij} \\
&= \frac{1}{2}\sum_{k,l} A_{ikl} \mathrm{E}[(x_k - \overline{x}_k)(x_l - \overline{x}_l) g_j(x)] - \frac{1}{2}\mathrm{tr}[A_i P]\mathrm{E}[g_j(x)] - R_{\delta, ij} \tag{15.119}
\end{aligned}$$

が得られる．ところが，(15.114) 式を用いると，(15.119) 式の最終辺の第一項は，

$$\frac{1}{2}\sum_{k,l}A_{ikl}\mathrm{E}[(x_k-\bar{x}_k)(x_l-\bar{x}_l)g_j(x)]$$

$$=\frac{1}{2}\sum_{k,l}A_{ikl}\left(\sum_{s,t}P_{ks}A_{jst}P_{tl}+\mathrm{E}[g_j(x)]P_{kl}\right)$$

$$=\frac{1}{2}\sum_{k,l,s,t}A_{ikl}P_{ks}A_{jst}P_{tl}+\frac{1}{2}\sum_{k,l}A_{ikl}P_{kl}\mathrm{E}[g_j(x)]$$

$$=\frac{1}{2}\mathrm{tr}[A_iPA_jP]+\frac{1}{2}\mathrm{tr}[A_iP]\mathrm{E}[g_j(x)]$$

$$=R_{\delta,ij}+\frac{1}{2}\mathrm{tr}[A_iP]\mathrm{E}[g_j(x)]$$

となって，(15.119) 式の最終辺は 0 に帰する．よって，

$$\mathrm{Cov}[\delta,\epsilon_2]=0 \tag{15.120}$$

が得られた．

ϵ_2 が δ と無相関であることが示されたので，(15.117) 式から

$$\mathrm{Var}[\epsilon_1]=R_\delta+\mathrm{Var}[\epsilon_2] \tag{15.121}$$

が成り立つことになる．これは，統計的線形化誤差 ϵ_1 の共分散行列 $\mathrm{Var}[\epsilon_1]$ を R_δ で近似する可能性を示すものである．一般に $\mathrm{Var}[\epsilon_1]$ を求めるのは容易でない．このため統計的線形化を用いるフィルタリング・予測手法では ϵ_1 項の共分散行列 $\mathrm{Var}[\epsilon_1]$ を無視した取扱いをするのが普通である．しかし，(15.121) 式によれば，評価式

$$\mathrm{Var}[\epsilon_1]\geq R_\delta \tag{15.122}$$

が成り立つのであるから，ϵ_1 の共分散行列として少なくとも R_δ 分だけは見込んでおいた方がよい．R_δ は (15.118) 式によって容易に求められる．

以上の性質を考慮して，統計的二次近似の二次項 δ の平均値 $\bar{\delta}$ と共分散行列 R_δ を求めるサブルーチン **COVSOT** がある．$\bar{\delta}_i$, $R_{\delta,ij}$ を求めるには，まず，対称行列

$$A_i^*=U^\mathrm{T}A_iU,\ i=1,\cdots,m$$

を求めて，

$$\bar{\delta}_i = \frac{1}{2}\mathrm{tr}[A_i P] = \frac{1}{2}\mathrm{tr}[A_i^* D]$$
$$R_{\delta,ij} = \frac{1}{2}\mathrm{tr}[A_i P A_j P] = \frac{1}{2}\mathrm{tr}[A_i^* D A_j^* D]$$

とするとよい．

15.4.4 まとめ

統計的線形化は Sunahara[9] による．統計的二次近似は，Mahalanabis and Farooq[10] による．いずれも非線形フィルタへの応用に関連して展開されたものである．**15.4.1** で述べた統計的線形化の性質については，一部，Gelb[7] でも述べられているが，ここで詳細に議論した．また，統計的二次近似について Maharanabis らは，変数，関数値ともスカラー値の場合だけを述べ，多次元ベクトルへの拡張についてはその可能性に言及するにとどめている．**15.4.2** の議論はその実現である．また，**15.4.3** で述べた統計的近似の誤差の構造に関する議論は，新たに展開したものであり，統計的線形化と統計的二次近似の関係を明確にしたものと考える．

15.5 非線形フィルタ理論

この節では，観測式が非線形である場合のフィルタ問題を考える．すなわち，推定しようとしている確率ベクトル x に対して，すでに得られている観測ベクトル z による線形最小分散推定 $\bar{x}$，その推定誤差の共分散行列 $\bar{P}$ が与えられているとき，新たに観測ベクトル

$$y = g(x) + w \tag{15.123}$$

が得られるとする．ただし，w は平均値が 0 で

$$R = \mathrm{Var}[w] \tag{15.124}$$

が既知の x, z とは独立の観測誤差ベクトル，$g(x)$ は x の非線形関数とする．このとき y を考慮した x の線形最小分散推定 $\hat{x}$，その推定誤差の共分散行列 $\hat{P}$ を求める問題を考える．以下，$\bar{x}$ を事前推定値，$\hat{x}$ を事後推定値とよぶことにする．

実は，$g(x)$ が非線形関数である場合，$\hat{x}$, $\hat{P}$ を厳密に求めることは一般には不可能であり，以下で展開する議論はすべて近似的に $\hat{x}$, $\hat{P}$ を求める議論である．それゆえ，厳密に言えば，以下で述べる推定値の更新手続きを逐次的に適用していく場合，事前推定値が線形最小分散推定値であるという前提もまた崩れることになる．したがって，非線形フィルタでは線形最小分散推定値を扱っているのではなく，単なる推定値を扱っているに過ぎないと言うのが厳密ではあるが，フィルタを導く上での理解しやすさを考えて，問題を上述のように定式化する．

なお本節では，簡単のため，新たな観測はスカラーであるとする．そうでないときは，$R = SS^T$ となる平方根行列 S を，たとえばサブルーチン UPCHO を利用して求め，S^{-1} を (15.123) 式の両辺にかけて，各成分が逐次観測値として得られるものと考えると，スカラー値観測に帰着する．また，本節で述べる非線形フィルタの関数では，推定誤差の共分散行列はすべてその UD 分解の形で取扱っている．これは，計算精度と統計的近似の便宜を考えるためである．

15.5.1 線形化フィルタ

(1) 拡張カルマンフィルタ

観測関数 $g(x)$ を事前推定値 $\tilde{x}$ の周りにテイラー展開して

$$g(x) = g(\tilde{x}) + \partial g(\tilde{x})(x - \tilde{x}) + \frac{1}{2}(x - \tilde{x})^T \partial^2 g(\tilde{x})(x - \tilde{x}) + \cdots \quad (15.125)$$

と表されるとする．ただし，$\partial g(\tilde{x})$ は，$x = \tilde{x}$ での $\partial g / \partial x_j$ を第 j 列成分とする行ベクトル，$\partial^2 g(\tilde{x})$ は $x = \tilde{x}$ での $\partial^2 g / \partial x_i \partial x_j$ を (i, j) 成分とする対称行列である．$(x - \tilde{x})$ の三次以上の項は省略している．この展開で，$(x - \tilde{x})$ の二次以上の項を無視し，

$$g(x) \simeq g(\tilde{x}) + \partial g(\tilde{x})(x - \tilde{x}) \quad (15.126)$$

と近似するものとすれば，これは x の一次式であるから線形フィルタ理論を適用して $\hat{x}$, $\hat{P}$ を求めることができ，

$$\hat{x} = \tilde{x} + K(y - g(\tilde{x})) \quad (15.127)$$
$$\hat{P} = \tilde{P} - K \partial g(\tilde{x}) \tilde{P} \quad (15.128)$$

ただし，

$$K = \tilde{P}(\partial g(\tilde{x}))^T \left[\partial g(\tilde{x}) \tilde{P}(\partial g(\tilde{x}))^T + R \right]^{-1} \quad (15.129)$$

が得られる．このようにテイラー展開の二次項以上を無視して得られる非線形フィルタは，拡張カルマンフィルタ (Extended Kalman filter) と呼ばれている．(15.126) 式の形の一次近似が得られれば，すでに述べたサブルーチン KALFIL や UDFILT を適用すればよい．当然のことながら，この方法は観測関数 $g(x)$ がテイラー級数に展開でき，したがって少なくとも一回は微分可能であり，かつ $(x - \tilde{x})$ の二次以上の項の分散が小さい場合に適用できる．

(2) 統計的線形化フィルタ

テイラー近似によって観測関数 $g(x)$ を線形化する代わりに，x の事前確率分布が正規分布 $N(\tilde{x}, \tilde{P})$ に従うと近似して統計的に

$$g(x) \simeq B + H(x - \tilde{x}) \tag{15.130}$$

ただし，

$$B = \mathrm{E}[g(x)] \tag{15.131}$$
$$\tilde{P}H^\mathrm{T} = \mathrm{E}[(x - \tilde{x})g(\tilde{x})] \tag{15.132}$$

と近似する．期待値は，仮定した x の事前確率分布に対してとる．以下，本節の $\mathrm{E}[\cdot]$，$\mathrm{Var}[\cdot]$，$\mathrm{Cov}[\cdot, \cdot]$ はすべてこの意味に用いる．この線形フィルタを適用する非線形フィルタを，統計的線形化フィルタ (statistically linearized filter) とよぶ (Gelb[7], Sunahara[9])．カルマンフィルタのアルゴリズムによれば $\hat{x}$，$\hat{P}$ は

$$\hat{x} = \tilde{x} + K(y - B) \tag{15.133}$$
$$\hat{P} = \tilde{P} - KH\tilde{P} \tag{15.134}$$

ただし，

$$K = \tilde{P}H^\mathrm{T}(H\tilde{P}H^\mathrm{T} + R)^{-1} \tag{15.135}$$

により求められることになる．

実際には **15.4.1** で述べたように，(15.130) 式の統計的線形化を実行するには，共分散行列 $\tilde{P}$ がその UD 分解の形で与えられている方が好都合である．これに対応して，線形フィルタのアルゴリズムも UD フィルタを用いるのがよい．統計的線形化の手法については **15.4.1** で詳細に議論した．推定する確率ベクトル x の次元 n が小さくて統計的線形化のための関数計算コストが小さい場合には，統計的線形化と UD フィルタを結合したコンパクトなサブルーチン SLF を利用できる．

15.5.2 ガウス近似最小分散フィルタ

推定する確率ベクトル x の事前確率分布が正規分布 $N(\tilde{x}, \tilde{P})$ にしたがうものと近似する．このとき，$\hat{x}$, $\hat{P}$ は，**15.3.1** の公式 (15.39) 式，(15.40) 式を適用して

$$\hat{x} = \tilde{x} + \Sigma_{xy}\Sigma_{yy}^{-1}(y - \overline{y}) \tag{15.136}$$

$$\hat{P} = \tilde{P} - \Sigma_{xy}\Sigma_{yy}^{-1}\Sigma_{xy}^{\mathrm{T}} \tag{15.137}$$

によって求められる．ただし，

$$\overline{y} = \mathrm{E}[g(x)] \ (= \overline{g} \ \text{とかく}) \tag{15.138}$$

$$\Sigma_{xy} = \mathrm{E}[(x - \tilde{x})g(x)] = \mathrm{Cov}[x, g(x)] \tag{15.139}$$

$$\Sigma_{yy} = \mathrm{E}\left[(g(x) - \overline{g})(g(x) - \overline{g})^{\mathrm{T}}\right] + R = \mathrm{Var}[g(x)] + R \tag{15.140}$$

である．$\tilde{P}$ がその UD 分解 $\tilde{U}\tilde{D}\tilde{U}^{\mathrm{T}}$ の形で与えられていれば，**15.4.1** で述べたエルミート - ガウス公式を用いて (15.138) 式～(15.140) 式の値を求めることができる．こうして，$\hat{x}$, $\hat{P}$ を求めるフィルタをガウス近似最小分散フィルタ (Gaussian minimum mean square filter) とよぶ．

ガウス近似最小分散フィルタは，統計的線形化フィルタと次のような関係をもっている．観測関数 $g(x)$ を (15.130) 式のように統計的に線形化し，統計的線形化による誤差 ϵ_l をも含めて考えると，観測式 (15.123) は，

$$y = B + H(x - \tilde{x}) + (\epsilon_l + w) \tag{15.141}$$

と表される．**15.4.3** で述べたように，統計的線形化による誤差 ϵ_l は x と無相関で，平均値 0，分散

$$\mathrm{Var}[\epsilon_l] = \mathrm{Var}[g(x)] - \mathrm{Cov}[g(x), x]\tilde{P}^{-1}\mathrm{Cov}[x, g(x)] \tag{15.142}$$

をもつ．w は x および事前情報とは独立であるから ϵ_l とも独立である．よって，$(\epsilon_l + w)$ は x とは無相関であって平均値 0 をもち，その分散は

$$\mathrm{Var}[\epsilon_l + w] = \mathrm{Var}[\epsilon_l] + R$$

で与えられる．よって，$(\epsilon_l + w)$ を新たに観測誤差とみなすことができて，$\hat{x}$, $\hat{P}$ は，

$$\hat{x} = \tilde{x} + K(y - B) \tag{15.143}$$

$$\hat{P} = \tilde{P} - KH\tilde{P} \tag{15.144}$$

ただし,

$$K = \tilde{P}H^{\mathrm{T}}\left(H\tilde{P}H^{\mathrm{T}} + R + \mathrm{Var}[\epsilon_1]\right)^{-1} \quad (15.145)$$

によって求められる.これは,統計的線形化フィルタと類似したフィルタであるが,統計的線形化の誤差 ϵ_1 の分散 $\mathrm{Var}[\epsilon_1]$ を考慮している点が異なっている.実は,これがガウス近似最小分散フィルタに他ならない.実際,(15.132) 式と (15.139) 式,および (15.140) 式と (15.142) 式により,

$$\tilde{P}H^{\mathrm{T}} = \Sigma_{xy}$$
$$H\tilde{P}H^{\mathrm{T}} + R + \mathrm{Var}[\epsilon_1] = \Sigma_{yy}$$

が得られるので,(15.143) 式の K,(15.144) 式の $KH\tilde{P}$ は

$$K = \Sigma_{xy}\Sigma_{yy}^{-1}$$
$$KH\tilde{P} = \Sigma_{xy}\Sigma_{yy}^{-1}\Sigma_{xy}^{\mathrm{T}}$$

とかけて,(15.143) 式,(15.144) 式が (15.136) 式,(15.137) 式と同一の式であることがわかる.この考えに基づいて実現したガウス近似最小分散フィルタのサブルーチン GMMSF がある.

　ガウス近似最小分散フィルタは,統計的線形化の誤差分散をも考慮する点では統計的線形化フィルタよりもよいフィルタである.しかし,次の欠点がある.非線形関数 $g(x)$ が簡単な解析的関数である場合を除いて,(15.138) 式〜(15.140) 式の $\bar{y}$,Σ_{xy},Σ_{yy} を求めるために数値積分公式,たとえばエルミート - ガウス公式を利用することになる.この関数 $g(x)$ が x の部分ベクトルの非線形関数の和であるとき,これを利用して関数値の計算回数を減らすことができるのは,(15.138) 式,(15.139) 式のように期待値記号の中が $g(x)$ に関して線形である場合に限られる.(15.140) 式の Σ_{yy} のように期待値記号の中が $g(x)$ に関して非線形である場合には,$g(x)$ 全体を取扱わなければならない.よって,統計的線形化フィルタでは関数値計算コストを削減する手立てがあるのに対して,ガウス近似最小分散フィルタではその手立てがない.もちろん,x の次元が小さくて関数値計算コストが小さければガウス近似最小分散フィルタは実用的なよいフィルタである.

　(15.138) 式〜(15.140) 式の期待値計算を数値積分公式によらず解析的に実行できる場合は,ガウス近似最小分散フィルタの実現はさらに容易である.特に,観測関数 $g(x)$ が x の二次式の場合は,応用上重要である.これについて項を改めて述べる.

15.5.3 二次フィルタ

(1) ガウス近似二次フィルタ

本項でも，推定する確率ベクトル x の事前確率分布は正規分布 $N(\tilde{x}, \tilde{P})$ で近似されるものと仮定する．最初に，観測関数 $g(x)$ が x の二次式で，

$$g(x) = B^* + H(x - \tilde{x}) + \frac{1}{2}(x - \tilde{x})^T A(x - \tilde{x}) \tag{15.146}$$

と表される場合のガウス近似最小分散フィルタを考える．ただし，B^* はスカラー，H は n 次行ベクトル，A は n 次対称行列である．この場合は，(15.138) 式～(15.140) 式の期待値を数値積分によらずに求めることができ，

$$\bar{y} = E[g(x)] = B^* + \frac{1}{2}\mathrm{tr}[A\tilde{P}] \tag{15.147}$$

$$\Sigma_{xy} = E[(x - \tilde{x})g(x)] = \tilde{P}H^T \tag{15.148}$$

$$\Sigma_{yy} = \mathrm{Var}\{g(x)\} + R = H\tilde{P}H^T + R + \frac{1}{2}\mathrm{tr}[A\tilde{P}A\tilde{P}] \tag{15.149}$$

で求められる．(15.148) 式，(15.149) 式を導くときに，正規分布に対して成り立つ公式 (15.95) 式，(15.96) 式が用いられている．よって，これらを (15.136) 式，(15.137) 式に代入して，二次フィルタ

$$\hat{x} = \tilde{x} + K\left(y - B^* - \frac{1}{2}\mathrm{tr}[A\tilde{P}]\right) \tag{15.150}$$

$$\hat{P} = \tilde{P} - KH\tilde{P} \tag{15.151}$$

ただし，

$$K = \tilde{P}H^T\left(H\tilde{P}H^T + R + \frac{1}{2}\mathrm{tr}[A\tilde{P}A\tilde{P}]\right)^{-1} \tag{15.152}$$

が得られる．このガウス近似二次フィルタを UD 分解を用いて定式化したサブルーチン GSOF がある．

観測関数 $g(x)$ が x の二次式でなくても，テイラー展開 (15.125) 式の二次の項までとって，

$$g(x) \simeq g(\tilde{x}) + \partial g(\tilde{x})(x - \tilde{x}) + \frac{1}{2}(x - \tilde{x})\partial^2 g(\tilde{x})(x - \tilde{x})$$

と近似し，$B^* = g(\tilde{x})$，$H = \partial g(\tilde{x})$，$A = \partial^2 g(\tilde{x})$ とおいて，(15.150) 式～(15.152) 式を適用する近似フィルタが考えられ，ガウス近似二次フィルタ (Gaussian second-order filter) とよばれている．拡張カルマンフィルタと比べれば，このフィルタは二次項の影響を考慮している分だけより高精度である．

(2) 統計的近似二次フィルタ

テイラー展開を利用して観測関数を二次式で近似する代わりに，x の事前確率分布が正規分布 $N(\tilde{x}, \tilde{P})$ で近似されるとして，観測関数 $g(x)$ を

$$g(x) \simeq B^* + H(x - \tilde{x}) + \frac{1}{2}(x - \tilde{x})^T A(x - \tilde{x}) \tag{15.153}$$

ただし，

$$B^* = E[g(x)] - \frac{1}{2}\mathrm{tr}[A\tilde{P}] \tag{15.154}$$

$$\tilde{P}H^T = E[(x - \tilde{x})g(x)] \tag{15.155}$$

$$\tilde{P}A\tilde{P} = E\left[(x - \tilde{x})(x - \tilde{x})^T g(x)\right] - E[g(x)]\tilde{P} \tag{15.156}$$

と統計的二次近似し，その後二次フィルタ (15.150) 式 ～(15.152) 式を適用するフィルタを統計的二次近似フィルタ (statistically approximated second-order filter) とよぶ.

実際には **15.4.2** で述べたように，(15.153) 式の統計的二次近似を実行するには，共分散行列 $\tilde{P}$ がその UD 分解の形で与えられている方が好都合である．これに対応して，フィルタの公式 (15.150) 式～(15.152) 式も UD 分解を利用した形で考えた方がよい．統計的二次近似の手法については，**15.4.2** で詳細に議論した．推定する確率ベクトル x の次元 n が小さくて統計的二次近似のための関数値計算コストが小さい場合には，統計的二次近似と (15.150) 式～(15.152) 式のフィルタを結合したコンパクトなサブルーチン SASOF を利用できる．

統計的近似二次フィルタと統計的線形化フィルタ，ガウス近似最小分散フィルタとの関係を明らかにしておく．そのために，

$$B = E[g(x)] = B^* + \frac{1}{2}\mathrm{tr}[A\tilde{P}] \tag{15.157}$$

とおくと，観測関数 $g(x)$ は

$$g(x) = \underbrace{B + H(x - \tilde{x})}_{\text{統計的線形化と同じ項}} + \underbrace{\left[\frac{1}{2}(x - \tilde{x})^T A(x - \tilde{x}) - \frac{1}{2}\mathrm{tr}[A\tilde{P}]\right]}_{\text{統計的二次近似で追加される項}} + \underbrace{\epsilon_2}_{\text{統計的二次近似の誤差}} \tag{15.158}$$

とかける．統計的二次近似フィルタは，統計的二次近似の誤差 ϵ_2 を無視して，二次フィルタ (15.150) 式 ～(15.152) 式を適用するものであって，(15.157) 式を代

入すると，

$$\hat{x} = \tilde{x} + K(y - B)$$
$$\hat{P} = \tilde{P} - KH\tilde{P}$$

ただし，

$$K = \tilde{P}H^{\mathrm{T}}\left(H\tilde{P}H^{\mathrm{T}} + R + \frac{1}{2}\mathrm{tr}[A\tilde{P}A\tilde{P}]\right)^{-1}$$

と表される．統計的線形化フィルタの (15.133) 式～(15.135) 式，ガウス近似最小分散フィルタの (15.143) 式～(15.145) 式と比較すると，統計的二次近似フィルタは，統計的線形化フィルタとガウス近似最小分散フィルタの中間に位置するものであることがわかる．すなわち，統計的線形化による誤差を ϵ_1 とするとき，(15.158) 式から

$$\epsilon_1 = \left[\frac{1}{2}(x - \tilde{x})^{\mathrm{T}}A(x - \tilde{x}) - \frac{1}{2}\mathrm{tr}[A\tilde{P}]\right] + \epsilon_2 \tag{15.159}$$

なる関係がある．ガウス近似最小分散フィルタはこの ϵ_1 の分散を考慮するもの，統計的線形化フィルタは ϵ_1 の分散を無視するものであるのに対し，統計的二次近似フィルタは，ϵ_1 のうち (15.159) 式右辺第 1 項の分散だけを考慮するものである．15.4.2 で述べたように，観測関数 $g(x)$ が x の部分ベクトルの関数の和であるとき，個別に統計的二次近似することによって統計的二次近似のための関数値計算コストを削減することができる．一方，ガウス近似最小分散フィルタでは，このような関数値計算コスト削減の手立てはない．

なお，以上の議論からも明らかなように，統計的二次近似フィルタは，

1) 統計的二次近似の後で，二次フィルタ (15.150) 式～(15.152) 式を適用したもの．
2) 統計的二次近似の後で，統計的二次近似で追加される項が元の観測誤差に加えられたものと考えて，線形フィルタを適用したもの．

の両方の解釈が可能である．よって，統計的二次近似フィルタの実現もこの両方の解釈に沿った二つの方法がある．1) の場合はサブルーチン GSOF を用いることになり，2) の場合は二次項の平均値と分散をサブルーチン COVSOT で求め，その後サブルーチン UDFILT を用いることになる．

15.5 非線形フィルタ理論　523

表 **15.2**：5 種類の非線形フィルタ．

非線形フィルタ	b	h	Var$\{\eta\}$
EKF	$g(\tilde{x})$	$\partial g(\tilde{x})$	0
GSOF	$g(\tilde{x}) + \frac{1}{2}\mathrm{tr}[\partial^2 g(\tilde{x})\tilde{P}]$	$\partial g(\tilde{x})$	$\frac{1}{2}\mathrm{tr}[\partial^2 g(\tilde{x})\tilde{P}\partial^2 g(\tilde{x})\tilde{P}]$
SLF	$\mathrm{E}[g(x)]$	$\mathrm{E}[g(x)(x-\tilde{x})^\mathrm{T}]\tilde{P}^{-1}$	0
SASOF	$\mathrm{E}[g(x)]$	$\mathrm{E}[g(x)(x-\tilde{x})^\mathrm{T}]\tilde{P}^{-1}$	$\frac{1}{2}\mathrm{tr}[A\tilde{P}A\tilde{P}]^\dagger$
GMMSF	$\mathrm{E}[g(x)]$	$\mathrm{E}[g(x)(x-\tilde{x})^\mathrm{T}]\tilde{P}^{-1}$	$\mathrm{Var}[g(x)] - \mathrm{Cov}[g(x),x]\tilde{P}^{-1}\mathrm{Cov}[x,g(x)]$

$A = \tilde{P}^{-1}(\mathrm{E}[(x-\tilde{x})(x-\tilde{x})^\mathrm{T}g(x)] - \mathrm{E}[g(x)]\tilde{P})\tilde{P}^{-1}$

15.5.4　非線形フィルタの整理とその適用比較

今までに述べた 5 種類の非線形フィルタ

- 拡張カルマンフィルタ (extended Kalman filter, EKF)
- ガウス近似二次フィルタ (Gaussian second-order filter, GSOF)
- 統計的線形化フィルタ (statistically linearized filter, SLF)
- 統計的近似二次フィルタ (statistically approximated second-order filter, SASOF)
- ガウス近似最小分散フィルタ (Gaussian minimum mean square filter, GMMSF)

はすべて，まず観測式

$$y = g(x) + w \tag{15.160}$$

の右辺の観測関数 $g(x)$ を

$$g(x) \simeq b + h(x - \tilde{x}) + \eta \tag{15.161}$$

と近似して線形フィルタを適用したものと解釈することができる．ただし，b はスカラー，h は n 次行ベクトル，$\tilde{x}$ は x の事前推定値，η は x と無関係で w とは独立な平均値 0 の確率変数である．b，h および η の分散 Var$[\eta]$ の値は，もちろん，各非線形フィルタごとに異なり，これらを決定する式は**表 15.2** に示す通りである．

これらの b，h，Var$[\eta]$ を用いて，$\hat{x}$，$\hat{P}$ はすべて同一の形の式

$$\hat{x} = \tilde{x} + K(y - b) \tag{15.162}$$

$$\hat{P} = \tilde{P} - Kh\tilde{P} \tag{15.163}$$

表 15.3：観測関数が $g(x) = x^3$ の場合の非線形フィルタのパラメータ.

非線形フィルタ	b	h	$\text{Var}[\eta]$	$\hat{P}^\dagger$	$\hat{P}^\dagger_{act}$
EKF	$\tilde{x}^3$	$3\tilde{x}^2$	0	0.10	2.98
GSOF	$\tilde{x}^3 + 3\tilde{x}\tilde{P}$	$3\tilde{x}^2$	$18\tilde{x}^2\tilde{P}^2$	0.68	0.42
SLF	$\tilde{x}^3 + 3\tilde{x}\tilde{P}$	$3\tilde{x}^2 + 3\tilde{P}$	0	0.03	0.66
SASOF	$\tilde{x}^3 + 3\tilde{x}\tilde{P}$	$3\tilde{x}^2 + 3\tilde{P}$	$18\tilde{x}^2\tilde{P}^2$	0.35	0.42
GMMSF	$\tilde{x}^3 + 3\tilde{x}\tilde{P}$	$3\tilde{x}^2 + 3\tilde{P}$	$18\tilde{x}^2\tilde{P}^2 + 6\tilde{P}^3$	0.41	0.41

† 表の数値は $\tilde{x} = 1$, $\tilde{P} = 1$, $R = 1$ の場合

ただし,

$$K = \tilde{P}h^T \left(h\tilde{P}h^T + R + \text{Var}[\eta]\right)^{-1}$$

によって求められることになる. ただし, R は w の分散である.

ここで述べた非線形フィルタはすべて (15.161) 式の形の近似によっているので, フィルタ自身は $\hat{x}$ の推定誤差の分散を (15.163) 式による $\hat{P}$ と考えることになるが, それが真の分散を与えるわけではない. 推定誤差の真の分散 $\hat{P}_{act}$ を理論的に求めることは一般には困難である. 特別に, x の事前確率分布が $N(\tilde{x}, \tilde{P})$ であるという仮定が厳密に成り立つ場合を考えよう. この場合は, 観測関数 $g(x)$ を

$$g(x) = b_1 + h_1(x - \tilde{x}) + \epsilon_1$$

と表すことができる. ただし, b_1, h_1 は統計的線形化によって求められる定数項と係数ベクトルで, ϵ_1 は統計的線形化による誤差である. この ϵ_1 は w とは独立で平均値 0 であるから, この場合には, $\hat{P}_{act}$ を求める理論式は,

$$\hat{P}_{act} = (I_n - Kh_1)\tilde{P}(I - Kh_1)^T + \left[R + \text{Var}[\epsilon_1] + (b_1 - b)^2\right]KK^T$$

である. GMMSF に対しては, $b = b_1$, $h = h_1$, $h = \epsilon_1$ となり, かつ $\hat{P} = \hat{P}_{act}$ が成立する.

さて, 以下, 上記の分析の具体的適用および非線形フィルタの性能比較のために,

$$g(x) = x^3$$

の場合を考える. これはもちろんテイラー展開可能であり, かつ統計的近似のための期待値計算でも数値積分を必要としない. 表 15.3 は, 表 15.2 に対応する b, h, $\text{Var}[\eta]$ の算定式を示したものである. 同表にはさらに, $\tilde{x} = 1$, $\tilde{P} = 1$, $R = 1$

15.5 非線形フィルタ理論　525

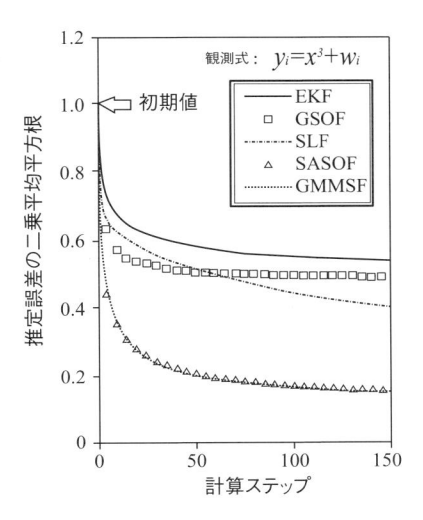

図 15.4：5 種類の非線形フィルタによる推定誤差の二乗平均平方根の比較．

としたときの $\hat{P}$ および x の事前確率分布が $N(\tilde{x}, \tilde{P}) = N(1, 1)$ としたときの $\hat{P}_{\text{act}}$ の値を示している．当然のことながら，GMMSF の $\hat{P}_{\text{act}}$ が最小であり，かつ $\hat{P}_{\text{act}}$ と $\hat{P}$ は一致している．二次フィルタ GSOF, SASOF は，線形化フィルタ EKF, SLF よりも $\hat{P}_{\text{act}}$ が小さいことがわかる．また，GMMSF を除けば，$\hat{P}_{\text{act}}$ と $\hat{P}$ の値が最も近いのは SASOF で，最も異なるのは EKF である．よって，この例では，GMMSF を除けば，SASOF が最も好ましい非線形フィルタであるといってよい．

次に，観測式

$$y_i = x^3 + w_i, \; w_i \sim N(0, 1), \; i = 1, 2, \cdots$$

によって，確率変数 x の観測値 y_i が逐次得られる場合を考える．観測値が得られる前の x の事前確率分布が $N(1, 1)$ であるとし，$x, w_i, i = 1, 2, \cdots$ をランダムに発生させ，各非線形フィルタによって，y_i の値が得られるごとに x の値を推定していく実験を行った．図 15.4 は，この数値実験を 500 回行って，推定誤差の二乗平均の平方根を求めて示したものである．1 ステップ目を除いて，x の事前確率分布が正規分布にしたがうという仮定が成立しないにも拘らず，この仮定に基づいて導かれた非線形フィルタが精度の差こそあれそれぞれ有効に機能し，観測値の入手が進むにつれ x の推定精度が向上しているのがわかる．また，EKF

よりも GSOF が，SLF よりも SASOF の方が推定精度がよく，線形化フィルタよりも二次フィルタの方が精度の点ではすぐれていること，さらに，EKF よりも SLF の方が，GSOF よりも SASOF の方が推定精度がよく，テイラー展開を利用するフィルタよりも統計的近似を利用するフィルタの方が推定精度がよいことがわかる．特に，この例では，SASOF は推定精度の点で GMMSF に比肩するほどである．

15.5.5 まとめ

本節では，5 種類の非線形フィルタを取扱った．15.5.4 でも例示したように，一般には，線形化フィルタよりも二次フィルタの方が，テイラー展開を利用するフィルタよりも統計的近似手法によるフィルタの方が推定精度がよい．さらに，統計的近似手法による方法はテイラー展開が不可能な場合にも用いることができるという利点をもっている．一方，計算コストは，一般に，推定精度と逆の関係があるが，観測関数が推定する確率ベクトルの部分ベクトルの関数の和の形に分解される場合には，個々の関数を統計的に線形化または二次近似し，その後和をとれば元の観測関数の統計的線形化または二次近似が得られるので，これを利用すれば，統計的近似を利用する非線形フィルタの計算コストを削減することが可能である．

15.6 予測更新—離散時間線形システムの場合

前節まで新たな観測値を用いて状態量を更新する「観測更新」の問題を取扱った．すなわち，推定するべき確率ベクトルの事前情報による最小分散推定値と推定誤差共分散行列 (あるいはその UD 分解) が既知であるときに，新たに得られた観測情報を追加してこれらの最小分散推定値と推定誤差の共分散行列を更新する問題を扱った．この節と次の節では，観測更新の後，推定する確率ベクトルがある方程式にしたがって時間的に変化する場合 (予測する場合) を考え，それに伴う最小分散推定値と推定誤差共分散行列 (あるいはその UD 分解) の「予測更新」を考察する．本節では，特に，推定する確率ベクトルが離散時間でしかも線形で推移する場合を扱う．推定する確率ベクトルが連続時間・非線形で推移する流出システムの場合は次の 15.7 で議論する．

15.6.1 離散時間線形システムの予測更新

推定する N 次元の確率ベクトルを X, その時刻 t_k での値を $X(t_k)$ と表すことにする.ただし,k は整数で,$t_0 < t_1 < \cdots < t_k < t_{k+1} < \cdots$ とする.t_0 は現在時刻である.確率ベクトル X の推移式,出力式,観測式が次のように与えられるとする.

$$X(t_{k+1}) = A_k X(t_k) + B_k + v_{x,k} \tag{15.164}$$

$$y(t_{k_l}) = A_{y,k_l} X(t_{k_l}) + B_{y,k_l} + v_{y,k_l} \tag{15.165}$$

$$y_{k_l} = y(t_{k_l}) + w_{k_l} \tag{15.166}$$

ただし,

t_{k_l}:出力およびその観測を考える時刻.k_l は整数で $k_0 < k_1 < k_2 < \cdots$.

$y(t_{k_l})$:時刻 t_{k_l} でのスカラー値出力.

y_{k_l}:出力 $y(t_{k_l})$ の観測値.

$v_{x,k}$:平均 0, 共分散行列 Q_k の N 次ノイズベクトル.

v_{y,k_l}:平均 0, 分散 Q_{y,k_l} のノイズ.

w_{k_l}:平均 0, 分散 R_{k_l} の観測ノイズ.

$A_k, B_k, A_{y,k_l}, B_{y,k_l}$:非確率的係数行列または列ベクトル.

ここで,ノイズの系列 $v_{x,k}, k \geq 0$, $v_{y,k_l}, k_l > 0$, $w_{k_l}, k_l > 0$ は互いに,かつそれ自身無相関な系列で,$X(t_0)$ および時刻 t_0 までの観測情報 Z_0 とも無相関であるとする.この無相関仮定を独立仮定に置き換えることも多い.そうすると,$X(t_C)$ の確率分布を与えるとき,$k > 0$ での $X(t_k)$, $k_l > 0$ での $y(t_{k_l}), y_{k_l}$ の確率分布が確定することになる.この意味で X は状態ベクトルとよばれる.ある変量の将来時刻での確率分布を与えることは,その変量の予測としては最も望ましい形式である.しかし,望ましくはあっても,実際には実現が困難であることが多い.以下では,確率分布を求めるのではなく,線形最小分散推定値を求めることにする.このためには無相関仮定で十分である.

さて,現在時刻 t_0 での観測更新(フィルタリング)の後での,すなわち,時刻 t_0 までの観測情報 Z_0 が与えられたときの $X(t_0)$ の線形最小分散推定値と推定誤差共分散行列をそれぞれ $\hat{X}(t_0)$, $\hat{P}(t_0)$ と表すことにしよう.将来の時刻 $t_k, k > 0$ での $X(t_k)$ の推定値(予測値)として,現在時刻 t_0 までの観測情報 Z_0 による線形最小分散推定を $\tilde{X}(t_k)$ と表し,その推定誤差の共分散行列を $\tilde{P}(t_k)$ と表すことに

する．便宜上，
$$\tilde{X}(t_0) = \hat{X}(t_0), \quad \tilde{P}(t_0) = \hat{P}(t_0) \tag{15.167}$$

と約束する．問題の核心は，$(\tilde{X}(t_k), \tilde{P}(t_k))$ から $(\tilde{X}(t_{k+1}), \tilde{P}(t_{k+1}))$ を求める逐次的関係を求めることにある．**15.3** の公式 (15.39) によると，

$$\tilde{X}(t_{k+1}) = \overline{X(t_{k+1})} + \mathrm{Cov}[X(t_{k+1}), z_0](\mathrm{Var}[Z_0])^{-1}(z_0 - \bar{z}_0)$$

である．一方，(15.164) 式により

$$\overline{X(t_{k+1})} = A_k \overline{X(t_k)} + B_k$$
$$\mathrm{Cov}[X(t_{k+1}), z_0] = A_k \mathrm{Cov}[X(t_k), z_0]$$

が成り立つから，これらを上式の右辺に代入すると

$$\begin{aligned}\tilde{X}(t_{k+1}) &= A_k \left\{ \overline{X(t_k)} + \mathrm{Cov}[X(t_k), z_0](\mathrm{Var}[z_0])^{-1}(z_0 - \bar{z}_0) \right\} + B_k \\ &= A_k \tilde{X}(t_k) + B_k \end{aligned} \tag{15.168}$$

が得られる．同様な考察により，

$$\tilde{P}(t_{k+1}) = A_k \tilde{P}(t_k) A_k^{\mathrm{T}} + Q_k \tag{15.169}$$

が得られる．(15.167) 式に注意すれば，この逐次式 (15.168)，(15.169) 式によって，任意の $k > 0$ に対して $(\tilde{X}(t_k), \tilde{P}(t_k))$ が求まることになる．特に，$(\tilde{X}(t_{k_1}), \tilde{P}(t_{k_1}))$ は $X(t_{k_1})$ に関する観測値 y_{k_1} が得られる前の $X(t_{k_1})$ に関する最小分散推定値と推定誤差の共分散行列を与える．したがって，時刻 t_{k_1} になって観測値 $y_{t_{k_1}}$ が入手されると観測更新（フィルタリング）によって，時刻 t_{k_1} までの観測情報 z_0, $y_{t_{k_1}}$ による $X(t_{k_1})$ の最小分散推定値と推定誤差共分散行列が求められる．

さて，次に出力の予測を考える．(15.168) 式，(15.169) 式を得たのとまったく同様にして，出力 $y(t_{k_l})$ の最小分散推定値 $\tilde{y}(t_{k_l})$ と推定誤差分散 $\tilde{P}_y(t_{k_l})$ は，

$$\tilde{y}(t_{k_l}) = A_{y,k_l} \tilde{X}(t_{k_l}) + B_{y,k_l} \tag{15.170}$$
$$\tilde{P}_y(t_{k_l}) = A_{y,k_l} \tilde{P}(t_{k_l}) A_{y,k_l}^{\mathrm{T}} + Q_{y,k_l} \tag{15.171}$$

によって求められる．出力 $y(t_{k_l})$ 自身の予測の代わりに，その観測値 y_{k_l} の予測を考えるときには，y_{k_l} の最小分散推定値を $\tilde{y}_{k_l}$，推定誤差分散を $\tilde{P}_{y,k_l}$ と書くとき，

$$\tilde{y}_{k_l} = A_{y,k_l} \tilde{X}(t_{k_l}) + B_{y,k_l} \tag{15.172}$$
$$\tilde{P}_{y,k_l} = A_{y,k_l} \tilde{P}(t_{k_l}) A_{y,k_l}^{\mathrm{T}} + Q_{y,k_l} + R_{k_l} \tag{15.173}$$

となる．以上によって，確率ベクトル $X(t_k)$，出力または観測値の予測のアルゴリズムが得られた．

次に，推定誤差共分散行列 $\tilde{P}(t_k)$ のかわりにその UD 分解 $\tilde{U}(t_k)\tilde{D}(t_k)\tilde{U}(t_k)^{\mathrm{T}}$ を用いるアルゴリズムを考える．まず，(15.169) 式に対応する UD 分解の更新を考える．Bierman[4]は，(15.169) 式とは少し異なるが，本質的には同じ形の式

$$\tilde{P}(t_{k+1}) = A_k\hat{P}(t_k)A_k^{\mathrm{T}} + G_k Q'_k G_k^{\mathrm{T}} \tag{15.174}$$

に対応する UD 分解の更新のアルゴリズム MWG-S 法を与えている．ここで G_k は $N \times m$ 次行列，Q'_k は対角成分が正の m 次対角行列である．このアルゴリズムでは $m = 0$ であってもさしつかえない．(15.169) 式右辺の Q_k を (15.174) 式右辺の $G_k Q'_k G_k^{\mathrm{T}}$ の形にするには，サブルーチン UPCHO を用いるとよい．このサブルーチンでは，任意の非負値対称行列 Q_k を $Q_k = G_k G_k^{\mathrm{T}}$ の形に分解する $N \times N$ 行列 G_k を求める．すなわち，Q_k' としては特に N 次単位行列を選ぶ．MWG-S 法の詳細については Bierman[4]を参照されたい．FORTRAN77 によるその実現は，サブルーチン UDMAP で与えられる．UDMAP については後で詳しく述べる．(15.171) 式，(15.173) 式では $\tilde{P}(t_{k_l})$ に $\tilde{U}(t_{k_l})\tilde{D}(t_{k_l})\tilde{U}(t_{k_l})^{\mathrm{T}}$ を代入するだけでよい．

コラム：一段のタンクモデルの状態量の離散時間の推移式

図 **15.5** のように下方にのみ流出孔をもつ一段のタンクモデルを考えると，雨水の流出は次のようにモデル化される．

$$\frac{dx(t)}{dt} = r(t) - q(t) \tag{15.175}$$

$$q(t) = ax(t) \tag{15.176}$$

ここで，t は時刻，$x(t)$ は状態量（貯留高），$q(t)$ は出力（流出高），$r(t)$ は降雨強度（入力）であり，a は時刻によらない比例定数である．(15.175) 式は連続式，(15.176) 式は貯留高と流出高との関係式であり，それぞれ状態方程式と出力式に相当する．

この場合は，r_{k+1} を時刻 t_k から t_{k+1} の間の平均降雨強度，ϕ，c を定数として，離散時間の状態方程式

$$x_{k+1} = \phi x_k + c r_{k+1} \tag{15.177}$$

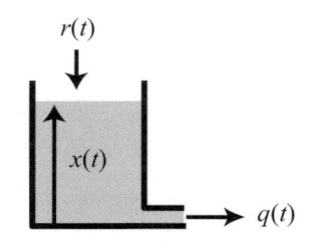

図 15.5：一段のタンクモデル．

を解析的に導くことができる．ここで x_k, x_{k+1} はそれぞれ時刻 t_k, t_{k+1} の状態量である．以下にそれを示す．(15.175) 式に (15.176) 式を代入した

$$\frac{dx(t)}{dt} = r(t) - ax(t)$$

は一階の線形常微分方程式なので，一般解として

$$x(t) = e^{-at}\left(\int e^{at}r(t)dt + C_1\right)$$

が得られる．C_1 は積分定数である．降雨強度が一定値をとり $r(t) = \bar{r}$ ならば

$$x(t) = \frac{\bar{r}}{a} + Ce^{-at}$$

となる．したがって，

$$x(t + \Delta t) = \frac{\bar{r}}{a} + Ce^{-a(t+\Delta t)} = \frac{\bar{r}}{a} + \left(x(t) - \frac{\bar{r}}{a}\right)e^{-a\Delta t}$$
$$= e^{-a\Delta t}x(t) + \frac{1 - e^{-a\Delta t}}{a}\bar{r}$$

となって，時刻 t_k から t_{k+1} の時間間隔を Δt, $x_k = x(t_k)$, $x_{k+1} = x(t_k + \Delta t)$, $\bar{r} = r_{k+1}$, $\phi = e^{-a\Delta t}$, $c = (1 - \phi)/a$ とすれば (15.177) 式が得られる．

貯留量と流出強度の関係式 (15.176) が線形式でない場合は，(15.175) 式は状態量に関する非線形式となる．この場合は，離散時間の線形の状態方程式を近似的に得ることを考える．まず，(15.175) 式から離散時間の非線形式を得る．このために，たとえばオイラー法を用いて

$$x(t_k + \Delta t) \simeq x(t_k) + \Delta t f(x(t_k)) \qquad (15.178)$$

と差分化する．次に，$x(t_k) = x_k$ として $f(x_k)$ を x_k の推定値 $\hat{x}_k$ の周りにテイラー展開して一次の項まで取り

$$f(x_k) \simeq f(\hat{x}_k) + f'(\hat{x}_k)(x_k - \hat{x}_k)$$

とする．これを (15.178) 式に代入すれば，

$$x_{k+1} = (1 + f'(\hat{x}_k)\Delta t)x_k + \Delta t(f(\hat{x}_k) - f'(\hat{x}_k)\hat{x}_k)$$

となって (15.177) 式と同様に，状態量に関する線形，離散時間の状態方程式が得られる．非線形関数の線形化には，テイラー展開以外に本章で示した統計的線形化や統計的二次近似手法を用いることができる．

コラム：状態量の期待値と推定誤差分散の推移式

前のコラムで一段のタンクモデルの貯留高の時間変化は (15.177) 式で表されることが示された．この状態量 x_k と平均降雨強度 r_k を確率変数とする場合を考える．現在時刻を t_k とし，現在時刻 t_k での状態量 x_k の事前推定値 $\hat{x}_k$ が何らかの方法を用いて推定されたとする．また，そのときの $\hat{x}_k$ の推定誤差分散を $\hat{P}_k$ とする．時刻 t_k から t_{k+1} までの平均降雨強度の予測値を $\hat{r}_{k+1}$，その予測誤差分散を U_{k+1} とすると，時刻 t_{k+1} の状態量 x_{k+1} の予測値 $\tilde{x}_{k+1}$ は (15.177) 式より

$$\hat{x}_{k+1|k} = \phi \hat{x}_{k|k} + c\hat{r}_{k+1} \tag{15.179}$$

である．この予測値の予測誤差分散 $\tilde{P}_{k+1}$ は x_k と r_{k+1} の予測誤差が無相関であるとすれば，

$$\begin{aligned}
\tilde{P}_{k+1} &= \mathrm{E}[(x_{k+1} - \tilde{x}_{k+1})^2] = \mathrm{E}[\{\phi(x_k - \hat{x}_k) + c(r_{k+1} - \hat{r}_{k+1})\}^2] \\
&= \phi^2 \mathrm{E}[(x_k - \hat{x}_k)^2] + c^2 \mathrm{E}[(r_{k+1} - \hat{r}_{k+1})^2] + 2\phi c \mathrm{E}[(x_k - \hat{x}_k)(r_{k+1} - \hat{r}_{k+1})] \\
&= \phi^2 \hat{P}_k + c^2 U_{k+1} \tag{15.180}
\end{aligned}$$

となる．ここで，$\mathrm{E}[(r_{k+1} - \hat{r}_{k+1})^2] = U_{k+1}$ であり，x_k と r_{k+1} の予測誤差を無相関とすることから $\mathrm{E}[(x_k - \hat{x}_k)(r_{k+1} - \hat{r}_{k+1})] = 0$ となる．(15.179) 式が状態量の予測値の推移式，(15.180) 式がその予測誤差分散の推移式となる．時刻

t_{k+1} の予測誤差分散は，時刻 t_k の推定誤差分散に関する項に予測降雨の誤差分散に関する項が加わる．この結果を用いれば，出力方程式 (15.176) により，出力の予測値 $\tilde{q}_{k+1}$ は

$$\tilde{q}_{k+1} = a\tilde{x}_{k+1}$$

となる．また，その予測誤差分散は次式で与えられる．

$$\mathrm{E}[(\tilde{q}_{k+1} - q_{k+1})^2] = a^2 \mathrm{E}[(x_{k+1} - \tilde{x}_{k+1})^2] = a^2 \tilde{P}_{k+1} = a^2(\phi^2 \hat{P}_k + c^2 U_{k+1})$$

次に，状態量の推移式 (15.177) 式の不確かさ，つまり流出モデルの不確かさを考慮して，モデル誤差を表す誤差項 $v(t_k) = v_k$ を加え

$$x_{k+1} = \phi x_k + c r_{k+1} + F_k v_k \tag{15.181}$$

とする場合を考える．F_k は定係数である．このとき，$\tilde{x}_{k+1}$, $\tilde{P}_{k+1}$, $\tilde{q}_{k+1}$ および $\tilde{q}_{k+1}$ の予測誤差分散を表す式を導く．ただし，v_k は x_k, r_{k+1} とは無相関で平均値 0，分散を Q_k とする．(15.181) 式の期待値を取ると，$\mathrm{E}[v_k] = 0$ なので状態量の予測値は

$$\tilde{x}_{k+1} = \phi \hat{x}_k + c \hat{r}_{k+1}$$

となる．また，その予測誤差分散は v_k が x_k, r_{k+1} と無相関であることを用いれば

$$\tilde{P}_{k+1} = \mathrm{E}[(x_{k+1} - \tilde{x}_{k+1})^2] = \phi^2 \mathrm{E}[(x_k - \hat{x}_k)^2] + c^2 \mathrm{E}[(r_{k+1} - \hat{r}_{k+1})^2] + F_k^2 \mathrm{E}[v_k^2]$$
$$= \phi^2 \hat{P}_k + c^2 U_{k+1} + F_k^2 Q_k$$

となる．また出力の予測値は

$$\tilde{q}_{k+1} = a\tilde{x}_{k+1}$$

であり，その予測誤差分散は

$$\mathrm{E}[(\tilde{q}_{k+1} - q_{k+1})^2] = a^2 \mathrm{E}[(x_{k+1} - \tilde{x}_{k+1})^2] = a^2 \tilde{P}_{k+1}$$
$$= a^2 \left(\phi^2 \hat{P}_k + c^2 U_{k+1} + F_k^2 Q_k \right)$$

となる．前のコラムの結果と比べると，状態量および出力の予測値の誤差分散に，モデル誤差の分散 Q_k に関する項が加わることがわかる．

15.6.2 指数関数的相関をもつノイズ・パラメータベクトルの導入

前項で扱った問題を拡張してより一般的な場合を扱う．まず，時刻 t_k の確率ベクトル $X(t_k)$ は三種類のベクトルに分割されるとする．

$$X(t_k) = \begin{pmatrix} x(t_k) \\ p(t_k) \\ c \end{pmatrix} \begin{matrix} N_x 次元 \\ N_p 次元 \\ N_c 次元 \end{matrix} \tag{15.182}$$

また，$X(t_k)$ の推移式，出力式，観測式は次のように与えられるとする．

$$\begin{pmatrix} x(t_{k+1}) \\ p(t_{k+1}) \\ c \end{pmatrix} = \begin{pmatrix} V_{x,k} & V_{p,k} & V_{c,k} \\ 0 & M_{p,k} & 0 \\ 0 & 0 & I \end{pmatrix} \begin{pmatrix} x(t_k) \\ p(t_k) \\ c \end{pmatrix} + \begin{pmatrix} V_{0,k} \\ 0 \\ 0 \end{pmatrix} + \begin{pmatrix} V_{g,k} v_{x,k} \\ v_{p,k} \\ 0 \end{pmatrix} \tag{15.183}$$

$$y(t_{k_l}) = A_{yx,k_l} x(t_{k_l}) + A_{yp,k_l} p(t_{k_l}) + A_{yc,k_l} c + v_{y,k_l} \tag{15.184}$$

$$y_{k_l} = y(t_{k_l}) + w_{k_l} \tag{15.185}$$

ただし，

- t_{k_l} 　出力およびその観測を考える時刻．k_l は整数で $k_0 < k_1 < k_2 < \cdots$．
- $y(t_{k_l})$ 　時刻 t_{k_l} でのスカラー値出力．
- y_{k_l} 　出力 $y(t_{k_l})$ の観測値．
- $v_{x,k}$ 　平均 0，共分散行列が単位行列の $N_{x,k}$ 次ノイズベクトル．$N_{x,k}$ は時刻に依存して変化してもよい．
- $v_{p,k}$ 　平均 0，共分散行列 $Q_{p,k}$ (後述の (15.189) 式を参照) の N_p 次ノイズベクトル．
- v_{y,k_l} 　平均 0，分散 Q_{y,k_l} のノイズ．
- w_{k_l} 　平均 0，分散 R_{k_l} の観測ノイズ．
- $M_{p,k}$ 　N_p 次対角行列 (後述 (15.188) 式を参照).
- I 　N_c 次単位行列．
- $V_{x,k}, V_{p,k}, V_{c,k}, V_{0,k}, V_{g,k}, A_{yx,k_l}, A_{yp,k_l}, A_{yc,k_l}$ 　非確率係数行列またはベクトル．

ここで，$p(t_k)$ の各成分 $p_i(t_k)$ は，指数関数的相関をもつ確率過程

$$\frac{dp_i(t)}{dt} = -\left(\frac{1}{\tau_i}\right) p_i(t) + v_{p_i}(t) \tag{15.186}$$

とする．ここで，$\tau_i > 0$ は時定数，$v_{p_i}(t)$ は平均値 0，分散密度 $q_{\mathrm{con},i} = (2/\tau_i)\sigma_{p_i}^2$ をもつ連続白色正規過程であり，$i \neq j$ のとき $v_{p_i}(t)$ と $v_{p_j}(t)$ とは独立とする．$\sigma_{p_i}^2$ は $p_i(t)$ の定常時分散である．これを時刻 t_k から t_{k+1} まで積分すると

$$p_i(t_{k+1}) = m_{i,k} p_i(t_k) + \xi_{i,k} \tag{15.187}$$

ただし，

$$m_{i,k} = \exp\left(-\frac{t_{k+1} - t_k}{\tau_i}\right)$$

$$\xi_{i,k} = \int_{t_k}^{t_{k+1}} \exp\left(-\frac{t_{k+1} - \eta}{\tau_i}\right) v_{pi}(\eta) d\eta$$

$$\mathrm{E}[\xi_{i,k}] = 0, \ \mathrm{E}[\xi_{i,k} \xi_{j,l}] = (1 - m_{i,k}^2)\sigma_{p_i}^2 \delta_{ij} \delta_{kl}$$

が得られる．そこで，

$$M_{p,k} = \begin{pmatrix} m_{1,k} & & & 0 \\ & m_{2,k} & & \\ & & \ddots & \\ 0 & & & m_{N_p,k} \end{pmatrix} \tag{15.188}$$

$$Q_{p,k} = \begin{pmatrix} (1 - m_{1,k}^2)\sigma_{P_1}^2 & & 0 \\ & \ddots & \\ 0 & & (1 - m_{N_p,k}^2)\sigma_{p_{N_p}}^2 \end{pmatrix} \tag{15.189}$$

$$v_{p,k} = \left(\xi_{1,k}, \cdots, \xi_{N_p,k}\right)^{\mathrm{T}} \tag{15.190}$$

とおいて (15.187) 式を行列・ベクトル記法で表したものが (15.183) 式の 2 行目の式になる．

(15.183) 式は，Bierman[4]が扱った定式化とほとんど同一であるが，$V_{0,k}$, $V_{g,k} v_{x,k}$ の項を導入した点が異なっている．これらの項を導入した方がより一般的であるし，後の **15.7** で述べる流出予測への応用に際して好都合である．式の形から明らかなように，(15.183) 式～(15.186) 式は (15.164) 式～(15.166) 式をより特殊化したものにすぎない．しかし，以下では，(15.182) 式のような分割を考慮した予測更新を考える．その方が計算コストと記憶容量の点で圧倒的に有利である．

15.6 予測更新—離散時間線形システムの場合   535

本質的な点は $\left(\tilde{X}(t_k),\ \tilde{U}(t_k)\tilde{D}(t_k)\tilde{U}(t_k)^{\mathrm{T}}\right)$ から $\left(\tilde{X}(t_{k+1}),\ \tilde{U}(t_{k+1})\tilde{D}(t_{k+1})\tilde{U}(t_{k+1})^{\mathrm{T}}\right)$ への推移式を求めることである．分割した (15.182) 式に対応して

$$\tilde{U}(t_k) = \begin{pmatrix} \tilde{U}_x(t_k) & \tilde{U}_{xp}(t_k) & \tilde{U}_{xc}(t_k) \\ O & \tilde{U}_p(t_k) & \tilde{U}_{pc}(t_k) \\ O & O & \tilde{U}_c(t_k) \end{pmatrix} \begin{matrix} N_x\ \text{行} \\ N_p\ \text{行} \\ N_c\ \text{行} \end{matrix}$$
$$\phantom{\tilde{U}(t_k)=}\begin{matrix} N_x\ \text{列} & N_p\ \text{列} & N_c\ \text{列} \end{matrix}$$

$$\tilde{D}(t_k) = \begin{pmatrix} \tilde{D}_x(t_k) & & O \\ & \tilde{D}_p(t_k) & \\ O & & \tilde{D}_c(t_k) \end{pmatrix} \begin{matrix} N_x\ \text{行} \\ N_p\ \text{行} \\ N_c\ \text{行} \end{matrix}$$

と分割して考える．$\tilde{U}(t_{k+1})$, $\tilde{D}(t_{k+1})$ についても同様に分割して考える．

さて，$X(t_k)$ から $X(t_{k+1})$ への推移を

$$\begin{pmatrix} x(t_{k+1}) \\ p(t_k) \\ c \end{pmatrix} = \begin{pmatrix} V_{x,k} & V_{p,k} & V_{c,k} \\ 0 & I & 0 \\ 0 & 0 & I \end{pmatrix} \begin{pmatrix} x(t_k) \\ p(t_k) \\ c \end{pmatrix} + \begin{pmatrix} V_{0,k} \\ 0 \\ 0 \end{pmatrix} + \begin{pmatrix} V_{g,k}v_{x,k} \\ 0 \\ 0 \end{pmatrix} \quad (15.191)$$

$$\begin{pmatrix} x(t_{k+1}) \\ p(t_{k+1}) \\ c \end{pmatrix} = \begin{pmatrix} I & 0 & 0 \\ 0 & M_{p,k} & 0 \\ 0 & 0 & I \end{pmatrix} \begin{pmatrix} x(t_{k+1}) \\ p(t_k) \\ c \end{pmatrix} + \begin{pmatrix} 0 \\ v_{p,k} \\ 0 \end{pmatrix} \quad (15.192)$$

の2ステップに分解しよう．(15.191) 式の推移の結果得られる共分散行列の UD 分解を

$$\overline{U} = \begin{pmatrix} \overline{U}_x & \overline{U}_{xp} & \overline{U}_{xc} \\ 0 & \overline{U}_p & \overline{U}_{pc} \\ 0 & 0 & \overline{U}_c \end{pmatrix},\quad \overline{D} = \begin{pmatrix} \overline{D}_x & & O \\ & \overline{D}_p & \\ O & & \overline{D}_c \end{pmatrix}$$

と書くことにする．このとき，

$$\begin{pmatrix} \overline{U}_p & \overline{U}_{pc} & \overline{U}_c & \overline{D}_p & \overline{D}_c \end{pmatrix} = \begin{pmatrix} \tilde{U}_p(t_k) & \tilde{U}_{pc}(t_k) & \tilde{U}_c(t_k) & \tilde{D}_p(t_k) & \tilde{D}_c(t_k) \end{pmatrix}$$

$$\overline{U}_{xp} = V_{x,k}\tilde{U}_{xp}(t_k) + V_{p,k}\tilde{U}_p(t_k)$$

$$\overline{U}_{xc} = V_{x,k}\tilde{U}_{xc}(t_k) + V_{p,k}\tilde{U}_{pc}(t_k) + V_{c,k}\tilde{U}_c(t_k)$$

$$\overline{U}_x\overline{D}_x\overline{U}_x^{\mathrm{T}} = \begin{pmatrix} V_x & \tilde{U}_x(t_k) \end{pmatrix} \tilde{D}_x(t_k) \begin{pmatrix} V_x & \tilde{U}_x(t_k) \end{pmatrix}^{\mathrm{T}} + V_{g,k}V_{g,k}^{\mathrm{T}} \quad (15.193)$$

が成り立つ．(15.193) 式は (15.174) 式と同じ形の式であるから MWG-S 法によって $\overline{U}_x$, $\overline{D}_x$ を求めることができる．(15.192) 式の推移に対しては，

$$\tilde{U}_c(t_{k+1}) = \overline{U}_c,\ \tilde{D}_c(t_{k+1}) = \overline{D}_c \quad (15.194)$$

$$\tilde{U}_{pc}(t_{k+1}) = M_{p,k}\overline{U}_{py}, \quad \tilde{U}_{xc}(t_{k+1}) = \overline{U}_{xc} \tag{15.195}$$

$$\begin{pmatrix} \tilde{U}_x(t_{k+1}) & \tilde{U}_{xp}(t_{k+1}) \\ 0 & \tilde{U}_p(t_{k+1}) \end{pmatrix} \begin{pmatrix} \tilde{D}_x(t_{k+1}) & 0 \\ 0 & \tilde{D}_p(t_{k+1}) \end{pmatrix} \begin{pmatrix} \tilde{U}_x(t_{k+1})^T & 0 \\ \tilde{U}_{xp}(t_{k+1})^T & \tilde{U}_p(t_{k+1})^T \end{pmatrix}$$

$$= \begin{pmatrix} \overline{U}_x & \overline{U}_{xp} \\ 0 & M_{p,k}\overline{U}_p \end{pmatrix} \begin{pmatrix} \overline{D}_x & 0 \\ 0 & \overline{D}_p \end{pmatrix} \begin{pmatrix} \overline{U}_x^T & 0 \\ \overline{U}_{xp}^T & \overline{U}_p^T M_{p,k}^T \end{pmatrix} + \begin{pmatrix} 0 & 0 \\ 0 & Q_{p,k} \end{pmatrix} \tag{15.196}$$

が得られる．(15.196) 式で~のついた項を求めるために再び MWG-S 法を適用することができる．しかし，Bierman[4]は，(15.192) 式に対する推移をさらに分解し，$i = 1, 2, \cdots, N_p$ について $p(t_k)$ の第 i 成分が $p(t_{k+1})$ の第 i 成分に順次推移するとして，Agee-Turner のアルゴリズムを用いるほうが計算効率の容量の点でより有利であるとしている (ただし，Bierman のアルゴリズムには一部ミスがある)．

以上を考慮して (15.193) 式に対して MWG-S 法を，(15.196) 式に対して Agee-Turner のアルゴリズムを用いて共分散行列の UD 分解を更新するサブルーチン UDMAP がある．このサブルーチンでは，ベクトル p の次元 N_p，ベクトル c の次元 N_c，ベクトル $v_{x,k}$ の次元 $N_{x,k}$ の値が 0 であっても差し支えないようにしている．すなわち，対応するベクトルを定式から除外するためには単にこれらの次元，N_p，N_c，$N_{x,k}$ などを 0 と考えるだけでよい．出力値，観測値の予測式を UD 分解に即して導くことは容易であるから省略する．

15.7　予測更新—降雨流出システムの場合

15.2 で想定した流出モデルを考え，流出予測問題を議論する．

状態方程式：
$$\frac{dx_i(t)}{dt} = f_i(x(t), c, u_k) + G_{x_i}p(t), \quad i = 1, \cdots, N_x \tag{15.197}$$

$$\frac{dp_i(t)}{dt} = -\left(\frac{1}{\tau_i}\right)p_i(t) + v_{p_i}(t), \quad i = 1, \cdots, N_p \tag{15.198}$$

出力方程式：$y(t) = g(x(t), c) + G_y p(t)$ $\quad\quad\quad\quad\quad\quad\quad\quad\quad\quad\quad\quad$ (15.199)

観測方程式：$y_k = y(t_k) + w_k$ $\quad\quad\quad\quad\quad\quad\quad\quad\quad\quad\quad\quad\quad\quad\quad$ (15.200)

ただし，$t_{k-1} < t < t_k$ であり，以下の条件が与えられているとする．

$x(t)$　N_x 次の状態量ベクトル．$x_i(t)$ はその第 i 成分．

15.7 予測更新—降雨流出システムの場合

$p(t)$　N_p 次のシステムノイズベクトルであり，$p_i(t)$ はその第 i 成分．
c　N_c 次の未知パラメータ列ベクトル．
u_k　時刻 t_{k-1} から時刻 t_k までの観測された，または観測される予定である面積平均降雨強度 (**15.2.1** を参照)．u_k の値は時刻 t_k に既知となるものとする．
$y(t)$　時刻 t の流出強度．
y_k　時刻 t_k の流出強度 y_k の観測値．時刻 t_k に既知となるものとする．
τ_i　指数関数的相関をもつノイズ $p_i(t)$ の時定数．$\tau_i > 0$．
$v_{p_i}(t)$　指数関数的相関をもつノイズ $p_i(t)$ への外乱を表すノイズ．平均 0，分散密度 $(2/\tau_i)\sigma_{p_i}^2$ をもつ連続白色正規過程である．$\sigma_{p_i}^2$ は $p_i(t)$ の定常時ノイズであり，$i \neq j$ に対して，$v_{p_i}(t)$ と $v_{p_j}(t)$ は独立とする．
w_k　時刻 t_k の流出強度 $y(t_k)$ の観測誤差．平均 0，分散 R をもつとする．
G_{x_i}　非確率的 N_p 次元ベクトル．
G_y　非確率的 N_p 次元ベクトル．

流出予測には入力である降雨の予測が必要である．以下では，降雨予測システムの存在を仮定し，次に述べる降雨予測情報がこの降雨予測システムから流出予測システムへ供給されるとする．すなわち，各時刻 t_k で，将来の M 単位時間後までの降雨入力ベクトルを

$$\underline{u}_k = \begin{pmatrix} u_{k+1} \\ \vdots \\ u_{k+M} \end{pmatrix} \tag{15.201}$$

とおくとき，$\underline{u}_k$ の推定値

$$\hat{\underline{u}}_k = \begin{pmatrix} \hat{u}_{k+1} \\ \vdots \\ \hat{u}_{k+M} \end{pmatrix} \tag{15.202}$$

とその推定誤差の共分散行列

$$\mathrm{Var}\left[\underline{u}_k - \hat{\underline{u}}_k\right] = R_{\underline{u}_k} \tag{15.203}$$

が降雨予測システムから供給されるとする．以下，この前提に立って流出予測問題を考える．

15.7.1 流出予測システムの初期化とフィルタリング

時刻 t の流出システムの状態ベクトル $X(t)$ を

$$X(t) = \begin{pmatrix} x(t) \\ p(t) \\ c \end{pmatrix}$$

と表す．$X(t)$ の次元を N とすると，

$$N = N_x + N_p + N_c$$

である．流出予測を開始するために，まず，初期時刻 $t = t_{k_0}$ で，

$\tilde{X}(t_{k_0})$　流出強度観測値 y_{k_0} が得られる前の $X(t_{k_0})$ の推定値

$\tilde{U}(t_{k_0}), \tilde{D}(t_{k_0})$　$\tilde{X}(t_{k_0})$ による $X(t_{k_0})$ の推定誤差の共分散行列の UD 分解行列

が与えられているとする．このとき，

$\hat{X}(t_{k_0})$　流出強度観測値 y_{k_0} が得られた後の $X(t_{k_0})$ の推定値

$\hat{U}(t_{k_0}), \hat{D}(t_{k_0})$　$\hat{X}(t_{k_0})$ による $X(t_{k_0})$ の推定誤差の共分散行列の UD 分解行列

を求めることを考える．観測値 y_{k_0} は，

$$y_{k_0} = g(x(t_{k_0}), c) + G_y p(t_{k_0}) + w_{k_0} \tag{15.204}$$

と表されることに注意して，この観測更新の手順を要約して示す．

1) $X(t_{k_0})$ の部分ベクトル $(x(t_{k_0}), c)^T$ の $(\tilde{x}(t_{k_0}), \tilde{c}(t_{k_0}))^T$ による推定誤差 $(x(t_{k_0}) - \tilde{x}(t_{k_0}), c - \tilde{c}(t_{k_0}))^T$ の共分散行列の UD 分解を求める．サブルーチン UD-PART を用いるとよい．
2) 統計的二次近似によって，

$$g(x(t_{k_0}), c) \cong B^* + \begin{pmatrix} H_x & H_c \end{pmatrix} \begin{pmatrix} x(t_{k_0}) - \tilde{x}(t_{k_0}) \\ c - \tilde{c}(t_{k_0}) \end{pmatrix} + \delta$$

ただし，

$$\delta = \frac{1}{2} \begin{pmatrix} x(t_{k_0}) - \tilde{x}(t_{k_0}) \\ c - \tilde{c}(t_{k_0}) \end{pmatrix}^T A \begin{pmatrix} x(t_{k_0}) - \tilde{x}(t_{k_0}) \\ c - \tilde{c}(t_{k_0}) \end{pmatrix}$$

と近似する．サブルーチン SOAP を用いるとよい．

3) δ の期待値 $\mathrm{E}[\delta]$, 分散 $\mathrm{Var}[\delta]$ を求める. サブルーチン COVSOT を用いるとよい.
4) 以上の近似を用いると, (15.204) 式は

$$y_{t_{k_0}} - (B + H_x \tilde{x}(t_{k_0}) + H_c \tilde{c}(t_{k_0}) + \mathrm{E}[\delta]) = \begin{pmatrix} H_x & G_y & H_c \end{pmatrix} \begin{pmatrix} x(t_{k_0}) \\ p(t_{k_0}) \\ c \end{pmatrix} + w_{\mathrm{new}} \quad (15.205)$$

ただし,

$$w_{\mathrm{new}} = \delta - \mathrm{E}[\delta] + w_{k_0}$$
$$\mathrm{E}[w_{\mathrm{new}}] = 0, \ \mathrm{Var}[w_{\mathrm{new}}] = \mathrm{Var}[\delta] + R$$

と書けるから, (15.205) 式の左辺を観測値, $(H_x \ G_y \ H_c)$ を $X(t_{k_0})$ の係数ベクトル, w_{new} を観測誤差として線形フィルタを適用して, $\hat{X}(t_{k_0})$, $\hat{U}(t_{k_0})$, $\hat{D}(t_{k_0})$ を求める. サブルーチン UDFILT を用いるとよい.

もちろん, 時刻 t_{k_0} で y_{k_0} が得られない, すなわち欠測のときは,

$$\hat{X}(t_{k_0}) = \tilde{X}(t_{k_0}), \ \hat{U}(t_{k_0}) = \tilde{U}(t_{k_0}), \ \hat{D}(t_{k_0}) = \tilde{D}(t_{k_0})$$

とすることになる.

15.7.2 流出予測

時刻 t_{k_0} での y_{k_0} を用いた観測更新の後, すなわち, $\hat{X}(t_{k_0})$, $\hat{U}(t_{k_0})$, $\hat{D}(t_{k_0})$ が得られている時点で, $t_k = t_{k_0+1}, \cdots, t_{k_0+M}$ ($M > 0$ は予測時間) での流出強度 $y(t_k)$ または観測値 y_k を予測することを考える.

(1) 降雨予測情報の考慮―状態ベクトルの拡大

(15.201) 式〜(15.203) 式に示したように, 現在時刻 t_{k_0} で, M 単位時間後までの降雨入力ベクトル $\underline{u}_{k_0} = (u_{k_0+1}, \cdots, u_{k_0+M})^\mathrm{T}$ の予測値 $\hat{\underline{u}}_{k_0} = (\hat{u}_{k_0+1}, \cdots, \hat{u}_{k_0+M})^\mathrm{T}$, その予測誤差共分散行列 $R_{\underline{u},k_0}$ が与えられるとする. この情報を流出予測システムに組み込むために, $R_{\underline{u},k_0}$ を

$$R_{\underline{u}_{k_0}} = S_{\underline{u},k_0} S_{\underline{u},k_0}^{\ \mathrm{T}}$$

と分解する．ただし $S_{\underline{u},k_0}$ はランクが m の $M \times m$ 行列である．このような $m \leq M$ と $S_{\underline{u},k_0}$ を求めるにはサブルーチン **LOWCHO** を用いるとよい．この $S_{\underline{u},k_0}$ を用いて，未知確率ベクトル e_{k_0} を

$$e_{k_0} = (S_{\underline{u},k_0}{}^T S_{\underline{u},k_0})^{-1} S_{\underline{u},k_0}{}^T (\underline{u}_{k_0} - \hat{\underline{u}}_{k_0})$$

と定義する．$\underline{u}_{k_0}$ の予測値が $\hat{\underline{u}}_{k_0}$ であるから，e_{k_0} の推定値は 0 であり，推定誤差の共分散行列は

$$E\left[e_{k_0} e_{k_0}{}^T\right] = (S_{\underline{u},k_0}{}^T S_{\underline{u},k_0})^{-1} S_{\underline{u},k_0}^T R_{\underline{u},k_0} S_{\underline{u},k_0} (S_{\underline{u},k_0}^T S_{\underline{u},k_0})^{-T} = I_m$$

となる．入力降雨ベクトル $\underline{u}_{k_0}$ は，逆にこの e_{k_0} を用いて

$$\underline{u}_{k_0} = \hat{\underline{u}}_{k_0} + S_{\underline{u},k_0} e_{k_0}, \ e_{k_0} \sim N(0, I_m)$$

と表されると考えてよい．

現在時刻 t_{k_0} を固定し，将来予測を考えているときには e_{k_0} は時間的に不変で値が未知の確率ベクトルであり，基本的性格は未知パラメータベクトル c と異なるところはない．そこで，c ベクトルを拡大して，

$$c' = \begin{pmatrix} c \\ e_{k_0} \end{pmatrix}$$

とおき，これに対応して

$$X'(t) = \begin{pmatrix} X(t) \\ e_{k_0} \end{pmatrix} = \begin{pmatrix} x(t) \\ p(t) \\ c' \end{pmatrix}, \ t \geq t_{k_0}$$

とおくことにする．これに伴って，$t_{k_0+l-1} < t < t_{k_0+l}, \ l = 1, \cdots, M$ で

$$F_i(x(t), c', t) = f_i(x(t), c, \hat{\underline{u}}_{k_0+l} + S_{\underline{u}_{k_0}l} e_{k_0}) \tag{15.206}$$

と定義する．ただし，$S_{\underline{u}_{k_0}l}$ は $S_{\underline{u}_{k_0}}$ の第 l 行を表す．このとき，$t \geq t_{k_0}$ での，$X'(t) = (X(t), e_{k_0})^T$ の推移は，

$$\frac{dx_i(t)}{dt} = F_i(x(t), c', t) + G_{x_i} p(t), \ i = 1, \cdots, N_x \tag{15.207}$$

$$\frac{dp_i(t)}{dt} = -\left(\frac{1}{\tau_i}\right) p_i(t) + v_{p_i}(t), \ i = 1, \cdots, N_p \tag{15.208}$$

と表されることになる．c' は変化しない．

拡大されたベクトル X' の時刻 t_{k_0} での値 $X'(t_{k_0})$ の推定値 $\hat{X}'(t_{k_0})$, 推定誤差共分散行列の UD 分解行列 $\hat{U}'(t_{k_0})$, $\hat{D}'(t_{k_0})$ は, 元の $\hat{X}(t_{k_0})$, $\hat{U}(t_{k_0})$, $\hat{D}(t_{k_0})$ を用いて,

$$\hat{X}'(t_{k_0}) = \begin{pmatrix} \hat{X}(t_{k_0}) \\ 0 \end{pmatrix}, \quad \hat{U}'(t_{k_0}) = \begin{pmatrix} \hat{U}(t_{k_0}) & 0 \\ 0 & I_m \end{pmatrix}, \quad \hat{D}'(t_{k_0}) = \begin{pmatrix} \hat{D}(t_{k_0}) & 0 \\ 0 & I_m \end{pmatrix}$$

とおくとよい.

(2) 拡大された状態ベクトルの予測

拡大された状態ベクトル $X'(t)$ の推定値, 推定誤差共分散行列の推移を考える. $X'(t)$ の推移式は (15.207) 式, (15.208) 式で与えられていることに注意する. 本項では, 簡単のため, $X'(t)$ を $X(t)$, c' を c と書く. また, $\hat{X}'(t_{k_0})$, $\hat{U}'(t_{k_0})$, $\hat{D}'(t_{k_0})$ を $\hat{X}(t_{k_0})$, $\hat{U}(t_{k_0})$, $\hat{D}(t_{k_0})$ と書く. さらに, 時刻 t_{k_0} から時刻 t_{k_0+M} までの間を適当に (後で用いる差分方程式が安定になるように) 分割した分点 $t_0 < t_1 < \cdots < t_k < t_{k+1} < \cdots$ をとる. 次の項で流量を予測するときのために, これらの分点は, 時刻 t_{k_0+i}, $i = 1, \cdots, M$ を含むようにとるものとする. ここで, $k > 0$ に対して

$\tilde{X}(t_k)$　$X(t_k)$ の予測値. 詳しくいえば, 現在時刻 t_{k_0} までの観測情報による $X(t_k)$ の最小分散推定値

$\tilde{U}(t_k), \tilde{D}(t_k)$　$\tilde{X}(t_k)$ による $X(t_k)$ の予測誤差の共分散行列の UD 分解行列

と表すことにする. また, 便宜上,

$$\tilde{X}(t_0) = \hat{X}(t_0), \quad \tilde{U}(t_0) = \hat{U}(t_0), \quad \tilde{D}(t_0) = \hat{D}(t_0)$$

とおく. 問題は, $(\tilde{X}(t_k), \tilde{U}(t_k), \tilde{D}(t_k))$ を更新して, $(\tilde{X}(t_{k+1}), \tilde{U}(t_{k+1}), \tilde{D}(t_{k+1}))$ を求めることである. 実は, 状態方程式の線形化, たとえば統計的二次近似と差分化によって, 時刻 t_k から時刻 t_{k+1} の間の $X(t)$ の推移は,

$$\begin{pmatrix} x(t_{k+1}) \\ p(t_{k+1}) \\ c \end{pmatrix} = \begin{pmatrix} V_{x,k} & V_{p,k} & V_{c,k} \\ 0 & M_{p,k} & 0 \\ 0 & 0 & I \end{pmatrix} \begin{pmatrix} x(t_k) \\ p(t_k) \\ c \end{pmatrix} + \begin{pmatrix} V_{0,k} \\ 0 \\ 0 \end{pmatrix} + \begin{pmatrix} V_{g,k}v_{x,k} \\ v_{p,k} \\ 0 \end{pmatrix} \quad (15.209)$$

の形に変形されるので, **15.6.2** の結果がそのまま使えるのである. この第二行は **15.6.2** ですでに説明したもの, 第三行は自明であるから, 第一行を導く手順を述べる.

1) $X(t_k)$ の部分ベクトル $(x(t_k), c)^T$ の $(\tilde{x}(t_k), \tilde{c}(t_k))^T$ による推定誤差 $(x(t_k) - \tilde{x}(t_k), c - \tilde{c}(t_k))^T$ の共分散行列の UD 分解を求める．サブルーチン UDPART を用いるとよい．

2) $F_i(x(t_k), c, t_k)$ を線形化する．たとえば，統計的二次近似によって，$i = 1, \cdots, N_x$ について

$$F_i(x(t_k), c, t_k) \simeq B_i^* + \begin{pmatrix} H_{xi} & H_{ci} \end{pmatrix} \begin{pmatrix} x(t_k) - \tilde{x}(t_k) \\ c - \tilde{c}(t_k) \end{pmatrix} + \delta_i$$

ただし，

$$\delta_i = \frac{1}{2} \begin{pmatrix} x(t_k) - \tilde{x}(t_k) \\ c - \tilde{c}(t_k) \end{pmatrix}^T A_i \begin{pmatrix} x(t_k) - \tilde{x}(t_k) \\ c - \tilde{c}(t_k) \end{pmatrix}$$

と近似する．サブルーチン SOAP を用いるとよい．

3) $\delta = (\delta_1, \cdots, \delta_{N_x})^T$ の期待値 $E[\delta]$ と共分散行列 $Var[\delta]$ を求める．サブルーチン COVSOT を用いるとよい．

4) $Var[\delta] = S_\sigma S_\sigma^T$ となる $N_x \times m$ 次行列 S_σ, m を求める．サブルーチン LOWCHO を用いるとよい．

5) 以上をまとめて，$F = (F_1, \cdots, F_{N_x})^T$ を

$$F(x(t_k), c, t_k) + G_x p(t_k) \simeq \begin{pmatrix} F_{x,k} & F_{p,k} & F_{c,k} \end{pmatrix} \begin{pmatrix} x(t_k) \\ p(t_k) \\ c \end{pmatrix} + F_{0,k} + F_{g,k} v_{x,k}$$

(15.210)

ただし，

$$F_{x,k} = \begin{pmatrix} H_{x1} \\ \vdots \\ H_{xN_x} \end{pmatrix}, \quad F_{c,k} = \begin{pmatrix} H_{c1} \\ \vdots \\ H_{cN_x} \end{pmatrix}, \quad F_{p,k} = G_x$$

$$F_{0,k} = \begin{pmatrix} B_1^* \\ \vdots \\ B_{N_x}^* \end{pmatrix} - F_{x,k} \tilde{x}(t_k) - F_{c,k} \tilde{c}(t_k) + E[\delta]$$

$$F_{g,k} = S_\delta, \quad v_{x,k} = (S_\delta^T S_\delta)^{-1} S_\delta^T (\delta - E[\delta])$$

とおく．$v_{x,k}$ は $(x(t_k), p(t_k), c)^T$ とは無相関平均値 0，共分散行列 I_m をもつ．

6) 微分方程式 $dx_i(t)/dt = F(x(t), c, t) + G_x p(t)$ の右辺を (15.210) 式で近似し，Padè 差分公式 (たとえば Kitanidis and Brass[11]，戸川[12]を参照) を適

用して，
$$x(t_{k+1}) = V_{x,k}x(t_k) + V_{p,k}p(t_k) + V_{c,k}c + V_{0,k} + V_{g,k}v_{x,k}$$
とする．サブルーチン **DISCRE** を用いるとよい．これによって (15.209) 式の形の推移式が得られるから，サブルーチン **UDMAP** を用いると，$\tilde{X}(t_{k+1})$, $\tilde{U}(t_{k+1})$, $\tilde{D}(t_{k+1})$ が得られる．

(3) 流出強度またはその観測値の予測

前項 **(2)** の方法によって，$\tilde{X}'(t_k)$, $\tilde{U}'(t_k)$, $\tilde{D}'(t_k)$, $k = k_0 + 1, \cdots, k_0 + M$ が求められる．観測式が
$$y_k = g(x(t_k), c) + G_y p(t_k)$$
であることに注意すると，$y(t_k)$ の予測値は次の手順で得られる．

1) $X'(t_k)$ の部分ベクトル $(x(t_k), c)^T$ の $(\tilde{x}(t_k), \tilde{c}(t_k))^T$ による推定誤差 $(x(t_k) - \tilde{x}(t_k), c - \tilde{c}(t_k))^T$ の共分散行列の UD 分解を求める．サブルーチン **UDPART** を用いるとよい．

2) 観測関数 $g(x(t_k), c)$ を線形化する．たとえば統計的二次近似により，
$$g(x(t_k), c) \cong B^* + \begin{pmatrix} H_x & H_c \end{pmatrix} \begin{pmatrix} x(t_k) - \tilde{x}(t_k) \\ c - \tilde{c}(t_k) \end{pmatrix} + \delta$$
ただし，
$$\delta = \frac{1}{2} \begin{pmatrix} x(t_k) - \tilde{x}(t_k) \\ c - \tilde{c}(t_k) \end{pmatrix}^T A \begin{pmatrix} x(t_k) - \tilde{x}(t_k) \\ c - \tilde{c}(t_k) \end{pmatrix}$$
と近似する．サブルーチン **SOAP** を用いるとよい．

3) δ の期待値 $\mathrm{E}[\delta]$，分散 $\mathrm{Var}[\delta]$ を求める．サブルーチン **COVSOT** を用いるとよい．

4) $y(t_k)$ の予測値 $\tilde{y}(t_k)$ と予測誤差分散 $P_{\tilde{y}(t_k)}$ は，
$$\tilde{y}(t_k) = B^* + \mathrm{E}[\delta]$$
$$P_{\tilde{y}(t_k)} = W\tilde{D}'(t_k)W^T + \mathrm{Var}[\delta]$$
ただし
$$W = \begin{pmatrix} H_x & G_y & H_c & 0 \end{pmatrix} \tilde{U}'(t_k)$$
によって求められる．

$y(t_k)$ の観測値 y_k の予測値は $\tilde{y}(t_k)$ に等しく，その予測誤差分散は $P_{\tilde{y}(t_k)}$ に w_k の分散 R を加えたものである．

15.7.3 降雨観測値の入手と再予測

時刻 t_{k_0} から単位時間経過して時刻 t_{k_0+1} になり，u_{k_0+1}, y_{k_0+1} の値が既知となったとする．観測更新の前準備として，u_{k_0+1} の値を用いた $X(t_{k_0+1})$ の事前推定を求める必要がある．そのためには，15.7.2 で用いた方法を繰返せばよい．ただし，この時点では u_{k_0+1} が既知となったので，状態ベクトルを拡大する必要はなく，また，(15.206) 式の F_i は単に，$t_{k_0} < t < t_{k_0+1}$ で

$$F_i(x(t), c, t) = f_i(x(t), c, u_{k_0+1})$$

とすればよい．

こうして，u_{k_0+1} の値を用いて $X(t_{k_0+1})$ が推定されれば，次に y_{k_0+1} を用いた観測更新をすることになる．これは，15.7.1 でとりあげた問題であるから，t_{k_0+1} を t_{k_0} と考えて，15.7.1 の方法を用いることになる．これで流出予測のループが完結する．

15.A カルマンフィルタの誘導

Bertsekas[5]を参考にしてカルマンフィルタを誘導する．

15.A.1 線形最小二乗推定

結合分布している n 次元の確率ベクトル x と m 次元の確率ベクトル y とを考える．y の実現値が得られたときの x の推定式として，次のような線形式 $x(y)$

$$x(y) = Ay + b \tag{A.1}$$

を考える．ただし，A, b は $n \times m$ 次行列，n 次列ベクトルであり，y の実現値が得られる前に定めておく定行列，定ベクトルである．以後，特に断らない限り，ベクトルはすべて列ベクトルとする．上式中の y も列ベクトルである．

すべての $n \times m$ 次行列 A, n 次列ベクトル b の中で，

$$\mathop{\mathrm{E}}_{x,y}\left[\|x - Ay - b\|^2\right] = \mathop{\mathrm{E}}_{x,y}\left[(x - Ay - b)^{\mathrm{T}}(x - Ay - b)\right] \tag{A.2}$$

を最小にする A, b を $\hat{A}, \hat{b}$ とするとき,

$$\hat{x}(y) = \hat{A}y + \hat{b} \tag{A.3}$$

を x の線形最小二乗推定式 (linear least-squares estimator) とよぶ. ただし, (A.2) 式中で, 右肩につけた T はその行列やベクトルの転置をとることを表している. また, $\|x\|$ はベクトル x のノルムを表し, $\sqrt{x^T x}$ で計算される量である.

定理1 x, y は結合分布している n 次, m 次の確率ベクトルとする. これらの平均値ベクトル, 共分散行列が存在するものと仮定し, 次のように表す.

$$E[x] = \overline{x}, \qquad\qquad E[y] = \overline{y} \tag{A.4}$$

$$E[(x-\overline{x})(x-\overline{x})^T] = \Sigma_{xx}, \qquad E[(y-\overline{y})(y-\overline{y})^T] = \Sigma_{yy} \tag{A.5}$$

$$E[(x-\overline{x})(y-\overline{y})^T] = \Sigma_{xy}, \qquad E[(y-\overline{y})(x-\overline{x})^T] = \Sigma_{yx} = \Sigma_{xy}{}^T \tag{A.6}$$

さらに, Σ_{yy} の逆行列が存在するものと仮定する. そうすると, y が与えられたときの x の線形最小二乗推定式は,

$$\hat{x}(y) = \overline{x} + \Sigma_{xy}\Sigma_{yy}{}^{-1}(y - \overline{y}) \tag{A.7}$$

で与えられる. これに対応する推定誤差の共分散行列は

$$\mathop{E}_{x,y}\left[[x-\hat{x}(y)][x-\hat{x}(y)]^T\right] = \Sigma_{xx} - \Sigma_{xy}\Sigma_{yy}{}^{-1}\Sigma_{yx} \tag{A.8}$$

で与えられる.

(証明) 線形最小二乗推定式は,

$$\hat{x}(y) = \hat{A}y + \hat{b}$$

と定義された. ただし, $\hat{A}, \hat{b}$ は, すべての $n \times m$ 次行列 A, n 次列ベクトル b の中で

$$f(A, b) = \mathop{E}_{x,y}\left[\|x - Ay - b\|^2\right] = \mathop{E}_{x,y}\left[\sum_{i=1}^{n}\left(b_i + \sum_{j=1}^{m} a_{ij}y_j - x_i\right)^2\right]$$

を最小にするものである. そこで, $f(A, b)$ を A, b で偏微分し, それを 0 とおく

ことにより，

$$0 = \left.\frac{\partial f}{\partial A}\right|_{\hat{A},\hat{b}} = 2 \mathop{E}_{x,y}\left[y(\hat{b} + \hat{A}y - x)^{\mathrm{T}}\right] \qquad (A.9)$$

$$0 = \left.\frac{\partial f}{\partial b}\right|_{\hat{A},\hat{b}} = 2 \mathop{E}_{x,y}\left[\hat{b} + \hat{A}y - x\right] \qquad (A.10)$$

を得る．(A.9) 式は，次のようにして得られる．A の第 (i, j) 成分 a_{ij} 成分で $f(A, b)$ を偏微分し，これを 0 とおくと，

$$0 = \frac{\partial f}{\partial a_{ij}} = 2 \mathop{E}_{x,y}\left[y_j\left(b_i + \sum_{k=1}^{m} a_{ik}y_k - x_i\right)\right]$$

となる．$i = 1, \cdots, n, j = 1, \cdots, m$ について上式を書き並べ，行列記法で表したものが (A.9) 式である．(A.10) 式も同様にして得られる．(A.10) 式より，

$$\hat{b} = \bar{x} - \hat{A}\bar{y} \qquad (A.11)$$

を得るから，これを (A.9) 式に代入すると，

$$\mathop{E}_{x,y}\left[y[\hat{A}(y - \bar{y}) - (x - \bar{x})]^{\mathrm{T}}\right] = 0 \qquad (A.12)$$

となる．ここで，恒等式

$$\mathop{E}_{x,y}\left[-\bar{y}[\hat{A}(y - \bar{y}) - (x - \bar{x})]^{\mathrm{T}}\right] = -\bar{y} \mathop{E}_{x,y}\left[\hat{A}(y - \bar{y}) - (x - \bar{x})\right]^{\mathrm{T}} = 0$$

を (A.12) 式に加えれば，

$$\mathop{E}_{x,y}\left[(y - \bar{y})[\hat{A}(y - \bar{y}) - (x - \bar{x})]^{\mathrm{T}}\right] = 0$$

が得られる．これは，(A.5) 式，(A.6) 式の記法を用いると，

$$\Sigma_{yy}\hat{A}^{\mathrm{T}} - \Sigma_{yx} = 0 \quad \therefore \quad \hat{A}\Sigma_{yy} = \Sigma_{yx}^{\mathrm{T}} = \Sigma_{xy}$$

となる．これから $\hat{A}$ は，

$$\hat{A} = \Sigma_{xy}\Sigma_{yy}^{-1} \qquad (A.13)$$

である．(A.11) 式，(A.13) 式より $\hat{A}$, $\hat{b}$ が求められるから，

$$\hat{x}(y) = \hat{A}y + b = \bar{x} + \Sigma_{xy}\Sigma_{yy}^{-1}(y - \bar{y})$$

を得る.これが証明すべき (A.7) 式であった.この $\hat{x}(y)$ の式を (A.8) 式の左辺に代入すると,

$$\begin{aligned}
\mathop{\mathrm{E}}_{x,y}\left[[x-\hat{x}(y)][x-\hat{x}(y)]^{\mathrm{T}}\right] &= \mathop{\mathrm{E}}_{x,y}\Big[(x-\overline{x})(x-\overline{x})^{\mathrm{T}} + \Sigma_{xy}\Sigma_{yy}^{-1}(y-\overline{y})(y-\overline{y})^{\mathrm{T}}\Sigma_{yy}^{-1}\Sigma_{yx} \\
&\quad -(x-\overline{x})(y-\overline{y})^{\mathrm{T}}\Sigma_{yy}^{-1}\Sigma_{yx} - \Sigma_{xy}\Sigma_{yy}^{-1}(y-\overline{y})(x-\overline{x})^{\mathrm{T}}\Big] \\
&= \Sigma_{xx} + \Sigma_{xy}\Sigma_{yy}^{-1}\Sigma_{yx} - \Sigma_{xy}\Sigma_{yy}^{-1}\Sigma_{yx} - \Sigma_{xy}\Sigma_{yy}^{-1}\Sigma_{yx} \\
&= \Sigma_{xx} - \Sigma_{xy}\Sigma_{yy}^{-1}\Sigma_{yx}
\end{aligned}$$

となって,(A.8) 式右辺が得られる (定理 1 の証明終).

系 15.A.1 定理 1 の仮定のもとで,以下が成り立つ.

$$\overline{x} = \mathop{\mathrm{E}}_{x}[x] = \mathop{\mathrm{E}}_{y}[\hat{x}(y)]$$

(証明) 最初の等号は $\overline{x}$ の定義によるもの.2 番目の等号は (A.7) 式の両辺の期待値をとって得られる (証明終).

系 15.A.2 定理 1 の仮定のもとで,(A.7) 式による推定式 $\hat{x}(y)$ の推定誤差 $x-\hat{x}(y)$ は,y および $\hat{x}(y)$ と無相関である.すなわち,以下が成り立つ.

$$\mathop{\mathrm{E}}_{x,y}\{y[x-\hat{x}(y)]^{\mathrm{T}}\} = 0, \qquad \mathop{\mathrm{E}}_{x,y}\{\hat{x}(y)[x-\hat{x}(y)]^{\mathrm{T}}\} = 0$$

(証明) 第 1 式は (A.9) 式よりただちに導かれる.第 2 式の左辺は,

$$\mathop{\mathrm{E}}_{x,y}\left[(\hat{A}y+\hat{b})(x-\hat{x}(y))^{\mathrm{T}}\right] = \hat{A}\mathop{\mathrm{E}}_{x,y}\left[y(x-\hat{x}(y))^{\mathrm{T}}\right] + \hat{b}\mathop{\mathrm{E}}_{x,y}\left[x-\hat{x}(y)\right]^{\mathrm{T}}$$

となるが,右辺第 1 項は今求めたところにより 0,第 2 項は系 15.A.1 により 0 である (証明終).

系 15.A.3 x, y のほかに,y とは無相関である p 次の確率ベクトル z を考える.このとき,y と z (すなわちベクトル $(y^{\mathrm{T}}, z^{\mathrm{T}})^{\mathrm{T}}$) が与えられたときの x

の線形最小二乗推定式 $\hat{x}(y,z)$ は,

$$\hat{x}(y,z) = \hat{x}(y) + \hat{x}(z) - \overline{x}$$

で与えられる．ただし，$\hat{x}(y)$, $\hat{x}(z)$ はそれぞれ，y, z が与えられたときの線形最小二乗推定式である．また,

$$\mathop{E}_{x,y,z}\left[(x - \hat{x}(y,z))(x - \hat{x}(y,z))^T\right] = \Sigma_{xx} - \Sigma_{xy}\Sigma_{yy}^{-1}\Sigma_{yx} - \Sigma_{xx}\Sigma_{zz}^{-1}\Sigma_{zx} \quad \text{(A.14)}$$

である．(A.14) 式中の各項は以下であり，Σ_{zz} は正則であると仮定する．

$$\Sigma_{xz} = \mathop{E}_{x,z}\left[(x-\overline{x})(z-\overline{z})^T\right], \qquad \Sigma_{zx} = \mathop{E}_{x,z}\left[(z-\overline{z})(x-\overline{x})^T\right]$$

$$\Sigma_{zz} = \mathop{E}_{z}\left[(z-\overline{z})(z-\overline{z})^T\right], \qquad \overline{z} = \mathop{E}_{z}[z]$$

(証明)

$$w = \begin{pmatrix} y \\ z \end{pmatrix}, \quad \overline{w} = \begin{pmatrix} \overline{y} \\ \overline{z} \end{pmatrix}$$

とおく．(A.7) 式より,

$$\hat{x}(w) = \overline{x} + \Sigma_{xw}\Sigma_{ww}^{-1}(w - \overline{w}) \quad \text{(A.15)}$$

である．ここで,

$$\Sigma_{xw} = \left(\Sigma_{xy}, \; \Sigma_{xz}\right), \quad \Sigma_{ww} = \begin{pmatrix} \Sigma_{yy} & 0 \\ 0 & \Sigma_{zz} \end{pmatrix}$$

であることに注意すると，(A.15) 式から,

$$\hat{x}(w) = \overline{x} + \left(\Sigma_{xy}, \; \Sigma_{xz}\right)\begin{pmatrix} \Sigma_{yy}^{-1} & 0 \\ 0 & \Sigma_{zz}^{-1} \end{pmatrix}\begin{pmatrix} y - \overline{y} \\ z - \overline{z} \end{pmatrix} = \hat{x}(y) + \hat{x}(z) - \overline{x}$$

を得る．(A.14) 式の証明も同様にして，(A.8) 式を用いてできる (証明終).

系 15.A.4　系 15.A.3 において，y と z は必ずしも無相関ではないとする．すなわち,

$$\Sigma_{yz} = \Sigma_{zy}^T = \mathop{E}_{y,z}\left[(y-\overline{y})(z-\overline{z})^T\right] \neq 0$$

であるかもしれないとする．このときは，

$$\hat{x}(y,z) = \hat{x}(y) + \hat{x}(z - \hat{z}(y)) - \overline{x} \tag{A.16}$$

である．また，$\hat{x}(y,z)$ の推定誤差の共分散行列は以下で得られる．

$$\begin{aligned}
& \mathop{\mathrm{E}}_{x,y,z}\left[(x-\hat{x}(y,z))(x-\hat{x}(y,z))^{\mathrm{T}}\right] \\
&= \mathop{\mathrm{E}}_{x,y}\left[(x-\hat{x}(y))(x-\hat{x}(y))^{\mathrm{T}}\right] - \mathop{\mathrm{E}}_{x,y,z}\left[(x-\overline{x})(z-\hat{z}(y))^{\mathrm{T}}\right] \\
&\quad \times \left\{\mathop{\mathrm{E}}_{y,z}\left[(z-\hat{z}(y))(z-\hat{z}(y))^{\mathrm{T}}\right]\right\}^{-1} \mathop{\mathrm{E}}_{x,y,z}\left[(z-\hat{z}(y))(x-\overline{x})^{\mathrm{T}}\right] \tag{A.17}
\end{aligned}$$

(証明) 系 15.A.2 より，y と $z - \hat{z}(y)$ とは無相関である．よって，系 15.A.3 を適用すれば，(A.16) 式，(A.17) 式が得られる．ただし，$\mathrm{E}[z - \hat{z}(y)] = 0$ であることに注意すること (証明終).

系 15.A.5 x_0, y を互いに結合分布する確率ベクトル，v は x_0 と y の双方と無相関な確率ベクトルで，x_1 は

$$x_1 = \Phi x_0 + v \tag{A.18}$$

で定められる確率ベクトルとする．ただし，x_0 を n 次，v を p 次とする．Φ は $p \times n$ 次の非確率行列である．このとき，

$$\hat{x}_1(y) = \Phi \hat{x}_0(y) + \overline{v}$$

$$\mathrm{E}\left[(x_1 - \hat{x}_1(y))(x_1 - \hat{x}_1(y))^{\mathrm{T}}\right] = \Phi \mathrm{E}\left[(x_0 - \hat{x}_0(y))(x_0 - \hat{x}_0(y))^{\mathrm{T}}\right]\Phi^{\mathrm{T}} + \Sigma_{vv}$$

である．ただし，$\overline{v}$ は v の平均，Σ_{vv} は v の共分散行列である．

(証明) 定理 1 により，

$$\hat{x}_0(y) = \overline{x}_0 + \Sigma_{x_0 y}\Sigma_{yy}^{-1}(y - \overline{y}) \tag{A.19}$$

$$\mathrm{E}\left[(x_0 - \hat{x}_0(y))(x_0 - \hat{x}_0(y))^{\mathrm{T}}\right] = \Sigma_{x_0 x_0} - \Sigma_{x_0 y}\Sigma_{yy}^{-1}\Sigma_{y x_0} \tag{A.20}$$

$$\hat{x}_1(y) = \overline{x}_1 + \Sigma_{x_1 y}\Sigma_{yy}^{-1}(y - \overline{y}) \tag{A.21}$$

$$\mathrm{E}\left[(x_1 - \hat{x}_1(y))(x_1 - \hat{x}_1(y))^\mathrm{T}\right] = \Sigma_{x_1 x_1} - \Sigma_{x_1 y}\Sigma_{yy}{}^{-1}\Sigma_{y x_1} \tag{A.22}$$

である．ここで，(A.18) 式より，v が x_0, y と無相関であることを用いると，

$$\bar{x}_1 = \Phi\bar{x}_0 + \bar{v} \tag{A.23}$$
$$\Sigma_{x_1 x_1} = \Phi\Sigma_{x_0 x_0}\Phi^\mathrm{T} + \Sigma_{vv} \tag{A.24}$$
$$\Sigma_{x_1 y} = \Sigma_{y x_1}^\mathrm{T} = \Phi\Sigma_{x_0 y} \tag{A.25}$$

を得るから，(A.19) 式から (A.25) 式を用いて，

$$\hat{x}_1(y) = \Phi\bar{x}_0 + \bar{v} + \left(\Phi\Sigma_{x_0 y}\right)\Sigma_{yy}{}^{-1}(y - \bar{y}) = \Phi\hat{x}_0(y) + \bar{v}$$

$$\begin{aligned}
\mathrm{E}\left[(x_1 - \hat{x}_1)(x_1 - \hat{x}_1)^\mathrm{T}\right] &= \Phi\Sigma_{x_0 x_0}\Phi^\mathrm{T} + \Sigma_{vv} - \Phi\Sigma_{x_0 y}\Sigma_{yy}{}^{-1}\Sigma_{y x_0}\Phi^\mathrm{T} \\
&= \Phi\left(\Sigma_{x_0 x_0} - \Sigma_{x_0 y}\Sigma_{yy}{}^{-1}\Sigma_{y x_0}\right)\Phi^\mathrm{T} + \Sigma_{vv} \\
&= \Phi\mathrm{E}\left[(x_0 - \hat{x}_0(y))(x_0 - \hat{x}_0(y))^\mathrm{T}\right]\Phi^\mathrm{T} + \Sigma_{vv}
\end{aligned}$$

を得る (証明終)．

系 15.A.6 x, Y を互いに結合分布する n 次，p 次の確率ベクトルとする．また，w は x, Y とは無相関の m 次の確率ベクトルとする．このとき，m 次確率ベクトル y が，$m \times n$ 次確率ベクトル H と w とを用いて，

$$y = Hx + w$$

で定められるとする．また，

$$\mathrm{E}\{[x - \hat{x}(Y)][x - \hat{x}(Y)]^\mathrm{T}\} = P,\ \mathrm{E}\{w\} = \bar{w}$$
$$\mathrm{E}\{[w - \bar{w}][w - \bar{w}]^\mathrm{T}\} = R,\ (R^{-1}\text{ が存在すると仮定})$$

とかく．そうすると，

$$\hat{x}(Y, y) = \hat{x}(Y) + PH^\mathrm{T}(HPH^\mathrm{T} + R)^{-1}(y - H\hat{x}(Y) - \bar{w})$$
$$\mathrm{E}\{[x - \hat{x}(Y, y)][x - \hat{x}(Y, y)]^\mathrm{T}\} = P - PH^\mathrm{T}(HPH^\mathrm{T} + R)^{-1}HP$$

が成り立つ．

(証明) 系 15.A.4 より，

$$\hat{x}(Y, y) = \hat{x}(Y) + \hat{x}(y - \hat{y}(Y)) - \bar{x}$$

である．そこで，$\hat{y}(Y)$ を求めることをまず考える．系 15.A.5 より，

$$\hat{y}(Y) = H\hat{x}(Y) + \overline{w}$$
$$\mathrm{E}\left[(y - \hat{y}(Y))(y - \hat{y}(Y))^\mathrm{T}\right] = HPH^\mathrm{T} + R$$

である．次に，$\hat{x}(y - \hat{y}(Y))$ を求める．簡単のために，

$$\tilde{y} = y - \hat{y}(Y) = H(x - \hat{x}(Y)) + (w - \overline{w})$$

とおくと，

$$\overline{y} = \mathrm{E}[\tilde{y}] = \mathrm{E}[y] - \mathrm{E}[\hat{y}(Y)] = 0, \text{（系 15.A.5 による）}$$
$$\Sigma_{\tilde{y}\tilde{y}} = \mathrm{E}[\tilde{y}\tilde{y}^\mathrm{T}] = HPH^\mathrm{T} + R$$

である．また，

$$\begin{aligned}\Sigma_{x\tilde{y}} &= \mathrm{E}\left[(x - \overline{x})\tilde{y}^\mathrm{T}\right] \\ &= \mathrm{E}\left[(x - \overline{x})\left[H(x - \hat{x}(Y)) + (w - \overline{w})\right]^\mathrm{T}\right] \\ &= \mathrm{E}\left[(x - \overline{x})[x - \hat{x}(Y)]^\mathrm{T}\right]H^\mathrm{T} + \mathrm{E}\left[(x - \overline{x})(w - \overline{w})^\mathrm{T}\right]\end{aligned}$$

である．この最終辺第二項は，x と w が無相関という仮定より 0 である．残った第一項に，

$$\begin{aligned}&\mathrm{E}\left[(x - \overline{x})(x - \hat{x}(Y))^\mathrm{T}\right] \\ &= \mathrm{E}\left[(x - \hat{x}(Y) + \hat{x}(Y) - \overline{x})(x - \hat{x}(Y))^\mathrm{T}\right] \\ &= \mathrm{E}\left[(x - \hat{x}(Y))(x - \hat{x}(Y))^\mathrm{T}\right] + \mathrm{E}\left[\hat{x}(Y)(x - \hat{x}(Y))^\mathrm{T}\right] - \overline{x}\mathrm{E}\left[x - \hat{x}(Y)\right]^\mathrm{T} \\ &= P\end{aligned}$$

を用いて (ただし，系 15.A.1 および 15.A.2 を用いた)，結局

$$\Sigma_{x\tilde{y}} = PH^\mathrm{T}$$

を得る．よって，定理 1 により

$$\begin{aligned}\hat{x}(y - \hat{y}(Y)) = \hat{x}(\tilde{y}) &= \overline{x} + \Sigma_{x\tilde{y}}\Sigma_{\tilde{y}\tilde{y}}^{-1}(\tilde{y} - \overline{\tilde{y}}) = \overline{x} + PH^\mathrm{T}(HPH^\mathrm{T} + R)^{-1}\tilde{y} \\ &= \overline{x} + PH^\mathrm{T}(HPH^\mathrm{T} + R)^{-1}(y - H\hat{x}(Y) - \overline{w})\end{aligned}$$

これを用いて

$$\hat{x}(Y, y) = \hat{x}(Y) + PH^\mathrm{T}(HPH^\mathrm{T} + R)^{-1}(y - H\hat{x}(Y) - \overline{w})$$

を得る．$\hat{x}(Y, y)$ による x の推定誤差の共分散行列は，系 15.A.4 より，

$$\begin{aligned}
&\mathrm{E}\left[(x - \hat{x}(Y,y))(x - \hat{x}(Y,y))^{\mathrm{T}}\right] \\
&= \mathrm{E}\left[(x - \hat{x}(Y))(x - \hat{x}(Y))^{\mathrm{T}}\right] \\
&\quad - \mathrm{E}\left[(x - \bar{x})(y - \hat{y}(Y))^{\mathrm{T}}\right] \mathrm{E}\left[(y - \hat{y}(Y))(y - \hat{y}(Y))^{\mathrm{T}}\right]^{-1} \mathrm{E}\left[(y - \hat{y}(Y))(x - \bar{x})^{\mathrm{T}}\right] \\
&= P - \Sigma_{x\tilde{y}} \Sigma_{\tilde{y}\tilde{y}}^{-1} \Sigma_{\tilde{y}x} = P - PH^{\mathrm{T}}(HPH^{\mathrm{T}} + R)^{-1}HP
\end{aligned}$$

(証明終)

15.A.2　最小二乗推定

結合分布している確率ベクトル x, y があって，y の実現値が得られたとき，

$$\mathrm{E}\left[\|x - x_{\mathrm{lst}}(y)\|^2 | y\right] \tag{A.26}$$

を最小にするように x を推定する値 $x_{\mathrm{lst}}(y)$ を各 y の値に対して定めた式を x の最小二乗推定式という．ただし，$\mathrm{E}[\cdot|y]$ は y が与えられたときの条件付き期待値をとる操作を表している．よく知られているように，分散が存在する確率ベクトル x に関しては，その平均値ベクトルを $m = (m_1, \cdots, m_n)^{\mathrm{T}}$ とすると，任意の定ベクトル $z = (z_1, \cdots, z_n)^{\mathrm{T}}$ に対して，

$$\begin{aligned}
&\mathrm{E}\left[\|x - z\|^2\right] \\
&= \mathrm{E}\left[\|x - m + m - z\|^2\right] \\
&= \mathrm{E}\left[(x - m)^{\mathrm{T}}(x - m) + (x - m)^{\mathrm{T}}(m - z) + (m - z)^{\mathrm{T}}(x - m) + (m - z)^{\mathrm{T}}(m - z)\right] \\
&= \sum_{i=1}^{n}\left[\mathrm{E}\left[(x_i - m_i)^2\right] + (z_i - m_i)^2\right] \geq \sum_{i=1}^{n} \mathrm{Var}[x_i]
\end{aligned} \tag{A.27}$$

が成り立つ．最後の等号では，すべての $i = 1, \cdots, n$ に対して，$z_i = m_i$ のとき，すなわち $z = m$ のときに成立する．すなわち，期待値ベクトルからの確率ベクトル x の偏差の二乗の期待値が最小値を与える．

(A.26) 式の値を最小にする場合は，y の実現値が得られているという状況のもとで考えているので，上記 (A.27) 式中の期待値は，y が与えられたときの条件付き期待値の意味に解釈しなければならない．したがって，(A.26) 式を最小にする値 $x_{\mathrm{lst}}(y)$ は，y が与えられたときの条件付き期待値であるということになる．

既に議論した線形最小二乗推定は，y の線形式に限定して，推定誤差の二乗の（条件付きではない）期待値を最小にするように定めているので，その期待値は，最小二乗推定に対する推定誤差の二乗の期待値より小さくなることはあり得ない．すなわち，

$$\mathop{\mathrm{E}}_{x,y}\left[\|x - \hat{x}(y)\|^2\right] \geq \mathop{\mathrm{E}}_{y}\left[\mathrm{E}\left[\|x - \mathrm{E}[x|y]\|^2\right]\right] \tag{A.28}$$

が成り立つ．この不等号が成り立つという点においては，最小二乗推定は線形最小二乗推定よりもよい推定式であるといえる．しかし，線形最小二乗推定を求めるためには，x, y に関する二次までのモーメントが与えられれば十分であるのに対し，条件付き期待値は，一般には確率分布形を知らないと計算できず，実現が容易でないことがある．

特別に x と y とが結合正規分布にしたがうときは，線形最小二乗推定と最小二乗推定（＝条件付き期待値）とは一致する．この時は y が与えられた時の x の条件付き確率分布は正規分布

$$\mathrm{N}\left(\hat{x}(y), \Sigma_{xx} - \Sigma_{xy}\Sigma_{yy}^{-1}\Sigma_{yx}\right)$$

にしたがう．

15.A.3　カルマンフィルタ

n 次元確率ベクトルの系列 $\{x_0, x_1, \cdots\}$ が次式によって定められるとする．

$$x_{k+1} = \Phi_k x_k + v_k, \quad k = 0, 1, \cdots, N-1 \tag{A.29}$$

ただし，Φ_k は $n \times n$ 次の非確率行列 (必ずしも正則でなくてもよい) で，v_k は外乱を表す確率ベクトルである．x_k に対して，

$$y_k = H_k x_k + w_k, \quad k = 0, 1, \cdots, N \tag{A.30}$$

となる m 次ベクトル y_k が時刻 k に得られるとする．ただし，H_k は $m \times n$ 次の非確率行列，w_k は観測ノイズを表す m 次の確率ベクトルである．

$x_0, v_0, v_1, \cdots, w_1, \cdots$ は互いに無相関と仮定し，それぞれ次式で表す平均値ベクトルと共分散行列を持つとする．

$$\begin{aligned}&\mathrm{E}[x_0] = \bar{x}_0, \ \mathrm{E}[(x_0 - \bar{x}_0)(x_0 - \bar{x}_0)^\mathrm{T}] = P_0 \\ &\mathrm{E}[v_k] = \bar{v}_k, \ \mathrm{E}[w_k] = \bar{w}_k, \ k = 0, 1, \cdots \\ &\mathrm{E}[(v_k - \bar{v}_k)(v_k - \bar{v}_k)^\mathrm{T}] = Q_k, \ \mathrm{E}[(w_k - \bar{w}_k)(w_k - \bar{w}_k)^\mathrm{T}] = R_k, \ k = 0, 1, \cdots\end{aligned} \tag{A.31}$$

ここで，R_k は全ての k について正則であると仮定する．以上の設定のもとで，時刻 k までの観測ベクトル
$$Y_k = (y_0 \ y_1 \ \cdots \ y_k)^{\mathrm{T}}$$
が与えられたときの x_k, x_{k+1}, y_{k+1} の線形最小二乗推定 $\hat{x}_k(Y_k)$, $\hat{x}_{k+1}(Y_k)$, $\hat{y}_{k+1}(Y_k)$ およびそれらの推定誤差の共分散行列を求める問題を考える．簡単のため，次の記法を用いる．

$$\hat{x}_{k|k} = \hat{x}_k(Y_k), \ \hat{x}_{k+1|k} = \hat{x}_{k+1}(Y_k), \ \hat{y}_{k+1|k} = \hat{y}_{k+1}(Y_k)$$
$$P_{k|k} = \mathrm{E}[(x_k - \hat{x}_{k|k})(x_k - \hat{x}_{k|k})^{\mathrm{T}}]$$
$$P_{k+1|k} = \mathrm{E}[(x_{k+1} - \hat{x}_{k+1|k})(x_{k+1} - \hat{x}_{k+1|k})^{\mathrm{T}}]$$
$$N_{k+1|k} = \mathrm{E}[(y_{k+1} - \hat{y}_{k+1|k})(y_{k+1} - \hat{y}_{k+1|k})^{\mathrm{T}}]$$

逐次的に考える．まず，$\hat{x}_{k|k-1}$, $P_{k|k-1}$ が得られていると仮定しておく．時刻 k に y_k が得られると，系 15.A.6 を適用して，

$$\hat{x}_{k|k} = \hat{x}_{k|k-1} + P_{k|k-1} H_k{}^{\mathrm{T}} N_{k|k-1}{}^{-1}(y_k - \hat{y}_{k|k-1})$$
$$P_{k|k} = P_{k|k-1} H_k{}^{\mathrm{T}} N_{k|k-1}{}^{-1} H_k{}^{\mathrm{T}} P_{k|k-1}$$

を得る．ここで $\hat{y}_{k|k-1}$ は出力の予測値，$N_{k|k-1}$ はその予測誤差分散であり，(A.30) 式に系 15.A.5 を適用すれば，

$$\hat{y}_{k|k-1} = H_k \hat{x}_{k|k-1} + \overline{w}_k \tag{A.32}$$
$$N_{k|k-1} = H_k P_{k|k-1} H_k{}^{\mathrm{T}} + R_k \tag{A.33}$$

である．これは，

$$K_k = P_{k|k-1} H_k{}^{\mathrm{T}} N_{k|k-1}{}^{-1} \tag{A.34}$$

とおくと，

$$\hat{x}_{k|k} = \hat{x}_{k|k-1} + K_k(y - \hat{y}_{k|k-1}) \tag{A.35}$$
$$P_{k|k} = P_{k|k-1} - K_k H_k P_{k|k-1} \tag{A.36}$$

と表される．次に，(A.29) 式に系 15.A.5 を適用すると，

$$\hat{x}_{k+1|k} = \Phi_k \hat{x}_{k|k} + \overline{v}_k \tag{A.37}$$
$$P_{k+1|k} = \Phi_k P_{k|k} \Phi_k{}^{\mathrm{T}} + Q_k \tag{A.38}$$

を得る．結局，次のアルゴリズムが得られる．

1) **初期化**　状態量の初期値とその推定誤差分散を設定する ((A.31) 式).
$$\hat{x}_{0|-1} = \overline{x}_0,\ P_{0|-1} = P_0,\ k = 0$$

2) **状態量のフィルタリング**　時刻 k になって y_k を入手し，x_k の推定値とその推定誤差の共分散行列を求める ((A.34) 式，(A.35) 式，(A.36) 式).
$$\hat{x}_{k|k} = \hat{x}_{k|k-1} + K_k(y_k - \hat{y}_{k|k-1}),\ P_{k|k} = P_{k|k-1} - K_k H_k P_{k|k-1}$$
$$\text{ここで}\ K_k = P_{k|k-1} H_k{}^{\mathrm{T}} N_{k|k-1}{}^{-1}$$

3) **終了処理**　$k = N$ なら終了する．$k < N$ のときは，4) を実行する．

4) **状態量の予測**　x_{k+1} の予測値と予測誤差の共分散行列を計算する ((A.37) 式，(A.38) 式).
$$\hat{x}_{k+1|k} = \Phi_k \hat{x}_{k|k} + \overline{v}_k\quad P_{k+1|k} = \Phi_k P_{k|k} \Phi_k{}^{\mathrm{T}} + Q_k$$

5) **出力の予測**　y_{k+1} の予測値と予測誤差の共分散行列を計算する ((A.32) 式，(A.33) 式).
$$\hat{y}_{k+1|k} = H_{k+1} \hat{x}_{k+1|k} + \overline{w}_{k+1},\ N_{k+1|k} = H_{k+1} P_{k+1|k} H_{k+1}{}^{\mathrm{T}} + R_{k+1}$$

6) **時間更新**　$k + 1$ をあらためて k とし，2) に戻る．

以上のアルゴリズムは，カルマンが定式化したのでカルマンのアルゴリズムとよばれる．時刻 $k - 1$ で推定した y_k の推定値 $\hat{y}_{k|k-1}$ と実際に観測される値 y_k の差
$$\tilde{y}_{k|k-1} = y_k - \hat{y}_{k|k-1}$$
を予測残差という．$\tilde{y}_{k|k-1}$ の期待値は 0，共分散行列は $N_{k|k-1}$ である．$N_{k|k-1}$ は 2) で求められている．この予測残差に関して次の定理が成り立つ．

定理 2　予測残差の系列 $\tilde{y}_{k|k-1}, k = 0, \cdots, N$ は無相関である．すなわち，$j > i$ に対して，
$$\mathrm{E}\left[(y_i - \hat{y}_{i|i-1})(y_j - \hat{y}_{j|j-1})^{\mathrm{T}}\right] = 0 \quad\quad (\text{A.39})$$
が成り立つ．

(証明) $\hat{y}_i = \hat{y}_i(Y_{i-1})$ は Y_{i-1} が与えられたときの y_i の線形最小二乗推定であるから，$m \times (m_i)$ 次の行列 $\hat{A}$，m 次列ベクトル $\hat{b}$ を適当にとると，

$$\hat{y}_{i|i-1} = \hat{A} Y_{i-1} + \hat{b} \tag{A.40}$$

と表される．$j > i$ であるから，y_i, Y_{i-1} はベクトル Y_{j-1} の一部分を取り出したもので，行列 C, D を適当にとって，

$$y_i = C Y_{j-1}, \quad Y_{i-1} = D Y_{j-1} \tag{A.41}$$

の形に表される．(A.40) 式，(A.41) 式より

$$y_i - \hat{y}_{i|i-1} = C Y_{j-1} - \hat{A} D Y_{j-1} - \hat{b} = [C - \hat{A} D] Y_{j-1} - \hat{b} \tag{A.42}$$

である．よって，

$$\begin{aligned}
&\mathrm{E}\left[(y_i - \hat{y}_{i|i-1})(y_j - \hat{y}_{j|j-1})^\mathrm{T}\right] \\
&= \mathrm{E}\left[[(C - \hat{A} D) Y_{j-1} - \hat{b}](y_j - \hat{y}_j(Y_{j-1}))^\mathrm{T}\right] \\
&= (C - \hat{A} D) \mathrm{E}\left[Y_{j-1}(y_j - \hat{y}_j(Y_{j-1}))^\mathrm{T}\right] - \hat{b} \mathrm{E}\left[y_j - \hat{y}_j(Y_{j-1})\right]^\mathrm{T}
\end{aligned}$$

右辺第 1 項は，定理 1 の系 15.A.2 により 0，第 2 項は定理 1 の系 15.A.1 より 0 である (証明終)．

以上では，$x_0, v_0, v_1, \cdots, v_{N-1}, w_0, \cdots, w_{N-1}$ に対して，その確率分布形については何も仮定していない．ただ，これらが互いに無相関であると仮定しただけである．ここで，特にこれらが正規分布に従うと仮定すると，$x_1, x_2, \cdots, x_N, y_0, y_1, \cdots, y_N$ も正規分布に従うことを証明することができる．一般に，互いに結合正規分布をする確率ベクトル x, y に対して，y が与えられたときの線形最小二乗推定 $\hat{x}(y)$ は，実は y が与えられたときの x の条件付き期待値となることが証明される．よって，$\hat{x}_{k|k}, \hat{x}_{k+1|k}, \hat{y}_{k+1|k}$ などはすべて，Y_k が与えられたときの x_k, x_{k+1}, y_{k+1} の条件付き期待値であり，$P_{k|k}, P_{k+1|k}, N_{k+1|k}$ は Y_k が与えられたときの x_k, x_{k+1}, y_{k+1} の条件付き共分散行列であることがわかる．正規分布は平均値 (期待値) ベクトルと共分散行列を与えると一意的に決定されるので，このアルゴリズムによって，Y_k が与えられたとき x_k, x_{k+1}, y_{k+1} の条件付き確率分布が求められていくことになる．

また，定理 2 を用いると，予測残差の系列は正規白色系列となるから，観測値の系列 $y_0, y_1, \cdots, y_N$ が実現する尤度を計算することができ，パラメータを最尤法によって推定するのに利用できる．

15.B FORTRAN サブルーチン

　本章で示した FORTRAN77 のサブルーチンのソースプログラムは京都大学大学院工学研究科 社会基盤工学専攻 水文・水資源学分野のホームページ http://hywr.kuciv.kyoto-u.ac.jp から取得することができる．サブルーチン名とその機能のリストを以下に示す．

COVSOT　統計的二次近似の二次項の平均値と共分散行列を求める．
DISCRE　線形の常微分方程式を差分化する．
GMMSF　ガウス近似最小分散フィルタを用い，観測値によって状態量を観測する．
GSOF　ガウス近似二次フィルタを用い，観測値によって状態量を観測する．
KALFIL　カルマンフィルタを用い，観測値によって状態量を観測する．
LOWCHO　非負の対象行列 $Q = SS^T$ なる S を求める．
PREPRD　UD 分解行列から $P = UDU^T$ を求める．
SASOF　統計的二次近似フィルタを用い，観測値によって状態量を観測する．
SLF　統計的線形化フィルタを用い，観測値によって状態量を観測する．
SOAP　線形的二次近似による二次関数の係数を求める．
STALIN　線形的統計化による一次関数の係数を求める．
UDFACT　共分散行列 P を UD 分解する．
UDFILT　UD フィルタを用い，観測値によって状態量を観測する．
UDMAP　状態量と UD 分解行列の時間更新を行う．
UDPART　UD 分解行列の部分行列を取り出す．
UPCHO　コレスキー分解により $P = UU^T$ なる上三角行列 U を求める．

参考文献

1) 高棹琢馬, 椎葉充晴：洪水流出予測の基礎理論とサブルーチンパッケージ, 科学研究費 (57850172) 研究成果報告書, pp. 5-93, 1984.
2) 北川源四郎：時系列解析入門, 岩波書店, 2005.
3) Jazwinski, A. H. : Stochastic processes and filtering theory, Academic Press, New York, 1970.
4) Bierman, G. J. : Factorization methods for discrete sequential estimation, Academic Press, New York, 1977.
5) Bertsekas, D. P. : Dynamic programming and stochastic control, Academic Press, New York,

1976.
6) 片山 徹: 応用カルマンフィルタ, 朝倉書店, 1983.
7) Gelb, A.: Applied optimal estimation, The M.I.T. Press, Cambridge, 1974.
8) Abramowitz, M. and I. A. Stegun : Handbook of mathematical functions, Dover Publications, New York, 1972.
9) Sunahara, Y. : An approximate Mmthod of state estimation for nonlinear dynamical systems, Joint Automatic Control Conference, University of Colorado, 1969.
10) Mahalanabis, A. K. and M. Farooq : A second-order method for state estimation of nonlinear dynamical systems, *Int. J. Control*, 14(4), pp. 631-639, 1971.
11) Kitanidis, P. K. and R. L. Bras : Real-time forecasting with a conceptual hydrologic model, *Water Resources Research*, 16(6), pp. 1025-1033, 1980.
12) 戸川隼人 : 微分方程式の数値計算, オーム社, 1981.

第16章

実時間流出予測の実際

　時々刻々得られる水理・水文情報を用いて実時間で洪水を予測する手法を実時間流出予測手法という．実時間流出予測手法は，数時間先の河川流量や水位を現象が進んでいる最中に予測し，水工施設の効率的な操作や水防活動，避難活動のために有効な情報を与える．**15章**ではフィルタリングと予測の基礎理論とそれを実現する基本的なアルゴリズムを示した．本章ではそれを用いた実時間流出予測手法の実際を説明する．状態方程式が非線形で状態量の確率分布がガウス分布に従わない場合にも適用できる粒子フィルタや，粒子フィルタとカルマンフィルタを組み合わせたラオ・ブラックウェル化した粒子フィルタについても述べる．

16.1　実時間流出予測の手順

　15章では，確率過程的な流出予測モデルを以下のように設定した．

状態方程式：$\dfrac{dx(t)}{dt} = f(x(t), t, c, u_k) + v_x,\ t_{k-1} < t \leq t_k$　　　(16.1)

出力方程式：$y(t) = g(x(t), c) + v_y$　　　(16.2)

観測方程式：$y_k = y(t_k) + w_k$　　　(16.3)

ここで，$x(t)$ は時刻 t の状態ベクトル，c はパラメータベクトル，u_k は時刻 $t_{k-1} < t \leq t_k$ の入力，$y(t)$ は時刻 t の出力ベクトル，y_k は時刻 t_k の観測ベクトル，$f,\ g$ は非線形関数，$v_x,\ v_y$ はモデル誤差に対応するノイズ項，w_k は観測誤差に対応するノイズ項である．

　図16.1は確率的な洪水予測の概念を示した図である．現在時刻を13時とすると，それまでの観測降雨を用いて，13時までの河川流量および河川水位が算定さ

figure 16.1 の概念図（省略）

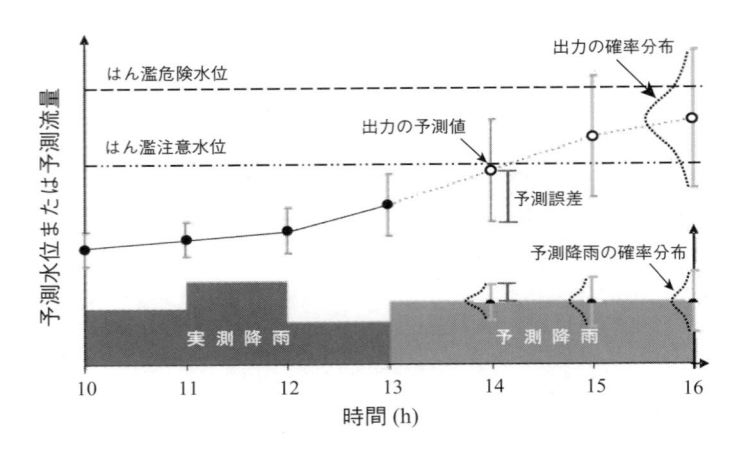

図 16.1：確率的な洪水流出予測の概念図．

れる．その結果が実線と黒丸によって示されている．状態方程式や出力方程式，観測方程式に含まれる誤差を考慮しているため，出力 (水位あるいは流量) の推定値には推定誤差が含まれる．その出力の推定誤差を推定値の周りに示している．現在時刻 13 時には，将来時刻の予測降雨情報が予測誤差とともに与えられる．これを入力とし (16.1) 式を用いて将来の状態量の確率分布を推定して，(16.2) 式の出力方程式を用いて河川流量や河川水位の予測値の確率分布を得る．この時間進行の中で，状態量と関係のある観測値を得ることができるならば，それを用いて状態量を推定し直す．そのために観測方程式 (16.3) 式を用いる．確率的な実時間流出予測の手順は以下のようである．

1) **初期設定**　現在時刻を t_k とする．
2) **フィルタリング (観測情報を加えた状態量の更新)**　現在時刻 t_k までの観測降雨と観測水位あるいは流量 y_k を用いて現在時刻の状態量 $x(t_k)$ の確率分布を推定する (フィルタリング)．このときに観測式 (16.3) 式が重要な役割を果たす．**15 章**で示したいくつかのフィルタでは，観測式を用いて状態量の推定値 (事後推定値) とその推定誤差分散を得る．
3) **状態量の予測**　フィルタリング後の状態量の確率分布を初期値とし，(16.1) 式を解いて将来時刻 t_{k+i} ($i = 1, 2, \cdots, M$, $t_k < t_{k+1} < \cdots < t_{k+M}$) の状態量の予測値 $x(t_{k+i})$ の確率分布を求める．このときには降雨の予測値 u_{k+i} が得

4) **出力の予測** (16.2) 式を用いて状態量 $x(t_{k+i})$ の確率分布を出力 $y(t_{k+i})$ の確率分布に変換する．

5) **時間更新** 現在時刻が t_{k+1} となったら，$t_k = t_{k+1}$ として 2) に戻る．

16.2 カルマンフィルタを用いた実時間流出予測

(16.1) 式の状態方程式が線形・離散時間システムとして

$$X_k = \Phi_{k,k-1} X_{k-1} + D_k + F_{k-1} V_{k-1} \tag{16.4}$$

と表現できるとする．X_k は時刻 t_k の状態ベクトル，$\Phi_{k,k-1}$，F_{k-1} は事前に定められる定数行列，D_k は時刻 t_k の予測降雨を含めて事前に与えられる定数ベクトル，V_{k-1} はシステムノイズベクトルであり，V_k と X_k は互いに無相関で

$$\mathrm{E}[V_k] = 0, \ \mathrm{E}[V_k V_k^{\mathrm{T}}] = Q_k \tag{16.5}$$

とする．Q_k はシステムノイズの分散共分散行列である．観測方程式は Y_k を観測ベクトルとして

$$Y_k = H_k X_k + E_k + G_k W_k \tag{16.6}$$

とする．H_k，G_k は事前に定められる定数行列，E_k は事前に定められる定数ベクトル，W_k は観測ノイズベクトルであり，W_k と X_k は互いに無相関で

$$\mathrm{E}[W_k] = 0, \ \mathrm{E}[W_k W_k^{\mathrm{T}}] = R_k \tag{16.7}$$

を満たすとする．R_k は観測ノイズの共分散行列である．

Y_k が得られる前の X_k の事前推定ベクトル $\hat{X}_{k|k-1}$ は，(16.4) 式の期待値をとって

$$\hat{X}_{k|k-1} = \Phi_{k,k-1} \hat{X}_{k-1|k-1} + D_k \tag{16.8}$$

となる．事前推定ベクトルの推定誤差の共分散行列 $P_{k|k-1}$ は，X_k と V_k が互いに無相関であることを用いると，

$$\begin{aligned}
P_{k|k-1} &= \mathrm{E}[(X_k - \hat{X}_{k|k-1})(X_k - \hat{X}_{k|k-1})^{\mathrm{T}}] \\
&= \mathrm{E}[(\Phi_{k,k-1}(X_{k-1} - \hat{X}_{k-1|k-1}) + F_{k-1} V_{k-1}) \\
&\quad \times (\Phi_{k,k-1}(X_{k-1} - \hat{X}_{k-1|k-1}) + F_{k-1} V_{k-1})^{\mathrm{T}}] \\
&= \Phi_{k,k-1} \mathrm{E}[(X_{k-1} - \hat{X}_{k-1|k-1})(X_{k-1} - \hat{X}_{k-1|k-1})^{\mathrm{T}}] \Phi_{k,k-1}^{\mathrm{T}} + F_{k-1} \mathrm{E}[V_{k-1} V_{k-1}^{\mathrm{T}}] F_{k-1}^{\mathrm{T}} \\
&= \Phi_{k,k-1} P_{k-1|k-1} \Phi_{k,k-1}^{\mathrm{T}} + F_{k-1} Q_{k-1} F_{k-1}^{\mathrm{T}} \tag{16.9}
\end{aligned}$$

となる．観測値 Y_k が得られたら，X_k の線形最小分散推定としての事後推定ベクトル $\hat{X}_{k|k}$ は，(15.66) 式を導いたのと同様にして，

$$\hat{X}_{k|k} = \hat{X}_{k|k-1} + K_k(Y_k - E_k - H_k \hat{X}_{k|k-1}) \tag{16.10}$$

と表すことができる．ここで K_k はカルマンゲインである．事後推定ベクトル $\hat{X}_{k|k}$ の推定誤差の共分散行列 $P_{k|k}$ は，(16.6) 式，(16.10) 式を用いると，

$$\begin{aligned}
P_{k|k} &= \mathrm{E}[(X_k - \hat{X}_{k|k})(X_k - \hat{X}_{k|k})^\mathrm{T}] \\
&= \mathrm{E}[(X_k - \hat{X}_{k|k-1} - K_k(Y_k - E_k - H_k \hat{X}_{k|k-1})) \\
&\quad \times (X_k - \hat{X}_{k|k-1} - K_k(Y_k - E_k - H_k \hat{X}_{k|k-1}))^\mathrm{T}] \\
&= \mathrm{E}[(X_k - \hat{X}_{k|k-1} - K_k(H_k X_k + G_k W_k - H_k \hat{X}_{k|k-1})) \\
&\quad \times (X_k - \hat{X}_{k|k-1} - K_k(H_k X_k + G_k W_k - H_k \hat{X}_{k|k-1}))^\mathrm{T}] \\
&= \mathrm{E}[\{(I - K_k H_k)(X_k - \hat{X}_{k|k-1}) - K_k G_k W_k\}\{(I - K_k H_k)(X_k - \hat{X}_{k|k-1}) - K_k G_k W_k\}^\mathrm{T}] \\
&= (I - K_k H_k)\mathrm{E}[(X_k - \hat{X}_{k|k-1})(X_k - \hat{X}_{k|k-1})^\mathrm{T}](I - K_k H_k)^\mathrm{T} + K_k G_k \mathrm{E}[W_k W_k^\mathrm{T}] G_k^\mathrm{T} K_k^\mathrm{T} \\
&= (I - K_k H_k) P_{k|k-1}(I - K_k H_k)^\mathrm{T} + K_k G_k R_k G_k^\mathrm{T} K_k^\mathrm{T} \tag{16.11}
\end{aligned}$$

となる．次に $\mathrm{E}[|X_k - \hat{X}_{k|k}|^2]$ が最小となるように K_k を決定することを考える．これは $P_{k|k}$ の対角成分の和すなわち $P_{k|k}$ のトレースを最小とすることに他ならない．状態ベクトルの次元を n，観測ベクトルの次元を m とするとカルマンゲイン K_k は $n \times m$ の行列となり，K_k の ij 成分を $K_{k,ij}$ として

$$\frac{\partial \mathrm{tr}(P_{k|k})}{\partial K_{k,ij}} = 0, \; i = 1, \cdots, n, \; j = 1, \cdots, m$$

とすれば

$$-2(H_k P_{k|k-1})^\mathrm{T} + 2K_k(H_k P_{k|k-1} H_k^\mathrm{T} + G_k R_k G_k^\mathrm{T}) = 0$$

が得られる．これより

$$K_k = P_{k|k-1} H_k^\mathrm{T} [H_k P_{k|k-1} H_k^\mathrm{T} + G_k R_k G_k^\mathrm{T}]^{-1}$$

となり，これを (16.11) 式に代入すると，事後の推定誤差の共分散行列

$$P_{k|k} = (I - K_k H_k) P_{k|k-1}$$

が得られる．

一般に，状態量 X_k の事前推定ベクトルを $\hat{X}_{k|k-1}$，事前推定ベクトルの推定誤差の共分散行列を $P_{k|k-1}$，事後推定ベクトルを $\hat{X}_{k|k}$，事後推定ベクトルの推定誤

16.2 カルマンフィルタを用いた実時間流出予測

$$
\begin{aligned}
\text{状態方程式:} \quad & X_k = \Phi_{k,k-1} X_{k-1} + D_k + F_{k-1} V_{k-1} & (16.12) \\
\text{観測方程式:} \quad & Y_k = H_k X_k + E_k + G_k W_k & (16.13) \\
\text{カルマンゲイン:} \quad & K_k = P_{k|k-1} H_k^{\mathrm{T}} [H_k P_{k|k-1} H_k^{\mathrm{T}} + G_k R_k G_k^{\mathrm{T}}]^{-1} & (16.14) \\
\text{状態ベクトルの更新式:} \quad & \hat{X}_{k|k} = \hat{X}_{k|k-1} + K_k (Y_k - E_k - H_k \hat{X}_{k|k-1}) & (16.15) \\
\text{誤差の共分散行列の更新式:} \quad & P_{k|k} = (I - K_k H_k) P_{k|k-1} & (16.16) \\
\text{状態ベクトルの予測式:} \quad & \hat{X}_{k+1|k} = \Phi_{k+1,k} \hat{X}_{k|k} + D_{k+1} & (16.17) \\
\text{誤差の共分散行列の予測式:} \quad & P_{k+1|k} = \Phi_{k+1,k} P_{k|k} \Phi_{k+1,k}^{\mathrm{T}} + F_k Q_k F_k^{\mathrm{T}} & (16.18)
\end{aligned}
$$

図 **16.2**:カルマンフィルタによる予測・観測更新の公式.

差の共分散行列を $P_{k|k}$,モデル誤差ベクトルを V_k,モデル誤差の共分散行列を Q_k,観測誤差ベクトルを W_k,観測誤差の共分散行列を R_k,定数ベクトルを D_k,E_k,係数行列を F_k,G_k,H_k として,カルマンフィルタによる予測・観測更新の公式は図 **16.2** のように得られる.以上で述べたように,カルマンフィルタとはシステムが確率過程的状態空間モデルで表現されるとき,出力の新しい観測値が利用可能となるたびに状態量の推定値を更新する一連の方程式系をいう.カルマンフィルタの予測更新アルゴリズムをまとめると次のようになる(図 **16.3**).

1) 現在時刻を t_k とする.
2) 時刻 t_{k-1} での予測計算により,時刻 t_k の事前推定ベクトル $\hat{X}_{k|k-1}$ とその推定誤差の分散共分散行列 $P_{k|k-1}$ が得られているとする.
3) 観測降雨の入手と事前推定値の再推定:時刻 t_{k-1} から t_k までの観測降雨 u_k を入手し,(16.17) 式と (16.18) 式を用いて状態の事前推定ベクトル $\hat{x}_{k|k-1}$ と事前推定誤差の分散共分散行列 $P_{k|k-1}$ を求め直す.
4) 観測値の入手と状態量のフィルタリング:観測ベクトル Y_k を入手する.(16.14) 式を用いてカルマンゲイン K_k を算定し,(16.15) 式と (16.16) 式を用いて事後推定ベクトル $\hat{X}_{k|k}$ と事後推定誤差の分散共分散行列 $P_{k|k}$ を求める.
5) 状態量の予測:予測降雨 $\hat{u}_{k+i}, i = 1, 2, \cdots, M$ を入手し,4) で得た事後推定ベクトル $\hat{X}_{k|k}$ を初期値として,(16.17) 式と (16.18) 式を用いて状態量の予測ベクトル $\hat{X}_{k+i|k}$ と予測誤差の分散共分散行列 $P_{k+i|k}$ を求める.

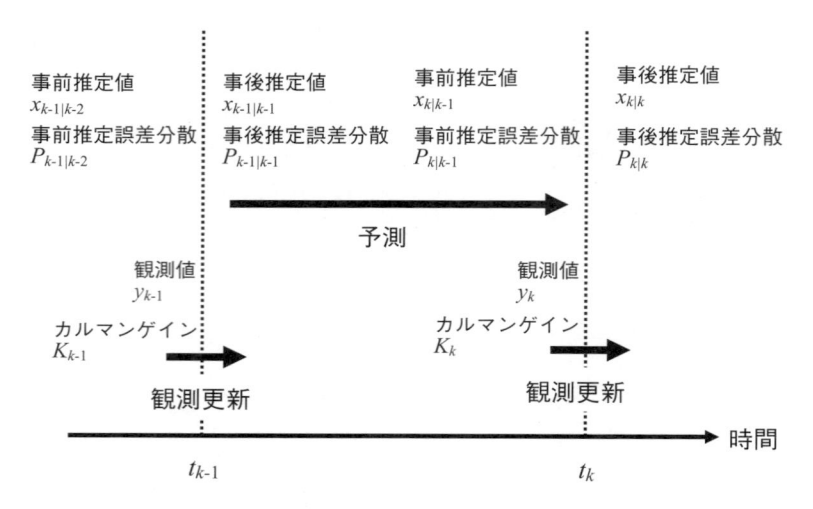

図 **16.3**：カルマンフィルタによる状態量の推定値とその推定誤差分散の予測と観測更新.

6) 出力の予測：状態量の予測ベクトル $\hat{X}_{k+i|k}$ と予測誤差の分散共分散行列 $P_{k+i|k}$ を用いて，出力の予測ベクトルと予測誤差の分散共分散行列を求める．
7) 現在時刻が t_{k+1} となったら，$t_k = t_{k+1}$ として 2) に戻る．

コラム：タンクモデルを並列あるいは直列に配置した場合の状態空間表現

図 **16.4** のように，線形タンクモデルを並列に配置した流出モデルを考える．それぞれのタンクの状態量 (水深) を x_1, x_2，降雨量を r_1, r_2 とし，それぞれのタンクからの出力 (流出高) は $q_1 = a_1 x_1$, $q_2 = a_2 x_2$ で与えられるとする．また，流域下端で $q = q_1 + q_2$ が観測されるとする．このとき，水深 x_1, x_2 を状態量ベクトルとし，状態量の推移式と観測式を考える．

時刻 t_k におけるタンクの水深を $x_{1,k}$, $x_{2,k}$ として，貯留高の連続式は

$$\frac{dx_1}{dt} = r_1 - a_1 x_1, \quad \frac{dx_2}{dt} = r_2 - a_2 x_2$$

である．時刻 t_k から $t_{k+1} = t_k + \Delta t$ の間のそれぞれのタンクに対する降雨強

度を $r_{1,k+1}$, $r_{2,k+1}$ とし，離散時間間隔 Δt を短く取って，その時間内で $r_{1,k+1}$, $r_{2,k+1}$ には変化がないとする．このとき，時刻 t_k から t_{k+1} への貯水量の推移式は，**15.6.1** のコラムで導いたように

$$x_{1,k+1} = \phi_1 x_{1,k} + c_1 r_{1,k+1}, \quad x_{2,k+1} = \phi_2 x_{2,k} + c_2 r_{2,k+1}$$

となる．ここで $\phi_1 = e^{-a_1 \Delta t}$, $\phi_2 = e^{-a_2 \Delta t}$, $c_1 = (1 - e^{-a_1 \Delta t})/a_1$, $c_2 = (1 - e^{-a_2 \Delta t})/a_2$ である．これらの推移式にそれぞれモデル誤差 $F_{1,k} v_{1,k}$, $F_{2,k} v_{2,k}$ を付加して

$$X_{k+1} = \begin{pmatrix} x_{1,k+1} \\ x_{2,k+1} \end{pmatrix}, X_k = \begin{pmatrix} x_{1,k} \\ x_{2,k} \end{pmatrix}, \Phi_{k+1,k} = \begin{pmatrix} \phi_1 & 0 \\ 0 & \phi_2 \end{pmatrix}$$

$$D_{k+1} = \begin{pmatrix} c_1 r_{1,k+1} \\ c_2 r_{2,k+1} \end{pmatrix}, F_k = \begin{pmatrix} F_{1,k} & 0 \\ 0 & F_{2,k} \end{pmatrix}, V_k = \begin{pmatrix} v_{1,k} \\ v_{2,k} \end{pmatrix}$$

と置けば

$$X_{k+1} = \Phi_{k+1,k} X_k + D_{k+1} + F_k V_k$$

が得られる．V_k はこの推移式の構成に起因する誤差ベクトル (システム誤差あるいはモデル誤差) であり，たとえば，以下のように設定する．

$$E[V_k] = 0, \quad E[V_k V_k^T] = Q_k = \begin{pmatrix} \sigma_{1,k}^2 & 0 \\ 0 & \sigma_{2,k}^2 \end{pmatrix}$$

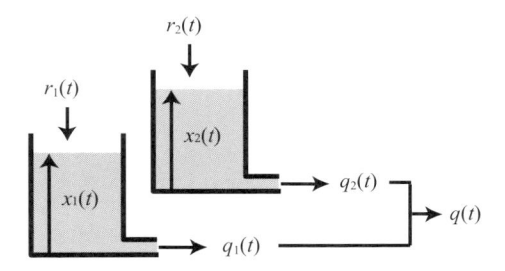

図 **16.4**：並列型のタンクモデル．

観測式は

$$y_k = q_{1,k} + q_{2,k} = (a_1, a_2) + G_k w_k \begin{pmatrix} x_{1,k} \\ x_{2,k} \end{pmatrix} + G_k w_k = H_k X_k + G_k w_k$$

となる．$H_k = (a_1, a_2)$ であり w_k は観測ノイズである．

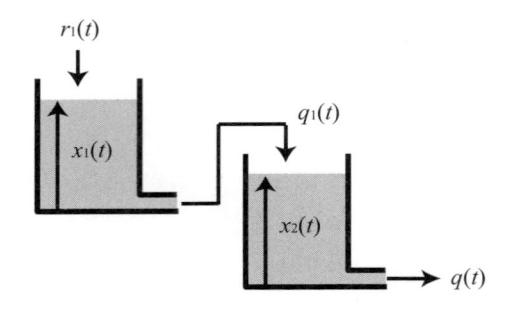

図 16.5：直列型のタンクモデル.

次に，図 16.5 のように，直列に配置する場合を考え，流域下端で $q = q_2$ が観測されるとする．水深 x_1, x_2 を状態量ベクトルとし，状態量の推移式と観測式を考える．貯留量の連続式は

$$\frac{dx_1}{dt} = r_1 - a_1 x_1, \quad \frac{dx_2}{dt} = a_1 x_1 - a_2 x_2$$

であり，離散時間間隔 Δt を短く取って，その時間内で r_1, x_1 に変化がないとすれば

$$x_{1,k+1} = \phi_1 x_{1,k} + c_1 r_{1,k+1}, \quad x_{2,k+1} = \phi_2 x_{2,k} + c_3 x_{1,k}$$

となる．これらの推移式にそれぞれモデル誤差 $F_{1,k} v_{1,k}$, $F_{2,k} v_{2,k}$ を付加して

$$X_{k+1} = \begin{pmatrix} x_{1,k+1} \\ x_{2,k+1} \end{pmatrix}, X_k = \begin{pmatrix} x_{1,k} \\ x_{2,k} \end{pmatrix}, \Phi_{k+1,k} = \begin{pmatrix} \phi_1 & 0 \\ c_3 & \phi_2 \end{pmatrix}$$

$$D_{k+1} = \begin{pmatrix} c_1 r_{1,k+1} \\ 0 \end{pmatrix}, F_k = \begin{pmatrix} F_{1,k} & 0 \\ 0 & F_{2,k} \end{pmatrix}, V_k = \begin{pmatrix} v_{1,k} \\ v_{2,k} \end{pmatrix}$$

と置けば

$$X_{k+1} = \Phi_{k+1,k} X_k + D_{k+1} + F_k V_k$$

が得られる．観測式は

$$y_k = q_{2,k} + G_k w_k = (0, a_2) \begin{pmatrix} x_{1,k} \\ x_{2,k} \end{pmatrix} + G_k w_k = H_k X_k + G_k w_k$$

となる．$H_k = (0, a_2)$ であり w_k は観測ノイズである．

16.3 拡張カルマンフィルタを用いた実時間流出予測

16.3.1 システムノイズに白色ノイズを用いる場合

貯留関数法を用いた実時間流出予測システムを具体的に考える．状態方程式，出力方程式，観測方程式を以下のように構成する．

状態方程式： $\dfrac{ds}{dt} = f(s(t), t) + v(t) = f_1 r(t - T_L) - \left(\dfrac{s(t)}{K}\right)^{1/p} + v(t)$ (16.19)

出力方程式： $q(t) = \dfrac{A}{3.6} \left(\dfrac{s(t)}{K}\right)^{1/p}$ (16.20)

観測方程式： $y_k = q(t_k) + w_k$ (16.21)

ここで $s(t)$ は時刻 t の貯留高 (mm)，$r(t)$ は降雨強度 (mm h^{-1})，$q(t)$ は流域下端の流出強度 (m^{3}s^{-1})，y_k は時刻 t_k における流域下端の観測流量 (m^{3}s^{-1})，f_1, T_L, K, p はモデルパラメータ，A は流域面積，$v(t)$ はシステムノイズ，w_k は観測ノイズである．それぞれ，f_1=0.8, T_L=1 h, p=0.65, K=22 mm$^{0.35}$h$^{0.65}$, A=370 km^2 とする．また $v(t)$ は

$$E[v(t)] = 0, \quad E[v(t)v(s)] = Q\delta(t - s)$$

の正規白色ノイズで Q=1.4 mm^{2}h^{-1}，w_k は平均値0，分散 R の正規白色ノイズで R=10 m^{6}s^{-2} とする．$\delta(t)$ はディラックのデルタ関数であり，$\delta(t)$ の次元はここでは h^{-1} である．

状態方程式，出力方程式，観測方程式は非線形関数なので，逐次，最新の状態量推定値の周りに非線形関数をテイラー展開して線形化する．このカルマンフィルタを拡張カルマンフィルタという．

(1) 観測方程式の線形化

現在時刻 t_k において，貯留高の事前推定値 $\hat{s}_{k|k-1}$ が得られているとする．観測方程式 (16.21) を $\hat{s}_{k|k-1}$ の周りにテイラー展開して一次の項までとると，

$$y_k = q(\hat{s}_{k|k-1}) + q'(\hat{s}_{k|k-1})(s(t_k) - \hat{s}_{k|k-1}) + w_k = H_k s(t_k) + \eta_k + w_k$$

となる．ここで

$$H_k = q'(\hat{s}_{k|k-1}) = \left.\dfrac{dq}{ds}\right|_{s=\hat{s}_{k|k-1}} = \dfrac{A}{3.6pK} \left(\dfrac{\hat{s}_{k|k-1}}{K}\right)^{(1-p)/p}$$

$$\eta_k = q(\hat{s}_{k|k-1}) - q'(\hat{s}_{k|k-1})\hat{s}_{k|k-1} = \frac{A(p-1)}{3.6p}\left(\frac{\hat{s}_{k|k-1}}{K}\right)^{1/p}$$

である．H_k, η_k の値は，時々刻々，状態量の推定値によって変化することに注意する必要がある．

(2) カルマンフィルタによる観測更新

時刻 t_k における事前推定値と事前推定誤差分散の値が $\hat{s}_{k|k-1}$=50.0 mm, $P_{k|k-1}$=16.0 mm^2 であったとき，観測流量 y_k=430 m^{3}s^{-1} を得たとする．このとき，カルマンフィルタを用いて貯留高の事後推定値 $\hat{s}_{k|k}$ と事後推定誤差分散 $P_{k|k}$ の値を求める．**(1)** の結果を用いると，$H_k = 11.2$ m^{3}s^{-1}mm^{-1}, $\eta_k = -195.7$ m^{3}s^{-1} となる．カルマンゲインは (16.14) 式 を用いて

$$K_k = H_k P_{k|k-1}(H_k^2 P_{k|k-1} + R)^{-1} = 0.089 \text{ m}^{-3}\text{s mm}$$

となる．次に，(16.15) 式, (16.16) 式 を用いて，以下が得られる．

$$\hat{s}_{k|k} = \hat{s}_{k|k-1} + K_k(y_k - \eta_k - H_k\hat{s}_{k|k-1}) = 55.9 \text{ mm}$$

$$P_{k|k} = (1 - K_k H_k)P_{k|k-1} = 0.076 \text{ mm}^2$$

(3) 状態方程式の線形化

状態方程式 (16.19) をオイラー法を用いて差分化すると

$$s(t_k + \Delta t) \simeq s(t_k) + \Delta t(f(s(t_k), t_k) + v_k) \tag{16.22}$$

となる．ここで Δt は差分の時間間隔，v_k は Δt 内で一定で，平均値 0, E$[v_k^2] = Q_k$ の正規白色ノイズである．この式の右辺の $f(s(t_k), t_k)$ を $\hat{s}_{k|k}$ の周りにテイラー展開して一次の項までとると

$$f(s(t_k), t_k) \simeq f(\hat{s}_{k|k}, t_k) + f_s(\hat{s}_{k|k})(s(t_k) - \hat{s}_{k|k}) = a_k s(t_k) + b_k$$

となる．ここで

$$a_k = f_s(\hat{s}_{k|k}) = \left.\frac{\partial f}{\partial s}\right|_{s=\hat{s}_{k|k}} = -\frac{1}{pK}\left(\frac{\hat{s}_{k|k}}{K}\right)^{(1-p)/p}$$

$$b_k = f(\hat{s}_{k|k}, t_k) - f_s(\hat{s}_{k|k})\hat{s}_{k|k} = f_1 r(t_k - T_\text{L}) + \frac{1-p}{p}\left(\frac{\hat{s}_{k|k}}{K}\right)^{1/p}$$

である．これを (16.22) 式に代入すると

$$s(t_k + \Delta t) = s(t_k) + \Delta t(a_k s(t_k) + b_k + v_k)$$

となり，線形化した状態方程式は次式となる．

$$s(t_k + \Delta t) = (1 + a_k \Delta t)s(t_k) + b_k \Delta t + v_k \Delta t \tag{16.23}$$

(4) 状態量とその推定誤差分散の予測

時刻 t_{k-1} から現在時刻 t_k までの 1 時間の平均降雨強度が 8 mm h^{-1} であったとする．1 時間後の貯留高の事前推定値 $\hat{s}_{k+1|k}$ と予測誤差分散 $P_{k+1|k}$ を求めよう．$s(t_k)$ と v_k は無相関とする．また，差分の時間刻み Δt は 1/100 h とする．(16.23) 式より $\hat{s}(t_k + \Delta t)$ と $P(t_k + \Delta t)$ はそれぞれ

$$\hat{s}(t_k + \Delta t) = (1 + a_k \Delta t)\hat{s}_{k|k} + b_k \Delta t \tag{16.24}$$
$$P(t_k + \Delta t) = (1 + a_k \Delta t)^2 P_{k|k} + Q_k(\Delta t)^2 = (1 + a_k \Delta t)^2 P_{k|k} + Q\Delta t \tag{16.25}$$

となる．(16.23) 式の v_k は Δt 内では一定としているので

$$\mathrm{E}[v_k^2] = Q_k = Q/\Delta t$$

である．**(2)** で得た $\hat{s}_{k|k}$ を初期値とし，$\hat{s}(t_k + \Delta t)$ が得られたら，再度，その周りに状態方程式をテイラー展開して a_k, b_k を求め，(16.24) 式，(16.25) 式を用いて時刻 $t_k + 2\Delta t$ の貯留高とその推定誤差分散を求める．この手順を所定の回数繰り返せば，$\hat{s}_{k+1|k}, P_{k+1|k}$ を得ることができる．Δt=1/100 h とすると，この手順を 100 回繰り返せばよい．遅滞時間 T_L = 1h なので，1 時間先までの予測流量は予測降雨がなくても計算できることに注意してほしい．計算の結果，以下が得られる．

$$\hat{s}_{k+1|k} = 58.0 \text{ mm}, \ P_{k+1|k} = 1.31 \text{ mm}^2$$

(5) 河川流量の予測と予測誤差分散

最後に 1 時間後の河川流量の予測値と予測誤差分散の値を求める．出力方程式 (16.20) を $\hat{s}_{k+1|k}$ の周りにテイラー展開して一次の項までとると

$$q(t_{k+1}) = H_{k+1} s_{k+1} + \eta_{k+1}$$

となる．ここで

$$H_{k+1} = \frac{A}{3.6pK}\left(\frac{\hat{s}_{k+1|k}}{K}\right)^{(1-p)/p} = 12.1 \text{ m}^3\text{s}^{-1}\text{mm}^{-1}$$

$$\eta_{k+1} = \frac{A(p-1)}{3.6p}\left(\frac{\hat{s}_{k+1|k}}{K}\right)^{1/p} = -245.9 \text{ m}^3\text{s}^{-1}$$

である．よって $q(t_{k+1})$ の予測値と予測誤差分散は

$$\hat{q}_{k+1|k} = H_{k+1}\hat{s}_{k+1|k} + \eta_{k+1} = 456.6 \text{ m}^3\text{s}^{-1}$$

$$P_{q,k+1|k} = H_{k+1}^2 P_{k+1|k} = 192.1 \text{ m}^6\text{s}^{-2}$$

となる．1時間後の流量は，1標準偏差分の範囲を考えると約68%の確率で $\hat{q}_{k+1|k} \pm \sqrt{P_{q,k+1|k}}$，すなわち ($442.8 \text{ m}^3\text{s}^{-1}$, $470.5 \text{ m}^3\text{s}^{-1}$) の間にあると予測される．

時間が経って観測値が得られれば **(2)** に戻ってカルマンフィルタを用いて状態量を推定し直す．これで実時間流出予測のアルゴリズムが完結する．

コラム：常微分方程式の離散化の方法

(16.19) 式のような非線形の常微分方程式から線形離散型の状態方程式を導く方法として，上で示したようにオイラー法による差分近似と線形化手法を組み合わせる手法がある．別の手法を以下に示す．テイラー展開や統計的線形化手法，統計的二次近似手法などを用い，時刻 t での状態量を用いて (16.19) 式の右辺を線形化し，

$$\frac{dx(t)}{dt} = Ax(t) + d + Fv(t) \tag{16.26}$$

とする．次にこれを離散化して

$$x(t + \Delta t) = \Phi x(t) + \phi + \Gamma v_t \tag{16.27}$$

とする．Δt は差分時間間隔であり，たとえば **16.3.1(4)** で用いたように $\Delta t = 1/100$h などとする．(16.26) 式を (16.27) 式の形に離散化するには，e^{tA} の近似式を用いればよい．たとえば Padè 近似によれば，

$$\Psi = \left(I - \frac{\Delta t}{2}A + \frac{\Delta t^2}{12}A^2\right)^{-1}$$

とおくと，

$$\Phi = \Psi\left(I + \frac{\Delta t}{2}A + \frac{\Delta t^2}{12}A^2\right)^{-1}, \ \phi = \Phi d\Delta t, \ \Gamma = \Phi\Delta t F$$

となり，この場合 Δt^5 の精度をもつ．ここで，Δt 内で v_t は一定とし，

$$E[v_t] = 0, \ E[v_t v_t^T] = Q_t = Q/\Delta t$$

である．(16.27) 式より，

$$\tilde{x}(t + \Delta t) = \Phi \tilde{x}(t) + \phi \tag{16.28}$$
$$\tilde{P}(t + \Delta t) = \Phi \tilde{P}(t) \Phi^T + \Gamma Q_t \Gamma^T \tag{16.29}$$

この手順を所定の回数繰り返し，$t = t_{k+1}$ における x の条件付き期待値 $\tilde{x}_{k+1} = \tilde{x}(t_{k+1})$ と推定誤差の共分散行列 $\tilde{P}_{k+1} = \tilde{P}(t_{k+1})$ を得る．

16.3.2　システムノイズに有色ノイズを導入する場合

(16.1) 式，(16.2) 式の関数 f，g による流出現象のモデル化が十分でない場合には，システムノイズ v および観測ノイズ w の白色正規性の仮定が必ずしも満足されず，予測に偏りが生じることがある．これに対処するために，ノイズ項の有色性を考慮する方法が考えられている[1)-5)]．また，モデルパラメータを状態量に加え，パラメータの値を時々刻々の入出力の応答に適合するように推定する方法がとられることもある．ノイズ項が定常であるか非定常であるか，ノイズ項の統計量を時々刻々推定するかしないかなど，フィルタリング・予測理論を適用する際に種々の取扱い方がある[6)]．

前節の例ではモデル誤差は白色性を仮定していた．この仮定は流出モデルが適切で状態量の推定にバイアスがないことを表しているが，実際はそうではなく，モデル誤差に相関を持たせる方が予測精度を向上させる可能性がある．そこで，状態方程式のモデル誤差の持続性を考慮するために，**15 章**で示した指数関数的相関構造をもつ有色ノイズ $e(t)$ を導入した状態方程式を考える．

$$\frac{de(t)}{dt} = -\frac{1}{\tau}e(t) + v(t) \tag{16.30}$$

ここで，$\tau > 0$ は有色ノイズの時定数，$v(t)$ は平均値 0 で $E[v(t)v(s)] = (2/\tau)\sigma^2\delta(t-$

s) を満たす連続正規白色ノイズであり，σ^2 は有色ノイズの定常時の分散，$\delta(t)$ はディラックのデルタ関数である．

この有色ノイズを組み合わせた貯留関数法による状態空間型流出モデルは以下のようになる．

状態方程式：
$$\frac{ds}{dt} = f(s(t), e(t), t) = f_1 r(t - T_L) - \left[\left(\frac{s(t)}{K}\right)^{1/p} + e(t)\right] \quad (16.31)$$

$$\frac{de}{dt} = -\frac{1}{\tau}e(t) + v(t) \quad (16.32)$$

出力方程式：
$$q(t) = q(s(t), e(t)) = \frac{A}{3.6}\left[\left(\frac{s(t)}{K}\right)^{1/p} + e(t)\right] \quad (16.33)$$

観測方程式：
$$y_k = q(t_k) + w_k = q(s(t_k), e(t_k)) + w_k \quad (16.34)$$

ここで $s(t)$ は時刻 t の貯留高 (mm)，$r(t)$ は降雨強度 (mm h^{-1})，$q(t)$ は流域下端の流出強度 (m^{3}s^{-1})，y_k は時刻 t_k における流域下端の観測流量 (m^{3}s^{-1})，f_1, T_L, K, p はモデルパラメータ，A は流域面積 (km^2) である．w_k は平均値 0 で分散 R の正規白色ノイズとする．定数の値を f_1=0.8, T_L=1 h, p=0.65, K=22 mm$^{0.35}$h$^{0.65}$, A=370 km^2, τ=26 h, σ^2=1.4 mm^{2}h^{-2}, R=10 m^{6}s^{-2} とする[7]．

(1) 観測方程式の線形化

現在時刻を t_k とし，状態ベクトル $X(t_k) = (s(t_k), e(t_k))^T$ の事前推定ベクトルが $\hat{X}_{k|k-1} = (\hat{s}_{k|k-1}, \hat{e}_{k|k-1})^T$ であるとき，流量の観測値 y_k が得られたとする．観測方程式 (16.34) を $(\hat{s}_{k|k-1}, \hat{e}_{k|k-1})^T$ の周りにテイラー展開して一次の項までとると，

$$y_k = q(\hat{s}_{k|k-1}, \hat{e}_{k|k-1}) + q_s(\hat{s}_{k|k-1})(s(t_k) - \hat{s}_{k|k-1}) + q_e(\hat{e}_{k|k-1})(e(t_k) - \hat{e}_{k|k-1}) + w_k$$
$$= H_k X_k + \eta_k + w_k$$

が得られる．ここで H_k と η_k は次のように求められる．

$$H_k = \left(\left.\frac{\partial q}{\partial s}\right|_{s=\hat{s}_{k|k-1}}, \left.\frac{\partial q}{\partial e}\right|_{e=\hat{e}_{k|k-1}}\right) = \frac{A}{3.6}\left(\frac{1}{pK}\left(\frac{\hat{s}_{k|k-1}}{K}\right)^{(1-p)/p}, 1\right)$$

$$\eta_k = q(\hat{s}_{k|k-1}, \hat{e}_{k|k-1}) - q_s(\hat{s}_{k|k-1})\hat{s}_{k|k-1} - q_e(\hat{e}_{k|k-1})\hat{e}_{k|k-1} = \frac{A(p-1)}{3.6p}\left(\frac{\hat{s}_{k|k-1}}{K}\right)^{1/p}$$

16.3 拡張カルマンフィルタを用いた実時間流出予測

(2) カルマンフィルタによる観測更新

時刻 t_k における事前推定ベクトルとその誤差分散共分散行列がそれぞれ

$$\hat{X}_{k|k-1} = \begin{pmatrix} 50.0 \text{ mm} \\ 0.4 \text{ mm h}^{-1} \end{pmatrix}, \quad \hat{P}_{k|k-1} = \begin{pmatrix} 16.0 \text{ mm}^2 & 0.05 \text{ mm}^2\text{h}^{-1} \\ 0.05 \text{ mm}^2\text{h}^{-1} & 0.01 \text{ mm}^2\text{h}^{-2} \end{pmatrix}$$

であるとき,$y_k=430 \text{ m}^3\text{s}^{-1}$ を得たとする.事後推定ベクトル $\hat{X}_{k|k}$ とその誤差分散共分散行列 $P_{k|k}$ の値を求めよう.前節の結果を用いれば

$$H_k = (11.18 \text{ m}^3\text{s}^{-1}\text{mm}^{-1}, 102.78 \text{ m}^3\text{s}^{-1}\text{mm}^{-1}\text{h}), \quad \eta_k = -195.7 \text{ m}^3\text{s}^{-1}$$

となる.カルマンゲインは (16.14) 式を用いて

$$K_k = P_{k|k-1}H_k^T(H_kP_{k|k-1}H_k^T+R)^{-1} = \begin{pmatrix} 0.825 \times 10^{-1} \text{ m}^{-3}\text{s mm} \\ 0.711 \times 10^{-3} \text{ m}^{-3}\text{s mm h}^{-1} \end{pmatrix}$$

となる.次に,(16.15) 式,(16.16) 式を用いて

$$\hat{X}_{k|k} = \hat{X}_{k|k-1} + K_k(y_k - \eta_k - H_k\hat{X}_{k|k-1}) = \begin{pmatrix} 52.1 \text{ mm} \\ 0.42 \text{ mm h}^{-1} \end{pmatrix}$$

$$P_{k|k} = (I - K_kH_k)P_{k|k-1} = \begin{pmatrix} 0.817 \text{ mm}^2 & -0.809 \times 10^{-1} \text{ mm}^2\text{h}^{-1} \\ -0.809 \times 10^{-1} \text{ mm}^2\text{h}^{-1} & 0.887 \times 10^{-2} \text{ mm}^2\text{h}^{-2} \end{pmatrix}$$

が得られる.

(3) 状態方程式の線形化

貯留高に関する状態方程式 (16.31) をオイラー法を用いて差分近似すると,Δt を差分時間間隔として,$s(t_k + \Delta t)$ の推移式は,

$$s(t_k + \Delta t) \simeq s(t_k) + \Delta t f(s(t_k), e(t_k), t_k)$$

となる.この式の右辺の $f(s(t_k), e(t_k), t_k)$,すなわち (16.31) 式の右辺を $\hat{s}_{k|k}$ および $\hat{e}_{k|k}$ の周りにテイラー展開して一次の項までとると

$$f(s(t_k), e(t_k), t_k) \simeq f(\hat{s}_{k|k}, \hat{e}_{k|k}, t_k) + f_s(\hat{s}_{k|k})(s(t_k) - \hat{s}_{k|k}) + f_e(\hat{e}_{k|k})(e(t_k) - \hat{e}_{k|k})$$
$$= a_k s(t_k) - e(t_k) + b_k$$

となる.ここで

$$a_k = -\frac{1}{pK}\left(\frac{\hat{s}_{k|k}}{K}\right)^{(1-p)/p}, \quad b_k = f_1 r(t_k - T_L) + \frac{1-p}{p}\left(\frac{\hat{s}_{k|k}}{K}\right)^{1/p}$$

である．したがって

$$s(t_k + \Delta t) = s(t_k) + \Delta t(a_k s(t_k) - e(t_k) + b_k)$$

となり，貯留高に関する線形離散の推移式

$$s(t_k + \Delta t) = (1 + a_k \Delta t)s(t_k) - e(t_k)\Delta t + b_k \Delta t \tag{16.35}$$

が得られる．モデル誤差の推移式 (16.32) 式の一般解は，$\mu = \exp(-\Delta t/\tau)$ とすると，

$$e(t + \Delta t) = \mu e(t) + \mu \int_t^{t+\Delta t} \exp\{(\eta - t)/\tau\} v(\eta) d\eta$$

であり，右辺の第二項を v_t として

$$e(t + \Delta t) = \mu e(t) + v_t \tag{16.36}$$

とすると，v_t は平均値 0，分散 $(1 - \mu^2)\sigma^2$ の正規白色ノイズとなる．これを用いれば，状態方程式は (16.35) 式と (16.36) 式を合わせて以下となる．

$$\begin{pmatrix} s(t_k + \Delta t) \\ e(t_k + \Delta t) \end{pmatrix} = \begin{pmatrix} 1 + a_k \Delta t & -\Delta t \\ 0 & \mu \end{pmatrix} \begin{pmatrix} s(t_k) \\ e(t_k) \end{pmatrix} + \begin{pmatrix} b_k \Delta t \\ 0 \end{pmatrix} + \begin{pmatrix} 0 \\ v_t \end{pmatrix} \tag{16.37}$$

(4) 状態量とその推定誤差分散の予測

　時刻 t_k までの降雨が 8 mm h^{-1} であったとする．このとき，1 時間後の状態ベクトルの予測値 $\hat{X}_{k+1|k}$ とその予測誤差共分散行列 $P_{k+1|k}$ を求める．差分時間間隔 Δt を 1/100 h とする．(2) で得た $\hat{X}_{k|k}$，$P_{k|k}$ を初期値として $\hat{X}(t_k + \Delta t)$，$P(t_k + \Delta t)$ を (16.17) 式，(16.18) 式 を用いて求める．(16.17) 式，(16.18) 式 の係数行列および係数ベクトルは (3) で求めた状態方程式 (16.37) 式より

$$\Phi(t_k + \Delta t, t_k) = \begin{pmatrix} 1 + a_k \Delta t & -\Delta t \\ 0 & \mu \end{pmatrix}, \quad D(t_k + \Delta t) = \begin{pmatrix} b_k \Delta t \\ 0 \end{pmatrix},$$

$$Q_k = \begin{pmatrix} 0 & 0 \\ 0 & (1 - \mu^2)\sigma^2 \end{pmatrix}$$

となる．Δt 先の状態ベクトル $\hat{X}(t_k + \Delta t)$ が得られたら，その周りに状態方程式をテイラー展開して再度，係数 a_k，b_k を定め，時刻 $t_k + 2\Delta t$ の状態ベクトルと誤差分散行列を求める．この手順を所定の回数繰り返せば，$\hat{X}_{k+1|k}$，$P_{k+1|k}$ を得るこ

とができる．$\Delta t = 1/100$ h とすると，この手順を 100 回繰り返せばよい．遅滞時間 $T_L = 1$ h なので，1 時間先までの予測流量は予測降雨がなくても計算できることに注意すると，以下が得られる．

$$\hat{X}_{k+1|k} = \begin{pmatrix} 54.20 \text{ mm} \\ 0.40 \text{ mm h}^{-1} \end{pmatrix}, \quad P_{k+1|k} = \begin{pmatrix} 0.826 \text{ mm}^2 & -0.127 \text{ mm}^2\text{h}^{-1} \\ -0.127 \text{ mm}^2\text{h}^{-1} & 0.112 \text{ mm}^2\text{h}^{-2} \end{pmatrix}$$

(5) 河川流量の予測と予測誤差分散

出力方程式 (16.33) を $\hat{X}_{k+1|k} = (\hat{s}_{k+1|k}, \hat{e}_{k+1|k})^T$ の周りにテイラー展開して一次の項までとると

$$q(t_{k+1}) = H_{k+1} X_{k+1} + \eta_{k+1}$$

となる．ここで

$$H_{k+1} = \frac{A}{3.6} \left(\frac{1}{pK} \left(\frac{\hat{s}_{k+1|k}}{K} \right)^{(1-p)/p}, 1 \right) = (11.68 \text{ m}^3\text{s}^{-1}\text{mm}^{-1}, 102.78 \text{ m}^3\text{s}^{-1}\text{mm}^{-1}\text{h})$$

$$\eta_{k+1} = \frac{A(p-1)}{3.6p} \left(\frac{\hat{s}_{k+1|k}}{K} \right)^{1/p} = -221.56 \text{ m}^3\text{s}^{-1}$$

である．これらを用いれば，1 時間後の河川流量の予測値と予測誤差分散は

$$\hat{q}_{k+1|k} = H_{k+1} \hat{X}_{k+1|k} + \eta_{k+1} = 452.82 \text{ m}^3\text{s}^{-1}$$

$$P_{q,k+1|k} = H_{k+1} P_{k+1|k} H_{k+1}^T = 989.54 \text{ m}^6\text{s}^{-2}$$

となる．1 時間後の流量 (m^3s^{-1}) は，1 標準偏差分の範囲を考えると約 68% の確率で $\hat{q}_{k+1|k} \pm \sqrt{P_{q,k+1|k}}$，すなわち (421.4, 484.3) の間にあると予測される．

16.3.3　状態量ベクトルの拡大による予測降雨の導入

前節の例において，さらに現在時刻 t_k での 2 時間先の予測流量 $\hat{y}_{k+2|k}$ とその予測誤差分散 $P_{y,k+2|k}$ を求めることを考える．遅滞時間 (この例の場合 1 h) を越えて流量を予測するため，その時間分の予測降雨が必要となる．時刻 t_k において，今後 1 時間の降雨強度 u_{k+1} の期待値 $\hat{u}_{k+1|k}$ が 10 mm h^{-1}，予測誤差分散 $U_{k+1|k}$ が 25 mm^{2}h^{-2} と予測されているとする．

(1) 降雨の時間推移を加えた状態方程式

降雨予測の誤差を流出予測システムに反映させるために，降雨の時間推移を状態方程式に加える．貯留高の状態方程式 (16.31) 式の右辺を $\hat{s}_{k+1|k}$ の周りにテイラー展開して一次の項までとり，オイラー法を用いると

$$s(t_k + \Delta t) = (1 + a_k)s(t_k) - e(t_k)\Delta t + f_1 u(t_k)\Delta t + b_k \Delta t$$

となる．(16.35) 式と異なり，予測降雨 $u(t_k)$ は確定値ではないので，定数項 b_k に含めていない．ここで

$$a_k = -\frac{1}{pK}\left(\frac{\hat{s}_{k+1|k}}{K}\right)^{(1-p)/p}, \quad b_k = \frac{1-p}{p}\left(\frac{\hat{s}_{k+1|k}}{K}\right)^{1/p}$$

である．貯留高 $s(t)$，有色ノイズ $e(t)$，予測降雨 $u(t)$ からなる状態ベクトルを考えると，状態ベクトルの推移式は以下となる．

$$\begin{pmatrix} s(t_k + \Delta t) \\ e(t_k + \Delta t) \\ u(t_k + \Delta t) \end{pmatrix} = \begin{pmatrix} 1 + a_k\Delta t & -\Delta t & f_1\Delta t \\ 0 & \mu & 0 \\ 0 & 0 & 1 \end{pmatrix} \begin{pmatrix} s(t_k) \\ e(t_k) \\ u(t_k) \end{pmatrix} + \begin{pmatrix} b_k\Delta t \\ 0 \\ 0 \end{pmatrix} + \begin{pmatrix} 0 \\ v_t \\ 0 \end{pmatrix} \quad (16.38)$$

(2) 状態量とその推定誤差分散の予測

前節の (4) で得た 1 時間先予測ベクトル $\hat{s}_{k+1|k}$, $\hat{e}_{k+1|k}$ に $\hat{u}_{k+1|k}$ の期待値と予測誤差分散を加えた状態ベクトルと予測誤差の分散共分散行列

$$\hat{X}_{k+1|k} = \begin{pmatrix} 54.20 \text{ mm} \\ 0.40 \text{ mm h}^{-1} \\ 10.0 \text{ mm h}^{-1} \end{pmatrix}$$

$$P_{k+1|k} = \begin{pmatrix} 0.826 \text{ mm}^2 & -0.127 \text{ mm h}^{-1} & 0 \text{ mm h}^{-2} \\ -0.127 \text{ mm h}^{-1} & 0.112 \text{ mm h}^{-2} & 0 \text{ mm h}^{-2} \\ 0 \text{ mm h}^{-2} & 0 \text{ mm h}^{-2} & 25 \text{ mm h}^{-2} \end{pmatrix}$$

を初期値として，$\hat{X}(t_{k+1} + \Delta t)$，$P(t_{k+1} + \Delta t)$ を (16.17) 式，(16.18) 式を用いて求める．(16.17) 式，(16.18) 式の係数行列とベクトルは (16.38) 式より

$$\Phi(t_{k+1} + \Delta t, t_k) = \begin{pmatrix} 1 + a_k\Delta t & -\Delta t & f_1\Delta t \\ 0 & \mu & 0 \\ 0 & 0 & 1 \end{pmatrix},$$

$$D(t_{k+1} + \Delta t) = \begin{pmatrix} b_k\Delta t \\ 0 \\ 0 \end{pmatrix}, \quad Q_k = \begin{pmatrix} 0 & 0 & 0 \\ 0 & (1-\mu)\sigma^2 & 0 \\ 0 & 0 & 0 \end{pmatrix}$$

とする．Δt ごとに係数 a_k, b_k を定めてこの手順を所定の回数繰り返して $\hat{X}_{k+2|k}$, $P_{k+2|k}$ を得ることができる．$\Delta t=1/100$ h としてこの手順を 100 回繰り返すと，2 時間後の状態量ベクトルと予測誤差の分散共分散行列が以下のように得られる．

$$\hat{X}_{k+2|k} = \begin{pmatrix} 57.60 \text{ mm} \\ 0.39 \text{ mm h}^{-1} \\ 10.0 \text{ mm h}^{-1} \end{pmatrix}$$

$$P_{k+2|k} = \begin{pmatrix} 15.27 \text{ mm}^2 & -0.258 \text{ mm h}^{-1} & 18.89 \text{ mm h}^{-2} \\ -0.258 \text{ mm h}^{-1} & 0.207 \text{ mm h}^{-2} & 0 \text{ mm h}^{-2} \\ 18.89 \text{ mm h}^{-2} & 0 \text{ mm h}^{-2} & 25 \text{ mm h}^{-2} \end{pmatrix}$$

(3) 河川流量の予測と予測誤差分散

最後に 2 時間後の河川流量と予測誤差分散の値を求める．出力方程式を $\hat{X}_{k+2|k} = (\hat{s}_{k+2|k}, \hat{e}_{k+2|k}, \hat{u}_{k+1|k})^T$ の周りにテイラー展開して一次の項までとると

$$q(t_{k+2}) = H_{k+2} X_{k+2} + \eta_{k+2}$$

となる．ここで

$$H_{k+2} = \frac{A}{3.6} \left[\frac{1}{pK} \left(\frac{\hat{s}_{k+2|k}}{K} \right)^{(1-p)/p}, 1, 0 \right]$$

$$= (12.068 \text{ m}^3\text{s}^{-1}\text{mm}^{-1}, 102.78 \text{ m}^3\text{s}^{-1}\text{mm}^{-1}\text{h}, 0 \text{ m}^3\text{s}^{-1}\text{mm}^{-1}\text{h})$$

$$\eta_{k+2} = \frac{A(p-1)}{3.6p} \left(\frac{\hat{s}_{k+2|k}}{K} \right)^{1/p} = -243.307 \text{ m}^3\text{s}^{-1}$$

である．したがって，q_{k+2} の予測値と予測誤差分散は

$$\hat{q}_{k+2|k} = H_{k+2} \hat{X}_{k+2|k} + \eta_{k+2} = 491.65 \text{ m}^3\text{s}^{-1}$$

$$P_{q,k+2|k} = H_{k+2} P_{k+2|k} H_{k+2}^T = 3772.88 \text{ m}^6\text{s}^{-2}$$

となる．2 時間後の流量 (m^3s^{-1}) は約 68% の確率で (430.2, 553.1) の間にあると予測される．

16.4 統計的二次近似フィルタを用いた実時間流出予測

状態方程式や観測方程式の非線形性をより精度高く扱う方法として統計的線形化手法や統計的二次近似手法[8]があることを **15 章**で示した．以下ではこれらの線形化手法を用いた流出予測手法について述べる[9,10]．予測全体の手順は，前節で述べたものと同様である．

16.4.1 統計的二次近似理論

n 次元の確率ベクトル x とそのスカラー値関数 $g(x)$ が与えられているとする．x は平均値 $\bar{x}$，正則な分散共分散行列 P をもち，正規分布に従うとする．すなわち，

$$x \sim N(\bar{x}, P)$$

とする．スカラー値 B^*，n 次行ベクトル H，n 次対称行列 A を

$$J(B^*, H, A) = E\left[\left\|g(x) - \left[B^* + H(x-\bar{x}) + \frac{1}{2}(x-\bar{x})^T A(x-\bar{x})\right]\right\|^2\right]$$

が最小となるように定め，

$$g(x) \simeq B^* + H(x-\bar{x}) + \frac{1}{2}(x-\bar{x})^T A(x-\bar{x})$$

と近似することを，関数 $g(x)$ の統計的二次近似という．関数 $g(x)$ がベクトル値の場合は成分毎に統計的二次近似するものとする．この統計的二次近似手法を用いてスカラーの観測式

$$y = g(x) + w \tag{16.39}$$

を線形化する．ここに $g(x)$ は状態ベクトル x の非線形関数で，w はノイズ項である．統計的二次近似理論の詳細や数値解法については **15.4.2** を参照されたい．

16.4.2 実流域への適用

由良川水系土師川（岩間）流域 (370km^2) を対象とし，(16.31) 式〜(16.34) 式を用いて実時間流出予測システムを構成し，(16.31) 式，(16.34) 式の線形化に統計的二次近似手法を適用した[9),10)]．定数の値として，f_1 は累積雨量が 80mm 以下のとき 0.8 でそれ以上のとき 1.0，T_L=4h, p=0.65, K=22 mm$^{0.35}$h$^{0.65}$, A=370 km^2 とした．τ, σ^2 については，R =10.0 m^6 s^{-2} と仮定して 1965 年 9 月の洪水データを用いて最尤法で同定したところ，τ =26h, σ^2=1.4 mm^{2}h^{-2} を得た．この時の有色ノイズ $e(t)$ のラグ 1 時間の自己相関係数は 0.96 である．

同定されたパラメータ値を用い，ここで構築した確率過程的な流出モデルおよび決定論的な流出モデルを用いて 1 時間先の流量を予測した結果を図 **16.6** に示す．図 **16.7**(a) は予測残差のコレログラムである．この予測モデルによってもな

16.4 統計的二次近似フィルタを用いた実時間流出予測　579

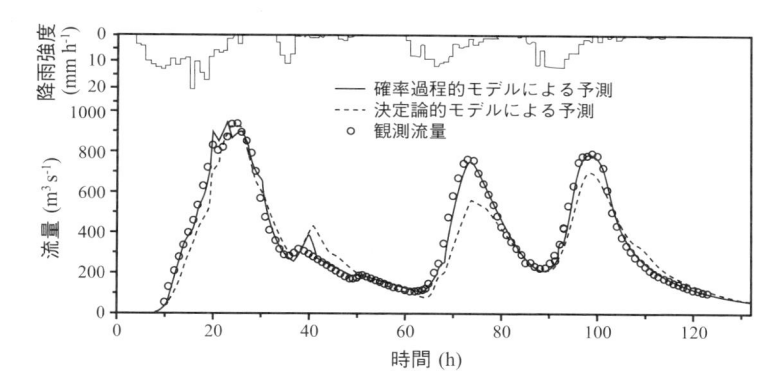

図 16.6：土師川岩間地点の 1 時間先予測 (1965 年 9 月洪水).

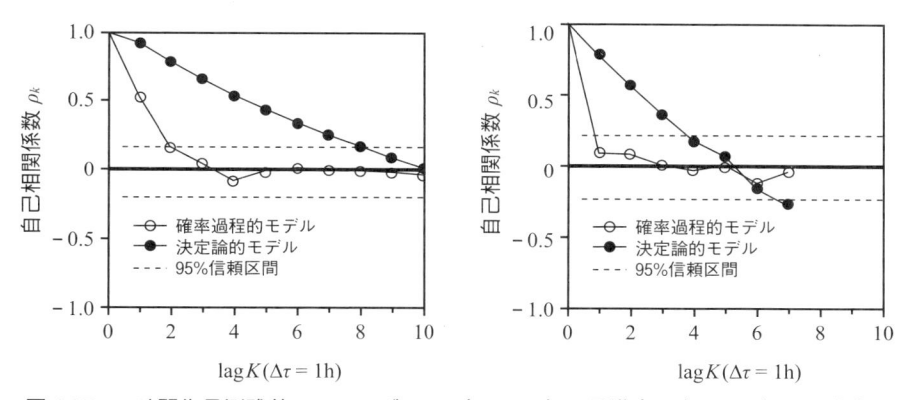

図 16.7：1 時間先予測残差のコレログラム (左:1965 年 9 月洪水, 右:1970 年 6 月洪水).

お予測残差に持続性が認められるが，決定論的な流出モデルによる予測結果を大きく改善しており，確率論的モデルの導入の効果が認められる．このモデルを用いて，1970 年 6 月洪水の実時間予測計算を再現した．予測のリードタイムが遅滞時間 $T_L = 4.0$h を超えなければ降雨の予測は必要ないので，ここでは 4 時間先までの予測を行った．図 16.7(b) に，1 時間先予測残差のコレログラムを示す．この予測モデルによる予測残差系列は白色に近く，システムの妥当性が示されている．2～3 時間先の予測ハイドログラフを図 16.8 に，その予測残差のヒストグラムを図 16.9 に示す．2 時間先までは予測精度が改善される．ただし，3 時間先になると流量観測によるフィルタリングの効果が及ばず，予測残差の分布はもとの決定論的な流出モデルのそれと似たものとなる．

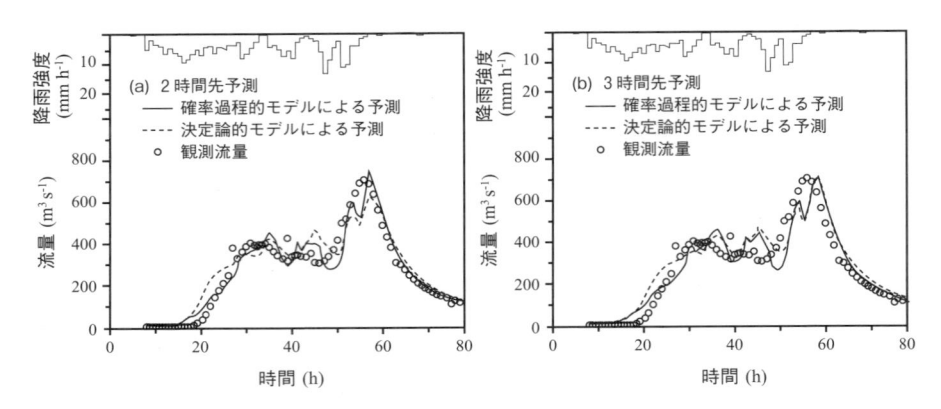

図 **16.8**：2, 3 時間先の予測 (1970 年 6 月洪水).

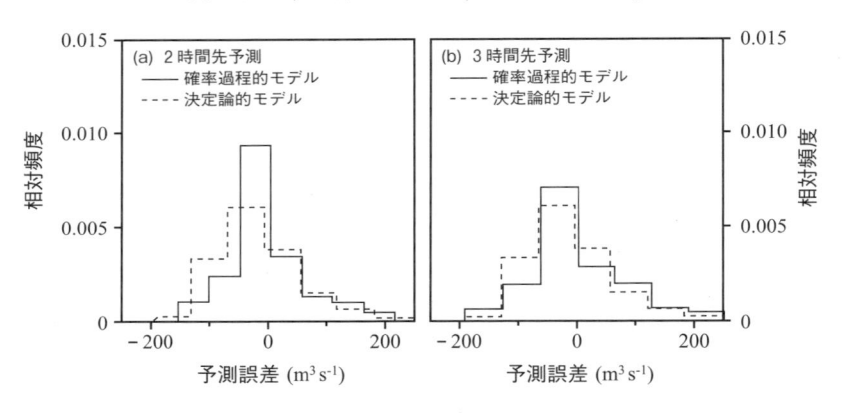

図 **16.9**：予測残差のヒストグラム.

コラム：ダム流入量の実時間予測システム

予測システムの概要　出水時，時々刻々変化する河川の状況に対応し適切なダム操作を安全に遂行するため，数時間先までのダム流入量を精度良く予測することは大きな意義を持つ．このため，我が国の各地のダムで，流入量予測システムが構築されている．以下では，富山県を流れる黒部川の仙人谷ダム，小屋平ダム，出し平ダムにおいて平成 17 年に導入された流入量予測システムについて紹介する[11],[12]．

黒部川には，図 **16.10** に示すように上流から順に，黒部ダム，仙人谷ダム，

小屋平ダム,出し平ダム,宇奈月ダムの5ダムが設置されており,このうち,最下流の宇奈月ダムを除く4ダムは,関西電力(株)が保有する発電専用のダムである.また,それら関西電力(株)の4ダムのうち,最上流の黒部ダム以外の仙人谷ダム,小屋平ダム,出し平ダムの3ダムが,本流入量予測システムの予測の対象となっている.

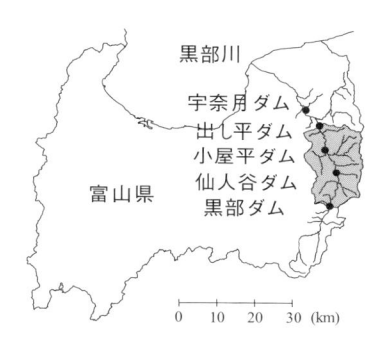

図 16.10:対象流域.

流入量予測システムは,大きく,降雨予測のプログラムと流出予測のプログラムで構成されている.前者の降雨予測プログラムは,雨量レーダや地上雨量計のデータ等をオンラインで取得し,それを元に,対象流域における6時間先までの雨量を10分毎に予測している.予測方法は,雨域の移動解析に基づく運動学的な手法(**14章**)と,大気の物理を表す式に基づく物理的手法を組み合わせたものであり,2.5km×2.5kmのメッシュサイズで雨量を算定している.また,後者の流出予測プログラムは,降雨予測プログラムで予測された予測雨量を用いて,流出モデルによる流出計算を行うことにより,6時間先までのダム流入量を10分毎に予測している.流出モデルは,黒部ダム・出し平ダム間を対象流域としており,このモデルにより対象3ダムの流入量をまとめて計算している.なお,黒部ダムは下流の3ダムと異なり貯水容量が非常に大きいダムであり,洪水時には洪水を貯水池に貯め込み下流への放流をほとんど行わないことから,黒部ダムよりも上流の流域については,流出モデルの対象外としている.以上のプログラムにより算定される予測雨量および予測流入量の情報は,LAN回線を通じて,各ダムの端末PCで閲覧することができるシステム(**図16.11**)としている.

582　第16章　実時間流出予測の実際

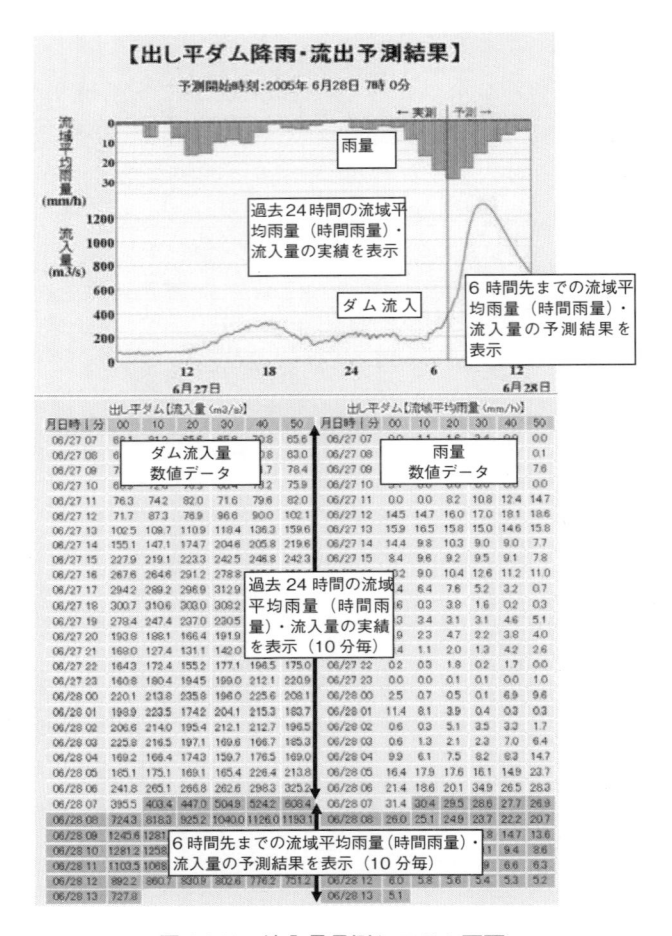

図 16.11：流入量予測システム画面.

流出計算手法　時空間的にきめ細かいメッシュ形式の雨量データを有効に活用するため，流出計算では対象流域を図 16.12 のように 45 個の部分流域に分割している．また，黒部川の急峻で複雑な地形の影響を考慮できるよう，分割した各部分流域において，山腹斜面および河道の流水の水理に基づく計算を行うものとした．具体的には，山腹斜面の計算には集中化された山腹斜面系キネマティックウェーブモデル (**8.3**) を用い，河道の流れの計算には集中化された河道網キネマティックウェーブモデル (**8.4**) を用いている．さらに，河道の計算には，**15 章**，**16 章**に示されるカルマンフィルタを適用し，ダム流入

量のデータに基づいて河道モデルの状態量を随時推定し直している．これにより，河道モデルの計算は，常に実際の河道の状況を適切に表すように保たれ，流出予測計算の精度向上が図られる．

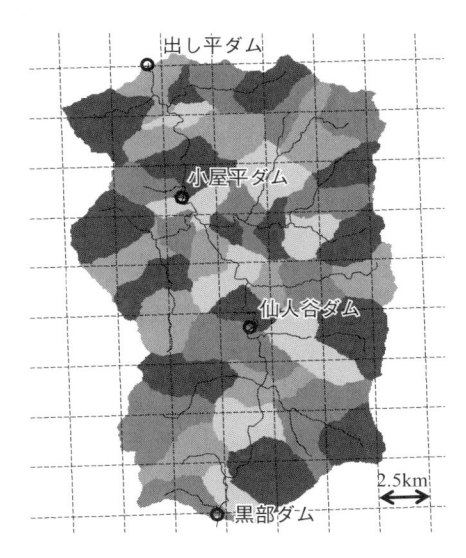

図 **16.12**：対象流域の分割と雨量データのグリッド．

山腹斜面の計算 (集中化された山腹斜面系キネマティックウェーブモデル)
モデルの適用に先立ち，まず，国土地理院の数値地図 (50m メッシュ標高) から落水線を生成し，その落水線上で表面流と中間流を扱うキネマティックウェーブの計算を行う詳細なモデル **(7.1)** を作成した．つぎに，この詳細なモデルは計算に時間を要するので，モデルを集中化し，計算時間を実用的なレベルまで軽減した．この集中化は，元の詳細なモデルにより，一定の降雨強度が降り続く定常状態の計算を行い，さまざまな降雨強度について，その定常状態の計算を行うことにより，流域の貯留高と流出高の関係を表すテーブルを作成し，そのテーブルを用いた貯留関数法の計算を元の分布型流出モデルの代用とするものである **(8.3.2)**．

河道の流れの計算 (集中化された河道網キネマティックウェーブモデル) 集中化された河道網キネマティックウェーブモデルは，部分流域内の河道網で

は流量が河道に沿って一定の変化率 $q_0(t)$ で変化しているという仮定を設け，その各部分流域の流量変化率 $q_0(t)$ の時間変化を計算しながら，流量を計算するものである．この方法により河道を細かい節点で区切ることなく，短時間で河道の洪水伝播を計算することができる (**8.4.2**)．

カルマンフィルタの適用　集中化された河道網キネマティックウェーブモデルに，カルマンフィルタを導入するに当たり，各部分流域の流量変化率 $q_0(t)$ からなる列ベクトル $q_0 = (q_0^1, \cdots, q_0^{45})^T$ を，状態ベクトルとして位置づけた．ここに，$q_0^i, i = 1, \cdots, 45$ は，部分流域 i における河道の流量変化率，T は転置記号を表す．各部分流域毎に，q_0 の時間変化を表す式をテイラー展開して線形化し，状態方程式を構成する．また，対象とする 3 ダムの流入量からなる列ベクトル $y = (Q_1, Q_2, Q_3)^T$ を，観測ベクトルとして位置づける．ここに，Q_1, Q_2, Q_3 はそれぞれ，仙人谷ダム，小屋平ダム，出し平ダムの流入量である．これらは q_0^i の線形和として表すことができ，それにより観測方程式を構成することができる．

$$\text{状態方程式}：q_0(t_{k+1}) = F_k q_0(t_k) + \xi_k + v_k$$
$$\text{観測方程式}：y(t_k) = H_k q_0(t_{k+1}) + \eta_k + w_k$$

ここに，t_k, t_{k+1} は時間，F_k は 45×45 次行列，H_k は 3×45 次行列，ξ_k は 45 次元の列ベクトル，η_k は 3 次元の列ベクトル，v_k はシステムノイズ (45 次元の列ベクトル)，w_k は観測ノイズ (3 次元の列ベクトル) である．なお，上記の式中のノイズに関して，観測ノイズ w_k は白色ノイズを用い，システムノイズ v_k は指数関数的に減衰する有色ノイズを用いた．流出予測プログラムでは，ダム流入量の観測値を用いて，各部分流域の $q_0(t)$ および有色ノイズの最確値を推定し直しながら，河道の流れの計算を進めることとなる．

予測計算結果　システムによる計算結果の例を，図 **16.13** に示す．左の図は，6 時間先までの雨量として，実測の雨量データを与えた場合の計算結果である．グラフから，出水の立ち上がり，ピーク値について良好な予測精度を実現できていると評価できる．しかし，出水の逓減部の予測精度は，あまり良くない．この原因として，流出モデルの設定において，立ち上がりが実際の

波形よりも遅れないよう，有効降雨を大きめに与えていることが挙げられる．右の図は，6時間先までの雨量として，降雨予測システムで算定した予測雨量を与えた場合の計算結果である．これらの結果の比較より，特に2時間先以降，予測流入量は予測雨量に大きく影響を受けることが分かる．

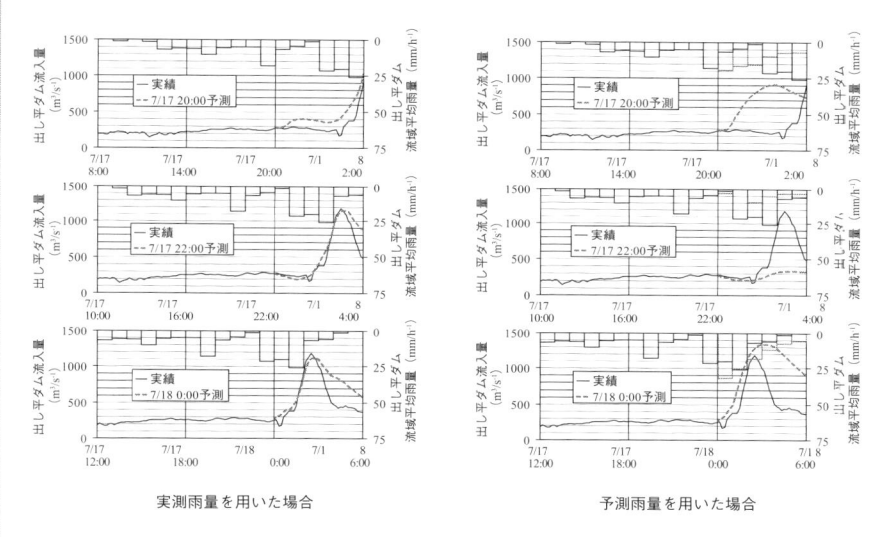

図 16.13：予測計算結果の例．

((株) ニュージェック：藤田 暁)

コラム：ダム貯水池操作を考慮した実時間流出予測手法

　ダム貯水池による流水制御過程を導入した一体的な分布型流出モデルが実現されている[13),14)]．分布型流出モデルによる流出予測の利点は，任意地点での予測を対象とすることである．ダム上流域だけでなく下流域を含めて流域一体とした実時間流出予測システムを構築するためには，ダム貯水池による流水制御過程をフィルタリング・予測システムに組み込むことができると都合がよい[15),16)]．

　時刻 t_k, t_{k-1} での流水の挙動を表す状態量ベクトルを Q_k, Q_{k-1} とし，その

状態方程式を

$$X_k Q_k = Y_k Q_{k-1} + E d_{k,k-1} \tag{16.40}$$

という形で構成することを考える．X_k, Y_k は時刻 t_k までに得られる状態量で表される既知の係数行列，$d_{k,k-1}$ は側方流入量および定数によって定まる既知の定数ベクトル，E は単位行列であり，運動方程式と連続式を離散化・線形化することにより，この形式の状態方程式を得ることができる．

図 16.14 を例とする流域に対して想定する状態量ベクトルは

$$\begin{pmatrix} Q_1 & Q_2 & V_A & O_A & I_A & Q_3 & Q_4 & V_B & O_B & I_B & Q_5 & Q_6 & Q_7 \\ Q_8 & V_C & O_C & I_C & Q_9 & Q_{10} & Q_{11} & Q_{12} & Q_{13} & Q_{14} & Q_{15} & Q_{16} \end{pmatrix}^T$$

である．ここで Q_i は i 番目の河道区分下端での河川流量，I はダム貯水池への流入量，O はダム貯水池からの放流量，V はダム貯水池の貯水量とする．(16.40) 式にシステムノイズを加えた状態方程式と観測方程式を用いて状態空間型モデルを構成すれば，カルマンフィルタによる逐次状態推定と予測のアルゴリズムを導入することができる．

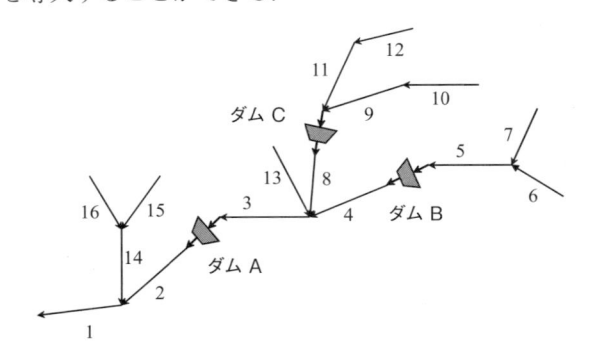

図 16.14: 複数のダム貯水池が存在する流域の例．

これを実現するためには，ダム貯水池からの放流量を状態量の関数としてモデル化し，それを流れの式と同様に逐次，線形化できればよい．11.5 で示したように，我が国のダム貯水池は，ある操作手順を基本としてダムの操作過程が定められている．この流量制御過程を定式化すると，条件によって区分される非線形関数になる．区分的な非線形関数の線形化には，統計的線形

化手法や統計的二次近似手法が有効である．このようにすれば，ダムによる流水制御過程も状態方程式の中に組み込み，流域全体の雨水の挙動を一つの状態空間モデルとして表現することができる．

16.5 粒子フィルタを用いた実時間水位予測

前節までに示した手法は，時々刻々，線形の状態方程式，観測方程式を構成して，状態量の確率分布の特性量である一次モーメントおよび二次モーメントの時間推移を推定・予測する手法であああった．これに対して，状態量の確率分布を多数の粒子(多数の状態量の実現値)で近似的に表し，個々の粒子の時間推移を計算して状態量の確率分布の時間推移を推定・予測する手法が考えられる．この手法を粒子フィルタという．粒子フィルタは，多数の粒子の時間推移を計算せねばならないが，状態方程式や観測方程式の線形化は不要で，数値シミュレーションとして次の時刻の計算値が得られればよい．そのため，非線形・非ガウス型の状態空間モデルであっても実装が容易である[17),18)]．以下では，ダイナミックウェーブモデルによる水位予測に粒子フィルタを適用した例を示す[19)]．

16.5.1 粒子フィルタ

状態量の確率分布を多数の粒子の実現値で近似的に表現することが粒子フィルタの骨子である．粒子フィルタは，状態量の事後分布を推定する際にカルマンゲインを用いるのではなく，観測値によって定まるそれぞれの粒子の尤度(適合度)を用いる．計算機システムへの実装が極めて容易であり，各粒子の時間発展から尤度の計算までを粒子ごとに独立して計算できるため，並列計算機を利用することにより効率的にフィルタリング・予測計算を実現することができる．

非線形・非ガウス型の状態空間モデル

$$x_t = f(x_{t-1}, c_t, u_t, v_t) \quad (16.41)$$
$$y_t = g(x_t, c_t, w_t) \quad (16.42)$$

を考える．x_t は時刻 t の状態ベクトル，y_t は時刻 t の観測ベクトル，c_t はパラメータベクトル，u_t は入力ベクトル，v_t, w_t はそれぞれガウス分布とは限らない

ある確率密度関数に従うとするシステムノイズと観測ノイズである．f, g は状態ベクトルに関する非線形関数であり，(16.41) 式は状態ベクトルの時間発展を表す状態方程式，(16.42) 式は観測方程式である．

一期先の状態 x_t の予測値の確率分布 (事前分布) は

$$p(x_t|y_{1:t-1}) = \int p(x_t|x_{t-1})p(x_{t-1}|y_{1:t-1})dx_{t-1} \quad (16.43)$$

と表される．また，時刻 t までの観測ベクトル $y_{1:t}$ が得られた後，フィルタリングされた状態 x_t の確率分布 (事後分布) は，ベイズの定理により

$$p(x_t|y_{1:t}) = \frac{p(y_t|x_t)p(x_t|y_{1:t-1})}{p(y_t|y_{1:t-1})} \quad (16.44)$$

である．粒子フィルタではこれらの条件付き確率分布を，その分布の実現値である独立の多数の粒子を用いて近似する．具体的には (16.43) 式の事前分布を

$$p(x_t|y_{1:t-1}) \approx \frac{1}{N}\sum_{i=1}^{N}\delta(x_t - x_{t|t-1}^{(i)}) \quad (16.45)$$

で表す．N は粒子数，$\delta(\cdot)$ はディラックのデルタ関数，$x_{t|t-1}^{(i)}$ は時刻 t の i 番目の粒子の事前推定値である．これを (16.44) 式に代入して，観測値 y_t を加えた後の事後分布が以下となるように粒子 $x_{t|t}^{(i)}$ を求める．

$$p(x_t|y_{1:t}) \approx \frac{1}{N}\sum_{i=1}^{N}\delta(x_t - x_{t|t}^{(i)}) \quad (16.46)$$

(16.45) 式，(16.46) 式を表現する粒子 $x_{t|t-1}^{(i)}$，$x_{t|t}^{(i)}$ は (16.41) 式，(16.42) 式に従って以下の手順で求める．

1) **初期化**　現在時刻を $t-1$ とする．i 番目の粒子 ($i = 1,\cdots,N$) についてフィルタリング後の状態量 $x_{t-1|t-1}^{(i)}$ が得られているとする (図 **16.15** の第 1 列の粒子群).

2) **予測**　状態方程式 (16.41) 式を用いて i 番目の粒子 ($i = 1,\cdots,N$) の予測値 $x_{t|t-1}^{(i)}$ を求める (図 **16.15** の第 2 列の粒子群)．これにより事前分布が (16.45) 式より定まる．

3) **尤度計算**　(16.44) 式の分子の $p(y_t|x_t)$ は，状態 x_t のときに観測値 y_t を得る確率密度 (尤度) であり，各粒子の尤度は $p(y_t|x_{t|t-1}^{(i)})$ から得られる．$p(x_t|y_{1:t-1})$

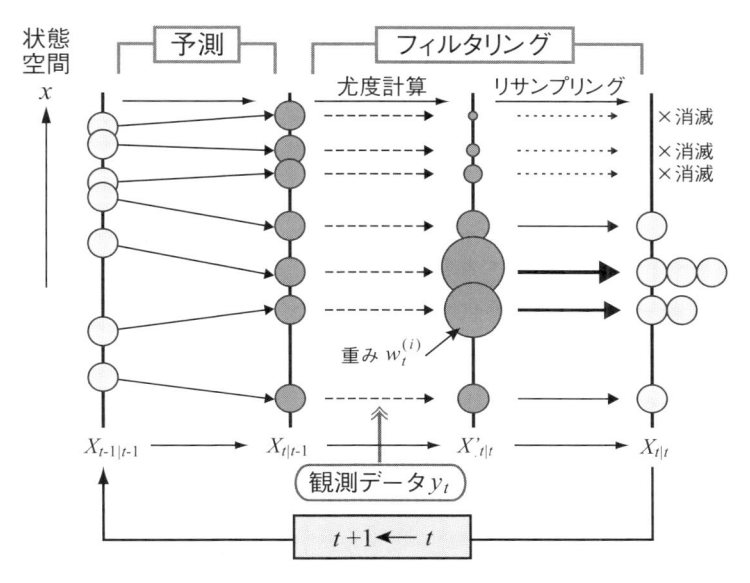

図 **16.15**：粒子フィルタの概念図[17),18)].

は (16.45) 式より $1/N$ である．図 **16.15** の第 3 列の粒子群の大きさは尤度の大小を表し，観測値に対する適合度が高い粒子ほど尤度 (重み) が大きいことを表す．(16.44) 式の分母の $p(y_t|y_{1:t-1})$ は

$$p(y_t|y_{1:t-1}) = \int p(y_t|x_t)p(x_t|y_{1:t-1})dx_t \approx \frac{1}{N}\sum_{i=1}^{N}p(y_t|x_{t|t-1}^{(i)}) \quad (16.47)$$

であり，(16.45) 式，(16.47) 式を (16.44) 式に代入すると，事後分布として

$$p(x_t|y_{1:t}) \approx \sum_{i=1}^{N}\lambda_t^{(i)}\delta(x_t - x_{t|t-1}^{(i)}) \quad (16.48)$$

が得られる．ここで $\lambda_t^{(i)}$ は正規化した尤度である．

$$\lambda_t^{(i)} = p(y_t|x_{t|t-1}^{(i)}) / \sum_{i=1}^{N}p(y_t|x_{t|t-1}^{(i)})$$

4) **リサンプリング** 正規化した尤度 $\lambda_t^{(i)}$ に比例する割合で $x_{t|t-1}^{(i)}$ を復元抽出し，抽出した粒子を $x_{t|t}^{(i)}$ とする (図 **16.15** の第 4 列の粒子群)．抽出した粒子の

合計は N 個とする．それぞれの粒子の重みはすべて $1/N$ となり，最終的に事後分布 (16.46) 式が得られる．リサンプリング後の各粒子の状態量あるいはパラメータには，ランダムなシステムノイズを与え，特定の粒子のみが選択されない工夫をする．

5) **時間更新**　時間を更新して 1) に戻る．

これにより x_t の推定値 $\hat{x}_t$ と推定誤差分散 $\hat{\sigma}_t$ は

$$\hat{x}_t = \mathrm{E}[x_t] \approx \frac{1}{N} \sum_{i=1}^{N} x_{t|t}^{(i)} = \sum_{i=1}^{N} \lambda_t^{(i)} x_{t|t-1}^{(i)} \tag{16.49}$$

$$\hat{\sigma}_t^2 = \frac{1}{N} \sum_{i=1}^{N} \left(x_{t|t}^{(i)} - \hat{x}_t\right)^2 = \sum_{i=1}^{N} \lambda_t^{(i)} \left(x_{t|t-1}^{(i)} - \hat{x}_t\right)^2 \tag{16.50}$$

として求められる．予測幅を表す 95% 信頼幅なども $x_{t|t}^{(i)}, i = 1, \cdots, N$ から直接得ることができる．

16.5.2　実流域への適用

河川水位は，流量だけでなく水位の上昇に伴う粗度や断面形状の変化，上下流の影響など様々な影響を受ける．そこで，ダイナミックウェーブモデルに粒子フィルタを導入し，河川流量とともに粗度係数や断面パラメータの変化を時々刻々推定する水位予測手法を考える[19]．以下の適用例では，**図 16.16** に示す河道区間 3 を水位予測を要する区間とし，この河道区間の上端では水位予測時間分の河川流量が流出モデルによって提供され，下端では水位の予測値あるいは水位・流量曲線が境界条件として与えられるとする．また，この河道区間内に少なくとも 1 か所で水位観測があるとする．

(1)　水位予測モデル

水位予測モデルにはダイナミックウェーブモデル

$$\frac{\partial A}{\partial t} + \frac{\partial Q}{\partial s} = 0 \tag{16.51}$$

$$\frac{\partial Q}{\partial t} + \frac{\partial}{\partial s}\left(\frac{Q^2}{A}\right) + gA\left(\frac{\partial h}{\partial s} - i_0 + I_f\right) = 0 \tag{16.52}$$

16.5 粒子フィルタを用いた実時間水位予測　591

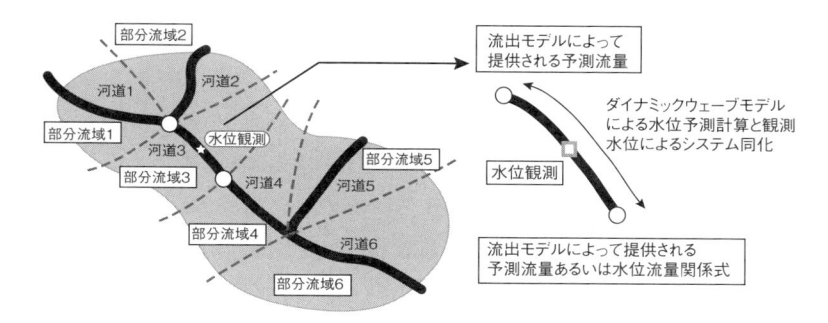

図 16.16：実時間流出予測システムの全体構成.

を用いる．t は時間座標，s は流下方向にとった空間座標，A は通水断面積，Q は流量，g は重力加速度，h は水深，i_0 は河床勾配，I_f は摩擦損失勾配である．マニングの抵抗則を用いて $I_f = n^2(Q/A)^2 R^{-4/3}$ とする．R は径深である．また，対象河道区間における側方流入量は河川流量に比べて十分に小さいと考えゼロとする．河道横断面形はできるだけ一般的な形状を表現するために広幅べき乗関数 $b = ah^p$ を採用した．$a > 0$, $p > 0$ は定数である．これを用いれば通水断面積は，

$$A = \int_0^h 2b\,dh = \int_0^h 2ah^p\,dh = \frac{2a}{p+1} h^{p+1}$$

となる．b が水深 h に比べて十分に大きい場合は，$a^2 p^2 h^{2(p-1)} \gg 1$ が成り立つので，潤辺は，

$$S = 2\int_0^h \sqrt{1 + a^2 p^2 h^{2(p-1)}}\,dh \approx 2\int_0^h aph^{p-1}\,dh = 2ah^p$$

となる．以上から，径深は $R = A/S = h/(p+1)$ となる．これらを解いて Q, A, h を得る．モデルパラメータは粗度係数 n と断面形状を決める a, p である．

(2) 水位予測への粒子フィルタの適用

前節で示したアルゴリズムに従って，ダイナミックウェーブモデルを状態方程式として粒子フィルタを適用する．以下では設定条件を具体的に示す．

粒子化の対象と初期化　粒子フィルタでは，状態量やパラメータ，初期・境界条件に異なる値を設定した状態方程式を多数構成し，それらを同時に進行させて

時々刻々の観測情報を予測システムに組み込む．ここでは，予測水位に大きな影響を与える粗度係数 n を粒子化の対象とする．また，河道区間の上端でダイナミックウェーブモデルに与える流量 (流出モデルによる予測値) が誤差を含むとし，それに乗ずる係数 r_q を考えて粒子化の対象とする．n, r_q の初期分布は正規分布に従って独立に発生させ，$n \sim N(0.035, 0.005^2)$, $r_q \sim N(1.0, 0.15^2)$ とした．n の単位は m$^{-1/3}$s, r_q は無次元である．また，n については $0.015 < n < 0.063$, r_q については $0.4 < r_q < 1.6$ となるように値を制限した．粒子数 (ダイナミックウェーブモデルの個数) は，1000 個以上での予測結果に大きな違いが見られなかったため，1000 個とした．

予測 粒子フィルタを適用する場合，時刻 t の状態量 x_t を時刻 $t-1$ の状態量 x_{t-1} で陽に記述する必要はない．シミュレーションモデルによって x_{t-1} から x_t が定まればよい．この場合，状態量は，空間差分の節点を $j (= 0, \cdots, N_s; N_s$ は空間差分節点数)，時間差分の節点を $k (= 0, \cdots, N_t; N_t$ は時間差分節点数) として，Q_j^k と h_j^k である．時刻 $t-1$ でのそれらの値を既知とし，境界条件を与えて (16.51) 式と (16.52) 式を差分法によって解いて，Q_j^k と h_j^k の時刻 t での値を求める．これが状態方程式 (16.41) を解くことに相当する．(16.41) 式のパラメータベクトル c_t は粗度係数 n と断面形状を表す a と p である．差分時間間隔，空間間隔を 30s, 512m とし，河道区間上端の境界条件は流出モデルによって予測される流量，下端の境界条件は水位あるいは水位と流量の関係式とする．

尤度計算 水位観測値は 1 時間ごとに得られるので，1 時間ごとにフィルタリングを実施する．水位観測がある地点での水位の観測値を $h_{\text{obs},t}$，予測値を $h_{t|t-1}$ とし，観測式 (16.42) を

$$h_{\text{obs},t} = h_{t|t-1} + w_t, \ w_t \sim N(0, \sigma_{\text{obs},h}^2) \tag{16.53}$$

とする．これにより，時刻 t での i 番目の粒子の尤度は $h_{t|t-1}^{(i)}$ を用いて

$$p(h_{\text{obs},t}|h_{t|t-1}^{(i)}) = \frac{1}{\sqrt{2\pi}\sigma_{\text{obs},h}} \exp\left(-\frac{\left(h_{\text{obs},t} - h_{t|t-1}^{(i)}\right)^2}{2\sigma_{\text{obs},h}^2}\right) \tag{16.54}$$

とする．$\sigma_{\text{obs},h}$ は観測誤差の標準偏差であり，観測水位の 10% 程度の観測誤差があるとして $\sigma_{\text{obs},h} = 0.1 h_{\text{obs},t}$ とした．

リサンプリング　リサンプリングの目的は，重み $\lambda_t^{(i)}$ を持つ粒子 $x_{t|t-1}^{(i)}$ によって表現される分布関数を，重みが等しい粒子によって表現できるように粒子を選び直す (復元抽出する) ことにある．選び直された粒子が $x_{t|t}^{(i)}$ であり，ランダムサンプリングや層化抽出法，ドント方式などがある．ドント方式によるリサンプリング手順を説明する．粒子の重み $\lambda_t^{(i)}$ が計算された後，以下により $d_j^{(i)}$ を求める

$$d_j^{(i)} = \lambda_t^{(i)}/(m_j^{(i)} + 1)$$

$m_j^{(i)}$ は，最初 0 個として，粒子 i に j 回目までに抽出された個数の総和である．$j = 1, 2, \cdots, N$ の順に $d_j^{(i)}$ が最大となる粒子 i に対して配分数 $m_j^{(i)}$ を一つ増やす．これを粒子の総数 N 回分繰り返せば復元抽出が完了する．$d_j^{(i)}$ の値が等しくなる場合は番号の若い粒子を抽出することにした．上記の 3 つのリサンプリング手法が予測結果に与える違いを見たところ，最適推定値に違いはなく，粒子の分布はリサンプリング手法よりも尤度関数の設定が大きく影響するという結果であった．そこで計算負荷が小さいドント方式を採用した．

粒子の多様性の確保　特定の粒子の重みが大きくなって粒子のパターンが固定化してしまうと，状況の変化に適応できなくなり予測の精度が低下する．これに対処するために，リサンプリング後に各粒子のパラメータや状態量に撹乱を与える．ノイズの与え方には様々な手法が考えられるが，ここでは正規乱数を発生させて，n と r_q に対して

$$n_t = n_{t-1} + \xi_n, \quad r_{q,t} = r_{q,t-1} + \xi_q \tag{16.55}$$

とする．$\xi_n \sim N(0, \sigma_n^2)$，$\xi_q \sim N(0, \sigma_r^2)$ とし，$\sigma_n = 0.0005$，$\sigma_r = 0.03$ とした．計算を安定させるために $n_t < 0.015$ となった場合は，再度発生させる．同様に $0.4 < r_q < 1.6$ となるように範囲を制限する．

　ノイズを加えて粒子の多様性を確保する方法は粒子フィルタを適用する場合に一般的に用いられる手法であるが，水理計算を実施する上ではこの方法だけでは不十分な場合がある．粒子の多様なパターンを確保するためには，σ_n や σ_r の値をある程度の大きさに設定する必要があるが，特に粗度係数にノイズを加える場合，前の時刻で設定された粗度係数の値と極端に異なる値が設定されると計算が不安定になる可能性がある．そこで分散の値を制限しつつ粒子の多様性を確保するために，重みの値をゼロとしない特別な粒子を複数用意し，すべての計算期間を通してそれらの値を保持することを考える．

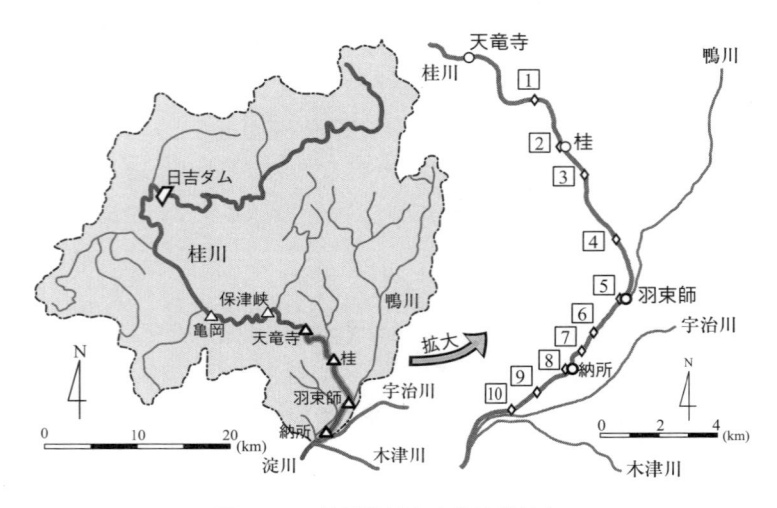

図 16.17：桂川流域と水位比較地点.

　具体的には，予測計算の初期時刻に正規乱数によってパラメータ値にノイズを加える一般の粒子とは別に，取り得るパラメータ値の範囲をカバーするように数種類の特別な粒子を設定する．たとえば粗度係数であれば，0.020 から 0.065 まで 0.005 間隔で 10 個の粒子を設定することなどを考える．これらの特別な粒子も，一般の粒子とともに予測計算を行い尤度に応じて重みを求めてリサンプリングする．ただし，重みの大小に関わらず一つの粒子はリサンプリング後もノイズを加えずに，初期に設定したパラメータの値を保持するようにする．これによって，パラメータの値に幅を持たすために大きな分散を与えることなく，粒子の多様性を保持することができる．

(3)　実流域への適用
　淀川水系に属する桂川流域 (1,100km^2，図 16.17) を対象として分布型流出モデル[13),14)]による流出計算を行い対象河道区間の流量を計算する．ダイナミックウェーブモデルを適用する河道区間は，天竜寺地点から納所地点下流までの約 16km の区間である．この区間には 4 ヶ所 (天竜寺，桂，羽束師，納所) に水位観測所がある．対象洪水は 2004 年 10 月の台風 23 号による洪水とした．この洪水は羽束師水位観測所周辺から上流数 km に渡って洪水痕跡が計画高水位を上回る洪水であった．

(a) 流量 (天竜寺地点)   (b) 水位 (羽束師地点)

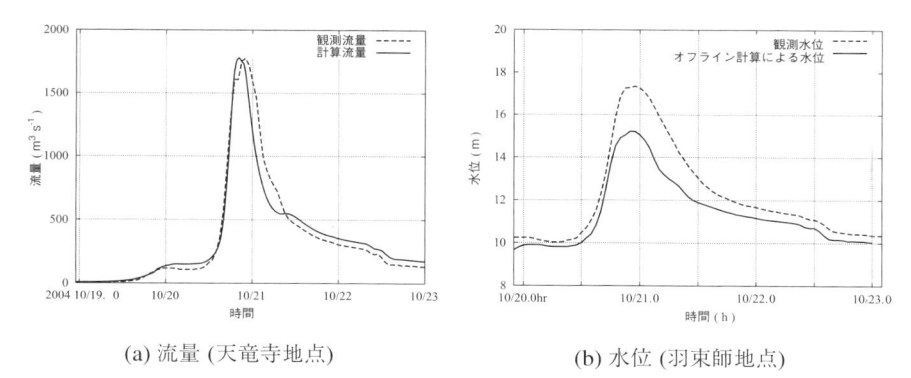

図 **16.18**：観測値と計算値.

　図 **16.18**(a) に対象河道区間上端の天竜寺地点での流量の観測値と流出モデルによる計算値を示す．流量の計算値の再現性はよい．この計算流量をダイナミックウェーブモデルの上端での境界条件とする．図 **16.18**(b) はこのときの羽束師地点 (図 **16.17** の評価地点 5) での観測水位とフィルタリングをしないオフライン計算での水位である．オフライン計算では，粗度係数 n はこの区間で従来から用いられている $0.035\mathrm{m}^{-1/3}\mathrm{s}$ とし，流量の再現性は高いので上端流入量に対する係数は $r_q = 1.0$ としたが，ピーク時の予測水位は 2m 近く小さかった．

　これに対して図 **16.19**(a) は前項で示した計算条件のもとに，羽束師地点の観測水位を用いてフィルタリングした場合の 1 時間先の予測水位である．図 **16.19**(b)(c) に各粒子 (モデル) に設定した n と r_q の時間変化を示す．プロットした点がそれらの値であり，その上に 1σ と 2σ の範囲を示している．n に関して水位上昇時により大きな値を持つ粒子が選択されている．羽束師地点周辺ではこの洪水のピーク時，水位が計画高水位を超え高水敷の上まで水位が上がった箇所があり，洪水が高水敷を流れるにつれて粗度が時々刻々増加することを表現したと考えられる．また，r_q は図 **16.18**(a) の観測流量と計算流量の違いを修正するように $r_q = 1.0$ の周りに変化している．適合するパラメータを持つ粒子が逐次，復元抽出されており，水位の予測値はオフライン計算値を大きく改善している．

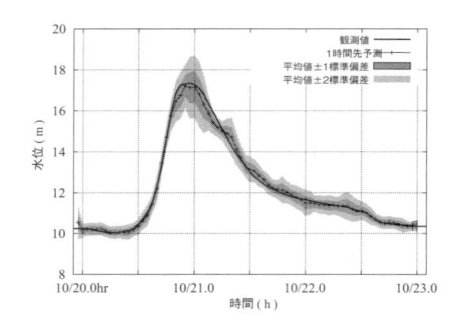

(a) 羽束師地点の 1 時間先の予測水位

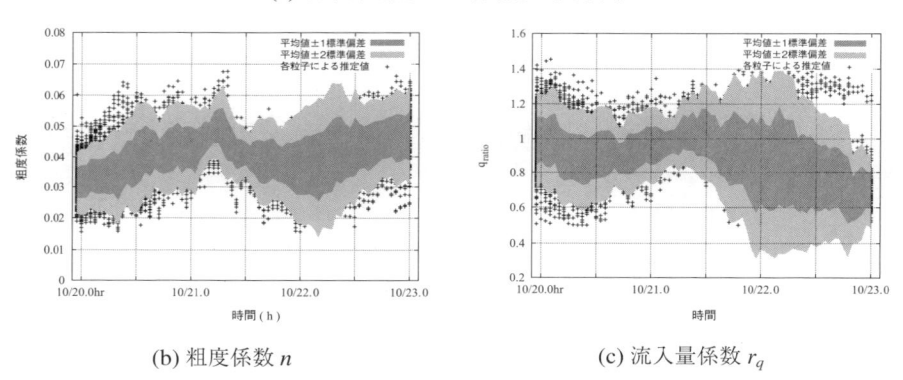

(b) 粗度係数 n

(c) 流入量係数 r_q

図 **16.19**：予測水位とパラメータの時間変化.

コラム：粒子フィルタと分布型水文モデルを用いたリアルタイム流出予測

　データ同化は，観測とシミュレーションモデルの不確実性を考慮し，予測を向上させる情報融合の方法である．線形・ガウス型システムの場合，カルマンフィルタが最適データ同化手法としてよく知られている．非線形・非ガウス型システムの場合は，観測による事後分布の解析解が得られないため，アンサンブルカルマンフィルタや粒子フィルタなどによって近似的に最適解を得る手法がある．カルマンフィルタを基本とした方法は線形の観測・予測更新ルールとガウス分布の仮定に基づいているが，粒子フィルタはシステムの形式と状態量やノイズの確率分布にガウス仮定をおかずに適用できる方法である．粒子フィルタを分布型水文モデルに組み合わせたリアルタイム流出予測に関する研究が進んでいる[20),21)]．

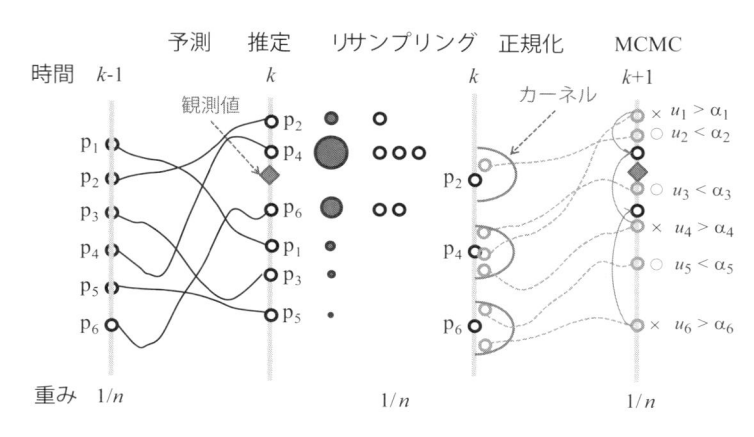

図 **16.20**：regularized 粒子フィルタの概念図.

　粒子フィルタの基本的なアイディアは，個別の粒子の位置と重みを用いて (16.48) 式のような形式で事後分布を表すことである．粒子の重みを観測ごとに更新する SIS(Sequential Importance Sampling) アルゴリズムは，計算が進むにつれて少数の粒子に重みが集中し，多数の粒子の重みが 0 になる欠点がある．それを防ぐために，リサンプリングで重みの集中を防ぐ SIR(Sequential Importance Resampling) 方法が使われる．リサンプリングは，異なる重みを持つ粒子によって表現される状態の分布を，等しい重みを持つ粒子によって表現できるように粒子を選び直すことである．

　リサンプリングでは粒子の多様性を確保することが難しい場合があるため，それに対応する手法として RPF(Regularized Particle Filter) が提案されている[22]．図 **16.20** に RPF の基本的な概念を示す．この手法では，粒子の位置に関する連続的な確率分布を仮定し，新たな粒子の位置を乱数発生させることで，異なる粒子を選択して多様性を維持する．

　分布型流出モデルと粒子フィルタを用いて，桂川流域 (図 **16.17**) の流出量を予測した．適用した分布型水文モデル WEP[23]は，降雨流出過程の追跡計算，不被圧地下水の二次元地下水解析，河川水と地下水の相互作用，浸透施設・調節池の効果，水田の詳細計算などの機能を備えた詳細な物理分布型モデルである．粒子フィルタは上記の RPF に加えて，水文モデルの時空間的な応答時間を考慮した観測更新スキームを導入することで，予測精度を向上させることが可能である[21]．

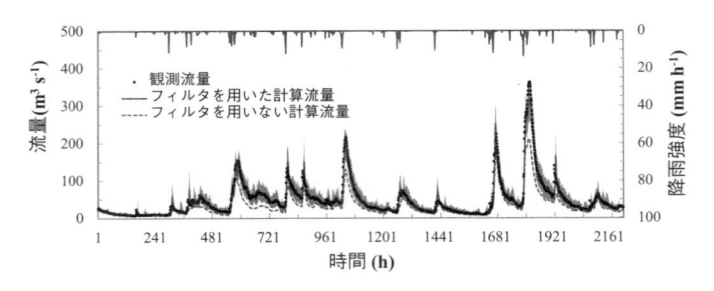

図 16.21: 桂地点の観測と計算流量 (2003 年 6 月 1 日-8 月 31 日).

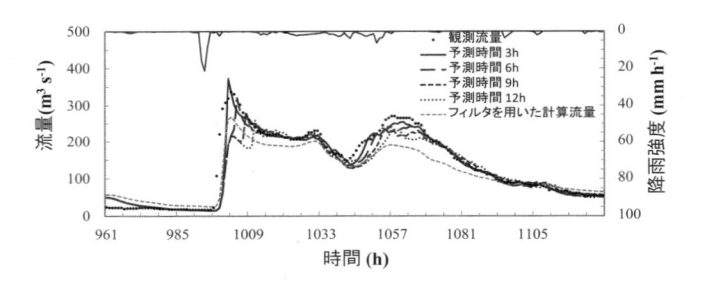

図 16.22: 粒子フィルタによるリードタイム別の予測流量 (2007 年 7 月 11-17 日).

　流出予測の 3 ヶ月間の計算結果を図 16.21 に示す．粒子フィルタを適用していない場合は計算値が観測値を下回るが，粒子フィルタを適用すると 6 時間先流量を適切に予測することができる．粒子フィルタによるリードタイム別の流量予測を図 16.22 に示す．リードタイムが短いほど，予測の精度が向上し，リードタイムが 12 時間の場合もフィルタリングの効果が確認できる．

　粒子フィルタは，非線形・非ガウス型の状態空間モデルのフィルタリング手法として，分布型水文モデルに適用して，予測の精度を向上させることができる方法である．また，並列計算機を利用して効率的な予測計算が可能であるため，複数の入力やパラメータ，流出モデルを粒子とすることで，様々な不確実性に対応することが考えられる．

(京都大学大学院工学研究科：Noh Seong Jin)

16.6 ラオ・ブラックウェル化した粒子フィルタを用いた実時間流出予測

　粒子フィルタでは，複数のシミュレーションモデルを多数同時に実行して　その実現値によって状態量の確率分布を推定・予測していく．複数のモデルを同時実行するという考えを発展させれば，たとえばカルマンフィルタを導入した確率論的な流出予測システムを複数同時に実行して，その予測システムの重みを逐次更新することも考えられる．この場合は，状態量の確率分布を多数同時に推定することになり，粒子フィルタよりも計算量を削減できる可能性がある．こうした解析的な確率予測と粒子フィルタを組み合わせた手法はラオ・ブラックウェル化したフィルタとよばれる[24]．

　洪水の実時間予測では，現在進行中の洪水に適合するモデルパラメータが　過去に同定したモデルパラメータと適合しなければ，良い予測結果は得られない．これに対応するために，モデルパラメータ値の異なる複数の実時間予測システムを準備し同時に実行して，予測システムの重みを逐次更新する手法が考えられる．その一例として，貯留関数法を用いた実時間流出予測システムを複数用意し，同時に実行してそれらの重みを逐次更新することにより，洪水ごとに貯留関数パラメータが異なることを考慮する実時間予測手法を示す[25]-[27]．

　モデルパラメータの不確かさを考える上では，パラメータを状態ベクトルに加えて，逐次，推定することが考えられる．ただし，モデルパラメータによっては，逐次推定することが難しいパラメータもある．たとえば貯留関数法で扱う遅帯時間や飽和雨量を逐次推定することは，物理的な解釈が難しいが，複数の予測システムを同時に並列実行すれば，この問題は解決される．また，並列実行する予測システムに用いる流出モデルも同じものである必要はない．

16.6.1　予測手法

　16.3 で述べた (16.19) 式～(16.21) 式を基本予測システムとして用い，システム誤差，観測誤差は白色正規性を仮定して固定的に与える．予測計算およびカルマンフィルタを適用する際の非線形関数の線形化には，**15 章**で述べた統計的線形化手法を用い，UD フィルタを利用する．異なるモデルパラメータを持つ予測システムを複数用意し，すべての予測システムを同時進行させて，それぞれ流量の

推定値・予測値とその推定誤差分散・予測誤差分散を求め，推定値の誤差の確率分布が正規分布に従うとして，現在観測された流量が生起した確率密度 (尤度) を予測システムごとに求める．次に，現在の観測流量が生起した尤度をもとにそれぞれの予測システムの重みを更新する．最後に，更新されたそれぞれの重みを，対応する流量の予測値に乗じて総和を取ることにより，流量の予測値の最確値を得る．

予測のアルゴリズムを具体的に示す．貯留関数パラメータ f_1, R_{sa}, T_L, K, p のうち，有効降雨に関連する f_1, R_{sa}, T_L は洪水ごとに変化すると考える．K は流域面積から決定し，p は 0.6 に固定する．f_1, R_{sa}, T_L が洪水ごとに変化することを考慮した予測のアルゴリズムを具体的に書くと次のようになる．

1) **パラメータ設定** f_1 が $f_{1,1}, f_{1,2}, \cdots, f_{1,\alpha}$ の離散的な α 個のケース，R_{sa} が $R_{sa,1}, R_{sa,2}, \cdots, R_{sa,\beta}$ の離散的な β 個のケース，T_L が $T_{L,1}, T_{L,2}, \cdots, T_{L,\gamma}$ の離散的な γ 個のケースを取ると考え，これらの組み合わせによる $\alpha \times \beta \times \gamma$ 個の基本予測システムを用意する．

2) **重みの初期設定** $f_1 = f_{1,l}$, $R_{sa} = R_{sa,m}$, $T_L = T_{L,n}$, ($l = 1, \cdots, \alpha, m = 1, \cdots, \beta, n = 1, \cdots, \gamma$) であるような基本予測システムの重みを P_{lmn} とし，P_{lmn} の初期値を設定する．

3) **フィルタリング** 現在時刻を t_k とする．時刻 t_k の観測流量 y_k を用いて，すべての基本システムのフィルタリングを行い，すべての基本予測システムの事後の出力 (流量) の推定値 $\hat{y}_{lmn}(t_k)$ とその推定誤差分散 $\hat{Y}_{lmn}(t_k)$ を求める．

4) **尤度の算定** $\hat{y}_{lmn}(t_k)$ と $\hat{Y}_{lmn}(t_k)$ をもとに，観測流量 y_k が生起する確率密度を

$$p(y_k|\hat{y}_{lmn}(t_k)) = \frac{1}{\sqrt{2\pi \hat{Y}_{lmn}(t_k)}} \exp\left[-\frac{(y_k - \hat{y}_{lmn}(t_k))^2}{2\hat{Y}_{lmn}(t_k)}\right] \quad (16.56)$$

から算定する．確率密度 (尤度) の算定はフィルタリング前の $\tilde{y}_{lmn}(t_k)$ と $\tilde{Y}_{lmn}(t_k)$ を用いることも考えられるが，重みが一部の基本予測システムに集中しないように，ここではフィルタリング後の値を用いた．

5) **重みの更新** 前回の観測更新後の基本予測システムに対する重み $\lambda_{lmn}(t_{k-1})$ を

$$\lambda_{lmn}(t_k) = \frac{p(y_k|\hat{y}_{lmn}(t_k))\lambda_{lmn}(t_{k-1})}{\sum_{l=1}^{\alpha}\sum_{m=1}^{\beta}\sum_{n=1}^{\gamma} p(y_k|\hat{y}_{lmn}(t_k))\lambda_{lmn}(t_{k-1})} \quad (16.57)$$

によって更新する．

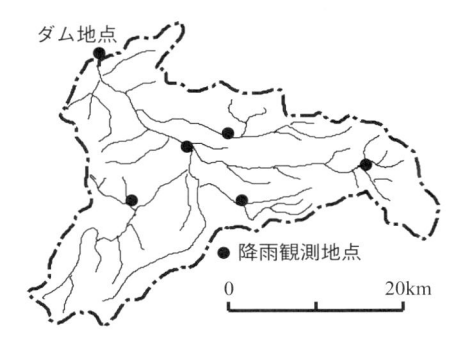

図 16.23：角川ダム流域.

6) **予測** $\alpha \times \beta \times \gamma$ 個の基本予測システムを用いて ΔT 時間先の流量の予測値 $\tilde{y}_{lmn}(t_k + \Delta T)$ とその予測誤差分散 $\tilde{Y}_{lmn}(t_k + \Delta T)$ を求める．次に，総合的な予測値が次式で得られるとする．

$$\check{y}(t_k + \Delta T) = \sum_{l=1}^{\alpha} \sum_{m=1}^{\beta} \sum_{n=1}^{\gamma} \lambda_{lmn}(t_k) \tilde{y}_{lmn}(t_k + \Delta T)$$

7) **時間更新** 時刻が進んで新たに観測情報を得たら 3) に戻って繰り返す．

ここで示したアルゴリズムは貯留関数を対象としてそのモデルパラメータの不確定さを考慮した実時間予測アルゴリズムであるが，他の流出モデルを用いた場合も同様のアルゴリズムを構成することができる．基本予測システムごとに異なる流出モデルを採用することも考えられる．

16.6.2 実流域への適用

この手法を角川ダム流域 (724.0 km^2) に適用した．角川ダム流域は，神通川の上流域にあり，高山市がこれに含まれる．図 16.23 に流域の概要図を示す．流域内部には降雨観測所が 6 箇所設置されており，ここでは 6 箇所の降水量を単純に空間平均した値を流域平均雨量とした．

(1) モデルパラメータの分布

基本予測システムに与える重みの初期値を設定するために，モデルパラメータの分布を調べた．図 16.24 は角川ダム流域の既往 20 洪水をもとに調べた f_1–T_L

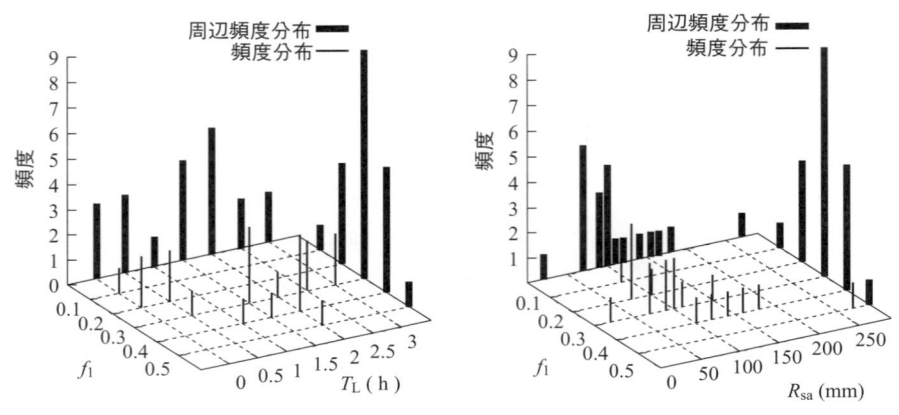

図 16.24：角川ダム流域における f_1–T_L, f_1–R_{sa} の頻度分布.

f_1–R_{sa} の頻度分布図であり，水平軸には f_1, T_L, R_{sa} の値を，鉛直軸にはそれらが同定された洪水の数を示している．p は 0.6 に固定し，K は流域面積をもとに 13.0 (mm–h 単位) として[28]，観測値と計算値との差の二乗和が最小となるように求めた値である．f_1 は 0.1 刻みの値，T_L は 0.5 h 刻みの値，R_{sa} は 10 mm 刻みの値を取るものとした．これらの図中で太線で示したものは，f_1, T_L および R_{sa} の周辺頻度分布である．これらの結果から，f_1 は 0.3 の値を取ることが多くその周りに均等に分布すること，T_L は 1.5 h と 2 h の値を取る場合が多いがそれ以外の値を取ることも多く，ある範囲内で一様に分布すると考えた方がよいこと，R_{sa} は 70mm から 100mm の間の値を取ることが多いがそれ以外の値を取ることも多く，非常に分布の幅が広いことがわかる．

(2) 予測結果

既往 20 洪水について以下の 4 種類のケース，Case 1) その洪水で同定した f_1, R_{sa}, T_L を設定した単一の予測システムを用いた場合，Case 2) それとは異なる洪水で同定した f_1, R_{sa}, T_L を設定した単一の予測システムを用いた場合，Case 3) f_1, R_{sa}, T_L の値の異なる複数の予測システムを用意し，逐次，各予測システムの重みを更新した場合 (予測システムに与える初期の重みはすべて等しく設定する)，Case 4) f_1, R_{sa}, T_L の値の異なる複数の予測システムを用意し，逐次，各予測システムの重みを更新した場合 (予測システムに与える初期の重みを，既往洪水から求めた頻度分布をもとに設定する) を比較した．いずれのケースもシス

16.6 ラオ・ブラックウェル化した粒子フィルタを用いた実時間流出予測

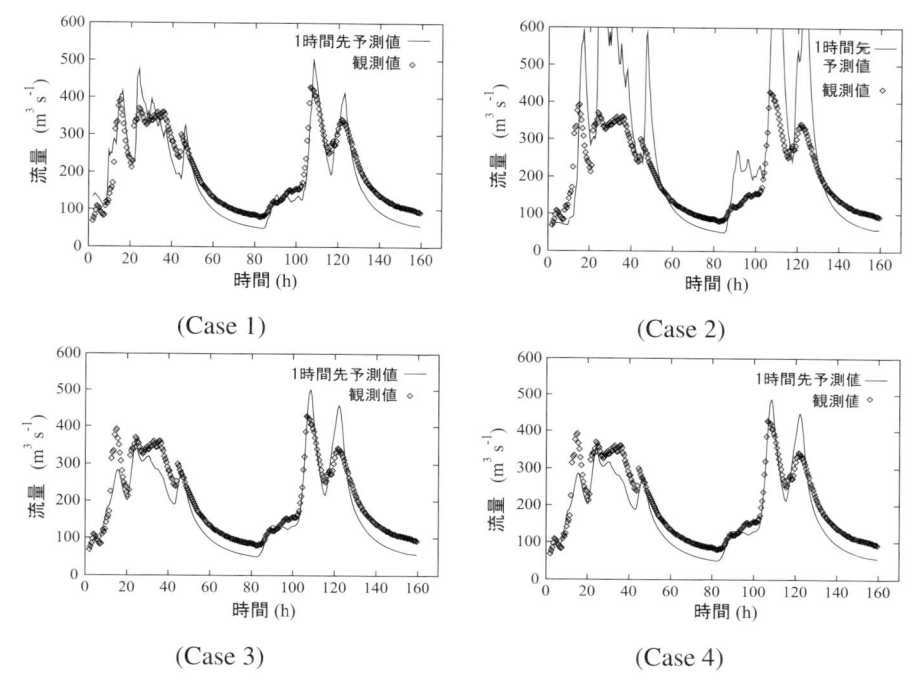

(Case 1)

(Case 2)

(Case 3)

(Case 4)

図 16.25：流出計算の比較．Case 1: 単一の予測システムによる最も適合するパラメータを用いた場合，Case 2: 単一の予測システムによる適合しないパラメータを用いた場合，Case 3: 複数の予測システムを同時進行させ，各予測システムの重みの初期値を等しく設定した場合，Case 4: 複数の基本予測システムを同時進行させ，各予測システムの重みの初期値を既往洪水をもとに設定した場合．

テム誤差の分散は $10~\mathrm{mm^2 h^{-2}}$，観測誤差の分散はピーク流量の約 10% 程度を目安として $10\mathrm{mm^2 h^{-2}}$ とした．また，観測降雨を予測降雨として与えた．実際には降雨も予測することになるので，その予測誤差が流出予測システムの誤差に加わることになる．20 洪水に適用した結果のうちの一例を示す．

角川ダム流域における 1989 年 9 月 1 日～8 日の洪水に対する Case 1，Case 2，Case 3，Case 4 の予測ハイドログラフを図 16.25 に示す．Case 1 は，この洪水で同定したパラメータ $f_1 = 0.5$，$R_{sa}=270\mathrm{mm}$，$T_L=2.0\mathrm{h}$ を与えた単一の基本予測システムによる 1 時間先の予測結果と観測値を示したもので，1 回目のピーク，2 回目のピークとも良く合っており，当然ながら良い予測結果が得られている．

(Case 3) (Case 4)

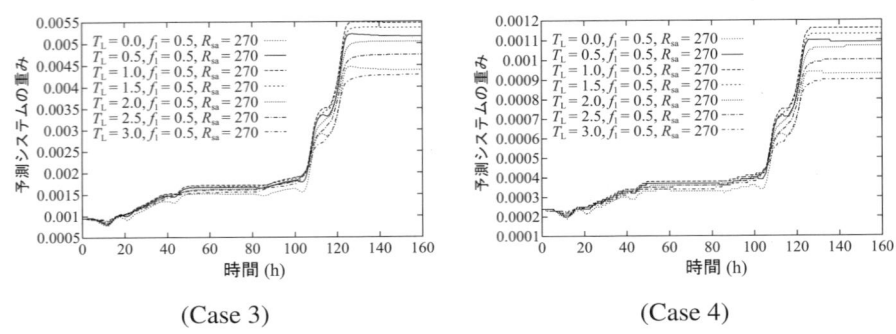

図 **16.26**：予測システムの重みの時間推移．Case 3: 初期の重みを等しく設定した場合，Case 4: 初期の重みを既往洪水をもとに設定した場合．

Case 2 は，同じ流域で起こった別の洪水で同定した f_1, R_{sa}, T_L を与えた場合の予測結果であり予測の精度は悪い．現在起こりつつある洪水に適合するモデルパラメータと設定したモデルパラメータが異なる場合にはこのような結果となる．

これに対して Case 3 は，この洪水に適合する R_{sa} の値 270 mm が含まれるように，R_{sa} の値を 10〜300mm まで 10mm ごとに 30 種類設定して計算した場合の予測結果である．f_1 は 0.1 から 0.5 まで 0.1 刻みの 5 種類，T_L は 0 h から 3 h まで 0.5 h 刻みの 7 種類とし，合計 1050 種類の基本予測システムを同時に進行させて基本予測システムの重みを逐次更新して予測値を算定した．各基本予測システムにに与える重みの初期値はすべて等しく設定した．また，Case 4 は同じく 1050 種類の基本予測システムを同時進行させ，重みの初期値を基本予測システムごとに変化させた場合の予測結果である．重みの初期値は，既往の洪水によって同定したパラメータの頻度分布をもとに，R_{sa}, T_L は一様に分布するとし，f_1 が 0.1, 0.2, 0.3, 0.4, 0.5 の場合のそれぞれの 210 種類の基本予測システムの重みの比率が 1 対 4 対 9 対 5 対 1 となるように設定した．

図 **16.26** はそれぞれの場合の重みの時間推移を表したものであり，1050 種類の基本予測システムのうち最終的に大きな重みを示した 7 種類の基本予測システムの重みの推移を示している．どちらのケースも 2 回目のピーク生起時刻において R_{sa} = 270mm の基本予測システムの重みが大きくなっており，Case 2 で示した場合よりも予測結果は大きく改善されている．なお，Case 3, Case 4 とも 1 回目のピーク流量の予測値は観測値よりも小さな値を示した．予測システムの重みの時間推移を見ると，1 回目のピークが発生する 10 時付近で Case 3, Case 4 と

も今回の洪水に適合する $f_1 = 0.5$ の基本予測システムの重みが一旦小さくなりその後大きくなっている．このことは，10 時付近では，より小さな f_1 を持つ予測更新システムを重視していることになり，予測システムが 1 回目のピークに対応しきれていない．これに関してはシステムに改良の余地がある．しかし，全体的には R_{sa} の取る値の範囲を広げた Case 3, Case 4 の予測結果は Case 2 よりはるかに良く，Case 1 にかなり近い良好なものとなった．Case 3 と Case 4 とでは，予測結果はほとんど変わらなかった．様々な洪水に対応することを考えると重みの初期値は均等に設定する方法がよいと考えられる．

16.7　様々なフィルタリング・予測システムの開発

本書には収録できなかった様々なフィルタリング・予測システムを以下に列挙する．詳しくはそれぞれの論文を参考としてほしい．

- 確率過程的キネマティックウェーブモデルの基礎理論[29]
- 統計的二次近似によるダム貯水池群の実時間操作[30]
- 淀川流域において実現された実時間流出予測システム[14]
- バイアス補正カルマンフィルタによる流出予測システムの同化[31]
- カルマンフィルタを用いた降雨の逆推定と実時間流出予測[32]

参考文献

1) 高棹琢馬, 椎葉充晴, 宝 馨：確率論的な流出予測に関する研究 – 有色ノイズの導入 –, 京都大学防災研究所年報, 24(B2), pp. 125–142, 1981.
2) 高棹琢馬, 椎葉充晴, 宝 馨：集中型流出モデルの構成と流出予測手法, 京都大学防災研究所年報, 25(B2), pp. 221–243, 1982.
3) 高棹琢馬, 椎葉充晴, 宝 馨：貯留モデルによる実時間流出予測に関する基礎的研究, 京都大学防災研究所年報, 25(B2), pp. 245–267, 1982.
4) 高棹琢馬, 椎葉充晴, 宝 馨：複合流域における洪水流出の確率予測手法, 京都大学防災研究所年報, 26(B2), pp. 181–196, 1983.
5) Takara, K., M. Shiiba and T. Takasao : A stochastic method of real-time flood prediction in a basin consisting of several dub-Basins, Journal of Hydroscience and Hydraulic Engineering, 1(2), pp. 93–111, 1983.
6) 宝 馨, 高棹琢馬, 椎葉充晴：洪水流出の確率予測における実際的手法, 第 28 回水理講演会論文集, 土木学会, pp. 415-422, 1984.
7) 椎葉充晴：拡張カルマンフィルターを用いた洪水流出の実時間予測, 水理公式集例題集, 土木学

会, 例題 2.13, pp. 71–74, 1988.
 8) 高棹琢馬, 椎葉充晴：洪水流出予測の基礎理論とサブルーチンパッケージ, 科学研究費 (57850172) 研究成果報告書, pp. 5–93, 1984.
 9) Takasao, T. and M. Shiiba : Development of techniques for on-line forecasting of rainfall and flood runoff, *Natural Disaster Science*, 6(2), pp. 83–112, 1984.
10) 高棹琢馬, 椎葉充晴, 富澤直樹：統計的二次近似理論を適用した流出予測システムの構成, 京都大学防災研究所年報, 27(B2), pp. 255–273, 1984.
11) 藤田 暁, 大東秀光, 上坂 薫, 椎葉充晴, 立川康人, 市川 温：分布型流出モデルに基づくダム流入量実時間予測モデルについて, 水工学論文集, 45, pp. 115–120, 2001.
12) 橋本徳昭, 藤田 暁, 椎葉充晴, 立川康人, 市川温：分布型流出モデルに基づくダム流入量予測システムの構築, 水工学論文集, 50, pp. 289–294, 2006.
13) 佐山敬洋, 立川康人, 寶 馨, 市川 温：広域分布型流出予測システムの開発とダム群治水効果の評価, 土木学会論文集, 803/II-73, pp. 13–27, 2005.
14) 立川康人, 佐山敬洋, 寶 馨, 松浦秀起, 山崎友也, 山路昭彦, 道広有理：広域分布型物理水文モデルを用いた実時間流出予測システムの開発と淀川流域への適用, 自然災害科学, 26(2), pp. 189–201, 2007.
15) 福山拓郎, 立川康人, 椎葉充晴, 萬 和明：ダム貯水池による流水制御過程を導入した実時間分布型流出予測システムの開発, 水工学論文集, 54, pp. 541–546, 2010.
16) 立川康人, 福山拓郎, 椎葉充晴, 萬 和明, キム スンミン：流水制御過程を導入した実時間分布型流出予測手法の複数ダム流域への展開, 土木学会論文集, B1(水工学), 68(4), pp. I_517–I_522, 2012.
17) 樋口知之：粒子フィルタ, 電子情報通信学会誌, 88(12), pp. 989-994, 2005.
18) 樋口知之：予測にいかす統計モデリングの基本, 講談社, 2011.
19) 立川康人, 須藤純一, 椎葉充晴, 萬 和明, キム スンミン：粒子フィルタを用いた河川水位の実時間予測手法の開発, 土木学会論文集, B1(水工学), 67(4), pp. I_511–I_516, 2011.
20) Noh, S. J., Y. Tachikawa, M. Shiiba, and S. Kim : Dual state-parameter updating scheme on a conceptual hydrologic model using sequential Monte Carlo filters, *Journal of Japan Society of Civil Engineers, Ser. B1 (Hydraulic Engineering)*, 67(4), pp. I_1–I_6 2011.
21) Noh, S. J., Y. Tachikawa, M. Shiiba, and S. Kim : Applying sequential Monte Carlo methods into a distributed hydrologic model: Lagged particle filtering approach with regularization, *Hydrol. Earth Syst. Sci.*, 15, 3237–3251, 2011.
22) Musso, C., N. Oudjane, and F. LeGland : Improving regularized particle filters, in: Sequential Monte Carlo in Practice, (Eds.) Doucet, A., de Freitas, N., and Gordon, N., Springer-Verlag, New York, pp. 247-271, 2001.
23) Jia, Y., X. Ding, C. Qin, and H. Wang : Distributed modeling of land surface water and energy budgets in the inland Heihe river basin of China, *Hyrol. Earth Syst. Sci.*, 13, pp. 1849–1866, 2009.
24) 生駒哲一：逐次モンテカルロ法とパーティクルフィルタ, 21 世紀の統計科学 III：数理・計算の統計科学, 国友・山本 (監), 北川・竹村 (編), 東京大学出版会, pp. 305–338, 2008.
25) 高棹琢馬, 椎葉充晴, 立川康人：河川水位実時間予測手法の開発と木津川上流域への適用, 土木学会論文集, 503/II-29, pp. 19–27, 1994.
26) 高棹琢馬, 椎葉充晴, 立川康人, 小南佳明：貯留関数パラメータの不確定さを考慮した実時間流出予測手法, 水工学論文集, 40, pp. 317–322, 1996.
27) 立川康人, 市川 温, 椎葉充晴：貯留関数法のモデルパラメータの不確定性を考慮した実用的な実時間予測手法, 水文・水資源学会誌, 10(6), pp. 617–626, 1997.
28) 永井明博, 角屋 睦, 杉山博信, 鈴木克英：貯留関数法の総合化, 京都大学防災研究所年報, 25(B2), pp. 207–220, 1982.
29) 高棹琢馬, 椎葉充晴：状態空間法による流出予測 –kinematic wave 法を中心として–, 京都大学

防災研究所年報, 23(B2), pp. 211–226, 1980.
30) 張 昇平, 児玉好史, 椎葉充晴, 高棹琢馬：統計的二次近似によるダム貯水池群の実時間操作, 京都大学防災研究所年報, 30(B2), pp. 299–321, 1987.
31) 佐山敬洋, 立川康人, 寶 馨：バイアス補正カルマンフィルタによる広域分布型流出予測システムのデータ同化, 土木学会論文集 B, 64(4), pp. 226–239, 2008.
32) 椎葉充晴, 永田卓也, 立川康人, 萬 和明, 市川 温：非線形集中型モデルと降雨の逆推定による流出予測手法の開発, 水工学論文集, 54, pp. 529–535, 2010.

あとがき

　本書は椎葉充晴教授の研究業績を中心に，水文学および水工計画学の学術分野の蓄積を整理し，学術書という形で取りまとめたものである．本書で示した内容と特に関連が深い図書を以下に挙げる．各章の個々の内容については，参考文献に挙げた原著論文を参考にしていただければ幸いである．

1) 池淵周一, 椎葉充晴, 宝 馨, 立川康人：エース水文学, 朝倉書店, 2006.
2) 金丸昭治, 高棹琢馬：水文学, 朝倉書店, 1975.
3) 椎葉充晴：流出系のモデル化と予測に関する基礎的研究, 京都大学博士論文, 1983.
4) 椎葉充晴, 立川康人, 市川 温：例題で学ぶ水文学, 森北出版, 2010.
5) 高棹琢馬, 椎葉充晴：洪水流出予測の基礎理論とサブルーチンパッケージ, 科学研究費 (57850172) 研究成果報告書, pp. 5-93, 1984.
6) Anderson, M. G. and T. P. Burt：Hydrological Forecasting, John Wiley & Sons, 1985.
7) Bierman, G. J.：Factorization Methods for Discrete Sequential Estimation, Academic Press, New York, 1977.
8) Brutsaert, W.：Hydrology: An Indroduction, Cambridge Unversity Press, 2005. (訳書 杉田倫明 訳：水文学, 共立出版, 2008.)
9) Chow, V. T., D. R. Maidment and L. W. Mays：Applied Hydrology, McGraw-Hill, 1988.
10) Eagleson, P. S.：Dynamic Hydrology, McGraw-Hill, 1970.
11) Maidment, D. R. (ed.)：Handbook of Hydrology, McGraw-Hill, 1993.
12) Ponce, V. M.：Engineering Hydrology, Prentice-Hall, 1989.

索 引

あ
REV	55
圧力水頭	56, 163
アルベド	137

い
位数	176
位数理論	174
一次流出率	365
位置水頭	56
一様乱数	344
一定率放流方式	385
一定率一定量放流方式	385
一般化極値分布	299
一般化パレート分布	292, 302
移流ベクトル	471, 475
移流モデル	472
陰解法	45
インパルス応答	120

う
運動学的手法	471
運動量式	5
運動量輸送	139, 143

え
A 層	5, 9
ADI 法	94
ARMA モデル	334
AR モデル	331
SLSC	309
SLSC の確率密度関数	311
NSRP モデル	341
L 積率	292, 295, 304
エルミート - ガウス公式	503

お
応答モデル	358
OHyMoS	405, 408

か
開水路流	5
概念モデル	359
ガウス近似最小分散フィルタ	518
ガウス近似二次フィルタ	520
拡散抵抗	148
拡散波モデル	113
拡張カルマンフィルタ	516, 567
確率加重積率 (PWM)	292
確率過程的状態空間モデル	485
確率降雨強度曲線	318
確率紙	305, 307
確率値不偏	307
確率年	286
確率分布モデル	292
河床勾配	106
河川砂防技術基準	282
河川整備基本方針	281
河川整備計画	281
河川の重要度	283
河川流モデル	374
河道位数の統計則	176
河道区分	104, 173
河道断面	108
河道点	184
河道網	103, 251
河道網キネマティックウェーブモデルの集中化	251
河道網構造	173
河道網データ	188, 189
河道横流域点	184
カナン公式	307
カルマンゲイン	498
カルマンフィルタ	494, 496, 544, 561
灌漑取水	379
観測更新	526, 568, 573
観測誤差	492
観測方程式	493, 515, 567, 572

き
棄却法	346
基準面積	268
キネマティックウェーブモデルの解法	28
キネマティックウェーブモデル	4, 7, 107, 228, 371
キネマティックウェーブモデルの集中化	229, 241, 245
キネマティックウェーブモデルの数値解法	44
キネマティックショックウェーブ	44
基本型要素モデル	407
基本高水	282, 284
木村の貯留関数法	365
吸引圧	57
Q-Q プロット	308
強制復元法	157

く
空気力学的粗度	147

空隙率	55
クーランの条件	47
クオンタイル	293
クオンタイル値不偏	307
クオンタイル法	304
窪地	197
クライツ・セドンの法則	112
グリーン-アンプト式	75
グリッドモデル	178, 203
グリンゴルテン公式	307
グンベル分布	299

――――――― け ―――――――

計画基準点	283
計画規模	283
計画高水流量	282, 285
計算順序	174, 208
継続時間	283
建築規制	459
顕熱輸送	139, 142, 145, 161

――――――― こ ―――――――

降雨の空間分布	263
降雨の空間分布スケール	266
降雨予測	471
格子点データ	184, 203
洪水期間	385
洪水調節	384, 391
洪水調節開始流量	391
洪水調節操作	385
洪水調節容量	385
洪水追跡	103
洪水の伝播速度	111
洪水防御計画	282
洪水流出モデル	358
構造定義ファイル	414
合理式	360
国土数値情報	187
CommonMP	405, 434
混合距離理論	144

――――――― さ ―――――――

再現期間	286
最大位数	175, 176
最大流量の発生条件	40
最尤法	303
三角形断面	108
三角形網モデル	178
山腹斜面	4
山腹斜面での流れのモデル化	9

――――――― し ―――――――

GTOPO30	187
シェジー式	6
しおれ点	58
時系列モデル	331
自己回帰モデル	331
事後推定値	497
指数関数的相関をもつ定常確率モデル	491
システム誤差	490
システムノイズ	490
事前推定値	496
実時間流出予測	485, 559
実時間流出予測システム	485
SiBUC	155
SiB モデル	150
ジャックナイフ法	317
斜面素辺	183, 203
斜面素辺データ	184
斜面の収束・発散	23, 184
自由地下水	80
集中化	228
集中化誤差	236
集中型土砂流出モデル	249
集中型流出モデル	360
集中定数系システムモデル	360
重力水	12, 16
樹幹流下量	163
受信端子	408
出力方程式	486
シュテファン・ボルツマン定数	138
準線形偏微分方程式	30
準線形偏微分方程式	28
純放射量	138
蒸散	137
小出水	26
状態空間モデル	486, 489, 563, 572, 587
状態ベクトルの拡大	539, 575
状態方程式	486, 492, 568, 573, 576
蒸発	137
蒸発散	137
初期状態量ファイル	417
新安江モデル	248
浸透	53
浸透能	70
浸透能式	70

――――――― す ―――――――

水位・流量曲線	111
水蒸気輸送	142, 143, 145, 162
推定誤差分散	499, 528, 560, 568
水田	379
水分拡散係数	61, 75
水分特性曲線	61
水面形	33
水面勾配	6, 113

水文学的追跡法	118	単位図法	361
水文時系列解析	327	短期流出モデル	358
水文時系列データ	329	タンクモデル	364, 487, 529
水文時系列の模擬発生	336	端子	411
水文頻度解析	292	短時間降雨予測	471
水文プロセス	3	短波放射量	137
水文量	277	断面平均流速	54
水理学的追跡法	106		
水理学的追跡法の数値解法	126	──── ち ────	
水理・水文モデリングシステム	403	地下水	79
水路床勾配	6	地下水面	79
数値地形モデル	178	地下水流の基礎式	82, 86
数値地図	187	地下水流の数値解法	94
SVAT	150	逐次線形最小分散フィルタ	496
		地形形状	18
──── せ ────		地形効果	19
正規確率紙	307	地形則	176
正規白色過程	490	地形データ	186
正規分布	297	地形パターン関数	21, 255
積率	293	地形表現スケール	398
積率法	303	治水計画	277
線形最小分散推定	494	遅滞時間	365
線形貯水池モデル	119, 414, 420	地中流	4
線形フィルタ理論	494	地表面流	4, 7, 11
全体系モデル	406	地表面流発生域	9
全体系モデルの作成手順	414	中間流	4, 9, 11, 26
潜熱輸送量	139	中間流・地表面流を統合した流量・流積関係式	
			10
──── そ ────		中間流・地表面流統合型キネマティックウェーブモデル	
相関係数	309		10, 12, 43
総合確率法	320	中間流・地表面流理論	10
側方流入量	6	超過率	277
粗度係数	6	超過洪水	282
粗度長	147	長波放射量	137
送信端子	408	直接通信	412
		直接流出	26
──── た ────		貯水池モデル	118
大出水	26	貯留関数法	365, 489, 567
帯水層	79	貯留係数	90
対数正規分布	298	貯留量	229, 231, 232
対数則	146		
対数ピアソン III 型分布	302	──── て ────	
体積含水率	54	T 年確率水文量	286
ダイナミックウェーブモデル	106, 590	低平地タンクモデル	381
滞留時間	217	適合度評価	308
ただし書き操作	391	デュプイの仮定	89
WGR モデル	343	伝播時間	23, 42
ダム操作のモデル化	387	伝播速度	18
ダム貯水池	384, 585		
ダムの操作規定	386	──── と ────	
ダム流水制御モデル	384	等価粗度	9
ダルシー則	11	統計的仮説検定	310
ダルシーの法則	56, 84	統計的近似二次フィルタ	521

統計的線形化	503
統計的線形化フィルタ	517
統計的二次近似	508, 578
統計的二次近似フィルタ	577
等高線図モデル	178
透水係数	56
透水量係数	90
到達時間	26
トーマス・ファイアリングモデル	336
特性基礎曲線	28, 32
特性曲線	28, 32
特性曲線法	28
特性微分方程式	28
土砂流出	222
土壌水分	56, 163
土地利用規制	445, 453, 462
TOPMODEL	248
トマス法	66, 99
TRIP	187

—————— な ——————

流れの場の集中化	255

—————— に ——————

二次フィルタ	520

—————— ね ——————

熱収支	137
熱収支式	152
熱容量	138
熱流量	139

—————— は ——————

ハイドログラフの成分分離	217
HydroSHED	187
パイプ流	4
白色ノイズ	331, 490
パラメータファイル	417
氾濫流モデル	375

—————— ひ ——————

ピアソンIII型分布	301
被圧帯水層	80
被圧地下水	80, 86
pF値	58
PWM	304
ピエゾ水頭	56, 84
ピエゾメータ	57
比水分容量	60
ひずみ係数	293
非線形性	25
非線形フィルタ	515
非超過確率	277
比貯留係数	85
非毎年資料	287
非毎年資料による確率年	287
標高データ	188, 189, 203
表層崩壊	223
費用便益	445
標本ひずみ係数	293
標本標準偏差	293
標本平均	293
表面流	5
広幅矩形断面	108

—————— ふ ——————

負圧	57
不圧帯水層	80
不圧地下水	80, 87
不安定場概念	482
フィリップ式	72
フィルタリング・予測理論	486
ブートストラップ法	317
複合タンクモデル	380
複合ポアソン過程	289
物理モデル	359
部分系モデル	412
不偏推定量	293
不飽和透水係数	61
プライスマンスキーム	127
plain format V.2	191
プロッティング・ポジション公式	293, 305
ブロム公式	307
分解モデル	338
分散	293
分布型降雨流出モデル	203
分布型土砂流出モデル	221
分布型土砂流出モデルの集中化	249
分布型流出モデル	211, 360, 371
分布型流出モデルの集中化	227
分布定数系システムモデル	360

—————— へ ——————

ベイズの定理	588
変換法	345

—————— ほ ——————

ポアソン過程	289
ポイントプロセスモデル	340
放物線断面	108
飽和雨量	366
飽和透水係数	58
飽和表面流	5, 9
飽和・不飽和流れを考慮した流量・流積関係式	15
飽和・不飽和流	59

飽和・不飽和流の数値解法	61
飽和流	4
ホートン型地表流	26
ホートン式	70
圃場容水量	13, 58
圃場容水量を導入した流量・流積関係式	12
母数推定法	302
Box-Muller法	346

――――――― ま ―――――――

毎年資料	287
摩擦速度	146
摩擦損失勾配	6
マスキンガム・クンジ法	115
マスキンガム法	122
マトリックス部	16
マニングの粗度係数	111
マニングの抵抗則	6

――――――― み ―――――――

水収支誤差	63
水収支式	153
水みち	26

――――――― も ―――――――

毛管移動水	13, 16
毛管孔隙	13
毛管力	12
モデル誤差	490
モデルノイズ	490

――――――― ゆ ―――――――

有効降雨	361, 365, 367
有色ノイズ	571
UDフィルタ	498
尤度	588
ユールウォーカー方程式	333

――――――― よ ―――――――

陽解法	45
要素間反復計算	430
要素モデル	406
要素モデルの作成手順	413
予測更新	526, 536, 569, 574, 576
予測誤差分散	531, 543
予測残差	578
予測値	527
予測の不確かさ	396
予備放流	385, 389

――――――― ら ―――――――

ラオ・ブラックウェル化	599
落水線	182

裸地域	26
ラックス・ヴェンドロフ法	45

――――――― り ―――――――

陸面水文過程モデル	149
離散時間線形システム	527
リサンプリング手法	317
リターンピリオド	287
リチャーズ式	60
リチャーズ式の離散化	62, 64
立地均衡モデル	442, 449
流域管理的対策	441
流域地形	178
流域地形データ	184, 188, 203
流域地形モデル	182
流域点	184
粒子フィルタ	587
流出解析	351
流出過程	3
流出現象の非線形性	25
流出システム	103, 351
流出場	25
流出モデル	351, 354, 355
流出モデルの構成単位	262
流出モデルの集中化	227
流出モデルの分類	357
流積	5
流量・流積関係式	7, 9, 12, 16, 67, 108

――――――― れ ―――――――

レイノルズ応力	140
レーダ雨量	267, 471
連続式	5

――――――― わ ―――――――

ワイブル公式	305
ワイブル分布	300

著者略歴

椎葉充晴（しいば・みちはる）
　1972 年　京都大学工学部卒業
　1974 年　京都大学大学院工学研究科修士課程修了
　1974 年　京都大学工学部 助手
　1985 年　京都大学工学部 講師
　1986 年　京都大学工学部 助教授
　1995 年　京都大学防災研究所 教授
　1997 年　京都大学大学院工学研究科 教授
　2002 年　京都大学大学院地球環境学堂 教授
　2007 年　京都大学大学院工学研究科 教授
　　　　　現在に至る
　　　　　京都大学 工学博士

立川康人（たちかわ・やすと）
　1987 年　京都大学工学部卒業
　1989 年　京都大学大学院工学研究科修士課程修了
　1990 年　京都大学工学部 助手
　1996 年　京都大学防災研究所 助教授
　2007 年　京都大学大学院工学研究科 准教授
　　　　　現在に至る
　　　　　京都大学 博士（工学）

市川　温（いちかわ・ゆたか）
　1993 年　京都大学工学部卒業
　1995 年　京都大学大学院工学研究科修士課程修了
　1997 年　京都大学防災研究所 助手
　2000 年　京都大学大学院工学研究科 助手
　2008 年　山梨大学大学院医学工学総合研究部 准教授
　　　　　現在に至る
　　　　　京都大学 博士（工学）

水文学・水工計画学

2013年2月15日　初版第一刷発行

著者　椎　葉　充　晴
　　　立　川　康　人
　　　市　川　温

発行者　檜　山　爲次郎

発行所　京都大学学術出版会
　　　　京都市左京区吉田近衛町69番地
　　　　京都大学吉田南構内（〒606-8315）
　　　　電　話　075-761-6182
　　　　ＦＡＸ　075-761-6190
　　　　振　替　01000-8-64677
　　　　http://www.kyoto-up.or.jp/

印刷・製本　㈱クイックス

ISBN978-4-87698-247-9　　© M. Shiiba, Y. Tachikawa, Y. Ichikawa 2013
Printed in Japan　　　　　　定価はカバーに表示してあります

本書のコピー，スキャン，デジタル化等の無断複製は著作権法上での例外を除き禁じられています．本書を代行業者等の第三者に依頼してスキャンやデジタル化することは，たとえ個人や家庭内での利用でも著作権法違反です．